DICTIONNAIRE

DES

SCIENCES NATURELLES.

TOME XI.

COS—CRIS.

DICTIONNAIRE

DES

SCIENCES NATURELLES,

DANS LEQUEL

ON TRAITE MÉTHODIQUEMENT DES DIFFÉRENS ÊTRES DE LA NATURE, CONSIDÉRÉS SOIT EN EUX-MÊMES, D'APRÈS L'ÉTAT ACTUEL DE NOS CONNOISSANCES, SOIT RELATIVEMENT A L'UTILITÉ QU'EN PEUVENT RETIRER LA MÉDECINE, L'AGRICULTURE, LE COMMERCE ET LES ARTS.

SUIVI D'UNE BIOGRAPHIE DES PLUS CÉLÈBRES NATURALISTES.

Ouvrage destiné aux médecins, aux agriculteurs, aux commerçans, aux artistes, aux manufacturiers, et à tous ceux qui ont intérêt à connoître les productions de la nature, leurs caractères génériques et spécifiques, leur lieu natal, leurs propriétés et leurs usages.

PAR

Plusieurs Professeurs du Jardin du Roi, et des principales Écoles de Paris.

TOME ONZIÈME.

F. G. Levrault, Éditeur, à STRASBOURG, et rue des Fossés M. le Prince, N.º 33, à PARIS.

Le Normant, rue de Seine, N.º 8, à PARIS.

1818.

Liste des Auteurs par ordre de Matières.

Physique générale.

M. LACROIX, membre de l'Académie des Sciences et professeur au Collége de France. (L.)

Chimie.

M. CHEVR[EUL], professeur au Collége royal de Charlemagne. (Cu.)

Minéralogie et Géologie.

M. BRONGNIART, membre de l'Académie des Sciences, professeur à la Faculté des Sciences. (B.)

M. BROCHANT DE VILLIERS, membre de l'Académie des Sciences. (B. de V.)

M. DEFRANCE, membre de plusieurs Sociétés savantes. (D. F.)

Botanique.

M. DE JUSSIEU, membre de l'Académie des Sciences, prof. au Jardin du Roi. (J.)

M. MIRBEL, membre de l'Académie des Sciences, professeur à la Faculté des Sciences. (B. M.)

M. HENRI CASSINI, membre de la Société philomatique de Paris. (H. Cass.)

M. LEMAN, membre de la Société philomatique de Paris. (Lem.)

M. LOISELEUR DESLONGCHAMPS, Docteur en médecine, membre de plusieurs Sociétés savantes. (L. D.)

M. MASSEY. (Mass.)

M. POIRET, membre de plusieurs Sociétés savantes et littéraires, continuateur de l'Encyclopédie botanique. (Poir.)

M. DE TUSSAC, membre de plusieurs Sociétés savantes, auteur de la Flore des Antilles. (De T.)

Zoologie générale, Anatomie et Physiologie.

M. G. CUVIER, membre et secrétaire perpétuel de l'Académie des Sciences, prof. au Jardin du Roi, etc. (G. C. ou CV. ou C.)

Mammifères.

M. GEOFFROY, membre de l'Académie des Sciences, professeur au Jardin du Roi. (G.)

Oiseaux.

M. DUMONT, membre de plusieurs Sociétés savantes. (Cu. D.)

Reptiles et Poissons.

M. DE LACÉPÈDE, membre de l'Académie des Sciences, professeur au Jardin du Roi. (L. L.)

M. DUMERIL, membre de l'Académie des Sciences, professeur à l'École de médecine. (C. D.)

M. CLOQUET, Docteur en médecine. (H. C.)

Insectes.

M. DUMERIL, membre de l'Académie des Sciences, professeur à l'École de médecine. (C. D.)

Crustacés.

M. W. E. LEACH, membre de la Société royale de Londres, l'un des Conservateurs du Musée britannique. (W. E. L.)

Mollusques, Vers et Zoophytes.

M. DE BLAINVILLE, professeur à la Faculté des Sciences. (De B.)

M. TURPIN, naturaliste, est chargé de l'exécution des dessins et de la direction de la gravure.

MM. DE HUMBOLDT et RAMOND donneront quelques articles sur les objets nouveaux qu'ils ont observés dans leurs voyages, ou sur les sujets dont ils se sont plus particulièrement occupés.

M. F. CUVIER est chargé de la direction générale de l'ouvrage, et il coopérera aux articles généraux de zoologie et à l'histoire des mammifères. (F. C.)

DICTIONNAIRE

DES

SCIENCES NATURELLES.

COS

COS. (*Min.*) C'est le nom que les Latins donnoient aux pierres propres à aiguiser les outils tranchans, à user les métaux et à polir certaines pierres dures. Ce ne sont pas toujours des grès dans l'acception précise et limitée que nous donnons à ce mot ; ce sont même plus souvent des roches argiloïdes et de celles que nous nommons psammites, ainsi qu'on le verra à l'article Pierres a aiguiser. (B.)

COS. (*Ornith.*) Suivant Gesner, c'étoit le nom hébreu de la huppe, *upupa epops*. (Ch. D.)

COSA-COSA MACHO. (*Bot.*) Les Espagnols du Pérou nomment ainsi le *pavonia spinifex*, suivant l'inscription placée au bas d'un dessin de la plante, fait sur les lieux mêmes par Joseph de Jussieu. (J.)

COSALON. (*Bot.*) Voyez Elelisphacon. (J.)

COSARIA (*Bot.*), nom de la lysimachie dans le Frioul. (Voyez Cerretta.) On trouve encore sous le nom de Kosarie un genre du Levant, nommé par Forskaël, qui n'est qu'une espèce de Dorstenia. Voyez ces mots. (J.)

COSCAQUAUTHLI. (*Ornith.*) Voyez Cosquauthli. (Ch. D.)

COSCOJA. (*Bot.*) Voyez Carasca. (J.)

COSCOROBA. (*Ornith.*) Molina a trouvé au Chili un oiseau portant ce nom, dont le bec, élargi et arrondi à l'extrémité, est rouge, ainsi que les pieds, et dont le plumage est tout-à-fait blanc. C'est un canard, *anas coscoroba*, Gmel. (Ch.D.)

COSH. (*Mamm.*) C'est le nom que les Abissiniens de l'Amhara donnent au buffle, suivant M. Salt. (F. C.)

COSMÉLIE A FLEURS ROUGES (*Bot.*) : *Cosmelia rubra*, Rob. Brown, *Nov. Holl.*, 1, pag. 553. Genre de plantes dicotylédones, de la famille des *épacridées*, de la *pentandrie monogynie* de Linnæus, offrant pour caractère essentiel : un calice foliacé ; une corolle monopétale, tubulée ; cinq étamines attachées sur la corolle ; les anthères adhérentes aux filamens, ciliées à leur sommet ; cinq écailles placées sur le réceptacle ; une capsule ; les semences adhérentes à une colonne centrale, formée de plusieurs placenta.

Cette plante, la seule espèce de ce genre, est un petit arbuste originaire de la Nouvelle-Hollande, dont les tiges se divisent en rameaux redressés, glabres, très-lisses, garnis de feuilles simples, éparses, entières, à demi vaginales, creusées en capuchon à leur base. Les fleurs sont solitaires, inclinées, d'un rouge assez vif, placées à l'extrémité de rameaux courts, latéraux. Le calice est imbriqué de feuilles très-petites ; les étamines plus courtes que la corolle ; les anthères dégagées à leur base ; les placenta détachés à leurs deux extrémités. (Poir.)

COSMIBUENA. (*Bot.*) Les auteurs de la Flore du Pérou avoient d'abord établi sous ce nom, dans leur *Prodrome des genres du Pérou*, un genre particulier, qui a été ensuite reconnu appartenir aux *hirtella*. Ils ont depuis appliqué le même nom de *cosmibuena* à quelques espèces de *cinchona* (quinquina) retranchées de ce dernier genre, et distinguées par un calice caduc, à cinq dents ; le tube de la corolle très-long ; le limbe oblique et réfléchi ; cinq étamines renfermées dans le tube de la corolle ; une capsule bivalve ; les bords de chaque valve roulés en dedans de manière à former comme deux loges ; le réceptacle en lame, appliqué d'un côté contre les valves, portant de l'autre des semences ovales, entourées d'une aile linéaire, réticulée. On rapporte à ce genre les deux espèces suivantes :

Cosmibuéna a feuilles obtuses : *Cosmibuena obtusifolia*, Fl. Per. 3, pag. 3, tab. 198 ; *Cinchona grandiflora*, Fl. Per. 2, pag. 54. Cet arbre croît dans les forêts du Pérou. Il s'élève à la hauteur de vingt à vingt-cinq pieds, sur un tronc revêtu d'une écorce d'un brun cendré, jaunâtre en dedans, d'une amertume médiocre ; les rameaux un peu tétragones dans leur jeunesse ; les feuilles sont opposées, pétiolées, ovales, obtuses, très-entières, luisantes en-dessus, blanchâtres en-dessous ; les pétioles munis à leur base de grandes stipules obtuses, striées. Les fleurs sont grandes, pédicellées, d'une odeur agréable, disposées en corymbes terminaux, très-étalés, feuillés, garnis de bractées subulées : le calice court, tubulé, à cinq dents aiguës : la corolle blanche, en forme d'entonnoir, glabre ; son tube cylindrique, presque à cinq angles ; le limbe à cinq découpures ovales, réfléchies ; le stigmate à deux lobes alongés : une capsule rétrécie à sa base, marquée de deux sillons, s'ouvrant du sommet à sa base, renfermant des semences nombreuses, fort petites.

Cosmibuéna acuminé : *Cosmibuena acuminata* ; Fl. Per., 3, pag. 4, tab. 26. Cet arbre, également originaire du Pérou, s'élève un peu moins que le précédent ; ses rameaux sont étalés, médiocrement tétragones ; les feuilles planes, ovales, acuminées, coriaces, très-entières, d'un vert clair, longues de six pouces ; les inférieures opposées, les supérieures alternes, d'après les auteurs de la Flore du Pérou, les stipules longues d'un pouce. Les fleurs sont solitaires, sessiles, terminales, munies de deux grandes bractées concaves, ovales ; la corolle blanche, longue de trois pouces, très-glabre ; le tube grêle ; le limbe à cinq lobes ovales, lancéolés, réfléchis ; l'ovaire cylindrique et tronqué ; le stigmate à deux lobes alongés. (Poir.)

COSMIE, *Cosmius*. (*Entomol.*) Nous avions désigné sous ce nom de genre, dans la Zoologie analytique, un petit groupe de diptères à bouche en trompe charnue rétractile, à antennes garnies d'un poil isolé latéral simple, dont les larves se développent dans les tiges, les réceptacles et les racines des plantes, principalement des cynarocéphales et des crucifères, et dont les ailes sont agréablement colorées de bandes ou de taches sinueuses, d'où nous avions emprunté le nom grec κοσμίος, qui signifie orné modestement.

On a depuis désigné ces insectes sous les noms de *tephritis*, *dacus*, *oscinis :* telles sont les mouches qui ont été décrites par Linnæus sous les noms de *cardui, cerasi, mali, oleæ, germinationis, solstitialis*, etc. Voyez Téphrites et Chétocères. (C. D.)

COSMORO. (*Ornith.*) L'oiseau que Barrère désigne sous ce nom est l'ara rouge, *psittacus macao*, Linn. (Ch. D.)

COSMOS, COSMUS, COSMEA. (*Bot.*) [*Corymbifères*, Juss. *Syngénésie polygamie frustranée*, Linn.] Ce genre de plantes, de la famille des synanthérées, appartient à notre tribu naturelle des hélianthées et à la section des hélianthées-coréopsidées.

La calathide est radiée, composée d'un disque multiflore, régulariflore, androgyniflore, hétérocarpe, et d'une couronne unisériée, liguliflore, neutriflore. Le péricline, égal aux fleurs du disque, est double; l'extérieur et l'intérieur à peu près égaux : chacun d'eux formé d'environ huit squames unisériées, entregreffées à la base, foliacées, larges, ovales; celles du péricline intérieur appliquées, celles du péricline extérieur inappliquées. Le clinanthe est plane, squamellifère. L'ovaire des fleurs extérieures du disque est cylindracé, subtétragone, atténué supérieurement en un col qui porte une aigrette de trois squamellules distancées, inégales, très-adhérentes, filiformes-subtriquètres, très-épaisses, chacune d'elles munie de deux ou trois barbelles spiniformes très-fortes, dirigées en bas. L'ovaire des fleurs intérieures du disque est beaucoup plus long, et son aigrette n'est que d'une seule squamellule. Les filets des étamines sont munis de poils.

Ce genre, établi par Cavanilles sous le nom de *Cosmos*, qui signifie ornement, est nommé *cosmea* par Willdenow, et *cosmus* par M. Persoon. M. de Jussieu le réunit au *coreopsis;* mais il en diffère essentiellement, selon nous, par son aigrette, qui le distingue également du *dahlia*, et il diffère du *bidens* en ce que sa calathide est radiée. On connoit trois espèces de *cosmos*, qui sont des plantes herbacées annuelles, originaires du Mexique.

Le Cosmos bipinné (*Cosmos bipinnatus*, Cav.) a la tige haute de trois pieds, rameuse, cylindrique, garnie de feuilles opposées, connées, bipinnées-linéaires; les calathides, portées sur des pédoncules terminaux et axillaires, sont grandes, très-belles, composées d'un disque jaune à anthères noires et d'une couronne violette à languettes larges. Cette plante fleurit dans notre climat, à la fin de l'automne, dans la serre, où il est indispensable de la retirer avant cette époque. (H. Cass.)

COSMOSANDALON. (*Bot.*) Voyez COMOS ANDALOS. (J.)

COSQUAUTHLI. (*Ornith.*) Ce mot présente un son adouci de l'ancienne orthographe. On lit, dans Hernandez, liv. 9, chap. 8, p. 319, *Cozcaquauthli*, et dans Nieremberg, liv. 10, chap. 56, *Cozcacoauthli*. L'oiseau ainsi appelé au Mexique est l'urubu, *vultur aura*, Linn. (Ch. D.)

COSSARDE. (*Ornith.*) Ce nom et celui de *Cossard* se donnent, dans divers départemens, à la sous-buse, au busard, et même à la buse. (Ch. D.)

COSSIGNIE; *Cossignia*, *Cossinia*. (*Bot.*) Genre de plantes à fleurs polypétalées, de la famille des *sapindées*, de l'*hexandrie monogynie* de Linnæus, consacré par Commerson à M. Cossigni, l'un des plus zélés cultivateurs de l'Isle de France, auteur d'un Traité sur l'indigoterie. Ce genre est caractérisé par un calice persistant, à cinq divisions; quatre, rarement cinq pétales onguiculés; six étamines; un ovaire supérieur, obscurément trigone; un style court; un stigmate; une capsule ovale, un peu tomenteuse, trigone et à trois loges, s'ouvrant à son sommet, chaque loge renfermant deux ou trois semences attachées à un réceptacle central.

Ce genre a été établi par Commerson pour quelques arbrisseaux originaires des îles de France et de Bourbon. Les feuilles sont alternes, ternées ou ailées avec une impaire; les fleurs disposées en panicules à l'extrémité des rameaux. Il ne renferme que les deux espèces suivantes:

COSSIGNIE A TROIS FEUILLES : *Cossinia triphylla*, Conrm., *Herb. Mss. et icon.*; Lamk., *Encycl.*, 2, pag. 132. Arbrisseau de six ou huit pieds, chargé de rameaux cylindriques, cotonneux vers leur sommet, garnis de feuilles alternes, pétiolées, composées de trois folioles oblongues, entières, obtuses, rétrécies vers leur base; vertes et un peu rudes en-dessus, tomenteuses et d'un blanc presque roussâtre en-dessous. Les fleurs sont blanches, d'une grandeur médiocre, disposées en grappes axillaires et terminales, formant par leur ensemble une panicule étalée ; cinq divisions au calice ; quatre pétales. Commerson l'a découvert au sommet du mont du Rempart, à l'île de Bourbon.

Cossignie ailée : *Cossinia pinnata*, Comm. *l. c.* ; Lamk. *l. c. et Ill. gen. tab.* 256. Cette espèce croît à l'Ile-de-France. Elle ressemble à la précédente par son port ; mais ses feuilles sont ailées, composées de cinq, quelquefois sept folioles oblongues, lancéolées, presque sessiles, vertes, entières, presque glabres et un peu rudes en-dessus, tomenteuses et blanchâtres en-dessous, ainsi que sur les pétioles, les pédoncules et le sommet des rameaux. Les fleurs sont blanches, petites, disposées en panicules axillaires et terminales ; leur calice est tomenteux, à cinq divisions profondes ; la corolle composée de cinq pétales très-caducs ; six étamines plus longues que la corolle ; les capsules tomenteuses, ovales, enflées, légèrement trigones, à trois loges, s'ouvrant à leur sommet en six valves renfermant des semences noirâtres, globuleuses. (Poir.)

COSSIR (*Bot.*) ; *Perlarius primus*, Rumph, *Amb.*, vol. 4, p. 126, t. 56. C'est sous ce nom que l'on connoît à Oma, une des îles voisines de Timor, et que Rumph désigne un arbrisseau ou petit arbre à feuilles alternes, ovales, marquées de trois nervures principales et terminées en pointe, comme celles de l'ortie. De l'aisselle de chacune sortent un ou plusieurs pédoncules simples ou plus rarement divisés, chargés de petits paquets de fleurs disposées en tête, écartés les uns des autres et sessiles sur les pédoncules qui sont pendans. L'auteur ne décrit pas les fleurs ; mais il dit que ces têtes deviennent blanches, molles, remplies d'une espèce de moelle dans laquelle sont des grains très-petits. Il ajoute que la surface de ces têtes est toute percée de petits trous qui laissent échapper une petite pointe. Cette description prouve évidemment l'existence d'une réunion de fleurs, à la manière des mûriers ou de quelques orties ; et le cossir paroît très-voisin de l'ortie interrompue, originaire de Java, et de l'ortie à feuilles rondes, trouvée à l'Isle de France par Commerson. Rumph l'a nommé *perlarius*, à cause de ses fruits blancs imitant des perles; c'est le *caju-fonti* de l'île de Banda, le *matta-cuttu* d'Amboine et le *bunu-cuttu* des Malais. (J.)

COSSON , *Cossonus.* (*Entomol.*) Fabricius a désigné sous ce nom de genre, établi par M. Clairville dans l'Entomologie helvétique, une division d'insectes coléoptères tétramérés, à antennes portées sur un bec ou prolongement du front, et de la famille des rhinocères ou rostricornes, dont les caractères avoient été ainsi donnés : Antennes coudées (c'est-à-dire, dont le premier article est fort long et fait angle avec les suivans), composées de neuf articles, dont les cinq précédant le dernier, qui est en massue ovée , sont presque hémisphériques et perfoliés; corps étroit, alongé, et les tarses filiformes et non à pénultième bilobé, comme dans les calandres, avec lesquelles ils ont les plus grands rapports, et dont ils ne diffèrent, d'après le tableau analytique de M. Clairville, que par la massue des antennes, qui est composée de deux articulations.

Il paroit que les espèces rapportées à ce genre vivent sous les écorces des arbres : elles sont petites. Les deux qui ont été décrites et figurées par Clairville, sont:

1.º Le *Cosson ferrugineux*, qu'il a représenté planche 1.ʳᵉ, n.º 2, et qu'il caractérise ainsi : oblong, ferrugineux, à tête et trompe noires;

Et 2.º, le *Cosson linéaire*, dont nous copions ici la description : oblong, noir; antennes, élytres, jambes et tarses bruns, trompe longue. Olivier l'a figuré dans son ouvrage sur les coléoptères, tome VI, n.º 83, pl. 35, fig. 354.

Le même auteur a décrit et figuré une autre espèce sous le nom de *lymexylon* ou perce-bois, sous le n.º 538 de la même planche. Il est facile à reconnoître, parce qu'il a le corps couvert d'une poussière grise, le corselet comme raboteux, les élytres sillonnées et les pattes fauves, ainsi que les antennes.

Voyez, pour plus de détails, l'article RHINOCÈRES. (C. D.)

COSSUS. (*Entom.*) Genre d'insectes lépidoptères nocturnes de la famille des *filicornes* ou NÉMATOCÈRES (voyez ce mot).

Ce nom de cossus est très-ancien dans le langage des naturalistes; car on le trouve dans Pline pour désigner cer-

taines larves qu'on retiroit du tronc des chênes, qu'on nourrissoit ensuite avec de la farine, et qui passoient alors pour
un mets très-délicat : *Prægrandes roborum vermes, delicatiores
sunt in cibo (cossos vocant), atque etiam farina saginati.* (*Plinii
Histor. naturalis, lib. XVII, cap. 24.*)

La chenille dont il est ici question n'est peut-être pas
celle qui a fait le sujet de l'admirable ouvrage et des observations anatomiques du célèbre Lyonnet, qui a publié à la
Haye, en 1762, le Traité anatomique de la chenille qui
ronge le bois de saule; mais on l'a cru long-temps, et le nom
de cossus a été donné au lépidoptère qu'elle produit et
dont le caractère peut être exprimé comme il suit.

Lépidoptères sans trompe, à antennes dentelées, non renflées et non en soie.

Ce peu de notes suffit pour distinguer ces insectes, d'abord
de tous les papillons diurnes, qui ont les antennes en massue;
des *sphinx*, qui les ont renflées au milieu; des *phalènes, noctuelles* et *teignes*, dont les antennes sont en soie; des *bombyces*,
qui ont une trompe, et des *hépiales*, dont les articles des antennes offrent des dentelures arrondies et presque comme
des grains de chapelet.

Les cossus ressemblent beaucoup aux bombyces et aux
hépiales, avec lesquels ils ont été long-temps confondus : ils
portent, comme eux, les ailes en toit, lorsqu'elles sont en
repos; ils ne volent que la nuit, et vivent très-peu de temps
sous l'état parfait; leurs chenilles sont presque nues ou à
poils rares. Elles ont seize pattes, la tête écailleuse, et les
mandibules très-fortes; elles se développent sous les écorces
des arbres, et elles pénètrent profondément dans le tronc,
comme les larves des capricornes et des cerfs-volans, avec lesquelles on les a peut-être confondues, quoique leurs formes
soient très-différentes, ainsi que nous aurons occasion de le
dire plus bas; elles se filent des cocons, qu'elles recouvrent
de sciure de bois, en les agglutinant et en les collant très-
fortement au dehors. Leur chrysalide présente, sur le pourtour
de chaque anneau de l'abdomen, des verticilles d'épines roides
et cornées, à l'aide desquelles elles avancent dans les galeries
qu'elles se sont creusées à l'époque où elles doivent paroitre
avec leurs ailes, et elles laissent leurs dépouilles à l'entrée

du trou de l'écorce par lequel elles sortent au dehors, comme le font aussi certaines espèces de *zygènes*.

Ces chenilles font le plus grand tort aux arbres. La première espèce, en particulier, qui est très-commune aux environs de Paris, détruit un très-grand nombre d'ormes. Il y a environ une quinzaine d'années que la grande route de Saint-Denys à Paris a été presque entièrement dégarnie de ses arbres par l'innombrable quantité de chenilles qui en avoient tellement attaqué les troncs que l'on fut obligé d'abattre le peu qui en restoit, et dans une seule soirée nous avons pris plus de vingt femelles de ces papillons sur les arbres qui garnissent les boulevards de Paris entre les barrières du mont Parnasse et de Vaugirard.

Les chenilles dégorgent, au moment où on les saisit, une humeur visqueuse, comme huileuse, qui est sans doute destinée à ramollir les fibres ligneuses : cette humeur est très-fétide. Aussi Goëdaert, qui l'a représentée à la 33.e planche de son tome second, dit qu'il ne seroit pas hors de propos de nommer cette chenille le *bouc puant* : car, en quelque endroit qu'elle puisse être, elle rend une puanteur intolérable et aussi désagréable que celle du bouc.

Geoffroy est le premier auteur qui ait pensé que le passage de Pline cité par Linnæus n'avoit pas vraiment rapport à la chenille du cossus. Mais c'est à tort qu'il suppose que le ver en question pourroit être la larve du charanson ou calandre du palmier. On a pensé depuis que le nom de cossus se rapporteroit mieux aux larves du grand capricorne ou des lucanes cerfs-volans, parce qu'en effet ces sortes de larves se nourrissent aussi dans le tronc des chênes, et qu'elles sont tuberculeuses et non odorantes. Dans un autre passage, en effet, Pline dit que c'est du nom de cet insecte que les hommes trapus étoient appelés *cossi*, étymologie d'où, suivant Suétone, *Cossuna*, femme de César, avoit tiré son nom : *A similitudine horum vermium homines rugosi corporis ab antiquis cossi dicti sunt, inde et Cossutiorum familia.*

M. Latreille a séparé, sous le nom de *zeuzère*, l'espèce de cossus qui vit sur le maronnier d'Inde et que Geoffroy avoit désignée sous le nom de *coquette*.

Les espèces les mieux connues dans ce genre sont :

1.º Le Cossus LIGNIPERDE, GRATTE-BOIS OU RONGE-BOIS; *C. ligni-perda, Bombix cossus*, Linn., figuré par Réaumur, Mém., tom. I.ᵉʳ, pl. 17, fig. 1 — 5.

Car. *Ailes d'un gris cendré, avec de petites lignes noires vei-nées; extrémité postérieure du corselet jaunâtre, avec une bande noire.*

La chenille est rougeâtre; quand on la saisit sous les écorces ou dans le tronc des saules et des ormes, elle laisse dégorger une humeur roussâtre destinée probablement à ramollir le bois, et qui est d'une odeur fort désagréable. Elle est très-commune aux environs de Paris.

2.º Cossus TARRIÈRE, *C. terebra.*

Car. *Ailes cendrées, dentelées sur le bord dorsal, avec des atomes et des stries ondulées d'un brun ferrugineux, une strie blanchâtre à la partie postérieure du corselet.*

Cette espèce est un peu plus petite que le cossus ordinaire : on la trouve en Allemagne.

3.º Cossus DU MARONNIER : *Cossus æsculi;* vulgairement la Coquette, Réaumur, Mém., tom. II, p. 470, pl. 38, fig. 1, 2, 3; genre Zeuzère de M. Latreille.

Car. *D'un blanc bleuâtre nacré; les ailes tachetées de points arrondis d'un noir bleuâtre ou verdâtre; six points semblables sur le corselet.*

La chenille de cette espèce se trouve dans les branches du pommier, du châtaignier, du poirier : elle est jaune avec des points noirs. (C. D.)

COSSYPHE, *Cossyphus.* (*Entomol.*) Olivier a donné ce nom, tiré du grec κοσσυφος, qui signifie *merle*, à un genre d'insectes coléoptères hétéromérés, de la famille des mycétobies ou fongivores, à élytres dures non soudées, à antennes grenues terminées par une masse arrondie de quatre articles, à corps très-plat et à corselet cachant la tête.

On ne connoît que deux espèces dans ce genre; encore n'a-t-on aucune observation sur leurs mœurs.

La première, décrite d'abord comme un lampyre ou ver luisant, dont elle a en effet l'aspect pour la forme générale (car le nombre des articles aux tarses est fort différent), a été figurée dans l'Entomologie d'Olivier, n.º 44 *bis*, vue en-dessus et en-dessous, pour faire remarquer la singulière disposition des élytres, qui embrassent l'abdomen comme dans les cassides. C'est le Cossyphe déprimé, *C. depressus*, dont les antennes sont plus courtes que le corselet. Il se trouve en Afrique.

Le Cossyphe d'Hoffmansegg. On l'a trouvé en Espagne, en Portugal, en Barbarie : ses antennes sont plus longues que le corselet ; il ressemble d'ailleurs au précédent. (C.D.)

COSSYPHEURS. (*Entom.*) M. Latreille avoit établi sous ce nom de famille une division de coléoptères dans lequel il faisoit entrer le genre *Cossyphe* et son genre *Hélée*. Il les a depuis réunis aux taxicornes. (C. D.)

COSSYPHUS (*Ornith.*), nom générique donné par M. Cuvier aux *Martins*, que M. Vieillot a nommés *acridothera*. (Ch. D.)

COSTA. (*Bot.*) L'herbe désignée sous ce nom par Camerarius paroît être, suivant C. Bauhin, celle que nous nommons maintenant *hypochæris maculata*. Celle à laquelle Césalpin donne le même nom, est le *panax costicum* de C. Bauhin, le *costus* de Matthiole, le *pastinaca opopanax* de Linnæus. (J.)

COSTIPÈDE. (*Ornith.*) On appelle ainsi les oiseaux dont les jambes sont placées de façon que le corps est dans un parfait équilibre, tandis qu'une articulation en arrière, pareille à celle des grèbes et des plongeons, constitue les oiseaux *clunipèdes*. (Ch. D.)

COSTOTOTL. (*Ornith.*) Voyez Coztototl. (Ch. D.)

COSTUS. (*Bot.*) Ce nom a été donné à diverses plantes : à un panais, *pastinaca opopanax* ; à la christophorienne, *actæa* ; à un aconit ; à un laser, *laserpitium chironium* ; à une achillée, *achillea ageratum* ; à là menthe-coq, qui étoit le *costus hortensis* de Dalechamps, et que M. Desfontaines a nommée *balsamita ageratifolia*. Il est resté à la plante qui la portoit dès le temps de Dioscoride, et qui est un des genres de la famille des amomées. (J.)

COSTUS. (*Bot.*) Genre de plantes monocotylédones, de la famille des *amomées*, de la *monandrie monogynie* de Linnæus, qui diffère très-peu des *amomum*, auxquels M. de Lamarck a cru devoir le réunir. Il se distingue par un calice partagé en trois découpures lancéolées, faisant corps par sa base avec l'ovaire ; une corolle divisée en trois parties égales, enveloppant un tube renflé, partagé en deux lèvres, l'inférieure trifide, la supérieure entière, sur laquelle est placée une anthère à deux loges ; l'ovaire inférieur, surmonté d'un style droit, filiforme et d'un stigmate en tête, un peu échancré. Le fruit est une capsule à trois loges, à trois valves, couronnée par le limbe du calice, contenant des semences petites et nombreuses.

La plupart des espèces renfermées dans ce genre ont des racines épaisses, tuberculées ; des tiges herbacées, engainées en partie par la base des feuilles alternes, rétrécies en pétiole : les fleurs sont réunies en un épi touffu, terminal. Les principales espèces qu'on y rapporte, sont :

Costus d'Arabie : *Costus arabicus*, Linn., Blackw., tab. 394; Turp., *Flor. medic.* tab. 136 : *Anonyma*, Merian, *Surin.*, tab. 36. Ses racines sont noueuses, un peu rampantes, épaisses et charnues; ses tiges simples, droites, glabres, cylindriques, hautes d'environ deux pieds, garnies de grandes feuilles alternes, oblongues, lancéolées, acuminées, glabres, embrassant les tiges par une gaine cylindrique, membraneuse, roussâtre à son orifice, où les feuilles sont rétrécies en forme d'un pétiole très-court; les fleurs sont terminales, réunies en une grosse tête ovale, touffue, assez semblable à un cône de pin, entremêlées d'écailles en forme de spathes partielles, ovales, aiguës, un peu concaves, entourées par les feuilles supérieures des tiges ; le calice est adhérent avec l'ovaire, qu'il couronne, ainsi que le fruit, par un limbe à trois découpures droites, lancéolées, aiguës ; la corolle est blanche, frangée à ses bords ; les capsules renferment un grand nombre de semences glabres, petites, ovales, presque triangulaires. Cette plante est bien certainement originaire de l'Amérique ; elle croît à Surinam et sur les montagnes de S. Domingue. On ne connoît point le costus dans l'Arabie, malgré son nom spécifique. Nous n'avons aucune certitude qu'il croisse dans les Indes orientales, quoique Linnæus l'ait d'abord rapporté, mais avec doute, au *tsiana-kua* de Rheede; il ne peut pas être non plus la plante que Dioscoride a mentionnée sous ce nom, qui est citée par G. Bauhin et plusieurs autres botanistes antérieurs. Il est donc très-probable qu'on confond dans les pharmacies, sous la dénomination de *costus*, plusieurs racines qui appartiennent à d'autres plantes et qu'il est très-difficile de déterminer. La racine de notre *costus* est peu odorante, tandis que celle du *costus* des anciens répandoit une odeur très-agréable. Les Romains l'employoient dans la composition des aromates, des parfums; ils la brûloient sur les autels des dieux, et s'en servoient, aux jours solennels, pour parfumer les temples dans les cérémonies religieuses.

Le *costus d'Arabie*, tel qu'on le trouve dans les boutiques, se présente en morceaux oblongs, de la longueur du pouce, légers, poreux, friables, quoique durs; d'un jaune gris ou brun; d'une odeur suave d'iris ou de violette, qui se communique à l'urine de ceux qui en font usage; d'une saveur aromatique, âcre, légèrement amère. L'eau enlève avec facilité le principe amer de cette racine, mais difficilement son arome. Outre une certaine quantité d'huile essentielle, on en retire un extrait aqueux et un extrait alcoolique. Ce dernier garde l'odeur suave et toute l'amertume du costus. La racine du costus passe pour tonique, excitante, diurétique, emménagogue, utile dans les foiblesses d'estomac, dans les catarrhes chroniques, dans les fièvres adynamiques et autres maladies accompagnées de débilité et de relâchement; elle est également propre à exciter la transpiration cutanée, et à provoquer la sécrétion des urines. Cette racine a joui pendant long-temps d'une grande réputation; elle est aujourd'hui plus rarement employée: on lui substitue souvent l'angélique, le zédoaire, l'iris, l'aunée ou toute autre racine aromatique.

Costus élégant : *Costus speciosus*, Willd.; *Amomum hirsutum*, Lamk., Encycl. 1, pag. 135, et *Ill. gen.*, tab. 3; *Tsiana-Kua*, Rheede, *Hort. malab.* 11, pag. 15, tab. 8. Cette espèce, confondue avec la précédente, quoique originaire du Malabar et des Indes, en diffère par ses feuilles très-amples, vertes en-dessus, chargées en-dessous de poils fins très-courts, qui les rendent blanchâtres et très-douces au toucher. La racine est blanche, tendre, noueuse, rampante, garnie de beaucoup de fibres; ses tiges, hautes de trois ou quatre pieds, se terminent par un gros épi court, sessile, composé de petites écailles imbriquées, et de grandes fleurs blanches ou jaunâtres; leur corolle est velue et comme soyeuse extérieurement, longue d'environ trois pouces sur deux pouces de large, campanulée, tubulée à sa base ; son fruit, d'après Rheede, est une capsule trigone, ovale, arrondie, à trois loges, remplies de semences bleuâtres qui prennent ensuite une couleur brune : ces semences, écrasées, ont l'odeur du gingembre, ainsi que les racines.

COSTUS EN ÉPI : *Costus spicatus*, Willd. ; *Alpinia spicata*, Jacq., *Amer.* 1, tab. 1 ; *Amomum petiolatum*, Lamk., *Encycl.* 1, pag. 136. Ses racines sont blanches, charnues, irrégulières ; elles produisent des tiges hautes de deux pieds, garnies de feuilles glabres, luisantes, oblongues, acuminées, rétrécies en un pétiole court, cylindrique. Les feuilles supérieures, réunies en forme d'involucre, entourent un épi conique, couvert d'écailles imbriquées, coriaces, d'un rouge vif : de chacune d'elles sort une fleur jaune, inodore, longue d'un pouce, un peu ventrue ; trois découpures lancéolées, aiguës ; la quatrième plus grande, arrondie, ondulée et trilobée à son sommet. Elle croît au Brésil et à la Martinique, sur le bord des ruisseaux, et aux lieux humides et couverts dans les montagnes. Les naturels la nomment *canne de rivière* : ils font bouillir la racine et les tiges ; ils regardent cette décoction comme une boisson rafraîchissante, utile dans la gonorrhée et quelques autres maladies.

Les auteurs de la Flore du Pérou ont ajouté à ce genre quelques autres espèces, tels que le *Costus scaber*, *Flor. Per.* 1, tab. 3, dont les fleurs sont réunies en un thyrse conique ; les bractées ovales, très-serrées ; la corolle à demi fermée. Le *Costus levis*, *Flor. Per. l. c.* : les fleurs sont disposées de même ; mais les bractées sont lancéolées, courbées à leur sommet ; la corolle très-ouverte. Le *Costus argenteus*, *Fl. Per.*, *l. c.*, tab. 4 : ses fleurs sont réunies en un thyrse alongé ; les bractées pendantes ; les corolles très-ouvertes. Ces trois plantes croissent dans les grandes forêts au Pérou. (POIR.)

COSZHI (*Ornith.*), nom de la poule au Malabar. (CH. D.)

COT. (*Bot.*) Espèce de luzerne du Levant, suivant Rauwolf : elle est remarquable par ses feuilles découpées ; c'est le *medicago laciniata* des botanistes modernes. Rauwolf lui donne aussi le nom d'*alfassasa*, qui se rapproche de celui d'*alfasasat*, donné par les Arabes à la luzerne cultivée, *medi-*

cago sativa. Rumph dit encore que le coton est nommé *cot* dans la Syrie. Voyez Capas. (J.)

COTA. (*Bot.*) Pline et Dioscoride ont ainsi nommé la camomille puante, *anthemis cotula*, suivant C. Bauhin. (J.)

COTAN (*Conchyl.*), nom sous lequel Adanson (Sénégal) désigne la Vénus radiée. (De B.)

COTANE. (*Bot.*) Rauwolf dit que le ciche, *cicer arietinum*, est ainsi nommé dans le Levant : c'est l'*omnos* ou *hamos* des Arabes, suivant lui ; le *homos*, suivant Forskaël. M. Delille nomme *hammos* les graines sèches, et *malanah* la plante qui les porte. (J.)

COTE, *Costa*. (*Bot.*) Les lignes en relief ou en creux que les ramifications vasculaires du pétiole forment sur la lame de la feuille, portent, suivant leur degré de finesse ou de force, les noms de veinules, de veines, de nervures. On qualifie de côte le faisceau principal qui part directement de la base de la feuille et se prolonge dans toute sa longueur, de manière à la partager en deux parties égales. (Mass.)

COTES BRANCHIALES, *Costæ branchiales*. (*Ichthyol.*) M. Cuvier donne ce nom aux petits arcs cartilagineux suspendus dans les chairs, au bord extérieur des branchies, dans les poissons Cyclostomes et Plagiostomes. Voyez ces mots. (H. C.)

COTÉE. (*Ornith.*) Ce nom, d'après Cotgrave et Salerne, désigne, en vieux françois, la poule d'eau commune, *fulica chloropus*, Linn. Belon l'applique, pag. 175, à un autre oiseau, qui paroît être le morillon, *anas glaucion*, Linn., mais que cet auteur prétend en différer. (Ch. D.)

COTELET. (*Bot.*) Voyez Citarexylum et Bois cotelet. (Poir.)

COTHURNO. (*Ornith.*) La bartavelle, *perdix græca*, Briss.; *tetrao rufus*, Linn., porte ce nom en Italie. (Ch. D.)

COTIA (*Mamm.*), nom que les Portugais donnent à l'agouti, *cavia aguti*, Gm. (F. C.)

COTINGA. (*Ornith.*) Ce genre d'oiseaux qui, sous la dénomination latine d'*ampelis*, et en y comprenant le jaseur d'Europe, est composé de onze espèces dans la treizième édition du *Systema naturæ* donnée par Gmelin, et de quatorze dans l'*Index ornithologicus* de Latham, forme, dans le *Règne animal* de M. Cuvier, une famille plus étendue, que ce naturaliste divise en six sections; savoir : les *piauhaus*, les *cotingas* ordinaires, les *échenilleurs*, les *jaseurs*, les *procnias* et les *gymnodères*, lesquels ont tous un bec déprimé comme celui des gobemouches, mais un peu plus court à proportion, assez large et légèrement arqué. Les piauhaus, ainsi nommés à cause de leur cri, et que M. Vieillot a fort bien désignés par le mot latin *querula*, sont ceux dont le bec est le plus fort et le plus pointu : les insectes forment leur principale nourriture, et c'est dans les bois surtout qu'ils volent à leur poursuite. Les cotingas ordinaires, proprement nommés *ampelis*, ont le bec un peu plus foible, et outre les insectes ils recherchent, dans les lieux humides, les baies et les fruits tendres. M. Levaillant prétend même qu'ils sont uniquement frugivores. Les *procnias*, dont Illiger a fait un genre particulier sous ce nom, donné d'abord par Hoffmansegg, ont le bec foible, déprimé et de plus fendu jusque sous les yeux : ils se distinguent aussi par des caroncules sur le front, ou des peaux nues sous la gorge, et leur régime est surtout insectivore. Les gymnodères, dont on ne connoît encore qu'une seule espèce, ont le bec un peu plus fort que ces derniers; mais c'est le cou qui présente des parties nues, et la tête est couverte de plumes veloutées. Les espèces qui appartiennent à ces quatre sections, se trouvent dans l'Amérique méridionale.

Les échenilleurs, *ceblepyris*, Cuv., et les jaseurs, *bombycilla*, Br., ou *bombycivora*, Temm., se reconnoissent à d'autres caractères très-remarquables, mais tirés de parties étrangères à celles dans lesquelles se prennent ordinairement ceux qui servent à l'établissement des genres. Les premiers ont les tiges des plumes uropygiales un peu prolongées, roides et piquantes; et chez les seconds, le bout de la tige des pennes secondaires des ailes s'élargit en un disque ovale et lisse. Ceux-là vivent en Afrique et aux Indes; ils sont insectivores. Ceux-ci se nourrissent de baies; l'espèce la plus répandue est erratique, et se transporte en troupes dans les diverses contrées de l'Europe.

On ne traitera dans cet article que des *piauhaus*, des *cotingas* proprement dits, des *procnias* et des *gymnodères*,

en y ajoutant le *gymnocéphale* ou choucas chauve. Voici les
caractères qui sont le plus généralement applicables aux oiseaux
que ces sections comprennent : Bec plus ou moins déprimé
de haut en bas, évasé à la base, et présentant une forme
presque triangulaire ; mandibule supérieure rétrécie, échancrée et courbée à la pointe ; l'inférieure un peu aplatie en-
dessous, à pointe aiguë et retroussée ; narines fort larges,
presque orbiculaires, situées à la base du bec, demi-closes
par une membrane, et recouvertes de soies ou de plumes ;
langue courte, cartilagineuse, étroite et bifide ; ailes médiocres ; queue composée de douze plumes ; tarses à réseaux ;
trois doigts devant, dont les deux externes sont réunis jusqu'à la seconde phalange ; le pouce aussi long que le doigt
du milieu et plus fort.

Il y a parmi les cotingas des espèces dont le plumage
n'offre rien de saillant, et d'autres chez lesquelles il est même
assez terne hors le temps des amours ; mais à cette époque
on voit briller sur les mâles de plusieurs d'entre elles toutes
les nuances des couleurs les plus vives et les reflets les plus
admirables : aussi ces espèces forment-elles le plus bel ornement de la plupart des cabinets. L'Amérique est la seule
partie du monde qui nous les fournisse, et on les y chercheroit même vainement au-delà du Brésil vers le sud, et
du Mexique vers le nord. Les cotingas ne sont cependant
pas sédentaires ; mais leurs petits voyages n'ont pour objet
que de se trouver en certains lieux à l'époque de la maturité
des fruits dont ils se nourrissent. Les endroits de la Guiane
où l'on a observé qu'ils se plaisoient le plus dans les deux
saisons pendant lesquelles ils paroissent près des habitations,
sont les lieux humides : mais c'est à tort qu'on les a supposés
destructeurs des rizières ; car la forme et le peu de solidité
de leur bec excluent à leur égard toute idée d'oiseaux granivores. Sonnini a aussi reconnu que les habitans ne mangeoient pas leur chair, et que, si leur peau arrivoit souvent
en mauvais état, ce n'étoit point par la raison qu'avoit soup-
çonnée Gueneau de Montbeillard ; mais parce que, les plumes
étant peu adhérentes, cette peau tendre exigeoit, pour
sa préparation, des soins qu'on ne se donne pas dans le pays.

La taille des espèces de cotingas varie depuis celle de la

corbine jusqu'à celle de la grive mauvis. Les femelles, qui
ont en général des couleurs beaucoup moins riches, sont le
plus souvent d'un plumage terne. On ne connoît que très-
imparfaitement les mœurs de ces oiseaux et ce qui concerne
leur reproduction ; mais cependant on sait que plusieurs espèces font leurs nids sur les plus grands arbres et y pondent
quatre ou cinq œufs. Mauduyt témoigne, dans l'Encyclopédie
méthodique, au mot *Pacapac*, son étonnement de ce qu'on
n'a pas encore essayé d'apporter ces beaux oiseaux vivans
en Europe, en remplaçant les baies dont ils font leur principale nourriture, par de la mie de pain humectée, par la
moelle de la canne à sucre, et même par du sucre ramolli et
à demi fondu ; mais la réussite seroit d'autant moins probable que la plupart de ces oiseaux sont tout à la fois insectivores et frugivores, et que vraisemblablement on a fait à
ce sujet, dans leur pays natal, des tentatives qui auront été
vaines, puisqu'on n'y en trouve pas en captivité.

§. 1.er

Piauhaus.

Grand piauhau : *Ampelis phœnicea*, Shaw ; *Coracias mili-
taris*, id. (ou *Querula phœnicea*, en donnant au mot *querula*
la valeur d'un terme générique). Le mâle et la femelle de
cette espèce ont été figurés pl. 25 et 26 des *Oiseaux rares de
l'Amérique et des Indes*, de M. Levaillant, sous le nom de Grand
Cotinga. Sa taille, en effet, approche de celle de la corneille
corbine ; il a environ quinze pouces de longueur, depuis la
pointe du bec jusqu'à l'extrémité de la queue, qui est carrée,
et dont l'aile atteint le milieu. Le bec est long de deux pouces
sur un pouce de largeur à sa base, qui est garnie, aux
côtés, de poils roides et durs, et vers le milieu duquel se
trouvent les narines, cachées par des plumes partant du front.
Cet oiseau, dont la tête est fort grosse, en a le devant couvert
de plumes effilées qui forment une huppe en se jetant par
derrière ; et des plumes semblables, mais plus longues,
partent du bas de son cou et retombent sur la poitrine.
Toutes ces plumes et celles des autres parties du corps sont
chez les mâles d'un rouge ponceau, plus foncé sur le corps

que dessous, à l'exception des pennes des ailes et de la queue, qui sont d'un brun noir en-dessus et d'un gris glacé de blanc en-dessous. Le bec est d'un rouge cramoisi, et les pieds, ainsi que les ongles, sont noirâtres. La femelle, un peu plus petite que le mâle, n'a pas de longues plumes sur la poitrine, et sa huppe est moins forte ; les pennes des ailes et de la queue sont d'un brun foncé ; le ventre et les plumes anales sont d'un blanc sale, et sur tout le reste du plumage le rouge ponceau est remplacé par un gris cendré ; le bec, les pieds et les ongles sont bruns. Ces oiseaux se trouvent dans la Guiane françoise et à Surinam, où ils se tiennent dans les lieux éloignés de toute habitation et ne paroissent pas fort communs.

Piauhau ordinaire, *Ampelis rubricollis* (ou *Querula rubricollis*). Le mâle de cette espèce, qui est le *muscicapa rubricollis* de Gmelin et de Latham, a été figuré dans les planches enluminées de Buffon, n.° 381, sous le nom de Grand Gobe-mouches noir à gorge pourprée de Cayenne, et décrit par cet auteur sous celui de Piauhau. M. Levaillant a aussi donné, pl. 47 et 48 de ses Oiseaux rares, la figure du mâle et de la femelle. Brisson, en décrivant le même oiseau parmi les gobe-mouches, au tome 2, p. 386, de son Ornithologie, laisse entrevoir qu'il le regarde comme identique avec le *Jacapu* de Marcgrave, *Hist. Bras.*, p. 192 ; mais Buffon a fait observer que, malgré des rapports dans le plumage, un oiseau de la grosseur d'une alouette ne pouvoit être confondu avec le Piauhau, dont la taille excède celle de la draine. Le plumage du mâle est d'un noir mat, qui prend une teinte luisante sur les ailes et sur la queue ; et celui-ci, dont la longueur est d'environ onze pouces, se distingue de sa femelle, un peu plus petite, en ce qu'il a au devant du cou une belle plaque d'un rouge pourpre, composée de plumes longues, étroites et rudes au toucher, peu apparentes après la première mue, ne présentant que des rudimens rouges, comme on le voit dans un individu conservé au Muséum d'histoire naturelle, et n'acquérant tout leur éclat qu'à la troisième année. Les ailes de cet oiseau s'étendent jusqu'aux deux tiers de la queue, mais non jusqu'à son extrémité, comme on pourroit l'induire de la description et surtout de la planche de Buffon. Les yeux sont d'un brun rougeâtre, les pieds et les ongles noirs, et le bec est de couleur de plomb. Cette espèce, fort commune à Cayenne, s'y nourrit de fruits et d'insectes, qu'elle prend au vol. Elle fréquente les grands bois, et construit sur les arbres les plus hauts un nid très-évasé, où la femelle pond quatre œufs.

M. Cuvier indique, comme se rapprochant des piauhaus plus que des cotingas ordinaires, l'oiseau représenté dans les planches enluminées de Buffon sous le n.° 699, c'est-à-dire celui que Brisson a décrit, tome 2, p. 353, avec la dénomination d'*ampelis cinerea*, le même que le *guiraru nheengeta* de Marcgrave, et que l'*ampelis cinerea* de Latham. Mais M. Levaillant prétend que cet oiseau est un jeune du cotinga pacapac, *cotinga cinereo-purpurea*, Briss., dont Montbeillard parle comme d'une variété de cette espèce : et, en attendant que le fait soit mieux éclairci, on se bornera à observer que l'oiseau décrit et figuré par M. Levaillant, pl. 44, sous la dénomination de *cotinga cendré*, est à peu près de la taille du quéreiva ; que les ailes, pliées, ne s'étendent que peu au-delà de la naissance de la queue ; que les parties supérieures du corps sont d'un gris-cendré foncé, les parties inférieures d'un gris clair, et le bec, les pieds et les ongles d'un noir brun.

§. II.

Cotingas ordinaires.

Cotinga ouette : *Ampelis carnifex*, Linn. ; et, en double emploi, *Ampelis coccinea*, Gmel. Le mâle de cette espèce est représenté, dans les planches enluminées de Buffon, n.° 378, sous le nom de *Cotinga rouge de Cayenne*, et les deux sexes le sont dans les Oiseaux rares de M. Levaillant, pl. 57 et 38. Son nom, en langue gariponne, est *apira* ou *arara*, et celui d'*ouette* exprime son cri. Le côté intérieur et le derrière du tarse sont garnis, dans toute leur longueur, de petites plumes soyeuses de la nature du duvet. Sa queue est arrondie à son extrémité ; et, ce qui distingue particulièrement cette espèce, c'est que les quatrième et cinquième pennes de l'aile sont, à leur extrémité, plus étroites que les autres, et que la quatrième, la plus courte de toutes, se termine par une sorte de raccornissement qui a de la ressemblance avec les dernières plumes alaires du jaseur, ainsi qu'on peut le voir sur la planche 57 de M. Levaillant. La tête du mâle est aussi couverte de plumes roides et étroites d'un rouge pourpre, qu'il peut hérisser. Dans son état parfait, les côtés de la tête, le derrière du cou et le dos sont d'un brun-violet foncé et velouté, qui est plus clair, avec des ondes roussâtres, sur le devant du cou, et prend une teinte mordorée sur la poitrine. Les plumes scapulaires et les couvertures supérieures des ailes sont d'un brun roux; les plumes uropygiales et celles de la poitrine et des parties inférieures du corps sont d'un rouge d'écarlate; les pennes caudales sont de la même couleur, avec une bordure rembrunie; les premières pennes des ailes sont noirâtres; les suivantes sont, comme les scapulaires et les plumes dorsales, bordées d'un brun violet. Le bec est d'un rouge brun; les pieds et les ongles sont jaunâtres, et les plumes qui revêtent le tarse, d'un rouge très-clair. La femelle, chez laquelle les quatrième et cinquième pennes alaires sont conformées comme les autres, a la tête tout entière d'un rouge mordoré, qui se retrouve aussi sur la queue; toutes les parties supérieures, la gorge et la poitrine sont d'un vert d'olive, le ventre et les plumes anales d'un rouge foible, le bec et les pieds d'un brun jaunâtre. Le jeune mâle, avant la seconde mue, a le plumage peu différent de celui de la femelle. La taille de cet oiseau est d'environ sept pouces, et son envergure est moins grande que celle des autres espèces. Il est fort commun à la Guiane, et on le trouve aussi au Brésil.

Le Cotinga cuivré, *Ampelis cuprea*, Merrem, et *coccinea*, Gmel., dont le premier a donné la figure, pl. 2 de ses *Icones avium rariorum*, et qu'il a décrit comme étant de la taille du précédent, et ayant le sommet de la tête rouge, les joues orangées, les plumes du cou et du dos olivâtres avec des nuances cuivrées, les parties inférieures d'un rouge sanguin, et les pennes de la queue à reflets verts sur un fond rouge, n'est considéré par M. Cuvier que comme une variété du précédent. M. Vieillot le regarde, au contraire, comme une espèce particulière; mais il suppose ses ailes plus longues qu'elles ne le sont en effet.

Cotinga Pompadour : *Ampelis pompadora*, Linn.; pl. enlum. de Buffon, n.° 279. Cette espèce, que les naturels de la Guiane nomment *Pacapaca*, et à laquelle M. Levaillant a consacré trois planches, représentant, sous les n.°s 34, 35 et 36, le mâle, la femelle et le jeune âge, a sept pouces et demi de longueur totale; sa queue, longue de deux pouces et demi, surpasse les ailes de sept à huit lignes. Ces ailes offrent, dans les deux sexes parvenus à leur état parfait, un singulier caractère, qui consiste en ce que leurs grandes couvertures, étroites et roides, sont disposées sur deux plans en angle aigu, comme un toit, et forment chacune une gouttière; les pennes des ailes ont les barbes très-larges; les plumes du corps sont aussi très-longues, et la queue est carrée. Le mâle, âgé de dix-huit mois et dans la saison des amours, a les pennes alaires, à l'exception des trois les plus proches du corps, d'un blanc de neige, et toutes les autres plumes, également blanches à leur base, sont extérieurement d'un pourpre lustré, qui est plus foncé sur la tête, le cou, le dos et la poitrine, que sur les autres parties du corps. La tête n'est pas entourée du trait blanchâtre qui a semblé à Gueneau de Montbeillard dessiner la physionomie de l'individu mutilé, ou, peut-être, trop rembourré, sur lequel il a fait sa description. Le bec est d'un brun rougeâtre; les yeux sont d'un marron foncé, et les pieds d'un brun noir. La femelle du pacapac, un peu plus petite que le mâle dans toutes ses proportions, a les couvertures en gouttières, moins longues et moins foncées en couleur, et, suivant M. Levaillant, les parties d'un pourpre foncé dans le mâle, sont chez elle d'un gris brun avec une teinte lie-de-vin; les parties inférieures d'un pourpre clair, à travers lequel on aperçoit le blanc qui colore la base des plumes; les grandes pennes des ailes d'un noir pourpré, et celles de la queue d'un brun légèrement pourpré. D'après le même naturaliste, ce seroit cette femelle que Gueneau de Montbeillard auroit décrite comme une variété d'âge du mâle, sous le nom de pacapac gris-pourpré; mais Sonnini, qui a étudié cette espèce dans son pays natal, assure que ce cotinga est réellement le jeune âge de l'oiseau. Quoi qu'il en soit, M. Levaillant, après avoir décrit le mâle

et la femelle comme étant, à la sortie du nid, presque entièrement d'un gris cendré, annonce qu'à la première mue
le mâle prend, dans les parties supérieures du corps, une
nuance pourprée qui ressemble à l'uniforme de la femelle
adulte, et qu'à la seconde, les couleurs de ses plumes se
fonçant encore, son habit devient bigarré et composé de
plumes d'un gris-brun pourpré et d'un beau pourpre. Ses
ailes portent des pennes blanches mêlées de pennes brunes,
jusqu'à ce qu'à la troisième année il ait acquis toute sa
beauté avec ses plumes blanches.

Cette espèce fait, comme les autres cotingas, de petits
voyages dont les époques sont réglées par celles de la maturité des fruits qui constituent en partie sa nourriture,
ce qui a lieu en Mars et en Septembre dans les Guianes
française et hollandaise ; elle fréquente aussi les bois situés
le long des rivières, et l'on prétend que la femelle pond
quatre œufs entièrement blancs dans un nid construit sur
les arbres de haute futaie.

Cotinga quéreiva : *Ampelis cayana*, Linn. et Lath. ; pl.
enlum. de Buffon, n.° 624. M. Levaillant a consacré quatre
planches à cette seule espèce. La vingt-huitième représente
le mâle dans son jeune âge, époque à laquelle il est d'un
brun clair sur la gorge et le devant du cou, de la même
couleur sur la poitrine et les flancs, dont les plumes ont
une bordure roussâtre, et plus rousses sur le ventre et
l'anus : les parties supérieures sont d'un brun plus foncé,
et chaque plume a un liséré de roux plus foible, qui se ren-
force sur les couvertures des ailes et sur les bords de leurs
grandes pennes, lesquelles, comme celles de la queue, ont
le fond d'un brun noirâtre. Le bec, les pieds et les ongles
sont bruns. Cet oiseau, dans la planche n.° 29, est parvenu
au moyen âge : on voit sur sa gorge quelques plumes pour-
prées ; d'autres offrent les rudimens d'un brun vert sur la
tête, la poitrine, le ventre ; quelques pennes noires paroissent sur les ailes. Enfin, le dessus de la tête, les joues,
le derrière et les côtés du cou, le dos, le croupion, les
couvertures de la queue, la poitrine et les parties inférieures, se couvrent de plumes d'un vert d'aigue-marine très-
éclatant ; les ondulations des plumes laissent entrevoir sur

la tête et sur le dos le noir qui en occupe le milieu; les scapulaires sont d'un noir pur, et entourées chacune d'une bordure verte qui les détache les unes des autres; les pennes des ailes et de la queue sont presque entièrement noires; les deux plus extérieures des ailes sont très-étroites; la gorge est ornée d'une belle cravate d'un pourpre violet. C'est dans cet état parfait que le cotinga quéreiva mâle est représenté pl. 27. La femelle, pl. 30, a dans toutes ses parties à peu près un pouce de moins que le mâle, qui en a huit de longueur et dont la taille est celle du mauvis. Après avoir eu dans son jeune âge plus ou moins de rapports avec le mâle non encore adulte, la femelle acquiert et conserve un brun noirâtre sur la tête, le derrière du cou, le dos et les scapulaires, avec une teinte verdâtre fort légère et qui se fonce davantage sur le croupion et les couvertures de la queue. Les grandes couvertures des ailes sont entourées d'un liséré roussâtre; leurs grandes pennes sont noires avec une frange verdâtre sur les bords, et celles qui les suivent ont les bordures roussâtres vers leur pointe et vertes à leur racine. Les pennes de la queue sont brunes avec un liséré verdâtre. Le dessous du corps est varié de gris et de roux. Le bec, les pieds et les ongles sont noirâtres.

Le cotinga quéreiva est très-commun à la Guiane. M. Levaillant pense que c'est un de ces oiseaux, dans son jeune âge, que Gueneau de Montbeillard a décrit sous le nom de *litorne de Cayenne*, et qui est représenté sous celui de grive du même pays dans la 515.e planche enluminée. Mauduyt avoit déjà énoncé la même opinion dans l'Encyclopédie méthodique, et le plumage de l'oiseau paroît, en effet, propre à le faire penser ainsi; mais Sonnini combat ce rapprochement, en soutenant que l'oiseau dont il s'agit forme une espèce distincte. Les noms de *piauhau* et *piniavouin*, donnés par les créoles, semblent toutefois le rapprocher des cotingas.

L'oiseau décrit par Linnæus sous le nom d'*ampelis tersa*, et dont Gueneau de Montbeillard a parlé sous celui de *tersine*, lequel a les pennes des ailes et de la queue, la tête et le haut du dos, noirs; la gorge, la poitrine, le bas du dos, le bord extérieur des pennes des ailes d'un bleu clair, avec une bande transversale de cette dernière couleur sur les couvertures supérieures, et le ventre et les flancs d'un blanc jaunâtre, est aussi regardé par M. Cuvier comme une variété du quéreiva, et par M. Levaillant comme un quéreiva dans son moyen âge : mais M. Vieillot, observant que le quéreiva n'a, dans aucun temps, la tête ni aucune autre partie du plumage noires comme chez la tersine, etc., a formé de celle-ci un genre particulier sous ce dernier nom.

Cotinga bleu ou Cordon-bleu : *Ampelis cotinga*, Gmel. et Lath.; pl. enl. de Buff., 186 et 188. M. Levaillant, qui a fait représenter le mâle, la femelle et le jeune âge d'un cotinga bleu sans cordon, pl. 34, 35 et 36, a, sur différentes considérations, regardé le cotinga cordon-bleu comme une espèce distincte, et il lui a encore consacré ses 41.e et 42.e planches. Tout annonçant, au contraire, que Gmelin et Latham ont eu raison de réunir les deux oiseaux, on n'en fera ici qu'un seul article. Il paroît que, dans cette espèce comme dans les autres, la taille éprouve des variations auxquelles il ne faut pas, de l'aveu même de M. Levaillant, attacher une trop grande importance. On ne s'arrêtera donc pas ici à la circonstance que le cordon bleu décrit par Brisson avoit huit pouces huit lignes de longueur, et treize pouces dix lignes de vol, tandis que celui qui a servi à la description de Gueneau de Montbeillard n'avoit que huit pouces de longueur totale et treize pouces d'envergure. La plupart des mâles adultes ont les parties supérieures d'un bleu d'outre-mer très-vif; les pennes des ailes et de la queue noires, avec un liséré bleu; la gorge, le devant du cou, la poitrine et une partie du ventre d'un beau pourpre violet, qui, chez quelques-uns, est coupé, à l'endroit de la poitrine, par une ceinture du même bleu que celui du dos, et chez d'autres offre encore des taches de feu, disposées plus ou moins régulièrement et formant un cercle entier au-dessus du cordon dans la variété pl. 41 de Levaillant.

D'après les recherches que M. Levaillant a faites sur le cotinga bleu, très-commun à Cayenne, où l'on ne paroît pas connoître le cordon-bleu, et sur sa femelle, qui diffère beaucoup du mâle, comme dans les autres espèces, et dont aucun naturaliste avant lui n'avoit encore fait mention , l'erreur ne viendroit-elle pas de ce que Gueneau de Montbeillard, au lieu de considérer l'existence de la ceinture et des marques de feu comme accidentelles , les a regardées comme un attribut particulier et distinctif du mâle , en réputant femelles les individus chez lesquels la gorge et la poitrine n'offroient que du pourpre uniforme ? La difficulté seroit levée et toute confusion cesseroit, si l'on reconnoissoit pour femelle de l'espèce unique celle que M. Levaillant a figurée pl. 35, et qui a le dessus de la tête , le derrière du cou, le manteau, le dos, le croupion, les couvertures supérieures de la queue et toutes celles du dessus des ailes d'un noir un peu bruni sur les parties hautes , et jetant des reflets d'un bleu verdâtre sur les parties basses. Les plumes du dos ont chacune une bordure blanche, qui les fait paroitre écaillées, et il en est de même de celles de la poitrine et des flancs, dont le fond est d'un noir bruni. Les points blancs sont très-petits sur le haut de la tête, et s'agrandissent à mesure qu'ils descendent. Les premières pennes des ailes sont noirâtres ; les barbes extérieures des suivantes sont rousses, et celles des dernières, blanches. La queue est d'un noir brun ; ses pennes portent à leur extrémité un petit trait roussâtre ; la gorge , qui est de cette dernière couleur, a une foible nuance purpurine : les plumes abdominales et anales sont d'un roux clair ; les couvertures du dessous des ailes sont roussâtres avec quelques taches brunes. Le bec , les pieds et l'iris sont comme dans le mâle.

Dans le jeune âge, qui fait le sujet de la 36.ᵉ planche de Levaillant, cette femelle ne diffère pas du jeune mâle, et tous deux ont les parties supérieures de la tête , le derrière du cou, le manteau et la queue, d'un brun uniforme. Les couvertures supérieures des ailes et de la queue , les côtés de la tête et du cou , la poitrine, le ventre et les flancs, ont des écailles roussâtres sur un fond brun. Le dessous des ailes et de la queue est d'un fauve pâle. Le bec et les pieds sont bruns. A la première mue le mâle seul se revêt de quelques plumes bleuâtres, et d'autres portant une nuance de pourpre aux endroits qui doivent offrir plus tard ces couleurs dans tout leur éclat.

CotINGA A PLUMES SOYEUSES OU DES MAYNAS : *Ampelis maynana*, Linn. et Lath.; pl. enl. de Buffon, n.° 229, et de Levaillant, n.° 45. Cette espèce, d'une taille plus petite que celle du mauvis, a, depuis le bout du bec jusqu'à celui de la queue, sept pouces quatre lignes, et treize pouces quatre lignes de vol; ses ailes, pliées, s'étendent jusqu'aux deux tiers de la queue; la gorge est d'un violet foncé; les pennes des ailes et de la queue sont d'un noir bruni, avec un liséré bleu. Tout le reste du corps est couvert de plumes à barbes longues et soyeuses qui, sous certains aspects, offrent un bleu éclatant, tandis que, sous d'autres, elles paroissent d'un vert d'aigue-marine. Le duvet intérieur des plumes est brun, violet ou blanc, sur différentes parties du corps; mais les brins chevelus les recouvrent toutes si exactement qu'il faut les soulever pour s'en apercevoir. Le bec est brun; les pieds et les ongles sont noirs. Cet oiseau habite le pays des Maynas.

Gmelin et Latham ont rangé parmi les cotingas le cotinga huppé, *ampelis cristata*, qui est décrit et figuré tab. 15 des *Illustrationes* de Miller, comme ayant le dos rouge, les joues et le ventre blancs, les ailes et la queue noires. M. Levaillant pense que, si cet oiseau est réellement un cotinga, ce pourroit être le grand cotinga dans son moyen âge.

Latham a aussi adopté comme espèce l'oiseau décrit et figuré par Sparrman, pl. 70 du *Museum Carlsonianum*, sous la dénomination d'*ampelis lutea*, cotinga jaune, et qui a les parties supérieures d'un brun olivâtre; une longue tache blanche à l'angle des mâchoires; les deux pennes supérieures de la queue noires, avec la base et la pointe jaunâtres, et les autres en totalité de cette dernière couleur; la gorge, la poitrine, le haut du ventre, le croupion, les couvertures inférieures des ailes et de la queue, jaunes; la partie inférieure du ventre et l'anus blancs; le bec noir, et les pieds noirâtres. Sparrman ne dit rien de la taille de cet oiseau; mais Latham annonce qu'elle est de six pouces et demi.

On présente encore comme espèces, dans le Nouveau Dictionnaire d'histoire naturelle, 1.°, un cotinga brun, *ampelis fusca*, Vieill., de cinq pouces seulement de longueur, qui se trouve au Brésil, et qui a le dessus du corps d'un brun noirâtre ; la poitrine et le ventre d'un brun noisette, avec des raies longitudinales blanches au centre ; les flancs violets ; le bas de l'abdomen et l'anus d'un blanc pur, ainsi qu'une raie transversale sur le croupion : 2.° un cotinga à flancs roux, *ampelis hypopyra*, Vieill., qui se trouve a la Guiane, dont la longueur est de sept pouces, et qui paroît ne différer du cotinga gris qu'en ce qu'il a sur les flancs une large touffe de plumes d'un roux orangé, couleur qui se retrouve au haut des ailes, dont elle borde les petites couvertures, ainsi que les pennes caudales : 3.° un cotinga doré, *ampelis aureola*, Vieill., qui se trouve au Pérou, et qui, de la taille du cotinga pacapac, a le plumage pareil, à l'exception du dessus de la tête, de la partie antérieure des ailes, de la poitrine et des flancs, lesquels sont d'un jaune doré.

§. III.

Procnias.

Cotinga caronculé : *Ampelis carunculata*, Gmel. et Lath., ou *Procnias carunculata*, Nob. ; pl. enl. de Buffon, n.° 793, le mâle adulte, et 794 un jeune mâle sous la dénomination de femelle ; pl. 39 et 40 de Levaillant, le mâle et la femelle dans leur état parfait. Cet oiseau, d'un pied de longueur, a un bec fort plat, très-ample, long de dix-huit lignes et large de sept à sa base. La queue, un peu fourchue, dépasse de vingt-une lignes les ailes, qui n'atteignent que le tiers de sa longueur. Les pieds sont courts et noirs, ainsi que le bec. Le plumage du mâle, dans son état parfait, est d'une blancheur éclatante sur toutes les parties du corps, et ce qu'il a de plus remarquable, c'est une caroncule musculeuse, arrondie, ridée, recouverte de quelques faisceaux de plumes courtes, et d'environ deux pouces de longueur, qui est implantée sur son front, d'où elle pend négligemment dans l'état de repos, mais qui, dit-on, s'enfle, se relève et se dresse perpendiculairement quand l'oiseau est animé d'une passion quelconque. Gueneau de Montbeillard pensoit que cet effet étoit produit par l'air que l'oiseau introduisoit dans la cavité de la caroncule ; mais M. Levaillant a vérifié qu'il n'y avoit entre cette cavité et le palais aucune communication, et le redressement seroit alors uniquement dû à l'action musculaire. La femelle est privée de cette caroncule. Le dessus de sa tête, le derrière du cou, le dos, les scapulaires, le croupion et les couvertures du dessus de la queue sont d'un vert-olivâtre bruni; les pennes des ailes et celles de la queue, de la même couleur, ont de plus un liséré olivâtre sur leurs bords extérieurs; les plumes de la gorge, du devant de la poitrine et des flancs, qui sont d'un vert plus foible, ont à leur centre un trait de blanc jaunâtre, qui s'élargit davantage sur les parties plus basses, èt occupe presque tout le milieu de chaque plume sur le bas de la poitrine et le ventre; les plumes anales et celles des jambes sont d'un blanc jaunâtre. Les pieds et les ongles sont noirs : la mandibule supérieure l'est aussi en totalité; mais l'inférieure n'a du noir qu'à la pointe; sa base est d'un gris jaunâtre. Cette espèce, qu'on trouve à la Guiane et au Brésil, a une voix très-forte qui se fait entendre d'une demi-lieue. Un colon de Surinam a rapporté à M. Levaillant qu'elle faisoit son nid sur les arbres les plus élevés, et y pondoit quatre œufs grisâtres.

Cotinga a gorge nue, *Ampelis nudicollis*, Vieill., ou *Procnias nudicollis*, Nob. Le mâle, en son état parfait, est blanc comme dans l'espèce précédente; mais le reste du temps les individus des deux sexes ont le fond du plumage verdâtre. Le premier paroit être le seul qui ait la gorge nue : on voit, au moins, dans le cabinet d'histoire naturelle de Paris des individus, reçus du Brésil, qui l'ont couverte de plumes, et dont les parties inférieures présentent des taches brunes et jaunâtres.

Cotinga averano : *Ampelis variegata*, Gmel. et Lath.; et *Ampelis* ou *Procnias carno barba*, Cuv. Cet oiseau du Brésil a été décrit par Marcgrave sous le nom de *Guira-Punga*, p. 202 de son Histoire naturelle de ce pays, où les Portugais l'ont appelé *ave de verano*, oiseau d'été, parce qu'aux mois de Décembre et de Janvier, qui sont les plus chauds de l'année, le mâle fait entendre une voix très-forte, qui ressemble tantôt au bruit *cock*, *cick*, que feroit le choc d'un instrument tranchant sur un coin de fer, et tantôt au son d'une cloche fêlée, *kur*, *kur*, *kur*. L'averano est presque aussi gros qu'un pigeon : son bec, long d'un pouce, a la même largeur, et le mâle est remarquable par plusieurs appendices noires et charnues qu'il a sous le cou et dont la forme est, à peu près, celle d'un fer de lance. La teinte noirâtre du plumage de ce mâle, lorsqu'il est encore jeune, se change en un gris presque blanc dans son état parfait, où il a d'ailleurs la tête rousse et les ailes noires, ainsi que le bec et les pieds. La femelle, qui n'a point de caroncules, et qui est un peu plus petite, offre un mélange de couleurs noirâtres, brunes et d'un vert clair, distribuées de façon que le brun domine sur le dos, et le vert clair sur les parties inférieures. Marcgrave dit que ces oiseaux sont gras et charnus.

<h3 style="text-align:center">§. IV.</h3>

<h3 style="text-align:center">GYMNODÈRES.</h3>

· L'oiseau que Gueneau de Montbeillard a d'abord décrit sous le nom de *Col-nu*, et dont Gmelin et Latham ont fait, en double emploi, leur *corvus nudus* et leur *gracula fœtida*, ou *gracula nudicollis*, Shaw, offre des caractères assez équivoques, qui font hésiter sur son classement. M. Geoffroi Saint-Hilaire a pensé qu'on pouvoit l'isoler en lui appliquant un nom tiré de la nudité partielle de son cou, et il a proposé, dans le tome 13 des Annales du muséum d'histoire naturelle de Paris, de l'appeler *gymnodère*; mais ni ce caractère, qui le rapproche des mainates, ni celui qu'offrent les soies droites et veloutées dont son front est couvert, et qui le font ressembler, sous ce rapport, aux oiseaux de paradis, n'étoient suffisans pour constituer proprement un genre. Illiger, trouvant dans la forme du bec et dans celle des pieds plus d'analogie avec les cotingas, leur a réuni le col-nu. M. Levaillant avoit déjà dit, dans ses *Oiseaux rares de l'Amérique et des Indes*, que cet oiseau, frugivore comme les autres cotingas, et non omnivore comme les corbeaux, faisoit partie des premiers ; que l'espèce étoit même voisine du cotinga caronculé ; et M. Cuvier a aussi reconnu, depuis, que cet oiseau devoit être placé immédiatement à la suite des cotingas : c'est donc ici qu'on en va donner la description.

Le Gymnodère ou Col-nu de Cayenne, *Gymnoderus cayen-nensis*, Geoffroi S. H., pl. enl. de Buffon, n.° 609, et de Levaillant, Ois. rares, n.°ˢ 45 et 46, est à peu près de la grosseur du choucas; il a 16 pouces 6 lignes de longueur; son bec, qui a un pouce de sa pointe aux angles de l'ouverture. est large de six lignes à sa base, qui est déprimée et aplatie; la mandibule supérieure, courbée en bas à sa pointe, est échancrée de chaque côté vers son extrémité ; l'ouverture des narines n'est pas couverte, comme chez les autres cotingas, par des plumes naissant de la base du bec, où il n'y a, au contraire, que des soies courtes, relevées et serrées, qui couvrent aussi le reste de la tête et forment une sorte de calotte de velours noir. Au-dessous des yeux on remarque, dans l'individu figuré par M. Levaillant, un petit carré de peau nue et jaune, qui n'existe pas dans la planche de Buffon, et c'est. peut-être, un des motifs qui portent M. Cuvier à douter de l'identité de l'espèce. Aux deux côtés du cou se trouve une place nue, beaucoup plus large, qui étoit brune dans l'individu desséché que le peintre de Buffon avoit pour modèle, et qui a été représentée d'une couleur lilas par celui de M. Levaillant. On aperçoit au même endroit des plumes noires, courtes et clair-semées. Le bas du cou, en arrière et en devant, la poitrine et le ventre, sont d'un noir assez brillant; les pennes secondaires des ailes et leurs couvertures sont d'un gris bleuâtre; leurs grandes pennes et celles de la queue sont noires avec des reflets bleus. Les yeux sont d'un rouge brun; le bec et les pieds sont noirs. La femelle, un peu plus petite que le mâle, a comme lui, dans l'état adulte, le petit carré de peau jaune sous les yeux, et la grande place nue aux côtés du cou; mais son plumage est presque en entier d'un brun noirâtre sans reflets. Les deux sexes se ressemblent dans leur jeune âge et ont alors le cou couvert de plumes. Cet oiseau, qui se trouve assez communément dans la Guiane, arrive près des habitations à l'époque de la maturité des fruits; il fréquente les grands bois, et niche au bord des rivières sur les arbres les plus élevés.

M. Geoffroi Saint-Hilaire a fait sur le choucas chauve, *corvus calvus*, Gmelin, et *oiseau mon - père* des Nègres de

Cayenne, un travail pareil à celui qu'on vient de citer pour le *gymnodère*, et il a proposé d'en former le genre *Gymnocéphale*, dénomination tirée de la nudité de sa tête, en appelant l'espèce *gymnocephalus capucinus*, à cause de la couleur de son plumage, semblable à celle du tabac d'Espagne. M. Cuvier, trouvant plus d'analogie entre le bec de cet oiseau et celui des tyrans, l'a indiqué comme un sous-genre tenant d'assez près à la série des gobe-mouches, qui, dans son ouvrage, précède immédiatement celle des cotingas ; mais, d'une autre part, M. Levaillant le regarde comme tenant essentiellement à cette dernière famille par la forme du bec, celle des pieds et l'identité de mœurs, en faisant remarquer d'ailleurs que si, d'après l'ampleur attribuée à ses ailes par Gueneau de Montbeillard, il paroît s'éloigner des cotingas, cette prétendue ampleur ne semble exister qu'à raison de l'extrême brièveté de sa queue, dont toutefois les plus grandes pennes alaires n'excèdent presque pas les couvertures. Illiger a aussi compris le gymnocéphale dans le genre *Ampelis* ; et, son bec, triangulaire et plus large à sa base qu'il n'est long, paroissant en effet, malgré sa force, plus en rapport avec celui des cotingas qu'avec tout autre, on a cru devoir placer ici cet oiseau, en observant néanmoins que, si la tête est emplumée dans le premier âge, ainsi que l'affirme M. Levaillant lui-même ; si les narines sont alors couvertes comme celles du grand cotinga, dont ce naturaliste le rapproche ; et si, par conséquent, la nudité d'une partie de la tête des vieux est due à quelque habitude particulière et à des circonstances pareilles à celles qui produisent un semblable dépouillement dans le freux, il pourroit résulter du mode et du genre de nourriture qui lui sont propres et qui sont peu analogues à ceux des cotingas, des motifs suffisans pour déterminer un changement de classification.

Quoi qu'il en soit, le GYMNOCÉPHALE, *Ampelis gymnocephala*, pl. enl. de Buffon, n.º 521, et de Levaillant, n.º 49, est de la grosseur d'une corneille. Il a la tête nue jusque derrière les yeux, et la gorge peu garnie de plumes. La presque totalité de son plumage est d'un brun roux, un peu plus foncé sur le corps que dessous. Les pennes des ailes, noires en-dessus, sont mêlées d'une teinte brunâtre; les grandes couvertures supérieures sont en partie brunes et en partie noires, les inférieures blanches ; les pennes de la queue et leurs couvertures sont de cette dernière couleur, ainsi que le bec, les pieds et les ongles; l'iris est brun. La femelle n'est presque pas plus petite que le mâle, dont le jeune diffère par une teinte moins foncée. Cet oiseau n'est pas rare dans les forêts de la Guiane françoise. (Ch. D.)

COTINOS, AGRIELAIA (*Bot.*), noms grecs de l'olivier sauvage, suivant Clusius, qui le cite aussi sous le nom de *oleaster*. (J.)

COTINUS (*Bot.*), genre de Tournefort, que Linnæus a réuni au *rhus*. (L. D.)

COTIQUE BLANC (*Conchyl.*), nom marchand d'une espèce du genre Cyprée, *cypræa annulus*. (De B.)

COTNERA-SEGIAR (*Bot.*), nom égyptien du coton. (J.)

COTOGNA MARINA. (*Zooph.*) C'est le nom que les Italiens donnent vulgairement aux Alcyons. Voyez ce mot. (De B.)

COTON. (*Chim.*) Voyez Ligneux. (Ch.)

COTON. (*Bot.*) Voyez Cotonnier. (Poir.)

COTONARIA. (*Bot.*) Ce nom et celui de *tomentitia* ont été donnés par quelques-uns, suivant Dodoens, au *gnaphalium maritimum* de C. Bauhin et de Tournefort, qui est l'*athanasia maritima* de Linnæus, le *diotis* de M. Desfontaines. (J.)

COTONASTER. (*Bot.*) Gesner et C. Bauhin donnoient ce nom à deux néfliers, *mespilus cotonaster* et *mespilus chamæmespilus*, dont le premier étoit encore nommé *cydonago* par Gesner, et *epimelis* par Dalechamps ; le second, *agriomelea* par Belon, dans son voyage du Levant. (J.)

COTONEA. (*Bot.*) Le coignassier est ainsi nommé par Lobel ; c'est le *malus cotonea* de C. Bauhin, nommé aussi *pomum cotoneum*, et par les Grecs *cydonion*, du nom de la ville de Cydon, dans l'île de Crète, d'où cet arbre avoit été apporté. On ne doit pas le confondre avec le *cotonea* des Vénitiens, qui est une herbe semblable à l'origan. Voyez Cunila. (J.)

COTONÉUM (*Zooph.*), nom spécifique, suivant Pallas, de l'*alcyonium cydonium* de Linnæus. (De B.)

COTONNEUX. (*Bot.*) .Trois espèces de champignons, re-marquables par leur surface veloutée ou cotonneuse, de couleur fauve ou rousse, par leur tige très-longue à fibres droites ou torses, et par leur racine pivotante, constituent la petite famille des cotonneux ou des perchés pivotans, établis par Paulet dans le genre Agaric de Linnæus, qui forme chez le premier le genre qu'il nomme *champignon*.

Les trois espèces qu'il décrit, croissent aux environs de Paris, dans les bois, en automne : elles ont six à huit pouces de hauteur, peu de chair et une surface sèche ; elles ne sont point mal-faisantes, néanmoins on ne les mange pas.

Le COTONNEUX A FEUILLETS ROUX, Paulet, Traité, 2, p. 2, 16, pl. 101, f. 1. C'est le plus élevé des trois : sa tige est torse.

Le COTONNEUX A FEUILLETS BLANCS, Paul., l. c., planch. 101, f. 2, 3, est peut-être l'*agaricus leoninus*, Schæffer, t. 41. Il a la tige torse et les feuillets de couleur blanche, selon Paulet.

Le COTONNEUX RETROUSSÉ, Paul., pl. 101, fig. 4, est sans doute l'*agaricus macrourus* de Scopoli : sa tige est droite, ses feuillets sont d'un beau blanc, et son chapeau finit par se retrousser et se recroqueviller en-dessus, de manière à représenter une bourse à cordon à demi fermée. (LEM.)

COTONNIER, *Gossypium*. (*Bot.*) Genre de plantes dicoty-lédones, de la famille des *malvacées*, de la *monadelphie polyan-drie* de Linnæus, caractérisé par un double calice persistant, l'extérieur à trois divisions profondes ; l'intérieur, plus court, à cinq découpures ; cinq pétales ; un grand nombre d'éta-mines monadelphes ; un style ; trois ou quatre stigmates ; une capsule ovale à trois ou cinq valves, autant de loges, renfer-mant chacune plusieurs semences enveloppées d'un duvet floconneux, long, très-fin, que l'on nomme *coton*. Ces flo-cons se gonflent et débordent de toutes parts, lorsque la capsule s'ouvre par la maturité. Dans les ouvrages d'agricul-ture on donne indifféremment aux capsules le nom de *coques* ou de *gousses*.

Ce genre, composé d'arbrisseaux, rarement de plantes her-bacées, presque toutes originaires des Indes orientales ou de l'Amérique, renferme des espèces la plupart infiniment in-téressantes par cette bourre précieuse fournie par les fruits du cotonnier, et qui est, pour les états civilisés, une des plus riches productions du règne végétal. La découverte de l'Amérique nous a procuré plusieurs belles espèces de cotonniers cultivés avec succès dans cette nouvelle partie du monde. Le coton que l'on en retire, est devenu l'objet d'un commerce très-étendu et fort avantageux. Cependant ce duvet précieux étoit connu depuis long-temps dans l'Asie-Mineure, dans l'Égypte, la Perse, les îles de la Grèce et, enfin, dans l'Europe, où l'usage de porter des vêtemens de coton ne fut introduit que beaucoup plus tard. Pline dit que la partie de la haute Égypte qui confine à l'Arabie, produit un petit arbrisseau que les uns appellent *gossipion*, et les autres *xylon*, d'où les tissus qu'on en fait ont pris le nom de *xylina*; que son fruit, qui ressemble à celui de l'aveline, entouré de son enveloppe barbue, contient un duvet que l'on file ; qu'on en fabrique des étoffes qui ne le cèdent à aucune autre, ni en mollesse, ni en blancheur, et que les prêtres égyptiens en portent des vêtemens auxquels ils attachent un grand prix. Il est très-vraisemblable que Pline a désigné dans ce passage (ajoute M. Desfontaines, Hist. des arbr.) le coton herbacé ou de Malte, originaire d'Égypte et d'Arabie ; mais le nom de coton herbacé, que Linnæus lui a donné, est impropre, parce que sa tige devient ligneuse, lorsqu'il croît sous un climat très-chaud. M. Desfontaines en a observé, au Bildulgérid, des individus qui avoient près de six pieds de hauteur et dont le tronc étoit de la grosseur du bras. A la vérité, ceux que l'on cultive dans des régions plus tempérées, s'élèvent peu, et ont des tiges presque herbacées, quoique les uns et les autres appartiennent évidemment à la même espèce.

L'usage des vêtemens de coton est aujourd'hui si répandu dans toutes les classes de la société, le nombre des manufactures en est si multiplié, les bénéfices qu'elles produisent sont si considérables, qu'il n'est plus possible d'y renoncer, et l'on tenteroit inutilement de substituer au coton le lin et le chanvre, parce qu'ils n'offriroient pas, à beaucoup près, d'aussi grands avantages. Mais, comme il est difficile, en temps de guerre, de se procurer des pays étrangers une assez grande quantité de coton pour subvenir aux besoins des manufactures, les agriculteurs qui réussiroient à en propager la culture, mériteroient d'être encouragés et secondés. Si elle pouvoit se réaliser, elle seroit infiniment avantageuse au commerce et à la prospérité publique. Mais ce genre de culture demande des soins particuliers et des essais très-multipliés, si l'on veut savoir jusqu'à quel point il peut être utile, et si l'on veut en assurer le succès. (Desfont., *loc. cit.*)

Les cotonniers sont remarquables par des feuilles assez grandes, alternes, pétiolées, lobées ou palmées à leur contour; par de grandes et belles fleurs, dont le calice extérieur est divisé en trois folioles très-amples, presque en cœur; et surtout par les fruits, qui s'ouvrent à leur maturité, et laissent échapper un duvet cotonneux très-abondant, souvent d'une grande blancheur.

Plusieurs observateurs éclairés, qui ont suivi avec soin la culture des différentes espèces de cotonnier, tels que MM. Rohr et Badier, ont reconnu, par une longue expérience, l'insuffisance des caractères employés par les botanistes pour la distinction des espèces, assez généralement établies sur la forme des feuilles, sur le nombre de leurs lobes, sur les glandes que l'on observe à la surface inférieure des nervures. L'expérience a démontré que très-souvent le même individu produisoit des feuilles à trois ou à cinq lobes, glabres ou velues, avec ou sans glandes; que les stipules étoient plus ou moins alongées, placées de différentes manières, au point qu'il est impossible de déterminer avec une exactitude rigoureuse l'espèce que l'on veut désigner. Les semences ont paru, à ces mêmes observateurs, pouvoir fournir des caractères plus sûrs, moins variables. Telle est la base du travail intéressant de M. Rohr sur les cotonniers cultivés dans les îles de l'Amérique. Il les distingue, 1.° en cotonniers dont la semence est rude et noire; 2.° dont la semence est d'un brun obscur, à surface lisse, veinée; 3.° ceux dont la semence présente une surface parsemée de poils très-courts, tellement que l'on peut aisément distinguer la couleur de l'écorce, les veines plus difficilement; 4.° ceux dont la surface de la semence est, en partie ou en entier, couverte de poils épais au point qu'on ne peut plus distinguer la couleur de l'écorce, etc. Chacune de ces sous-divisions renferme, dans l'ouvrage de

M. Rohr, un assez grand nombre d'espèces ou de variétés, qu'il n'a désignées que par des noms vulgaires, sans y appliquer aucun de ceux employés par Linnæus et autres botanistes. Mais, ces caractères ne pouvant être appréciés que par ceux qui ont pu suivre la culture de ces plantes, nous nous bornerons à faire connoître les principales espèces mentionnées par les botanistes, telles qu'ils les ont caractérisées.

Cotonnier herbacé ou de Malte : *Gossypium herbaceum*, Linn.; Cavan., *Diss.*, 6, tab. 164, fig. 2; Camer., *Epit.*, 203; Lobel, *Icon.*, 650; Dodon., *Pempt.*, 66. Cette espèce est une des plus généralement cultivées en Europe, comme à Malte et dans la Sicile, ainsi qu'en Barbarie, dans la Syrie, le Levant et les îles de l'Archipel : elle paroît originaire de la haute Égypte. Dans les climats très-chauds ses tiges sont ligneuses, hautes de cinq à six pieds; dans les régions plus tempérées elles s'élèvent moins et sont presque herbacées. Cette différence, occasionée par le climat, a fait croire que parmi les cotonniers cultivés, tant en Europe que dans le Levant, il y avoit au moins deux espèces. Ces tiges sont un peu rougeâtres à leur partie inférieure, velues et hispides vers leur sommet, parsemées de petits points noirs; les rameaux courts; les feuilles vertes, molles, assez grandes, divisées en cinq lobes courts, élargis, arrondis et mucronés, et souvent munies sur leur dos d'une glande verdâtre peu sensible; les pétioles hispides et ponctués; deux stipules opposées, lancéolées; les pédoncules axillaires vers l'extrémité des rameaux, terminés par une grande et belle fleur jaune; les trois folioles du calice extérieur larges et fortement dentées à leurs bords.

Cotonnier velu : *Gossypium hirsutum*, Linn.; Cavan., *Diss.*, 6, tab. 167; Pluken., *Almag.*, tab. 299, fig. 1; Sabb., *Hort.* 1, tab. 55. Cet arbrisseau a été découvert dans les pays chauds de l'Amérique. Ses tiges s'élèvent à la hauteur de trois ou quatre pieds, et se divisent en rameaux étalés, hérissés de poils et garnis de feuilles pileuses en-dessous, à trois ou cinq lobes aigus, quelquefois obtus; les feuilles supérieures entières, en cœur; les pétioles velus : les fleurs, placées vers l'extrémité des rameaux, sont larges et de couleur purpurine un peu sale; les capsules ovales, à quatre loges, presque de la grosseur d'une pomme : elles fournissent un coton soyeux très-fin , fort estimé dans le commerce , adhérent à des semences verdàtres.

Cotonnier des Barbades : *Gossypium barbadense*, Linn. ; Pluken. , *Almag.*, tab. 188, fig. 1. Ce cotonnier, que l'on croit originaire de l'Amérique , est un arbrisseau de cinq à six pieds de haut. Ses tiges et ses rameaux sont glabres ; les feuilles lisses, les inférieures à cinq lobes, les supérieures à trois lobes entiers, aigus, pourvues de trois glandes sur le dos ; les fleurs très-grandes, d'un jaune foncé ; le fruit assez gros, très-abondant en coton ; les semences noires. Aublet rapporte que l'on fait avec ces semences, à Cayenne, des émulsions pectorales et rafraîchissantes, et que l'on en tire aussi de l'huile à brûler.

Cotonnier des Indes : *Gossypium indicum*, Linn. ; Cavan., *Diss.*, 6, tab. 169 ; Rumph, *Amb.*, 4, tab. 12. Arbrisseau de dix à douze pieds de haut, dont les rameaux sont pubescens , un peu lanugineux vers leur sommet; les feuilles d'une grandeur médiocre, à trois lobes courts, ovales, aigus, sans glandes, souvent parsemées en-dessous de petits points noirs, velues sur les pétioles et sur les nervures; les fleurs assez grandes; les pédoncules courts; les trois folioles du calice extérieur entières ou un peu dentées à leur sommet ; les pétales jaunàtres , marqués à leur base d'une tache d'un pourpre brun ; les capsules ovales, coniques, aiguës, s'ouvrant en trois ou quatre valves : elles renferment des semences noiràtres, enveloppées d'un coton très-blanc. Il croît aux lieux humides, dans les Indes orientales : il est cultivé dans plusieurs cantons du même pays.

Cotonnier en arbre : *Gossypium arboreum*, Linn. ; Cavan., *Diss.*, 6, tab. 165 : *Caduparili*, Rheed., *Malab.*, 1, tab. 31 Alpin., *Ægypt.*, tab. 58. Cet arbre s'élève à la hauteur de quinze ou vingt pieds; il croît dans les Indes , ainsi qu'en Égypte et en Arabie. Il est très-distingué par ses fleurs d'un rouge brun; ses rameaux sont un peu pileux vers leur sommet; les feuilles palmées, à cinq lobes lancéolés, digités ; une glande sur la nervure postérieure ; les pétioles un peu velus, ainsi que les nervures dorsales ; les stipules petites, subulées; les pédoncules courts, solitaires, uniflores ; les folioles du calice extérieur entières, quelquefois tridentées; les capsules ovales, aiguës, à trois ou quatre valves, autant de semences dans chaque loge, enveloppées d'un coton blanc très-abondant, d'une excellente qualité : il passe pour le plus fin de l'Inde ; on le recherche à cause de sa souplesse et de sa grande blancheur.

COTONNIER A FEUILLES DE VIGNE: *Gossypium vitifolium*, Lamk., Encycl., 2, p. 135 ; Cavan., *Diss.*, 6, tab. 166 ; Rumph, *Amb.*, 4, tab. 13 ; Merian, *Surin.*, tab. 10. Ce cotonnier croît à l'Isle-de-France et aux îles Célèbes. Ses rameaux sont presque glabres, chargés, ainsi que les pétioles, de points tuberculeux ; ses feuilles grandes, palmées, profondément découpées en cinq lobes ovales-lancéolés, très-aigus, glabres en-dessus, un peu velus en-dessous, munis d'une glande sur une des nervures ; les fleurs grandes, jaunâtres, tachées de pourpre à leur base.

COTONNIER A TROIS POINTES : *Gossypium tricuspidatum*, Lamk., Encycl., 2, p. 135 ; *Gossypium religiosum*, Linn.? Cavan., *Diss.* 6, tab. 164, fig. 1. Arbrisseau des Indes orientales, haut de trois ou quatre pieds, divisé en rameaux un peu velus vers leur sommet, garnis, ainsi que les pétioles, de petits points noirs ; les feuilles sont glabres, vertes, assez grandes, munies d'une glande sur une nervure dorsale ; les feuilles inférieures en cœur, à trois angles très-aigus, écartés ; les fleurs sont blanches, ou d'un blanc de soufre, souvent avec une teinte rose ou purpurine vers leur bord ; les pédoncules velus ; les trois folioles du calice extérieur en cœur, divisées au sommet en découpures profondes, très-aiguës ; les capsules courtes, pointues, renfermant un coton doux, très-blanc, mais très-adhérent aux semences. Willdenow dit que dans le *gossypium religiosum* le coton est d'un jaune de safran pâle. Ne seroit-ce point le *cotonnier de Siam*, dont parle M. de Lamarck (Encycl., 2, p. 156, observ.) ? Le même rapporte, mais avec doute, au *gossypium latifolium*, Murr., Comm., 1776, p. 32, tab. 1, son *gossypium glabrum*, n.° 8 ; glabre sur ses rameaux et ses pétioles, mais hérissé de points tuberculeux ; les feuilles divisées en trois lobes profonds, aigus, glabres, d'un vert foncé. Il est originaire des Antilles.

COTONNIER DU PÉROU : *Gossypium peruvianum*, Cavan., *Dis-*

sert., 6, tab. 168 ; Lam. , *Ill.* , tab. 586 , fig. 1. Arbrisseau de trois pieds , garni de grandes feuilles en cœur, tomenteuses, munies de trois glandes ; les feuilles inférieures entières, ovales, aiguës, les supérieures à cinq lobes acuminés ; les trois folioles extérieures du calice en cœur, auriculées, laciniées à leur sommet, une glande à leur base ; le calice intérieur parsemé de points noirâtres ; une grande corolle jaune, un peu velue, rougeâtre à sa base ; les capsules ovales, acuminées, à trois valves ; les semences noirâtres, chargées d'une laine très-longue et fort blanche.

COTONNIER A PETITES FLEURS; *Gossypium micranthum*, Cavan., *Diss.* , 6, tab. 193. Ses tiges sont rougeâtres, hautes d'un pied et demi, glabres, parsemées de points noirâtres, ainsi que les pétioles et les pédoncules ; les feuilles à cinq lobes très-obtus, munies d'une glande au-dessus de leur base ; le calice extérieur à trois divisions profondes, laciniées, plus longues que la corolle ; le calice intérieur plus court, à cinq dents ; les pétales jaunes, ovales, aigus, tachés de pourpre à leur base, un peu pubescens en dehors ; quatre stigmates verdâtres. Cette plante croit dans la Perse.

On cultive au Jardin du Roi, sous le nom de *Gossypium purpurascens* (Poir., Encyl., supp. 2 , p. 369), un cotonnier originaire des Antilles, dont les rameaux sont d'un brun rougeâtre ; les feuilles en cœur, pubescentes en-dessous, à trois lobes ovales, aigus ; les pétioles un peu velus ; les fleurs axillaires, solitaires ; les trois folioles extérieures du calice glabres, laciniées à leurs bords ; le calice intérieur court, tronqué, ponctué ; une capsule ovale, acuminée, à trois valves.

M. Ledru m'a communiqué un cotonnier de Porto-Ricco, *Gossypium racemosum* (Poir., Encycl., l. c.), qui est peut-être le *coton de Porto-Ricco* (Rohr, Observ. sur le coton, trad. fr., p. 64). Les rameaux sont épais, très-glabres ; les feuilles à trois lobes acuminés ; les fleurs solitaires ou réunies deux ou trois, pédicellées ; les pédoncules durs, roides, un peu anguleux ; les trois folioles du calice extérieur élargies, incisées à leurs bords ; les capsules s'ouvrent à leur sommet en trois valves aiguës ; les semences sont noires, entourées d'un coton fin, très-blanc, difficile à détacher.

Culture, fabrication et commerce du coton.

La culture du cotonnier en Europe est particulièrement relative à la première espèce, à celle que j'ai nommée *coton herbacé* ou *de Malte ;* j'ai dit que cette espèce étoit herbacée ou ligneuse, selon la chaleur du climat sous lequel on la cultivoit. Ainsi on ne doit reconnoître qu'une seule espèce cultivée en grand, tant en Europe que dans le Levant, les îles de la Grèce, la Barbarie, etc. Cette culture est un objet de la plus grande importance, et un article de commerce très-avantageux. Avant la découverte de l'Amérique, tout le coton qui se voyoit en Europe venoit, ou des grandes Indes, de la Perse, ou de cette partie de l'Asie mineure située sur les bords de la Méditerranée, peut-être aussi de l'Arabie et de l'Égypte. Il a été ensuite cultivé en grand dans l'île de Malte, la Sicile, une partie de la Calabre et quelques îles de l'Archipel. On en a également essayé la culture dans plusieurs autres contrées de l'Italie, en Toscane, en Sardaigne, en Corse. Il est étonnant que cette culture ait été abandonnée, quoique les premières tentatives eussent fait espérer beaucoup de succès. Il a été plus récemment cultivé en Espagne, particulièrement dans le royaume de Valence, où des champs entiers, ensemencés de cotonniers, fournirent une récolte assez considérable, qui fut évaluée, dès les premières années, à 400 quintaux de coton. Ce produit auroit dû encourager les cultivateurs. Ces cotonniers étoient des arbrisseaux de quatre à cinq pieds de haut. Les semences, d'après les observations d'Ortega, dans le Supplément à la Flore espagnole de Queer, se mettent en terre au mois de Mars, à peu près comme on plante les haricots, et, pour qu'elles lèvent plus aisément, on les laisse tremper dans l'eau pendant vingt-quatre heures, avant de les semer. Après cette opération, il faut arroser la terre, et continuer ces arrosemens jusqu'à ce que les jeunes pieds de cotonnier soient parvenus à une certaine hauteur. Dès qu'ils sont en pleine vigueur, ils peuvent se passer d'arrosemens, et ils produisent leurs fruits sans ce moyen, surtout dans le royaume de Valence, où des rosées abondantes remédient à la sécheresse du sol. La récolte du coton se fait ordinairement au mois de Septembre, et dans les années les plus sèches on en fait même deux, l'une en Juillet, l'autre en Septembre. Lorsque le cotonnier se trouve dans un bon terrain, à l'abri des vents froids, surtout quand on a soin de réchauffer la terre autour du tronc, à l'endroit où il sort de terre, il se conserve pendant quatre ans, et les arbres ainsi traités produisent plus de coton que ceux que l'on plante tous les ans.

On taille les cotonniers à peu près comme on taille la vigne, en enlevant tout le bois superflu, et ne laissant que le productif. La première année, un cotonnier ne produit guère qu'une cinquantaine de coques ; la seconde, à peu près deux cents ; la troisième, six cents, et même davantage ; la quatrième année il commence à perdre de sa vigueur : il ne produit plus alors que peu de coton, et d'une qualité inférieure à celui des premières années.

Le cotonnier cultivé dans l'île de Malte et en Sicile est herbacé et annuel. Les terres destinées à cette culture sont de bonne qualité, bien meubles, nettoyées de mauvaises herbes. On commence à les labourer au mois de Novembre, et on répète ce labour quatre à cinq fois jusqu'au mois d'Avril. Lorsque la terre est bien labourée, on l'arrose dans les derniers jours de Mai, et lorsqu'elle est médiocrement humide et imbibée d'eau, on y sème la graine du cotonnier, que l'on tient déposée, avant de la semer, dans une fosse creusée en terre et remplie d'eau. On a soin de bien frotter les graines, de les remuer souvent, pour les débarrasser des filamens qui y restent attachés ; on parvient ainsi à rendre ces graines plus propres à une prompte végétation. Comme les graines que l'on retire du coton que produit la Sicile, dégénèrent et cessent de donner du coton de bonne qualité, les cultivateurs font venir de Malte celle du coton qu'on appelle *barbaresco*. Les Maltois se pourvoient réciproquement de la graine de coton que produit la Sicile. Ils la font manger à leurs bœufs, leurs vaches, leurs chevaux, leurs ânes et leurs mules, après l'avoir laissée dans l'eau pendant plusieurs jours. On a remarqué que cette graine étoit pour eux une excellente nourriture.

On sème au mois de Mai la graine du cotonnier, et lorsqu'elle est semée, les paysans égalisent la surface du terrain.

opération très-importante, à cause de l'ardeur des rayons du soleil, qui dessécheroit trop promptement l'humidité si nécessaire à la germination de cette plante. Dès qu'elle a levé, et qu'elle a poussé cinq ou six feuilles, on commence à sarcler le terrain et à enlever toutes les mauvaises herbes ; lorsqu'elle s'élève un peu trop, on coupe le sommet avec les doigts : il en résulte un plus grand nombre de branches destinées à produire des coques cotonneuses. Le temps de faire cette opération est indiqué par la couleur plombée que prend la tige : ce travail achevé, on sarcle de nouveau le terrain, et on en arrache toutes les mauvaises herbes.

On fait ordinairement la récolte du coton dans le mois d'Octobre. Le moment de cette récolte est annoncé par l'ouverture spontanée des capsules, qui doit être complète pour qu'on puisse en retirer facilement le coton. Quatre à cinq jours après la première récolte, on retourne faire la même opération, à mesure que les coques mûrissent, jusqu'à ce qu'il n'en reste pas une seule dans tout le champ. On étend toutes ces gousses dans des magasins, sur des claies faites avec des roseaux, pour qu'elles y sèchent plus complétement, et que l'on puisse en retirer le coton avec plus de facilité. Lorsqu'il arrive que, dans les derniers jours de Novembre et les premiers de Décembre, saison des pluies abondantes, il reste encore sur la plante quelques gousses ou siliques non ouvertes et ne donnant aucun signe de maturité prochaine, les paysans les cueillent telles qu'elles sont, et les exposent ensuite au soleil, ou les mettent, à son défaut, dans un four médiocrement chauffé : les coques s'ouvrent de cette manière, mais moins parfaitement que si elles fussent venues en maturité par le secours de la nature, et le coton qu'on en retire est d'une qualité fort inférieure.

On sépare les semences ou graines du coton de l'espèce de soie que renferme sa coque, par une opération très-simple: il ne s'agit que de faire passer le coton entre deux petits cylindres d'un bois très-dur, placés horizontalement l'un au-dessus de l'autre, à si peu de distance que les graines n'y puissent pas passer. Ces deux cylindres sont soutenus par deux petits montans implantés solidement sur une petite table que l'on tient sur ses genoux. On adapte une manivelle à l'axe du cylindre supérieur, pour les faire mouvoir. Cette occupation sert d'amusement aux dames maltoises : à mesure qu'il se présente une graine pour passer entre les deux cylindres, elles ont soin de la détacher avec les doigts.

A l'île de Malte la culture du coton a été depuis long-temps une des branches les plus considérables de l'agriculture du pays ; mais tous les endroits de cette île, qui n'est qu'un rocher nu, que l'on a recouvert d'une couche très-mince de terre végétale, ne sont pas propres à cette culture, et on ne voit le cotonnier que dans les lieux les mieux garnis en terre végétale. On sème le coton en Avril, et la récolte s'en fait en Août et Septembre. Le cotonnier cultivé à Malte est celui que l'on nomme improprement *herbacé*, puisque ses branches sont ligneuses. On le conserve ordinairement pendant trois ans : ce n'est que la seconde année qu'il est le plus productif en coques, beaucoup moins la première et la troisième. Les Maltois ont aussi cultivé un cotonnier annuel de Siam, dont le coton est de couleur chamois, d'une excellente qualité, et dont ils fabriquoient des étoffes d'un bon usage, comme basins rayés et lisses, bas à côtes blanches et chamois, tricotés et autres ; ils ont aussi essayé la culture d'un cotonnier des Antilles, arbrisseau plus élevé que les deux précédens : mais j'ignore si la culture de ces deux espèces a encore lieu aujourd'hui. A Syra, dans l'Archipel, les Syriotes donnent à la graine du coton une préparation particulière. On sait que cette graine, après avoir été séparée de la bourre par le moulinet, conserve toujours une espèce de duvet qui la rend difficile à semer. Pour remédier à cet inconvénient, on la mêle avec du sable des torrens ; on verse de l'eau par-dessus ; on la remue bien, en la frottant avec les mains sur une pierre plate, jusqu'à ce que tout le duvet s'en soit détaché ; ensuite on la relève pour la débarrasser du sable, et on la sème alors avec facilité. Ces cotonniers se sèment très-clair : on les étête, lorsqu'ils sont parvenus à la hauteur d'un pied, pour leur faire pousser plus de branches productives. Ils exigent un terrain sec ; ceux qui sont dans un terrain trop humide s'élèvent trop, et ne produisent que peu de coques : c'est pour cette raison que les années pluvieuses leur sont contraires. Quoique ces coques ne soient pas de la grosse espèce, le coton en est cependant d'une très-bonne qualité : il est un peu rougeâtre comme le terrain ; mais les toiles que l'on en fait acquièrent, après quelques lessives, beaucoup de blancheur.

Plusieurs essais faits en grand dans les départemens méridionaux de la France, prouvent la possibilité d'y cultiver le cotonnier. En 1790, M. Murgues a cultivé, dans les environs d'Aix, plus de mille pieds du cotonnier herbacé : on a répété peu après les mêmes essais dans le voisinage de Toulon. Si le succès n'a pas entièrement répondu aux espérances, c'est probablement parce que cette culture exige, selon le climat et les localités, des essais et des soins particuliers, que l'expérience seule peut nous faire connoître. « Il est essen-
« tiel, dit M. Desfontaines, de se procurer de préférence
« des graines des espèces ou des variétés que l'on cultive
« sous les climats dont la température approche le plus de
« celle de nos départemens du midi, parce qu'il est très-
« probable que les cotonniers de l'Inde et des Antilles ne
« réussiroient pas en France. Je crois que le coton herbacé
« est une des espèces que l'on cultiveroit avec plus d'avan-
« tage. Il faudra aussi étudier la nature des terrains, et con-
« noître ceux qui conviennent le mieux au cotonnier : dis-
« tinguer les variétés et espèces dont le fruit parvient le
« plus promptement à maturité ; celles qui sont le moins
« endommagées par les pluies; celles qui donnent des récoltes
« plus abondantes, et dont le coton est de meilleure qualité;
« les cultiver séparément et sans aucun mélange pendant plu-
« sieurs années, et tenir un registre exact de tout ce que
« l'on aura observé : ce sont là les seuls moyens d'avoir des
« résultats sur lesquels on puisse compter. La culture du
« cotonnier, que l'on a essayée anciennement en Italie et dans
« le Piémont, n'a pas réussi ; mais, comme il est plus que
« probable qu'on n'a pas apporté à ces sortes d'essais tous
« les soins et toutes les précautions qu'ils exigent, ce manque
« de succès ne doit pas décourager les agriculteurs. »

L'Asie doit être considérée comme la patrie du plus grand nombre d'espèces de cotonniers cultivées dans les différentes contrées de l'ancien continent jusqu'à l'époque de la découverte de l'Amérique. Il seroit à désirer que nous eussions des notions bien exactes et détaillées sur la manière dont les cotonniers indigènes d'Asie se cultivent dans leur pays natal ; mais la plupart des voyageurs, et même les naturalistes, ne nous ont rien donné de satisfaisant sur cet objet. Nous ne connoissons rien sur les procédés que suivent les Chinois pour cultiver les cotonniers en grand, ni sur la préparation du papier qu'ils font avec le coton. Nous ignorons également quelles sont les espèces auxquelles cette nation industrieuse donne la préférence ; car il est très-sûr qu'ils mettent beaucoup de choix dans l'emploi qu'ils font des différentes espèces, comme on peut s'en convaincre par les étoffes qui nous viennent de ce pays. Nous sommes à peu près dans la même ignorance relativement aux autres parties de l'Asie méridionale ou des Grandes-Indes. Nous savons que partout on cultive le cotonnier : le pays du Mogol, le royaume de Siam, le Pégu, le Bengale, en produisent des quantités immenses, dont une partie s'exporte, ou crue ou bien filée, et convertie en différentes espèces d'étoffes.

Au rapport de Marsden, on cultive, dans l'ile de Sumatra, deux espèces de cotonnier, l'une annuelle, l'autre en arbre : toutes deux fournissent un coton d'une excellente qualité. Le coton de soie (*bomb. ceiba*) se trouve aussi dans tous les villages. C'est une des plus belles productions que la nature offre à l'industrie humaine ; elle est fort supérieure à la soie pour la finesse, la souplesse. Mais, comme le duvet en est fort court, le fil cassant, on ne croit pas qu'il soit propre au dévidoir et au métier, et l'on ne s'en sert que pour remplir des oreillers et des matelas. Je suis très-porté à croire que ce prétendu coton est fourni par une espèce d'*apocin*. L'auteur, en citant la plante qui le produit, dit que c'est un arbre remarquable par ses branches, toujours disposées trois par trois, ainsi que les rameaux, et que les capsules sont longues de cinq à six pouces.

Le cotonnier est cultivé en grand dans toute la Perse. On choisit pour sa culture un terrain gras, et, si le sol est maigre, on y supplée par du fumier. Cette plante croît également dans toute l'Arabie ; mais sa culture y est peu suivie : la plupart des habitans, étant nomades et changeant de domicile à mesure que leurs besoins l'exigent, paroissent peu propres aux occupations sédentaires. En Syrie, la culture du coton est bornée aux usages domestiques : cet arbuste y est peu répandu. Il en est de même dans la Palestine. Mais sa culture est beaucoup plus suivie dans les environs de Smyrne. C'est dans les plaines qu'il croît le mieux ; il ne vient guère sur les montagnes ni dans les vallons. Les terres trop fortes l'étouffent ; les sablonneuses n'ont point assez de substance. L'île de Chypre produit beaucoup de coton : on le regarde comme le plus beau du Levant ; il est d'un très-beau blanc, les fils en sont longs et très-soyeux. On en distingue de plusieurs qualités, principalement les *cotonniers d'eau courante*, ainsi nommés parce qu'ils se cultivent dans les villages où il y a de petites rivières ou des courans d'eau propres pour arroser cet arbrisseau. Le coton qu'ils produisent est infiniment supérieur, en beauté et en qualité, à celui qui croît dans les endroits secs et qui ne jouissent d'aucune autre humidité que de celle que les pluies leur fournissent. La grande sécheresse que l'on éprouve dans cette île, mais surtout les vents chauds extrêmement étouffans qui souflent ordinairement au mois de Juillet, font manquer très-souvent les récoltes. On assure que, lorsque l'île étoit habitée par les Vénitiens, on y récoltoit jusqu'à 3o,ooo balles de coton ; mais, comme la population de l'île a diminué considérablement depuis cette époque, cette récolte paroît réduite à la quantité de trois à cinq mille balles.

L'Afrique, quoiqu'elle contienne beaucoup de terrains très-favorables à la culture du cotonnier, fournit peu de coton au commerce. On trouve des cotonniers en plusieurs endroits sur la côte de Barbarie, dans le royaume de Tunis, dans le Bildulgérid ; mais ils sont peu soignés, et ne forment point un objet de commerce bien important. Les habitans de ces contrées préfèrent pour leurs vêtemens la belle laine de leurs troupeaux. Il en est à peu près de même dans l'Égypte, où les cotonniers que l'on y cultive sont presque uniquement employés aux usages domestiques, et non considérés comme une spéculation de commerce. On a souvent vu au Sénégal, à Sierra-Léone, et dans les comptoirs que les différentes nations européennes occupent sur la côte de Guinée, des échantillons de coton apportés de l'intérieur du pays par ceux qui vont à la traite des nègres. Le coton blanc rapporté par les marchands de nègres, quoique d'un blanc éclatant et d'une grande douceur, est moins estimé par les noirs qu'un coton semblable au siam jaune, mais d'une couleur plus dorée, qui se trouve dans le royaume de Dahomé. On ne connoît pas le cotonnier qui produit ce beau coton ; mais il est certain que plusieurs espèces de cotonniers croissent naturellement sur la côte de Guinée, et qu'il en a été transplanté quelques-uns dans les Antilles, où ils réussissent très-bien. Le cap de Bonne-Espérance, la partie la mieux connue de l'Afrique, ne paroît pas produire de cotonniers ; au moins aucun voyageur n'en fait mention : nous sommes dans la même incertitude relativement à la côte des Cafres et de l'Éthiopie, quoique la température de ce pays semble convenir à la culture de cet arbuste. Aux îles de France et de Bourbon, plusieurs espèces de cotonniers, apportés de l'Inde, réussissent assez bien et donnent l'espoir de récoltes avantageuses.

Il est hors de doute que plusieurs espèces de cotonniers existoient dans l'Amérique à l'époque de sa découverte, et que les habitans connoissoient déjà l'usage du coton, quoiqu'ils en fissent alors un usage différent de celui que l'on en fait en Europe. En profitant des arbres indigènes de ce pays, les Européens y ajoutèrent la plupart des espèces propres aux grandes Indes et à l'Afrique. Elles y prospérèrent avec tant de succès qu'il n'est aujourd'hui aucun pays où l'on cultive autant d'espèces différentes de cotonniers que dans l'Amérique. La Caroline, la Floride, la Louisiane et les îles de Bahama sont les parties les plus septentrionales de l'Amérique où l'on trouve les cotonniers ; mais c'est plus particulièrement dans les Antilles, la Guiane françoise et une partie du Brésil, que la culture du cotonnier a été dans l'état le plus florissant. Cette culture varie selon les espèces, le climat, la nature du sol et autres circonstances. Plusieurs agriculteurs, bons observateurs, nous ont donné à ce sujet des détails infiniment importans pour la perfection de cette branche précieuse de l'agriculture, détails qu'il seroit trop long de rapporter ici. Nous renvoyons le lecteur aux auteurs origimaux : il peut consulter ce qu'en ont dit Nicolson, Moreau de Saint-Merry, principalement MM. Badier, Bajon, Préfontaine, Blom, Lasterye, Rohr. Ce dernier nous a donné le catalogue des différentes espèces et variétés de cotonniers, qu'il distingue d'après leurs semences, la qualité du coton, et qu'il n'a désignées que par leurs noms vulgaires, sans rapporter ceux sous lesquels la plupart sont indiquées dans les ouvrages de botanique. Je vais en présenter un extrait. J'ai déjà exposé plus haut les quatre divisions établies par M. Rohr pour les cotonniers cultivés en Amérique : chacune d'elles renferme les espèces ou variétés suivantes.

1.° *Cotonniers dont la semence est rude et noire.*

Cotonnier sauvage. Sa semence est toute nue. C'est un trèsbel arbrisseau; mais le peu de coton qu'il produit, et sa qualité très-médiocre, ne dédommagent pas des peines qu'exige sa culture.

Cotonnier à petits flocons. Ses semences n'ont que trèspeu de fibres en duvet autour de la pointe, des deux côtés de la suture; il ne porte que peu de coton, mais il est très-blanc : on ne le connoit que depuis quelques années; il paroît valoir la peine d'être cultivé.

Cotonnier vert couronné. Sa semence a une pointe trèscourte, entourée d'un duvet court, très-serré, d'une couleur verdâtre. Il donne un coton très-fin : il est depuis longtemps cultivé à la Martinique.

Cotonnier sorel vert. La pointe de sa semence est trèscourte, entourée d'un duvet court et rare. Son coton tombe bientôt après la maturité, et ne donne par arbre que quatre onces de coton épluché. Il est cultivé dans l'île de Spanish-Town.

Cotonnier sor l rouge. Sa semence, à pointe courte, est entourée de beaucoup de duvet serré et crépu; il donne par arbre jusqu'à sept onces et demie de coton épluché; il est d'une grande blancheur : c'est une des espèces les plus avantageuses à cultiver.

Cotonnier barbe-pointue. Sa semence est de figure oblongue; la pointe en est longue; le duvet qui l'entoure est serré et pointu. Cet arbre s'élève à sept pieds de haut; il ne donne qu'une seule récolte par an, et trois onces de coton épluché.

Cotonnier barbu-crochu. Sa semence se distingue par une petite touffe de duvet sous le crochet. Cet arbrisseau est cultivé dans les îles de Saint-Thomas, Tortola, à Sainte-Croix, à la Trinité : il parvient à la hauteur de six pieds; son coton est égal en bonté à celui du *cotonnier annuel.* Ce dernier se distingue par sa semence, dont la pointe est droite, entourée d'une petite touffe de duvet. On le cultive en grand à l'île de Montferrat.

Cotonnier à gros flocons. Sa semence se distingue par le duvet qui entoure la pointe, et qui descend le long de la suture, souvent au-dessous du crochet, répandu quelquefois par taches sur la surface. La culture en a été abandonnée, parce que son coton se salit promptement sur l'arbre après la plus légère pluie : il est aussi sujet à être dévasté par les chenilles. Les arbres les plus soignés n'ont donné que quatre onces de coton.

Cotonnier de la Guiane. Les semences contenues dans chaque loge de la capsule s'y trouvent accolées en forme de pyramide longue, très-étroite. Son coton est très-estimé en Europe, à cause de sa blancheur, de sa force et de sa longueur. On en fait deux récoltes par an. La récolte, dans les bonnes années, va jusqu'à douze onces, et même beaucoup au-delà.

Cotonnier du Brésil. Il ne diffère du précédent que par ses semences, réunies au nombre de sept à huit, en forme de pyramide large et raccourcie. On ne le cultive guère qu'au Brésil : on l'estime d'un rapport à peu près égal à celui de la Guiane; mais il n'est encore que très-peu cultivé, excepté au Brésil.

2.° *Cotonniers dont la semence est d'un brun obscur, à surface lisse, veinée.*

Cotonnier indien. La pointe des semences n'a que quelques fils sur le dos; la suture se confond et la dépasse; le crochet s'évanouit. Ce cotonnier porte deux fois l'année. Son coton est très-blanc; il se soutient long-temps sur l'arbre et n'est point sali par la pluie : il est facile à éplucher, n'adhérant presque point aux semences; il surpasse en finesse toutes les espèces décrites jusqu'ici. Il étoit cultivé en Terre-Ferme entre Saint-Martin et Carthagène.

Coton lisse de Siam, brun. La pointe de sa semence est fort longue; elle n'a que quelques fils sur le dos; la suture ne s'élève pas autant que la pointe; le crochet est très-visible : on le nomme en françois *coton lisse.* Quatre espèces ou variétés sont connues sous ce nom à la Martinique : trois donnent du coton d'un brun rouge un peu pâle; on les appelle indistinctement *siam rouge* : la quatrième est nommée *siam blanc;* elle se trouve aussi à l'île de Saint-Domingue. Le coton de ces quatre espèces est très-fin. Les Anglois nomment les trois premières espèces *coton-nankin;* mais l'étoffe chinoise, proprement appelée *nankin,* est trop grossière pour être faite de ce coton.

Cotonnier de Saint-Thomas. Sa graine est oblongue; elle a sur la pointe un duvet épais a poils en pinceau, plus longs que la pointe, et qui se termine en haut près de la suture; le crochet s'évanouit. Cet arbre, peu cultivé, ne porte qu'une fois l'an, depuis Janvier jusqu'en Mars; il est presque haut de douze pieds : il ne fournit guère que trois onces de coton fin et très-blanc; mais il adhère si fortement à un point au-dessous du crochet, qu'on ne peut l'avoir sans déchirer l'enveloppe et en emporter quelques particules, et si, avant de le filer, on ne les enlève pas soigneusement, il casse à chaque fois qu'elles se présentent.

Cotonnier aux Cayes. Sa graine est aplatie d'un côté, relevée de l'autre; sur la pointe est un duvet à poils courts, qui finit en haut près de la suture; le crochet s'évanouit. Il ressemble au précédent pour l'accroissement, le temps de la récolte, pour la quantité et la qualité du coton; mais il adhère moins à la graine.

Cotonnier de Siam, couronné, brun. Le duvet sur la pointe est court, serré, frisé; il a quelques fils et finit en haut près de la suture; le crochet est apparent. Il est cultivé à la Martinique. Le coton est plus pâle que celui de Siam brun. L'arbre porte deux fois dans l'année; mais, comme il occupe une étendue de six pieds de terrain, et que ses deux récoltes, prises ensemble, ne donnent pas plus de trois onces de coton net, on ne peut en recommander la culture.

Cotonnier de Carthagène, à petits flocons. Sa graine est oblongue; le duvet sur la pointe est à poils longs et clairs; la suture nue : le crochet s'évanouit. Il ne se trouve pas dans les environs de Carthagène, mais dans l'intérieur du pays, où il vient naturellement et sans culture. On vient vendre ce coton à Carthagène : il est très-fin et très-blanc. Dans un essai de culture qui en a été fait, il n'a pas donné trois onces de coton net.

Cotonnier de Carthagène, à grands flocons. Sa graine est oblongue; le duvet sur la pointe est court, clair et descend çà et là; la suture est nue; le crochet s'évanouit. Cet arbre est un des plus grands que l'on connoisse parmi les cotonniers : il ne porte qu'une fois l'année. Ses flocons sont longs de sept à huit pouces; ils ne tombent pas, et le coton ne se salit pas sur l'arbre. Il paroît être peu cultivé.

Cotonnier de Siam, blanc. Sa graine est courte, presque globuleuse vers sa base; le duvet autour de la pointe est long; il a plusieurs fils épais, et descend un peu de tous côtés; le crochet s'évanouit. Il est cultivé à Saint-Domingue et à la Martinique. Il ressemble parfaitement au coton de Siam, *couronné, brun;* il en diffère par ses graines, par la quantité et la couleur de son coton d'une blancheur extraordinaire; il ne se salit pas sur l'arbre, et n'a pas un seul fil coloré. C'est dommage que les capsules tombent quelquefois avec le coton, lorsqu'elles sont mûres. Il donne ordinairement par arbre six onces de coton net, le double du *siam couronné brun.*

3.° *Cotonniers dont la surface des semences est garnie de poils courts et clair-semés, en sorte qu'on peut voir clairement la couleur de l'enveloppe, mais non pas également les veines.*

Cotonnier de Curaçao. Sa graine est petite, garnie d'un petit nombre de poils couchés; la pointe est courte, recourbée, couverte sur le dos d'un duvet court : le crochet est un point élevé. Il croît naturellement sur les rochers à Curaçao, et n'est cultivé que par quelques habitans du pays.

Le coton est très-pressé dans les capsules, et a fort mauvaise apparence au moment où on le recueille sur l'arbre; mais, à mesure qu'on le sépare de sa graine, il gagne tellement à l'œil qu'on a peine à croire que ce soit le même coton; car il devient très-blanc et très-fin. On ne l'envoie pas en Europe comme marchandise; il est tout employé dans le pays à faire des bas, qui se vendent sur les lieux jusqu'à 20 écus la paire. Ces bas sont si fins qu'on peut, comme l'on dit, les faire passer dans une bague, et cependant ils sont si forts qu'ils durent plusieurs années de plus que ceux de tout autre coton. Cultivé convenablement, chaque arbre peut produire sept onces et plus de coton.

Cotonnier de Saint-Domingue, couronné. Sa graine est oblongue, garnie de beaucoup de poils clair-semés; la pointe courte, droite, entourée de longs poils; le crochet très-apparent. Il porte deux fois l'an : il approche du coton indien pour la blancheur et la finesse; mais il adhère fortement à la graine, et il est difficile de l'en détacher. Ce coton a d'ailleurs cet avantage, que la seconde récolte finit quand celle du coton indien commence. Celui qui voudroit avoir les deux espèces, devroit planter la première en Septembre, la seconde en Novembre.

Cotonnier rampant. Sa graine est semblable à la précédente, excepté qu'elle est aplatie du côté de la suture, et relevée de l'autre. Il est originaire de Guinée. Son coton approche beaucoup du coton indien pour la bonté. Il ne porte qu'une fois l'année. Sa récolte commence en Novembre et dure jusqu'en Mars : il produit beaucoup plus en Guinée que dans les contrées de l'Amérique où il a été cultivé.

4.° *Cotonniers dont la surface des semences est couverte, en très-grande partie ou en totalité, de duvet ou de poils si serrés qu'on ne peut reconnoître au travers la couleur de l'enveloppe.*

Cotonnier lisse tacheté. Sa graine est grosse, à angles obtus, çà et là raboteuse, toute couverte, depuis la pointe jusqu'au crochet, d'un duvet couleur de rouille; le crochet et un grand coin vers la base, nu; toute la pointe et une partie tant de la suture que du crochet sont très-apparentes. Le coton est fin, d'un brun jaunâtre un peu clair. Il ne paroit pas qu'il soit beaucoup cultivé.

Cotonnier à coton gros ou velu. Sa graine, presque cylindrique, est couverte d'un duvet gris-blanc; il n'y a de nu qu'une petite tache près du crochet : l'extrémité supérieure de la pointe est visible; la suture ne l'est jamais; le crochet l'est rarement. On le cultive à la Martinique et à la Trinité. Son coton se détache très-aisément de sa graine; il ressemble à celui de la Guiane, se soutient sur l'arbre long-temps après la maturité; mais on n'en recueille guère que deux onces et demie par arbre.

Cotonnier de Siam, à duvet brun. Sa graine, presque cylindrique, est toute couverte d'un duvet brun-rouge : il forme de longs poils autour de la pointe, dont l'extrémité est visible; la suture et le crochet ne le sont pas. On le cultive à la Guadeloupe, où il porte le nom de *siam rouge velu.* Son coton est assez abondant, de couleur isabelle, très-fort et très-élastique.

Cotonnier mousseline. Sa graine est toute couverte de poils serrés, en sorte qu'on ne voit ni la pointe, ni la suture, ni le crochet. On en distingue plusieurs variétés : 1.° La *mousseline à gros grains*, dont la graine est d'une couleur pâle de rouille de fer, le coton blanc. 2.° La *mousseline rouge :* son coton est couleur de chair pâle. 5.° La *mousseline de la Trinité :* le coton est fort blanc; la graine couleur d'olive. 4.° La *mousseline de Rémire :* la graine est petite, d'un brun clair; le coton, d'un blanc sale. Ces divers cotonniers donnent peu de profit. Leur coton se sépare si difficilement de la graine par le moyen du moulin, qu'il est nécessaire de faire ce travail avec les doigts. Il faut seize à dix-sept heures pour en nettoyer une livre : d'ailleurs ces variétés ne portent qu'une fois l'an.

Cotonnier à feuilles rouges. La surface de sa graine est tellement couverte de duvet et de poils qu'on ne voit que l'extrémité supérieure de la pointe; la suture et le crochet sont invisibles. La jeune écorce des rameaux, les pétioles, les veines des feuilles sont d'un rouge foncé : beaucoup de feuilles, les calices et les capsules prennent souvent la

même couleur. Les François le nomment coton rouge. Il est
aussi blanc et aussi fin que le coton indien. L'arbre, haut
de sept pieds, ne produit qu'une fois l'an. Le coton se sépare
difficilement de la graine; on en retire à peine deux onces.

Cotonnier des nonnes. C'est le *Gossypium religiosum* de Linnæus. Sa graine est petite, presque globuleuse, couverte
d'un duvet gris-blanc et de quelques poils; ceux de la pointe
sont beaucoup plus longs que la graine, divergens et en petit
nombre. On en distingue deux variétés : celui de *Tranquebar*, dont les lobes des feuilles sont pointues; celui de *Cambaye*,
à lobes arrondis. Chaque individu ne produit que trois quarts
d'once de coton net : les fils sont courts et clair-semés autour de la graine, dont ils ne se détachent que difficilement.
On ne peut nettoyer ce coton qu'avec les doigts : une livre
exige trente heures de travail. Il n'y a que des religieuses
qui puissent avoir assez de temps et de patience pour une
telle occupation.

Cotonnier de Porto - Ricco (*Gossypium racemosum* ? Poir.,
Encycl., Supp., n.° 12). Dans chacune des loges de la capsule
les graines sont fortement serrées les unes contre les autres,
en forme d'une pyramide longue, étroite; la graine est
toute couverte de duvet. Cette espèce ressemble fort à
celle du coton de la Guiane par l'accroissement, la grandeur, le port et toutes les parties de l'arbre. Le coton de
l'un n'est pas plus abondant que celui de l'autre; mais dans
celui-ci le coton se détache de la graine bien plus difficilement.

Commerce du coton.

On divise le coton du commerce en coton des îles, et
coton du Levant. Le premier arrive de l'Amérique en
France, par Bordeaux, Nantes, La Rochelle, le Hàvre et
Rouen, dans des balles de trois cents ou trois cent vingt
livres pesant. Il reçoit différens noms d'après les îles dont
on le tire. C'est ainsi que l'on distingue le coton de la Guadeloupe, de Saint-Domingue, de Cayenne, des Barbades,
de Sainte-Lucie, de Saint-Thomas, de Surinam, etc. Toutes ces espèces de coton nous viennent en laine plus ou
moins pure et nette, ce qui détermine le prix de cette

marchandise. La plus grande partie des cotons des îles est employée dans les manufactures de Rouen, de Caen et des autres villes de Normandie. Le coton dit de Maragnan passe pour le plus beau et le meilleur des îles; on lui donne même la préférence sur celui de Cayenne, quoique ce dernier jouisse d'une grande réputation à cause de sa blancheur et de sa finesse. Le coton que l'on reçoit de Surinam est moins estimé que celui de Maragnan et de Cayenne; il vaut cependant mieux que celui de Saint-Domingue. Ce dernier a de la blancheur, de la souplesse, et se file très-bien; mais il ne convient pas à toutes les étoffes indistinctement. Celui de la Guadeloupe, inférieur au précédent, est le plus en usage dans les fabriques de toileries de Rouen; mais ce n'est que lorsque les autres espèces de coton manquent qu'on l'emploie quelquefois pour les étoffes qui demandent un coton d'une grande netteté.

Le coton du Levant, dont l'entrepôt est toujours à Marseille, d'où il passe ensuite, ou par terre ou par mer, dans les départemens qui s'occupent de la fabrication des étoffes de coton, est généralement moins estimé que celui des îles; quoique d'un beau blanc, il est toujours très-impur, un peu dur et sec, rempli de nœuds qui le rendent sujet à se rompre et n'admettent pas une filature bien fine. Le coton du Levant nous arrive dans des ballots de deux cents à deux cent cinquante livres. On en distingue à Marseille près de trente espèces, dont les uns sont appelés cotons de terre, les autres cotons de mer.

Les cotons de terre sont ceux de l'Antolie, de Kerkagadje, Aklnissar, Magnésie, Kanaba, Argnamas, Grizellimor, Bainder et Adana près de Smyrne. Le coton de Kerkagadje est le plus estimé de tous; ceux d'Argnamas et de Kanaba en approchent : mais ceux d'Aklnissar, de Magnésie et de Bainder sont d'une qualité inférieure. Le coton de mer vient des îles de l'Archipel : dans le commerce on le distingue plus particulièrement sous le nom de coton de Salonique, des Dardanelles, de Gallipoli, d'Enos. Le coton de Gallipoli est le plus estimé et le plus fin, surtout quand il est de première qualité. Celui de Salonique est très-inférieur à celui de Gallipoli : il n'en vient pas beaucoup a Marseille ; la plus grande quantité se consomme dans le pays ou passe dans les échelles du Levant. Le coton des Dardanelles le surpasse ; il y a même quelques espèces qui égalent en finesse celui de terre. Parmi les trente espèces de coton qui arrivent tous les ans à Marseille, on compte qu'Alexandrie en fournit quatre, Smyrne neuf, Seïde onze, Alep cinq, Chypre deux.

Végétation, propriétés médicales, économiques, du cotonnier ;
ses ennemis.

Les semences du cotonnier conservent pendant deux ans leur propriété germinative ; cependant une grande partie des semences des cotonniers d'Amérique la perdent au bout de quelques mois, et même quelques-unes au bout de quelques jours. Ces semences lèvent en sept jours, surtout quand, dans cet intervalle, il survient une légère pluie : sans pluie, elles se conservent en terre plusieurs mois ; de trop longues pluies les font périr. La racine du cotonnier est naturellement pivotante : si, au lieu de s'enfoncer droit en terre, elle rencontre des obstacles qui la rendent horizontale, le tronc s'élève bien moins, et le rapport du cotonnier est très-chétif ; si, au contraire, la racine peut s'enfoncer en terre perpendiculairement, la récolte sera plus abondante, et l'arbre se conservera pendant plusieurs années, surtout si on a la précaution de couper le tronc la première année tout près de terre. Cette racine ne pousse jamais de rejetons hors de terre, même quand elle est gênée. Les cotylédons des semences sont réniformes ; les branches sont éparses, très-rapprochées les unes des autres : les petits rameaux ne portent point de fruits et périssent ordinairement la seconde année ; les moyens en portent peu et périssent à la même époque ; les plus fortes branches, surtout les supérieures, portent le plus grand nombre de fruits. Pour procurer une récolte abondante, les cotonniers exigent beaucoup de pluie ; mais, lorsqu'elle est trop abondante, elle leur devient nuisible, de même que le défaut d'air et de soleil : un air trop vif et trop frais ne leur convient pas non plus.

En exceptant les terrains trop élevés, trop froids ou humides, ou ceux qui manquent d'air, tous les terrains des îles américaines peuvent convenir à la culture du cotonnier.

Au rapport de Ray, on n'employoit autrefois en Égypte que le fil de coton pour réunir les plaies; on regardoit même le coton comme spécifique pour arrêter les hémorragies. Dans les temps modernes on a souvent mis en doute si le coton pouvoit remplacer la charpie de toile ; plusieurs chirurgiens l'ont même regardé comme dangereux. La semence du cotonnier, étant mucilagineuse et huileuse, peut servir pour faire des émulsions et être employée comme remède adoucissant dans les toux opiniâtres. Dans les pays chauds elle sert souvent à cet usage, et comme elle est également rafraîchissante, on l'a plusieurs fois donnée avec succès dans les fièvres ardentes. L'huile que l'on retire de ces semences par l'expression, a été employée quelquefois en Amérique à plusieurs usages domestiques : les Anglois s'en servent, à la Jamaïque, dans les manufactures où les corps gras sont indispensables. Comme cette graine est également très-nourrissante, elle sert dans plusieurs pays pour engraisser différentes espèces de volailles, ainsi que les bestiaux, les chevaux et les bœufs. Le Père du Tertre dit, dans son Histoire des Antilles, que dans plusieurs de ces îles on prépare avec les feuilles et les fleurs des cotonniers une espèce d'huile visqueuse qui est très-bonne pour la guérison des ulcères.

Outre les sécheresses excessives, les trop fortes pluies et les vents froids, dangereux surtout quand les cotonniers sont en fleurs, cet arbrisseau est encore exposé aux ravages de plusieurs espèces d'insectes qui attaquent les cotonniers dans tous les âges. Les vers, les cloportes et diverses espèces de scarabées pénètrent dans la terre aussitôt que la graine a été semée. Les insectes les plus ordinaires sont la *chenille souterraine* (*noctua subterranea*, Fabr.) : elle vit solitairement dans la terre; elle est très-goulue et se nourrit furtivement; à chaque bouchée elle se retire sous terre pour se cacher; elle mange de tout ce que l'on appelle mauvaise herbe, mais elle mord aussi les cotonniers quand elle les trouve sur son chemin. Le moyen de garantir une plantation de ces ennemis, est d'enlever soigneusement d'un champ les mauvaises herbes qui sont leur principale nourriture; la faim les oblige à en décamper, et ils le font si rapidement qu'une nuit suffit pour qu'il n'en reste pas un seul. La *chenille du cotonnier* (*noctua gossypii*, Fabr.) : elle vit tantôt solitaire, tantôt en troupes nombreuses; elle mange de huit à dix plantes différentes. Lorsque ces chenilles se réunissent en troupes, elles marchent, pressées les unes sur les autres, suivant un même chemin; elles entrent dans une plantation, et en moins de douze heures elles détruisent les feuilles, les fleurs, les capsules encore vertes et les pointes herbacées des rameaux. Dès qu'une plantation a été ravagée, la troupe avance, en traverse quelques autres sans les endommager, et va se jeter à l'improviste sur une seconde, qu'elle ravage de même, et ainsi de suite : heureusement le nombre des chenilles diminue peu à peu chemin faisant; plusieurs, arrivant au moment de passer à l'état de chrysalide, s'enfoncent dans la terre, où elles demeurent. Ces réunions, au surplus, n'ont pas lieu toutes les années, ni à des époques certaines; elles ne sont nullement périodiques. On a remarqué qu'elles ne ravageoient presque jamais une plantation dont les arbres sont à de justes distances et qui est complétement débarrassée des mauvaises herbes; on a encore remarqué que, lorsque le *parthenium hysterophorus* dominoit parmi elles, les chenilles s'en emparoient de préférence et épargnoient les cotonniers.

Le *grillon des champs* (*grillus rusticus*, Fabr.) se tient le jour sous des tas de pierre et de mauvaises herbes; la nuit il rôde pour chercher sa nourriture, attaque les cotonniers et d'autres plantes : il donne toujours la préférence aux jeunes feuilles, aux tiges nouvelles, aux feuilles séminales. Il cesse d'être dangereux dès que les tiges sont un peu ligneuses et que les feuilles ont de la consistance. On prévient les dommages causés par cet insecte, lorsqu'en formant la plantation on a soin de ne point laisser, près des trous et en tas, les pierres qu'on en retire. Le *crabe de terre* (*cancer ruricola*, Fabr.) étoit autrefois très-multiplié dans les îles; mais, comme sa chair est délicate et de bon goût et qu'il est fort recherché, il est devenu beaucoup plus rare. Il mange tout ce qu'il rencontre de vert sur la terre, dans laquelle il s'enfonce très-profondément, jusqu'à ce qu'il trouve de l'eau. On bouche ses trous avec une poignée d'herbe un peu longue et tortillée, enfoncée avec un bâton : le crabe embarrasse ses pinces pour vaincre cet obstacle ; elles se cassent, et l'animal périt souvent avant qu'elles soient revenues.

Plusieurs autres insectes sont encore très-nuisibles aux cotonniers, tels qu'une *araignée* (*avicularia*, Fabr.), dont la *guêpe bleue* *sphex cærulea*, Fabr.) est ennemie. Cette araignée vit dans des trous en terre : le jour elle se tient à l'entrée de son trou et s'élance sur les insectes qui rôdent autour ; pendant la nuit, elle coupe, elle détruit autour de son trou toutes les plantes qui pourroient empêcher l'approche des insectes, et endommage ainsi les jeunes cotonniers. Une espèce de scarabée (*l'apate monachus*, Fabr.) lui fait aussi beaucoup de tort. La larve de cet insecte commence par faire un trou dans l'écorce verte du cotonnier ; elle pénètre dans l'aubier, le ronge en tournoyant sous l'écorce ; elle s'avance ensuite dans le bois jusqu'à la moelle : les branches attaquées se dessèchent et périssent. Lorsqu'on aperçoit sur un arbre un trou nouvellement formé, on le bouche avec de la cire ; l'insecte meurt, et l'arbre est sauvé : il faut de plus enlever et brûler toutes les branches mortes. Des punaises rouges et noires viennent sucer les graines du cotonnier à l'instant où les capsules s'ouvrent ; ces graines, ainsi rongées, passent entre les cylindres qui servent à éplucher le coton, s'aplatissent, s'écrasent et, mêlées avec les excrémens de ces insectes, salissent le coton, qui alors est mis au rebut. D'autres punaises vertes attaquent les fleurs, les font tomber ; les fruits avortent : souvent les pucerons s'y joignent, ainsi que les fourmis ; l'arbre languit, devient stérile et périt à la fin. Le *coccus* ou *gallinsecte*, par sa succion continuelle dans l'écorce du cotonnier, y occasionne une telle perte de sève qu'il ne tarde point à se dessécher. (Poir.)

COTONNIER MAPOU. (*Bot.*) Une espèce de fromager, le *bombax ceiba* des botanistes, reçoit vulgairement ce nom, parce que ses graines, comme celles des espèces congénères, sont entourées d'un duvet presque semblable à celui du véritable cotonnier. (J.)

COTONNIERE (*Bot.*), nom vulgaire du genre *Filago*. (H. Cass.)

COTORRA. (*Ornith.*) Ce mot, et ceux de *cotorrera, cotorrero, cotorrita*, désignent, en général, dans la langue espagnole, les perroquets, les perruches et les divers oiseaux qui composent cette grande famille. (Cʜ. D.)

COTOVIA (*Ornith.*), nom générique des alouettes en Portugal, où on les appelle aussi *cotobia*. (Cʜ. D.)

COTRELUS (*Ornith.*), nom vulgaire de l'alouette lulu ou cujelier, *alauda arborea*, Linn., qu'on appelle aussi *cotrioux, contrioux*, et *coturliu* ou *coturliou*. (Cʜ. D.)

COTRIOUX. (*Ornith.*) Voyez Cotrelus. (Cʜ. D.)

COTSJOPIRI. (*Bot.*) Linnæus, dans la seconde édition de ses *Species*, indique sous ce nom le *catsjopiri* de Rumph, vol. 7, p. 26, comme étant le même que la *gardenia florida*. Cette faute d'impression se retrouve dans toutes les éditions successives de cet ouvrage, publiées par divers auteurs, ainsi que dans la *Flora indica* de Burmann : elle est rectifiée par M. de Lamarck, dans l'Encyclopédie méthodique. En lisant avec attention la description de Rumph, on trouve quelque rapport de sa plante avec le *gardenia;* mais l'observation qu'il ajoute à la fin donne une idée toute contraire, en annonçant son *catsjopiri* comme congénère de l'*hibiscus rosa sinensis*. En parlant précédemment de sa plante dans ce Dictionnaire, on s'étoit contenté d'infirmer ce dernier rapport, sans faire le rapprochement du *gardenia*, qui est plus naturel. (J.)

COTTA. (*Ornith.*) L'oiseau désigné sous ce nom dans Aldrovande et dans Charleton est le *greater coot* des Anglois, la grande foulque ou macroule, *fulica aterrima*, Linn. (Cʜ. D.)

COTTA - AVERAI (*Bot.*), nom donné à une psoralée, *psoralea tetragonoloba*, sur la côte de Coromandel. (J.)

COTTAM (*Bot.*), nom malabare, cité par Rheede, d'un sous-arbrisseau de l'Inde que Linnæus avoit d'abord réuni au basilic, *ocimum*, et qu'il a depuis rapporté à la menthe, sous le nom de *mentha perilloides*. (J.)

COTTANA. (*Bot.*) Pline nomme ainsi, en deux endroits de son ouvrage, une petite figue dont l'arbre est cultivé dans la Syrie. (J.)

COTTE ou Cʜᴀʙᴏᴛ, *Cottus*. (*Ichthyol.*) Κοττος étoit, chez les Grecs, le nom de notre chabot d'eau douce. Artédi en a fait celui d'un genre, qui a depuis été adopté par tous les ichthyologistes. Il appartient à la famille des Céphalotes. (Voyez ce mot.)

Ce genre offre les caractères suivans :

Peau nue ou à très-petites écailles; tête plus large que le corps, épineuse; deux ou trois nageoires dorsales, la seconde molle et adipeuse; plus de trois rayons aux catopes; nageoires pectorales grandes.

On distinguera facilement les cottes des Aspidophores, qui ont de grandes écailles; des Aspidophoroïdes, des Scorpènes et des Gobiésoces, qui n'ont qu'une nageoire dorsale. (Voyez ces mots et Céphalotes.)

Les espèces de cottes sont assez nombreuses.

§. Ier *Tête presque lisse; une ou deux épines seulement au préopercule; deux nageoires dorsales.*

Le Chabot ou Meunier : *Cottus gobio*, Linnæus; Bloch, 59. n.° 1, 2. Écailles presque nulles; peau muqueuse, couverte de petits tubercules ou de verrues arrondies; dos du mâle gris avec des taches brunes, celui de la femelle brun avec des taches noires; ventre blanc; nageoires le plus souvent bleuâtres et tachetées de noir; catopes variés de jaune et de brun chez la femelle : taille de cinq à sept pouces.

Les yeux sont très-rapprochés l'un de l'autre; des dents aiguës hérissent les mâchoires, le palais et le gosier; la langue est lisse; la nageoire caudale est arrondie.

Le foie est grand, entier, jaunâtre, et situé en grande partie du côté gauche; l'estomac est vaste; auprès du pylore sont quatre cœcums; le canal intestinal n'est plié que deux fois; les deux laites se réunissent vers l'anus, et sont renfermées dans une membrane très-noire, comme le péritoine; les reins et la vessie sont très-étendus.

On trouve ce poisson dans presque toutes les rivières et les ruisseaux de l'Europe et de l'Asie septentrionale, dont le fond est pierreux ou sablonneux. Il s'y tient caché parmi les pierres ou dans une espèce de petit terrier, d'où il s'élance sur sa proie avec rapidité. Il aime à se nourrir de très-petits poissons, de vers et d'insectes aquatiques, et lorsque cet aliment lui manque, il se jette sur les œufs des animaux qui fréquentent les eaux. On dit qu'il n'épargne même point sa propre espèce. Il est très-vorace; mais il devient lui-même fréquemment la proie des perches, des saumons et des brochets.

Dans certains pays, le chabot porte le nom de *tête d'âne*, de *tête d'aze* ou de *têtard*, à cause du volume de sa tête, qui l'a fait aussi appeler *gobio capitatus fluviatilis* par Willughby; *capitatus.* par quelques auteurs; *capo-grosso*, par les Italiens, et *bull-head*, par les Anglois.

Le chabot est très-commun et fort fécond. La femelle, plus grosse que le mâle, paroît comme gonflée dans le temps où ses œufs sont près d'être pondus. Les protubérances formées par les deux ovaires à cette époque, sont assez élevées et assez arrondies pour qu'on les ait comparées à des mamelles. Puis, comme il n'y a qu'un pas d'une comparaison peu exacte à une hypothèse absurde, de célèbres naturalistes ont écrit que la femelle du chabot avoit des rapports de forme et d'habitudes avec les animaux à mamelles, qu'elle couvoit ses œufs, et qu'elle perdoit plutôt la vie que de les abandonner. (Voyez la réfutation de cette opinion erronée à l'article Poissons.)

Comme celle du saumon, la chair du chabot devient rouge par la cuisson; elle est très-agréable et constitue un aliment fort sain.

Dès le temps d'Aristote on savoit que, pour le prendre avec plus de facilité, il falloit frapper sur les pierres qui lui servoient de retraite; qu'à l'instant il s'échappoit et se jetoit étourdiment dans le filet ou dans la main du pêcheur, de laquelle il se débarrasse pourtant avec facilité, en raison de la grande viscosité de sa peau, qui l'aide à glisser.

Le Cotte noir; *Cottus niger*, Commerson. Un seul aiguillon de chaque côté de la tête; mâchoire inférieure avancée; corps couvert d'écailles rudes; museau arrondi; ouverture de la bouche très-grande; dents courtes, serrées sur les mâchoires et au gosier; palais lisse : taille d'environ six pouces.

La couleur générale est noire ou d'un brun noirâtre; la seconde nageoire du dos, celle de l'anus et celle de la queue sont bordées d'un liséré plus foncé, ou pointillées de noir; la première nageoire dorsale présente plusieurs nuances de jaune et deux bandes longitudinales noirâtres; l'iris est noir.

§. II. *Tête épineuse; deux nageoires dorsales.*

Le Scorpion ou Crapaud de mer : *Cottus scorpius* , Linn. ;
Bloch, 40. Une petite épine au devant de chaque œil ; deux
fortes épines à l'opercule , et deux aux os de l'épaule ; corps
parsemé de petites verrues comme épineuses, et beaucoup
moins marquées dans les femelles que dans les mâles ; dos
brun avec des raies et des points blancs ; ventre mêlé de
blanc et de brun ; nageoires rouges avec des taches blanches.

Les yeux sont grands, alongés, rapprochés l'un de l'autre ,
et placés sur le sommet de la tête ; les mâchoires sont exten-
sibles et hérissées, comme le palais, de dents aiguës ; la langue
est épaisse, courte et dure ; l'ouverture des branchies . large ;
l'opercule composée de deux lames ; la ligne latérale, droite
et formée d'une série de corpuscules écailleux ; la nageoire
caudale arrondie ; les catopes sont assez longs.

L'œsophage est large et plissé ; l'estomac long ; le canal
intestinal a une seule sinuosité, et est accompagné de quatre
cœcums ; le foie est bilobé.

Ce poisson habite l'Océan atlantique.

Il est très-vorace , très-audacieux et très-agile. Il attaque
les blennies , les gades, les clupées, les saumons, les combat
avec acharnement, et en triomphe souvent : cela paroîtra
moins étonnant à ceux qui sauront que , dans certaines mers .
le cotte-scorpion peut atteindre une longueur de plus de
six pieds.

Sa chair est peu agréable et peu recherchée des pêcheurs.
Les Groenlandois seuls et quelques habitans des zones glacées
en font un objet de nourriture. En Norwège, où il est fort
commun , on fait de l'huile avec son foie. Sur les côtes d'Allemagne on en nourrit les cochons.

En Danemarck, on ordonne la chair du scorpion de mer
comme un remède efficace contre les maladies de la vessie.

La conformation de ses opercules branchiales lui donne la
faculté de vivre pendant quelque temps hors de l'eau.

C'est pendant l'été qu'il s'approche des rivages ; mais communément l'hiver est déjà avancé lorsqu'il dépose ses œufs ,
dont la couleur est rougeàtre.

Le Cotte a quatre cornes ; *Cottus quadricornis* . Linnæus.

Quatre tubercules osseux, rudes, poreux, sur le sommet de
la tête ; les deux plus voisins du museau sont plus hauts et
plus arrondis que les deux postérieurs : plus de vingt apophyses osseuses et piquantes sur différentes parties de la tête
ou du corps ; on en distingue surtout deux au-dessus de la
membrane des branchies, trois de chaque côté du carré
formé par les cornes, deux auprès des narines. deux sur la
nuque, et une au-dessus de chaque nageoire pectorale.

Ce poisson a d'ailleurs beaucoup de ressemblance avec le
cotte-scorpion, dont il a les habitudes. Il vit de même dans
l'Océan atlantique septentrional, et particulièrement dans la
Baltique. Également fort et audacieux, il poursuit sa proie
avec une grande rapidité, ou se tient en embuscade au milieu
des fucus, parmi lesquels il dépose ses œufs qui sont d'une
couleur assez pâle.

On assure que, dans certaines saisons, il remonte les
fleuves, où il trouve avec plus de facilité les vers, les insectes
aquatiques et les jeunes poissons qui font aussi sa nourriture.

On dit encore que sa chair est plus agréable que celle du
scorpion de mer, quoique Othon Fabricius prétende précisément le contraire. Selon Bloch, il n'y a que les pauvres
qui en mangent ; mais elle est très-employée comme appât
pour la pêche.

Sa taille est moins considérable que celle du précédent. Il
a le dos plus brun, et le ventre d'un brun jaunâtre.

Il présente sept cœcums ; un foie grand et non divisé,
situé plus à gauche qu'à droite, et adhérent à la vésicule du
fiel ; un canal intestinal deux fois recourbé ; un péritoine
noirâtre, de même que les membranes des ovaires.

Pallas avertit que chez certains individus, en raison de
leur jeunesse ou de leur sexe, les tubercules osseux de la
tête ne se rencontrent point.

Le Bubale ; *Cottus bubalis*, Euphrasen. Tête déprimée,
rugueuse, épineuse, bicorne ; yeux verticaux, rapprochés ;
ligne latérale rude, tuberculeuse ; quatre rayons aux catopes.

Ce poisson vit dans l'Océan occidental, aux environs de
Bahus en Suède.

§. III. *Trois nageoires dorsales.*

Le Cotte velu ; *Cottus hispidus*, Schneider, tab. 13. Corps noir, velu; tête très-irrégulière, sillonnée entre les yeux; ligne latérale épineuse; bouche très-grande; quatre rangs d'aiguillons courts, engainés au-dessus de la ligne latérale, et étendus de la tête à la queue; quatre rayons aux catopes.

De New-York.

Le COTTE ACADIEN, *Cottus acadianus*, Pennant. Tête et opercules hérissées d'épines; nageoires dorsales épineuses; caudale arrondie; teinte générale mêlée de jaune et de pourpre sale : taille de cinq pouces.

De la Nouvelle-Ecosse.

COTTE GROGNANT; *Cottus gruniens*, Linnæus. C'est un BATRACHOÏDE. (Voyez ce mot et GRONDEUR.)

COTTE MADÉGASSE; *Cottus madagascariensis*, Commerson. (Voyez PLATYCÉPHALE.)

COTTE AUSTRAL; *Cottus australis*, John White. (Voyez RASCASSE et SCORPÈNE.)

COTTE MARSEILLOIS; *Cottus massiliensis*, Gmelin. (Voyez SCORPÈNE et RASCASSE.)

COTTE JAPONOIS; *Cottus japonicus*, Pallas. (Voyez ASPIDOPHORE.) C'est l'*Aspidophore lisiza*.

COTTE BRODAME; *Cottus brodamus*, Olaffen. C'est l'*Aspidophore armé*. (Voyez ASPIDOPHORE.)

COTTE STELLER; *Cottus Stelleri*, Schneider. C'est probablement un ASPIDOPHORE. (Voyez ce mot.)

COTTE MONOPTÉRYGIEN; *Cottus monopterygius*, Linnæus. C'est l'*Aspidophoroïde Tranquebar*. (Voyez ASPIDOPHOROÏDE.)

COTTE RABOTEUX; *Cottus scaber*, Linnæus. (Voyez PLATYCÉPHALE.)

COTTE INSIDIATEUR; *Cottus insidiator*, Forskaël. (Voyez PLATYCÉPHALE.)

COTTE CUIRASSÉ; *Cottus cataphractus*, Linnæus. Voyez ASPIDOPHORE. (H. C.)

COTTERET GARU (*Ornith.*), nom sous lequel est connu, dans le département de la Somme, le combattant, *tringa pugnax*, Linn. (CH. D.)

COTTI-KELENGOU. (*Bot.*) Dans un herbier de Pondichéry, transmis par Cossigny à Commerson, ce nom est donné à un aponoget, *aponogeton monostachyum*, qui est la *paruakelanga* (*Hort. malab.*, vol. 11, p. 31, t. 15). Il faut bien le distinguer du *katsi-kelengu* des Malabares, qui est un igname, et du *kattu-kelengu*, espèce de liseron. (J.)

COT-TQAI-BO. (*Bot.*) Le *polypodium repandum* de Loureiro porte ce nom en Cochinchine. Il croît en Chine. Selon les livres chinois, on l'emploie pour diminuer l'épaisseur du sang, contre les vers, comme odontalgique, et dans les fractures des os. Les frondes de cette fougère partent en touffe d'un stipe haut d'un pied ; elles sont ovales, entières, sinueuses sur les bords : les fructifications sont des points jaunes disposés en lignes. Il est difficile de reconnoître si la plante de Loureiro est bien celle de Linnæus. (Lem.)

COTTONS. (*Ornith.*) Suivant le P. Labat, on appelle ainsi les petits des oiseaux qu'il décrit, dans son Voyage aux îles françoises de l'Amérique, t. 2, p. 408 et suiv., sous le nom de *diables*, et que Buffon croit être des pétrels, tandis que d'autres naturalistes les regardent comme une espèce de chouettes. (Ch. D.)

COTTORNO (*Ornith.*), nom italien de la bartavelle, *tetrao rufus*, Linn., qui s'appelle aussi *coturnice* et *chotronisse*. (Ch. D.)

COTU-EL-SADJAR. (*Bot.*) Voyez Cotum. (J.)

COTULE, Cotula. (*Bot.*) [*Corymbifères*, Juss. *Syngénésie polygamie superflue*, Linn.] Ce genre de plantes, de la famille des synanthérées, appartient à notre tribu naturelle des anthémidées, dans laquelle nous le plaçons auprès du *gymnostyles* et du *grangea*.

La calathide est discoïde, composée d'un disque multiflore, régulariflore, androgyniflore, et d'une couronne unisériée ou plurisériée, apétaliflore, féminiflore. Le péricline, égal aux fleurs, est subhémisphérique, formé de squames pauci-sériées à peu près égales, appliquées, ovales-oblongues, subfoliacées. Le clinanthe convexe est stipifère, c'est-à-dire que ses aréoles ovarifères sont élevées sur des stipes ou petites colonnes charnues : ces stipes, très-courts dans le milieu de la calathide, sont d'autant plus longs qu'ils s'éloignent davantage du centre. L'ovaire des fleurs du disque est petit, oblong, inaigretté ; celui des fleurs de la couronne est très-grand, elliptique, comprimé antérieurement et postérieurement, quelquefois muni en apparence d'une petite aigrette coroniforme, qui n'est réellement qu'un vestige de corolle avortée et continue à l'ovaire. Les corolles du disque sont ordinairement quadrilobées; celles de la couronne sont tantôt absolument nulles, tantôt réduites à un simple rudiment.

On compte dans ce genre environ quinze espèces : ce sont des plantes herbacées, dont la plupart sont annuelles et habitent le cap de Bonne-Espérance; leurs calathides sont terminales, composées de fleurs jaunes, et leurs feuilles presque toujours pinnées. Elles ne sont intéressantes que pour les botanistes : c'est pourquoi nous nous abstiendrons d'en décrire aucune. On cultive ordinairement dans les jardins de botanique les *cotula coronopifolia* et *anthemoides*, sur lesquelles nous avons observé les caractères génériques exposés ci-dessus, dont deux sont très-remarquables, la couronne apétaliflore et le clinanthe stipifère. (H. Cass.)

COTUM. (*Bot.*) Suivant Rauwolf, ce nom est donné, dans les boutiques du Levant et dans la Barbarie, au coton, qui est nommé chez les Italiens *gottonum* ou *cottonum*, ou *bombasus*. C'est le *gotnemsagiar* des Égyptiens, suivant Prosper Alpin, et le *cotu-el-sadjar* des Arabes selon Forskaël. On en peut conclure que le nom françois dérive de l'arabe, après avoir subi une première altération dans l'Italie. (J.)

COTURLIOU. (*Ornith.*) Voyez COTRELUS. (Ch. D.)

COTYLEDON. (*Bot.*) Voyez COTYLET. (L. D.)

COTYLÉDON. (*Corallin.*) Lobel désignoit ainsi le corps organisé que Linnæus a nommé *acetabulum tubulosum*. (De B.)

COTYLÉDONS, *Cotyledones*. (*Bot.*) Les cotylédons sont les premières feuilles de la plante visibles dans la graine. Souvent l'embryon est accompagné d'un périsperme, substance particulière qui, au moment de la germination, fournit à la jeune plante un aliment tout préparé; alors les cotylédons sont minces : ils prennent, en se développant, l'apparence de véritables feuilles, et portent en cet état le nom de feuilles séminales : voyez, pour exemple, la belle de nuit. Dans le cas contraire, les cotylédons sont épais et charnus; ils nourrissent l'embryon à défaut du périsperme, et ne prennent point, en se développant, l'apparence de feuilles : ceux du haricot, par exemple, sont dans ce cas.

Le nombre des cotylédons sépare les végétaux cotylédonés en deux grandes classes, dont les caractères extérieurs s'accordent presque toujours avec ceux que fournissent l'organisation intérieure et la manière dont le développement s'effectue. La première classe comprend les végétaux qui n'ont qu'un cotylédon, ou les monocotylédons; la seconde renferme ceux qui ont plusieurs cotylédons, ou les polycotylédons, désignés ordinairement par le nom de dicotylédons, parce que le nombre de leurs cotylédons passe rarement deux. (MASS.)

COTYLÉPHORE, *Platystacus cotylephorus* (*Ichthyol.*) : nom spécifique d'un poisson du genre ASPRÈDE. Voyez ce mot dans le Supplément du 3.ᵉ volume. (H. C.)

COTYLET; *Cotyledon*, Linn. (*Bot.*) Genre de plantes dicotylédones, polypétales, périgynes, de la famille des joubarbes, Juss., et de la décandrie pentagynie, Linn., dont les principaux caractères sont les suivans : Calice monophylle, à cinq divisions profondes ; corolle monopétale, campanulée ou infondibuliforme, à limbe partagé en cinq découpures; dix étamines à filamens insérés à la base de la corolle, et portant des anthères arrondies; cinq ovaires supérieurs, coniques, ayant chacun à leur base externe une écaille concave, et chacun d'eux étant terminé par un style à stigmate simple ; cinq capsules oblongues, uniloculaires, polyspermes, s'ouvrant du côté interne en deux valves.

Les cotylets sont des arbustes ou des plantes herbacées à feuilles charnues et succulentes, opposées ou alternes, et à fleurs disposées en épi, en corymbe ou en panicule, à l'extrémité de la tige et des rameaux. On en connoît aujourd'hui environ vingt-cinq espèces, toutes naturelles aux climats tempérés ou un peu chauds de l'ancien continent, parmi lesquelles nous ferons seulement connoître les suivantes.

COTYLET ORBICULÉ : *Cotyledon orbiculata*, Linn., *Spec.* 614; *Sedum africanum frutescens incanum, foliis orbiculatis*, Moris., Hist. 3, p. 474, s. 12, t. 7, f. 39. Arbuste dont la tige est haute de deux à trois pieds, divisée en rameaux garnis de feuilles opposées, arrondies, rétrécies en coin à leur base, d'un vert très-glauque ; ses fleurs sont rougeâtres intérieurement, plus pâles en dehors, disposées au nombre de dix à quinze sur un pédoncule rameux, formant une sorte de panicule au sommet de la tige ou des rameaux. Cette espèce est originaire du cap de Bonne-Espérance, et cultivée depuis assez long-temps dans les jardins de botanique.

COTYLET A FEUILLES CYLINDRIQUES ; *Cotyledon teretifolia*, Lam., Dict. enc. 2, p. 139. La tige de cette espèce est à peine haute d'un pied, partagée en quelques rameaux garnis de feuilles presque cylindriques obtuses, rétrécies à leur base ; ses fleurs, grandes, rougeâtres, à limbe réfléchi en dehors, sont pendantes et disposées en corymbe sur un pédoncule terminal, long d'environ un pied. Cette plante croit naturellement en Afrique, dans les lieux pierreux et sablonneux, au voisinage de la mer.

COTYLET OMBILIQUÉ : *Cotyledon umbilicus*, Linn., *Spec.* 615, var. β ; *Cotyledon umbilicus Veneris*, Clus., Hist., LXIII. La racine de cette espéce, vulgairement nommée nombril de Vénus, est vivace, tubéreuse, charnue ; elle donne naissance à une tige cylindrique, glabre, droite, haute de six à dix pouces, assez souvent simple ou garnie de quelques rameaux courts, munie à sa base de plusieurs feuilles pétiolées, arrondies, concaves, crénelées, glabres et d'un vert gai ; les feuilles de la tige sont plus petites, alternes et un peu lobées. Ses fleurs sont assez petites, d'un vert jaunâtre, pédiculées, pendantes, et disposées, en assez grand nombre, en un épi terminal. Cette plante croît dans les lieux pierreux et dans les fentes des vieux murs, en Espagne, en France, en Angleterre, etc.

Les feuilles de cette plante ont une saveur visqueuse ; elles passent en médecine pour être rafraichissantes et légèrement astringentes ; écrasées et réduites en pulpe, leur application soulage les hémorrhoïdes douloureuses. On en fait aussi, dans les pays où la plante est commune, en les pilant avec de l'huile, une sorte d'onguent qu'on emploie pour guérir les brûlures.

COTYLET JAUNE : *Cotyledon lutea*, Willd. *Spec.* 2, p. 757 ; *Cotyledon flore luteo, radice repente, majus*, Dodart, Mém., 265, t. 73. Linnæus avoit confondu cette espéce avec la précédente, comme n'en étant qu'une variété ; mais elle en diffère sensiblement par sa racine rameuse, rampante, par ses feuilles, plus grandes, un peu en capuchon, et par ses fleurs droites, jamais pendantes, divisées jusqu'à moitié en cinq découpures lancéolées et aiguës. Ses fleurs sont jaunes, disposées en un épi terminal qui paroît feuillé, à cause des bractées assez grandes, ovales, dentées, ou presque pinnatifides, qui sont à la base de chaque pédoncule. Cette espèce croit sur les rochers, en Portugal, en Italie, en France et en Angleterre.

COTYLET FAUX-SÉDON : *Cotyledon sedoides*, Dec., Fl. Fr., vol. 5, p. 521. Cette espèce est une petite plante annuelle, dont le port est celui d'un sédon ou d'une saxifrage. Sa tige, divisée, dès sa base, en plusieurs rameaux glabres, est haute d'un à deux pouces, garnie de feuilles nombreuses, oblongues, obtuses, convexes, droites, imbriquées, glabres et souvent rougeâtres, ainsi que la tige elle-même. Ses fleurs sont blanches ou purpurines, assez grandes comparativement aux petites proportions du reste de la plante, et disposées au nombre de deux à six dans la partie supérieure des tiges. Cette plante croit parmi les pierres, dans le voisinage des neiges, sur les sommités des Pyrénées. (L. D.)

COTYLISCUS. (*Bot.*) Genre proposé par M. Desvaux, dans le Journal de botanique, 3, n.° 4, p. 164, pour le *cochlearia nilotica* de M. de L'isle, qu'il distingue par les silicules en cœur, presque à deux lobes, indéhiscentes, concaves en-dessus, gibbeuses en-dessous, divisées par un sillon profond, la cloison plus haute que les valves dans le plus petit diamètre; les loges monospermes. (Poir.)

COU. (*Ornith.*) Cette partie, qui chez les oiseaux s'étend depuis le trou occipital jusqu'à l'ouverture de la fourchette, comprend en devant la gorge, et par derrière la nuque et le chignon. On peut considérer le cou relativement à sa longueur, à sa direction et à la manière dont il est couvert. Sous le premier rapport, il est très-long dans le flammant, le cygne, le héron, l'anhinga, l'autruche; long, dans les courlis, les chevaliers, les barges; court, dans les merles, les vanneaux, etc.; très-court, dans les chouettes, les martins-pêcheurs, les hirondelles, etc. Sous le second, il est droit dans le plus grand nombre des oiseaux, ondulé dans le cygne, tordu ou contourné dans certaines positions du torcol. Enfin, sous le troisième rapport, le cou est couvert d'une peau écailleuse dans le jabiru; il est caronculé dans le dindon; garni d'un simple duvet dans les vautours, de plumes touffues dans les mouettes, de plumes courtes et serrées dans le canard sauvage, d'une sorte de crinière dans le grêbe cornu, de plumes pendantes et effilées dans les hérons, d'un bouquet de crins dans le dindon ; orné, dans sa partie postérieure, d'un paquet de longues plumes chez le messager, de bouquets de plumes de différente structure dans certains oiseaux de paradis, d'une barbe de plumes tombant sur le cou dans l'outarde ; de colliers entiers ou partiels dans une espèce de merle, de tourterelle et dans une foule d'autres oiseaux ; etc. (Ch. D.)

COU-BLANC. (*Ornith.*) L'oiseau désigné sous ce nom dans Albin, tom. 1.ᵉʳ, p. 49, est le cul-blanc, vitrec ou motteux, *motacilla ænanthe*, Linn. (Ch. D.)

COU DE CHAMEAU (*Bot.*), nom vulgaire du narcisse des poëtes. (L. D.)

COU DE CIGOGNE (*Bot.*), nom vulgaire d'une espéce d'érodion, *erodium ciconium*, Willd. (L. D.)

COU-JAUNE (*Ornith.*), nom donné par Buffon à une fauvette de S. Domingue, *motacilla pensilis*, Gmel. (Ch. D.)

COUA. (*Ornith.*) M. Levaillant a nommé ainsi, dans son Ornithologie d'Afrique, une division de coucous qui ne pondent pas dans des nids étrangers. (Voyez Coucou.) On donne aussi vulgairement ce nom aux corneilles. (Ch. D.)

COUA-BOUÉ. (*Ornith.*) On donne, en Piémont, ce nom et celui de *coua-gros* au merle de roche, *turdus saxatilis*, Gmel. (Ch. D.)

COUA-NEIRA. (*Ornith.*) On appelle ainsi, dans le Piémont, le merle à plastron blanc, *turdus torquatus*, Linn. (Ch. D.)

COUA-ROUS (*Ornith.*), nom du rouge-queue, *motacilla erithacus*, Linn., en Piémont, où l'on appelle *coua-roussa* la gorge-bleue, *motacilla suecica*, Linn. (Ch. D.)

COUACHO. (*Ornith.*) Ce nom languedocien désigne les bergeronnettes. (Ch. D.)

COUALE. (*Ornith.*) La corneille corbine, *corvus corone*, Linn., qui est désignée par ce nom en Sologne, l'est en d'autres endroits par ceux de *couar* et *coua*. (Ch. D.)

COUAICOU. (*Bot.*) On trouve sous ce nom caraïbe, dans

l'herbier de Surian, une plante malvacée qui paroît être un *sida*. (J.)

COUAIROU (*Bot.*), nom caraïbe d'un quamoclit, *ipomœa repanda*, inscrit dans un herbier des Antilles préparé par Surian. (J.)

COUALIOS. (*Entom.*) On dit que, dans les départemens du midi de la France, les personnes qui soignent et cultivent les vers à soie, nomment ainsi les œufs qui tardent à éclore, et les chenilles chétives et retardées dans la filature de leurs cocons. (C. D.)

COUAMELLE. (*Bot.*) On donne ce nom, dans les environs d'Orléans, à l'agaric élevé (*agaricus procerus*). Voyez COULEMELLE et FONGE. (LEM.)

COUAQUE. (*Bot.*) Préparation de la racine de manioc, qui consiste à la dessécher, la râper et la rissoler ensuite pour lui ôter toute son humidité. On peut alors, dit Aublet, la conserver très-long-temps. Il en possédoit qui étoit préparée depuis quinze ans et qui n'étoit pas détériorée. Une provision de dix livres de couaque suffit à un voyageur pour se nourrir pendant quinze jours. Quand on veut en faire usage, on en délaie pour un repas deux onces dans de l'eau ou du bouillon. (J.)

COUBLANDIA. (*Bot.*) Aublet, qui avoit fait ce genre dans la Guiane, lui attribuoit des fleurs semblables à celles d'un *mimosa*, et un fruit qui étoit celui du *mullera*. Cette erreur étoit occasionée par l'entrelacement de ces deux arbres, qui les lui avoit fait confondre en un seul. M. Richard l'a vérifiée sur les lieux, et il a supprimé le *coublandia*, qu'il faut rapporter au *mullera moniliformis*. (J.)

COUCAI. (*Ornith.*) On nomme ainsi l'épouvantail, *sterna fissipes*, Linn., sur le lac d'Aveillane.

M. Levaillant donne ce nom aux coucous qui ont l'ongle du pouce long et droit, comme les alouettes. Voyez COUCOU. (CH. D.)

COUCARELA. (*Bot.*) M. Gouan dit qu'à Montpellier on nomme ainsi une variété de figue jaunâtre en dehors et rougeâtre à l'intérieur. (J.)

COUCHE. (*Min.*) La plus grande partie de l'écorce du globe est divisée, par des séparations à peu près parallèles, en tranches, dont on voit distinctement les deux surfaces. On donne à cette disposition ou structure principale le nom de stratification, et on nomme *couches* les tranches qui les composent.

Quoique le nom de *couche* ne soit pas très-exact, parce qu'il suppose des tranches *couchées*, c'est-à-dire, à peu près horizontales, et qu'il y a, au contraire, de ces tranches qui sont verticales, il a tellement prévalu que nous l'adopterons, en lui donnant une définition précise.

Les Couches (*Schichte*) sont les parties ou tranches, soit droites, soit sinueuses, à surfaces à peu près parallèles, dans lesquelles se divise un *terrain stratifié*[1]. Les couches des terrains de sédimens sont particulièrement nommées *couches de dépôts* (*Flötz*).

Les couches se subdivisent en

Assises : ce sont les premières ou grandes subdivisions d'une couche, lorsqu'elles sont toutes de même nature.

Feuillets, qui sont les subdivisions d'une couche, d'une assise ou d'un lit en parties minces.

Bancs (*Lager*[2]) : ce sont des couches d'une nature différente de celles qui composent une montagne ou un terrain,

---

[1] M. Daubuisson propose de nommer *strates* les couches homogènes, et *couches*, les lits de matières hétérogènes interposées entre les strates. (Min. de Freyberg, tome I.er, p. 39.)

Bergmann a distingué les *bancs* des *couches*, et il réserve ce dernier nom pour les bancs ou tranches horizontales ou à peu près. (Journ. des min. n.° 15, p. 55.)

Le mot de *couches*, de *montagnes à couches*, a pris maintenant une acception si bien déterminée parmi les géognotes, qu'on ne pense plus à en réduire la signification générale pour appliquer ce nom à une espèce particulière.

Le nom de *strate* seroit peut-être meilleur, mais il n'est pas françois, et il faut n'admettre des noms et des mots nouveaux que quand il n'est pas possible de faire autrement.

On ne peut établir aucune limite entre les couches horizontales et les couches inclinées.

La signification que nous donnons ici au terme d'*assise*, est généralement adoptée.

[2] On a proposé aussi de donner le nom spécial de *couche* et même de *lits*, à ce que nous nommons ici *banc*.

et qui ne se présentent qu'une ou deux fois au milieu de ce terrain. On rencontre souvent des bancs de pyrites dans le micaschiste : on voit un banc de grenat dans du gneiss auprès d'Ehrenfriedersdorf.

Lits : ce sont des couches de matières différentes, stratifiées parallèlement et constituant un terrain à couche.

Exemple. La montagne de Montmartre, près Paris, est un terrain en *couches* (*Flötzgebirge*), composé de *lits* de gypse et de *lits* de marne : les *lits* de gypse sont divisés en assises puissantes; les *lits* de marne se séparent souvent en *feuillets minces*.

La montagne de Breitenbrunn près Schneeberg, en Saxe, est composée de lits alternatifs de gneiss et d'amphibolite, entre lesquels on trouve un banc de fer sulfuré magnétique : le gneiss est beaucoup plus feuilleté que l'amphibolite.

On nomme *toit* d'une couche ou d'un banc, la paroi supérieure de cette couche, et *mur* ou même *lit*, la paroi inférieure.

§. Ier *Des couches considérées isolément.*

En étudiant les couches isolément, c'est-à-dire, sans avoir égard aux rapports de structure et de position qu'elles peuvent avoir entre elles, on remarque d'abord que leur *Épaisseur* ou puissance a des dimensions très-éloignées. Dans quelques-unes cette épaisseur est telle qu'il est souvent difficile de voir en même temps dans les coupes, soit naturelles, soit artificielles, les deux surfaces de ces couches : cela est rare, et ne se rencontre guère que dans le granite, la syénite, le porphyre, le calcaire saccaroïde, la craie, etc. Il est assez difficile alors de distinguer ces couches des masses ou des coulées. Dans d'autres cas, les assises deviennent si minces qu'elles dépassent à peine l'épaisseur d'une feuille de papier, ainsi qu'on l'observe dans les schistes, dans les phyllades, dans les micaschistes, stéaschistes, marnes, etc. Les roches argiloïdes sont, en général, celles dont les assises ont le moins d'épaisseur. M. de Humboldt a cru remarquer que les couches entre les tropiques avoient plus d'épaisseur que dans les autres régions de la terre. Il est des couches de grès, près de Cuença au Pérou, qui ont environ 1400 mètres de puissance, et un autre grès, plus ancien, à Yanaguanga, qui a une épaisseur de plus de 2800 mètres.

Inclinaison. Les couches ne sont pas toujours horizontales, et cette position est même plus rare sur la terre que les positions obliques ou inclinées. Les couches se présentent donc sous des inclinaisons qui varient depuis l'horizontale jusqu'à la verticale.

L'inclinaison des couches, qui approche si souvent de la verticale, est un des phénomènes les plus remarquables de la structure de la terre; c'est, comme nous le verrons, un de ceux qui ont donné naissance au plus grand nombre d'explications hypothétiques. Il nous suffira d'en présenter ici les généralités.

On n'a encore reconnu aucune règle constante dans cette inclinaison, ni par rapport à la latitude, ni par rapport à la position respective des montagnes, ni par rapport aux espèces de roches. On a seulement observé que, dans une chaine de montagnes, les couches des montagnes des bords de la chaine sembloient généralement être inclinées vers l'axe de cette chaine, dont les couches sont presque verticales, ainsi que de Saussure dit l'avoir observé dans le Jura; dans un groupe, celles des montagnes de la circonférence semblent aussi s'incliner vers la masse centrale, et l'envelopper, à la manière des feuilles d'un artichaut, pour nous servir de la comparaison de de Saussure, qui donne, comme exemple de cette disposition, la montagne pyramidale que l'on nomme l'Aiguille du midi au N. E. du Montblanc, celle du Cramont, etc. M. Ramond a observé la même chose aux Pyrénées, dans les montagnes qui entourent le Mont-Perdu. Mais cette disposition est loin d'être générale, et les exceptions sont peut-être aussi nombreuses que les faits à l'appui de cette règle.

Dans les hautes montagnes et dans les montagnes moyennes qui les avoisinent et qui semblent les entourer, les couches sont généralement très-inclinées. Dans les plaines et dans les collines qui sont loin des hautes chaines de montagnes, et surtout de celles qui sont composées de granite, de gneiss, de micaschistes, etc., les couches sont ordinairement horizontales : en général, les couches superficielles du globe, ou plutôt celles qui recouvrent toutes les autres, c'est-à-dire, les plus nouvelles, sont presque toujours horizontales; tandis que les couches profondes et moyennes, ou les plus anciennes, sont plus ou moins inclinées.

Les couches, en s'inclinant sous divers angles, conservent ordinairement entre elles leur parallélisme. Cependant il arrive quelquefois qu'elles le perdent peu a peu, en sorte que des couches qui se présentent d'abord à peu pres horizontales, se relèvent insensiblement, à mesure qu'on s'éloigne du lieu où elles étoient horizontales, et semblent se redresser au point de devenir verticales, et font voir, dans leur coupe, la disposition des branches d'un éventail ouvert. De Saussure a observé cette singulière divergence, dans les couches des montagnes qui bordent au S. E. la vallée de Chamberry. M. Ramond l'a également remarquée dans les couches de Marboré et dans celles des murailles d'Estaubé aux Pyrénées.

Les couches de certaines roches ne se présentent jamais dans une position parfaitement horizontale : tels sont,

Le gneiss, le micaschiste, les phyllades, les diabases schistoïdes, etc.

D'autres, au contraire, ne quittent jamais cette position : tels sont,

Le calcaire grossier, la marne, le gypse à ossemens, le grès à bàtir (*Quader-Sandstein*).

D'autres, enfin, affectent l'une et l'autre position : ce sont particulièrement,

Le basanite, les calcaires compaetes, les gypses, les psammites, les pouddings, les houilles, etc.

La manière dont les couches sont situées par rapport à l'horizon, contribue aussi à donner aux montagnes des aspects différens, comme l'a fait observer M. Ramond.

Ainsi les couches horizontales forment de vastes plateaux terminés par des escarpemens ordinairement peu élevés : telles sont les couches calcaires des environs de Paris, les couches de craie des rivages de la Manche, du Calvados, etc., qui se terminent par ces hautes coupures verticales nommées falaises; les couches de craie tufau (variété particulière de cette roche calcaire) qui bordent l'île entre Périgueux et Libourne, etc.

Les couches verticales produisent des escarpemens encore plus hauts et d'un aspect souvent imposant par leur continuité, ou des espèces de gradins à marches gigantesques et terminés par des plateaux horizontaux, mais peu étendus.

Tels se présentent la houle du cirque de Gavarnie, et les tours de Marboré dans les Pyrénées.

Les couches situées obliquement, quand d'ailleurs elles sont peu épaisses, donnent naissance à des montagnes d'autant plus pointues que les couches sont plus minces, que les roches qui les composent sont plus dures, et que l'angle qu'elles forment avec l'horizon approche plus de l'angle droit. La plupart des montagnes composées de gneiss, de micaschiste, etc., présentent cette disposition.

Direction. La ligne perpendiculaire à la ligne d'inclinaison d'une couche indique la direction de cette même couche, c'est-à-dire, vers quelle partie de l'horizon se dirige cette couche inclinée. Les couches ont une direction d'autant mieux déterminée qu'elles approchent davantage de la verticale : les couches horizontales n'ont aucune direction.

On a recherché avec beaucoup de soin si on pouvoit découvrir, dans les directions des couches de la terre, quelques règles générales : si, par exemple, les couches d'une même sorte de roche, ou d'une même époque de formation, avoient une direction commune vers une partie du globe, ou même vers plusieurs autres. M. de Humboldt a cru remarquer que la masse des plus anciennes couches de la terre, telles que les granites, les gneiss, les micaschistes, etc., avoient une direction moyenne vers le N. O. et une inclinaison d'environ 52 degrés. Mais cette loi générale n'a point été confirmée par de nouvelles observations. On a cru remarquer une autre règle, qui paroît plus constante ; c'est le parallélisme des couches d'une chaîne de montagnes avec la direction de l'axe de cette chaîne, et par conséquent avec celles des grandes vallées longitudinales, quand il en existe. De Saussure donne, comme exemple de la première disposition, le Mont-Mallet, et comme preuve de la seconde, les montagnes qui bordent la vallée du Rhône, dans le Valais, depuis Martigny jusqu'à la source de ce fleuve. Dolomieu a confirmé cette curieuse observation.

Cette règle est encore confirmée par les observations de M. Werner dans l'Erzgebirge, de MM. Ramond et Palassou dans les Pyrénées, de M. Daubuisson dans la Bretagne, aux environs de Poullaouen.

M. de Humboldt, qui s'est beaucoup occupé de ce sujet, pense que la direction des hautes chaînes de montagnes exerce la plus grande influence sur la direction des couches, et même à des distances très-considérables de la chaîne centrale, comme on peut l'observer dans les montagnes alpines de l'Europe et au Mexique. Dans ce dernier pays, les couches de phyllade, du district de Quanaxuato, se dirigent du S. E. au N. O., et sont inclinées d'environ 5o degrés au S. E.

Dans l'Amérique septentrionale, suivant M. Maclure, les couches des roches primitives' se dirigent S. S. O. et N. N. E., et sont inclinées au S. E. de 45 à 90 degrés.

Dans la vallée de la Tarentaise, les roches de la nature de celles que nous venons de citer sont généralement dirigées du N. O. au S. E., et cette direction, qu'on observe dans une grande partie des Alpes, est parallèle à celle de la chaîne centrale'. L'inclinaison la plus générale des couches primitives, dans les Alpes, est vers le S. E. (Ebel.)

Flexion et sinuosité. Les couches des terrains qui avoisinent les grandes et hautes chaînes de montagnes ne sont pas seulement inclinées, elles diffèrent encore des couches qui composent ordinairement les grandes plaines, par les sinuosités très-variées, les flexions très-nombreuses, qu'elles présentent souvent.

Les couches *sinueuses* sont celles qui se présentent en lignes de toutes sortes de courbures, mais sans aucune flexion anguleuse réelle et bien déterminée.

Les couches *fléchies* ou *pliées* sont celles qui offrent des plis anguleux plus ou moins multipliés. Ces deux sortes de figures se présentent souvent dans le même terrain et dans les mêmes couches; mais aussi elles sont quelquefois dis-

---

1 Les granites, gneiss, micaschistes, amphibolites, phyllades, etc.

2 Brochant, J. d. m., n.° 137, p. 332. M. Ebel fait la même observation, *Ueber den Bau der Erde*, T. I.ᵉʳ, §. 8, et T. II, §. 96, n.° 18.

tinctes, et chacune d'elles est propre à des couches d'une classe particulière.

Ainsi, la *sinuosité* des couches sans flexion se remarque principalement dans les couches de roches feuilletées et de structure cristalline, c'est-à-dire, dans

Le gneiss, le micaschiste, le quarz, le phyllade, l'eurite, l'amphibolite, le calcschiste, le stéaschiste, le gypse, l'anthracite.

Nous ne parlons ici que de celles de ces roches qui ont la structure feuilletée, et par conséquent une figure sinueuse plutôt en petit qu'en grand.

Des roches à assises plus épaisses offrent cependant de réelles sinuosités très-variées, mais à plus grands contours, et toujours en grand, jamais en petit. Ces roches sont plutôt à texture compacte qu'à strucure cristalline : telles sont,

Le jaspe;

Le silex corné;

Le calcaire compacte bleuâtre, qui est la roche à laquelle semble appartenir plus particulièrement la disposition que nous décrivons ici;

Le sel gemme, et l'argile qui l'accompagne;

La marne, les psammites, la houille, etc.

Quant à la *flexion*, on sent qu'elle peut s'appliquer à presque toutes les structures de roches, et elle s'y applique en effet; mais les roches auxquelles elle semble plus particulièrement appartenir, sont

Quelques eurites, plusieurs gypses, des psammites, des grès, des pouddings, des anthracites, des houilles, des lignites même, quoique plus rarement.

Elle appartient donc aussi bien aux roches de cristallisation qu'à celles de sédiment; mais cependant elle est plus particulièrement propre à ces dernières.

Les causes qui ont produit la *sinuosité* des couches en petit, sont certainement très-différentes de celles qui ont produit la *sinuosité* en grand, et surtout la *flexion*.

Ce n'est pas ici le lieu de rechercher quelles sont ces causes, ni de présenter les explications qu'on a données de ces singulières dispositions, ces explications étant fondées sur des phénomènes que nous ferons connoître ailleurs; il nous suffira d'éclaircir par des exemples ce que nous venons de dire de ces diverses sortes de *flexion* et de *sinuosité* des couches.

Parmi les *couches sinueuses en petit* nous citerons :

Les roches de *diabase schistoïde* et d'*amphibolite* de la montagne des Chalanches, près d'Allemond en Dauphiné, qui offrent les sinuosités les plus variées et les plus grandes ;

Celles de *gneiss* de Saint-George d'Huretière, près Aiguebelle dans la Savoie ;

Celles de silex corné, ou de silicicalce, de la vallée de Louron et de la descente orientale du Tourmalet, dans les Pyrénées : ces silex présentent l'image de rubans pliés dans toutes sortes de directions ;

L'anthracite d'Arrache, de Macot, etc., près de Pesey, dans la Tarentaise.

Les couches sinueuses en grand appartiennent presque toutes au calcaire compacte gris-bleuâtre ; il n'y a point de montagnes de cette nature qui ne présentent de nombreux exemples de cette remarquable disposition.

Un des plus célèbres exemples est celui que cite de Saussure. Dans la vallée de Cluse, près de Salanche, à l'entrée des Alpes de Savoie, les couches calcaires qui constituent la montagne du Nant ou ruisseau d'Arpenas, sont courbées en deux demi-cercles, dont les courbures, en sens opposés et placées l'une au-dessus de l'autre, représentent grossièrement une S, dont la hauteur est d'environ 270 mètres.

On voit dans les psammites qui bordent la Sarre, près de Sarre-Louis, de petites couches de fer oxidé, inclinées et formant de nombreux replis en zig-zag.

Les montagnes calcaires des environs de Salzbourg, et notamment celles dont on voit la coupe sur la route de Hallein à Berchtoldsgaden, sont composées de couches alternatives de calcaire compacte bleuâtre, et de calcaire marneux, peu épaisses, qui présentent de nombreuses et remarquables sinuosités.

Le Jura offre une grande variété de sinuosités dans ses couches calcaires. M. Lemaître en a décrit une des plus remarquables, qu'il a observée dans la vallée de la Loue, près de Pontarlier. [1]

M. Palassou a figuré, dans sa Description des Pyrénées, un nombre considérable de montagnes à couches sinueuses, qu'on rencontre dans cette chaîne.

M. Patrin a vu, dans les montagnes calcaires de Tighereck, au pied des montagnes primitives de l'Altaï, des couches extrêmement contournées, dans lesquelles il n'a aperçu aucune solution ni même aucune gerçure.

Les exemples de flexion dans les couches ne sont pas moins nombreux; mais il n'est pas toujours facile de séparer nettement cette manière d'être des sinuosités ou courbures des couches.

Nous prendrons des exemples de cette disposition.

Dans les couches de calcaires bleuâtres de Durbuy, dans le pays de Sambre et Meuse, elles sont fléchies en chevrons brisés, emboîtés l'un dans l'autre. [2]

Les couches de houille, ainsi que les phyllades micacés et les psammites qui les accompagnent, présentent des replis nombreux très-anguleux, et tels que le même puits vertical peut traverser le même lit de houille en y entrant tantôt par la roche qui formoit son toit, tantôt par celle qui, dans un autre endroit, formoit son lit. C'est ce qu'on observe très-fréquemment dans les mines de houille des environs de Valenciennes, où ces replis portent le nom de crochets.

Nous avons donné ailleurs un exemple remarquable des plis de lits de houille et des couches qui les accompagnent, tiré des mines d'Anzin. [3]

Continuité. Les couches offrent, dans leur prolongement, des dérangemens différens de ceux qui résultent de leur flexion ou de leur sinuosité.

Leur épaisseur varie quelquefois considérablement à de courts intervalles, et il en résulte ce que l'on appelle des renflemens et des *étranglemens* (*Verdruckungen*) : dans ce

---

1 J. de m., tom. 18, p. 307, pl. 10, fig. 4.

2 Omalius d'Halloy, J. de m., n.° 126, p. 475.

3 Traité de minér., tom. II, pl. VII, fig. 2.

eas, le toit et le mur se rapprochent à peu près de la même quantité.

Lorsqu'une portion d'une couche, ou d'un ensemble de lits, vient à s'enfoncer ou à s'élever tout-à-coup de manière que les divers lits, assises ou bancs ne se suivent plus, on donne à cette solution de continuité les noms d'*enfoncement superficiel* (*Wechsel*), lorsqu'il est foible, et d'*enfoncement profond* (*Graben*), lorsqu'il est considérable.

On nomme faille, crans ou crain (*Rücken*), les fissures de séparation perpendiculaires, ou très-fortement inclinées aux assises et par conséquent aux fissures de stratification.

§. II. *Des couches considérées dans leurs rapports de position entre elles.*

Les couches qui composent la plus grande partie de la surface de la terre, ne sont ni continues, ni même parallèles entre elles dans toutes leurs sinuosités, comme cela auroit dû arriver si le globe eût été enveloppé dans le même moment et sur tous les points de la même couche.

Non-seulement les couches offrent des replis et des sinuosités très-anguleuses, mais elles sont interrompues, brisées, placées sous toutes sortes d'inclinaisons, les unes par rapport aux autres, ensorte qu'un système de couches formant un terrain particulier est quelquefois placé horizontalement sur les tranches d'un autre terrain ou système de couches verticales, etc.

L'étude de ces rapports de position[1] est une branche importante de l'histoire de la structure du globe en grand, et cette étude, portée très-loin à l'école de Freyberg, a

---

1 Il ne faut pas confondre les rapports de *position* avec les rapports de *superposition*. Il n'est aucunement question ici de ces derniers ; on n'y traitera pas non plus de ce que l'école de Freyberg entend par structure des roches en grand. Cette considération est relative aux bancs qui peuvent se présenter dans certaines roches. Ainsi l'on dit dans le langage de cette école, que le granite est très-peu composé, parce qu'il ne renferme guères que des bancs de felspath ou d'étain, tandis que le gneiss est une roche très-composée en grand, parce qu'on y rencontre des bancs de serpentine, de grenats, de calcaire, etc. (Danin Borkowski, J. de ph.)

créé une branche nouvelle et nécessité une terminologie dans la science de la géognosie. C'est à l'illustre professeur de cette école, à Werner, qu'on doit presque toutes les parties de cette considération.

Les couches peuvent être considérées,

1.° Par rapport à leur étendue et à leur continuité;

2.° Par rapport à leur situation respective;

3.° Par rapport à leur niveau relatif.

I. *Étendue de continuité des couches.* [1]

On remarque que certaines couches ont été

A. *Généralement étendues*, lorsqu'elles se présentent sans interruption sur une étendue de plusieurs milles dans toutes les parties du globe : le gneiss, le micaschiste, le calcaire compacte, etc.

B. *Partiellement déposées*, lorsqu'elles ne sont déposées que par cantons isolés et d'une étendue peu considérable, telle cependant que l'œil ne puisse pas en apercevoir les limites : le grès, le porphyre, l'ampelite, etc.

C. *Morcelées* (*abgebrochen*). Elles ont quelquefois si peu d'étendue qu'on peut ou qu'on pourroit en voir en même temps la circonscription : le gypse, le calcaire grossier, le basalte, etc.

Les couches morcelées offrent en outre des formes particuliéres, qui ont reçu des noms différens.

A. *A sommet aplati* (*plattenförmige Auflagerung*) : les basaltes de Saxe, d'Auvergne; les calcaires grossiers des environs de Paris.

B. *A sommet arrondi* (*kuppenförmige*) : les montagnes gypseuses des environs de Paris, Montmartre, le mont Valérien, quelques basaltes du Vivarais, etc.

c. *Concave* (*muldenförmige*) : les couches de houille et de

---

1 Ce que nous allons dire des couches peut, dans beaucoup de cas, s'appliquer également aux autres sortes de structure de la terre Nous développerons ici ces considérations comme appartenant à l'espèce de structure la plus généralement répandue; nous nous contenterons, en traitant des masses et des autres modes de structure, de rappeler celles de ces considérations qui peuvent également leur convenir.

psammite de la montagne de Saint-Gilles, près Liége, et de beaucoup d'autres lieux.

D. *Peltiforme* (*schildförmige*): ce sont des couches convexes appliquées sur le penchant d'une montagne; le gypse de Taconaz, vallée de Chamouny.

II. *Situation respective des couches.*

On examine ici de quelle manière les couches sont disposées les unes par rapport aux autres, sans cependant qu'il soit encore question de leur ordre de superposition ou de succession.

Quand on considère deux couches, ou systèmes de couches, de différentes natures, on nomme *couche* ou *roche fondamentale* celle qui est dessous, et *couche* ou *roche superposée* celle qui est dessus.

On nomme *fissures de stratification* celles qui séparent les assises d'une même couche ou des couches de même nature, et *fissures de superposition*, celles qui séparent des couches de diverses natures.

Les *fissures de stratification* sont généralement parallèles entre elles, ou du moins, quand le parallélisme n'existe plus entre les fissures très-éloignées, cette divergence n'a ordinairement lieu que peu à peu.

Les *fissures de superposition* présentent plus de variétés dans leurs rapports avec les *fissures de stratification*.

On dit qu'elles sont *concordantes,* *uniformes* ou *parallèles* (*gleichförmige Lagerung*), lorsqu'elles sont parallèles aux fissures de stratification de la roche fondamentale et de la roche superposée.

Contrastantes ou *différentes* (*abweichende Lagerung*), lorsque les fissures ne sont point parallèles aux deux roches: elles peuvent être, dans ce cas,

Parallèles à la stratification de la roche fondamentale, mais contrastantes avec celle de la roche superposée; *parallèles à la stratification de la roche superposée*, et contrastantes avec celle de la roche fondamentale.

Quand on considère la manière dont la roche superposée est placée sur la roche fondamentale, on dit que la superposition est

Totale (*buckelförmige*), lorsque les couches superposées enveloppent totalement et cachent la roche fondamentale. Ordinairement ces couches semblent se diriger toutes, plus ou mo·ns régulièrement, vers l'axe de la montagne.

Environnante (*mantelförmige*), lorsque les couches superposées entourent seulement la base de la roche ou montagne fondamentale : alors le sommet de cette dernière semble percer la roche superposée.

Latérale, lorsque les couches superposées ne sont appliquées que d'un seul côté sur la roche fondamentale.

III. *Niveau relatif des couches.*

Cette considération, très-importante, n'est pas aussi facile à saisir et à développer que son énoncé semble l'indiquer.

Elle a pour objet les niveaux ou hauteurs relatives des couches de diverses natures, soit sur toute la surface de la terre, soit dans différens cantons.

En considérant le niveau des couches en général, on doit déterminer ce que nous appellerons

Le plus haut niveau de chaque roche, c'est-à-dire, la plus haute élévation que chaque sorte de roche ait atteinte au-dessus du niveau actuel de la mer.

Une couche ou une roche est située à un *niveau inférieur* à une autre, lorsque, dans sa plus grande élévation au-dessus de la mer, elle n'a jamais dépassé la plus grande élévation de l'autre roche.

Ainsi le *calcaire* est à un niveau inférieur au *granite*, quoiqu'il y ait des calcaires à une très-grande élévation, et des granites qui leur sont de beaucoup inférieurs.

Le basalte est à un niveau inférieur au calcaire ; car le basalte le plus élevé est encore plus bas que le calcaire le plus élevé.

Cette considération n'a pas encore été portée très-loin, et on n'a encore qu'un très-petit nombre d'observations propres à asseoir les niveaux des différentes roches qui composent la surface du globe.

On peut considérer les niveaux des diverses sortes de couches dans un même canton, et on remarque :

A. Que les têtes de couches sont *à un même niveau* (*mit gleichem Niveau des ausgehenden*), lorsque, parmi deux ou plusieurs couches de différentes natures, il n'y en a aucune qui soit constamment placée à un niveau supérieur aux autres ;

B. Que les têtes des couches sont en échelons descendans (*mit abfallendem Niveau des ausgehenden*), lorsque les têtes d'une couche sont constamment plus basses que les têtes d'une couche d'une autre nature.

Dans le premier cas, les couches déposées à des époques différentes sont au même niveau : dans le second cas, les couches les plus anciennes sont à un niveau plus élevé que les couches déposées postérieurement.

En suivant cette considération sur l'ordre de succession des dépôts, déterminé par le niveau relatif des couches, on peut observer deux nouveaux modes de superposition ou gisement.

A. Le *gisement, ou la superposition en recouvrement* (*Lagerung übergelagert*), désigne des couches qui sont venues se déposer horizontalement, ou à peu près, sur des couches plus anciennes qu'elles, et les recouvrir en se tenant toujours à un niveau supérieur.

B. Le *gisement, ou la superposition transgressive* (*Lagerung übergreifend*), se dit de couches qui sont venues se déposer sur des couches de différentes natures et à différens niveaux en remontant par-dessus ces couches; elles sont nécessairemant plus ou moins inclinées. (B.)

COUCHÉ. (*Bot.*) Voyez Procombant. (Mass.)

COUCHES A CHAMPIGNONS. (*Bot.*) Quelle volupté trouve-t-on à faire usage d'un aliment équivoque! s'écrie Pline, au sujet des champignons, et à propos de la fin malheureuse de l'empereur Claude et de celle de plusieurs familles consulaires. Le goût pour les champignons étoit, en effet, porté à l'excès chez les anciens. Un empereur romain les appeloit le *manger des dieux*. On a voulu qu'ils fussent la *manne* du désert, et le *dudaim* des Hébreux. On ne servoit certaines espèces de champignons que dans des bassins d'argent et qu'avec des couteaux de succin. On n'épargnoit rien pour s'en procurer ou pour favoriser leur multiplication. Les habitans de la Bithynie ramassoient les champignons et les faisoient dessécher après les avoir enfilés ; ils étoient un objet de commerce : on pouvoit se procurer ainsi des champignons dans les saisons où on n'en trouvoit point dans les prés et les bois. Pline assure qu'on peut semer en quelque sorte des truffes, en arrosant les terres avec les eaux des ruisseaux qui ont traversé d'autres terrains abondans en truffes. Les terres des environs de Mitylène n'en produisoient qu'autant qu'elles avoient reçu les eaux pluviales de Thiar, pays abondant en truffes : ce fait est rapporté par Athénée.

On peut dire que le goût pour les champignons est universel. Ces végétaux sont la nourriture habituelle de certains peuples qui, par l'expérience, sont parvenus à distinguer les bonnes et les mauvaises espèces qui croissent chez eux. Pour d'autres nations ils sont des alimens de luxe, auxquels on s'est habitué, parce qu'on ne s'est fixé qu'à quelques espèces dont les bonnes qualités sont bien constatées. Les accidens qui arrivent alors sont les suites de l'imprudence de ceux qui, sans connoissance, emploient des espèces qui ne sont point du nombre de celles que l'usage a fait reconnoître pour n'être point mal-faisantes. C'est à la constance de ce goût pour les champignons qu'on doit l'invention de divers procédés pour multiplier, par des moyens artificiels, les bonnes espèces qui ne se refusent pas à une sorte de culture. Les anciens en connoissoient plusieurs : nous en avons parlé aux articles ÆGERITA et CHAMPIGNONS ARTIFICIELS; mais ils nous sont très-imparfaitement connus. Dioscoride d'Anazarbe en Cilicie (la Caramanie des modernes) indique un procédé pour avoir de bons champignons pendant toute l'année : il consistoit à répandre sur une couche de terre bien fumée de l'écorce des peupliers noirs et blancs, réduite en poudre. Les anciens estimoient beaucoup les champignons qui croissoient au pied du peuplier. On sait qu'ils croyoient que les champignons étoient produits par la putréfaction des matières végétales ou animales; voilà pourquoi ils construisoient ainsi leurs couches à champignons. Peut-être cette construction étoit-elle fondée sur un autre raisonnement : c'est ce que nous ne pouvons savoir, le peu que les anciens auteurs ont écrit à ce sujet ne donnant aucun éclaircissement. Ce qu'il y a de certain, c'est que de temps immémorial on s'est servi des couches à champignons, et maintenant on s'en sert plus que jamais. Tous les champignons qu'on mange dans certaines villes, à Paris, par exemple, proviennent des couches à champignons. La construction de ces couches est la même partout, mais à quelques modifications près, dues à la nature du climat. Chez les modernes elle est plus raisonnée que chez les anciens, et les couches n'y produisent du champignon que lorsqu'on y a répandu de la graine, ou ce que nous avons dit qu'on pouvoit regarder comme la graine de champignons, et que l'on nomme vulgairement *blanc de champignons*. Nos couches ont encore cela de particulier, qu'elles ne servent que pour une seule espèce de champignons, l'*agaric comestible* (voyez FONGE), qui, pour cette raison, porte le nom vulgaire de *champignon de couche*. Toute autre espèce de champignons se prête difficilement ou se refuse à cette culture.

L'art de construire les couches à champignons présente ses difficultés, et il n'est pas aussi aisé qu'on le croit d'établir de bonnes couches à champignons : c'est le chef-d'œuvre du jardinier. Voici comment on s'y prend à Paris et dans les environs, où l'on voit des couches à champignons dans presque tous ces jardins et potagers qu'on nomme *marais*.

En Décembre, dans un terrain sec et sablonneux, exposé au midi ou au levant, on fait une tranchée ou fosse de iongueur à volonté, large de deux pieds à deux pieds et demi, profonde de six pouces, bordée des terres de la fouille. Dans un terrain humide on fait la tranchée plus profonde, en remplissant l'excédant des six pouces de profondeur d'un lit de plâtre ou de pierrailles, recouvert d'un peu de terre et de sable. On y fait une couche de fumier, couverte avec beaucoup de crotin qui ne soit pas trop gras. On préfère, pour cela, celui des chevaux qui ne mangent pas de son. On la dresse bien, c'est-à-dire, qu'on y met le *blanc de champignon* pris dans une bonne couche; on la foule aux pieds; on l'élève en dos d'âne ou de cône à la hauteur de deux pieds; on la couvre d'environ un pouce de terre, mêlée de sable et de terreau si elle est compacte. Au commencement d'Avril on la couvre de deux pouces, ou plus, de grande litière secouée : c'est ce qu'on nomme chemise. A la fin de Mai elle doit commencer à produire. On peut se dispenser à la rigueur de creuser une fosse, et on peut faire la couche dans tous les mois du printemps et au commencement de l'été. On suppose ici que le jardinier n'a point de fumier préparé. Comme le développement du *blanc de champignon* n'a lieu qu'à une chaleur et une humidité convenablement combinées, le jardinier ne sauroit trop y mettre d'attention. La chaleur convenable est celle de 17 à 18 degrés du thermomètre de Réaumur (ou 21 à 22½ degrés centigrade), et il est aisé de maintenir une couche à ce degré de chaleur : il suffit d'augmenter ou de diminuer l'épaisseur de la chemise, c'est-à-dire, de la litière. Il faut observer encore qu'on peut élever sans inconvénient la chaleur jusqu'à 22° R. ou 27° centigr. En été il faut humecter souvent la couche, et entretenir l'humidité à la même température. L'atmosphère étant à 15° R. ou 19° centigr., la couche n'a pas besoin de chemise ; le champignon pousse naturellement.

On établit les couches en plein air ou dans les caves : celles qu'on forme dans les caves dont l'air est à peu près à la température de 15° R., réussissent en général beaucoup mieux et exigent moins de soins. Si la *chemise* prend trop de chaleur ou d'humidité, elle se pourrit, et peut nuire encore à la couche et au champignon, dont la tête se trouve alors dans la pourriture. Pour prévenir cet inconvénient, on donne de temps en temps un peu d'air à la couche, et dans les jours doux on renouvelle la chemise et on écarte un peu le fumier. On cueille les champignons tous les trois, quatre ou cinq jours, selon qu'ils paroissent avec plus ou moins d'abondance et qu'ils ont acquis une certaine grosseur. On doit laisser les pieds qui ont pris tout leur développement. Une couche à champignons, faite au commencement d'Août, peut produire deux mois après, et une couche établie à la fin de l'été produit en hiver. On conserve une couche, en laissant quelques champignons sécher sur pied, en renouvelant le fumier, et en arrosant avec l'eau qui a servi à laver les champignons dont on a fait usage. Voici comment on larde de blanc de champignon la couche de fumier. Lorsque celui-ci n'a plus qu'une légère tiédeur, ce qui arrive sept à huit jours après sa mise en place, on met des morceaux de blanc de champignon de six pouces de long sur deux de large, en échiquier, à la distance d'un pied l'un de l'autre, et dans les trois quarts de la couche à un demi-pied de terre. On recouvre de litière, et, huit jours après, on examine si le blanc a rougi, s'il est devenu plus odorant et s'il a jeté des filets. S'il a travaillé, on l'arrose un peu, et on le couvre d'un demi-pouce de terreau, qu'on foule dessus, et puis on couvre le tout de litière fraîche. Une couche à champignons peut durer plusieurs années; mais il faut renouveler le fumier, car on a remarqué que sans cela le champignon dégénéroit. Il faut aussi, lorsqu'on choisit du blanc de champignon, prendre celui d'une couche de bonne qualité. On conserve le blanc aisément à l'ombre et dans une cave.

Nous avons dit que le champignon de couches ne se rapportoit qu'à une seule espèce, l'agaric comestible. Le même champignon sauvage est plus agréable, d'une odeur plus musquée et d'une saveur plus délicate. On observe aussi de la différence dans le champignon produit par une couche faite à l'air libre, ou par une couche faite dans une cave.

Il y a encore plusieurs manières de préparer les couches ou meules à champignons; mais, comme elles ne diffèrent que très-peu de celle que nous avons indiquée, nous n'en parlerons pas. Dans tous les cas il faut un fumier qui ne soit pas consommé, et qui renferme ainsi beaucoup de principes végétaux et animalisés.

Malgré la bonté et l'abondance avec laquelle on obtient les champignons de couches, plusieurs personnes préfèrent ceux qui viennent naturellement et sans soin. Dans le cas de méprise, elles ne doivent s'en prendre qu'à elles-mêmes, si elles viennent à éprouver le malheureux sort de l'empereur Jovien, du pape Clément VII, de Charles VI, de la veuve du Czar Alexis, de la femme et des enfans du poëte Euripide, qui périrent tous pour avoir mangé imprudemment des champignons sauvages dont les qualités vénéneuses n'étoient pas connues. Voyez CHAMPIGNONS. (LEM.)

COUCHES CORTICALES, *Strata corticalia*. (*Bot.*) L'écorce des arbres et des arbrisseaux est composée de trois parties :

l'enveloppe herbacée, les couches corticales, et le liber. Les couches corticales sont les couches les plus extérieures du liber; elles ne sont apparentes que dans un petit nombre de végétaux. Les réseaux dont elles sont formées, sont composés, vus au microscope, de faisceaux de cellules alongées; ils offrent, lorsqu'on les a déroulés au moyen de la macération dans l'eau, une ressemblance frappante avec un ouvrage à l'aiguille : le lagetto ou bois-dentelle en fournit un exemple fort remarquable. (Mass.)

COUCHES LIGNEUSES, *Strata lignea.* (*Bot.*) Les couches ligneuses dont l'ensemble constitue le bois, se dessinent, sur la coupe transversale du tronc, en zones concentriques. On peut, en les comptant sur la coupe de la base du tronc, connoître à peu près l'âge de l'arbre; car il ne s'en forme ordinairement qu'une chaque année.

Ces couches ne sont pas toujours parfaitement concentriques, et n'ont pas une épaisseur uniforme dans toute leur circonférence. Cela provient souvent de ce qu'il se trouve une grosse racine ou une grosse branche qui envoie d'un côté du tronc une plus grande quantité de nourriture.

Les couches ligneuses augmentent d'intensité à mesure qu'elles sont plus voisines du centre; mais on observe que chaque couche, prise isolément, est plus compacte du côté qui regarde l'écorce, en sorte que la dureté des couches en général, et la dureté de chaque couche en particulier, croissent en sens inverse. Voyez Bois. (Mass.) .

COUCHER DES ASTRES. (*Phys.*) Voyez Lever. (L.)

COUCHILLE. (*Bot.*) Olivier de Serres dit que les teinturiers nomment ainsi le chêne-kermès, dont ils croyoient que provenoit la couleur écarlate tirée de l'insecte qui vit sur cet arbre. (J.)

COUCHOCHA (*Ornith.*), nom languedocien de la grive litorne, *turdus pilaris,* Linn. (Ch. D.)

COUCHOUAN. (*Ornith.*) Voyez Cochuan. (Ch. D.)

COUCON, COCON ou COQUE. (*Entom.*) On nomme ainsi le follicule soyeux que la chenille du bombyce du mûrier file avant de se changer en chrysalide, et qui constitue la soie lorsqu'il est dévidé. (C. D.)

COUCOU. (*Ichthyol.*) On donne ce nom à plusieurs es-

péces de poissons, à une raie, *raja cuculus*, Lacép. (voyez
Pastenague); à une trigle, *trigla cuculus* (voyez Trigle),
etc. (H. C.)

COUCOU, *Cuculus*. (*Ornith.*) L'anomalie que présente cet
oiseau dans le mode de propagation de son espèce, est un
des faits les plus étranges qu'offre l'étude de la nature. Il
ne construit pas de nid, ne couve pas ses œufs, qu'il dépose
dans des nids étrangers, et il n'élève pas ses petits. Ces
faits suffisent pour qu'on doive former un genre à part des
espèces chez lesquelles ils ont été observés, quelques rapports qu'aient d'ailleurs extérieurement avec elles d'autres
oiseaux dont la propagation s'opère par les voies ordinaires.
En effet, une particularité morale d'une telle importance
doit faire céder les caractères physiques qui déterminent,
en général, les naturalistes dans leurs associations artificielles.
On ne peut donc regarder comme vrais coucous que ceux
qui ont les habitudes du coucou d'Europe; et, si l'on est
forcé d'en rapprocher provisoirement des oiseaux semblables
à l'extérieur mais sur les mœurs desquels on n'a point de
données précises, il faudra les en écarter sans autre examen, dès qu'on aura reconnu qu'ils couvent eux-mêmes
leurs œufs.

Déjà l'on a séparé des coucous proprement dits les Couas
de M. Levaillant, *coccyzus*, Vieill., parmi lesquels on peut
encore mettre à part le *cuculus vetula* ou tacco, *saurothera*,
Vieill.; les Coucals, *centropus*, Illig., et *corydonix*, Vieill.;
les Courols ou vouroudrions, *leptosomus*, Vieill.; les Indicateurs, *indicator*, Vieill.; les Barbacous, *monasa*, Vieill.; les
Malkohas, *phœnicophaus*, Vieill.; les Scythrops, *scythrops*,
Lath.

Les caractères extérieurs des coucous proprement dits sont
d'avoir le bec de médiocre longueur, légèrement arqué; la
mandibule supérieure arrondie, le plus souvent lisse, et quelquefois un peu échancrée vers la pointe; les narines ovoïdes,
percées sur les bords de la mandibule, et entourées d'une
membrane nue et proéminente; la langue mince, courte et
pointue; la bouche large; le gosier ample; les jambes couvertes
de plumes longues, descendant en manchettes sur les tarses,
qui sont courts et emplumés eux-mêmes au-dessous du genou;

les doigts disposés deux à deux, ceux de devant réunis à leur base, ceux de derrière entièrement divisés, et l'extérieur réversible; les ailes longues et pointues; la queue longue, plus ou moins étagée, et composée de dix pennes. Ces oiseaux ont, en général, les plumes moelleuses et à larges barbes, la taille svelte et bien proportionnée; leur sternum est fort court, et leur ventricule très-volumineux; leurs cœcums sont assez longs, et leur larynx inférieur n'a qu'un muscle propre. Des espèces d'Afrique ont le bec un peu plus déprimé, et chez d'autres il est plus haut verticalement.

Les *couas* ont les tarses un peu plus élevés et nus; le *tacco* a le bec long et courbé seulement au bout; les *coucals* ont l'ongle du pouce long, droit et pointu, comme les alouettes; les *courols* ont le bec gros, comprimé, presque point arqué, les narines percées obliquement au milieu de la mandibule supérieure, et la queue composée de douze pennes; les *indicateurs* ont le bec court, haut. presque conique, et leur queue, également composée de douze pennes, est un peu étagée et en même temps un peu fourchue; les *barbacous*, dont le bec est conique et légèrement arqué à la pointe, se distinguent surtout par les poils qui en garnissent la base, et ils appartiennent plutôt à la famille des barbus qu'à celle des coucous. Les *malkohas* et les *scythrops*, encore plus étrangers aux vrais coucous, forment des genres plus particulièrement isolés, et reconnoissables, les premiers par leur bec très-gros, rond à sa base, arqué vers le bout, garni de soies divergentes, et par des orbites mamelonnées; les seconds, par un bec creusé latéralement de deux sillons longitudinaux, peu profonds, et qui, plus long et plus gros que celui des malkohas, se rapproche du bec des toucans, sans que la langue soit ciliée comme la leur. Le tour des yeux est nu dans la seule espèce qu'on ait décrite.

§. I.ᵉʳ COUCOUS PROPREMENT DITS.

La plupart des faits connus relativement aux vrais coucous n'ont été vérifiés que sur l'espèce d'Europe, et les principaux de ces faits n'étoient pas ignorés du temps d'Aristote. On savoit dès-lors que cet oiseau ne faisoit point de nid, et qu'il déposoit

un de ses œufs dans les nids de petits oiseaux insectivores, .
laissant à des étrangers le soin de le couver, de faire éclore le
petit et de le nourrir. La cause d'une habitude si extraordinaire devoit être recherchée. Aristote l'attribue à la connoissance que cet oiseau a de sa lâcheté, et de l'impuissance où il
seroit de défendre sa progéniture. Une pareille explication
ne pouvoit se soutenir; mais il étoit assez naturel de supposer
quelque obstacle apporté à l'incubation par l'organisation
particulière du coucou. Hérissant, membre de l'Académie
des sciences de Paris, a examiné la position des viscères de
l'oiseau, et il résulte de son travail, consigné dans les Mémoires de cette société, année 1752, p. 420, que la position
du gésier est plus en arrière dans l'abdomen, et qu'il est
moins garanti par le sternum que l'estomac des autres oiseaux:
mais cette circonstance n'a pas été jugée suffisante pour
rendre impossible au coucou l'accomplissement d'une fonction dont tous les êtres de la même classe s'acquittent, et
pour laquelle ils témoignent en général un empressement si
marqué. Peut-être, au surplus, a-t-on abandonné trop légèrement des recherches dont la direction étoit bonne, et qui
devoient conduire à un résultat plus satisfaisant.

M. Levaillant expose, dans le tome 5.ᵉ de son Ornithologie d'Afrique, une conjecture bien différente sur la cause
de cet empêchement. Les œufs, dit-il, ont besoin, pour
éclore et venir à bien, d'une chaleur modérée et toujours
égale; or les coucous, que des auteurs supposent froids pour
l'acte principal de la génération, sont, au contraire, très-
lascifs. Les mâles et les femelles montrent une ardeur égale
pour l'accouplement, auquel ils se livrent sans cesse, et leur
propre incubation, au lieu de procurer une chaleur modérée
et toujours égale, auroit peut-être l'inconvénient que l'on
remarque chez des poules et des dindes, qui s'échauffent
quelquefois au point de *brûler leur couvée*, selon l'expression
vulgaire.

Cette supposition est plus ingénieuse que solide : mais on
ne doit pas s'arrêter davantage à l'induction tirée par Montbeillard de l'instinct qu'auroit le coucou mâle de manger les
œufs des autres oiseaux, pour supposer la femelle dans la nécessité de lui cacher les siens, en les déposant dans des nids

étrangers ; car les pies, les corbeaux, les chouettes, etc.,
auxquels la même propension est attribuée, ne mangent pas
pour cela leurs propres œufs, et ils n'en suivent pas moins
les règles ordinaires pour la ponte, la couvée et l'éducation
des petits.

Au reste, l'empêchement pour l'incubation existant, quelle
qu'en soit la vraie cause, il falloit que le coucou employât
un moyen étranger pour se reproduire, et que les œufs de
la femelle fussent déposés dans un lieu où ils trouveroient
une chaleur propre à faire éclore les petits. Or, d'une part,
les coucous n'habitent pas exclusivement des pays où ils pourroient profiter, comme l'autruche, de la chaleur du soleil;
d'un autre côté, si ce dernier oiseau n'est pas toujours sur ses
œufs, on a vu, à son article, que les soins de l'incubation ne
lui étoient pas étrangers à toute heure, et il rentre ainsi dans
l'ordre naturel. Les coucous n'avoient donc d'autre ressource,
pour perpétuer leur espèce, que de confier leurs œufs à des
mères d'emprunt; et si l'on a trouvé étonnant qu'ils y par-
vinssent par cette ruse dont l'issue ne sembloit pas devoir
toujours être favorable, c'est qu'on étoit dans l'opinion que
les coucous ne pondoient qu'un ou deux œufs; mais M. Levaillant assure que la femelle en dépose successivement, et
un à un, six, huit et même jusqu'à dix, dans un nombre
égal de nids différens. Plusieurs de ces nids sont vraisemblablement abandonnés après cette introduction fraudu-
leuse; mais, comme elle paroit n'avoir lieu qu'au moment
où la ponte est achevée, et n'est point précédée du rejet
des œufs de la couveuse, qui restent tous, au contraire,
dans le nid, la conduite des propriétaires de ce nid est
dirigée par leur attachement plus ou moins grand à leur
progéniture, par l'état plus ou moins avancé de l'incubation.
Ce n'est qu'au moment où les propres œufs de la couveuse
sont près d'éclore, ou à celui où les petits viennent de naitre,
que les coucous expulsent les uns ou les autres, probablement afin de ne pas exposer leurs petits à manquer de
nourriture; et même, d'après des expériences rapportées
par Edwards Jenner dans les Transactions philosophiques de
Londres, l'expulsion de ces œufs ou de ces petits seroit faite
par le jeune coucou lui-même. Un tel état de choses n'exi-

geroit pas l'intervention d'un pouvoir surnaturel, d'une loi d'exception.

On a observé qu'en Europe c'étoient les nids des fauvettes ordinaire, babillarde, à tête noire, de la lavandière, du rouge-gorge, du pouillot, du troglodyte, du rossignol, du rouge-queue, du bruant, de la grive, du merle, du geai, que les coucous choisissoient pour y introduire un de leurs œufs, et M. Levaillant a aussi remarqué qu'en Afrique ils faisoient choix des nids du Jean-Fréderic, du coryphée, du traquet-pâtre, de la pie-grièche fiscale, du bacbakiri. Cette préférence a vraisemblablement deux motifs : 1.º Il faut que l'éducation du petit coucou soit confiée à des oiseaux dont la nourriture habituelle puisse lui convenir et qui par conséquent soient comme lui insectivores, c'est-à-dire, à des familles composées plus généralement de petits oiseaux ; 2.º il seroit dangereux pour le jeune coucou de n'attendre sa subsistance que d'individus dont la force et les habitudes mettroient son existence en péril. S'il n'est pas permis de révoquer en doute les assertions de plusieurs personnes dignes de foi qui ont trouvé des œufs de coucou dans des nids de pigeons-ramiers, de tourterelles, de pies, etc., ces faits pouvoient provenir de ce qu'aux approches de leur ponte des femelles n'avoient pas fait la découverte d'un assez grand nombre de nids plus propices, et qu'elles se trouvoient forcées de déposer dans un nid quelconque l'œuf dont l'émission ne pouvoit être retardée; mais il n'est pas probable que le jeune coucou puisse subsister avec la nourriture que lui apporteroient des oiseaux granivores, et le naturel des pies lui feroit courir des chances funestes. L'insuffisance des nids trouvés par la femelle du coucou peut aussi expliquer pourquoi l'on a quelquefois rencontré deux œufs dans le même.

On a pendant long-temps supposé que les coucous pondoient leurs œufs dans les nids où on les trouvoit ; mais ils auroient déformé par leur poids ces nids, ordinairement fort petits, et posés sur des branches si foibles qu'il auroit d'ailleurs été impossible à un oiseau d'un certain volume de s'y maintenir : la chose étoit même visiblement impraticable pour les nids dont l'ouverture, fort étroite, est horizontale, comme celui du chantre en Europe, et ceux du capocier et du pinepinc en Afrique, dans lesquels cependant l'œuf du coucou est assez fréquemment déposé. Il falloit donc que cet œuf, pondu à terre, fût porté par l'oiseau dans ses serres ou dans son bec. M. Levaillant, pour s'assurer si rien ne s'opposoit au premier de ces moyens, a placé les œufs de différens coucous dans les serres des espèces auxquelles ils appartenoient, et il a vu que ces œufs y tenoient très-bien. Le même essai ayant été fait dans la bouche, il a remarqué que l'œuf y tenoit encore mieux, sans même empêcher le bec de se fermer, ce qui ne pouvoit avoir lieu pour beaucoup d'autres oiseaux avec leurs propres œufs. Ce savant ornithologiste se trouvoit ainsi sur la voie, et il ne lui manquoit plus que d'être témoin du fait pour résoudre entièrement un problème dont la solution devenoit encore plus facile par l'observation faite sur deux engoulevens que l'auteur avoit vus emporter leurs œufs de cette manière; mais ses tentatives réitérées pour surprendre le coucou dans cette opération avoient été vaines, lorsque, ouvrant le bec d'un coucou didric qu'il venoit de tuer, afin d'y introduire un tampon de filasse et de prévenir ainsi l'effusion du sang qui auroit gâté les plumes, il trouva, à l'entrée de la gorge, un œuf entier appartenant à la même espèce. Son fidèle compagnon Klaas, appelé pour examiner cet œuf, lui dit qu'il lui étoit plusieurs fois arrivé, en ramassant des femelles coucous par lui tuées, de voir près d'elles un œuf cassé tout nouvellement, mais qu'il avoit cru que, prêtes à pondre au moment où il les avoit tirées, elles l'avoient laissé tomber en tombant elles-mêmes. Un événement pareil est encore arrivé une fois au même naturaliste, et, quoiqu'il n'eût jamais pu être témoin du dépôt de l'œuf dans un nid étranger, il ne lui est pas resté de doutes sur la manière dont il s'effectuoit. M. Vieillot cite, à l'appui de l'observation de M. Levaillant, celle d'un autre naturaliste, qui lui a assuré avoir surpris la femelle de notre coucou à l'instant où elle venoit de pondre à terre, et l'avoir vue prendre l'œuf avec son bec et le transporter dans un buisson voisin, où étoit le nid d'une fauvette babillarde.

M. Levaillant n'ayant jamais rien trouvé, dans l'estomac des coucous disséqués par lui, qui pût lui faire soupçonner

que ces oiseaux se nourrissoient d'œufs, on est fondé à croire
que la supposition qu'ils en mangent, doit sa naissance à
quelques faits semblables à ceux que lui a rapportés Klaas;
et, Lottinger ayant vu plusieurs fois des œufs et des jeunes
de la mère nourricière, jetés sans que le coucou y eût
aucunement touché, cette circonstance ajoute aux motifs
de regarder comme destituée de fondement l'imputation de
manger des œufs, ainsi que celle de dévorer les petits de
l'étrangère, imputation qu'on s'est même avisé d'étendre au
jeune coucou, peut-être d'après l'air menaçant que lui
donne l'habitude d'ouvrir son bec, de hérisser ses plumes,
de faire entendre un soufle quand on l'approche, et aussi
d'après une fausse interprétation donnée au fait rapporté par
Klein sur la fauvette qui, ayant introduit sa tête dans les bar-
reaux étroits d'une cage où se trouvoit un jeune coucou,
n'a pu l'en dégager, et a causé, en périssant, la mort du
coucou lui-même, qui, pressé par la faim, aura imprudemment saisi cette tête, dont il ne lui aura plus été possible
de se débarrasser.

Soit qu'avec Lottinger, dans son Histoire du Coucou d'Europe, publiée d'abord sous le titre de Mémoire apologétique,
on attribue l'expulsion des œufs et des petits de la mère nourricière aux vieux coucous; soit qu'avec Jenner on regarde
cette expulsion comme l'ouvrage du jeune coucou, auquel
le choix de nids d'oiseaux de petite taille donneroit, à cet
égard, plus de facilité, ce fait ne pourroit guère être ex-
pliqué si la mésange charbonnière étoit, comme on le prétend, au nombre des oiseaux dans le nid desquels le coucou
dépose un de ses œufs; car voici la manœuvre que le jeune
coucou emploie, suivant Jenner. En se glissant sous l'un des
oiseaux dont le berceau est par lui partagé, il tâche de le
placer sur son dos, où il le retient à l'aide de ses ailes, et se
traîne à reculons jusqu'au bord du nid, par-dessus lequel il
jette sa charge : lorsqu'il l'a laissé tomber, il recommence
son travail et ne le discontinue pas jusqu'à ce qu'il soit
venu à bout de son entreprise. Il suit le même procédé
pour les autres petits et pour les œufs, et l'obligation dans
laquelle doit se trouver le jeune coucou, pourroit être un
des motifs qui déterminent la mère dans le choix du nid des

oiseaux de petite taille pour le dépôt de son œuf. Le même observateur a fait une autre expérience, dont il résulteroit que l'instinct qui porte le jeune coucou à en agir ainsi, est tout simplement celui de son bien-être et de sa conservation personnelle; car, ayant trouvé dans le même nid une fauvette et deux coucous nouvellement éclos, avec un œuf de la première espèce, il vit les deux coucous se disputer long-temps la possession du nid : chacun d'eux portoit successivement son antagoniste jusqu'au bord et retomboit au fond, accablé sous le poids de sa charge; mais le plus gros parvint, après beaucoup d'efforts, à jeter dehors son compétiteur, ainsi que la petite fauvette et l'œuf, et il fut seul élevé. Comment cette manœuvre pourroit-elle s'opérer dans un nid de mésange, toujours placé au fond d'un trou d'arbre, et dont l'entrée est le plus souvent très-étroite? Mais, avant de se livrer sur ce sujet à des conjectures illusoires, il vaut mieux attendre que le fait soit plus positivement constaté.

Une réflexion qui dérive tout naturellement des observations ci-dessus, c'est qu'on a supposé à tort que les mères tuoient leurs petits pour mieux assouvir la voracité du nourrisson étranger, auquel ces prétendues marâtres auroient sacrifié leur progéniture. On ne pouvoit pas plus raisonnablement leur imputer ce procédé, que celui de manger les petits de la nourrice au jeune coucou, ainsi métamorphosé en oiseau carnassier à une époque où sa bouche ne s'ouvre que pour recevoir la becquée. L'un n'est donc pas plus un modèle d'ingratitude, que l'autre une marâtre.

Montbeillard cite, au sujet des coucous, un fait bien propre à démontrer l'injustice de l'opinion vulgaire sur leurs mœurs. En effet, trois fauvettes qui ne mangeoient pas encore seules ayant été placées dans la cage d'un jeune coucou de l'année, celui-ci souffroit avec complaisance qu'elles se réchauffassent sous ses ailes, tandis que la quatrième, attachée près d'une jeune chouette, en a été dévorée. On ne se permettra pas d'attribuer ici la conduite du coucou à une sorte de reconnoissance pour l'espèce à laquelle il a des obligations; mais la double expérience prouve combien son naturel diffère de celui des oiseaux de proie.

Les expériences faites par Lottinger, relativement à l'expulsion des œufs et des petits de l'oiseau dans le nid duquel se trouve le jeune coucou, sont plus propres à fortifier les assertions d'Edwards Jenner, qu'à étayer son opinion personnelle. Le premier n'a jamais vu les père et mère du coucou se livrer à ce travail, dont le second parle, comme témoin des manœuvres du petit, et c'est seulement du voisinage assez constant des vieux coucous, dont le chant se faisoit entendre pendant que Lottinger étoit en observation, que ce naturaliste a cru pouvoir conclure qu'ils faisoient eux-mêmes ce que plusieurs jeunes ont fait en présence de Jenner. Les coucous déposant vraisemblablement la totalité de leurs œufs dans des nids assez peu distans les uns des autres, il n'est pas étonnant qu'ils restent dans le même canton, afin de se trouver plus à portée de leurs petits au moment où ceux-ci seront en état de les rejoindre ; mais leurs fréquentes approches des nids, pour en rejeter les nouveau-nés ou les œufs des propriétaires prêts à éclore, devroient effaroucher les père et mère, et exposer les jeunes coucous eux-mêmes à être abandonnés, tandis que l'expulsion faite par ceux-ci dans les momens où les pères nourriciers s'absentent pour la recherche des alimens, est plus naturelle et n'a pas les mêmes inconvéniens. D'ailleurs, ce soin qui, dans la supposition où la femelle-coucou ne poudroit qu'un œuf et dans un seul nid, n'exigeroit pas des occupations diverses et multipliées, deviendroit bien plus embarrassant s'il devoit s'étendre à tous les nids entre lesquels la distribution d'un plus grand nombre d'œufs auroit été partagée. Or, il s'en faut de beaucoup que le nombre des œufs du coucou soit borné à un ou deux, comme le pensoit Montbeillard : on a déjà vu que M. Levaillant le portoit de six à dix, et Latham cite, dans le second supplément de son *General synopsis*, p. 134, l'observation de son ami Lamb, qui, ayant disséqué une femelle peu de temps avant l'époque de la ponte, a trouvé son ovaire garni d'autant d'œufs que celui de beaucoup d'autres oiseaux, ce qui étoit nécessaire afin d'assurer la conservation d'une espèce dont les œufs ne sauroient être, pour des étrangers, l'objet d'une prédilection telle qu'on la suppose, et dont les petits sont, au contraire, exposés à bien des périls. On peut s'en former une idée d'après le fait cité par l'auteur des Observations sur l'instinct des animaux, t. 1.ᵉʳ, p. 167. Une femelle coucou s'étant présentée devant le nid d'un rouge-gorge dont la femelle étoit fort échauffée à couver, celle-ci, réunie à son mâle, en a si vigoureusement défendu l'entrée, que la première a été obligée de renoncer au dessein d'y déposer son œuf. Dans les détails que donne l'observateur, on remarque que la femelle coucou tenoit le bec ouvert; qu'elle avoit dans les ailes un trémoussement presque insensible, mais qu'elle n'éprouvoit aucun mouvement de colère, et que son état fut regardé comme celui d'une femelle pressée du besoin de pondre. On peut conclure de ce récit, 1.° que c'étoit l'œuf qu'elle portoit dans le bec qui empêchoit la femelle de le refermer; 2.° que, si la petitesse de cet œuf qui, malgré la taille bien supérieure du coucou, n'excède pas en grosseur celui d'un moineau franc, empêche que la couveuse absente n'éprouve, à son retour, une surprise capable de lui faire abandonner son nid, il peut néanmoins se rencontrer bien des cas où, loin d'être accueilli en vertu de cette loi particulière que Lottinger suppose très-gratuitement, l'œuf dont il s'agit ne vient pas à bien.

Ce qui paroît certain, c'est que les coucous s'apparient comme les autres oiseaux; que leur union ne cesse point après la ponte; qu'ils restent dans les environs des nids où leurs œufs ont été déposés, et qu'à l'époque où les petits sont assez forts pour voler, ceux-ci quittent leurs premiers pourvoyeurs et rejoignent leurs vrais parens, qui se chargent du complément de leur éducation.

Les coucous sont des oiseaux voyageurs, qui ont tous de la grâce dans les mouvemens, et le vol aisé : ils vivent solitaires, et se nourrissent d'insectes, particulièrement de chenilles velues, dont les poils forment, dans leur estomac, des pelotons qu'ils rendent par le bec. Pour manger ces chenilles, ils les prennent par la tête, et, les faisant passer dans leur bec, ils en expriment et font sortir tout le suc par l'anus; après quoi ils les agitent encore, et les secouent plusieurs fois avant de les avaler. Ils prennent de même les phalènes et les papillons par la tête, et, les pressant dans leur bec, ils les crèvent vers le corselet et les avalent avec leurs ailes : ils mangent aussi des vers, mais ils préfèrent ceux qui sont vivans.

On trouve de vrais coucous en Europe, en Asie, en Afrique, et, si l'on peut en juger par la ressemblance des caractères extérieurs, en Australasie ; mais il ne paroît pas en exister en Amérique, où les oiseaux qu'on range dans la même famille, ont des attributs différens, construisent des nids, et couvent les œufs qu'ils y pondent.

Coucou commun ou Coucou d'Europe ; *Cuculus canorus,* Linn. : représenté dans les planches enluminées de Buffon sous le n.° 811 ; dans l'Ornithologie d'Afrique de M. Levaillant sous le n.° 202 ; et dans les Ornithologies d'Angleterre de Lewin, tom. 2, pl. 44, de Donovan, t. 2, pl. 41, et de George Graves, tom. 2. Cet oiseau, à peu près de la taille du pigeon-biset, a treize à quatorze pouces de longueur, depuis le bout du bec jusqu'à celui de la queue, et dix-huit à dix-neuf pouces de vol ; ses ailes, pliées, s'étendent jusqu'aux trois quarts de la queue environ. Les parties supérieures, ainsi que le cou et la poitrine, sont d'un cendré bleuâtre, qui est plus foncé sur les ailes, et plus clair sur le cou et la poitrine ; les pennes caudales, noirâtres, sont au nombre de dix ; les plus éloignées du corps ont des taches blanches le long de la tige et des barbes intérieures ; ces dernières taches, les seules qui existent sur les pennes centraels, ne sont visibles qu'en-dessous, mais toutes les pennes sont terminées de blanc. Le ventre et le surplus des parties inférieures sont transversalement rayés d'un brun noirâtre sur un fond blanc ; l'iris est de couleur noisette ; les coins de la bouche sont d'un jaune foncé ; le bec est noir ; les pieds et les ongles sont jaunes.

La femelle adulte est un peu moins grande que le mâle ; mais elle en diffère si peu que la dissection est presque le seul moyen de les distinguer l'un de l'autre.

Les jeunes, dans leur premier âge, pl. 203 de Levaillant, ont les plumes de la tête et du dos brunâtres avec une légère bordure d'un blanc sale ; les couvertures sont roussâtres et terminées de même ; les pennes alaires, plus brunes, ont sur leurs bords extérieurs de petites taches roussâtres, et présentent intérieurement des taches blanches plus grandes et ovoïdes; leur extrémité est blanchâtre, et le dessous est rayé de blanc et de brun foncé. Les pennes caudales sont, dans toute leur étendue, ondulées de brun, de blanc et de roux. On remarque à l'occiput une large tache blanche. Le brun domine sur le devant du cou et sur la gorge ; mais, sur la poitrine, sur le ventre et sur les cuisses, les raies transversales, devenues noirâtres, occupent bien moins d'espace que le fond blanc, qui, vers l'anus, n'est coupé que par des points de la même couleur. Le bec est en partie noirâtre et en partie jaune; les tarses et les doigts sont jaunes.

Plusieurs auteurs ont décrit comme une espèce particulière le coucou roux, *cuculus hepathicus*, Lath. et Retz., qui est figuré par Sparrman, pl. 55 *du Museum Carlsonianum*, et qui a ordinairement le haut de la tête, le dos et les couvertures des ailes, rayés transversalement de roux foncé et de noir, les pennes des ailes noirâtres, avec une petite tache blanche à l'extrémité, des taches ovoïdes d'un blanc roussâtre sur les barbes intérieures, et des taches carrées et rousses sur les barbes extérieures; les pennes de la queue rousses, avec des bandes diagonales noires; de petites taches blanches sur les baguettes, et la pointe de la même couleur; les côtés et le devant du cou d'un blanc roussâtre, finement rayés de noir, et le surplus des parties inférieures avec des ondulations noirâtres sur un fond blanc.

M. Meyer et d'autres naturalistes ne font pas une espèce distincte du coucou roux; mais ils le regardent comme la femelle du coucou commun. Il est probable que cette opinion n'est pas plus fondée que la première, et que ces coucous, qui conservent une teinte rousse, sont des jeunes de l'année précédente qui n'ont pas encore fait leur seconde mue, après laquelle seulement cette couleur se perd tout-à-fait.

Le coucou vulgaire d'Afrique, que M. Levaillant a peint dans son état parfait et dans son jeune âge, pl. 200 et 201, a le plumage des parties supérieures d'une teinte plus grise et moins rembrunie que chez le coucou d'Europe; les taches blanches des pennes de la queue sont aussi plus larges : mais ces oiseaux se ressemblent dans tout le reste, et leurs formes, leur allure, leur chant et leurs mœurs sont aussi les mêmes.

Cependant M. Levaillant est loin de penser que les deux races passent alternativement de l'un de ces pays dans l'autre, puisqu'à son retour en Europe ou dans le sud de l'Afrique, après six mois d'absence, le coucou a les mêmes couleurs qu'il avoit en partant. On ne connoît pas encore positivement les contrées où se transportent les coucous d'Europe ; mais on est bien sûr, au moins, qu'ils n'y passent pas l'hiver, et ne se retirent pas dans des trous d'arbres pour y vivre au milieu d'un tas de grains, dont ils ne mangent jamais, leur conformation étant opposée à celle des granivores, comme des carnivores, parmi lesquels plusieurs naturalistes les ont aussi placés. Si l'on a des exemples de coucous trouvés en hiver dans des lieux où ils s'étoient mis de leur mieux à l'abri du froid, ils n'ont pas été constatés avec assez d'exactitude pour que l'on puisse en tirer aucune induction générale.

Le départ des coucous pour des contrées plus chaudes que l'Europe, ne s'effectue qu'au mois de Septembre, quoique leur chant ait cessé dès les premiers jours de Juillet, époque du commencement de leur mue. Ils reviennent au mois d'Avril, et on les voit passer, à ces deux époques, à Malte et dans les îles grecques de l'Archipel, où Sonnini dit qu'ils arrivent en même temps que les tourterelles. L'espèce du coucou étant moins nombreuse, on n'en aperçoit souvent qu'un seul au milieu d'une volée de ces derniers oiseaux ; et le même auteur pense que c'est pour cela qu'on l'a nommé *conducteur de tourterelles*. A leur arrivée, les coucous parcourent des espaces considérables, en changeant souvent de place, et fréquentent les buissons plus que les arbres. Montbeillard a attribué cette circonstance à une foiblesse dans les ailes, qu'on ne pouvoit guères supposer chez des oiseaux qui avoient eu besoin de toutes leurs forces pour de longues traversées ; mais, comme à cette époque la végétation est plus avancée dans les herbes et sur les arbustes que sur la cime des arbres élevés, il est évident que c'est là qu'ils trouvent plus tôt les insectes dont ils se nourrissent. Ils se posent même quelquefois à terre, où ils ne peuvent marcher qu'en sautillant, vu la brièveté de leurs pieds et de leurs cuisses, et c'est vraisemblablement à cause des difficultés que cette conformation présente pour la marche, que dans leur grande jeunesse ces oiseaux se traînent sur le ventre, et se servent de leur bec, comme les perroquets, pour grimper. On prétend avoir aussi remarqué que, dans cette dernière opération, le doigt externe postérieur se dirigeoit en avant, et qu'ils agitoient leurs ailes, comme pour s'en aider.

Dans les divers climats, chauds ou froids, les oiseaux n'ont, chaque année, qu'une saison pour se reproduire, et quand ils quittent un pays après y avoir fait leurs petits, ils en partent, jeunes et vieux, et y reviennent sans nouveaux jeunes : c'est ce qui s'observe pour le coucou d'Europe, qui ne niche pas en Afrique.

Le chant, que les coucous ne font entendre qu'à leur seconde année, et qui exprime leur nom, n'appartient qu'au mâle ; il est quelquefois interrompu par un râlement sourd, *crou, crou,* prononcé d'une voix enrouée. Lorsque les mâles poursuivent les femelles, on en entend un autre, qui peut se rendre par *go, go, guet, guet,* et l'on soupçonne que ce cri vient de la femelle, qui, lorsqu'elle est bien animée, répète encore, cinq à six fois de suite, en volant d'arbre en arbre, les sons *glou, glou,* qui pourroient être des cris d'appel auxquels le mâle, en s'approchant avec ardeur, répond *tou cou cou.*

Les coucous se laissent difficilement approcher lorsqu'ils se trouvent dans un bois, et quoiqu'ils ne s'envolent que pour se poser sur un autre arbre à peu de distance, ils exercent long-temps la patience du chasseur, qui, néanmoins, en répétant leur chant avec la bouche seule, peut parvenir à les faire poser sur un arbre voisin de celui auprès duquel il se tient caché, ou trouver l'occasion de les tirer au vol, et qui y réussit encore plus sûrement avec un appeau fait de corne, d'os, d'ivoire ou de bois, et percé, à son extrémité, d'un trou au moyen duquel le son baisse de deux tons pleins lorsqu'on le bouche avec le doigt et s'élève quand il est débouché. Cet instrument est figuré, planche 5, n.º 9, dans l'Aviceptologie françoise, où l'on fait observer que, le coucou ne chantant que par tierce majeure, ses tons sont ceux d'un *fa* dièze et d'un *ré* de la seconde octave d'une flûte d'amour ordinaire. Les coucous, très-maigres à leur arrivée, sont fort gras à la fin d'Août ; et l'on prétend qu'à cette époque les adultes sont bons à manger : il en est de même des jeunes pris dans le nid au moment où ils sont prêts à s'envoler. On attribuoit aussi à la chair, à la graisse et à la fiente de cet oiseau, des vertus médicales, au moins douteuses, et sur lesquelles on ne croit pas nécessaire de s'arrêter ici.

La fable de la transformation du coucou en épervier, vient, sans doute, de ce que les deux oiseaux ont le ventre rayé transversalement, et de ce qu'ils offrent encore d'autres rapports dans les couleurs. C'est probablement par une suite de cette erreur qu'Olina prétend qu'on peut dresser le coucou à la chasse du vol.

Les œufs du coucou commun sont figurés dans le tome 2 de l'Histoire des oiseaux de la Grande-Bretagne par Lewin, pl. 10, fig. 2, et dans l'*Ovarium Britannicum* de Graves, Lond., 1816, pl. 1.re ; mais ils sont fort sujets à varier. Tantôt ils ressemblent, pour le fond de la couleur et des taches, à ceux du moineau franc, dont on a déjà dit qu'ils avoient à peu près la grosseur ; tantôt ils sont couverts de taches roussâtres, placées sans ordre, et il en est d'autres sur lesquels on voit des lignes noires.

Coucou criard : *Cuculus clamosus*, Lath. ; pl. 204 de Lev., le mâle et la femelle. Cette espèce, un peu plus petite que le coucou d'Europe, a le corps d'un noir qui présente des nuances bleuâtres ; les pennes de la queue, un peu étagées, ont la pointe blanche ; le bec est noir, l'iris d'un châtain foncé, et les pieds sont jaunâtres. La femelle adulte ne se distingue du mâle que par la bordure roussâtre et transversale des plumes qui couvrent tout le dessous de son corps ; mais, dans le jeune âge, les deux sexes ont les mêmes parties barrées de roux, et le dessus du corps est d'un brun roussâtre. Cet oiseau, qui se trouve dans l'intérieur de l'Afrique et qui, surtout, est très-abondant dans le pays des Cafres et dans le Cambdeboo, doit son nom aux cris *ha-houa-ach*, dont le second est exécuté deux tons plus haut que le premier, le troisième deux tons plus haut que le second, et qu'il répète fréquemment et fait entendre à de très-grandes distances.

Coucou solitaire : *Cuculus solitarius* ; Cuv., pl. 206 des

Oiseaux d'Afrique de Levaillant. Cet oiseau, d'une taille moyenne entre celle du coucou vulgaire et du coucou criard, tient des deux par ses couleurs et par son cri, qui peut être rendu par les syllabes *cou-a-ach*, et que le mâle répète pendant toute la matinée. Le chant de la femelle ne consiste que dans un roucoulement sonore. Cette femelle a le dessous du corps roux, avec des bandes brunes, et d'ailleurs elle ressemble au mâle, qui est d'un noir-brun glacé de gris sur la tête, le dessus du cou, le manteau, les couvertures des ailes et celles de la queue : les pennes alaires et caudales ont une teinte plus foncée ; les dernières ont leur extrémité blanche, et il y a des taches de la même couleur sur les quatre latérales. Les parties inférieures sont d'un blanc roussâtre, avec des ondes brunes sur le devant du cou, et des bandes transversales d'un brun noir sur la poitrine ; l'iris est brun ; les paupières, le dedans de la bouche, la langue, les pieds et les ongles sont jaunes ; le bec est d'un noir brun. Chez les jeunes tout le dessus du corps est d'un brun très-roux, et le dessous d'un roux clair, avec des bandes transversales un peu plus foncées.

M. Levaillant a donné à ce coucou le nom de *solitaire*, parce qu'il a observé que chaque couple vivoit séparé, et qu'il y avoit rarement plus d'un mâle et d'une femelle de l'espèce dans un assez vaste canton. On le trouve au pays des Cafres, dans l'intérieur des terres, et il se tient perché sur les branches basses des arbres, lorsqu'il chante. Ses œufs sont d'un blanc roux, parsemé de taches d'un brun clair : les oiseaux auxquels il les confie sont la fauvette rousse, le capocier, le coryphée, le Jean-Fréderic et le merle-ré-clameur.

Le même auteur pense que l'oiseau décrit par Montbeillard comme une variété du coucou européen, et qui a été figuré dans les planches enluminées sous le n.° 390, est un jeune coucou solitaire, dont la couleur rousse a été trop chargée.

Coucou édolio ; *Cuculus edolius*, Cuv. Cette espèce, dont le mâle et la femelle sont figurés dans l'Ornithologie d'Afrique, pl. 207 et 208, se trouve particulièrement dans le sud de cette partie du monde et dans les Indes ; on la nomme *oiseau du nouvel an* dans les environs du cap de Bonne-Espérance. Le mâle, dont la forme est svelte et la queue étagée, a environ un pied de longueur : son plumage est noir sur tout le corps, à l'exception d'une plaque blanche au milieu des pennes intermédiaires des ailes, qui, comme la queue, offrent une teinte de vert sombre ; la tête est ornée d'une huppe noire, composée de plumes longues et étroites qui retombent en arrière ; le bec est noir ; les pieds sont bruns et les yeux orangés. La femelle, aussi huppée, mais un peu plus petite que le mâle, en diffère par la blancheur de tout le dessous du corps et de l'extrémité des pennes de la queue. Les jeunes, dont les parties supérieures sont d'un noir brun, ont la gorge et le devant du cou d'un blanc sale, et les autres parties inférieures grisâtres.

Les œufs de ce coucou sont entièrement blancs ; leur dimension est de six lignes sur quatre. Les oiseaux dans le nid desquels M. Levaillant en a trouvé, sont ceux de la fauvette rousse, de la fauvette citrin, du gobe-mouche mantelé, du coryphée et de la bergeronnette brune. Le nom que le même auteur lui a donné et qu'il porte au Cap, est tiré de son chant, prononcé d'une voix plaintive.

Le mâle de cette espèce, dont Sparrman a donné la figure pl. 3 de son *Museum Carlsonianum*, sous le nom de *cuculus serratus*, qui a été adopté par Latham et Gmelin, a été décrit par Sonnini, tom. 54 de son édition de Buffon, p. 78, sous celui de *coucou à plaque dentelée aux ailes;* c'est aussi le *cuculus ater,* Gmel. La femelle, représentée dans les planches enluminées de Buffon, n.° 872, avec la dénomination de *coucou huppé de la côte de Coromandel*, est le *jacobin huppé* de Montbeillard, *cuculus melanoleucos,* Gmel. et Lath.

M. Levaillant a donné, pl. 209, la figure d'un oiseau qu'il regarde comme une variété du coucou édolio, dont il différoit par une taille plus forte, une queue plus longue, et par des traits longitudinaux d'un noir verdâtre sur la gorge et le devant du cou, qui étoit blanc, ainsi que le surplus des parties inférieures.

Coucou DIDRIC ; *Cuculus auratus,* Gmel. et Lath. Cette espèce, dont la figure se trouve dans les planches enluminées de Buffon, n.° 657, sous le nom de *coucou vert du cap de Bonne-Espérance*, a été décrite par Montbeillard avec la dénomination de *coucou vert-doré et blanc*. M. Levaillant en a fait figurer le mâle et la femelle sous les n.ºs 210 et 211, et leur a donné le nom de *didric*, d'après le ramage que le mâle fait entendre perché sur la cime des plus grands arbres, et qui consiste dans les syllabes *di-di-di-didric*, chantées d'un ton égal et traînant. Ce coucou, à peu près de la grosseur d'une grive, a une taille élégante. Tout le dessus de son corps est d'un vert doré, relevé sur la tête par cinq bandes blanches, dont l'une part du front et s'étend jusque sur l'occiput; les deux suivantes passent au-dessus des yeux, et les deux autres au-dessous. Les scapulaires, les grandes couvertures des ailes et celles du dessus de la queue sont frangées de blanc; les grandes pennes sont d'un brun verdâtre, et ont des taches blanches, beaucoup moins larges extérieurement que sur les barbes intérieures. La même couleur termine les pennes de la queue, qui est très-légèrement étagée; ces pennes offrent les mêmes taches blanches que les ailes, à l'exception des deux du milieu. Tout le dessous du corps est blanc; le bec, un peu plus déprimé que chez les autres coucous, est brun, ainsi que les pieds et les ongles; l'iris est d'un jaune orangé. La femelle, à peu près de la taille du mâle, n'en diffère que par une teinte rougeâtre sur les parties qui chez celui-ci sont d'un vert doré, et roussâtre sur les parties blanches. Les jeunes ont le dessus du corps d'un or brunâtre, le dessous d'un gris nuancé de blanc et de roux, et les taches des ailes et de la queue d'un roux marron. La femelle, dont le cri peut être rendu par *wic-wic*, pond des œufs d'un blanc luisant.

Coucou KLAAS; *Cuculus Klasii*, Cuv. et Vieill. Ce coucou, qui est figuré pl. 212 de l'Ornithologie d'Afrique, et que M. Levaillant a présenté comme une espèce distincte, à laquelle il a donné le nom du Hottentot son fidèle compagnon, ressemble beaucoup au précédent, dont il a la taille. Ce célèbre voyageur lui a néanmoins trouvé des différences qui lui ont paru suffisantes pour constituer une espèce, quoiqu'il n'ait eu en sa possession qu'un seul individu. Son bec, dit-il, est beaucoup plus petit et moins courbé que celui du didric; sa queue est moins large, ses ailes sont plus longues; le dessus de la tête, le derrière du cou et les autres parties supérieures sont d'un vert cuivré, sans autre mélange que le blanc de deux petits sourcils ; les grandes pennes sont en-dessus d'un vert-bronzé uniforme et noirâtre, avec des taches blanches en-dessous ; les parties inférieures du corps sont d'un blanc pur, à l'exception du bas-ventre et des cuisses, sur lesquels on remarque quelques bandes longitudinales d'un vert bronzé ; les quatre pennes du milieu de la queue sont d'un vert rougeâtre, et les trois extérieures blanches, avec une tache oblongue cuivrée vers la pointe et sur le côté extérieur, tandis qu'en-dessous elles sont traversées de lignes noirâtres fort espacées ; le bec et les pieds sont d'un brun noir, et les yeux jaunes.

Peut-être cette description, quelque détaillée qu'elle soit, laissera-t-elle des doutes sur la réalité de l'espèce : on trouvera encore de grands rapports avec le *didric* dans le Coucou cuivré, *cuculus cupreus*, Lath. et Vieill., dont la taille, comparée à celle de l'alouette, est plus alongée, dont les parties supérieures sont d'un vert brillant à reflets d'or et d'un rouge cuivré, le ventre et les cuisses d'un jaune jonquille ; et dont la queue, un peu plus longue, est foiblement étagée, et le bec noir, ainsi que les pieds.

Coucou gris-bronzé; *Cuculus æreus*, Vieill. M. Levaillant a donné, pl. 215, la figure de cette espèce, venant de Malimbe, qu'il a vue dans le cabinet de M. Temminck. De la longueur du coucou d'Europe, elle a les formes plus dégagées; la mandibule supérieure, s'élargissant à sa base, emboîte dans cette partie la mandibule inférieure ; la totalité du bec de cet oiseau est d'un jaune citron, et les pieds sont noirs; le dessus du corps, les ailes et la queue sont d'un vert foncé et brillant; le dessous est gris, avec des nuances d'un vert plus ou moins foncé, suivant les incidences de la lumière.

Coucou a collier ; *Cuculus collaris*, Vieill. Cette espèce, qui est le *cuculus coromandus* de Gmelin et de Latham, a été représentée dans la 274.ᵉ planche enluminée de Buffon, n.° 2, sous le nom de *coucou huppé de Coromandel*, et dans la planche 215 de l'Ornithologie d'Afrique, sous celui de *coucou à collier blanc*. Sa longueur est de douze pouces trois lignes ; sa huppe, formée de plumes étroites, roides et dirigées en arrière, est, ainsi que les autres parties supérieures, d'un noir bleuâtre, à l'exception d'un collier blanc qui embrasse le cou. L'individu décrit par Montbeillard avoit de plus derrière chaque œil une tache ronde d'un gris clair, et la gorge étoit noirâtre, tandis qu'elle est d'un roux jaunâtre dans celui de Levaillant. Le surplus des parties inférieures est dans les deux individus d'un blanc sale; les couvertures et les pennes des ailes sont d'un roux foncé; le bec et les ongles d'un noir bleuâtre, et les pieds gris : le devant du cou est blanc chez la femelle, qui a le roux des ailes plus foible. M. Levaillant pense que l'individu décrit par Montbeillard étoit une femelle ou un jeune mâle : il a vu plusieurs de ces oiseaux venant du Sénégal, et il a trouvé le sien dans le sud de l'Afrique. D'après l'état dans lequel étoit son ventre, il est persuadé que ce coucou ne couve pas ses œufs.

Coucou tachirou. M. Levaillant a rapporté l'espèce figurée sous ce nom dans son Ornithologie d'Afrique, n.º 216, au coucou varié de Mindanao, qui est représenté, avec la dénomination de coucou tacheté de Mindanao, sur la 277.ᵉ pl. de Buffon, *cuculus mindanensis* de Gmelin et de Latham ; mais il a cité la planche 294, qui représente le coucou du, Malabar ou cuil, *cuculus honoratus*, Gmel. et Lath. Ces deux oiseaux ont, à la vérité, dans leur plumage de si grands rapports qu'on seroit tenté de ne voir en eux qu'une seule espèce, si le premier n'étoit désigné comme ayant quatorze pouces et demi de longueur, tandis que le second en auroit trois de moins, et si les pennes caudales de ce dernier n'étoient assez fortement étagées, tandis que chez l'autre elles le sont beaucoup moins : mais ces circonstances paroissent suffisantes pour motiver au moins deux descriptions distinctes.

Le mâle du tachirou a le dessus de la tête d'un roux châtain, avec un trait noirâtre sur la tige de chaque plume; le derrière du cou, le dos, les scapulaires et les couvertures des ailes et de la queue sont variés de blanc-roux sur un fond d'un vert noir à reflets; le dessous du corps offre les mêmes taches sur un fond blanc ; des bandes plus ou moins rousses traversent obliquement les pennes des ailes et de la queue, qui est aussi longue que le corps et dont les trois pennes latérales sont légèrement étagées ; le bec, d'un noir brun en-dessus, est moins foncé en-dessous; les pieds sont couverts de larges écailles d'un brun jaunâtre; les taches sont moins nettes sur la femelle, qui n'a pas le dessus de la tête roux, et l'oiseau, dans son jeune âge, est d'un roux clair aux endroits où il est blanc dans l'âge fait. Cet oiseau, qui vit particulièrement de sauterelles, de chenilles et de chrysalides, se trouve aux Philippines et en Afrique, où M. Levaillant a remarqué que ceux qu'il a tués n'avoient pas couvé.

Le *coucou cuil*, dont M. Levaillant ne parle point, et qui, un peu plus petit que le coucou ordinaire, n'a qu'onze pouces et demi de longueur, est d'un cendré noirâtre, légèrement tacheté de blanc sur tout le dessus du corps, dont le dessous est rayé transversalement de cendré sur un fond blanc; les pennes des ailes sont noirâtres, et celles de la queue cendrées avec des raies blanches; le bec et les pieds sont d'un cendré peu foncé, et l'iris est orangé.

Montbeillard attribue aux services que cet oiseau rend par la destruction des insectes, la vénération dont il jouit au Malabar; et cette explication est plus naturelle que l'opinion de Fouché d'Obsonville, suivant laquelle le cuil seroit vénéré à cause du charme de sa voix, dont les poëtes du pays célèbrent en effet l'étendue, la souplesse et la variété, qualités bien extraordinaires chez un oiseau appartenant à la famille des coucous. Mais on ne doit pas taire ici que le même auteur, p. 69 et suiv. de ses Essais philosophiques sur les mœurs de divers animaux, s'étonne qu'on ait placé parmi les coucous un oiseau dont le nom, en tamoul et en malabare, est synonyme de rossignol. Il y auroit lieu, d'après ces circonstances, de craindre quelque erreur dans l'application du nom à l'individu décrit sur un dessin originairement envoyé par Poivre, si, d'un autre côté, Fouché d'Obsonville ne reconnoissoit l'exactitude de la description de Montbeillard en la rapportant au cuil. Le voyageur ajoute qu'il en existe aux Indes deux ou trois espèces, les unes presque aussi grosses que des geais, et les autres plus petites; que tous ces oiseaux habitent de préférence les lieux peu fréquentés et couverts de bois; qu'ils se tiennent en petites compagnies, qu'ils volent en planant, mais à de courtes distances, qu'ils se nourrissent d'insectes, et que leur chair, noirâtre, est délicate et si agréable au goût que les gens riches et sensuels les achètent fort cher aux chasseurs, ce qui a donné naissance au proverbe indien : *C'est un grand bien de manger le cuil, mais un grand mal de le tuer.*

On voit que les habitudes attribuées aux cuils ne sont pas moins différentes de celles des coucous que leur chant mélodieux, et, quoique la distribution des doigts, dont Fouché d'Obsonville ne parle pas, établisse, dans l'espèce figurée par Buffon, un rapport essentiel avec les coucous, il seroit à désirer que l'on eût occasion d'examiner de nouveau et plus particulièrement les deux ou trois espèces ou variétés simplement indiquées par d'Obsonville, et de l'une desquelles Latham a fait, peut-être un peu légèrement, son *cuculus indicus.*

GRAND COUCOU TACHETÉ; *Cuculus glandarius*, Gmel. et Lath. Cette espèce, à peu près de la taille d'une pie, dont un individu a été tué sur les rochers de Gibraltar, et à laquelle on a aussi donné le nom de coucou d'Andalousie, *cuculus Andalusiæ*, Briss., tom. 4, p. 126, a été figurée par Edwards, pl. 57. Elle a la tête couverte de plumes soyeuses d'un gris bleuâtre, qui sont assez longues pour former une sorte de huppe lorsqu'elle les relève ; une bande noire, qui part des coins de la bouche, forme un bandeau sur ses yeux, et se termine en pointe à l'occiput ; la partie supérieure du cou, le dos et le croupion sont d'un brun foncé ; les pennes moyennes des ailes, leurs couvertures et les quatre pennes latérales de la queue, qui est étagée, sont terminées par des taches blanches ; leurs grandes pennes sont noirâtres en-dessus, et cendrées en-dessous ; tout le dessous du corps est d'un roux brun, plus obscur sur les parties inférieures ; le bec, les pieds et les ongles sont noirs. Ce coucou paroît être un oiseau de passage, qui se tient l'hiver en Afrique ou en Asie.

Gérini a décrit, dans l'Ornithologie italienne, t. 1.ᵉʳ, p. 41, un autre coucou, que l'on n'a également vu qu'une fois dans les environs de Pise, et auquel on a donné l'épithète de *pisanus.* A peu près de la taille du précédent, il avoit aussi une huppe retombant sur le cou, mais elle étoit noire ; le dessus de son corps étoit mélangé de noir et de blanc; les grandes pennes des ailes étoient rousses avec l'extrémité blanche; celles de la queue étagées et noirâtres, avec le bout d'un roux clair : la gorge et la poitrine étoient rousses; les plumes anales de la même couleur, mais plus pâles; le bec d'un brun verdâtre, et les pieds verts. Malgré les différences de ces couleurs et de celles du grand coucou tacheté, on remarque entre eux d'assez grands rapports pour hésiter à les séparer entièrement; mais, ce qui doit jeter des incertitudes d'une autre nature sur ces deux oiseaux, c'est que, suivant l'auteur italien, on a vu, en 1739, un couple de ces derniers qui a fait un nid dans lequel la femelle a pondu quatre œufs qu'elle a couvés et fait éclore. On ne dit pas où le nid étoit placé, et l'on ne donne pas sur cette incubation des détails qui auroient été nécessaires pour constater suffisamment un fait sur lequel il peut y avoir eu erreur et supposition d'individus. C'est donc encore un point d'histoire naturelle à éclaircir.

Coucou moroc ; *Cuculus abyssinicus*, Lath. Le P. Lobo est le premier qui, dans son Voyage en Abyssinie, a parlé de cet oiseau, dont le nom, moroc ou *maroc*, paroît venir de *mar*, qu'on croit signifier miel. Ce jésuite, après avoir exposé qu'on voit dans ce pays beaucoup d'abeilles sauvages qui déposent leur miel tantôt dans le creux des arbres, tantôt dans des trous sous terre, dit que, quand le moroc a fait la découverte de quelques ruches sauvages, il se porte sur le chemin, et que, s'il voit passer quelqu'un, il chante, bat des ailes, et par divers mouvemens invite le voyageur à le suivre en volant d'arbre en arbre jusqu'à ce qu'il arrive à la place où les abeilles ont enfermé leur trésor et où il commence à chanter mélodieusement. L'Abyssinien, ajoute-t-il, s'empare du miel, et ne manque pas d'en laisser une partie pour l'oiseau en récompense de sa délation.

Bruce, qui, dans son voyage aux sources du Nil, a aussi trouvé le *moroc*, est loin de lui attribuer ces qualités merveilleuses, puisqu'il le regarde comme un oiseau silencieux, qui, à la vérité, détruit beaucoup d'abeilles, mais sans les manger ni rechercher leur miel. Le moroc ne lui paroît pas non plus devoir être considéré comme un coucou, bien qu'il en ait la forme et la grosseur. Voici, au reste, la description qu'il en donne : sa bouche est très-fendue ; l'intérieur en est jaune ; sa langue, très-flexible et très-pointue, peut en sortir de la moitié de sa longueur ; son bec, entouré de poils très-fins, est pointu et un peu crochu ; le dessus de la tête est d'un brun sans mélange, qui forme une sorte de calotte ; les sourcils sont noirs, et l'iris d'un rouge brun ; le devant du cou est d'un jaune dont le centre est moins foncé que les côtés ; les parties inférieures sont d'un blanc sale ; les couvertures et les pennes des ailes sont blanches à leur extrémité, ainsi que les pennes de la queue, qui sont au nombre de douze, et paroissent de la même longueur, quoique les deux du milieu aient un peu plus d'étendue ; les cuisses sont couvertes de plumes d'un blanc sale, tombant en manchettes sur les tarses, lesquels sont noirs, ainsi que les pieds, et couverts d'écailles. Bruce ajoute que les doigts, munis d'ongles durs et crochus, ne sont qu'au nombre de trois, dont deux en avant et un en arrière ; et il annonce que le dessin, sur lequel l'oiseau est représenté de grandeur naturelle, a été soigné avec toute l'exactitude possible.

Latham a d'abord indiqué, dans son *Index ornithologicus*, le moroc parmi les synonymes du *cuculus indicator* ; mais, dans le supplément, il en a fait une espèce distincte sous le nom de *cuculus abyssinicus*, et il a formé pour elle une section particulière à raison de ses trois doigts. M. Savigny ayant depuis communiqué à M. Vieillot le *cuculus melisso-phonus*, dont la figure se trouve dans les planches coloriées des Oiseaux d'Égypte et de Syrie, faisant partie du grand voyage des François dans cette contrée, ce dernier assure, dans la seconde édition du nouveau Dictionnaire d'histoire naturelle, que c'est absolument la même espèce, quoiqu'elle ait quatre doigts et dix pennes seulement à la queue, comme les vrais coucous, et qu'elle soit longue de quatorze pouces et demi, et non de sept et demi seulement, comme Latham le suppose, d'après la mesure qu'il aura vraisemblablement prise sur la gravure où le dessin aura été réduit. Cette dernière circonstance est d'autant plus vraisemblable que Bruce donne au moroc la *grosseur d'un coucou* ; mais, pour le nombre des pennes caudales et surtout des doigts, la méprise auroit été un peu forte de la part du voyageur. Quoi qu'il en soit, le naturaliste françois, qui a décrit d'après nature l'oiseau rapporté d'Égypte, annonce que le bec, brun en-dessus, est jaunâtre en-dessous; que la tête et la nuque sont noirâtres; le dessus du corps et des ailes brun, avec des mouchetures blanches à l'extrémité de quelques plumes, cette couleur termine aussi l'aile bâtarde et toutes les pennes, dont les primaires sont rousses à l'extérieur, et les secondaires pareilles au dos : les pennes de la queue, bordées de même, sont d'une nuance plus sombre ; la gorge et les parties inférieures sont d'un blanc jaunâtre.

Quoique la plupart des espèces que l'on vient de décrire, appartiennent proprement à l'Afrique, il en est plusieurs que l'on trouve également dans les Indes, où celles qui vont suivre fixent leur séjour le plus habituel.

Coucou noir des Indes; *Cuculus orientalis*, Gmel. Ce coucou, figuré dans les planches enluminées de Buffon, n.° 274, est le premier des trois oiseaux que Montbeillard a associés sous le nom de *coukeel*, et il ne paroit pas différer du coucou à gros bec de M. Levaillant, planche 214, *cuculus crassirostris*, Vieill. Sa longueur est de seize pouces. Montbeillard le décrit comme ayant le plumage d'un noir brillant, changeant en vert et en violet sous les pennes de la queue seulement ; le bec et les pieds d'un gris brun, et les ongles noirâtres. Le mâle des deux individus que M. Levaillant a tués en Afrique, au-delà du pays des grands Namaquois, avoit tout le plumage d'un noir glacé d'une riche teinte bleue, et la femelle n'en différoit qu'en ce que le noir brunissoit sur les parties inférieures, et que le reflet bleu de ses ailes n'étoit pas aussi beau ; les pieds étoient, comme chez tous les coucous proprement dits, couverts de larges écailles d'un brun jaunâtre, et les ongles noirs. Ces différences, qui ne consistent presque qu'en variations de reflets pour le plumage et en nuances dans des parties susceptibles de desséchement, ne paroissent pas suffisantes pour séparer des oiseaux dont M. Levaillant annonce d'ailleurs qu'il a trouvé un individu, venant du Bengale, dans le cabinet de M. Raye de Breukelerwaert à Amsterdam.

Il est probable aussi qu'on peut réunir à cette espèce le

second coukeel de Montbeillard, qui, à la vérité, est donné comme étant moins long de deux pouces, mais dont le plumage entier est d'un noirâtre tirant au bleu, et dont le bec, noir à la base, est jaunâtre à la pointe. C'est la variété B du *cuculus orientalis*, Gmel. et Lath.

Le nom de Coucou coukeel, *Cuculus niger*, Gmel., se trouvera ainsi réservé à la petite espèce, qui n'est que de la grosseur du merle, n'ayant que neuf pouces de long, et dont le bec n'excède pas dix lignes et les tarses sept. Cet oiseau, figuré dans Edwards, pl. 58, est le *coucou noir du Bengale* de Brisson. Son plumage, dont le fond est noir, réfléchit, suivant les degrés d'incidence de la lumière, toutes les nuances mobiles et fugitives de l'arc-en-ciel ; son bec, qui a les bords de la mandibule supérieure ondés, est d'un orangé vif, et un peu plus court et plus gros que celui du coucou d'Europe ; ses pieds sont d'un brun rougeâtre. C'est lui qu'on nomme proprement coukeel au Bengale.

Coucou a ventre rayé ; *Cuculus radiatus*, Gmel. et Lath. Sonnerat, qui a trouvé cet oiseau à l'île de Panay, l'une des Philippines, l'a décrit et figuré page 120, planche 79, de son Voyage à la Nouvelle-Guinée. Il est de la taille du coucou ordinaire, et a le dessus de la tête d'un gris noirâtre ; les côtés et la gorge de couleur de lie de vin ; la poitrine et le ventre d'un jaune pâle, avec des raies transversales noires ; le dos et les ailes d'un brun terne ; les dix pennes de la queue noires et d'égale longueur, avec des taches blanches, arrondies, et formant des raies par leur disposition régulière ; le bec noir, et les pieds rougeâtres.

Coucou a tête grise et ventre jaune : *Cuculus flavus*, Gmel. et Lath.: pl. 814 de Buffon. Cet oiseau, de la grosseur d'un merle et de huit pouces environ de longueur, a été décrit page 122, et figuré pl. 81 du Voyage de Sonnerat à la Nouvelle-Guinée, sous le nom de *petit coucou de l'île de Panay*. Il a le dessus de la tête et la gorge d'un gris clair ; le dessus du cou, le dos et les ailes d'un brun peu foncé ; le ventre, les jambes et les plumes anales d'un jaune pâle avec des teintes rousses ; la queue noire et étagée avec des raies blanches ; les pieds d'un jaune pâle, ainsi que le bec, dont la pointe est noirâtre.

Les ornithologistes présentent encore deux autres petits coucous des Indes comme deux espèces distinctes. L'une, trouvée aussi par Sonnerat dans l'île de Panay, et décrite dans son Voyage aux Indes orientales, tom. 2, p. 211, est le *cuculus Sonneratii* de Latham, que le premier de ces auteurs donne comme ayant les parties supérieures d'un rouge brun, avec des raies transversales noires ; les pennes de la queue de la même couleur, semées le long du tuyau de quelques taches noires irrégulières ; les parties inférieures blanches et traversées par des raies noires ; l'iris, le bec et les pieds, jaunes. Le second coucou, *cuculus poliocephalus*, Lath., a la tête et le cou d'un gris pâle ; le dos d'un brun cendré ; le dessous blanc, avec des raies grises, et les pennes caudales également blanches, avec des bandes noirâtres. La couleur du bec et des pieds du premier de ces oiseaux donne lieu de penser que c'étoit un jeune, et Latham lui-même avoue que l'autre a tant de ressemblance avec le coucou à ventre rayé, qu'il hésite à le regarder comme une espèce réelle. Or, d'après les grandes différences qu'offre le coucou vulgaire dans son jeune âge et dans l'état adulte, n'y auroit-il pas une indiscrétion manifeste à qualifier trop légèrement d'espèces les individus de contrées lointaines, dont la taille et les proportions sont à peu près les mêmes, et qu'on n'a pu se procurer qu'à une époque de leur vie, sans avoir eu le temps ni les moyens de les examiner comparativement ?

Coucou boutsallick ; *Cuculus scolopaceus*, Gmel. et Lath. Ce coucou, figuré par Edwards, tom. 2, pl. 59, sous le nom de *coucou brun et tacheté des Indes*, et par Buffon, pl. 586, s'appelle au Bengale *boughtsallick* : il a environ quatorze pouces de longueur depuis le bout du bec jusqu'à celui de la queue ; mais son corps est plus petit que celui du coucou ordinaire, avec lequel son plumage lui donne quelques rapports, surtout dans le jeune âge de ce dernier. Le brun est la couleur dominante du boutsallick ; la plupart de ses plumes en sont bordées sur un fond roussâtre en-dessus et blanc en-dessous ; la queue est étagée ; ses pennes et celles des ailes sont traversées de raies d'un brun clair et roussâtre, un peu inclinées vers la pointe ; le bec et les pieds sont jaunâtres.

Le coucou qui a été décrit par Montbeillard sous le nom de COUCOU BRUN PIQUETÉ DE ROUX, et qui est représenté sous celui de *coucou tacheté des Indes orientales*, n.° 771 des planches enluminées, *cuculus punctatus*, Gmel. et Lath., ne sembleroit être qu'une variété du précédent, s'il n'avoit seize à dix-sept pouces de longueur. La tête et tout le dessus du corps sont piquetés de roux sur un fond brun ; les parties inférieures sont rayées transversalement de brun noirâtre sur un fond roux ; des raies semblables se remarquent sur les ailes et sur la queue, qui est étagée comme celle du boutsallick ; il y a sous les yeux une tache oblongue d'un roux clair ; le bec est de couleur de corne, et les pieds d'un gris brun. On a vu que le bec et les pieds du boutsallick étoient jaunâtres ; mais il ne faut pas beaucoup s'arrêter à ces variations de couleurs, qui, au reste, fortifient, dans cette occasion, la conjecture que le boutsallick dont Edwards a fait faire le dessin, et qui avoit la tête fort grosse, étoit un jeune non encore entièrement développé. La forme ronde des taches du coucou piqueté a pu aussi être regardée comme une différence assez importante à ajouter aux considérations relatives à sa taille, plus forte que celle du *boutsallick*. Mais l'individu qui est décrit dans le nouveau Dictionnaire d'histoire naturelle sous le nom de *cuculus perlatus*, semble être un intermédiaire dont le rapprochement peut affoiblir beaucoup cette remarque. En effet, le coucou perlé, plus petit dans toutes ses dimensions, et d'une taille inférieure à celle du coucou d'Europe, a, sur un fond brun, des mouchetures rondes à la nuque et au manteau ; les parties inférieures ont des taches brunes longitudinales sur un fond roux ; la queue est tachetée de brun et de gris blanchâtre, et le bec est de couleur de corne, comme celui du *cuculus punctatus*, qui, d'ailleurs, a pu être décrit sur un individu dont la dépouille auroit été alongée dans la préparation.

Le COUCOU TACHETÉ DE L'ÎLE PANAY, dont Sonnerat a donné la figure pl. 78 de son Voyage à la Nouvelle-Guinée, et dont Gmelin et Latham ont fait leur *cuculus panayanus*, a été regardé par Montbeillard comme une simple variété du *coucou brun piqueté de roux*; mais, s'il y a de la ressemblance dans le plumage de ces deux oiseaux, il existe entre eux une différence plus importante, le premier ayant la queue arrondie, tandis qu'elle est étagée chez le second. D'après la description de Sonnerat, le coucou de l'île Panay est des deux tiers plus gros que celui d'Europe. Le dessus du corps et la gorge sont d'un brun foncé et presque noir, avec des mouchetures d'un jaune roux, qui ont une forme oblongue sur la tête et la gorge, et ronde sur le cou, le dos et les couvertures des ailes, dont elles traversent les pennes; la poitrine et le ventre sont rayés de noir sur un fond blanc; la queue, dont les pennes sont, comme on l'a déjà dit, d'égale longueur, est d'un roux fauve, coupé par des bandes transversales noires; l'iris est d'un jaune roux, le bec noir, et les pieds sont plombés.

Le Coucou tacheté de la Chine: *Cuculus maculatus*, Gmel. et Lath.; pl. enlum. de Buffon, n.° 764, est encore une espèce que des naturalistes n'ont considérée que comme une variété du *cuculus punctatus* et du *cuculus scolopaceus*, quoiqu'elle s'en écarte également par la queue non étagée. Ce coucou, long d'environ quatorze pouces, a le bec noirâtre en-dessus, jaune en-dessous, et les pieds jaunâtres. On remarque quelques taches blanchâtres au-dessus et en avant des yeux; le reste de la tête et le cou sont noirâtres; les parties supérieures du corps et les ailes sont d'un gris foncé verdâtre, varié de blanc et jetant des reflets d'un brun doré; le dessus du corps et les pennes de la queue sont rayés transversalement de brun et de blanc, ainsi que les plumes qui, du bas de la jambe, retombent jusqu'à l'origine des doigts. On ignore quels motifs ont pu, malgré cette dernière circonstance, déterminer un autre naturaliste à ranger cet oiseau parmi les couas, distingués surtout des coucous proprement dits par la longueur et la nudité des tarses.

On a observé que les coucous d'Amérique, ou au moins la plupart, faisoient un nid et y pondoient leurs œufs, et que, par leurs formes extérieures, ils appartenoient à la section des couas : mais c'est ici le cas d'examiner s'il n'y auroit pas eu quelque erreur dans la désignation des oiseaux dont Gmelin et Latham ont fait leurs espèces *pluvialis* et *americanus*. C'est à la seconde de ces espèces qu'ils ont appliqué la planche 816 de Buffon. Or si, d'une part, ces espèces sont considérées comme ne devant pas être réunies, et si, de l'autre, c'est bien le *cuculus americanus*, c'est-à-dire le coucou vieillard aux ailes rousses, *cuculus carolinensis*, Briss., qui est représenté dans les planches enluminées, ce coucou d'Amérique feroit une exception, et n'appartiendroit ni à la section des couas, puisqu'il a des manchettes aux tarses, ni à celle des coucous proprement dits, puisqu'il fait un nid et y pond ses œufs. Mais ne pourroit-on pas concilier ces faits, en apparence contradictoires, en reconnoissant, avec la plupart des naturalistes, deux espèces, et transportant au *cuculus pluvialis*, véritable oiseau de pluie, que rien n'annonce avoir les tarses emplumés, l'habitude de l'incubation attribuée au *cuculus americanus*, ou vieillard à ailes rousses? Les deux oiseaux n'offrant point de différences bien sensibles à l'observateur peu attentif qui aura trouvé le nid de l'un, il ne seroit pas étonnant qu'il eût supposé que c'étoit celui de l'autre; et Sloane lui-même a pu ne pas faire cette distinction, lorsqu'en disséquant un de ces coucous il lui a trouvé l'estomac très-grand proportionnément à sa taille, et les intestins roulés comme le cable d'un vaisseau. Cette circonstance, qui offre un trait de conformité avec l'espèce européenne, étant mise en opposition avec celle du nid, sembleroit, dans tous les cas, confirmer l'existence de deux espèces dont les mœurs ne seroient pas les mêmes, et ajouter un degré de force aux autres caractéres qui les séparent, lesquels, pour les signes extérieurs, consistent principalement en ce que l'oiseau de pluie, auquel ce nom a été donné parce qu'il se fait entendre plus fréquemment lorsqu'il doit pleuvoir, est long de quinze à seize pouces, que les deux pennes centrales de sa queue excèdent les pennes latérales, qui diminuent par degré, et que les ailes ne s'étendent presque que jusqu'à son origine : tandis que le vieillard, ainsi appelé à cause du duvet blanc qu'il a sous le menton, est long seulement de treize pouces; qu'il a les six plumes intermédiaires de la queue à peu près égales entre elles, et que cette queue ne dépasse les ailes que de quatre pouces. Relativement aux couleurs, les parties supérieures sont à peu près semblables, c'est-à-dire qu'elles offrent du brun foncé et du cendré olivâtre, même sur la queue, dont les pennes latérales sont noirâtres et bordées de blanc; mais toutes les parties inférieures sont blanches dans le vieillard ou coucou de la Caroline, dont les grandes pennes alaires sont rousses, tandis que l'oiseau de pluie ou coucou de la Jamaïque n'a de blanc que sur la gorge et le devant du cou, et que la poitrine, le ventre et l'anus sont roux. Chez les deux les pieds sont d'un cendré bleuâtre ; la mandibule supérieure est noire, et l'inférieure d'un blanc jaunâtre.

Quant aux mœurs, le vieillard à ailes rousses, qui est ici considéré comme le vieillard proprement dit *cuculus americanus*, vit solitairement dans les forêts les plus sombres de la Caroline et de la Jamaïque, et semble redouter l'approche de l'homme : au contraire, le *cuculus pluvialis*, ou coucou de pluie, se tient dans les lieux découverts et partout où il y a des buissons.

La femelle de l'un de ces oiseaux pond quatre œufs d'un blanc bleuâtre dans un nid composé de rameaux et de racines, et construit sur des arbres. C'est Gmelin qui indique la place du nid *in malis;* mais Latham substitue à ces termes *more glandarii*, ce qui supposeroit que le grand coucou tacheté, *cuculus glandarius*, pondroit, et ne seroit point, en conséquence, un vrai coucou. Au reste, il n'est rien dit de ce fait à l'article du dernier oiseau, et, s'il étoit constant, il pourroit servir à donner des idées plus précises sur le *cuculus pisanus*, que Gerini prétend avoir niché en Italie.

L'oiseau décrit par Montbeillard sous le nom de *cendrillard*, et par Linnæus sous celui de *cuculus dominicus*, est donné par d'autres auteurs comme la femelle du *cuculus americanus*.

La description des autres coucous d'Amérique se trouve dans la section des *couas;* et l'on va passer aux espèces qui ont été rapportées de l'Australasie. Dépourvu des moyens d'en constater la réalité, on s'est borné à ranger, d'après leur taille plus ou moins forte, celles pour lesquelles les dimensions ont été indiquées.

Coucou ara wereroa : *Cuculus taitensis;* Sparrm., *Museum Carlson.*, pl. 32; *Cuculus tahitius*, Gmel.; Coucou brun varié de noir, Montbeill. Cet oiseau, de la taille de la pie commune et d'environ dix-neuf pouces de longueur, a été trouvé dans les îles de la Société ; il porte à Otahiti le nom qu'on lui a conservé ici, et dans les îles voisines celui de *tayarabbo*. Il a le bec d'un brun jaunâtre et les pieds noirs : la tête, le cou et les plumes scapulaires ont des taches oblongues d'un blanc jaunâtre sur un fond brun ; ces taches sont plus grandes et s'arrondissent sur le croupion et sur les ailes, dont les pennes sont noirâtres ; celles de la queue ont, sur un fond pareil, des raies transversales en forme de croissant ; toutes les parties inférieures, d'une couleur de rouille claire, sont parsemées de lignes noires longitudinales ; le bec est d'un brun jaunâtre, et les pieds sont noirs.

Coucou vert et blanc ; *Cuculus palliolatus*, Lath. Cette espèce, qui a environ un pied de longueur, a été rapportée de la Nouvelle-Hollande, où elle est très-rare. Les parties supérieures du corps sont d'un vert sombre, les parties inférieures blanches ; le devant de la tête est noir, et cette couleur, s'étendant sur les côtés du cou, y forme une sorte de manteau ; les ailes sont noires en-dessus, et jaunâtres en-dessous ; les pennes de la queue, fort courtes, sont tachetées de blanc à leur extrémité ; les pieds, bleuâtres, ont des ondulations noires ; le bec est brun, et l'iris orangé.

Coucou cendré ; *Cuculus cinereus*, Vieill. Ce coucou, aussi de la Nouvelle-Hollande, existe dans la collection de M. Baillon, d'Abbeville. Il a onze pouces de longueur ; son bec est brun, et les pieds sont gris, ainsi que la totalité du plumage, dont la teinte, plus foncée en-dessus et plus claire en-dessous, va toujours en s'affoiblissant jusqu'aux plumes anales, qui sont blanchâtres ; la queue est étagée.

Coucou a queue en éventail ; *Cuculus flabelliformis*, Lath. Cette belle espèce de la Nouvelle-Hollande, dont Latham a donné la figure pl. 126 du deuxième supplément de son *Synopsis*, est de la grosseur d'une grive, et longue de près de dix pouces ; les parties supérieures du corps sont d'un noir profond, qui se réunit comme par l'attache d'un manteau sur le haut de la poitrine ; les joues, la gorge, le bas de la poitrine, le ventre et les plumes anales, sont d'un jaune d'ocre, moins foncé dans les parties inférieures : la queue, cunéiforme, paroît, d'après la figure, composée de douze pennes, dont les deux intermédiaires sont entièrement noires, et dont les latérales ont les barbes intérieures ondulées de noir et de blanc ; les pieds sont jaunes, et le bec est noir.

Coucou roussatre ; *Cuculus rufulus*, Vieill. Cette espèce, dont la longueur totale est de neuf pouces, a été décrite sur un individu qui se trouve dans le cabinet déjà cité de M. Baillon, et qui est originaire de la Nouvelle-Hollande. Le dessus du corps est varié de brun et de roussàtre ; la gorge et la poitrine, dont le fond est de cette dernière couleur, offrent en outre des points blanchâtres ; le ventre est d'un gris qui devient presque blanc vers l'anus ; les pennes caudales, cendrées comme celles des ailes, sont d'une teinte plus foncée et ont les bordures roussàtres ; les pieds sont gris, et le bec est noir.

Coucou roux et brun ; *Cuculus pyrrhophanus*, Vieill. Cet autre coucou de la Nouvelle-Hollande n'a que huit pouces. La tête du mâle est d'un cendré bleuàtre ; le dos et les ailes sont bruns, ainsi que la queue, dont les pennes ont une tache blanche à l'extrémité ; le dessous du corps est roux, et le bec noirâtre. La femelle, ou plutôt le jeune, a le bec semblable, les pieds de couleur de chair, la tête et le haut de la gorge d'un cendré plus pâle.

Coucou bleuatre ; *Cuculus cærulescens*, Vieill. On donne à ce coucou environ sept pouces, et le mâle est décrit comme ayant le bec brun, les pieds de couleur de rose, la tête, la gorge et les autres parties inférieures d'un cendré bleuàtre, qui blanchit au bas-ventre ; le dos d'un cendré plus rembruni, la queue rayée de noir et de blanc ; tandis que, chez la femelle ou le jeune, les teintes sont bien plus foibles, et que les raies transversales de la queue sont les unes d'un blanc sale, et les autres brunes.

Coucou bariolé ; *Cuculus variegatus*, Vieill. Le plumage de cet oiseau est varié de blanc et de brun sur les parties supérieures, et bleuàtre sur les parties inférieures. La queue est arrondie. Dans le jeune âge tout le dessous du corps est tacheté de brun sur un fond blanc sale.

Il n'est, sans doute, pas nécessaire de faire remarquer combien peu, en général, les derniers oiseaux que l'on vient de décrire, diffèrent entre eux par la taille ou le plumage, et de faire sentir la nécessité de regarder comme provisoire une détermination d'espèces qu'il faudra certainement réduire quand l'examen d'un plus grand nombre d'individus, tués à différentes époques de l'année, aura mis à portée de les étudier comparativement. Voici une espèce qui paroît établie avec plus de solidité.

· COUCOU POOPO AROWRO; *Cuculus lucidus*, Lath. Ce coucou, de la Nouvelle-Zélande, dont Latham a donné la figure pl. 23 de son *Synopsis*, a six pouces et demi de longueur. Le dessus de la tête et du corps est d'un vert à reflets d'or. Le dessous est blanc avec des écailles d'un brun doré, excepté aux plumes anales, qui sont tout-à-fait blanches. Les pennes des ailes sont d'un brun obscur, ainsi que celles de la queue, qui est très-courte. Le bec et les pieds sont bleuâtres, et l'iris de couleur de noisette.

COUCOU ÉCLATANT; *Cuculus plagosus*, Lath. Ce coucou de la Nouvelle-Hollande, dont l'auteur anglois ne donne pas les dimensions, mais qu'il dit, page 138 du 2.ᵉ supplément du *Synopsis*, n.° 12, avoir le bec noirâtre et pointu, la langue aiguë et aussi longue que les mandibules, les pieds bruns et l'iris bleu, a les parties supérieures d'un roux pourpré et éclatant, qui forme sur la queue des raies transversales, et les parties inférieures d'un blanc sale, que relèvent des lignes brunes fort étroites et à reflets dorés.

COUCOU A TÊTE BLEUE; *Cuculus cyanocephalus*, Lath. Cette espèce, trouvée dans le même pays, est remarquable par le bleu foncé qui lui couvre le dessus de la tête, les côtés et le bas du cou. Les autres parties supérieures sont d'un brun pâle, avec des points blancs sur le dos, et des raies transversales de la même couleur sur les ailes et sur la queue, qui est un peu étagée. Le dessous du corps est traversé de bandes noirâtres sur un fond blanc, dont la teinte est orangée à la gorge et au cou. Le bec et les pieds, très-écailleux, sont bleuâtres.

On trouve au Cabinet d'histoire naturelle de Paris deux coucous sans dénomination particulière : l'un, venant du port Jackson, est de la taille de la rousserole, et a la tête grise, le dos brunâtre, la queue rayée transversalement de brun et de gris pâle, le dessus du corps blanchâtre, les pieds jaunâtres et le bec noir; l'autre, aussi de la Nouvelle-Hollande, n'est pas plus gros que la fauvette rousse, à laquelle il ressemble, ayant le dessus du corps roussâtre et le dessous blanchâtre. Le premier de ces oiseaux se rapporte probablement à quelques-uns de ceux qu'on a précédemment désignés avec plus de détails, d'après des descriptions étrangères, et le second pourroit être nommé *cuculus pusillus;* mais, dans la crainte de supposer trop légèrement des espèces, sans avoir eu les moyens de s'assurer de leur réalité, on se bornera à cette courte indication, et l'on terminera l'exposition de celles qui sont considérées comme appartenant à la section des coucous proprement dits, par la citation d'une remarque de M. Cuvier, d'après laquelle les coucous didric, klaas et poopo-arowro ont le bec un peu plus déprimé, et les coucous boutsallick, cuil, varié de Mindanao et ara-wereroa l'ont plus haut verticalement.

§. II. Couas.

Ces oiseaux se distinguent extérieurement des coucous proprement dits par des tarses beaucoup plus alongés, nus, et non couverts de ces longues plumes qui retombent des jambes en forme de manchettes dans les premiers; par des ailes dont les pennes centrales sont les plus longues, de sorte qu'étant déployées elles forment une portion de cercle, à peu près comme chez les pies, tandis qu'elles décroissent successivement chez les vrais coucous, depuis la première, qui est la plus longue, jusqu'à celle qui est le plus près du corps. Les couas ont d'ailleurs les doigts plus forts, le bec plus épais à la base, les narines coupées obliquement sans bourrelet, et, comme les autres coucous, dix pennes à la queue. Leur corps est robuste, leur cou plus court, et leur voix, plus forte et plus sonore, n'est pas triste et plaintive, comme l'est en général celle des coucous proprement dits. Les couas se nourrissent d'insectes et de fruits; ils font, dans des creux d'arbres, et même, dit-on, sur les branches, un nid dans lequel ils pondent des œufs qu'ils couvent eux-mêmes, et ils élèvent leurs petits. Les coucous d'Amérique paroissent tous appartenir à cette section , quoiqu'ils soient présentés par M. d'Azara comme ayant douze pennes à la queue, tandis que les autres n'en ont que dix. M. Vieillot a formé de ces oiseaux et d'autres qu'il y a réunis, son genre Coulicou , *Coccyzus*.

Si l'on adopte les conjectures exposées relativement aux coucous désignés sous les noms de *vieillard* et *d'oiseau de pluie*, c'est-à-dire aux *cuculus americanus* et *pluvialis*, ce dernier seul devra être rangé parmi les couas, ainsi que le petit vieillard, *cuculus minor*, Gmel., et *seniculus*, Lath., représenté dans les planches enluminées, n.° 813 , sous le nom de *coucou des palétuviers*, lequel a un pied de longueur, et une queue composée de dix pennes étagées et dépassant les ailes de plus de trois pouces. Sonnini, qui a décrit cet oiseau vivant, annonce, page 95 du 54.° volume de son édition de Buffon, que le mâle a tout le dessus du corps et des ailes d'un cendré clair, le dessous jaune; les pennes centrales de la queue entièrement grises, les autres bleuâtres et terminées de blanc; une bande longitudinale d'un gris foncé sur les tempes; les pieds et les doigts noirâtres. La femelle, dont la gorge et le haut de la poitrine sont blancs, a les couleurs plus pâles. Cette espèce se trouve à Cayenne, dans les grandes Antilles, et passe l'été au sud des États-unis. Les palétuviers sont les arbres qu'elle fréquente le plus; elle se nourrit surtout des grosses chenilles qui en rongent les feuilles.

Sonnini rapporte aussi au petit vieillard le coucou proprement dit de M. d'Azara, n.° 267 , qui est le coulicou à calotte noire , *coccyzus melacoryphus*, Vieill., lequel a le dessus de la tête noirâtre, le reste des parties supérieures brun, le dessous du corps d'un blanc roussâtre, et dont, selon Noséda, la femelle pond trois œufs, d'un blanc verdâtre, dans un nid semblable à celui des pigeons. M. d'Azara nous apprend encore, relativement à cet oiseau peu farouche, que le mâle et la femelle ne pénètrent pas dans les bois, et ne se posent pas à terre, mais qu'ils se tiennent ensemble sur les orangers et autres arbres, où ils attrapent des insectes.

Coua verdatre : *Cuculus madagascariensis*, Gmel. et Lath.; *Coccyzus virescens*, Vieill.; pl. enl. de Buffon, n.° 815. Cet

oiseau, qui a vingt-un pouces et demi de longueur, et dont
la queue, composée de dix pennes étagées, dépasse les ailes
de plus de huit pouces, a tout le dessus du corps olivâtre,
avec des nuances d'un brun sombre. Les rectrices latérales
sont blanches à leur extrémité. La gorge est d'un jaune olivâtre;
la poitrine et le haut du ventre sont fauves, et les parties
inférieures de l'abdomen, ainsi que les plumes anales, sont
brunes. Les jambes sont d'un gris vineux, les tarses et les
doigts d'un brun jaunâtre ; le bec est noir, et l'iris orangé.
Commerson a trouvé aussi à Madagascar un oiseau de la
grosseur d'une poule, et de vingt-un pouces trois quarts
de long, qui avoit sur la tête un espace nu et bleu, légèrement sillonné et environné d'un cercle de plumes d'un beau
noir, douces et soyeuses comme celles du coucou, avec
quelques barbes autour de la base du bec, dont l'intérieur
étoit noir, ainsi que les pieds. Cet oiseau, dont les doigts
étoient disposés comme ceux des autres coucous, avec lesquels celui-ci alloit de compagnie, est regardé par Gmelin
et Latham comme une variété du *cuculus madagascariensis*,
dont Montbeillard pense qu'il seroit plutôt le mâle.

Coua huppé de Madagascar : *Cuculus cristatus*, Linn. et
Lath.; *Coccyzus cristatus*, Vieill.; pl. enlum. de Buffon, n.°
589, et de Levaillant, n.° 217. Cette espèce, dont la longueur totale est de quatorze pouces, et dont les dix pennes
caudales, un peu étagées, s'épanouissent quand l'oiseau
éprouve quelque passion, porte une huppe composée de
plumes déliées qui se renversent sur l'occiput, et dont la
couleur, comme celle de toutes les parties supérieures du
corps, est un gris glacé de vert d'eau, qui prend des nuances
diverses suivant les incidences de la lumière. La gorge et le
devant du cou sont d'un gris vert beaucoup plus clair; la
poitrine est d'un rouge vineux, et les autres parties inférieures d'un blanc grisâtre. Les pennes des ailes et de la
queue sont d'un vert changeant en bleu et en violet éclatant;
les plus latérales de ces dernières sont terminées de blanc.
L'iris est rougeâtre; le bec et les pieds sont noirs. Commerson, qui a trouvé cet oiseau à Madagascar, près du Fort-
Dauphin, a ajouté à la description particulière qu'il en a
faite, que le cou étoit court, que les narines étoient percées

obliquement et à jour, que la langue se terminoit en une pointe cartilagineuse, et que les joues étoient nues, ridées et de couleur bleue. M. Levaillant observe, de son côté, que la femelle est plus petite que le mâle; qu'elle a, en général, les couleurs moins brillantes, et que sa huppe est aussi moins ample. Le nom *coua*, qui a été imposé à cet oiseau par les habitans de Madagascar, et dont M. Levaillant a tiré la dénomination de la section entière, vient sans doute du cri *côha, côha, côha*, que le mâle prononce lorsqu'on a tué sa femelle. Le même naturaliste a trouvé au cap de Bonne-Espérance, dans le tronc d'un arbre creusé par les eaux, une nichée de quatre petits, qui étoient couverts d'un duvet gris-roux, et dont le bec, brunâtre, avoit la base entourée d'un bourrelet jaune.

Coua tait-sou : *Cucukus cœruleus*, Linn. et Lath.; *Coccyzus cœruleus*, Vieill. Cette espèce, représentée dans les planches enluminées de Buffon, n.° 295, fig. 2, sous le nom de Coucou bleu de Madagascar, et dans l'Ornithologie d'Afrique, n.° 218, se trouve à Madagascar, où on l'appelle *tait-sou*, et sur le continent d'Afrique. Sa longueur, depuis le bout du bec jusqu'à celui de la queue, est de dix-sept pouces, et d'un pied jusqu'au bout des ongles. Le plumage de ce bel oiseau est d'un bleu verdissant sous certains aspects, et relevé par des nuances violettes, plus éclatantes sur les ailes et sur la queue, qui est légèrement étagée et garnie de larges barbes, que ce coucou a la faculté de relever en même temps qu'il rabat ses ailes à demi étendues, et qu'il gonfle les plumes de sa tête, laquelle alors paroît huppée. La peau qui entoure ses yeux, est nue et d'un beau rouge. Son bec et ses pieds sont noirs.

Dans la Cafrerie cet oiseau habite les grandes forêts, où, perché à la cime des arbres les plus élevés, le mâle fait entendre une sorte de roucoulement *courrrrrrr - courrrrrr*. La femelle, d'une taille un peu inférieure, ce qui peut, jusqu'à un certain point, expliquer la cause de la diversité observée par Mauduyt dans la longueur des peaux qu'il a été à portée d'examiner, est d'un bleu moins vif et moins lustré, et les jeunes, avant leur première mue, n'offrent point de nuances violettes. M. Levaillant, qui s'est assuré, à l'inspection du ventre dont la peau étoit épaisse et ridée, que le mâle et la femelle couvent les œufs, a trouvé d'ailleurs beaucoup d'analogie entre ces oiseaux et les touracos.

COUA CHOCHI. L'oiseau que M. d'Azara a décrit, n.° 266, sous ce nom, qu'il porte au Paraguay, et qui exprime un cri répété le jour et la nuit au temps des amours, d'un son de voix si clair qu'on l'entend à un mille de distance, paroît être le même que celui dont on trouve la figure n.° 812 des planches enluminées de Buffon, sous le nom de coucou tacheté de Cayenne, et dont Montbeillard a donné la description sous celui de coucou brun varié de roux, *cuculus nævius*, Linn. et Latham. Sa longueur totale est d'environ onze pouces, et celle de la huppe de neuf lignes; le bec, dont la couleur est noirâtre à la base et blanchâtre sur le reste, est presque aussi épais que large, très-comprimé sur les côtés, courbé sur toute sa longueur, et garni de quelques poils au-dessus de l'angle de la bouche; la paupière supérieure est bordée de longs cils.

Le dessus du corps de cet oiseau offre un mélange de brun et de différentes nuances de roux; cette dernière couleur est un peu plus prononcée sur sa huppe. Il y a au-dessus des yeux un trait blanc en forme d'arc. Les pennes des ailes étoient traversées de trois bandes; l'une blanche, l'autre noirâtre, et la troisième brune, dans le chochi de M. d'Azara, *coccyzus chochi*, Vieill., ce qui ne se remarque point dans le coucou tacheté de Cayenne. Il en est de même de la bordure blanche des deux pennes du milieu et des deux les plus extérieures de la queue du chochi. Celles des ailes et de la queue du coucou tacheté sont assez uniformément bordées de roux clair avec un œil verdâtre; la gorge est d'un roux clair varié de brun, et les parties inférieures sont d'un blanc roussâtre; les tarses sont cendrés, et le bec noirâtre à sa base, et d'un blanc roussâtre sur le reste.

Montbeillard regarde comme une variété de cette espèce le *coucou des barrières*, oiseau qui porte ce nom à Cayenne, parce qu'on le voit souvent perché sur les palissades des plantations, et il fonde cette opinion sur de grands rapports dans la taille et dans le plumage, qui ne paroît, en effet, différer qu'en ce que le roux est remplacé par des teintes plus grises,

que le dessous du corps est plus blanc , et que cette couleur
termine les pennes latérales de la queue ; circonstance qui
se retrouve dans la description du chochi donnée par M.
d'Azara. La même opinion a été adoptée par Linnæus et par
Latham , qui n'en ont aussi fait qu'une simple variété du
cuculus nævius. Cependant Sonnini, qui a le premier rapporté en France l'oiseau des barrières , non retrouvé en Amérique par M. d'Azara , le présente comme une espèce particulière , surtout d'après une différence d'habitudes, laquelle
peut toutefois dépendre , jusqu'à un certain point , des
localités ; et M. Vieillot a cru en devoir faire son coulicou
des barrières, *coccyzus septorum.*

Ces oiseaux , qui sont farouches , vivent solitaires et
changent peu de canton. Ils ne fréquentent guères les grands
bois ; mais ils se retirent dans les halliers les plus touffus,
où il est très-difficile de les tuer. Lorsqu'ils sont perchés,
ils remuent continuellement la queue , tendent et relèvent
le bec et le cou , et semblent toujours inquiets. Hors le temps
des amours , les chochis sont silencieux. M. d'Azara , qui n'a
jamais entendu la femelle répondre au mâle , ne croit pas
qu'elle ait un cri.

Coua piaye : *Cuculus cayanus,* Linn. et Lath., pl. enlum.
de Buffon , n.° 211 ; *Coccyzus macrocerus,* Vieill. Le nom
de *piaye,* que cet oiseau porte à Cayenne, signifie, dit-on,
diable et *prêtre* dans la langue du pays. Les Galibis, peuple
de la Guiane , l'appellent *taparara.* Sa tête , le derrière du
cou , le dos, les ailes et la queue sont d'un marron pourpré ;
cette teinte est beaucoup plus claire sur le devant du cou :
la poitrine et tout le dessus du corps sont cendrés ; les pennes
des ailes sont terminées de brun ; la queue , composée de dix
pennes, est très-étagée ; les quatre plus longues, à peu près
égales, recouvrent les autres, qui décroissent de deux en
deux à des distances régulières assez considérables, et qui,
toutes terminées par de larges taches blanches , forment inférieurement des sortes de barres transversales de cette couleur ; le bec et les pieds sont d'un gris brun. Cet oiseau ,
qui a près de seize pouces de longueur totale , et dont la
queue, longue de dix pouces, dépasse les ailes de huit,
n'est pas farouche comme le chochi ; il se laisse , au con-

traire , approcher de fort près , suivant Montbeillard , qui compare son vol à celui du martin-pêcheur , et dit que , comme lui, il se tient communément aux bords des rivières sur les branches basses, vraisemblablement pour être plus à portée de saisir les insectes dont il fait sa nourriture. M. d'Azara , loin d'être d'accord sur ce point, prétend que l'oiseau, qui se montre à la lisière des bois, ne se rencontre jamais dans les lieux découverts ni sur la moitié inférieure des arbres. Ce dernier ajoute qu'il n'y a pas de différence entre le mâle et la femelle, dont la ponte est, dit-on, de deux œufs, et qu'on ne connoît pas leur cri.

Linnæus et Latham donnent la description de deux oiseaux présentés comme des variétés de cette espèce : il y en a même d'autres au Muséum de Paris. L'*atingacu*, ou coucou cornu du Brésil, décrit par Marcgrave, qui est le *cuculus brasiliensis cornutus*, vingtième espèce de Brisson, tome 4, p. 145 , et le *cuculus cornutus* de Linnæus et de Latham , *coccyzus cornutus*, Vieill., paroît aussi devoir se rapporter au coucou piaye , ainsi que le *tingazu* d'Azara, n.° 265 , nommé par les Guaranis *guirapayé*, c'est-à-dire, oiseau sorcier. Il y a cependant d'assez grandes différences dans la taille de ces oiseaux ; mais ces variations consistent plus dans l'étendue respective de la queue que dans la grosseur du corps, qui est comparée tantôt à celle du coucou vulgaire, tantôt à celle de la grive litorne ou de la grive mauvis. Quant au plumage, il s'agit presque toujours d'une couleur marron pour les parties supérieures, et d'une couleur cendrée pour les parties inférieures, avec quelques nuances variables de brun et de blanc. Et si l'extrême ressemblance de noms entre le *tingazu* de M. d'Azara et l'*atingacu* de Marcgrave ne permet presque pas d'élever des doutes sur l'identité de ces deux oiseaux, malgré la disproportion qu'il y a entre les mesures de plus de dix-neuf pouces pour celui-là et de douze pouces seulement pour celui-ci, devroit-on être plus arrêté par la comparaison de la longueur entre le coucou piaye , *cuculus cayanensis*, Briss., et le petit coucou de Cayenne, *cuculus cayanensis minor* du même , qui, suivant les mesures indiquées par cet auteur, ont, l'un quinze pouces neuf lignes , et l'autre dix pouces trois lignes?

Il est toutefois possible qu'entre les deux extrêmes il se trouve deux espèces qu'on parviendra peut-être à déterminer positivement; mais, jusque-là, nous croyons devoir nous borner à l'indication des différences les plus remarquables qui existent entre tous ces oiseaux.

Les plumes du ventre et les pennes de la queue et des ailes ont une teinte roussâtre, et leur extrémité est brune dans le *tingazu* d'Azara, qui a d'ailleurs le bec d'un vert bleuâtre. L'*atingacu camucu* de Marcgrave a les pennes caudales terminées par une tache d'un blanc pur; et le nom de *coucou cornu* lui a été donné d'après la faculté qu'il possède de se faire une double huppe en relevant les longues plumes dont sa tête est couverte. La première des variétés indiquées par Linnæus et Latham avoit le bec rouge, la tête cendrée, la gorge et la poitrine rousses; une de celles qui se trouvent au Muséum de Paris a aussi la tête cendrée, mais le bas-ventre noirâtre; une autre a les parties supérieures et le bas de la poitrine d'un gris ardoisé, tandis que la gorge, la poitrine, le ventre et les cuisses sont de couleur marron. Enfin, dans le petit coucou de Cayenne, *coccyzus minutus* de M. Vieillot, ce sont les parties supérieures qui sont, comme dans le coucou piaye de Montbeillard, d'un marron pourpré, lequel règne aussi, mais d'une teinte plus claire, sur la gorge, le devant du cou et de la poitrine, et il n'y a de gris que le ventre.

Coucou cendré. L'oiseau que M. d'Azara a décrit, n.° 268, sous le nom de *coucou cendré*, et dont la longueur n'est que de huit pouces et demi, a la gorge et le devant du cou d'un blanc plombé, qui s'éclaircit en avançant vers le ventre, dont le bas, ainsi que les côtés, prennent une teinte rousse. Les parties supérieures sont d'un cendré brun, à l'exception de deux bandes, l'une noire et l'autre blanche, qui terminent la queue; les tarses sont d'un brun verdâtre, et le bec est noir. Sonnini regarde cet oiseau comme une variété du petit vieillard, *cuculus seniculus*, ou du cendrillard; mais ce dernier paroît être la femelle du *cuculus americanus*, ainsi qu'on l'a déjà fait observer à l'article de la première section qui est consacré à cet oiseau.

Coua chiriri, Azara, n.° 269; *Coccyzus chiriri*, Vieill.

Cet oiseau du Paraguay a neuf pouces trois lignes de longueur. Des vingt pennes des ailes les quatrième et cinquième sont les plus longues ; les dix de la queue sont foibles et pointues ; l'extérieure de chaque côté est de deux pouces plus courte que les autres ; il a sur la tête des plumes longues et étroites, qu'il relève et abaisse à volonté, de manière à leur donner l'apparence d'une huppe ; la paupière supérieure est garnie de petit cils ; on remarque aux côtés de la tête quatre traits blanchâtres ; les plumes du sommet sont noires, avec une tache rousse de forme ronde à leur extrémité ; celles du derrière de la tête, du cou et du haut du dos sont d'un noirâtre plus foncé au milieu ; des raies noirâtres traversent le dos et le croupion, dont le fond est roux ; les plumes scapulaires, les couvertures supérieures et les pennes des ailes sont terminées par une tache ronde de couleur cannelle et surmontée d'une ligne noire ; le fond de l'aile est noir, avec des taches rousses, et il y a sous les ailes une large bande blanchâtre et parallèle à leurs couvertures ; la queue, sur laquelle les couvertures s'étendent beaucoup, a les trois pennes latérales et les deux du milieu tachetées irrégulièrement de roux et de noirâtre, les autres sont entièrement de cette dernière couleur; le bec est noir, excepté sur les bords et sur la moitié de la mandibule inférieure, qui sont blancs; l'iris est d'un vert foible ; les tarses sont d'un blanc bleuâtre.

Les grands rapports qui existent entre cet oiseau et le coucou pointillé, *cuculus punctulatus*, Gmel. et Lath., qu'on trouve à Cayenne, ne permettent pas de douter de leur identité; et si l'on a adopté de préférence le nom de *chiriri*, c'est parce qu'il exprime son cri. M. d'Azara n'a remarqué aucune différence dans le plumage de la femelle, ni dans celui des jeunes adultes qu'il s'est procurés, et on lui a rapporté que ces couas ne quittoient jamais les lieux aquatiques et qu'ils faisoient une ponte de quatre œufs. Il a observé lui-même, sur des jeunes par lui élevés, que leur queue étoit souvent étalée, qu'ils tenoient ordinairement le cou un peu renfoncé, et qu'ils avoient l'habitude d'avancer l'aile bâtarde vers la tête jusqu'à lui faire toucher l'oreille, sans que pour cela on aperçût aucun mouvement dans l'aile ou dans quelque autre partie.

Coua roux. Cet oiseau, décrit par M. Vieillot, sous le nom de coulicou roux, *coccyzus rutilus*, comme se trouvant au Brésil, est long de dix pouces trois lignes ; sa queue, trés-étagée, en a six et demi ; le dessus de son corps est d'un roux ardent, et les plumes qui couvrent la tête sont susceptibles de se relever en forme de huppe; la gorge et la poitrine sont d'une nuance plus claire ; le ventre et les plumes anales sont grisâtres ; le bec est jaunâtre, et les pieds sont d'un noir tirant sur le bleu.

Le même auteur a donné le nom de coulicou à tête rousse, *coccyzus ruficapillus*, à un oiseau de la Nouvelle-Hollande, d'environ huit pouces de longueur, qui a sur la tête et les oreilles de longues plumes rousses, et dont la nuque et le dessous du corps sont blancs ; le dessus du cou, le dos et les ailes variés de blanc et de brun, ainsi que la queue, qui est assez longue et cunéiforme. Un autre individu, que le même auteur regarde comme une femelle ou un jeune, avoit les plumes de la tête plus courtes que chez le précédent, et de couleur brune, avec une bordure roussâtre, comme celles du manteau ; la gorge et le devant du cou étoient d'un blanc roussâtre.

Un autre oiseau, à peu près de la même taille, que M. Vieillot range aussi parmi ces coulicous, est le *cuculus aurocephalus*, coucou à tête dorée, de Miller, *Illustrat.*, pl. 48, qui se trouve en Amérique. Son œil est entouré d'une tache noire ; sa tête est d'un jaune doré; le dessus du cou gris ; le dos brun ; les couvertures des ailes noires, avec une bordure grise ; celles de la queue d'un jaune de paille, ainsi que les pennes, qui sont de même longueur et rayées transversalement de noir ; la gorge est jaune ; le devant du cou et la poitrine sont gris et traversés de petites bandes brunes; les parties postérieures sont d'un blanc terne.

M. Cuvier pense que l'on peut séparer des couas, à raison de la longueur et de la forme du bec qui n'est courbé qu'à l'extrémité, l'oiseau d'Amérique connu sous le nom de *tacco*, et représenté, dans les planches enluminées de Buffon, n.º 772, sous celui de coucou à long bec de la Jamaïque, que Brisson lui avoit déjà donné. C'est le *cuculus vetula* de Linnæus et de Latham, que, suivant Salerne, on appelle colivicou à S. Domingue, où les nègres le nomment *cracra* et *tacra bayo*. M. Vieillot, ajoutant à la forme particulière du bec de cet oiseau une considération tirée de la nudité de ses orbites, en a fait un genre sous le nom de *saurothera*. La longueur du tacco est de quinze pouces neuf lignes, et celle du bec de deux pouces une ligne, suivant Brisson ; les dix pennes de sa queue sont étagées, et les intermédiaires superposées aux latérales ; le dessus de la tête et du corps est d'un gris un peu foncé, avec des reflets verdâtres sur les grandes couvertures des ailes, dont les dix premières pennes sont d'un roux vif ; les deux pennes centrales de la queue sont entièrement grises, avec des reflets verdâtres, comme celles du dos ; mais les huit autres, en partie de la même couleur et en partie noirâtres, sont terminées de blanc ; le devant du cou et la poitrine sont d'un gris cendré ; la gorge, les plumes anales et les cuisses sont d'un fauve clair ; l'iris est d'un jaune brun ; les paupières sont rouges ; le bec est noirâtre, et les pieds sont bleuâtres. Les femelles et les jeunes diffèrent des mâles en ce que le dessus du corps est d'un olivâtre terne, et la gorge d'un blanc presque pur.

Cet oiseau, dont le nom exprime le cri habituel, mais qui en a un autre, *qua, quà, qua*, lorsqu'on l'approche ou qu'il est effrayé, se trouve à S. Domingue, à la Jamaïque, etc., où il se tient ordinairement dans les terrains cultivés, et même dans les bois, pour y chercher des vers, des chenilles, des coléoptères et d'autres insectes communs aux Antilles. On prétend aussi qu'il fait la chasse aux petites couleuvres, qu'il avale par la tête, et dont les parties inférieures restent pendantes hors du bec jusqu'à ce que les autres soient digérées ; aux lézards, qu'il surprend au moment où ils sont occupés sur les arbres à épier les mouches, et même aux jeunes rats et aux petits oiseaux, ce qui n'est pas probable. Il est si peu farouche que le bruit du fusil ne l'épouvante pas, et si peu défiant que les petits Nègres le prennent à la main. Son vol n'est jamais élevé ; il bat des ailes en partant, et ensuite, épanouissant sa queue, il file et plane. On le voit souvent sauter de branche en branche, s'accrocher sur le tronc des arbres, à la manière des pics, et sautiller par terre comme la pie, toujours en poursuivant des insectes ou des reptiles. On dit, enfin, qu'il exhale une odeur forte en tout temps, et que sa chair n'est pas bonne à manger.

A l'époque des amours, ces oiseaux se retirent dans l'intérieur des forêts, et comme on n'a pas encore trouvé de nids qu'ils aient faits, l'on doute s'ils en construisent eux-mêmes, à l'instar des autres coucous d'Amérique.

Un oiseau du Mexique, qui a été décrit par Fernandez, chap. 179, sous le nom de *quapachtototl*, dont Montbeillard a fait par contraction *quapactol*, et qui est à peu près de la même taille que le *tacco*, a semblé au naturaliste cité dans l'article précédent se rapprocher davantage de ce dernier que des couas proprement dits, quoique l'insuffisance des détails ne permette pas d'assigner avec précision sa véritable place; c'est par lui qu'on va terminer cette section. Nieremberg, Willughby, Ray, etc., l'ayant désigné sous la dénomination d'*avis ridibunda*, cette épithète, qui lui a été donnée à raison de son cri ressemblant à un éclat de rire, a été conservée par Gmelin et Latham, lesquels en ont fait leur *cuculus ridibundus*. Le nom mexicain se rapporte à la couleur fauve qui domine sur les parties supérieures de l'oiseau, dont la gorge, le devant du cou et la poitrine sont cendrés, dont le ventre et les plumes anales sont noires, et dont le bec est d'un noir bleuâtre et l'iris blanc.

§. III. Coucals.

Ce terme a été imaginé par M. Levaillant, pour désigner les espèces de coucous qui ont l'ongle du pouce long, droit et pointu, comme les alouettes. Les coucals se rapprochent des coucous proprement dits par les formes générales du corps, et des couas par leurs tarses élevés et robustes, par la longueur et la force de leur bec, par leurs narines étroites et prolongées; mais ils s'éloignent des uns et des autres par celui de leurs ongles dont on vient d'indiquer les dimensions particulières. Illiger, qui a fait un genre distinct de ces oiseaux sous le nom de *centropus*, en rappelant qu'ils ont, comme les autres coucous, les doigts externes plus longs que les internes, et que le doigt extérieur des deux de derrière est versatile, ajoute, comme différence, que chez eux les narines sont recouvertes par des plumes, tandis qu'elles sont nues chez les coucous. M. Vieillot, pour qui les coucals sont des tou-lous, *corydonix*, observe aussi que leur bec, médiocre, est caréné en-dessus, entier, très-comprimé et arqué du milieu à la pointe; et l'on peut remarquer, comme un caractère secondaire, que les coucals ont en général les plumes de la tête, du cou et du dessus du corps rudes et à côtes luisantes, tandis qu'elles sont douces et soyeuses chez les couas, et que leurs ailes sont arrondies et leur queue composée de dix pennes.

Ces oiseaux vivent dans les bois, nichent dans des trous d'arbres, couvent eux-mêmes leurs œufs et élèvent leurs pe-tits. Ils font une grande destruction de sauterelles, leur nour-riture favorite. C'est en Afrique et aux Indes qu'on a trouvé les espèces connues jusqu'à présent.

Coucal houhou. M. Levaillant, en décrivant cet oiseau, qu'il a figuré pl. 219 de son Ornithologie d'Afrique, le rap-proche du *courou coucou* de Seba, quoique ce dernier, dont on connoît le peu d'exactitude, le donne comme apparte-nant au Brésil et lui suppose une huppe, tandis que sa tête n'en offre aucune apparence, et que c'est en Égypte et en d'autres parties de l'Afrique qu'on le trouve, ainsi que dans plusieurs contrées de l'Inde. Montbeillard a, d'un autre côté, séparé de son *houhou* le *coucou du Sénégal* de Brisson, dont il a fait une espèce particulière sous le nom de *rufalbin*, et il a ainsi considéré comme des espèces distinctes le *cuculus senegalensis*, Linn. et Lath., et le *cuculus ægyptius*, Gmel. et Lath., qui n'en forment réellement qu'une seule, qu'on désignera ici sous la dénomination de *centropus houhou*, pl. enl. de Buffon, n.° 332.

La longueur du houhou mâle varie de quatorze à seize pouces, et sa taille est un peu plus forte que celle du coucou d'Europe; ses ailes n'atteignent qu'au quart de la queue, qui est étagée; le bec est fort et plus épais vers sa base; les tarses sont gros et couverts de larges écailles. La tête et le dessus du cou sont d'un vert obscur à reflets d'acier poli; le dos, le croupion et les couvertures du dessus de la queue, dont le fond est brun, prennent des nuances d'un vert plus ou moins éclatant, suivant la position de l'oiseau; les ailes et la queue offrent un mélange de roux et de vert luisant; la gorge, le devant du cou et la poitrine, dont les plumes ont les côtes brillantes, comme celles du dessus de la tête, sont d'un blanc roux qui s'éclaircit en descendant; les plumes du bas-ventre, du dessous de la queue et celles des jambes sont d'un noir vert très-lavé, avec des raies fines et plus sombres; le bec est noir; les pieds sont d'un noir brunâtre, et les yeux d'un rouge vif. Le plumage de la femelle a moins de reflets métalliques que celui du mâle, et, suivant M. Levaillant, sa taille est moindre d'environ un quart.

Le nom de houhou a été donné à cet oiseau par les Arabes, à cause de son cri, qui, d'après le naturaliste qu'on vient de citer, ne laisse, en effet, entendre que ce son lorsqu'on est loin de lui, mais qui, à peu de distance, exprime *courou-courou-courou-cou cou cou cou cou*, phrase que l'oiseau fait durer autant que le lui permet sa respiration, c'est-à-dire jusqu'à plus de quarante syllabes. Ce chant commence dans les forêts au point du jour, et continue pendant une grande partie de la matinée, pour être repris une heure ou deux avant le coucher du soleil et se prolonger dans la nuit. Les houhous, très-méfians dans tout autre moment, se laissent facilement approcher quand ils chantent, ce qui fournit un moyen de les tuer. Mais, pour se procurer la femelle, il faut la tirer la première, vu qu'elle disparoît quand elle n'entend plus le mâle, qui, au contraire, lorsque la femelle est tuée, se montre partout en jetant des cris perçans *coura-coura how coura how*.

Les houhous partagent avec les engoulevens l'habitude de se percher en long sur les branches basses des arbres; ils volent mal, et né peuvent traverser une certaine étendue de terrain sans se reposer. Ils ne craignent pas le voisinage des habitations, et, vivant par couples dont l'attachement paroît durable, ils font sur la tête creusée d'un vieux arbre, ou dans le trou d'une grosse branche vermoulue, une sorte de nid, composé de brins de bois, dans lequel la femelle pond quatre œufs d'un blanc roux, que le mâle et elle couvent successivement.

Coucal des Philippines : *Cuculus philippensis*, et, en adoptant la dénomination générique d'Illiger, *Centropus philip-*

pensis; pl. enl. de Buffon, 824. Cette espèce, que Montbeillard croit être le mâle ou une variété du houhou, en a les
dimensions, et sa queue est également étagée; mais, à l'exception de ses ailes, qui sont rousses, le reste de son plumage est d'un noir lustré. *Le coucou vert d'Antigue,* décrit et
figuré par Sonnerat, dans son Voyage à la Nouvelle-Guinée,
page 121, pl. 80, paroissoit à Montbeillard ressembler tellement à celui des Philippines qu'il les regardoit comme de la
même espèce; et, en effet, malgré sa dénomination, le vert
qui lui couvre la tête, la poitrine et le ventre, est si foncé
qu'il peut être pris pour du noir; mais il faudroit supposer,
pour reconnoître l'identité, que la queue fût étagée, malgré
le silence de Sonnerat à cet égard, et l'induction contraire
que l'on doit tirer de la figure donnée par cet auteur. C'est
probablement d'après cette considération que M. Levaillant
soutient que non-seulement ces deux coucals ne sont pas des
variétés du houhou, comme le pense Montbeillard, mais
qu'ils sont même d'espèce différente entre eux et avec le
coucal dont la description va suivre.

Coucal noirou : *Cuculus nigrorufus,* Cuv.; et *Centropus
nigrorufus,* Nob.; Lev., pl. 220. Cette espèce, à laquelle M.
Levaillant a donné un nom tiré de ses deux seules couleurs,
est remarquable par l'épaisseur de son bec, la force de ses tarses
et la longueur de ses éperons, qui ont près de deux pouces
chez les mâles. La taille de ce dernier, plus forte d'un quart
que celle de la femelle, est égale à celle de la corbine d'Europe; sa queue, dont les barbes sont fort larges, n'est étagée
que sur les côtés, et s'arrondit en se déployant; les ailes
n'en excèdent pas beaucoup les couvertures supérieures; les
plumes de la tête et du cou sont fort rudes et laissent à découvert leur tige luisante; le corps est tout-à-fait noir, à
l'exception des grandes pennes des ailes et d'une partie de
leurs couvertures supérieures, qui, sauf les pointes, sont
d'un roux foncé; l'iris est d'un noir brun, et le bec, les
pieds et les ongles sont d'un noir luisant : les éperons n'ont
pas un pouce et demi chez la femelle, qui a le devant du
corps d'un noir moins foncé.

Coucal toulou : *Cuculus tolu,* Gmel. et Lath.; *Centropus tolu,*
Nob. Cette espèce, figurée dans la 295.ᵉ pl. enlum. de Buffon

sous le n.º 1.ᵉʳ, est le *cuculus madagascariensis* de Brisson, qui a environ quatorze pouces de longueur, mais qui n'est guères plus gros qu'un merle. Les plumes étroites et roides qui couvrent la tête, la gorge et les parties supérieures du cou et du dos, sont d'un blanc roussâtre dans leur milieu, et noirâtres sur les côtés ; les plumes scapulaires et celles des ailes sont d'un beau marron avec la bordure brune ; la partie inférieure du dos, le ventre et les jambes, sont d'un noir vert, ainsi que la queue, qui est arrondie ; le bec est brun ; les pieds et les ongles sont noirs. M. Levaillant combat l'opinion de Montbeillard et de Sonnini , d'après laquelle les toulous dont le plumage offre plusieurs nuances différentes ne seroient que des jeunes, l'individu parfait étant, comme le coucal noirou , tout noir , avec du marron seulement sur les ailes.

Brisson dit que cet oiseau, qui se trouve à Madagascar, mange des reptiles.

Coucal ferrugineux : *Cuculus bengalensis*, Gmel. et Lath., et *Centropus ferrugineus*, Nob. Cet oiseau du Bengale, dont Brown a donné la figure pl. 13 de ses Nouvelles Illustrations de zoologie, n'est pas plus gros qu'une alouette. Son bec est d'un brun obscur, et ses pieds sont noirs ; le cou, le dos et les couvertures des ailes sont de couleur de rouille, avec des lignes longitudinales blanches et bordées de noir ; les pennes des ailes, d'un brun rougeâtre, sont tachetées latéralement de noir ; la queue, fort longue et étagée, a les pennes latérales de couleur obscure, pointées de brun, et les intérieures rayées alternativement de bandes noires et de bandes brunes , dont les dernières sont plus étroites ; le ventre est d'un brun jaunâtre.

Coucal rufin : *Cuculus rufinus*, Cuv., et *Centropus rufinus*, Nob. Cet oiseau, de petite taille, a été trouvé en Afrique par M. Levaillant, qui l'a fait figurer pl. 221 de son Ornithologie. Il a la queue étagée, aussi longue que le corps ; les ailes n'en excèdent que peu l'origine ; l'éperon n'a qu'un pouce de longueur ; le dessus de la tête, le derrière du cou, le manteau, les couvertures supérieures des ailes, et les plumes uropygiales et anales, sont d'un roux brunâtre, avec un trait longitudinal d'un roux blanchâtre au centre ;

les ailes sont d'un roux vif, avec des barres brunes, qui traversent aussi les pennes de la queue, dont le fond est d'un roux clair ; les parties inférieures sont d'un roux très-lavé et ont leur milieu d'un blanc sale ; les yeux sont d'un roux clair, et le bec, les tarses et les pieds, d'un roux jaunâtre. La femelle, un peu plus petite que le mâle, a aussi les éperons moins longs. M. Levaillant, qui n'a pas entendu le cri de ces oiseaux et n'en a pas trouvé de nichée, ne doute cependant point qu'ils ne couvent, et que ce ne soit dans des trous d'arbres, ainsi qu'il l'a reconnu par l'odeur de bois mort qu'exhaloient le mâle et la femelle tués dans le temps de l'incubation.

Coucal nègre : *Cuculus æthiops*, Cuv., et *Centropus æthiops*, Nob. ; Lev., pl. 222. Ce coucal est de la grosseur de la grive draine, et sa queue, légèrement étagée, est de la longueur de tout son corps ; son plumage est d'un noir mat, qui brunit sur le ventre de la femelle, dont la taille est un peu plus petite : le bec et les pieds sont également noirs, et les yeux d'un marron foncé.

Cette espèce habite les grandes forêts du pays des Cafres ; elle se perche sur les branches basses des arbres, d'où le mâle répète jusqu'à dix fois de suite, et d'un ton plaintif, les syllabes *c o o o - r o.* La femelle n'a qu'un cri précipité *cri, cri, cri, cri,* lequel a du rapport avec celui que fait entendre l'émerillon lorsqu'il plane dans les airs. Cette femelle pond, dans un creux d'arbre, quatre œufs blancs, qui sont couvés alternativement par elle et par le mâle.

Coucal faisan : *Cuculus phasianus*, Lath. ; *Centropus phasianus*, Nob. Cette belle espèce de la Nouvelle-Hollande, qui est décrite dans le second supplément du *Synopsis* de Latham, p. 137, n.° 9, a seize à dix-huit pouces de longueur totale : la tête, le cou et toutes les parties inférieures du corps sont d'un beau noir ; le dos et les ailes sont variés de jaune, de noir et de roux ; la queue, cunéiforme, a les pennes fort longues et traversées de beaucoup de raies des mêmes couleurs ; les doigts de derrière sont garnis d'ongles fort longs et droits ; les pieds sont noirs.

Coucal géant : *Cuculus gigas*, Cuv., et *Centropus gigas*, Nob., Lev., pl. 223. Cet autre oiseau de la Nouvelle-Hollande est d'une taille bien plus grande que le précédent; il a trente pouces : la tête et le cou, le corps, puis la queue, pris séparément, forment chacun le tiers environ de sa longueur ; les tarses, couverts de larges écailles, sont très-forts, ainsi que les doigts, dont l'ergot a deux pouces de long ; les ailes atteignent l'extrémité des couvertures supérieures de la queue, dont les pennes sont étagées ; le bec est épais et fort à sa base ; les plumes de la tête, du cou et de la poitrine, sont dures et ont la tige luisante ; le plumage des parties supérieures est d'un brun roux, teint d'olivâtre, avec un trait longitudinal d'un blanc roussâtre au centre, et des bandes transversales d'un brun noir ; les barbes extérieures des pennes alaires sont rayées de bandes alternativement d'un roux brun et d'un roux jaunâtre ; les pennes caudales, barrées de gris roussâtre sur un fond d'un brun noir, ont leur bordure d'un blanc sale ; la gorge, le devant du cou et la poitrine sont variés de brun et de fauve clair, et les parties inférieures ont sur le même fond des bandes transversales noirâtres ; les tarses, les doigts et les ongles sont de la même couleur, et le bec est brun. Les mœurs et les habitudes de cet oiseau sont inconnues.

On voit au Muséum de Paris un coucal que M. Leschenault a rapporté de Java, et qui, de la grosseur d'un merle, a les couvertures et les pennes des ailes variées de gris roussâtre et de fauve ; le reste du plumage est noir, à l'exception de deux raies blanches qui traversent l'extrémité de la queue, dont la forme est arrondie. Les tarses et les pieds de ce coucal sont plombés, et la base du bec est garnie de plumes effilées et noires. Si c'est une espèce nouvelle, on pourroit l'appeler *centropus javanensis;* mais l'auteur de cet article n'a pas été à portée de l'examiner assez bien pour s'assurer que ce ne soit pas une variété de quelque espèce déjà décrite.

§. IV. Courols.

Ce nom, qui indique des rapports avec les coucous et avec les rolliers, a été donné par M. Levaillant à des oiseaux de Madagascar, dont on ne connoît encore qu'une espèce, et dont le mâle est appelé dans le pays *vourougdriou,* et la femelle *cromb.* Le bec des courols, plus long

que la tête, est comprimé par les côtés et un peu aplati;
les narines sont percées obliquement vers le milieu de la
mandibule supérieure , dont le bout, échancré, n'est que
légèrement arqué. Ils ont le port, les formes, les habitudes,
le vol des rolliers, et on les dit, comme eux, frugivores;
mais leurs doigts, disposés par paire, les rapprochent des
coucous, et ils tiennent particulièrement à ceux des seconde
et troisième sections, par leurs tarses longs, robustes, dégar-
nis de plumes, et par leurs doigts plus forts et plus séparés
qu'aux coucous proprement dits. Ils diffèrent, enfin, des
coucous, des couas et des coucals par le nombre des pennes
de la queue, qui n'est pas de dix, comme dans ceux-ci, mais
de douze, comme chez les indicateurs. M. Vieillot a formé
de ces oiseaux un genre particulier , qu'il a, nommé *leptosomus*.

Les courols habitent les grands bois, et quoique les fruits
passent pour être leur principale nourriture , ils sont, au
moins en partie, entomophages, puisque M. Levaillant a
trouvé dans l'estomac de ceux qu'il a disséqués , des débris
de mantes, de sauterelles et de cigales. Leur cri est un
grasseyement pareil à celui des geais. Ces oiseaux nichent et
couvent leurs œufs.

Courol vouroudriou. En adoptant cette dénomination françoise, d'après Levaillant et Montbeillard, pour désigner l'espèce
que Brisson a le premier décrite sous le nom de *grand coucou
de Madagascar*, devenu impropre et insuffisant, puisque l'oiseau n'est pas un vrai coucou, et que l'île de Madagascar
n'est pas le seul pays où il se trouve, on croit, pour ne rien
innover, devoir associer au terme générique latin qu'a proposé M. Vieillot, le mot indien qui semble préférable à toute
autre épithète, nécessairement plus vague et moins déterminée. Le *cuculus afer* de Gmelin et de Latham sera donc
ici le *leptosomus vouroug-driou*. Le mâle et la femelle sont
représentés dans les planches enluminées de Buffon, n.ᵒˢ 587
et 588. La première de ces planches est très-défectueuse, et
les deux meilleures figures que l'on ait de cet oiseau sont
celles de M. Levaillant, sous les n.ᵒˢ 226 et 227 de son Ornithologie d'Afrique. Il existe entre les deux sexes une différence d'autant plus remarquable qu'outre celle qui se tire

des couleurs, la femelle, comme chez les oiseaux de proie, est d'une taille plus forte que le mâle, et a dix-sept pouces et demi de longueur, tandis que celui-ci n'en a que quinze. Les diverses parties du corps offrent des dissemblances proportionnelles. La queue notamment a près de huit pouces chez la première, et seulement sept pouces chez le second. Tous les deux ont la tête grosse, la bouche grande, la gorge ample, le cou gros, le corps musculeux et très-fourni en chair. Les pennes intermédiaires de la queue sont de deux à trois lignes plus courtes que les latérales, ce qui la fait paroître un peu fourchue lorsqu'elle est étalée; les ailes sont pointues, et elles descendent jusqu'au tiers de la queue, dont la longueur égale celle du corps.

Le mâle de cette espèce a le front, les joues, la gorge, le devant du cou et la poitrine d'un joli gris-bleu, qui blanchit sur les parties inférieures; le dessus de sa tête est d'un noir vert à reflets cuivreux; l'occiput et le derrière du cou sont d'un bleu plus foncé que celui du devant, et la teinte en devient plus bronzée à mesure qu'il descend sur le dos; le manteau, le croupion, les plumes uropygiales et les dernières pennes alaires sont d'un vert bleuâtre doré, avec des nuances plus vertes ou plus rougeâtres, suivant les incidences de la lumière; les couvertures des ailes, dont le fond est de la même couleur, brillent avec beaucoup plus d'éclat; leurs grandes pennes sont d'un vert bleu, qui est bronzé à l'extérieur, et d'un gris noir en-dessous; la queue est d'un brun vert au-dessus, avec des reflets cuivreux; les yeux sont orangés; le bec, dont l'arête est noirâtre, a des poils noirs à sa base; les pieds sont jaunâtres.

Les parties supérieures du corps de la femelle sont d'un brun orangé et écaillé de roux, a l'exception du croupion, dont les écailles sont, comme celles de la gorge et de la poitrine, brunes sur un fond de roux plus clair; les parties inférieures sont couvertes d'écailles plus larges, et le fond est d'un blanc roussâtre; les grandes couvertures des ailes sont d'un brun-noir verdissant; l'iris est comme dans le mâle; le bec est brun, et les pieds d'un brun jaunâtre.

Le mâle, avant sa première mue, ressemble à la femelle adulte, excepté que son plumage est d'un ton rougeâtre et plus brillant sur les scapulaires, les ailes et la queue. A la même époque, la femelle est d'un roux plus foible, les couvertures de ses ailes ont un liséré roux, et les pennes n'ont pas de reflets verts.

M. Levaillant a trouvé ces oiseaux dans le pays des Cafres; mais ce n'étoit pas au temps de la ponte, qu'il croit toutefois n'être que de deux œufs, parce qu'il n'a jamais vu avec les vieux plus de deux jeunes.

§. V. INDICATEURS.

On a donné ce nom à des oiseaux qui se nourrissent de miel, et qui par le cri *cherr*, *cherr*, *cherr*, qu'ils répètent sans cesse, annoncent la proximité de nids d'abeilles sauvages, et en facilitent la découverte : mais cette dénomination, qui avoit plus de justesse lorsqu'on regardoit les indicateurs du cap de Bonne-Espérance comme de l'espèce du *moroc*, auquel le P. Lobo supposoit, dans son Voyage d'Abyssinie, l'intention de diriger les voyageurs vers ces nids, est moins convenable à présent qu'on a reconnu le ridicule d'une pareille supposition, et qu'on sait que le *moroc* ne doit pas être confondu avec les indicateurs, quoique ses habitudes soient les mêmes. Cependant, pour ne pas introduire dans la nomenclature un autre terme générique, on adoptera provisoirement celui dont s'est servi M. Levaillant. Les oiseaux que ce naturaliste a appelés *indicateurs*, et qu'il a séparés à juste titre des coucous, avec lesquels ils n'ont de rapports ni pour les formes ni pour les mœurs, ont le bec plus court que la tête, convexe en-dessus et pointu ; la mandibule supérieure est un peu inclinée, et son extrémité touche à celle de la mandibule inférieure, qui se relève ; les narines sont petites, placées fort haut et recouvertes en partie de plumes ; la tête est peu volumineuse ; la langue est plate, courte et triangulaire ; les tarses sont courts et robustes, les deux doigts antérieurs unis à la base, et les deux postérieurs entièrement séparés ; les ongles sont forts et crochus ; les deux premières pennes des ailes sont les plus longues, et les douze pennes de la queue sont disposées de manière qu'elle est étagée sur les côtés et fourchue dans le milieu ; la peau , très-épaisse, forme une sorte de cuirasse propre à résister à l'aiguillon des abeilles.

Ces oiseaux vivent dans les forêts, et pondent leurs œufs dans des trous d'arbres sur le bois vermoulu. Leur naturel est peu farouche , et comme d'ailleurs ils ont le vol lourd et se portent à de petites distances , il est facile de les suivre. Ils ne mangent point les mouches, qu'ils sont obligés de combattre pour s'emparer du miel et de la cire dont ils font leur nourriture; mais, si beaucoup d'abeilles périssent en défendant leur trésor , il paroit aussi que quelques oiseaux succombent lorsqu'ils sont piqués aux yeux , et on en a trouvé des cadavres au bas des ruches.

Grand indicateur : *Cuculus indicator*, Gmel. et Lath; *Indicator major*, Vieill.; Miller, *Illustr.*, tab. 14, fig. A; Lev., Afr., pl. 241 , mâle et femelle. M. Levaillant compare le mâle à une pie-grièche grise, dont le corps et la queue seroient moins alongés; mais le port est bien différent dans la figure qu'il donne des deux sexes, où ces oiseaux ressemblent à de petits passereaux. Quant à la couleur, le dessus de la tête, le derrière du cou, le dos et les couvertures des ailes sont d'un vert olive et brunâtre; les plumes uropygiales et les couvertures de la queue sont blanches et variées d'olivâtre; les pennes des ailes, dont le fond est brun, sont lisérées extérieurement de vert-olive; la queue a les trois pennes latérales blanches, avec une tache noire à leur extrémité; les intermédiaires sont d'un brun olivacé dans leurs barbes extérieures, et blanches dans une partie des barbes intérieures; le dessous du corps jusqu'au bas de la poitrine est d'un jaune pâle, avec des ondes d'un gris blanc vers le milieu du cou et des taches noires sur la gorge; les parties inférieures sont d'un blanc sale, avec une teinte jaune; les yeux, le bec, les pieds et les ongles sont bruns.

La femelle, un peu plus petite, a le front piqueté de blanc jaunâtre; les autres parties supérieures sont d'un brun aussi plus jaunâtre que chez le mâle; la gorge, la poitrine et les flancs ont les plumes bordées de brun noir en forme d'écailles sur un fond blanchâtre et nuancé de jaune. Le mâle ressemble à la femelle dans le premier âge.

Sparrman a donné, tome 2.ᵉ in-4.º, p. 210 et suiv., de son

Voyage au cap de Bonne-Espérance, une description très-détaillée et un peu différente du même oiseau, qu'il déclare avoir faite sur deux individus par lui tués, et qu'on lui a dit être des femelles, attendu que le mâle avoit une bande noire au *capistrum*, terme qui désigne la partie antérieure du front, et non le cou, ainsi que l'a pensé le traducteur. Leur longueur totale étoit d'environ sept pouces anglois ; leurs ailes pliées atteignoient le quart de la queue ; leur bec, légèrement courbé dans toute son étendue et fendu jusque sous les yeux, était brun à sa base et jaune à son extrémité ; les narines, oblongues et fort étroites, étoient situées à la partie supérieure du bec, dont la base étoit garnie de quelques poils, surtout à la mandibule inférieure ; la langue étoit plate et un peu sagittée, l'iris d'un gris ferrugineux ; les paupières étoient nues et noires ; les jambes courtes, et les ongles déliés et noirs, ainsi que les doigts ; le sommet de la tête gris ; la gorge et la poitrine d'un blanc sale ; le ventre et l'anus d'un blanc plus clair ; les cuisses couvertes de plumes également blanches, mais avec une tache noire longitudinale ; le dos et le croupion d'un gris ferrugineux ; les couvertures supérieures des ailes d'un gris brun, et quelques-unes bordées de fauve ; les couvertures inférieures blanches, avec des taches noires à leur partie la plus élevée ; les rémiges brunes en-dessus, et d'un brun cendré en-dessous ; la queue cunéiforme, composée de douze pennes, dont les deux intermédiaires, plus longues et plus étroites, étoient d'un brun de rouille ; les deux suivantes, de couleur de suie, avec les barbes intérieures blanchâtres ; les deux les plus près de celles-ci, de chaque côté, brunes et extérieurement tachetées de noir à leur base ; les dernières, enfin, plus courtes que les autres, d'un brun blanchâtre à leur bout, avec une petite tache noire à leur origine.

Quelque induction que l'on puisse tirer des variations qui se trouvent dans les deux descriptions, on se contentera d'observer ici que, suivant M. Levaillant, la femelle pond, dans un trou d'arbre, trois ou quatre œufs d'un blanc sale, qui sont couvés tour à tour par elle et par le mâle, tandis qu'il a été montré à M. Sparrman un nid qu'on lui a assuré provenir du *guide au miel*, et qui, comme celui du *toucnam courvi* et d'autres gros-becs, étoit composé de petits filamens d'écorce entrelacés, et avoit la forme d'une bouteille dont l'ouverture ou le cou seroit en bas.

Petit indicateur : *Cuculus minor*, Cuv. ; *Indicator minor*, Vieill. Cet oiseau, dont le mâle seul est représenté sur la planche 241 de M. Levaillant, est de la taille du moineau franc, dont il a aussi le port. Ce dernier l'a trouvé dans les forêts de mimosas de plusieurs contrées du Cap, où son cri perpétuel a paru au même voyageur exprimer *ket-ket-ket-ket-ket*, et où sa ponte, dans des creux d'arbres, est de quatre œufs tout blancs. Le dessus de sa tête est d'un gris olivâtre ; les parties supérieures du corps sont d'un vert d'olive jaunâtre ; le fond des grandes pennes alaires est d'un noir brun ; la queue est de la même forme et a les mêmes couleurs que celle du grand indicateur. Il a au-dessous des yeux un trait noirâtre qui forme une sorte de moustache ; la gorge, le devant du cou et la poitrine sont d'un vert d'olive tirant sur le gris, et le ventre est d'un blanc sale ; le bec, les yeux et les pieds sont d'un brun jaunâtre ; le vert d'olive du dessus des ailes est plus brunâtre chez la femelle, qui d'ailleurs ressemble au mâle.

M. Levaillant a vu un autre indicateur dont la taille étoit moyenne entre les deux qui viennent d'être décrits ; mais l'individu tué par ses chasseurs étoit dans un état de putréfaction qui lui a seulement permis d'observer que le bec, les pieds, le dessus de la tête, le dos, les ailes et le croupion étoient bruns, la gorge d'un roux clair, et le dessous du corps d'un blanc roussâtre.

§. VI. Barbacous.

Il a déjà été question de ces oiseaux dans le tome 4.ᵉ de ce Dictionnaire, p. 42, et dans le Supplément du même volume, p. 5. A l'époque de la publication du premier de ces articles. M. Levaillant n'avoit pas encore fait paroître le texte de cette section de ses barbus, et lorsque le second a été imprimé, M. Vieillot, dans son Analyse d'une nouvelle Ornithologie, avoit établi, pour les deux barbacous connus. le genre *Monase*, faisant partie de sa famille des barbus. D'un autre côté, M. Cuvier, trouvant que les barbacous avoient plus de rapporls avec les coucous qu'avec les barbus proprement dits, ou même les tamatias, les avoit laissés à la suite des premiers, et la description des deux espèces a été renvoyée au mot *Coucou*. D'après les détails dans lesquels on est déjà entré sur ces oiseaux d'Amérique, on se bornera à faire observer ici que leur bec est très-effilé du bout, où il se courbe ; que les poils, moins nombreux, qui se trouvent à sa base, ne sont pas distribués en faisceaux comme aux barbus ; et que, leurs ailes étant plus longues, ils volent mieux qu'eux, et s'écartent même quelquefois pour aller chercher, jusque dans les savanes noyées, les insectes dont ils se nourrissent. Leur queue est composée de douze pennes, comme celle des courols, et ils nichent aussi dans des trous d'arbres, où ils couvent et élèvent leurs petits.

Barbacou a bec-rouge : *Cuculus tranquillus*, Gmel. ; *Bucco calcaratus*, Lath.; pl. enl. de Buffon 512, sous le nom de Coucou noir de Cayenne, et de Levaillant, Hist. des Barbus, etc., n.ᵒˢ 44 et 45, le mâle et le jeune. Cet oiseau, qui se trouve à la Guiane, et auquel M. Levaillant donne aussi la dénomination d'*écaudé*, est long d'environ onze pouces ; il a sur le pli des ailes une frange blanche, bordant les scapulaires et plusieurs des couvertures. Tout le reste du plumage est d'un noir qui grisonne aux parties supérieures. La queue, à peu près de la longueur du corps, est légèrement étagée, de manière qu'en se déployant elle s'arrondit à son extrémité ; les pieds sont noirs ; le bec, l'intérieur de la bouche, et même la langue, sont d'un rouge vermillon tellement imprimé dans la matière cornée que son éclat ne se ternit point avec le temps. La femelle, qui ressemble au mâle, est un peu moins forte. Les jeunes ont le bec jaune ; leur plumage est aussi d'un noir plus grisâtre que dans l'état parfait, et le frangé des ailes est d'un blanc moins pur.

Barbacou a croupion blanc : *Cuculus tenebrosus*, Gmel. et Lath.; pl. enlum. de Buffon, n.ᵒ 505, sous le nom de petit coucou noir de Cayenne, et pl. 46 de Levaillant, Histoire des Barbus, etc. Cette espèce n'a que huit pouces un quart de longueur totale ; sa queue, un peu étagée, n'a que trois pouces, et ne dépasse pas de beaucoup les ailes ; son bec est noir, et ses pieds sont d'un noir gris ; toutes les parties supérieures du corps sont noires, avec des reflets bleuâtres ; le croupion est couvert de longues plumes cotonneuses d'un blanc pur ; les plumes anales sont de la même couleur, qui borde aussi légèrement les pennes de la queue ; la gorge, le devant du cou, la poitrine et le haut des flancs sont d'un noir qui grisonne ; le bas des flancs et le ventre, d'un brun marron. On trouve cette espèce à la Guiane, comme la précédente, mais elle y est moins commune. M. Levaillant, qui néanmoins en a vu onze individus, n'ayant presque pas remarqué de différence entre eux, en conclut que vraisemblablement les femelles diffèrent peu des mâles.

Quoique ce barbacou ne fréquente pas les bois, il n'en est pas moins sauvage. Montbeillard dit qu'il reste perché sur des branches isolées, dans des lieux découverts, pendant tout le temps qu'il n'emploie pas à chercher des insectes, et qu'il niche dans des trous d'arbres, et même quelquefois en terre quand il trouve des trous tout faits.

On a rapproché de cet oiseau le coucou trouvé dans le nord de l'Asie par Pallas, à qui est due la dénomination de coucou ténébreux ; mais Sonnini a de la peine à se figurer qu'il y ait identité entre ce dernier, et un oiseau de l'Amérique méridionale dont les mouvemens sont aussi rares que lents.

Le nom de coucou a été donné à beaucoup d'oiseaux qui n'appartiennent à aucune des branches de cette nombreuse famille. Tels sont, 1.º le *coucou bleu de la Chine*, ou *san-hia*, de Buffon, qui est la pie bleue de ce pays ; 2.º le *coucou huppé du Brésil*, qui est le *guira cantara*, espèce d'ani ; 3.º le *coucou huppé* et le *coucou vert de Guinée*, qui sont des touracos ; le *coucou à longs brins*, le *coucou de Paradis* et le *coucou vert huppé de Siam*, qui sont des drongos ; le *coucou rouge huppé du Brésil*, qui est un couroucou. Suivant Salerne, l'engoulevent est aussi appelé *coucou rouge* dans le département du Loiret. (Cн. D.)

COUCOU (Fleur de). (*Bot.*) On donne vulgairement ce nom à deux plantes, au narcisse faux-narcisse, et à une espèce de lychnide. (L. D.)

COUCOU (Pain de), (*Bot.*), nom vulgaire de la primevère officinale. (L. D.)

COUCOUAT. (*Ornith.*) On appelle ainsi les jeunes coucous dans une partie du département de Loir et Cher. (Cн. D.)

COUCOUCHIAS (*Bot.*), nom que l'arbre de Judée , *cercis*, porte dans le Levant, suivant Belon. (J.)

COUCOUDA. (*Ornith.*) Le P. Paulin dit, dans le tome 1.ᵉʳ de son Voyage aux Indes orientales, que la poule porte ce nom en langue samscrite. (Cн. D.)

COUCOULIADO. (*Ornith.*) Dans plusieurs des départemens qui sont formés du Languedoc, on donne ce nom , et celui de *caougiliado* , à l'alouette cochevis , *alauda cristata*, Linn. (Cн. D.)

COUCOUMELLES et COUCOUMÈLES. (*Bot.*) Ce sont les noms qu'on donne, en Languedoc, à diverses espèces de champignons du genre des *agarics* de Linnæus, mais qui rentrent dans celui des *amanites* de M. Persoon. L'une est l'oronge blanche (*agaricus ovoidus*, Decand., Fl. Fr., n.° 562ᵃ), qui est la *coucoumèle blanche;* une autre espèce est l'*agaric* engainé (*agaricus vaginatus* , Decand. , n.° 568), qui fournit une variété qu'on trouve dans les environs de Montpellier, et qui y est nommée *coucoumèle grise* ou *coucoumèle grisette.* Une variété jaune de ce même agaric y est appelée *coucoumèle orangée, coucoumèle jaune*, nom qu'on donne aussi à l'oronge. (Voyez Amanite et Oronge.) On nomme également *coucoumela* le nombril de Vénus , *cotyledon umbilicus.* Il y a des provinces méridionales où la primevère ordinaire est nommée *cocumelle.* (Lем.)

COUCOUNASSOUX (*Bot.*) , vieux nom françois du concombre cultivé. (L. D.)

COUCOURDOU (*Bot.*), ancien nom françois de la courge-potiron. (L. D.)

COUCOUROU - MASSO. (*Bot.*) Dans la Provence on nomme ainsi le concombre sauvage , espèce de momordique , *momordica elaterium* (*ecbalium* de M. Richard)¡ dont le fruit se sépare avec élasticité de son pédoncule. (J.)

COUDE. (*Bot.*) Voyez Géniculé. (Mass.)

COUDEY (*Ornith.*), nom que porte, dans l'Indostan, l'espèce de jacana désignée par Latham sous celui de *parra indica* , et qu'on appelle aussi au Bengale *peepee , mowa* et *dulpée.* (Cн. D.)

COUDIOU (*Ornith.*), nom que l'on donne au coucou commun, *cuculus canorus*, Linn. , dans plusieurs départemens méridionaux de la France. (Сн. D.)

COUDOU. (*Mamm.*) Voyez Condoma. (F. C.)

COUDOUGNAN (*Ornith.*), nom donné par M. Levaillant à un loriot, dont il a représenté le mâle et la femelle dans le tome 6.ᵉ de l'Ornithologie d'Afrique, planches 261 et 262. (Сн. D.)

COUDOUGNIÉ ou Coudounier (*Bot.*), noms languedociens du cognassier. (L. D.)

COUDOUKIER (*Bot.*), nom du cognassier en Provence. (L. D.)

COUDOUMBRÉ (*Bot.*), nom languedocien du concombre. (L. D.)

COUDOUNIER (*Bot.*), nom donné au cognassier, *cydonia*, dans les provinces méridionales de France. Son fruit est le *coudon* des Provençaux, le *coudoun* des Languedociens. (J.)

COUDRAIE, Coudrette, ou Couldrette (*Bot.*), lieu planté de coudriers : les deux derniers de ces mots sont vieux. (L. D.)

COUDRE (*Bot.*), nom vulgaire sous lequel on désigne, selon les différens cantons, la viorne mancienne, ou le coudrier-noisetier. (L. D.)

COUDRIER ou NOISETIER (*Bot.*); *Corylus*, Linn. Genre de plantes dicotylédones, apétales diclines, de la famille des amentacées, Juss., et de la monoécie polyandrie, Linn., dont les principaux caractères sont les suivans : Fleurs monoïques; les mâles disposées en chatons cylindriques alongés, composés d'écailles à trois lobes, chacune d'elles portant huit étamines à filamens très-courts et à anthères ovales-oblongues; fleurs femelles, contenues plusieurs ensemble dans un bourgeon sessile, recouvert d'écailles imbriquées, et chacune d'elles étant formée d'un calice de deux folioles opposées, adhérentes par leur base, incisées en leurs bords, et à peine visibles dans le moment de la floraison : ces deux folioles entourent un ovaire arrondi, très-petit, surmonté de deux styles sétacés. Le fruit est une noix ovale, marquée à sa base d'une large cicatrice, contenant une amande pour graine, et enveloppée par le calice, qui a pris beaucoup d'accroissement.

Les coudriers sont de petits arbres ou de grands arbrisseaux, à feuilles alternes, simples, pétiolées ; à fleurs mâles disposées en chatons alongés, pendans, situés vers l'extrémité des rameaux, et à fleurs femelles réunies plusieurs ensemble dans un bourgeon écailleux, sessile, à la place des anciennes feuilles. Les espèces connues de ce genre sont au nombre de six, dont trois naturelles à l'Europe, et trois à l'Amérique septentrionale.

Coudrier-avelinier, Coudrier commun, Noisetier-avelinier ou Noisetier commun, et encore Noisillier : *Corylus avellana*, Linn., *Spec.*, 1417 ; Nouv. Duham., vol. 4, p. 19, t. 5. Sa tige s'élève à la hauteur de quinze à vingt pieds, en se divisant en branches nombreuses, dont les rameaux sont pubescens dans leur jeunesse, garnis de feuilles ovales-arrondies, dentées en leurs bords, d'un vert gai en-dessus, et légèrement pubescentes en leur surface inférieure. Ses fleurs paroissent long-temps avant les feuilles, souvent dès le mois de Janvier ou, au plus tard, en Février. Les mâles se font remarquer par leurs longs chatons jaunâtres ; les femelles sont beaucoup plus petites, mais on les reconnoît à leurs styles rougeâtres. Les fruits, connus sous le nom de noisettes et ordinairement groupés plusieurs ensemble, sont enveloppés dans le calice persistant, irrégulièrement déchiré en son bord, et ils contiennent une amande d'une saveur agréable. Le coudrier-avelinier croît naturellement dans les bois et dans les buissons. Il a produit, par la culture, plusieurs variétés, qui diffèrent principalement les unes des autres par la forme, la grosseur et la saveur de leurs fruits ; les principales sont les suivantes :

Le Noisetier ovale ; *Corylus avellana ovata*, Lam., Illust., t. 780, fig. *n*. Les fruits sont courts, ovales ; ils ont leurs calices plus courts que la noix et laciniés au sommet.

Le Noisetier franc a fruits blancs ; *Corylus sativa, fructu albo minore majore, seu vulgaris*, Tournef., *Inst.*, 581. L'amande est blanche, oblongue, plus petite ou plus grosse.

Le Noisetier franc, ou l'Avelinier a gros fruits ronds; *Corylus avellana maxima*, Willd., *Spec.* 4, p. 470. Ses fruits sont ovales-arrondis, très-gros, un peu comprimés ; leur calice est plus long que la noix, très-étalé, denté et incisé à son bord.

Le Noisetier a grappes ; *Corylus nucibus in racemum congestis*, Tournef., *Inst.*, 582. Dans cette variété les fruits sont agglomérés en forme de grappe courte, et les découpures de leur calice sont pinnatifides.

Le Noisetier à fruits striés ; *Corylus avellana striata*, Willd., *Spec.*, 4, p. 470. Les noix sont ovales-arrondies, striées, plus courtes que les calices, dont les découpures sont inégales, laciniées et terminées en pointe aiguë.

Le coudrier n'ayant pas des propriétés bien importantes, les anciens n'en ont que fort peu parlé. Pline n'en dit que quelques mots, en le mettant au nombre des arbres qu'on trouve dans les plaines, et en nous apprenant qu'on en faisoit des torches, qu'on brûloit le jour des noces pour porter bonheur aux nouveaux époux. Mais les poëtes qui ont chanté la vie champêtre, ont parlé du coudrier de préférence à beaucoup d'autres arbres ; ils se sont plu à célébrer son feuillage épais, qui offroit aux bergers un ombrage agréable, et à le représenter comme un arbre chéri des bergères. Ainsi Virgile, dans ses Églogues, parle plusieurs fois du coudrier. Là, c'est la chèvre, l'espoir du troupeau de Mélibée, qui vient de mettre bas deux petits, entre d'épais coudriers :

> Hic inter densas corylos modo namque gemellos,
> Spem gregis, ah ! silice in nuda connixa reliquit.
>
> Ecl. I, v. 14.

Ici, les bergers Ménalque et Mopsus s'asseyent sous des ormes et des coudriers pour chanter leurs vers :

> Hic corylis mixtas inter consedimus ulmos ?
>
> Ecl. V, v. 3.

Ailleurs Corydon donne la préférence à cet arbre sur le myrte et sur le laurier, parce qu'il est celui que sa bergère aime le mieux :

> Phyllis amat corylos : illas, dum Phyllis amabit,
> Nec myrtus vincet corylos, nec laurea Phœbi.
>
> Ecl. VII, v. 63.

Depuis Virgile, la plupart des poëtes qui ont voulu nous retracer les riantes images de la vie pastorale, ont continué à nous peindre le coudrier comme l'arbre des bergers et des bergères, et comme celui qui fut souvent le témoin de leurs amours.

Cette manière de représenter le coudrier n'avoit rien que d'agréable ; mais les charlatans et lés imposteurs ont voulu changer sa destinée. L'arbre modeste dont la nature forme ces simples bosquets sous lesquels l'innocente pastourelle trouve un ombrage contre les rayons d'un soleil trop ardent, ou qui voile quelquefois de ses rameaux épais les tendres plaisirs de deux amans heureux, parut tout à coup avoir acquis un pouvoir surnaturel et magique. On supposa d'abord qu'une baguette de coudrier avoit, dans les mains de certains individus, la faculté de faire trouver les métaux que la terre recèle dans son sein, et on alla ensuite jusqu'à lui attribuer la propriété d'indiquer les sources, les trésors cachés, et même les voleurs et les assassins. L'histoire d'un paysan du Dauphiné, nommé Jacques Aimar, contribua surtout à donner de la célébrité à la baguette de coudrier, qu'on nommoit plus généralement baguette divinatoire. Un meurtre ayant été commis à Lyon, en 1692, on fit venir cet homme, qui, par le talent merveilleux qu'il avoit pour se servir de la baguette divinatoire, avoit déjà fait beaucoup de bruit dans sa province. Arrivé dans le lieu où le crime avoit été commis, la baguette tourne à l'instant entre ses doigts, imprégnée selon lui des miasmes émanés des coupables. Il les suit aussitôt à la piste, d'abord sur la route qu'ils avoient prise par terre ; ensuite il s'embarque sur le Rhône, arrive à Beaucaire, reconnoît et fait arrêter un des meurtriers, qui, après après avoir confessé son crime, l'expie sur l'échafaud. On conçoit quelle sensation dut produire une pareille aventure : l'exactitude des renseignemens fournis par Jacques Aimar excita l'admiration générale. Des gens de lettres, des médecins, des savans, furent dupes de l'adresse du paysan dauphinois, et ils écrivirent pour donner une explication des merveilles opérées par la fameuse baguette. Les uns n'y virent qu'un effet naturel, une suite nécessaire des lois du mouvement et de l'existence des émanations qui, selon eux, s'échap-

poient des fontaines, des métaux, et surtout du corps humain ;
d'autres, ne croyant pas pouvoir expliquer des phénomènes
si extraordinaires par la physique, attribuèrent ces prodiges
à l'influence du démon. Enfin, le fils du grand Condé, frappé
des récits qu'on lui faisoit de toutes parts, fit venir Aimar
à Paris, pour voir par lui-même les merveilles qu'il opéroit ;
mais les prodiges de sa baguette furent bientôt à leur fin :
il prit d'honnêtes gens pour des voleurs, des pierres pour de
l'argent, et passa, les yeux bandés, sur des rivières sans s'en
apercevoir. Dès-lors on ne vit plus en lui qu'un imposteur
adroit, bien secondé dans son pays par de nombreux com-
pères. Il avoua d'ailleurs lui-même au prince que lui et sa
baguette n'avoient aucun pouvoir particulier, et qu'il n'avoit
cherché par cette ruse qu'à gagner quelque argent. On le
chassa, et l'on cessa de s'occuper de lui.

Environ un siècle après, Bletton voulut renouveler, à
Paris, les merveilles de la baguette divinatoire, et il échoua
aussi complétement que Jacques Aimar : ce qui cependant
n'a pas empêché depuis quelques personnes, entre autres M.
Thouvenel, en France, et le docteur Ritter, en Allemagne,
de tenter encore de la remettre en crédit, en s'autorisant des
phénomènes de l'électricité et du galvanisme, pour expliquer
les prétendues merveilles de la baguette. Mais ils ont fait
peu de partisans, et la croyance à de tels prodiges est généralement mise aujourd'hui au rang des erreurs et préjugés
populaires.

Le coudrier commun ou noisetier se plaît presque également bien dans tous les terrains ; cependant il réussit mieux,
et ses fruits sont plus gros et plus parfaits, dans les terres
légères et un peu humides. Il ne craint point le froid,
puisqu'il fleurit au milieu de l'hiver. Cet arbrisseau pousse
beaucoup de drageons de son pied, surtout quand il ne
provient pas de semis. Ces drageons offrent un moyen facile
de le multiplier, et ils ont l'avantage de propager, sans
altération, les variétés dont les fruits sont les meilleurs,
quand les arbres sont d'ailleurs francs de pied : mais les individus qui en proviennent ne s'élèvent jamais beaucoup ; ils
sont sujets à s'épuiser par la grande quantité de rejetons qu'ils
poussent de leurs racines, et il n'est pas rare qu'ils périssent

après avoir rapporté du fruit pendant quelques années. Il est vrai qu'alors le plus fort rejeton poussé sur leur souche les a bientôt remplacés.

Pour multiplier le coudrier par les semis, on doit mettre les noisettes en terre dans le courant de l'automne, peu après qu'elles sont recueillies ; elles germent alors facilement et lèvent au printemps suivant. Quand on ne peut semer ses noisettes qu'à la fin de l'hiver, il faut jusque-là les mettre en jauge, dans du sable, afin d'empêcher leur amande de se rancir, ce qui les rend moins propres à germer, ou même leur enlève entièrement cette faculté.

Les coudriers venus de graine sont beaucoup plus vigoureux, et forment des arbres qui s'élèvent plus haut que ceux provenus de drageons ; mais, comme ils ne donnent pas toujours des fruits aussi beaux que ceux dont ils sont nés, il faut les faire greffer lorsqu'ils sont assez forts.

On fait peu de grandes plantations de noisetier, parce que les fruits de cet arbre ne sont pas, en général, très-recherchés, si ce n'est par les enfans ; cependant, la grosse aveline obtient quelquefois la faveur d'être servie sur les meilleures tables, avec les amandes à coque tendre, les figues et les raisins secs.

La noisette a une saveur douce quand elle est nouvelle et bien mûre ; mais elle contracte de l'âcreté lorsqu'elle devient un peu ancienne, et alors elle ne se digère pas facilement. Dans tous les temps il est bon de ne pas manger beaucoup de ce fruit, car il pèse sur l'estomac. On en retire par contusion et expression une huile douce qu'on peut employer, quand elle est récente, aux mêmes usages que celle d'amandes douces ; mais on s'en sert en général fort peu. Les confiseurs recouvrent les noisettes de sucre pour en faire des dragées.

On dit proverbialement, présenter des noisettes à ceux qui n'ont plus de dents, pour dire, offrir à une personne une chose dont elle n'est pas en état de se servir.

Le bois du coudrier est très-flexible, et cela le rend propre à faire, quand il est jeune, de menus cerceaux que les vanniers emploient dans leurs ouvrages. Quand il est plus âgé, on en fabrique des échalas pour les vignes. Les jeunes rejetons qui croissent au pied des arbres plus gros, et qui sont très-droits, servent aux fleuristes pour faire des baguettes qu'ils emploient à soutenir les plantes ou les jeunes arbrisseaux dont les tiges ont besoin d'appui.

COUDRIER TUBULEUX[1]: *Corylus tubulosa*, Willd., *Spec.*, 4, p. 470 ; Lam., *Illust.*, t. 780, fig. *q*. Cette espèce ne diffère pas sensiblement de la précédente par son port, par sa taille, par la forme de ses feuilles, par la disposition et la forme de ses fleurs mâles et femelles ; elle s'en distingue néanmoins, parce que le calice de ses fruits se prolonge en un tube cylindrique, un peu rétréci vers son sommet, et divisé en son bord en découpures inégales et dentées. Cet arbrisseau croît spontanément dans les parties méridionales de l'Europe. Son bois et ses fruits ont les mêmes propriétés que ceux du noisetier commun, et les noisettes varient aussi pour la grosseur et la couleur ; elles sont plus grosses ou plus petites, blanches ou d'un brun rougeâtre.

COUDRIER DU LEVANT ; *Corylus colurna*, Linn., *Spec.*, 1417. Cette espèce a le même port que le coudrier commun, mais elle forme un arbre qui s'élève beaucoup plus ; ses feuilles sont ovales-arrondies, échancrées en cœur à leur base, aiguës à leur sommet, dentées en leurs bords, velues en-dessous ; ses fruits sont arrondis, presque deux fois plus gros que dans l'espèce vulgaire, environnés d'un double calice, dont l'extérieur partagé en plusieurs découpures profondes, et l'intérieur divisé en trois parties palmées ou laciniées. Cette espèce croît spontanément dans le Levant et aux environs de Constantinople.

L'Écluse est le premier qui ait parlé de cette espèce. Il nous apprend que ce fut David Ungnad, baron de Zonneck, lequel avoit été envoyé à Constantinople auprès du Grand-Seigneur, qui lui en donna les premiers fruits ; d'abord un seul en 1582, et plusieurs autres quatre ans plus tard. L'Écluse, trompé par les faux renseignemens que David Ungnad avoit rapportés, que ce coudrier s'élevoit rarement au-delà d'une coudée, lui donna le nom d'*avellana pumila byzantina*. Cependant, comme cet auteur avoit semé à Francfort, où il résidoit alors, quelques-uns des fruits qu'il avoit eus en 1586, il dit, dans son Histoire des plantes, qu'en 1593 un seul pied qui lui restoit encore de ce semis avoit déjà plus de la hauteur d'un homme, mais qu'il n'avoit pas encore donné de fruit, ni même deux ans plus tard, quoiqu'il se fût encore élevé davantage. Au reste, quoique l'Écluse n'ait pas consigné dans ses ouvrages l'époque à laquelle son coudrier du Levant commença à donner des fruits, on doit croire que c'est de ce premier individu que sont nés successivement tous les individus par lesquels cette espèce a été propagée dans une grande partie de l'Europe, où elle est maintenant assez répandue, surtout dans les jardins de botanique. Ce qui paroît confirmer cette opinion, c'est que Linnæus (*Hort. Cliffort.*, *p.* 448) dit qu'en 1737, dans le jardin de Leyde, il existoit un très-grand coudrier de cette espèce qui avoit été planté par l'Écluse, et en supposant que cet arbre fût provenu des premiers fruits rapportés par l'individu que nous avons vu avoir été cultivé à Francfort, il avoit, à l'époque fixée par Linnæus, 130 à 140 ans.

Coudrier cornu : *Corylus rostrata,* Mich., *Flor. boreal. Amer.,* 2, p. 201 ; Willd., *Spec.,* 4, p. 471, et *Arb.,* 80, t. 1, f. 2. Cette espèce est un arbrisseau qui ne s'élève guère qu'à la hauteur de cinq à six pieds ; ses jeunes rameaux sont velus, garnis de feuilles ovales-oblongues, échancrées en cœur à leur base, acuminées à leur sommet, inégalement dentées en leurs bords, glabres en-dessus, légèrement pubescentes en-dessous. Ses fleurs mâles sont disposées en chatons solitaires, ayant leurs écailles ciliées en leurs bords. Les calices qui enveloppent les fruits sont très-velus, prolongés en forme de bec, ayant leurs bords découpés en divisions irrégulières et dentées. Le coudrier cornu croît dans toute l'Amérique septentrionale, depuis la Floride jusqu'en Canada. On le cultive en Europe dans les jardins de botanique.

Coudrier d'Amérique ; *Corylus americana,* Mich., *Flor. boreal. Amer.,* 2, p. 201. Les feuilles de ce coudrier sont plus élargies que celles des autres espèces ; le calice de ses fruits est arrondi, campanulé, plus grand que la noix qu'il contient, hérissé de poils glanduleux, dilaté en son bord, qui est inégalement denté en scie. Cette espèce croît dans le Canada, et elle est cultivée en Europe.

Coudrier nain : *Corylus humilis,* Willd., *Enum. hort. berol.,*

2, p. 985; *Corylus americana humilis*, Wangenh., *Amer.*, 88, t. 29, f. 63. Cet arbrisseau est si voisin du précédent que Willdenow ne l'avoit d'abord regardé que comme en étant une variété, mais ensuite il en a fait une espèce particulière. Ses tiges s'élèvent peu; ses feuilles sont arrondies, acuminées, échancrées en cœur à la base; les calices des fruits sont campanulés, plus grands que la noix qu'ils enveloppent, dilatés en leurs bords, et partagés en divisions presque pinnatifides. Le coudrier nain croît dans les États-Unis d'Amérique et dans le Canada. On le cultive en Europe. (L. D.)

COUÉPI DE LA GUIANE (*Bot.*) : *Couepia guianensis*, Aubl., *Guian.*, 619, tabl. 207; *Acia amara*, Willd. 3, p. 717. Grand arbre, découvert par Aublet dans les forêts de la Guiane, appartenant à la famille des rosacées, dans la division des pruniers. Willdenow le place, sous le nom d'*acia*, dans la *monadelphie dodécandrie* de Linnæus, à cause que les étamines, portées sur un anneau circulaire, paroissent monadelphes; mais les filamens sont libres, et tous les caractères de la fructification, ainsi que les rapports naturels, annoncent que ce genre doit appartenir à l'*icosandrie monogynie* de Linnæus. Son caractère essentiel consiste dans un calice tubulé, à cinq lobes, cinq pétales (selon Willden.); des étamines nombreuses; les filamens libres, produits par un disque circulaire placé à l'entrée du calice; un ovaire supérieur, légèrement pédicellé; un style; un stigmate aigu; un drupe sec, ovale, revêtu d'une écorce épaisse, coriace et fibreuse, contenant un noyau dont l'écorce est mince, cassante, l'amande amère, à deux lobes.

Cet arbre s'élève à la hauteur d'environ soixante pieds. Son bois est dur, pesant, rougeâtre; son écorce; lisse et cendrée; ses rameaux, tortueux, très-étalés, garnis de feuilles glabres, alternes, médiocrement pétiolées, minces, ovales, aiguës, entières, ondulées à leurs bords, longues de deux à trois pouces; les pétioles hérissés de poils roux. Les fleurs sont disposées en bouquets à l'extrémité des rameaux; leur calice un peu turbiné; le tube, légèrement courbé, renflé vers son sommet. On soupçonne que les pétales sont au nombre de cinq. Les filamens partent d'un disque qui couronne l'entrée du calice; l'ovaire est ovale, rétréci presque en pédicelle à sa base. Le fruit est un drupe ovale, recouvert d'une écorce épaisse, coriace, fibreuse, toute crevassée. Le coupi d'Aublet a de tels rapports avec ce genre que plusieurs auteurs les ont réunis comme espèces; mais les différences qui existent entre elles, exigent un nouvel examen. Voyez COUPI. (POIR.)

COUESTO - COUNILLERO (*Bot.*), nom provençal de la terre - crêpe, *terra crepola* de J. Bauhin, plante chicoracée, qui est le *scorzonera picroïdes* de Linnæus, maintenant *picridium vulgare* de M. Desfontaines. (J.)

COUETTE. (*Ornith.*) Dans le département de la Somme on appelle ainsi la petite mouette, *larus cinerarius*, Linn. (CH. D.)

COUGHIOULO (*Bot.*), nom commun à la folle-avoine et à la primevère dans quelques départemens du midi. (L. D.)

COUGOURDE (*Bot.*), variété de la calebasse, *cucurbita lagenaria*, ayant un étranglement dans son milieu, et présentant la forme d'une bouteille à col renflé, qui est la gourde des pélerins. (J.)

COUGOURDETTE. (*Bot.*) M. Duchesne, qui a fait un travail étendu sur les courges, nomme ainsi une sous-variété du pepon à fruit ovale ou pyriforme et à coque dure. (J.)

COUGOURLIÉ SAOUVAJHÉ. (*Bot.*) La bryone commune porte ce nom en Languedoc. (L. D.)

COUGOURLO, COURJHETO ou COURJHO (*Bot.*), noms sous lesquels on désigne les courges en Languedoc. (L. D.)

COUGOURLOU (*Bot.*), vieux nom françois de la courge. (L. D.)

COUGUERECOU ou IEIERECOU (*Bot.*), nom d'une xilopie de la Guiane, *xilopia frutescens,* qui est l'*embira* ou *ibira* du Brésil. (J.)

COUGUOU (*Bot.*), nom languedocien du muscari. (J.)

COUGUOU (*Ornith.*), nom du coucou commun, *cuculus canorus*, L., dans plusieurs départemens méridionaux. (CH. D.)

COUHIEH. (*Ornith.*) L'oiseau de proie diurne qui porte ce nom arabe, est la seule espèce jusqu'à présent connue du genre *Elanus*, formé par M. Savigny, dans son Système des oiseaux d'Égypte et de Syrie. Cet oiseau est le même que le *blac* de M. Levaillant. (CH. D.)

COUI (*Bot.*), un des noms vulgaires du calebassier d'Amérique, *crescentia cujete;* il sert surtout à désigner les vases et ustensiles que l'on fait avec son fruit. (J.)

COUI (*Erpétol.*), nom d'une espèce de tortue terrestre. Voyez Tortue. (H. C.)

COUIARELI (*Bot.*), nom caraïbe d'un érigeron très-voisin de l'*erigeron canadense*, dans l'Herbier de Surian. (J.)

COUIGNIOP (*Ornith.*), nom donné par M. Levaillant à un oiseau d'Afrique appartenant au genre *Turdus*, merle. (Ch. D.)

COUIL (*Ornith.*), nom malabare d'un merle, suivant le P. Paulin de S. Barthélemi. (Ch. D.)

COUILLON DE CHIEN (*Bot.*), vieux nom vulgaire de l'orchis mâle et de quelques autres espèces du même genre. (L. D.)

COUIPO. (*Bot.*) Ce nom galibi, qui signifie cœur de roche, a été donné, suivant Préfontaine, à un arbre de la Guiane, dont le cœur est souvent garni de petites concrétions pierreuses. Il en distingue deux variétés, le rouge et le blanc. (J.)

COUIROU (*Bot.*), nom caraïbe d'un *dalechampia* et du *convolvulus pentaphyllos*, cité dans l'herbier de Surian. (J.)

COUIS (*Bot.*), un des noms vulgaires du *crescentia*, Linn. Voyez Calebassier. (Poir.)

COUJA. (*Mamm.*) Voici ce que dit Dapper, de qui nous tirons ce nom : « Il y a deux sortes de pourceaux dans le « pays des Nègres : des rouges, qu'on appelle *couja*, qui « sont de la grosseur des nôtres, et des noirs, nommés « *couja-quinta*, qui sont beaucoup plus gros et fort dange- « reux ; car ils ont des dents si aiguës qu'ils brisent tout « ce qu'ils mordent, comme si c'étoient autant de haches. » Si les premiers de ces animaux paroissent être simplement des cochons domestiques, on ne peut guère rapporter les autres qu'à quelque espèce de sangliers, ou peut-être aux Phacochères. Voyez ce mot et Cochon. (F. C.)

COUKEEL. (*Ornith.*) Voy. Coucou coukeel, p. 118. (Ch. D.)

COULABOULÉ. (*Bot.*) On trouve dans l'Herbier de Surian ce nom caraïbe appliqué à l'*eugenia racemosa*, ainsi qu'au *fagara trifoliata* de Swartz, que Vahl reporte au genre *Zan-*

thorylum. Nicolson dit qu'on donne le même nom à la liane à persil, qui est le *serjania triternata.* (J.)

COULAC (*Ichthyol.*), nom de l'alose, *clupea alosa*, à Bordeaux. Voyez CLUPÉE. (H. C.)

COULACISSI (*Ornith.*), nom donné, aux Philippines, à une perruche regardée par Linnæus et par Latham comme une variété de la perruche à tête bleue, *psittacus galgulus.* (CH. D.)

COULAOUAHEU (*Bot.*), nom caraïbe de l'ÉRITHAL ou BOIS DE CHANDELLE. Voyez ces mots. (J.)

COULART. (*Bot.*) On donne ce nom à une variété de cerisier qui rapporte ordinairement peu de fruit. (L. D.)

COULASSADE (*Ornith.*), nom provençal de l'alouette calandre, *alauda calandra*, Linn. (CH. D.)

COULAVAN (*Ornith.*), nom d'un loriot de la Cochinchine, qui s'appelle aussi couliavan, *oriolus sinensis*, Linn. (CH. D.)

COULCOUL-HÉBULBEN. (*Bot.*) L'arbre que l'on nomme ainsi chez les Turcs, suivant Matthiole cité par C. Bauhin, est regardé par ce dernier comme le même que son *pistacia sylvestris*, qui est le *staphylodendron* de Matthiole, de Belon et de Tournefort, le *staphylea pinnata* de Linnæus, en françois *né-coupé* ou STAPHYLIN. Voyez ce dernier mot. (J.)

COULEMELLE, *Colemelle* et *Couamelle.* (*Bot.*) Nom qu'on donne, dans l'Orléanois, à l'agaric élevé (*agaricus procerus*, Scop.), qui croît dans toute la France, qui y reçoit un grand nombre de noms différens, et qu'on mange partout. (Voy. l'article FONGE.)

Les coulemelles de terre et les *coulemelles des arbres* forment deux petites familles, établies par Paulet dans son genre *Champignon*, qui répond à l'*agaricus* de Linnæus.

Les coulemelles ou couamelles de terre se font remarquer par leur tige droite, élancée, pareille à une petite colonne (*columella*), d'où est venu leur nom de *coulemelles*; par leur surface toute hérissée d'écailles ou de peluchures, et par leurs feuillets blancs qui ne changent pas de couleur.

Il y en a quatre espèces : 1.° la *grande Coulemelle*, qui est la véritable *coulemelle*, c'est-à-dire, l'agaric élevé (*agaricus procerus*, Fl. Fr.), décrit à l'article FONGE. 2.° La *Coulemelle d'eau*, ainsi nommée parce qu'elle croît aux bords des mares; elle est suspecte et ressemble à la précédente, excepté qu'elle est plus petite. 3.° La *petite Coulemelle*, qui est élevée de trois pouces de hauteur, de couleur de buis et à tige pleine : elle n'a rien qui annonce de mauvaises qualités. 4.° La *Coulemelle hérissée* ou *coulemelle-tigrée*, qui rentre dans l'un des *agaricus floccosus*, *incortus* et *pilosus*, de Schæffer, et qui est peut-être l'*agaricus flammeus* ou *aurivellus* de Batsch. Elle est remarquable par sa couleur de safran ou rousse de feu, par les écailles ou élevures brunes dont elle est hérissée et comme tigrée, et par ses feuillets d'un vert sale ou olivâtre ; elle s'élève à quatre ou cinq pouces, et répand une odeur virulente : cependant il paroît qu'on peut en faire usage sans danger. Ces quatre espèces de coulemelle de terre sont figurées, planches 135 à 137 du Traité des champignons du docteur Paulet.

Les *Coulemelles des arbres* se distinguent des précédentes par leurs couleurs plus vives, par leur tige moins longue, et parce qu'elles croissent sur les arbres et non à terre. Il y en a trois espèces : 1.° la *Coulemelle du hêtre*, ou aurore pâle ; ses feuillets sont jaune-vert, puis roux ; elle paroît bonne à manger. 2.° La *Coulemelle du chêne* : elle est couverte d'élevures rousses, disposées presque circulairement sur un fond blanc ; ses feuillets sont roux foncés. 3.° La *Coulemelle du saule* : elle est d'abord blanche, puis rousse ; ses feuillets sont roux foncés. Ces trois champignons croissent sur les troncs des arbres, s'élèvent à deux ou trois pouces, ne sont point mal-faisans, et paroissent des variétés de l'*agaricus subsquamosus*, Schæffer, pl. 29 et 30. Les planches 138 et 139 de l'ouvrage de Paulet les représentent. (LEM.)

COULEQUIN, *Cecropia*. (*Bot.*) Genre de plantes dicotylédones, de la famille des *urticées*, de la *dioécie diandrie* de Linnæus, ayant pour caractère essentiel : des fleurs dioïques, réunies, tant pour les fleurs mâles que pour les femelles, sur des chatons imbriqués d'écailles turbinées, un peu anguleuses, obtuses, percées vers leur sommet de deux ouvertures ; deux étamines situées aux ouvertures des écailles ; point de corolle ; les fleurs femelles composées d'ovaires nombreux, imbriqués, pourvus chacun d'un style court, d'un stigmate en tête, lacinié ; des baies uniloculaires, monospermes.

Coulequin ombiliqué : *Cecropia peltata*, Linn., Lam., *Ill. gen.* tab. 800; *Yaruma Oviedi*, Sloan. Hist. 1, tab. 88, fig. 3, et tab. 89; Pluken, *Almag.*, tab. 243, fig. 5; vulgairement Coulekin bois-trompette. Arbre d'environ trente pieds de haut, qu'on rencontre dans plusieurs contrées de l'Amérique méridionale, à S. Domingue, à la Jamaïque, à la Guiane, etc. Son tronc est droit, d'un pied d'épaisseur, creux, divisé par anneaux dans toute sa longueur, presque sans rameaux, excepté à son sommet. Les feuilles sont grandes, longuement pétiolées, palmées, ombiliquées, larges d'un pied et plus, vertes et rudes en-dessus, blanchâtres et cotonneuses en-dessous, divisées à leur contour en neuf ou dix lobes ovales, oblongs. Les fleurs sont renfermées, avant leur développement, dans des spathes ovales, aiguës, caduques, à l'extrémité d'un pédoncule commun ; il en sort des chatons grêles, sessiles, cylindriques, fasciculés, assez semblables par leur forme à ceux du noisetier, chargés de fleurs de couleur herbacée, très-serrées : les fleurs mâles séparées des femelles sur des individus différens.

Les habitans de l'Amérique profitent du tronc de l'arbre, qui est creux, pour en faire des conduits d'eau. Ils se servent de son bois, fort tendre, poreux et léger, pour se procurer du feu sans le secours du briquet. Ils pratiquent, pour cela, un petit trou dans le bois, et puis ils y enfoncent un morceau de bois dur et pointu, qu'ils font tourner avec beaucoup de vitesse. Ce mouvement rapide allume le bois du coulequin, ou sa racine, que l'on emploie plus particulièrement à cet usage. Les baies de cet arbre sont assez bonnes à manger : les Nègres les recherchent, mais les Européens en font peu de cas.

On avoit soupçonné qu'il devoit y avoir plusieurs espèces ou variétés de coulequin confondues avec la précédente, d'autant plus que le Père Nicolson fait mention d'un *bois de trompette* franc et d'un autre bâtard, et M. de Lamark est porté à croire que l'*ambactinga* des Brésiliens est une espèce de ce genre. Willdenow y joint les deux espèces suivantes :

Coulequin palmé : *Cecropia palmata*, Willden. *Spec.* 4, pag. 652; *Ambayba*, Marcgr. *Bras.* 91 ; Pison, *Bras.* 147. Il est, selon moi, très-difficile de distinguer cette plante de la précédente : les feuilles sont glabres en-dessus, parsemées, étant vues à la loupe, de quelques petits points blancs, blanches et tomenteuses en-dessous, à sept ou neuf lobes écartés entre eux et non rapprochés, comme dans l'espèce précédente, oblongs, très-obtus. Cet arbre croît au Brésil.

COULEQUIN A FEUILLES VERTES ; *Cecropia concolor*, Willd., l. c. Cette plante, qu'on trouve dans la province de Para au Brésil, diffère de la précédente par ses feuilles plus petites, à lobes plus profonds, acuminées, ovales, écartées, rudes, vertes à leurs deux faces, plus pâles, mais non blanchâtres en-dessous. (POIR.)

COULEUR. (*Chim.*) Ce mot est souvent employé en chimie comme synonyme de principe colorant : par exemple, on dit la couleur rouge du carthame pour désigner le principe colorant rouge de cette plante. (CH.)

COULEURS. (*Ornith.*) Ce ne seroit pas le cas de s'occuper spécialement des couleurs dans un article d'Ornithologie, si les variations infinies dans le plumage des oiseaux ne forçoient à rechercher les moyens de donner le plus de précision possible aux termes employés pour les décrire. Audebert, dans son Histoire naturelle des oiseaux dorés, a divisé les couleurs en mates, brillantes, changeantes et métalliques. Il résulte de ses observations : 1.°, que les couleurs *mates* ne changent pas de nuances, sous quelque aspect qu'on les considère, et que les barbes des plumes ainsi colorées ont les tiges garnies, de chaque côté, dans toute leur étendue, de barbules très-déliées et très-fines ; 2.°, que les couleurs *brillantes*, sans changer de nuances, ont néanmoins un éclat pareil à celui des corps polis, comme les plumes rouges des pics, etc., et que les plumes qui jouissent de cette propriété n'offrent, en général, de barbules qu'à leur base, le surplus des barbes présentant une surface lisse et en apparence cylindrique, quoiqu'en-dessous elles soient creusées longitudinalement : circonstances d'où l'on peut conclure que l'éclat des plumes brillantes est dû à la dureté et au poli des tiges de leurs barbes, et qu'il est d'autant plus vif que les barbules sont plus courtes ; 3.°, que les couleurs *changeantes* sont l'attribut des plumes qui, outre le brillant dû à leur poli, changent de nuances selon l'angle décrit par le rayon qui les

éclaire, effet provenant, d'après la théorie de Newton, de
ce que les barbules sont seulement un peu plus denses que
l'air environnant, et que les rayons, en passant de ce milieu
dans les lames situées à la surface des corps, éprouvent peu
de divergence ; 4.°, que les couleurs *métalliques*, c'est-à-dire
dont l'éclat est semblable à celui des métaux, existent chez
les oiseaux dont les plumes sont garnies de barbules fort
dures, également larges dans toute leur longueur et paroiss-
sant tronquées à leur extrémité, lesquelles, vues au microscope, présentent une file' de points lumineux d'autant plus
brillans que les rayons de lumière sont plus perpendiculaires.
C'est surtout le *rubis-topaze* qui peut être pris pour exemple
de ces sortes de plumes. Si l'on détache une de celles dont
sa gorge est couverte, on remarque que la première moitié
de la tige, non colorée, est garnie de barbules semblables
à des poils très-déliés, et que l'autre a les barbules beaucoup plus larges, d'une matière très-dense, d'une surface polie, et qu'elle pèse autant que trois plumes de couleur mate
d'un volume égal. La principale cause de son grand éclat
consiste en ce que la partie colorée de chaque barbe est
profondément creusée en gouttière, et présente à la lumière
une surface concave, semblable à celle d'un réverbère.
Quand le rayon lumineux tombe horizontalement sur la
barbe qui en représente la coupe, il ne peut y avoir de
réflexion, et la gorge de l'oiseau est obscure ; si le rayon
suit la diagonale, la partie éclairée de la gorge brille ; lorsqu'enfin la lumière tombe perpendiculairement, les rayons
se brisent en tout sens, et des feux éblouissans jaillissent
de ce foyer. Voilà pourquoi, à chaque mouvement de l'oiseau, sa gorge passe de l'obscurité au plus vif éclat.

Quoique les variations dans la contexture des plumes
paroissent avoir plus d'influence sur les couleurs des oiseaux
que celles de la température des climats qu'ils habitent, on
observe, en général, que le plumage est plus riche et offre
plus de nuances et de reflets dans les pays chauds ; que les
couleurs sont moins prononcées chez les jeunes que chez les
adultes ; que souvent elles n'acquièrent toute leur force qu'a-
près un certain nombre de mues ; que chez quelques-uns elles
éprouvent des variations selon les saisons ; qu'elles se ter-

nissent chez les oiseaux élevés en cage, et que la dépouille de ceux-ci ne sauroit donner qu'une idée imparfaite de l'émail du plumage, lorsque, dans toute sa fraicheur, il est animé par le souffle de la vie.

Les couleurs, diversement distribuées sur le corps, s'expriment par des termes particuliers. On les appelle des lignes, *lineæ*, quand elles sont étendues longitudinalement et ont partout une longueur égale, mais peu considérable ; des zones, *fasciæ*, lorsqu'elles sont transversales et occupent un espace assez large ; des bandelettes, *strigæ*, quand ces zones sont petites et capilliformes ; des taches, *maculæ*, lorsque, différentes du fond, et sans affecter de figures caractérisées, elles sont répandues sur diverses parties du corps ; des gouttes, *guttæ*, lorsqu'elles ont la forme d'une larme ; des ocelles ou yeux, *ocelli*, quand elles sont arrondies et d'une autre couleur à leur centre ; des points, *puncta*, lorsque ce ne sont que de petites taches rondes, etc. (Ch. D.)

COULEUVRE, *Coluber*. (*Erpétol.*) Genre de reptiles, de l'ordre des ophidiens, de la famille des hétérodermes. Il comprend toutes les espèces de serpens de cette famille qui ont la queue cylindrique, garnie en-dessous d'un double rang de plaques, et qui sont constamment privées de crochets venimeux.

Ce genre étoit extrêmement nombreux en espèces dans Linnæus, qui y avoit réuni les *vipères*, qu'on en a distraites avec raison, à cause de leurs crochets à venin. On en a encore séparé depuis les *pythons*, qui ont des plaques ventrales très-étroites et des crochets près de l'anus ; les *hurria*, où les plaques de la base de la queue sont simples, etc. Mais, tel qu'il est, ce genre est encore le plus nombreux et le moins clair de ceux de l'ordre des ophidiens : il semble, en effet, avoir servi de refuge à toutes les espèces mal précisées, et présente les caractères suivans :

Dessous de la queue muni d'un double rang de plaques, disposées par paires ; extrémité de la queue arrondie ; point de crochets à venin ; neuf à douze écailles, plus grandes que celles du reste du corps, sur la tête ; des plaques entières sous le ventre ; pas d'ergots auprès de l'anus.

A l'aide de ces notes et du tableau que nous donnons au

mot Hétérodermes, on distinguera facilement les couleuvres des vipères et des autres genres voisins.

La tête des couleuvres est en général déprimée ; le plus souvent son contour est ovalaire, et quelquefois seulement elliptique : quelques espèces ont la faculté de l'élargir, de la déprimer à volonté : les écailles qui la recouvrent, presque toujours au nombre de neuf, sont disposées deux par deux sur la pointe du museau et sur l'occiput ; le second rang est encore de deux, et l'avant-dernier en offre trois.

Leur os tympanique est mobile et presque toujours suspendu lui-même à un autre os, analogue au mastoïdien, et fixé au crâne par des muscles et des ligamens. Les branches de la mâchoire inférieure ne sont unies entre elles, et celles de la machoire supérieure ne tiennent aux os intermaxillaires, que par des ligamens, en sorte qu'elles peuvent s'écarter considérablement. Aussi les couleuvres sont-elles du nombre de ces serpens qui ont la faculté d'avaler des corps plus gros qu'eux.

Leurs arcades palatines participent à cette mobilité, et sont armées de dents aiguës, recourbées en arrière, fixes et non percées ; les branches des deux mâchoires sont garnies de pareilles dents, en sorte qu'il y en a quatre rangées en haut, et deux seulement en bas. Ces dents paroissent douées de la faculté d'être remplacées lorsqu'elles ont été enlevées.

Leur langue est fourchue et très-extensible ; elle est cachée, dans l'état de repos, sous une grosse masse charnue, située au fond de la bouche.

Leur œsophage est, en général, susceptible d'une grande dilatation.

L'accouplement des couleuvres est peu connu. Elles sont ovipares, et pondent jusqu'à deux fois chaque année, savoir, dès les premiers jours du printemps et vers la fin de l'été. Leurs œufs sont oblongs et membraneux ; la chaleur du soleil les fait éclore.

Le genre de nourriture des couleuvres varie suivant les espèces ; mais elles s'emparent constamment d'animaux vivans, d'insectes, de vers, de batraciens, de mollusques, de petits poissons, d'oiseaux, de quadrupèdes, etc. Jamais elles ne mangent de fruits dans les jardins, ni ne vont sucer le lait des vaches, dans les prairies ou dans les étables, comme l'ont prétendu des bergers visionnaires ou imposteurs, dont les contes ont néanmoins répandu ce préjugé dans toute l'Europe.

Elles doivent vivre fort long-temps ; mais on n'a point de données bien certaines à ce sujet.

Les couleuvres des pays froids et tempérés s'enfoncent en terre, en automne, pour y rester engourdies pendant tout l'hiver.

Au reste, comme l'organisation des couleuvres est en général la même que celle de la plupart des ophidiens et que celle des hétérodermes spécialement, nous engageons ceux de nos lecteurs qui seroient curieux de détails à ce sujet, de recourir aux mots Hétérodermes, Ophidiens et Serpent.

La Couleuvre a collier : *Coluber natrix*, Linnæus ; *Natrix vulgaris*, Laurenti. Elle est cendrée, avec des taches noires le long des flancs, et trois taches blanches formant un collier sur la nuque ; ses écailles sont carénées. Le nombre des plaques ventrales varie considérablement, c'est-à-dire, de 144 à 175 ; les paires de plaques sous-caudales s'élèvent du nombre de 48 à celui de 68. Ce caractère numérique est donc plus qu'insuffisant. La queue, conique et amincie, est terminée par un petit ergot droit et corné.

Les teintes varient aussi beaucoup ; le dos est parfois d'un cendré roussâtre, et le collier est fréquemment d'un beau jaune, et bordé en arrière par une large tache noire très-foncée. Les taches qui règnent à la partie supérieure de l'animal sont, en général, assez régulièrement disposées, et presque toujours placées sur quatre ou cinq rangées longitudinales ; très-petites sur le dos, elles sont plus marquées vers les flancs.

Sa taille est de deux à trois pieds et demi.

La couleuvre à collier se trouve dans toute l'Europe sur le bord des eaux douces, dans les prairies, sur la lisière des bois. On la désigne vulgairement sous le nom d'*anguille de haie*, de *serpent d'eau*, de *serpent nageur*. On peut la manier sans crainte ; car elle ne cherche à mordre que lorsqu'elle est très-irritée, et sa morsure n'est nullement dangereuse.

Si on la tourmente, elle siffle avec force, exhale par la bouche une vapeur fétide, légèrement musquée, anime ses regards, s'élance en serpentant, et laisse suinter de dessous ses écailles une humeur blanche d'une puanteur insupportable et dont l'odeur est fort tenace. Dans les momens de danger, elle lance aussi ses excrémens, qui offrent la même fétidité.

M. de Lacépède nous apprend qu'en Sardaigne on élève ce serpent dans une sorte de domesticité, et qu'il n'est pas insensible aux caresses de ses maîtres. D'ailleurs, dans cette île, on le regarde comme un animal de bon augure, et on le laisse librement entrer dans les maisons.

Dans quelques provinces on mange les couleuvres à collier, et l'on prétend que leur chair est très-savoureuse. On emploie aussi quelquefois leur graisse, comme calmante et résolutive, en topique. On prépare avec ces animaux des bouillons, qu'on administre dans les scrofules, dans les affections rhumatismales, dans les maladies de la peau, etc.

On peut facilement élever des couleuvres à collier : mais il faut les nourrir avec de petits animaux vivans, des grenouilles, des insectes, des mollusques, etc.; elles refusent le lait, la viande cuite ou crue, etc.

Elles nagent avec une assez grande facilité, et traversent des mares et des ruisseaux. Elles grimpent aussi sur les arbres avec une agilité remarquable, pour aller surprendre les jeunes oiseaux.

Cette couleuvre pond de quinze à quarante œufs dans des trous sur le bord des eaux, dans le fumier, dans les meules de foin. Ils sont ovales, gros comme le doigt, et attachés en chapelet les uns aux autres. Ils éclosent au milieu de l'été, et avant l'hiver les petits ont déjà six pouces de longueur.

La couleuvre à collier est figurée dans Seba (*Thesaur. II*, tab. 4, n.os 1 , 2 , 3).

On en connoît plusieurs variétés.

1.re *Variété* : D'un brun noirâtre ; de petits points jaunes et rares en-dessus; cendrée en-dessous. (Laurenti, *Synops. reptil.*, pag. 74 , n.° 145.)

2.e *Variété* : Des taches jaunes dans leur centre sur le dos. (*Idem, ibid.*, pag. 76, n.° 153.) Suivant le comte de Turn, elle habite à Gemona, près de Fréjus.

3.e *Variété* : Une tache et plusieurs traits couleur de feu. (Meyer, *Thier.*, tom. 1.er, pl. 87 et 88.)

4.e *Variété* : Bleue , à points noirâtres et à lignes ondulées, transversales. (Gmelin , *Syst. nat.* , *var.* e , pag. 1100.)

5.e *Variété* : Bleue, avec une petite bande blanche de chaque côté , des taches noirâtres éparses ; les carènes des écailles blanches ; le ventre blanc , avec une tache noire de chaque côté. (*Id. ibid.* , *var.* f.)

6.e *Variété* : Cou tacheté de rouge. Cette couleuvre à collier vit dans les marais près du Jaïk, vers les bords de la mer Caspienne. (Pallas, Voyage en Russie , in-8.° , tom. 2, pag. 355.)

7.e *Variété* : D'un bleu cendré, noirâtre en-dessous, avec une tache blanche arquée et une autre noire sur le sommet de l'occiput; dos ondulé de noir. C'est ce serpent qui a été désigné par quelques erpétologistes sous le nom de *Coluber gronovianus*. (Gmelin , *l. c.*, p. 1101 ; Laurenti , *l. c.*, p. 75, n.° 150; Seba , *Thes. II* , tab. 33, fig. 1.)

8.e *Variété* : Cent soixante dix-huit grandes plaques sous le ventre ; soixante paires de plaques sous la queue. Du Tyrol. (Scopoli, *Annal. hist. nat.* , tom. II, pag. 39.)

9.e *Variété* : Brune, sans taches, avec le ventre noirâtre. C'est le *coluber arabicus* de quelques auteurs. (Gmelin , *l. c.*, p. 1102 ; Seba , *Thesaur. II* , p. 32, tab. 33, fig. 1.)

La Couleuvre verte et jaune : *Coluber viridi-flavus*, Lacép., II, vi, 1 ; la *Couleuvre commune*, Daubenton. Celle-ci, la plus jolie de nos couleuvres d'Europe, toute jaune en-dessous, est tachetée de noir et de jaune en-dessus ; elle a les écailles lisses ; les plaques ventrales sont munies, presque toutes, à leurs deux extrémités, d'un point et d'un trait noirs : elles sont au nombre de deux cent six ; il y en a cent sept paires sous la queue.

Sa taille varie de trois à quatre pieds, quelquefois elle s'élève jusqu'à cinq pieds ; sa circonférence est de trois pouces au plus dans l'endroit le plus gros ; la queue occupe à elle seule le quart de la longueur totale.

Ce reptile n'est pas rare dans les contrées méridionales de la France, dans le Bordelois, le Poitou, etc.; on le trouve quelquefois à Fontainebleau. Il fixe ordinairement son habitation dans les bois, le long des haies, ou bien au milieu des rochers et des tas de pierres. Il se nourrit d'oiseaux, de souris, de grenouilles, de crapauds, etc. Il grimpe sur les arbres, et nage avec agilité. Daubenton est le premier qui en ait parlé ; mais le nom de *couleuvre commune*, qu'il lui a donné, convient beaucoup mieux à la couleuvre à collier.

A la fin de l'été, quelque temps avant de se renfermer, dit M. Bosc, ces couleuvres font entendre le soir des sifflemens répétés. Elles semblent se répondre et s'agitent beaucoup. On est persuadé, dans la Bourgogne, que c'est le temps de leurs amours ; mais à cette époque il y a déjà deux ou trois mois que la saison des amours est passée pour elles.

On prétend que la couleuvre verte et jaune est susceptible d'éducation. Valmont de Bomare, qui la désigne sous la dénomination de *serpent familier*, rapporte en avoir vu une tellement attachée à la maîtresse qui la nourrissoit, qu'elle se glissoit souvent le long de ses bras comme pour la caresser, se cachoit sous ses vêtemens, ou venoit se reposer sur son sein ; sensible à sa voix, elle alloit à elle lorsqu'elle l'appeloit, et la suivoit avec constance.

C'est probablement cette couleuvre qui est commune en Sardaigne, et que Cetti (*Amphib. di Sard.*) a nommée *colubro uccellatore*. C'est au moins l'opinion de Daudin. M. Latreille pense qu'on doit la regarder comme l'analogue de l'*anguis Æsculapii niger* d'Aldrovande et de Jonston.

La Couleuvre lisse : *Coluber austriacus*, Gmelin, Linnæus ; *Coronella austriaca*, Laurenti ; *Coluber ferrugineus*, Sparrman. D'un gris roussâtre, très-luisant en-dessus, avec cinq lignes derrière les yeux ; une bande derrière la tête, et deux rangs de taches alternes le long du dos, brunes ou noirâtres : elle est marbrée en-dessous de couleur d'acier. Les écailles, qui sont lisses, portent chacune un petit point brun vers la pointe. Il y a cent cinquante-neuf à cent soixante dix-huit plaques abdominales, et quarante-six à cinquante-six paires de plaques sous-caudales.

La tête est petite, déprimée, triangulaire, obtuse. Le corps est alongé, cylindrique, presque d'égale grosseur dans toute son étendue. Les yeux sont peu saillans ; leur iris est doré.

Jacquin a avancé à tort, suivant Daudin, que la femelle étoit cendrée et le mâle roux.

Sa taille est un peu inférieure à celle de la couleuvre à collier.

Cette couleuvre, qui n'avoit point été décrite avec exactitude jusqu'à M. de Lacépède, est cependant assez commune en Allemagne et en France, et même aux environs de Paris. Suivant Laurenti, on la rencontre fréquemment dans les fossés et les lieux humides autour de Vienne. Daudin l'a observée plusieurs fois au soleil dans des fourmilières. Elle est timide et toujours prête à fuir dès qu'on l'aperçoit : elle rampe avec vivacité en dardant sa langue; mais elle ne siffle que rarement.

M. Bosc et M. Latreille pensent que la *couleuvre chatoyante* de Razoumowski (*Hist. nat. du Jorat*) est la même que la couleuvre lisse. Daudin la regarde au contraire, et avec raison, comme une espèce différente.

La COULEUVRE VIPÉRINE : *Coluber viperinus*, Latreille. D'un gris brun, avec une suite de taches noires au pourtour, jaunes dans leur centre, formant un zig-zag le long du dos, et une autre de taches plus petites, œillées, le long des côtés; le ventre tacheté en damier de noir et de grisâtre; les écailles carenées. Il y a cent cinquante-trois plaques abdominales, et quarante-sept paires de plaques caudales.

La tête est ovale, oblongue, obtuse en devant. Le corps est long, cylindrique, un peu plus mince en devant que la tête, légèrement renflé vers son milieu.

La taille de la couleuvre vipérine est de dix-huit pouces; la queue a, à elle seule, quatre pouces de longueur.

Elle est vivipare.

La ressemblance de ce reptile avec la vipère lui a valu le nom qu'il porte; on le trouve dans le centre et dans le midi de la France, auprès de Paris, de Toulouse, de Cahors, de Brive, etc. Il offre quelques variétés.

La COULEUVRE BORDELOISE ; *Coluber girondicus*, Daudin. Occiput élevé, tête comprimée sur les côtés, teinte générale d'un gris cendré, bandes transversales nombreuses et formées par le bord noir des écailles; écailles lisses; ventre tacheté en damier de jaune et de noir; une tache noire en croissant sur le front; trois points noirs entre les yeux.

Il y a cent quatre-vingt-une plaques abdominales, et soixante-deux paires de plaques sous-caudales.

La queue est terminée par un ergot droit.

La longueur totale varie de dix-huit pouces à deux pieds.

On a trouvé cette couleuvre aux environs de Bordeaux : Daudin est le premier qui l'ait décrite.

La Couleuvre a quatre raies : *Coluber quadrilineatus*, Lacép., II, VII, I ; *Coluber elaphis*, Shaw. Le dessus du corps est fauve, avec quatre lignes brunes ou noirâtres longitudinales : les deux extérieures se prolongent jusqu'au-dessus des yeux, derrière lesquels elles forment une sorte de tache noire alongée ; elles vont ensuite se réunir au-dessus du museau. Le ventre est noirâtre, luisant, semblable à de l'acier poli. Les écailles du dos sont carénées ; celles des flancs sont lisses.

Il y a deux cent dix-huit grandes plaques abdominales, et deux paires de petites plaques en avant de l'anus ; on compte soixante-onze paires de plaques sous-caudales.

Cette couleuvre est le plus grand de nos serpens d'Europe ; elle a souvent plus de six pieds de longueur. On la trouve en Provence et en Italie. M. de Lacépède est le premier qui l'ait décrite avec soin.

Il est probable qu'elle est le serpent désigné par Pline sous le nom de *boa*.

Le Serpent d'Esculape : *Coluber Æsculapii*, Shaw, Jacquin, Lacépède ; *Coluber flavescens*, Scopoli. Le dessus du corps est d'un gris brun ou roussâtre, avec une bande longitudinale obscure, presque noire, sur chaque côté du dos, et plus foncée vers le ventre. Les écailles voisines des plaques abdominales sont blanches, bordées de noir en-dessous. Le ventre est blanchâtre, marbré de gris : les écailles du dos sont presque lisses.

Le nombre des plaques abdominales monte à cent soixante-quinze ; celui des paires de plaques sous-caudales est de soixante-quatre.

Ce serpent est plus gros et moins long que la couleuvre à quatre raies. On le trouve en Italie, auprès de Rome, en Turquie, en Hongrie, en Illyrie. Il ne faut point le confondre avec le *coluber Æsculapii* de Linnæus, qui vient en Amérique. et que nous décrirons plus bas.

Notre serpent d'Esculape est celui que les anciens ont représenté dans leurs statues du dieu de la médecine, et il est probable que le serpent d'Épidaure étoit de cette espèce.

Ses habitudes sont à peu près les mêmes que celles de la couleuvre à collier. En Italie on lui apprend à obéir à la voix et à exécuter divers tours de souplesse.

Sturm (*Deutschlands Fauna, fascic.* 2, pl. I, II) a figuré deux couleuvres d'Esculape. Il prétend que la femelle a des teintes bleues très-marquées. Au reste, suivant lui, ce serpent est fort commun dans la Liburnie et dans la Dalmatie, où il monte sur les arbres ; il se nourrit d'oiseaux, de lézards et même de poissons. En 1789, dans les montagnes voisines des côtes de la mer Adriatique, Jacquin en tua, au pied d'un térébinthe, un individu dont l'estomac contenoit cinq fauvettes, un *mugil cephalus*, et un lézard commun.

Jacquin rapporte encore qu'il a vu une femelle pondre cinq œufs alongés, cylindriques, arrondis aux deux extrémités, et dont l'intérieur renfermoit un liquide d'une odeur très-forte, au milieu duquel étoit un embryon rouge, filiforme, de la longueur de deux lignes. (*Collectanea ad bot. chem. et hist. nat. spect.*, vol. IV; *Vindobonæ*, 1790.)

La Couleuvre caténulaire : *Coluber catenularis*, Daudin ; *Tar-tutta*, Russel. Cette couleuvre est d'un bai clair, avec une rangée longitudinale, sur le dos, de taches triangulaires très-rapprochées, au nombre de plus de soixante, de couleur blanche, bordées d'un trait noir et formant une sorte de chaine élégante. Les plaques abdominales sont d'un blanc jaunâtre avec un petit point noir ou brun à leurs deux bouts; mais il n'y a pas de ces points sous les doubles plaques sous-caudales.

La tête est petite, ovale, obtuse, déprimée; la mâchoire supérieure un peu plus longue que l'inférieure; les yeux sont protubérans; le milieu du dos est légèrement saillant; les écailles sont lisses.

La taille varie de dix-huit pouces à deux pieds.

On compte de deux cent vingt-neuf à deux cent trente-sept plaques abdominales; les plaques sous-caudales sont au nombre de quatre-vingt-cinq à quatre-vingt-dix-sept paires.

Cette couleuvre est du Bengale.

La Couleuvre Hélène : *Coluber Helena*, Daudin ; *Mega-rekula-poda*, Russel. Cette espèce, remarquable par la variété et l'éclat de ses couleurs, est d'un jaune légèrement olivâtre, avec un trait oblique d'un bleu noir derrière chaque œil. Deux raies de même couleur descendent, en divergeant, de l'occiput vers les côtés du cou, où elles se perdent.

Entre ces raies, sur le cou, on voit trois taches transversales, ovalaires, noires ; de la dernière il part une ligne bleue foncée qui s'étend longitudinalement en zig-zag sur tout le corps, et qui est munie, à chaque angle, d'un point blanc. La teinte générale devient plus foncée sur la queue. Entre chaque raie et les plaques on trouve deux rangées d'écailles lisses, un peu plus grandes que les autres, et blanches. Toutes les plaques transversales sont nacrées.

La tête est à peine plus large que le cou, ovale, déprimée, amincie en devant, et couverte de douze plaques principales. Les mâchoires sont d'égale longueur. Le corps est cylindrique et renflé graduellement vers son milieu. Les écailles sont ovales, lisses et imbriquées.

La longueur totale est de vingt-cinq à trente pouces : la queue en fait environ les deux neuvièmes.

Il y a deux cent vingt-deux plaques ventrales, et quatre-vingt-treize paires de demi-plaques sous la queue.

La couleuvre Hélène est du Vizagapatam. Elle est très-agile dans ses mouvemens, s'élance sur tout ce qu'on lui présente, ou se roule en spirale, en élevant la tête, à la manière du naja. Elle peut, très-promptement, étouffer un poulet en l'entourant de ses replis.

La Couleuvre nasique du Bengale : *Coluber mycterisans*, Daudin ; *Paseriki-pane* et *Botla Paseriki*, Russel. Tête plus large que le cou, oblongue, aplatie, arrondie sur ses côtés, et prolongée en un museau aminci, déprimé, alongé, que termine une petite pointe molle ; bouche large ; mâchoire supérieure un peu plus longue que l'inférieure ; corps un peu triangulaire ; dos caréné ; ventre aplati, écailles linéaires, lancéolées, peu serrées près du cou ; celles du dos et des flancs, arrondies : taille de quatre à cinq pieds.

La queue est cylindrique, mince et très-longue; elle est recouverte d'écailles ovales, imbriquées : son extrémité est très-grêle.

Le sommet de la tête, entre les yeux et le museau, est revêtu de onze plaques.

Les dents sont courbées, minces et pointues; les antérieures de la mâchoire d'en-bas sont plus grosses et plus longues.

Le nombre des plaques abdominales varie de cent soixante-treize à cent soixante-dix-huit; celui des paires de plaques sous-caudales va de cent quarante-huit à cent soixante-six.

La couleur de la tête est d'un vert velouté; sur chaque joue on voit une raie jaune, qui se prolonge sur le cou. Le corps et la queue sont d'un vert de pré jaunâtre. La région de l'anus, et chaque côté du ventre et de la queue, ont une ligne d'un blanc jaunâtre. Les plaques ventrales et caudales sont d'un vert luisant.

Ce serpent n'est point venimeux, quoique Linnæus ait attribué cette propriété à son *coluber mycterizans*, et son erreur a été corrigée par le D.ʳ Grey. (*Transact. philos.*, vol. 39, part. 1.)

La couleuvre nasique du Bengale est très-commune dans le Vizagapatam et dans le Carnate, où l'on prétend qu'elle attaque les passans aux yeux; mais sa morsure n'est point dangereuse et n'est que douloureuse. Elle est constamment remarquable par son extrême maigreur, et souvent sa queue est mutilée.

Il ne faut point la confondre avec le *coluber mycterizans* de Linnæus, qui a réuni sous ce nom plusieurs espèces d'Amérique et d'Asie.

Le Fouet-de-cocher : *Coluber flagelliformis*, Daudin; *Coluber mycterizans*, Linnæus; *Natrix mycterizans*, Laurenti. Corps mince, alongé, d'un vert herbacé en-dessus, blanchâtre en-dessous, avec une ligne longitudinale pâle sur chaque flanc. Taille de deux pieds à trois pieds et demi.

Le nombre des plaques ventrales varie de cent quatre-vingt-sept à cent quatre-vingt-douze, et celui des paires de plaques sous-caudales, de cent quarante-sept à cent soixante-sept.

Cette couleuvre habite dans l'Amérique septentrionale, sur les arbres et les arbustes, où elle chasse aux insectes et aux petits oiseaux. Les oiseaux de proie en sont très-avides, et elle est souvent dévorée par eux. On peut facilement l'apprivoiser, et plusieurs personnes en portent dans leur sein.

Les Américains l'appellent vulgairement *coach whip snake.*

Le Lien : *Coluber constrictor*, Linnæus. Tête à peine plus grosse que le cou, garnie en-dessus de neuf plaques ; cou et corps longs, cylindriques, d'une égale grosseur ; écailles assez grandes, rhomboïdales, presque hexagonales, légèrement carenées ; queue conique, alongée, terminée par un petit ergot. D'un bleu noirâtre en-dessus, plus clair en-dessous, avec la gorge et les lèvres blanches ; nez retroussé ; plaque anale double ; cent soixante-seize à cent quatre-vingt-six plaques ventrales, quatre-vingt-huit à quatre-vingt-dix-huit paires de plaques sous-caudales : taille de cinq à huit pieds.

Cette couleuvre est très-commune dans l'Amérique septentrionale. On la trouve habituellement, dès le printemps, en Caroline. Catesby (*Hist. nat. of Carol.*, tom. II, pl. 48) l'a figurée sous le nom de *black snake* (serpent noir). Elle remplace, dans cette partie du monde, la couleuvre à collier d'Europe. Au rapport de M. Bosc, elle est très-forte et se défend opiniâtrement lorsqu'on l'attaque ; mais sa morsure n'est point dangereuse. On dit, dans le pays, qu'elle se bat contre le serpent à sonnettes, et qu'elle l'étouffe dans ses replis. Daudin prétend qu'on peut l'apprivoiser, et qu'elle n'a recours qu'à la fuite pour se soustraire aux poursuites de l'homme. Elle fait une grande destruction de rats et de souris : aussi est-elle respectée des habitans, qui la voient, dit-on, entrer avec plaisir dans leurs habitations. Elle mange aussi des écureuils, des opossum, et même des oiseaux de proie, des grenouilles, des lézards.

Il faut rapporter à cette espèce le *serpent poulet* que Bartram a décrit dans la relation de son voyage en Caroline et en Floride. Stedman prétend aussi qu'on la trouve à Surinam, où elle grimpe sur la cime des arbres.

La Couleuvre janthine : *Coluber janthinus*, Merrem ; *Coluber viridissimus*, Linnæus; *la Couleùvre très-verte*, Daudin. Tête ovale, obtuse, déprimée ; mâchoire inférieure plus courte ; dents petites et aiguës ; corps long, mince, presque cylindrique, un peu comprimé ; ventre aplati ; écailles lisses, petites, nombreuses, rhomboïdales et réticulées ; queue très-prolongée et pointue ; deux cent dix-sept plaques abdominales et cent vingt-huit paires de plaques sous-caudales ; couleur très-verte, ou d'un violet plus ou moins brillant et se changeant en bleu foncé en-dessus ; dessous blanchâtre ; taille de dix-huit pouces à deux pieds.

De Surinam.

Il paroit que la couleuvre janthine n'a été séparée de la très-verte, comme espèce, que par suite de l'altération des couleurs dans l'esprit de vin.

La Couleuvre boiga : *Coluber ahætulla*, Linnæus; *Natrix ahætulla*, Laurenti ; Seba, *Thes.*, II, tab. 82, fig. 1. Tête petite, obtuse en devant, plus large que le cou, recouverte de neuf grandes plaques ; lèvre inférieure un peu plus courte que la supérieure ; cou très-mince ; corps s'épaississant vers son milieu ; écailles légèrement carenées sur les côtés du dos, lisses au-dessus des vertèbres ; couleurs variées et chatoyantes ; dessus de la tête d'un beau bleu d'outre-mer, bordé d'un trait noir derrière chaque œil ; lèvres blanches ; ventre nacré ; cent soixante à cent soixante-neuf plaques abdominales, cent quarante-une à cent soixante-treize paires de plaques sous-caudales ; queue terminée par un petit ergot : taille de quatre pieds au plus.

Ce serpent, de Cayenne et de Surinam, est un des plus brillans que l'on connoisse, et a tout l'éclat des pierres précieuses. Il vit ordinairement sur les branches des arbres. Il est très-doux et ne se nourrit que d'insectes. Quelques personnes, séduites, sans doute, par son élégance, ont prétendu qu'au lieu de siffler simplement, comme les autres serpens, il faisoit entendre une sorte de chant. Les nègres, à Surinam, ont pour lui une grande vénération, et vont même jusqu'à l'adorer sous le nom de *papaw*, ne le tuant jamais, et le regardant comme leur protecteur.

Le *Coluber ahætulla* de Linnæus, qui vient d'Amboine,

ne doit point être confondu avec la couleuvre que nous venons de décrire. Il est probable que, sous ce nom, le naturaliste suédois avoit réuni le boiga, la couleuvre argentée et la couleuvre bleue à deux raies.

La Couleuvre bleue a deux raies : *Coluber fulgidus*, Daudin ; *Coluber africanus*, Seba, *Thes.* II, tab. 63, fig. 5 ; *Natrix flagelliformis, prima varietas*, Laurenti. Cette couleuvre a beaucoup de rapports avec la précédente ; sa tête est longue, étroite, amincie en devant, déprimée ; son museau, un peu obtus ; son corps et sa queue sont longs et grêles, celle-ci très-pointue. Couleur générale d'un bleu très-éclatant, avec une ligne longitudinale d'un blanc jaunâtre, qui s'étend sur chaque côté du corps, depuis la tête jusqu'à l'extrémité de la queue. Deux cent une plaques abdominales, cent dix-neuf paires de plaques sous la queue.

Suivant Daudin et Laurenti, qui a observé ce reptile à Vienne dans le cabinet du comte de Turn, la couleuvre bleue à deux raies habite Saint-Domingue et Surinam, et non point l'Afrique, comme le dit Seba.

La Couleuvre argentée : *Coluber argenteus*, Daudin. Même forme que la précédente, à peu près ; deux cent six plaques abdominales, et cent soixante-dix-sept paires de plaques sous-caudales ; écailles lisses, alongées, rhomboïdales, réticulées ; anus simple et couvert d'une plaque demi-circulaire ; teinte générale d'un beau blanc argenté, un peu mat ; dessus de la tête azuré ; un trait bleu, parti du museau, s'étend de chaque côté du dos jusqu'à l'extrémité de la queue ; trois autres bandes longitudinales bleues sous le ventre et la queue.

L'individu observé par Daudin avoit trois pieds sept pouces de longueur.

La Couleuvre a tête de vipère, *Coluber monilis*, Linnæus ; *Coluber horridus*, Daudin ; *Couleuvre demi-collier*, Lacépède ; *Coluber viperinus*, Shaw, Seba, *Thes.*, II, tab. 12, fig. 1. Tête grande, triangulaire, obtuse et déprimée en devant, un peu élevée par-derrière et plus large que le cou ; son sommet est recouvert de dix plaques ; mâchoire inférieure plus courte ; corps cylindrique, un peu renflé vers son milieu ; écailles rhomboïdales carenées et imbriquées; plaque de l'anus demi-circulaire et double; queue alongée; dos d'un gris ferrugineux plus ou moins clair, avec de larges bandes transversales plus foncées et bordées de noir; quelques taches noirâtres sur la tête, dont une en forme de feuille de trèfle entre les narines; ventre d'un blanc jaunâtre; dessous de la queue brun; cent soixante-six à cent soixante-dix plaques abdominales, quatre-vingt-cinq à cent trois paires de plaques sous-caudales : taille de dix-huit pouces à trois pieds.

Suivant Seba, ce serpent vient d'Amérique; mais il a été apporté du Japon, où il est connu sous le nom de *kokura* : il est vivipare, dit M. Cuvier.

La Couleuvre violette : *Coluber reginæ*, Linnæus. Dessus du corps d'un brun violet, avec la gorge et le dessous de la queue blancs; écailles lisses et rhomboïdales; longueur d'un à deux pieds; cent trente-sept à cent quarante-trois plaques abdominales, vingt-quatre à soixante-dix paires de plaques sous-caudales.

Cette couleuvre vient des Indes.

Nous comprenons sous ce nom les couleuvres violette et régine de M. de Lacépède et de Daudin, que M. Cuvier regarde comme ne faisant qu'une seule et même espèce avec le *coluber reginæ* figuré par Linnæus (*Musæum Adolph.-Frid.*, tab. XIII, fig. III). M. Cuvier pense qu'elles ne diffèrent que par l'effet de la liqueur dans laquelle on les a conservées.

La Couleuvre a bandes noires : *Coluber atro-cinctus*, Daudin; *Coluber Æsculapii*, Linnæus; *Natrix Æsculapii*, Laurenti. Tête marquée d'une double bande noire et un peu plus large que le corps; queue amincie, obtuse à son extrémité; dos brun, avec des bandes transversales et des anneaux noirs; ventre blanchâtre; cent soixante-quatorze à cent quatre-vingt-dix plaques abdominales, quarante à quarante-sept paires de plaques sous-caudales; écailles ovales, rhomboïdales : taille d'un pied sept à huit pouces.

Cette couleuvre, qu'il ne faut point confondre avec la couleuvre d'Esculape, dont nous avons parlé plus haut, vient d'Amérique, suivant Merrem, qui l'a figurée planche V du premier fascicule de son ouvrage.

La Couleuvre double-tache : *Coluber bimaculatus*, Lacépède. Dos roux, avec deux petites taches irrégulières blanches, bordées de noir, assez écartées l'une de l'autre ; deux taches blanches derrière la tête, plus larges que celles du dos ; écailles réticulées en losange et lisses à leur surface ; deux cent quatre-vingt-dix-sept plaques abdominales, et soixante-douze paires de plaques sous-caudales : taille de dix-huit à vingt pouces.

Patrie inconnue.

La Couleuvre molure ; *Coluber molurus*, Linnæus. Tête alongée ; museau très-arrondi ; occiput fort large ; teinte générale d'un roux blanchâtre ; une rangée longitudinale de grandes taches rousses, bordées de brun ; deux cent quarante-huit à deux cent cinquante-cinq plaques abdominales, cinquante à cinquante-cinq paires de plaques caudales.

C'est l'une des plus grandes couleuvres connues : elle acquiert quelquefois la taille de certains boas ; il y en a un individu de sept pieds de longueur dans la collection du Muséum de Paris. Elle se rapproche aussi beaucoup des boas par la forme de sa tête, et par le nombre et la figure des écailles et des plaques qui la recouvrent.

Elle habite les Indes. Schneider l'a placée parmi les boas.

La Couleuvre fer-a-cheval ; *Coluber hippocrepis*, Linnæus. Dos livide avec des taches d'un brun roussâtre ; une bande brune entre les yeux ; une autre arquée en fer à cheval sur l'occiput ; deux cent trente-deux plaques abdominales et quatre-vingt-quatorze paires de plaques sous-caudales : taille d'un à deux pieds.

Selon Linnæus, qui a observé le premier cet ophidien dans la collection du prince Adolphe-Fréderic, il vient d'Amérique.

La Couleuvre dhara ; *Coluber dhara*, Linnæus. Tête ovale, obtuse, un peu déprimée ; dos d'un cendré cuivreux, avec le bord des écailles blanchâtre et sans taches ; ventre entièrement blanc ; deux cent trente-cinq plaques abdominales, quarante-huit paires de plaques caudales.

Cette couleuvre, dont le nom est arabe, a été trouvée une seule fois par Forskaël, dans l'Yemen, contrée de l'Arabie heureuse : elle avoit un peu moins de deux pieds de longueur et étoit à peine grosse comme le doigt.

La COULEUVRE TYRIE : *Coluber tyria*, Linnæus; *Coluber guttatus*, Forskaël; *Coluber cahirinus*, Gmelin. Teinte générale blanchâtre, avec trois rangées longitudinales de taches brunes et rhomboïdales. Taille de trois pieds à trois pieds et demi; volume du pouce. Tête aplatie, cordiforme, couverte de deux plaques principales seulement; deux cent dix à deux cent trente plaques abdominales, quatre-vingt-deux à quatre-vingt-trois paires de plaques sous-caudales.

Forskaël a trouvé cette couleuvre près du Caire, dans un champ de trèfle. Hasselquist l'a aussi observée en Égypte, et en a déposé un individu dans le Musée du prince Adolphe-Fréderic.

Les Arabes la nomment *taœbàn*.

La COULEUVRE A GOUTTELETTES ; *Coluber guttatus*, Linnæus. Couleur livide; des taches rouges et noires sur le dos; de petites lignes sur les flancs; des taches noires, carrées et en damier sur le ventre; deux cent vingt-trois à deux cent trente plaques abdominales, soixante paires de plaques sous-caudales.

Il ne faut point confondre cette espèce avec la précédente. On la trouve en Caroline, particulièrement dans les lieux où l'on cultive les patates. Elle est agile. Linnæus l'a décrite d'après un individu que lui avoit envoyé le D.ʳ Garden, et Catesby l'avoit figurée (pl. LX) sous le nom de serpent à chapelet.

La COULEUVRE RUDE ; *Coluber scaber*, Linnæus. Corps tacheté de brun et de noir; une tache noire, bifide en arrière, sur le sommet de la tête; écailles carenées et imbriquées de manière à donner une idée de rudesse et d'âpreté; deux cent vingt-huit plaques abdominales, quarante-quatre paires de plaques sous-caudales : taille de dix-huit pouces environ.

Ce serpent vit dans les Indes. Linnæus l'a observé dans la collection du prince Adolphe-Fréderic, et Merrem l'a figuré.

La COULEUVRE MOLOSSE : *Coluber molossus*, Daudin ; la *Couleuvre cannelée*, Latreille. Tête alongée, un peu aplatie, d'un rouge de brique, avec deux raies plus foncées, bordées de brun; lèvres blanches, tachetées de brun; dos d'un rouge de brique pâle, avec environ une quarantaine de taches d'un rouge noirâtre, bordées de brun et formant des carrés irréguliers sur le dos; les côtés en ont d'autres, petites, pâles, nombreuses; ventre blanc, avec des taches brunes, carrées, disposées deux à trois de suite, tantôt d'un côté, tantôt de l'autre; écailles du dos rhomboïdales, presque ovales; deux cent vingt à deux cent vingt-six plaques abdominales, soixante à soixante-quatre paires de plaques sous-caudales : taille d'environ deux pieds.

Des deux raies qui sont sur la tête, la plus grande forme un arc, dont la convexité est près du museau, et dont les branches, traversant ensuite les yeux, vont se terminer sur les côtés de l'occiput; l'autre raie forme, au sommet de la tête, un ovale, au milieu duquel est une petite tache alongée de la couleur des raies.

Cette couleuvre a été trouvée en Caroline par M. Bosc, qui l'avoit d'abord regardée comme la couleuvre molure. Elle ressemble fortement au boa devin. Elle est fort douce, et vit sous les écorces. On la redoute beaucoup, mais à tort, en Caroline, où on la confond avec le crotale millet. (Voyez Crotale.)

La Couleuvre rousse; *Coluber rufus*, Lacépède. Dos d'un roux plus ou moins foncé; ventre blanchâtre; écailles lisses, rhomboïdales; deux cent vingt-quatre plaques abdominales, soixante-huit paires de plaques sous-caudales : taille de dix-huit pouces environ.

Patrie et habitudes inconnues.

La Couleuvre réticulaire; *Coluber reticularis*, Lacépède. Dessus du corps couvert d'écailles blanchâtres, bordées de blanc, ce qui pourroit faire croire, au premier aspect, que l'animal est enveloppé dans un réseau blanc; écailles lisses et en losanges; deux cent dix-huit à deux cent vingt-une plaques abdominales, quatre-vingts à quatre-vingt-deux paires de plaques caudales : taille de quatre pieds.

La couleuvre réticulaire habite la Louisiane; il y en a plusieurs individus au Muséum de Paris.

La Couleuvre ibiboca : *Coluber corais*, Lacépède; la *Cou-*

leuvre coraïs, Daudin. Cet ophidien a les plus grands rapports avec l'espèce précédente ; mais il a cent soixante-seize plaques ventrales, et cent vingt-une paires de plaques sous-caudales : sa longueur totale est de cinq à six pieds.

Le mâle a les deux verges hérissées de pointes, et terminées par cinq membranes circulaires, plissées et frangées, avec quatre cercles formés de piquans d'une nature écailleuse.

On le trouve au Brésil, où il est appelé *Cobra de coraïs*.

La Couleuvre ibiroboca ; *Coluber ibiboboca*, Daudin. Tête aussi large que le cou, déprimée, amincie, ovale, couverte de douze plaques ; bouche large ; mâchoire inférieure plus courte ; yeux latéraux, situés près du museau ; corps long, aminci, plus épais vers son milieu ; cou mince, cylindrique ; dos convexe ; ventre aplati ; flancs comprimés ; écailles ovales, lisses, imbriquées ; deux cent neuf grandes plaques abdominales, et cent vingt-neuf paires de plaques sous-caudales : taille de deux à trois pieds.

Le dessus du corps est d'une couleur orangée, variée d'un beau noir luisant ; de chaque côté on observe une rangée de petites taches orangées et jaunes en forme de croix ; les plaques ventrales sont d'un blanc jaunâtre, avec un point noir à chaque bout.

Cette couleuvre vient du Coromandel, où on l'appelle *kalla-jin*. Russel l'a figurée pl. II, n.° 2, de son supplément à l'*Hist. natur. of Indian and Corom. serpents*, et Seba à la planche VII du tome second de son *Thesaurus*.

La Couleuvre large-tête ; *Coluber laticapitatus*, Lacépède. Tête déprimée, plus large que le corps ; dessus à grandes taches irrégulières très-foncées, réunies en plusieurs endroits du dos, surtout vers la tête et la queue, sur un fond blanchâtre ; dessous blanchâtre aussi, avec de petites taches écartées et disposées en long sur chaque côté du ventre ; écailles ovales, lisses et un peu séparées les unes des autres près de la tête ; deux cent dix-huit plaques abdominales, cinquante-deux paires de plaques sous-caudales : taille de quatre à cinq pieds.

Dombey a rapporté ce serpent du Pérou.

La Couleuvre fulvie : *Coluber fulvius*, Linnæus; la *Couleuvre noire et fauve*, Lacépède. Corps marqué de vingt-deux anneaux noirs et d'un nombre égal d'autres anneaux fauves, tachetés de brun, et alternant avec les premiers ; ces derniers, en devant et en arrière, sont blancs ; deux cent dix-huit plaques abdominales, trente-une paires de plaques sous-caudales ; écailles hexagonales et lisses : taille de deux pieds environ.

Des États-unis de l'Amérique, d'où Garden l'avoit envoyée à Linnæus. Suivant M. Palisot Beauvois, elle se nourrit principalement de sauterelles et d'insectes.

M. Cuvier range la couleuvre fulvie dans le genre Élaps. (Voyez ce mot.)

La Couleuvre minime; *Coluber pullatus*, Linnæus. C'est une petite couleuvre qui a les tempes d'un blanc de neige, marquées de taches noirâtres; elle est ornée en-dessus de taches noirâtres, avec des points blancs; museau arrondi, obtus; deux cent dix-sept plaques abdominales, et cent huit paires de plaques sous-caudales : taille de deux à trois pieds.

D'Asie.

La Couleuvre pétalaire; *Coluber petalarius*, Linnæus. Brune en-dessus, avec des bandes blanches; pâle en-dessous; écailles ovales et lisses; deux cent douze plaques abdominales, et cent deux paires de plaques sous-caudales : taille de dix pouces à deux pieds.

Linnæus a le premier décrit cette espèce d'après un individu conservé dans le Muséum du prince Adolphe-Fréderic. M. de Lacépède rapporte ici le céraste du Mexique, de Laurenti (Seba, *Thes. II*, tab. 20, fig. 1), et l'*apachycoatl*, de Nieremberg; mais Merrem les regarde comme les mêmes que la *couleuvre plutonie* de Daudin.

La Couleuvre bleuatre : *Coluber cærulescens*, Linnæus; *Natrix cærulescens*, Laurenti. Tête prolongée en pointe, de couleur plombée; corps lisse, bleuâtre, sans aucune tache; deux cent quinze plaques ventrales, et cent soixante-dix paires de plaques sous-caudales.

Elle a été décrite et figurée par Linnæus dans le Muséum du Prince Adolphe-Fréderic. Gmelin lui assigne pour patrie l'Amérique méridionale et l'Inde tout à la fois, ce qui est impossible.

La Couleuvre chaîne ; *Coluber getulus*, Linnæus. Tête petite, couverte de neuf plaques noires, marquées de points blancs. Elle a sur le dos, qui est d'un noir bleuâtre, trente ou trente-cinq lignes jaunâtres et transversales, lesquelles se réunissent sur chaque flanc à une autre ligne longitudinale et en zigzag, munie elle-même sous chaque angle inférieur d'une tache blanche qui se prolonge sous le ventre ; le dessous de l'animal est d'un blanc jaunâtre tacheté irrégulièrement d'un noir bleuâtre et teint de bleu pâle ; deux cent dix à deux cent quinze plaques abdominales, quarante-quatre à quarante-six paires de plaques sous-caudales ; sur chaque côté de l'anus on observe quelques petites écailles oblongues et hexagonales ; bord des lèvres blanc, avec des raies noires en travers ; écailles lisses : taille de quatre à cinq pieds.

De la Pensylvanie, de la Caroline, de la Floride et de la Louisiane. Elle est agile, et se nourrit d'oiseaux, de petits quadrupèdes et d'autres reptiles.

La Couleuvre Hébé ; *Coluber Hebe*, Daudin. Bouche large, lèvres jaunes ; dents petites, aiguës et nombreuses ; corps long, un peu aminci, recouvert d'écailles ovales, orbiculaires, lisses et imbriquées ; queue prolongée en une pointe très-aiguë ; teinte générale d'un gris cendré avec des taches obscures ; une vingtaine de bandes transversales, étroites, sur le dos, toutes blanches ou jaunâtres, marquées de quelques points noirs sur leurs bords ; ventre nacré ; cent quatre-vingt-douze plaques abdominales, et soixante-deux paires de plaques sous-caudales : taille de deux pieds.

La couleuvre Hébé habite le Coromandel, où elle est connue sous le nom de *Nouni - paragoudou*. Les habitans regardent sa morsure comme susceptible de suites fâcheuses.

La Couleuvre panthérine ; *Coluber pantherinus*, Daudin. Tête ovale, oblongue, aplatie ; museau obtus ; lèvres blanches, avec des taches noires ; corps comprimé ; écailles lisses, rhomboïdales ; queue longue, aplatie ; deux cent quatorze plaques abdominales, soixante-six paires de plaques sous-caudales ; la plaque de l'anus est grande, demi-circulaire et double. Couleur générale d'un blanc sale, avec de grandes taches brunes, irrégulièrement quadrilatères, entourées d'un trait noir, et disposées sur le dos en une rangée longitudinale : un trait brun part de la narine sur l'œil, et se prolonge obliquement derrière l'occiput ; une bande transversale est placée devant les yeux, et une tache triangulaire de même couleur paroit sur le sommet de la tête : il y a sur les flancs quelques petites taches roussâtres effacées ; le ventre est blanchâtre, avec de grandes taches carrées, alternes, sur chaque moitié des plaques ; deux rangées longitudinales et parallèles de gros points noirs, très-rapprochées, sur les doubles plaques de la queue. Taille de deux à trois pieds.

La patrie de ce serpent est inconnue. Peut-être faudra-t-il, quand on le connoitra mieux, le rapporter au genre Bongare (voyez ce mot). Merrem le regarde comme voisin de la couleuvre fer-à-cheval, et Daudin, comme très-rapproché de la bali, dont nous parlerons plus bas.

La Couleuvre triangle ; *Coluber triangulum*, Lacépède. Une grande tache triangulaire brune sur la tête, avec une autre tache plus petite dans son milieu, et d'une teinte plus claire ou plus foncée ; écailles lisses et rhomboïdales ; dessus du corps blanchâtre, avec des taches rondes, roussâtres, bordées de noir et un peu irrégulières ; une tache noire, alongée et oblique derrière chaque œil, et une rangée de petites taches sur chaque côté du dos ; deux cent treize plaques ventrales, et quarante-huit paires de plaques sous-caudales : taille de deux à trois pieds.

La couleuvre triangle, de l'Amérique méridionale, a été décrite pour la première fois par M. de Lacépède, d'après un individu des galeries du Muséum.

La Couleuvre plutonie ; *Coluber plutonius*, Daudin. Tête grosse, oblongue, aplatie ; museau obtus ; langue noire, aplatie, longue, étroite et très-fourchue ; corps un peu comprimé au-dessus des flancs ; dos carené ; écailles assez grandes, rhomboïdales, très-carenées et imbriquées ; queue longue, terminée par un ergot, à écailles lisses et hexagonales. D'un noir luisant en-dessus, avec des bandes ou marbrures transversales, irrégulières, d'un jaune blanchâtre ; les côtés de la tête variés de quelques points noirs ; d'un jaune prononcé en-dessous jusque vers le milieu du corps, avec quelques plaques bordées de gris-brun ; la partie postérieure entièrement brune et même presque noire sous la queue ; deux cent douze plaques abdominales, cent sept paires de plaques sous-caudales. Taille de six à sept pieds.

Merrem a confondu cette espèce avec la couleuvre minime : Daudin l'en a distinguée, et lui a donné le nom de *plutonie*, à cause de son aspect effrayant. On ignore de quel pays elle vient.

La COULEUVRE CLÉLIE ; *Coluber Clelia*, Daudin. Dessus de la tête et tempes d'un brun sombre et foncé, ainsi que le dessus du cou et le dos ; nuque marquée d'une large bande blanche transversale ; écailles rhomboïdales, lisses, imbriquées, plus grandes sur les flancs ; ventre blanchâtre ; sous la gorge un sillon bordé de six plaques ; deux cent neuf grandes plaques abdominales, et quatre-vingt-treize paires de plaques sous-caudales ; une plaque demi-circulaire sur l'anus : taille de deux à trois pieds.

De Surinam, où elle est assez rare.

La COULEUVRE PÉTHOLE : *Coluber pethola*, Linnæus ; *Coronella pethola*, Laurenti ; *Serpens africana, pethola dicta*, Seba, II, tab. 54, fig. 4. Forme de la couleuvre à collier ; couleur plombée, avec des bandes transversales d'un rouge de brique ; dessous du corps d'un blanc mêlé de jaune, avec quelques bandes transversales brunes ou rougeâtres ; écailles ovales et lisses ; deux cent sept à deux cent neuf plaques ventrales, quatre-vingt-cinq à cent trois paires de plaques sous-caudales.

Cette couleuvre a été décrite par Linnæus dans ses Aménités académiques. Elle est peu connue et assez mal déterminée. Gmelin y a rapporté, comme autant de variétés, huit coronelles de Laurenti.

La COULEUVRE DIONE : *Coluber Dione*, Gmelin ; la *Couleuvre Dione*, Latreille. Tête petite, tétragone, ordinairement réticulée par les sutures brunes de ses plaques ; d'un cendré blanchâtre en-dessus, avec trois bandes longitudinales plus blanches, entre lesquelles sont disposées de petites raies brunes ; blanchâtre en-dessous, avec de petites raies d'un brun livide et de petits points rougeâtres ; cent quatre-vingt-dix à deux cent six plaques abdominales, cinquante-huit à soixante-six paires de plaques sous-caudales : taille de trois pieds environ.

La couleuvre Dione a été trouvée par Pallas dans les déserts salés qui avoisinent les bords de la mer Caspienne, et dans les terrains arides, salés et montueux, qui bordent le fleuve Irtisch. En raison de l'élégance de sa forme et de ses mouvemens, et de la douceur de ses habitudes, le professeur du Nord l'a consacrée à la déesse de la beauté, à la Vénus Dione des Anciens.

La Couleuvre ovivore : *Coluber ovivorus* ; la *Guimpe*, Daubenton. Cette espèce est fort peu connue : elle habite l'Amérique septentrionale, où elle a été trouvée par Kalm. Linnæus n'a fait connoître que le nombre de ses plaques ventrales et sous-caudales. Daudin en a parlé plus longuement ; il lui assigne les caractères suivans : teinte générale noire ; écailles lisses ; soixante taches rouges alternes en-dessous du corps, et se prolongeant sur chaque côté ; deux cent trois à deux cent six plaques abdominales, cinquante à soixante-treize paires de plaques sous-caudales.

Linnæus rapporte à cette espèce le *guinpuaguara* du Brésil, observé par Pison et Marcgrave ; mais ce rapprochement demande une nouvelle confirmation. Elle ressemble aussi assez à la couleuvre-lien.

La taille de la couleuvre ovivore est, suivant Daudin, d'environ quatre pieds.

La Couleuvre audacieuse ; *Coluber audax*, Daudin. Tête ovale, élargie, tronquée en devant, couverte de neuf plaques sur quatre rangs, toutes brunes, bordées de blanc jaunâtre, ainsi que les plaques labiales et les écailles de l'occiput ; sous la gorge un petit sillon longitudinal, bordé de six plaques ; corps comprimé latéralement, d'un jaune blanchâtre, avec de nombreuses bandes transversales, rousses et serrées ; deux cent cinq plaques ventrales, quatre-vingt-dix-neuf paires de plaques sous-caudales : taille de deux pieds six pouces.

Daudin a le premier fait connoître ce serpent, dont il n'indique pas la patrie, et qu'il annonce cependant comme d'une grande vivacité et d'une extrême hardiesse. Il en avoit un individu dans sa collection.

La Couleuvre peinte ; *Coluber pictus*, Daudin. Tête petite, ovale, déprimée ; bouche large ; mâchoire inférieure plus courte ; yeux écartés, latéraux ; narines très-apparentes et situées sur les côtés de l'extrémité des yeux ; écailles lisses, ovales, brunes en-dessus, avec de nombreuses lignes transversales, étroites, composées de petits points oblongs noirs et blancs ; flancs jaunes ; chaque plaque transversale marquée d'une tache d'un jaune pâle ; deux cent deux plaques abdominales, et quatre-vingt-onze paires de plaques sous-caudales : taille de deux pieds.

Russel a décrit le premier cette couleuvre, qui lui a été envoyée de Casem-Cottah au Bengale, où elle porte le nom de *patza-tutta*. Elle est assez rare dans le pays.

La Couleuvre grison ; *Coluber canus*, Linnæus. Teinte générale blanche ou bleuâtre, avec des bandes transversales roussâtres sur le dos ; deux points blancs sur les flancs à côté de chacune de ces bandes, qui sont dentées en scie ; corps un peu plus gros que la tête ; queue effilée ; écailles ovales ; cent quatre-vingt-huit à deux cents plaques abdominales, soixante-quatre à quatre-vingt-dix-huit paires de plaques sous-caudales : taille d'environ deux pieds.

Des Indes. Merrem croit qu'elle est la même que l'ammobate de Seba, *Thes.*, II, tab. 78, fig. 2.

La Couleuvre obscure ; *Coluber obscurus*, Daudin. Tête petite, déprimée, ovale ; bouche large ; mâchoire inférieure un peu plus courte ; corps long, cylindrique ; écailles ovales et lisses ; couleur générale d'un brun foncé ; cent quatre-vingt-seize à cent quatre-vingt-dix-huit plaques abdominales, quatre-vingt-deux à quatre-vingt-quatre paires de plaques sous-caudales : taille de trois pieds à trois pieds et demi ; Van Ernest en a vu de cinq pieds de longueur.

Russel a figuré ce serpent parmi ceux du Coromandel ; il lui a été envoyé de Madepolam. On le distinguera facilement de la couleuvre-lien, en ce que celle-ci a la gorge et les lèvres blanches.

La Couleuvre annelée : *Coluber annulatus*, Linnæus ; le *Bairouge*, Daubenton ; la *Blanche et brune*, Lacépède ; *Bronze natter*, Merrem. Dos cendré ou d'un blanc roux, avec une bande brune, ou des taches alternes, rondes, brunes, réunies

en une bande; ventre blanc; corps presque hexaédrique;
écailles rhomboïdales; cent quatre-vingt-quatre à cent quatre-vingt-seize plaques abdominales; soixante à quatre-vingt-
seize paires de plaques sous-caudales : taille de trois pieds
environ.

Cet ophidien habite en Amérique, en particulier à Surinam.

La Couleuvre grosse-tête; *Coluber capitatus*, Lacépède.
Tête beaucoup plus grosse que le cou, couverte de neuf
plaques; écailles ovales et lisses ; dessus du corps d'un brun
foncé, avec des bandes irrégulières, transversales, plus claires ; cent quatre-vingt-seize plaques abdominales, soixante-
dix-sept paires de plaques sous-caudales : taille de deux à trois
pieds.

Cette couleuvre est très-voisine, par sa forme, des couleuvres comprimée et audacieuse.

Elle vient de Surinam.

La Couleuvre triscale; *Coluber triscalis*, Linnæus. D'un
vert de mer, avec trois petites lignes longitudinales brunes
sur le dos et réunies sur la nuque; une ligne brune prolongée
depuis les flancs jusqu'à l'extrémité de la queue ; cent qua-
tre-vingt-neuf à cent quatre-vingt-quinze plaques abdominales, soixante-dix-neuf à quatre-vingt-six paires de plaques
sous-caudales.

Cette couleuvre vient des Indes, suivant Linnæus; d'Amérique, selon M. de Lacépède. Il paroît néanmoins que celle
qu'a décrite ce dernier, est une espèce distincte de celle de
Linnæus, que Daudin dit avoir reçue de Surinam.

La Couleuvre cuirassée; *Coluber scutatus*, Pallas. Plaques
abdominales longues, relevées sur chaque flanc et occupant
les deux tiers de la circonférence du corps; d'un noir sombre; plaques abdominales de la même couleur et polies,
mais alternativement d'un blanc jaunâtre à leur extrémité,
en sens opposé, ce qui fait paroître le corps comme marqueté : cent quatre-vingt-dix plaques ventrales, sans y
comprendre une grande écaille double sur l'anus ; queue légèrement trièdre, garnie en-dessous de cinquante doubles
plaques : taille de quatre pieds.

Cette couleuvre, qui, par sa forme, a beaucoup de ressemblance avec la couleuvre à collier, a été observée par Pallas sur les bords du Jaïk, soit sur les terrains secs et élevés qui l'avoisinent, soit dans l'eau même de la rivière.

La Couleuvre Russélie ; *Coluber Russelius*, Daudin. Tête un peu plus large que le cou, ovale, déprimée ; bouche petite ; mâchoires égales ; corps cylindrique ; écailles lisses, ovales et imbriquées : teinte générale d'un gris olivâtre ; une trentaine de bandes transversales, étroites, plus larges dans leur milieu, noires et bordées, des deux côtés, d'une ligne festonnée d'un blanc jaunâtre ; ventre nacré ; cent soixante-neuf à cent quatre-vingt-huit plaques abdominales, cinquante à cinquante-cinq paires de plaques sous-caudales: taille d'environ deux pieds.

Cette couleuvre habite le Vizagapatam, où elle paroît assez commune, et où on l'appelle *katla tutta*. Au Mazulipatam, suivant Russel, à qui Daudin l'a dédiée, elle s'appelle *cobra monil*. Ce naturaliste anglois en a décrit et figuré deux variétés.

La Couleuvre asiatique; *Coluber asiaticus*, Lacépède. Écailles lisses et rhomboïdales; cent quatre-vingt-sept plaques abdominales, et soixante-treize paires de plaques sous-caudales: taille d'un pied.

L'individu qui a été envoyé d'Asie à Paris, avoit perdu ses couleurs dans l'esprit de vin. M. de Lacépède l'a décrit dans le temps. Il paroît que les Indiens appellent cette couleuvre *malpolon*.

La Couleuvre couresse ; *Coluber cursor*, Lacépède. D'un vert noirâtre, avec des taches blanches en-dessus, rangées sur deux lignes longitudinales; ventre et flancs blanchâtres et luisans; écailles ovales et lisses; cent quatre-vingt-cinq plaques abdominales, et cent cinq paires de plaques souscaudales : taille de trois à quatre pieds.

Ce serpent, que Rochefort a indiqué dans son Histoire des Antilles, et que M. de Lacépède a décrit le premier d'après un individu envoyé par M. Chanvalon, habite particulièrement la Martinique. Son nom lui a été donné en raison de la vitesse avec laquelle il fuit. Au rapport du chef d'escadron Moreau de Jonnès, on croit généralement, dans les Antilles, que la couresse combat avec avantage le trigonocéphale fer-delance, et qu'elle parvient à le faire succomber. L'inégalité de leurs armes ne paroît point une objection, parce qu'on ajoute que, toutes les fois que la couresse est atteinte par la dent meurtrière de son ennemi, elle arrête subitement l'effet du venin, en se roulant sur les tiges courtes et lactescentes des *euphorbia hirta*, *pilulifera*, *parviflora* et *graminea*. Les expériences de Fontana rendent le merveilleux de cette circonstance fort inutile, puisqu'il en résulte que plusieurs espèces de serpens n'éprouvent point d'accidens graves par les morsures réitérées des vipères.

La COULEUVRE PERLÉE : *Coluber margaritaceus*, Daudin ; *Coluber margeriticus*, Klein. Corps peu distinct de la tête, presque également gros dans toute sa longueur, cylindrique et couvert d'écailles lisses, alongées, hexagonales ; dos nacré, parsemé de petites taches noires en forme d'X, et disposées par rangées avec d'autres taches d'un blanc éclatant ; ventre blanc, marqué de taches brunes aux extrémités des plaques, qui sont au nombre de cent quatre-vingt-quatre sous le ventre, et de soixante-six paires sous la queue ; plaque anale double et demi-circulaire : taille d'environ deux pieds.

La patrie de la couleuvre perlée est inconnue. Merrem, qui l'a décrite, pense qu'il faut y rapporter le *serpens ceilonica crucifera* de Seba, *Thes.*, II, tab. 12, fig. 2.

La COULEUVRE LAPHIATI : *Coluber aulicus*, Linnæus ; *Natrix aulica*, Laurenti ; la *Losange*, Daubenton. Grise, avec plusieurs lignes transversales blanches, fourchues sur les flancs ; deux taches triangulaires blanches sur les côtés de l'occiput ; ventre d'un jaune pâle ; cent quatre-vingt-quatre plaques abdominales, soixante paires de plaques sous-caudales : taille de trois à quatre pieds.

Cette couleuvre a été figurée par Seba, *Thes.*, I, tab. 91, fig. 5. Linnæus l'a décrite d'après le Muséum du prince Adolphe-Fréderic.

La COULEUVRE SCHOKARI ; *Coluber schokari*, Linnæus. D'un brun cendré en-dessus, avec une double bande longitudinale blanche ; ventre d'un cendré pâle ; gorge jaunâtre, avec des points bruns ; cent quatre-vingts plaques abdominales, et cent quatorze doubles plaques sous le ventre : taille d'environ deux pieds ; grosseur du petit doigt.

Forskaël a trouvé assez communément la couleuvre scho-kari dans les montagnes de l'Yèmen, au milieu des forêts de l'Arabie heureuse.

La COULEUVRE A BANDEROLLES ; *Coluber tœniolatus*, Daudin. Couleur dominante d'un chatain clair, avec des lignes longitudinales blanches, et des bandes transversales noires et nombreuses ; ventre d'un gris de perle assez clair ; corps cylindrique, long, peu renflé vers son milieu, et couvert d'écailles lisses, ovales et imbriquées ; son volume est celui du tuyau d'une plume de cygne ; cent quatre-vingt-deux plaques abdominales, et trente-huit paires de plaques sous-caudales : taille d'un pied deux à trois pouces.

Cette couleuvre est du Vizagapatam, où elle est assez rare et où les habitans la nomment *wanapa-pam*. Elle a été décrite par Russel, tab. XIX.

La COULEUVRE TRISTE ; *Coluber tristis*, Daudin. D'un brun noirâtre en-dessus, avec quelques écailles dorsales d'un bleu clair ; flancs blanchâtres et marqués de points noirs ; ventre blanc ; corps renflé vers son milieu ; écailles ovales et presque linéaires, si ce n'est celles de la rangée vertébrale qui sont ovales et plus courtes que les autres ; cent quatre-vingt-une plaques abdominales, et cent trente paires de plaques sous-caudales : taille de trois à quatre pieds.

Cette couleuvre a été trouvée à Hyderabad, au Bengale, où elle est nommée *goubra* par les habitans. Elle fréquente les bois.

La COULEUVRE SIBON : *Coluber sibon*, Linnæus ; *Natrix sibon*, Laurenti. Tête blanche en-dessus ; teinte générale d'un jaune clair, avec des taches rousses et rougeâtres ; cent quatre-vingts plaques abdominales, et quatre-vingt-cinq paires de plaques sous-caudales.

Seba (*Thes.*, I, tab. 14, fig. 4) dit que *sibon* est le nom que les Hottentots donnent à ce serpent, que Linnæus a décrit d'après nature dans ses Aménités académiques.

La COULEUVRE-HYDRE ; *Coluber hydrus*, Pallas. Corps analogue à celui des orvets ; tête petite, sans museau saillant ; langue très-longue et noire ; yeux petits, entourés d'un cercle jaune. D'un cendré olivâtre en-dessus ; une bande noire de chaque côté sur le sommet de la tête, et, dans l'intervalle, deux taches oblongues noirâtres ; dessus du corps couvert de taches arrondies, disposées en quinconce sur quatre rangées, dont les latérales sont plus noires ; ventre marqueté de jaune et de noirâtre, mais de manière que le jaune domine sous la gorge ; queue entièrement noirâtre ; cent quatre-vingts plaques abdominales, et soixante-six paires de plaques sous-caudales ; plaque de l'anus quadruple ; les deux dernières plaques sous-caudales placées l'une sur l'autre.

La couleuvre-hydre paroît vivre habituellement dans l'eau. Pallas l'a trouvée dans le Rhymn, dans d'autres rivières qui se jetent dans la mer Caspienne et dans cette mer. Jamais il ne l'a aperçue sur les rivages.

La Couleuvre aurore : *Coluber aurora*, Linnæus ; *Cerastes aurora*, Laurenti. D'un jaune roux un peu livide, avec une bande dorsale jaune, prolongée depuis la tête jusqu'à l'extrémité de la queue ; tête jaune, tachetée de rouge ; jointures des écailles orangées ; cent soixante-dix-neuf plaques abdominales, et trente-sept paires de plaques sous-caudales.

Linnæus a décrit la couleuvre aurore dans le Muséum du prince Adolphe-Fréderic ; Seba paroît l'avoir figurée (*Thes.*, II, tab. 78, fig. 5) sous le nom de *jaculus*.

La Couleuvre Thalie : *Coluber Thalia*, Daudin ; *Elaps annulatus*, Schneider. Soixante-dix anneaux ou zones d'un brun noirâtre autour du corps et de la queue ; dix-sept plaques autour de la lèvre supérieure, quinze autour de l'inférieure, et huit sur le sommet de la tête ; écailles rhomboïdales : teinte générale d'un brun mêlé de blanc ; cent soixante-dix-neuf plaques abdominales, et vingt paires de plaques sous-caudales.

Patrie inconnue. M. Schneider a décrit cette espèce d'après un individu de la collection de Bloch.

La Couleuvre rayée, *Coluber lineatus*. Bleuâtre en-dessus, avec quatre raies longitudinales brunes et étendues jusqu'à l'extrémité de la queue ; blanchâtre en-dessous ; cent soixante-deux à cent soixante-seize plaques abdominales, soixante-quatorze à quatre-vingt-huit paires de plaques sous-caudales : taille de quinze à vingt pouces.

Cette couleuvre habite en Asie, à Ceilan, au Bengale, où Russel dit qu'on la nomme *condanarouse*. Il faut encore rapporter à cette espèce les *coluber lineatus*, *atratus* et *jacula-*

trix de Linnæus; la *couleuvre-dard* et *la couleuvre à trois raies*
de M. de Lacépède, quoique la couleuvre-dard soit indiquée
par Seba et Scheuchzer comme venant de Surinam, sous le
nom de *xequipiles*; et la *couleuvre brunâtre*, *coluber subatratus*
de Daudin, incomplétement décrite par Gronou et Boddaert.

La Couleuvre écarlate; *Coluber coccineus*, Linnæus. Dessus
d'une belle couleur rouge de sang, avec vingt-une ou vingt-
deux bandes transversales jaunâtres, bordées d'un trait noir
en devant et en arrière; quelques petites taches noires et
irrégulières sur les flancs; ventre blanchâtre, sans taches;
tête petite, étroite, lisse, couverte de dix plaques; écailles
lisses et légèrement bombées dans leur centre; cent soixante-
une à cent soixante-quinze plaques abdominales; trente-
cinq à quarante-trois paires de plaques sous-caudales : taille
de deux pieds.

La couleuvre écarlate, que M. Bosc a figurée le premier,
habite en Caroline : elle a un aspect très-brillant lorsqu'elle rampe sur le sable aux rayons du soleil; elle est très-
douce, et ne cherche jamais à se défendre lorsqu'on la
saisit. Les sauvages s'en font des bracelets et des colliers,
lorsqu'ils n'ont ni corail ni verre rouge. Suivant M. Palisot-
Beauvois, elle se nourrit de sauterelles et d'autres insectes.
Linnæus prétend qu'on la rencontre aussi au Mexique.

La Couleuvre maligne; *Coluber malignus*, Daudin. Bouche
petite ; mâchoires égales ; corps cylindrique, noirâtre en-
dessus, varié de teintes d'un vert foncé, avec une rangée
dorsale de vingt taches environ, étroites et d'un blanc jaunâtre, et deux rangées latérales de petits traits blancs; ventre d'un blanc bleuâtre ; cent soixante-quatorze plaques abdominales, et quarante paires de plaques sous-caudales :
taille d'un pied deux à trois pouces.

La couleuvre maligne est appelé *gajou-tutta* au Bengale,
et Russel l'a décrite dans son ouvrage sur les Serpens du
Coromandel. On la regarde dans le pays comme venimeuse;
elle a de grands rapports avec le bongare bleu. Peut-être
est-ce une vipère. Russel dit ne pas avoir assez bien observé
ses dents, dont les moyennes sont plus longues que les autres
à la mâchoire supérieure.

La Couleuvre blanche; *Coluber albus*, Linnæus. Entièrement

blanche, suivant Linnæus; brune en-dessus, d'un blanc jaunâtre en-dessous, suivant Merrem : dessus de la tête d'un gris verdâtre; langue fourchue et très-extensible ; corps épais, cylindrique, non renflé au milieu ; écailles lisses, rhomboïdales; cent soixante-dix à cent soixante-quatorze plaques abdominales, vingt à vingt-six paires de plaques sous-caudales : taille d'un pied à dix-huit pouces.

On ignore la patrie de ce reptile, que Linnæus dit vivre dans les Indes, ce qui est fort vague. Il est probable que l'individu observé par le naturaliste suédois étoit entièrement décoloré.

La COULEUVRE AZURÉE : *Coluber cæsius*, Nob.; *Coluber cærulescens*, Lacépède. Dos d'un très-beau bleu foncé et azuré; flancs plus clairs; ventre blanchâtre ; cent soixante-onze plaques abdominales, et soixante-quatre paires de plaques sous-caudales : taille de deux pieds.

Des environs du Cap-vert. Il ne faut point confondre cette espèce avec la couleuvre bleuâtre, décrite plus haut, p. 189.

La COULEUVRE SUISSE : *Coluber helveticus*, Lacépède; la *Couleuvre vulgaire*, Razoumowski. D'un gris cendré, avec de petites raies noires sur les flancs; une bande longitudinale et dorsale composée de petits traits transversaux étroits et pâles; ventre noir, avec quelques taches d'un blanc bleuâtre; écailles ovales et carenées ; cent soixante-dix plaques abdominales, et cent vingt-sept paires de plaques sous-caudales : taille de trois pieds.

Razoumowski a trouvé ce serpent, que M. Latreille regarde comme le même que la couleuvre à collier, dans les bois humides du Jorat. Il prétend qu'en été il pond dans le fumier quarante œufs en chapelet. On le regarde dans le pays comme venimeux, mais à tort.

La COULEUVRE MALPOLE : *Coluber sibilans*, Linnæus; la *Couleuvre malpole*, Lacépède; *Coluber malpolon*, Daudin. Cette couleuvre est bleue, avec un grand nombre de taches noires très-petites, disposées en rangées longitudinales; une tache très-blanche, bordée de noir, brille sur la tête ; les écailles sont ovales et carenées; le corps est très-mince ; cent soixante plaques abdominales, cent paires de plaques sous-caudales : taille de dix-huit pouces.

La couleuvre malpole est figurée dans Seba, *Thesaur.*, II, tab. 52, fig. 4, et 107, fig. 4. Il ne faut point la confondre avec le serpent qu'il a fait représenter dans d'autres planches, *Thes.*, I, tab. 9, fig. 1, et II, tab. 56, fig. 4, sous le nom de *coluber sibilans*, et qui se rapporte à l'espèce suivante. On croit qu'elle vit à Ceilan.

La COULEUVRE-CHAPELET; *Coluber moniliger*, Lacépède. Bleue en-dessus, avec trois raies longitudinales blanches; l'intermédiaire formée par une très-grande quantité de petits traits entièrement ovales et séparés par deux points noirs, entre lesquels il y a un point blanc; sur le sommet de la tête, des taches d'un bleu clair bordé de noir et placés avec une grande régularité; écailles lisses et en losanges; corps long, délié, peu renflé dans son milieu; ventre blanc, avec un petit point noir à chaque extrémité des plaques transversales, qui sont au nombre de cent soixante-six pour l'abdomen, et de cent trois paires pour la queue : taille de dix-huit pouces.

La couleuvre-chapelet a été décrite par M. de Lacépède d'après un individu conservé dans les galeries du Muséum d'histoire naturelle de Paris.

La COULEUVRE CERCLÉE : *Coluber doliatus*, Linnæus; la *Couleuvre annelée*, Lacépède. D'un blanc assez éclatant, avec des anneaux noirs, transversaux, qui n'entourent pas exactement tout le corps, mais qui sont disposés alternativement en-dessous; ils sont plus réguliers et entiers sur le dos; tête presque noire; écailles lisses et rhomboïdales; cent soixante-quatre à cent soixante-six plaques abdominales, quarante à quarante-trois paires de plaques sous-caudales : taille de six à huit pouces.

La couleuvre cerclée habite la Caroline, suivant Linnæus, qui l'a reçue du docteur Garden. Celle qui est au Muséum d'histoire naturelle à Paris, a été envoyée de S. Domingue.

La COULEUVRE FIL : *Coluber filiformis*, Linnæus; *Anguis flagelliformis*, Catesby; *Natrix filiformis*, Laurenti. Obscurément livide en-dessus, un trait roux près de chaque œil et prolongé sur le cou; ventre blanc; corps long et filiforme; écailles en losanges et carenées; cent soixante-cinq plaques abdominales, et cent cinquante-huit paires de plaques sous-caudales : taille de quatre à six pieds; corps tellement mince, surtout à sa partie postérieure, qu'il a l'apparence d'un fouet.

Cette couleuvre, qu'il ne faut point confondre avec celle que nous avons décrite plus haut sous le nom de *fouet-de-cocher*, rampe avec une vitesse extrême et a des mouvemens très-prompts. Elle habite les États-unis d'Amérique, et ne se trouve pas dans l'Inde, comme l'a prétendu Gmelin. On la voit se rouler avec facilité, se tortiller avec souplesse autour des arbres, parcourir les branches les plus élevées, et se balancer au haut des palmiers, ce qui l'a fait appeler *serpent à liane* dans quelques contrées de l'Amérique. C'est un ophidien très-innocent, qui peut à peine, par ses morsures, entamer la peau des plus petits quadrupèdes; ce qui n'a point empêché les Indiens de prétendre que d'un seul coup de sa queue il pouvoit couper un homme en deux.

La COULEUVRE BLUET : *Coluber cœruleus*, Linnæus; Seba, *Thes.*, II, tab. 13, fig. 3. Tête bleue; écailles du dos à moitié blanches et bleues; queue d'un bleu plus foncé et sans aucune tache; ventre blanc; cent soixante-cinq plaques abdominales, et vingt-quatre paires de plaques sous-caudales.

D'Amérique ?

La COULEUVRE SERPENTINE : *Coluber serpentinus*, Merrem, Gronou. D'un blanc jaunâtre, avec des bandes transversales rousses et nombreuses sur tout le dessus du corps et de la queue; corps long, mince, cylindrique en-dessus, un peu aplati en-dessous; écailles lisses et rhomboïdales; trois paires de plaques sous la gorge; de petites taches rousses sur la tête et sur les plaques transversales, dont le nombre varie de cent quarante-sept à cent cinquante-cinq pour l'abdomen, et de cinquante-un à cinquante-quatre paires pour le dessous de la queue : taille de dix-huit pouces à deux pieds.

La couleuvre serpentine est de l'Amérique méridionale. Merrem en a observé cinq variétés très-distinctes par leurs couleurs et le nombre de leurs plaques transversales.

La COULEUVRE MILIAIRE ; *Coluber miliaris*, Linnæus. D'un brun foncé sur le dos et plus clair sur les flancs; toutes les écailles marquées d'un point blanc; dessous de la tête, du corps et de la queue, de couleur blanche; cent soixante-deux plaques ventrales, et cinquante-neuf paires de plaques sous-caudales.

Linnæus dit que la couleuvre miliaire, qu'il a observée dans la collection du prince Adolphe-Fréderic, habite les Indes.

La Couleuvre a raies rouges; *Coluber erythrogrammus*, Daudin. Noirâtre en-dessus, avec une ligne longitudinale rouge sur la colonne vertébrale, et une autre parallèle et semblable sur chaque côté du dos; flancs jaunes, avec la base de chaque écaille rouge; toutes les plaques transversales rouges, bordées de jaune en arrière, et marquées d'un gros point noir à chaque extrémité et au milieu; chacune d'elles creusée d'une rainure dans le sens de sa longueur; tête plus étroite que le corps, et couverte de dix plaques; écailles lisses, excepté les vertébrales, qui sont tricarenées; cent soixante-deux plaques abdominales, et quarante-neuf paires de plaques sous-caudales : taille d'environ cinq pieds.

Elle a été découverte aux États-unis d'Amérique par M. Palisot-Beauvois, qui nous apprend qu'elle se nourrit de rats amphibies, d'oiseaux, de grenouilles, de jeunes tortues et de salamandres.

La Couleuvre chatoyante : *Coluber versicolor*, Razoumowski, Lacépède. Écailles lisses, luisantes, comme vernies, et chatoyantes, avec des reflets d'un beau bleu. D'un gris cendré en-dessus, avec une bande longitudinale de petites raies brunes en zig-zag; une tache brune, cordiforme, sur le sommet de la tête; yeux vifs et noirs, avec l'iris d'un rouge doré; plaques transversales d'un brun rouge, tachetées de blanc, et bordées de bleuâtre en arrière; cent cinquante-six à cent soixante-une plaques abdominales, cent treize paires de plaques sous-caudales : taille de dix-huit pouces; volume du tuyau d'une plume de cygne.

Cette couleuvre a été trouvée aux environs de Lausanne, en Suisse, par Razoumowski. Elle vit dans les fossés humides et au bord des eaux.

La Couleuvre verdatre : *Coluber æstivus*, Linnæus; la *Couleuvre verte d'été*, Daudin. D'un vert clair en-dessus, blanche en-dessous, avec les lèvres pâles; écailles rhomboïdales et légèrement carenées; corps cylindrique, à peine comprimé

sur les côtés, et terminé par une longue queue très-pointue ;
cent cinquante-cinq à cent cinquante-neuf plaques ventrales,
cent vingt-huit à cent quarante-quatre paires de plaques
sous-caudales : taille de dix-huit pouces à deux pieds.

Ce serpent n'est pas si gros que le petit doigt, et il est,
dit Bartram, du plus beau vert imaginable. Il se nourrit
d'insectes et de petits reptiles, en particulier d'anolis.
On le rencontre assez fréquemment dans la Caroline, la
Floride et la Louisiane, où il se joue avec grâce autour des
tiges et parmi les feuilles du kalmia, des andromèdes, des
calycanthes odorans. Il est très-doux et familier. Catesby l'a
figuré, t. 2, pl. 57, sous le nom de *green snake* (*serpent vert*).

La Couleuvre saurite ; *Coluber saurita*, Linnæus. D'un brun
foncé en-dessus, avec trois raies longitudinales parallèles,
blanches ou d'un vert clair ; ventre d'un vert clair ; cent
cinquante-quatre à cent cinquante-neuf plaques abdominales, soixante à cent vingt-deux paires de plaques sous-
caudales : taille d'un à deux pieds.

La couleuvre saurite habite en Caroline, où elle est appelée *ribon-snake* (*serpent-ruban*). Elle court avec agilité sur
les arbres : elle est très-douce et se cache souvent sous les
écorces.

La Couleuvre pythonisse : *Coluber pythonissa*, Daudin ;
Hydrus enhydris, Schneider ; *Enhydre bleue*, Latreille. Teinte
noire sans aucune tache, avec des reflets bleuâtres ; les trois
rangées d'écailles au bas des flancs d'un blanc jaunâtre, et
partagées dans leur milieu par une ligne d'un bleu foncé ;
corps cylindrique, long ; écailles dorsales ovales, ciliées et
imbriquées ; queue mince, petite, quelquefois carenée en-
dessus et comprimée ; cent cinquante-neuf plaques abdominales, et cinquante-deux paires de doubles plaques sous
la queue : taille d'un pied huit pouces.

Cette couleuvre a les mêmes habitudes que la couleuvre
hydre de Pallas, dont nous avons parlé. Elle a été pêchée
dans le lac d'Aukapilly, au Bengale, où, suivant Russel, on
la nomme *mutta-pam* et *ally-pam*.

La Couleuvre sombre a deux raies : *Coluber fuscus*, Linnæus ; *Coluber arboreus*, Klein ; *Chirons natter*, Merrem. D'un
gris de plomb en-dessus ; ventre plat, blanchâtre ; une ligne

longitudinale blanche sur chaque côté ; dos carené ; corps comprimé latéralement ; cent quarante-neuf à cent cinquante-sept plaques abdominales, cent neuf à cent vingt-sept paires de plaques régulièrement hexagonales sous la queue : taille de quatre pieds.

Cet ophidien habite l'île d'Amboine, selon Linnæus, et la Jamaïque, suivant Seba.

La COULEUVRE CARÉNÉE ; *Coluber carinatus*, Linnæus. Tête obtuse ; yeux grands et saillans ; dos carené, couvert d'écailles plombées, plus pâles sur leurs bords ; queue cylindrique, amincie peu à peu, avec une ligne pâle dans son milieu ; ventre blanc ; cent cinquante-sept plaques abdominales, et cent quinze paires de plaques sous-caudales : taille de plus de six pieds.

Cette espèce a été observée par Linnæus dans la collection du prince Adolphe-Fréderic. Elle doit être réunie probablement à la précédente.

La COULEUVRE RHOMBOÏDALE ; *Coluber rhombeatus*, Linnæus. Bleuâtre, avec une triple rangée longitudinale de taches presque rhomboïdales, bleues dans leur milieu ; cent cinquante-sept plaques abdominales, et soixante-dix paires de plaques sous-caudales. Aspect de la couleuvre bali.

Des Indes, selon Linnæus. Le *coluber cærulescens reticulatus* de Boddaert, et la *vipera reticulata* de Scheuchzer (tab. 746, fig. 2) doivent probablement être rapportés ici.

La COULEUVRE COBEL : *Coluber cobella*, Linnæus ; *Cerastes cobella*, Laurenti. Brune en-dessus, avec des bandes blanches transversales, nombreuses et irrégulières ; ventre d'un blanc jaunâtre, avec les plaques à moitié brunes alternativement ; un trait d'un gris plombé derrière chaque œil ; dos un peu carené ; écailles petites, lisses, hexagonales ; cent cinquante à cent cinquante-sept plaques abdominales, cinquante à cinquante-huit paires de doubles plaques sous-caudales : taille de dix-huit pouces à trois pieds.

De l'Amérique méridionale, et spécialement de la Guiane et de la Terre-ferme. Daudin soupçonne que cette couleuvre est le même serpent que celui qu'il a décrit sous le nom de vipère veinée.

La COULEUVRE PALE ; *Coluber pallidus*, Linnæus. D'un gris

pâle, avec de petites taches grises et des points bruns dissé-
minés, et deux lignes interrompues, longitudinales et noiràtres, sur les flancs; écailles ovales et lisses ; cent quarante à
cent cinquante-cinq plaques abdominales, quatre-vingt-quatre à quatre-vingt-seize paires de doubles plaques sous-caudales : taille de dix-huit pouces.

De Surinam.

La Couleuvre rubanée : *Coluber vittatus*, Linnæus; *Natrix
vittata*, Laurenti ; le *Moqueur*, Daubenton. Brune; sur chaque côté de l'occiput une large tache noire, bordée d'une
petite ligne blanche, d'où part une bande blanchâtre prolongée sur toute la longueur du corps ; une bande blanche,
dentée, sous la queue ; cent quarante-deux plaques abdominales, et soixante-dix-huit paires de doubles plaques sous-
caudales : taille de trois pieds.

Cette couleuvre, observée par Linnæus dans la collection
du prince Adolphe-Fréderic, habite, dit-il, en Amérique.
Il y rapporte le *rotange* de Seba (I, tab. 35, fig. 4) et le *ter-
ragona* du même auteur (II, tab. 60, fig. 2 et 3).

La Couleuvre ardoisée ; *Coluber schistosus*, Daudin. Aspect
général de la couleuvre lisse ; corps cylindrique ; teinte générale d'un bleuâtre ardoisé uniforme; ventre fauve ; cent
cinquante-quatre plaques abdominales, et soixante-sept paires
de doubles plaques sous-caudales : taille de dix-huit à vingt
pouces.

Cette couleuvre habite le Bengale, où elle est nommée
chittée par les Indiens, suivant Russel.

La Couleuvre crotaline ; *Coluber crotalinus*, Linnæus. Cendrée, marquée de grandes taches noirâtres alternes, comme
effacées; ventre jaunâtre, légèrement teint de brun ; tête
cordiforme ; cent cinquante-quatre plaques abdominales, et
quarante-trois paires de plaques sous-caudales.

La Couleuvre typhie; *Coluber typhius*, Linnæus. Bleuâtre,
sans taches; écailles lisses, rhomboïdales, imbriquées, blanchâtres à leur base ; gorge, ventre et dessous de la queue
d'un blanc uniforme; cent quarante à cent cinquante-quatre
plaques abdominales, trente-huit à cinquante-sept paires de
plaques sous-caudales : taille d'un pied à dix-huit pouces.

Levaillant a rapporté cette couleuvre de Surinam, en

sorte qu'elle n'est pas de l'Inde , comme l'a avancé Linnæus.

La Couleuvre cenchrus; *Coluber cenchrus*, Lacépède. Brune , marbrée de blanchâtre en-dessus, avec des bandes transversales irrégulières, étroites et blanches; écailles lisses, hexagonales; cent cinquanté-trois plaques abdominales, et quarante-sept paires de plaques sous-caudales : taille de deux pieds.

Le cenchrus a été envoyé d'Asie à Paris. (Voyez Cenchrus.)

La Couleuvre treillissée : *Coluber anastomosatus* , Daudin ; *Hydrus piscator* , Schneider ; *Enhydre pêcheur* , Latreille. D'un cendré jaunâtre en-dessus, avec des rangées nombreuses de points noirs en forme de petites taches jointes ensemble par des filets noirs disposés obliquement en un réseau régulier ; quelques taches jaunes ; ventre d'un jaune blanchâtre ; écailles ovales , carenées , imbriquées ; corps renflé vers son milieu; cent cinquante-deux plaques abdominales, et quatrevingts paires de doubles plaques sous-caudales : taille de deux à trois pieds.

Ce reptile fréquente les terres humides au Coromandel, où il est connu sous le nom de *neeli-koea* , suivant Russel. Il paroît qu'il se nourrit de poissons.

La Couleuvre ombrée ; *Coluber umbratus* , Daudin. Tête d'un brun clair; dessus du corps noirâtre, avec des taches jaunâtres effacées ; ventre d'un blanc jaunâtre ; extrémités des plaques transversales presque noires ; écailles du dos ovales et carenées ; corps renflé au milieu ; cent cinquante-une plaques abdominales, et quatre-vingt-treize paires de plaques sous-caudales : taille de treize pouces.

La couleuvre ombrée vient du Coromandel, où elle est nommée *doublée* par les Indiens.

La Couleuvre triple-rang : *Coluber triseriatus* , Lacépède; *Coluber terordinatus* , Latreille. Blanchâtre en-dessus, avec trois rangées longitudinales de taches brunes; ventre marbré de blanchâtre et de brun; écailles ovales et carenées ; cent cinquante plaques abdominales, et cinquante-deux paires de doubles plaques sous la queue : taille d'un pied dix pouces.

D'Amérique.

La Couleuvre provençale ; *Coluber meridionalis* , Daudin. D'un gris clair en-dessus, avec de grandes taches cendrées sur la tête et derrière les yeux; bord des plaques labiales noir; quatre rangées longitudinales de taches cendrées, nombreuses, marquées presque toutes de noirâtre autour des écailles; les taches dorsales se touchent alternativement, et toutes celles des flancs sont séparées; extrémités des plaques transversales noires; leur milieu blanc, avec des taches noires, carrées, alternes; dos légèrement carené; cent quarante-huit plaques abdominales, et cinquante paires de plaques sous-caudales : taille de six à sept pouces.

On trouve cette petite couleuvre en Provence et en Languedoc.

La COULEUVRE CHAYQUARONA : *Coluber stolatus*, Linnæus; *le Chayque*, Daubenton et Lacépède. Écailles ovales et carenées; corps cylindrique; tête et cou d'un vert noirâtre; côtés de la gorge jaunes; sur le cou deux bandes noirâtres, avec un trait d'un jaune brun, qui se prolongent sur chaque côté du corps au-dessus des flancs; elles sont variées de petits points blancs, placés à égale distance entre eux et opposés de chaque côté; tout le corps marqueté, entre les deux bandes, de lignes blanches transversales. Teinte générale d'un vert tirant sur le noir; ventre d'une couleur de perle ternie; cent quarante-trois à cent quarante-sept plaques abdominales, soixante-dix à soixante-dix-sept doubles plaques sous-caudales.

Seba est le premier qui ait figuré le *chayquarona* (II, tab. 9, fig. 1). Linnæus dit que le *coluber stolatus* est venimeux; mais Russel et Grey (*Philosoph. trans.*, vol. 79, part. 1) pensent qu'il a été induit en erreur. On trouve cette belle couleuvre au Bengale; Roxburgh se l'est procurée à Raja-Mundrah, et Snodgrass, à Ganjam. Les habitans la nomment *wanna-pam*. Il y en a plusieurs variétés, que l'on appelle *neerogady, neergady, wanna-cogli*, et *kurharia*. (Voyez CHAYQUARONA.)

La COULEUVRE A DEUX RAIES : *Coluber bilineatus*, Daudin; *Elaps bilineatus*, Schneider. D'un gris de perle en-dessus, avec deux lignes blanches, larges, longitudinales, et des bandes transversales noires; ventre et dessous de la queue d'un gris blanchâtre; écailles oblongues, rhomboïdales et carenées; cent vingt-cinq à cent quarante-quatre plaques abdominales, cinquante-huit à soixante-cinq paires de plaques sous-caudales.

Ce reptile, voisin des naja par l'habitude qu'il a de gonfler son cou, a été envoyé par John des Indes orientales, où on le désigne sous le nom de *komberumuken*. Les Indiens croient qu'il grimpe sur les arbres dès qu'il a mordu quelqu'un, et cela afin d'attendre qu'il meure, ce qui ne tarde point. Cette opinion paroît mal fondée : l'animal manque de crochets venimeux.

La Couleuvre cerbère : *Coluber cerberus*, Daudin ; *Hydrus rhyncops*, Schneider ; *Enhydre muselière*, Latreille. Tête grosse, élargie en arrière, noire en-dessus ; dos d'un gris obscur ; lèvres, ventre et dessous de la queue, jaunâtres ; corps cylindrique, élargi vers son milieu ; queue légèrement comprimée ; écailles larges, carenées, ovales et imbriquées ; cent quarante-quatre plaques abdominales, et cinquante-neuf paires de plaques sous-caudales : taille de trois à quatre pieds.

Cette couleuvre a l'aspect de la vipère noire. On la trouve au Bengale, dans les environs de Ganjam, où on la nomme *karou-bokadam*.

La Couleuvre schneidérienne : *Coluber schneiderianus*, Daudin ; *Boa moluroidea*, Schneider. D'un bleuâtre ardoisé en-dessus ; roussâtre mélangé de blanc en-dessous ; treize plaques sur la tête ; corps cylindrique, épaissi ; écailles oblongues, arrondies, toutes carenées, excepté la rangée la plus voisine des plaques transversales, qui sont au nombre de cent quarante-quatre pour l'abdomen, et de cinquante-sept paires pour la queue.

Schneider a observé deux de ces couleuvres dans la collection de l'université de Jena.

La Couleuvre symétrique ; *Coluber symetricus*, Lacépède. Brune en-dessus, avec une rangée de petites taches noirâtres sur chaque côté jusqu'au tiers de la longueur du corps ; ventre blanc avec des bandes et des demi-bandes brunes ; écailles petites, ovales et lisses ; cent quarante-deux plaques abdominales, et vingt-six paires de plaques sous-caudales : taille d'environ dix-huit pouces.

De Ceilan.

La Couleuvre bramine : *Coluber braminus*, Daudin ; *Hydrus palustris*, Schneider. Aspect général de la couleuvre à collier ; corps cylindrique, renflé au milieu, couvert d'écailles ovales, oblongues et carenées ; queue cylindrique ; couleur d'un gris jaunâtre en-dessus, avec de larges màilles formées de filets obliques et bruns, et, dans le milieu de ces mailles, des taches rhomboïdales plus foncées ; ventre nacré ; dessous de la queue un peu roux ; cent quarante plaques abdominales, et quarante-neuf paires de plaques sous-caudales : taille de deux pieds environ.

Cet ophidien est assez commun au Bengale dans les terrains humides et au bord des fontaines.

La Couleuvre ponctuée ; *Coluber punctatus*, Linnæus. Teinte générale plombée avec de petits points gris ; lèvres blanches ; ventre rougeàtre, avec trois rangées longitudinales et parallèles de points plombés, presque triangulaires ; la queue seule sans points ; un collier blanc en travers sur l'occiput ; cent trente-six à cent quarante plaques abdominales, et quarante-trois à quarante-huit paires de doubles plaques sous-caudales : taille de neuf pouces.

Garden a découvert cette couleuvre en Caroline, où M. Bosc l'a souvent observée sous des écorces, dans les endroits humides et marécageux.

La Couleuvre calmar : *Coluber calamarius*, Linnæus ; *Anguis calamaria*, Laurenti. Livide, avec des bandes transversales et des points linéaires brunàtres ; ventre marqueté de taches carrées, brunes ; cent quarante plaques abdominales, et vingt-deux paires de doubles plaques sous-caudales.

Cette couleuvre, que Linnæus indique comme venant d'Amérique, a été observée par lui dans la collection du prince Adolphe-Fréderic.

La Couleuvre vampum ; *Coluber fasciatus*, Linnæus. D'un noir bleuàtre en-dessus, avec plus de trente chevrons jaunàtres, disposés alternativement sur chaque flanc, et quelques lignes transversales jaunàtres sur le dos, fourchues sur les flancs ; plaques transversales bleuàtres, bordées de jaunàtre en arrière ; tête noiràtre ; lèvre inférieure jaunàtre ; écailles hexagonales, oblongues et carenées ; cent vingt-huit à cent trente-huit plaques abdominales, soixante-six à soixante-sept paires de plaques sous-caudales : taille de quatre à cinq pieds.

La couleuvre vampum habite en Virginie et en Caroline.

Elle est audacieuse et très-vorace; elle vit de petits quadru-pèdes. Les Anglo-Américains lui ont donné le nom de *vam-pum*, parce que, vers les États-unis d'Amérique, les Indiens appellent ainsi un bâton entouré de cercles blancs sur un fond noir.

La Couleuvre porte-croix; *Coluber crucifer*, Merrem. Grise, avec des taches obscures et rhomboïdales, disposées en croix sur la tête et la partie antérieure du cou; une bande brune prolongée sur le dos jusqu'au bout de la queue; corps renflé vers son milieu, cylindrique; écailles ovales; gorge tachetée de gris; ventre et dessous de la queue d'un blanc jaunâtre; un petit point gris à chaque extrémité des plaques transversales, qui sont au nombre de cent trente-six pour l'abdomen, et de soixante-deux paires pour le dessous de la queue; une double plaque demi-circulaire en devant de l'anus : taille de huit à dix pouces.

Merrem, qui a le premier fait connoître cette cou-leuvre, croit qu'elle vient des Indes orientales.

La Couleuvre dora; *Coluber dora*, Daudin. D'un roux obscur, avec des taches jaunâtres en-dessus; d'un blanc jaunâtre en-dessous; corps cylindrique, un peu plus gros vers son milieu; écailles ovales, carenées sur le dos, lisses sur les flancs; cent trente-cinq plaques abdominales, et soixante-treize paires de doubles plaques sous-caudales : taille de plus de deux pieds.

Cette espèce est du Bengale : *dora* est son nom indien.

La Couleuvre bali ou plicatile : *Coluber plicatilis*, Lin-næus; *Cerastes plicatilis*, Laurenti. D'un brun uniforme en-dessus, avec deux rangées de points noirs, très-écartés, étendues depuis le sommet de la tête jusque vers le bout de la queue; sur chaque flanc, trois rangées d'écailles noi-râtres, bordées de blanc à leur partie postérieure; d'un blanc jaunâtre en-dessous, avec des rangées longitudinales de points noirs, très-rapprochés, au nombre de deux ran-gées sous le cou, de quatre sous le ventre, et de deux sous la queue; trois paires de plaques oblongues sous la gorge; écailles lisses, rhomboïdales, presque héxagonales, un peu plus larges que longues; cent trente-une à cent trente-cinq

plaques abdominales, et trente-sept à quarante-huit paires
de doubles plaques sous-caudales : taille de deux pieds environ. M. de Lacépéde a vu une couleuvre bali de six pieds
six pouces de longueur.

La couleuvre bali habite l'Amérique méridionale, et non
les iles de Ternate, comme tous les naturalistes l'ont prétendu d'après Seba. Levaillant l'a rapportée de Surinam.

C'est Daubenton, le premier, qui lui a donné le nom
de *bali*, parce que, suivant Seba, à Ternate, on la
nomme *bali-salan-boëkit*. Mais ce nom ne peut convenir à
la couleuvre plicatile, puisque Valentin l'attribue à un
reptile venimeux d'Amboine.

La Couleuvre striatulée ; *Coluber striatulus*, Linnæus.
Dessus de la tête et du corps d'un brun clair ; écailles
rhomboïdales très-carenées, de manière à former des stries
longitudinales ; ventre d'un gris blanchâtre ; cent trente-
deux plaques abdominales, et trente-deux paires de doubles
plaques sous-caudales : taille de neuf pouces.

Garden et, depuis, M. Bosc ont trouvé cette couleuvre
dans les grands bois de la Caroline, sous les écorces des
arbres.

La Couleuvre duberrie : *Coluber duberria*, Klein ; *Elaps
duberria*, Schneider ; *Hydra, duberria dicta*, Seba, II, tab. 1,
fig. 6. D'un cendré bleuâtre, avec des points noirs sur la
rangée moyenne des écailles dorsales ; flancs roussâtres ;
ventre blanchâtre au milieu ; cent vingt-neuf plaques abdominales, et trente paires de doubles plaques sous-caudales.

La Couleuvre sillonnée ; *Coluber porcatus*, Bosc. Brune
en-dessus ; parsemée çà et là de taches plus foncées, avec
des bandes rougeâtres, peu apparentes sur les flancs et qui
disparoissent ensuite ; ventre blanchâtre ; chaque plaque
transversale marquée à sa base de deux taches rouges,
presque triangulaires, tantôt au milieu, et tantôt sur ses
bouts ; corps cylindrique ; écailles imbriquées et carenées
de manière à former des stries très-apparentes ; cent vingt-
huit plaques abdominales, et soixante-huit paires de doubles
plaques sous-caudales : taille de deux pieds.

Cette espèce est commune, dès les premiers jours du
printemps, dans la Caroline, où elle a été découverte par

M. Bosc. Elle vit près des eaux, où elle se nourrit de grenouilles et de poissons. On la regarde dans le pays comme venimeuse, mais à tort. *La couleuvre à ventre couleur de cuivre rouge*, figurée par Catesby (pl. 46), est probablement le même animal que la couleuvre sillonnée.

La Couleuvre tétragone; *Coluber tetragonus*, Latreille. Lisse, luisante, d'un gris verdâtre ou cendré, avec une série dorsale de points noirs; abdomen flavescent, avec une ligne de points noirs sur chaque côté; corps quadrangulaire; cent vingt-six à cent vingt-huit plaques abdominales, quarante paires de doubles plaques sous-caudales : taille de dix pouces à un pied.

D'après le témoignage de M. Latreille, ce serpent se trouve dans quelques parties de la France.

La Couleuvre anguleuse; *Coluber angulatus*, Linnæus. D'un gris obscur en-dessus, blanche en-dessous, avec environ trente-six bandes noires, très-larges et très-rapprochées sur le dos, plus étroites sur les flancs, et prolongées jusque sur le milieu des plaques transversales, en sens presque toujours alterne, de telle manière que ces plaques paroissent d'abord avoir été coupées en deux sous toute la longueur de l'animal; corps et queue cylindriques, celle-ci munie à son extrémité d'un petit ergot corné; cent dix-sept à cent vingt-cinq plaques abdominales, cinquante à soixante-dix-sept paires de doubles plaques sous la queue : taille de dix-huit pouces à deux pieds.

Linnæus avance que cette couleuvre est d'Asie; mais elle vient de Surinam, où les nègres, qui, sans raison, la redoutent beaucoup, la confondent avec la vipère *ouroucoucou*.

La Couleuvre verte et bleue; *Coluber cyaneus*, Linnæus. Forme de la couleuvre boïga; d'un beau bleu foncé, sans aucune tache en-dessus, d'un vert pâle en-dessous; écailles ovales, presque hexagonales et lisses; cent dix-neuf plaques abdominales, et cent dix paires de doubles plaques sous-caudales : taille de deux pieds.

Cette couleuvre habite l'Amérique, et Surinam en particulier.

La Couleuvre tachetée; *Coluber maculatus*, Lacépède.

Blanchâtre en-dessus, avec de grandes taches en losanges
assez régulières et rougeàtres, bordées de noiràtre; ventre
blanchàtre et souvent tacheté; écailles carenées, hexagonales; cent dix-neuf plaques abdominales, et soixante-dix
paires de plaques sous-caudales : taille de deux pieds.

On trouve ce serpent dans la Louisiane.

La Couleuvre des dames ; *Coluber domicella*, Linnæus.
Tête panachée de noir et de blanc ; teinte générale blanche
avec des anneaux noirs ; cent dix-huit plaques abdominales,
et soixante paires de doubles plaques sous-caudales.

On trouve cette petite couleuvre sur la côte de Malabar.
Selon Seba, les Indiennes se plaisent à la réchauffer dans
leur sein. Daudin la croit d'Amérique.

La Couleuvre a ventre étroit ; *Coluber arctiventris*, Merrem. Cou, corps et queue amincis, cylindriques en-dessus,
aplatis en-dessous; dos d'un brun assez clair ; flancs d'un
gris de fer bleuàtre ; ventre étroit, d'un beau jaune clair ;
plaques transversales courtes, au nombre de cent dix-sept
pour l'abdomen, et de trente-huit paires pour le dessous de
la queue : taille de neuf à dix pouces.

Patrie inconnue.

La Couleuvre de Seba : *Coluber Sebæ*, Linnæus ; la Couleuvre domestique, *Coluber domesticus*, Linnæus; la Couleuvre de Minerve, *Coluber Minervæ*, Linnæus; la Couleuvre situle, *Coluber situla*, Linnæus; la Couleuvre rembrunie, *Coluber atro-fuscus*, Daudin ; la Couleuvre blanche,
Coluber candidus, Linnæus ; la Couleuvre argus, *Coluber argus*, Linnæus ; la Couleuvre cendrée, *Coluber cinereus*, Linnæus ; la Couleuvre muqueuse, *Coluber mucosus*, Linnæus ;
la Couleuvre padère, *Coluber padera*, Linnæus; la Couleuvre
a tête noire, *Coluber melanocephalus*, Linnæus; la Couleuvre rouge-gorge, *Coluber jugularis*, Linnæus; la Couleuvre
brunelle, *Coluber brunneus*, Linnæus; la Couleuvre pélie,
Coluber pelias, Linnæus; la Couleuvre noire et blanche,
Coluber melanoleucus, Daudin ; la Couleuvre nébuleuse, *Coluber nebulatus*, Linnæus; la Couleuvre iphise, *Coluber iphisa*,
Daudin; la Couleuvre agile, *Coluber agilis*, Linnæus; la
Couleuvre ceilanique, *Coluber zeilanicus*, Linnæus; la Couleuvre a huit raies, Daudin, *Elaps octolineatus*, Schneider;

la COULEUVRE UNICOLORE, *Coluber unicolor*, Gmelin; la COU-
LEUVRE BLANCHATRE, *Coluber subalbidus*, Gmelin; la COULEU-
VRE A ZONES, *Coluber cinctus*, Lacépède; la COULEUVRE DE
PANAMA, *Coluber panamensis*, Gmelin; la COULEUVRE VARIÉE,
Coluber varius, Gmelin; la COULEUVRE HOTAMBOYE, *Coluber
rufescens*, Linnæus; la COULEUVRE SATURNINE, *Coluber satur-
ninus*, Linnæus; la COULEUVRE NÆVIELLE, *Coluber nævius*,
Gmelin; la COULEUVRE MAURE, *Coluber maurus*, Linnæus; la
COULEUVRE SIRTALE, *Coluber sirtalis*, Linnæus; la COULEUVRE
DÉCOLORÉE, *Coluber exoletus*, Linnæus; la COULEUVRE DRAP-
MORTUAIRE, *Coluber mortuarius*, Daudin; la COULEUVRE MEXI-
CAINE, *Coluber mexicanus*, Linnæus; la COULEUVRE LUTRIX,
Coluber lutrix, Linn.; la COULEUVRE CAMUSE, *Coluber simus*,
Linnæus; la COULEUVRE ALIDRE, *Coluber alidras*, Linnæus,
sont des espèces trop peu connues pour que nous nous en
occupions ici : beaucoup d'entre elles ont été confondues
avec d'autres, et quelques-unes, probablement, quand on
les connoitra mieux, ne resteront point dans le genre Couleuvre.

COULEUVRE ALECTON; *Coluber alecto*, Shaw. Voyez TRIGO-
NOCÉPHALE.

COULEUVRE A LARGE QUEUE. Voyez PLATURE.

COULEUVRE A LUNETTES. Voyez NAJA.

COULEUVRE CENCO; *Coluber cencoalt*, Linnæus. Voyez BON-
GARE.

COULEUVRE CÉRASTE. Voyez VIPÈRE.

COULEUVRE CHERSÆA; *Coluber chersæa*, Linn. Voyez VIPÈRE.

COULEUVRE COMPRIMÉE, Daudin. Voyez BONGARE.

COULEUVRE DABOIE. Voyez VIPÈRE.

COULEUVRE (GRANDE) DES ISLES DE LA SONDE. Voyez
PYTHON.

COULEUVRE HAJE. Voyez NAJA.

COULEUVRE MÉGÈRE; *Coluber Megera*, Shaw. Voyez TRIGO-
NOCÉPHALE.

COULEUVRE NAJA. Voyez NAJA.

COULEUVRE NYMPHE, Daudin. Voyez BONGARE.

COULEUVRE VEINÉE; *Coluber venosus*, Linnæus. Voyez BON-
GARE.

COULEUVRÉE. (*Bot.*) C'est le nom de la bryone ordi-

naire, *bryonia alba.* On la nomme aussi couleuvrée blanche,
pour la distinguer du taminier, *tamnus*, qui étoit anciennement la *couleuvrée noire.* On les désignoit encore sous les noms
de *vigne blanche* et *vigne noire*, parce qu'elles grimpent sur
les arbres comme la vigne. (J.)

COULEUVRIN (*Erpétol.*), nom spécifique d'un Érix. Voyez
ce mot. (H. C.)

COULIAVAN. (*Ornith.*) Voyez Coulavan. (Ch. D.)

COULICOU (*Ornith.*), nom donné par M. Vieillot à la
section des coucous décrite dans ce Dictionnaire sous celui
de *Coua.* Voyez Coucou. (Ch. D.)

COULILAWAN. Voyez Culilawan. (J.)

COULIN. (*Ornith.*) Ce nom est donné au pigeon ramier
dans les départemens formés de l'ancienne Basse-Bretagne.
On trouve aussi dans Brisson, tome 2, p. 280, et peut-être
d'après une erreur typographique, le même mot employé au
lieu de celui de *goulin*, par lequel est désigné aux Philippines le martin-chauve (ou merle chauve du même auteur),
gracula calva, Linn. (Ch. D.)

COULMOTTE et COURMOTTE. (*Bot.*) Ces deux noms
sont, en Lorraine, ceux de l'agaric élevé (*agaricus procerus*),
très-bonne espèce de champignons. Voyez Fonge et Coulemelle. (Lem.)

COULON (*Ornith.*), ancien nom du pigeon de colombier,
qui paroit être aussi employé pour désigner le ramier.
(Ch. D.)

COULON-CHAUD. (*Ornith.*) Ce terme est employé par
Brisson, tome 5, p. 132, pour désigner en françois son 72.ᵉ
genre, *Arenaria*, lequel comprend le *tringa interpres*, Linn.,
ou coulon-chaud proprement dit, et le coulon-chaud cendré,
tringa morinella, id. Buffon a aussi fait représenter, sous les
noms de coulon-chaud de Cayenne et de coulon-chaud gris
de Cayenne, pl. 340 et 857, des variétés du dernier de ces
oiseaux. (Ch. D.)

COULOU (*Bot.*), nom donné à quelques haricots sur la
côte de Coromandel. (J.)

COULOUBRINIÉ (*Bot.*), nom languedocien du sureau,
sambucus nigra, qui est le *sambequier* des Provençaux. (J.)

COULOU-CAVALAY. (*Bot.*) Voyez Cavalé. (J.)

COULOUMB (*Ornith.*) ancien nom des pigeons, que l'on appeloit aussi *coulomb.* (Cʜ. D.)

COULOUMBADA. (*Ornith.*) L'oiseau qu'on nomme ainsi à Saluces, en Piémont, est le lagopède, *tetrao lagopus*, Linn. (Cʜ. D.)

COULOUN (*Ornith.*), nom languedocien des pigeons. (Cʜ. D.)

COULSÉ (*Bot.*), du mot latin *culcitra*, oreiller. C'est ainsi que, dans les départemens de l'Arriége et des Hautes-Pyrénées, on nomme l'*agaric élevé* (*agaricus procerus*), champignon d'excellente qualité, qu'on mange dans tous les pays où il croît. Voyez Fonge. (Lem.)

COULTERNEB. (*Ornith.*) Dans le nord de l'Angleterre on nomme ainsi le macareux, *alca arctica*, Linn. (Cʜ. D.)

COUMA. (*Bot.*) Voyez Coumier. (Poir.)

COUMAILLES (*Min.*), nom qu'on donne aux failles des mines de houille dans certains pays. Voyez Failles et Houilles. (B.)

COUMAROU ODORANT (*Bot.*) : *Coumarouna odorata*, Aubl., *Guian.*, 740, tab. 196 ; Lam., *Ill. gen.*, tab. 601 ; *Dipterix odorata*, Willd., *Spec.* 3, *pag.* 910 ; vulgairement l'ÉVE DE TONKA, *Baryosma Tongo*, Gærtner, tab. 93. Grand arbre, découvert par Aublet dans les forêts de la Guiane : il appartient à la famille des *légumineuses*, et à la *diadelphie octandrie* de Linnæus. Son caractère essentiel consiste dans un calice coriace, turbiné, à trois lobes inégaux ; cinq pétales irréguliers, les trois supérieurs droits veinés, les deux autres plus courts, inclinés ; huit étamines réunies en un seul paquet ; un style ; un stigmate obtus ; une gousse ovale-oblongue, charnue, tomenteuse, à une seule loge, contenant, sous une coque dure et fragile, une semence oblongue.

Son tronc s'élève à la hauteur de soixante à quatre-vingts pieds, sur environ trois pieds et demi de diamètre. Le bois est blanc, dur, compact, brun en dedans ; les rameaux tortueux, étalés, garnis de feuilles longues d'un pied, alternes, ailées, composées de deux ou trois paires de folioles alternes, presque sessiles, lisses, fermes, verdâtres, entières, ovales-oblongues, acuminées ; le pétiole commun roussâtre, terminé par une longue pointe. Les fleurs sont d'un violet pourpre , disposées en grappes alternes, formant une panicule terminale. Le calice est de couleur purpurine ; ses deux lobes supérieurs élargis et concaves, l'inférieur très-court, obtus; la corolle attachée à la paroi interne et inférieure du calice; les filamens libres à leur partie supérieure ; les anthères arrondies; l'ovaire supérieur, oblong, comprimé, renfermé dans la gaine des étamines ; le style courbé. Le fruit consiste en une gousse épaisse, jaunàtre, charnue, filandreuse , à une seule loge , renfermant une semence ovale-oblongue d'une odeur aromatique, avec laquelle on parfume le tabac, et que l'on vend en Europe sous le nom de *Féve de Tonka*. Les Galibis en forment des colliers pour se parfumer; les créoles en mettent dans leurs armoires pour les préserver des insectes, et leur communiquer une bonne odeur. Ils emploient le bois et l'écorce du tronc aux mêmes usages que l'on emploie le *gayac;* ils lui en donnent le nom. Willdenow a réuni, dans un seul genre, qu'il nomme *dipterix*, d'après Schreber, cette espèce, avec le *taralea* d'Aublet. Je doute que ces deux plantes puissent être réunies. Voyez TARALEA. (Poir.)

COUMAROURANA (*Bot.*), nom donné par les Garipons au *tarala* des Galibis, qu'Aublet nomme *taralea oppositifolia*. Il ne faut pas le confondre avec le *coumarou,* qu'il a décrit sous le nom de *coumarouna.* (J.)

COUMELOU. (*Bot.*) Sur la côte de Coromandel on nomme ainsi le *gmelina asiatica ,* genre de la famille des plantes verbenacées. (J.)

COUMÉTÉ. (*Bot.*) C'est le nom spécifique donné par Aublet à un *eugenia*, du nom même que cette espèce reçoit dans le langage des Galibis. (J.)

COUMIER DE LA GUIANE (*Bot.*) : *Couma guianensis,* Aublet, *Guian.,* sup. 39, tab. 392; *Ficus folio citri acutiore, viridi,* Barr., Fran. équin. 52. Arbre des forêts de la Guiane et de l'île de Cayenne, dont les fleurs, jusqu'à présent inconnues , laissent également ignorer sa place dans l'ordre naturel, et dans le système sexuel de Linnæus. Cet arbre est laiteux et résineux; son tronc, d'après Aublet, s'élève à plus de trente pieds sur environ deux pieds de diamètre. De son écorce, épaisse et grise, coule un suc laiteux, abondant, qui se fige, durcit en peu de temps, et se convertit en une résine qui a beaucoup de rapports avec l'ambre gris. Les rameaux sont nombreux, triangulaires, munis à chaque nœud de trois feuilles, du centre desquelles sortent deux, trois et quatre bourgeons : à mesure qu'ils s'alongent, les feuilles inférieures tombent, ce qui forme des nœuds à l'endroit où elles étoient attachées. Ces feuilles sont glabres, ovales, aiguës, très-entières, d'un beau vert en-dessus, un peu pâles en-dessous, soutenues par des pétioles courts.

Les fleurs n'ont point été observées : de l'aisselle des feuilles sortent des fruits fasciculés, portés chacun sur un long pédoncule ; ils consistent en baies globuleuses, un peu aplaties à leur sommet, de couleur roussâtre, renfermant, dans une pulpe ferrugineuse, trois à cinq semences arrondies, un peu comprimées : cette pulpe est formée, avant la maturité, d'un suc âcre, laiteux ; mais elle devient, en mûrissant, fondante, un peu pâteuse, d'un goût fort agréable. Les nègres portent ces fruits dans les marchés de Cayenne ; les créoles en ornent leurs desserts, et les mettent au nombre des bons fruits du pays. (Poir.)

COUNA-CONATI. (*Bot.*) Dans l'Herbier des Antilles de Surian, ce nom caraïbe est donné au *phyllantus niruri*. (J.)

COUNDOU-MANI (*Bot.*), nom indien de l'*abrus precatorius*, qui est le zaga des Malais, le faux condori des mêmes peuples, la réglisse des Antilles, et dont les graines sont nommées dans ces iles pois de bedaut, à cause de leurs deux couleurs bien tranchées. (J.)

COUPAN et COUPANVISH. (*Ichthyol.*) Les matelots hollandois nommoient ainsi un poisson des Indes, auquel ils avoient cru voir sur la tête la marque d'une monnoie d'or qu'on appelle, dans ce pays, *coupange*. Ruysch (*Collect. Pisc. Amboin.*, p. 13, n.° 15) pense que c'est le rémora. Voyez Échénéis. (H. C.)

COUPAYA. Voyez Copaia. (J.)

COUPE-BOURGEON, BÊCHE, PIQUE-BROTS ou LISETTE. (*Entom.*) Les vignerons désignent sous ce nom la larve du gribouri ou de l'Eumolpe de la vigne. Voyez ce mot. (C. D.)

COUPE-FAUCILLE (*Bot.*), nom vulgaire du muflier des champs. (L. D.)

COUPELLATION (*Chim.*), opération que l'on pratique dans l'essai de l'or et de l'argent, ou dans l'affinage de ces métaux.

Dans le premier cas, la coupellation a pour objet de séparer l'or et l'argent, ou seulement l'argent, du cuivre auquel ces métaux sont alliés, en les exposant rouges de feu à l'action simultanée du plomb et de l'air. Le plomb et le cuivre s'oxident alors, tandis que l'or et l'argent n'éprouvent aucune altération.

Dans le second cas, la coupellation a pour objet de séparer l'argent, et quelquefois l'or et l'argent, qui se trouvent dans le plomb, en chauffant ce dernier métal avec le contact de l'air pour le convertir en litharge.

Le mot coupellation est dérivé de *coupelle*, nom du vaisseau dans lequel on exécute cette opération. Voyez, pour les détails, COUPELLE et ESSAI DE L'OR ET DE L'ARGENT. (CH.)

COUPELLE (*Chim.*), vaisseau dans lequel on exécute la coupellation.

La coupelle, ou *petite coupe*, qui sert à l'essai de l'or et de l'argent, a la forme d'un cône tronqué renversé, dans la base duquel se trouve une cavité qui a la forme d'un segment de sphère, et qui est appelée le bassin de la coupelle. La coupelle est fabriquée avec des os calcinés, broyés, tamisés et lavés. Dans cet état, les os humectés sont susceptibles de se réduire en une pâte assez ductile pour prendre la forme qu'on veut leur donner. Une fois que la coupelle est bien sèche, elle peut être employée à l'essai. Son usage est fondé sur ce que sa propriété et sa nature sont telles qu'elle absorbe les oxides de plomb et de cuivre fondus, tandis que l'or et l'argent, également fondus, ne peuvent la pénétrer. Si donc on a placé dans la cavité de la coupelle une certaine quantité d'or, d'argent, de cuivre et de plomb, il arrivera, par la calcination, que les deux derniers métaux se brûleront et disparoîtront dans la coupelle, tandis que les deux premiers resteront dans le bassin. Une coupelle ne peut absorber au plus qu'un poids d'or et de plomb égal au sien.

La coupelle qui sert à l'affinage en grand de l'or et de l'argent, n'est, à proprement parler, que le sol d'un fourneau à réverbère. Le bassin de cette coupelle est établi sur un massif en maçonnerie; il est de fonte ou de briques liées ensemble avec de l'argile, ou bien encore d'une pierre de taille susceptible de résister à l'action du feu. Il est recouvert d'une couche de cendres de sarment lessivées, qui ont été réduites en pâte au moyen de l'eau et d'un peu d'argile. Cette couche a plusieurs pouces d'épaisseur, et doit avoir été battue jusqu'à ce qu'elle ait formé une seule masse bien compacte. L'oxide de plomb qui se produit dans l'aflinage en grand, surnage sur l'or et l'argent, d'où on le fait écouler dans des fosses par une échancrure pratiquée dans la paroi antérieure du bassin. (Ch.)

COUPEROSE BLANCHE, COUPEROSE BLEUE, COUPEROSE VERTE (*Chim.*), noms que l'on donnoit autrefois et que l'on donne encore dans le commerce au sulfate de zinc, au sulfate de cuivre et au sulfate de protoxide de fer. (Ch.)

COUPET (*Conchyl.*), nom vulgaire qu'Adanson donne au cône hébraïque, *conus ebræus* de Linnæus. (De B.)

COUPEUR D'EAU. (*Ornith.*) Voyez le mot Bec-en-ciseaux, pour la description et l'histoire de cet oiseau, sur lequel on peut aussi consulter le n.º 408 de l'Ornithologie du Paraguay, par M. d'Azara. Les coupeurs d'eau, dont il est fait mention dans les Voyages du capitaine Cook, paroissent être des pétrels. (Ch. D.)

COUPI DE LA GUIANE (*Bot.*) : *Acioa guianensis*, Aublet, *Guian.*, 698, tab. 280; *Acia dulcis*, Willd., *Spec.* 3, pag. 717. Grand arbre de la Guiane, très-rapproché du *couépi*, mais qui, d'après Aublet, doit constituer un genre particulier. Willdenow les a réunis en un seul sous le nom d'*acia*. Ces deux genres offrent cependant quelques différences, qui rendent cette réunion un peu douteuse. Celui-ci, de la famille des *rosacées*, de l'*icosandrie monogynie* de Linnæus, est caractérisé par un calice turbiné, à cinq lobes inégaux; une corolle à cinq pétales inégaux; environ douze étamines; les filamens réunis à leur base en une membrane charnue, attachée au calice entre les deux petits pétales; un ovaire supérieur, placé sur la base de la membrane des étamines, tenant à une côte saillante qui part du fond du calice; un

style filiforme ; un stigmate aigu ; un drupe semblable
à celui du Couépi (voyez ce mot), mais beaucoup plus
grand.

Son tronc s'élève à la hauteur de soixante pieds et plus,
sur environ trois ou quatre pieds de diamètre : son bois est
dur, pesant, d'un blanc jaunâtre, revêtu d'une écorce lisse,
cendrée ; les rameaux nombreux, tortueux, garnis de feuilles
médiocrement pétiolées, lisses, alternes, vertes, assez
fermes, ovales, aiguës ; deux petites stipules caduques.
Les fleurs sont de couleur violette, disposées par bouquets
ou en corymbes à l'extrémité des rameaux : leur calice est
blanc, charnu, renflé vers son sommet, à cinq découpures
arrondies, dont trois plus grandes que les autres; cinq pétales
oblongs, obtus, trois plus grands et redressés, deux plus
petits, et inclinés, tous insérés sur un disque circulaire qui
couronne l'orifice du calice ; onze ou douze étamines ; les
filamens libres à leur partie supérieure, soutenant chacun
une petite anthère arrondie ; l'ovaire supérieur, arrondi et
velu. Le fruit est un gros drupe ovale, couvert d'une écorce
coriace, épaisse, presque ligneuse, fibreuse, crevassée, de
couleur brune, renfermant un noyau mince, cassant, dans
lequel se trouve une amande à deux lobes recouverts d'une
membrane roussâtre. Cette amande est d'une saveur fort
agréable, supérieure à celle des cerneaux. Les créoles la
servent sur leurs tables ; elle fournit une huile aussi douce
que celle des amandes ordinaires. (Poir.)

COUPOUI AQUATIQUE (*Bot.*) : *Coupoui aquatica*, Aublet,
Guian., sup. 16, tab. 377 ; vulgairement Coupouirana des
Garipons. Grand arbre de la Guiane, mentionné par Aublet,
dont les fleurs ne sont pas connues, mais qui, par le caractère de ses fruits, paroît appartenir à la famille des *myrtacées*
et se rapprocher des *eugenia* : son bois est blanc et mou,
son écorce verdâtre ; les rameaux épars, garnis à leur extrémité de feuilles longuement pétiolées, ovales-oblongues,
aiguës, très-entières, échancrées à leur base, lisses en-dessus, un peu rudes en-dessous, presque longues de deux pieds
sur neuf pouces de large. Les fruits naissent entre les feuilles,
vers l'extrémité des branches. Aublet ne les a observés que
dans leur jeunesse ; ils avoient à peu près la forme d'un

citron de couleur verte, couronnés par les cinq lobes du calice, et ne renfermant qu'une seule semence. (Poir.)

COUQUELOURDE. (*Bot.*) Voyez Coquelourde. (L. D.)

COURAATHES. (*Entom.*) On trouve sous ce nom dans quelques ouvrages l'indication d'un insecte de l'île de Ceilan, que l'on appelle fourmi. Nous ignorons si c'est bien une véritable fourmi. (C. D.)

COURADI ou PAI-PAROEA (*Bot.*), nom malabare, suivant Rheede, du *grewia orientalis*, qui est le *bendarli* des Brames, le *garsilha* des Portugais, le' *niar-pluyman* des Belges. (J.)

COURAGE (*Bot.*), nom que l'on dit avoir été anciennement celui de la bourache. (L. D.)

COURAGEUX ou COURAGEUS. (*Entom.*) Il paroîtroit, d'après la description et la figure que Goedaert nous a laissées de l'insecte qu'il nomme ainsi, et dont il fait connoitre les mœurs, que ce seroit la larve de l'une des espèces d'hémérobes, partie II, expérience 14. (C. D.)

COURAKAI. (*Bot.*) Dans un herbier de Pondichéry on trouve sous ce nom le coracan des Indes, qui est le *cynosurus coracanus* de Linnæus, maintenant *eleusine coraccana* de Gærtner. (J.)

COURAIS. (*Bot.*) Voyez Corail des jardins. (J.)

COURAQUET (*Ornith.*), un des noms vulgaires de la rousserolle, *turdus arundinaceus*, Linn. (Ch. D.)

COURATARI DE LA GUIANE (*Bot.*): *Couratari guianensis*, Aublet, *Guian.*, 724, tab. 290; vulgairement Balatas blanc, Maou des Nègres. Très-grand arbre de la Guiane, observé par Aublet, dont on ne connoît que le fruit, mais qui, d'après sa forme, semble devoir rapprocher cette plante du genre *Zanonia* ou peut-être du *lecythis*. Cet arbre s'élève à la hauteur de soixante pieds et plus, sur environ quatre pieds de diamètre. Son bois est blanc à la circonférence, rouge vers le centre : l'écorce extérieure gercée ; l'intérieure composée de feuillets minces qui se séparent et prennent, en se desséchant, une couleur de cannelle : les rameaux sont nombreux, garnis de feuilles médiocrement pétiolées, glabres, alternes, ovales, entières, acuminées, rougeàtres dans leur jeunesse, longues de six pouces, larges de deux et plus. Le fruit consiste en une capsule ligneuse, oblongue, à trois angles obtus, marquée de lignes dans sa longueur, operculée et comme tronquée à son sommet. Cette capsule est fermée par une sorte de poinçon ou de placenta central et détaché, ligneux, triangulaire, qui se prolonge jusqu'au fond de la capsule, et porte, sur chaque face, des semences oblongues, aplaties, bordées d'une aile membraneuse. La tête de ce poinçon est convexe, sillonnée, marquée dans son milieu d'un petit tubercule qui soutenoit le style : cette tête est arrondie et ferme entièrement l'ouverture de la capsule. Les naturels du pays coupent en larges bandes l'écorce de cet arbre, en forment des cordes en manière d'anneau, par le moyen desquelles, en se plaçant entre le tronc des arbres et la corde, ils parviennent à grimper au sommet des plus grands arbres. (Poir.)

COURATOUN. (*Ornith.*) Suivant M. Bonelli, l'oiseau auquel ce nom et celui de *scouratoun* sont donnés dans le bas Montferrat, est le pluvier gris, c'est-à-dire le grand pluvier de terre ou œdicnème, *charadrius œdicnemus*, Linn. (Ch. D.)

COURBARIL, *Hymenæa.* (*Bot.*) Genre de plantes dicotylédones, de la famille des *légumineuses*, de la *décandrie monogynie* de Linnæus, dont le caractère essentiel consiste dans un calice coriace, turbiné, à cinq, quelquefois quatre divisions profondes ; cinq ou quatre pétales presque égaux ; dix étamines libres ; les anthères oblongues, couchées ; un ovaire supérieur ; un style ; un stigmate simple. Le fruit consiste en une gousse grande, ligneuse, ovale-oblongue, un peu comprimée, indéhiscente, contenant, dans une seule loge, plusieurs semences environnées de fibres et d'une pulpe farineuse.

Ce genre ne renferme qu'un très-petit nombre d'espèces remarquables par leurs feuilles conjuguées ; les fleurs disposées en panicules ou en corymbes terminaux ; telles sont :

Courbaril de Cayenne ; *Hymenæa courbaril*, Linn., Lamk. *Ill. gen.*, tab. 330, fig. 1 ; Pluken., *Almag.*, tab. 82, fig. 3 ; *Itaiba*, Pis., *Bras.* 123, et Marcgr. 101. Arbre résineux, un des plus grands et des plus utiles de l'Amérique : son bois est dur, solide, presque rougeâtre, revêtu d'une écorce d'un roux noirâtre, épaisse, raboteuse et ridée ; les branches très-étalées, très-rameuses, garnies de feuilles nombreuses, alternes, pétiolées. composées chacune de deux folioles glabres, coriaces, luisantes, d'un beau vert, à côtés inégaux, ovales, lancéolées, aiguës, très-entières, à nervures peu apparentes, parsemées de petits points transparens, longues d'environ trois pouces. Les fleurs sont un peu purpurines, disposées au sommet des rameaux en grappes pyramidales : le calice est à cinq divisions profondes et concaves; la corolle plus grande que le calice; les pétales ovales-oblongs, concaves, un peu inégaux; l'ovaire rougeâtre : le fruit est une gousse longue de six pouces, presque large de deux, d'un brun roussâtre, un peu comprimée latéralement : son écorce est dure, épaisse, un peu chagrinée, à une seule loge, renfermant quatre à cinq semences ovales, environnées d'une pulpe farineuse, douce, jaunâtre.

Cet arbre croît dans plusieurs contrées de l'Amérique méridionale, aux Antilles, dans la Guiane. De son tronc et de ses branches découle une résine jaunâtre, transparente, très-abondante, difficile à fondre, qui a beaucoup de rapports avec la *gomme copal*; elle est d'une odeur très-agréable et brûle comme le camphre : on soupçonne que c'est la même qui est connue dans le commerce sous le nom de *résine animée occidentale*. Son bois est un des plus utiles : il dure long-temps. Il est propre pour tous les ouvrages de charpente ; on l'emploie dans la construction des moulins à sucre : il sert aussi à faire de grandes roulettes d'une seule pièce, tant pour les chariots que pour les affûts de canon. Les menuisiers en fabriquent des meubles ; sa belle couleur rouge et le beau poli dont il est susceptible, le rendent précieux pour les ébenistes. Les gousses sont recueillies avec empressement par les Indiens, à cause de la pulpe farineuse qu'elles renferment ; elle a une odeur aromatique et une saveur approchant de celle des pains d'épices. Dans les pays où l'on récolte la résine de courbaril, on en fabrique des espèces de torches ou de flambeaux pour s'éclairer ; on s'en sert pour vernir différens ustensiles, et en Europe les peintres en composent un vernis transparent de très-bonne qualité. Les Indiens font encore de cette résine un fréquent usage comme masticatoire ; ils la croient utile contre la colique, et l'emploient en fumigations dans les rhumatismes, les catarrhes et la paralysie. Pison assure que l'écorce de courbaril est purgative et carminative : ses feuilles, appliquées en cataplasme sur le ventre, sont réputées vermifuges par quelques auteurs. La résine de courbaril nous est apportée de la Nouvelle Espagne, du Brésil et des îles de l'Amérique, en gros morceaux durs, transparens, friables, d'un blanc jaunâtre ou d'un jaune-citrin, quelquefois tirant sur le brun, d'une odeur balsamique agréable : on lui substitue quelquefois, dans les boutiques, la *gomme copal*, de laquelle il est difficile de la distinguer.

COURBARIL VEINÉ; *Hymenæa venosa*, Vahl, *Ecl.* 2, pag. 31. Cette espèce ressemble, par son port, à la précédente ; elle en diffère par ses feuilles membraneuses et non coriaces, trois fois plus longues, traversées par des veines très-fines, nombreuses, presque réticulées : les fleurs sont sessiles, réunies en une panicule terminale ; les calices soyeux et luisans. Elle croît à l'île de Cayenne.

COURBARIL VERRUQUEUX ; *Hymenæa verrucosa*, Gærtn., *Sem.*, tab. 139; Lamk., *Ill. gen.*, tab. 330, fig. 1. Cette plante a été recueillie à l'Isle de France par M. Smeathmann. Elle se distingue aisément par ses fruits plus petits, durs, coriaces, renflés, couverts de tubercules bruns, luisans, panachés : ses feuilles sont ovales-lancéolées, obtusément mucronées, inégales à un de leurs côtés; les fleurs pédicellées, réunies en petites grappes latérales, formant par leur ensemble une panicule terminale; le calice persistant, à quatre divisions; quatre pétales concaves, obtus, caducs ; l'ovaire pédicellé, très-pileux : deux ou trois semences blanches, enfoncées dans une substance pulpeuse. (POIR.)

COURBAS. (*Ornith.*) Ce nom, et ceux de *courbatas* et de *gorp*, designent, dans le Languedoc, les corbeaux et les corneilles. (CH. D.)

COURBEOU (*Ornith.*), nom provençal du corbeau. (CH. D.)

COURBINE. (*Ichthyol.*) Voyez POGONATHE. (H. C.)

COURCAILLET. (*Ornith.*) Ce terme, employé pour exprimer le cri des cailles, est aussi le nom d'un appeau dont on se sert pour prendre les mâles au temps des amours. Cet instrument, dont la figure se trouve pl. 6, n.° 3, de l'*Avi-*

ceptologie françoise, est composé d'un petit sachet de cuir ou de peau que l'on remplit de crin bouilli, et à l'embouchure duquel on adapte un sifflet d'environ deux pouces et demi de longueur, fait d'un petit os évidé, dont l'extrémité supérieure se bouche avec de la cire, et à la base duquel est pratiqué un trou en coulisse. Pour se servir de cet appeau, on étend la bourse sur la paume de la main gauche, et l'on frappe doucement sur cette bourse avec le derrière du pouce de la main droite, de manière à rendre le cri de la caille femelle, qui imite celui du grillon. Cet instrument à bourse plate, le seul qui porte le nom de *courcaillet*, diffère des autres appeaux à bourse en andouille ou en spirale. (Cʜ. D.)

COURCHO. (*Entom.*) On nomme ainsi, dans les magnauderies, les vers à soie ou les larves du bombyce du mûrier, qui se métamorphosent sans filer. (C. D.)

COURCOUSSON. (*Entom.*) Nous ignorons à quelle sorte de coléoptère vivant dans les bois les Languedociens donnent ce nom. (C. D.)

COURDI. (*Bot.*) Voyez Couroɴdɪ. (J.)

COURDOUGNÉ ou CORDONNIER (*Entom.*), nom patois, en Languedoc, de la punaise à avirons ou notonecte. (C. D.)

COUREJHOLO (*Bot.*), nom du liseron en Languedoc. (L. D.)

COURELIOU (*Ornith.*), nom provençal du corlieu, *scolopax phæopus*, Linn. (Cʜ. D.)

COURELLE (*Erpétol.*), nom spécifique d'une couleuvre des îles de l'Amérique, probablement la même que la couresse, *coluber cursor*. Voyez Couʟᴇᴜvʀᴇ. (H. C.)

COURERESSE. (*Erpétol.*) Voyez Couʀᴇssᴇ. (H. C.)

COURESSE, *Coluber cursor*. (*Erpétol.*) Voyez Couʟᴇᴜvʀᴇ. (H. C.)

COUREUR. (*Ornith.*) Aldrovande, après avoir décrit l'avocette, au chap. 64 du 19.ᵉ livre de son Ornithologie, parle au chapitre suivant d'un oiseau trouvé en Italie, qu'il rapproche du *celeos* et du *trochilos* des Grecs, et qu'il appelle *corrira* et *tabellaria*. Cet oiseau, dont, suivant le même auteur, les pieds sont palmés, a les cuisses courtes et les jambes hautes, comme celles des échassiers : son nom est dû à la célérité de sa course sur les rivages. Aldrovande ajoute que

son bec, droit, court et sans dentelures, est jaune, avec
l'extrémité noire : que la tête et les parties supérieures sont
d'une couleur ferrugineuse ; les parties inférieures blanches ;
les pennes intermédiaires de la queue blanches et terminées
de noir ; les yeux entourés de deux cercles, dont l'intérieur
est blanc, et l'extérieur d'un rouge bai. Brisson a formé de
cet oiseau le 115.ᵉ et dernier genre de sa Méthode, sous
le nom de *corrira*, et ce genre a été adopté par Gmelin et
par Latham ; mais, comme on n'a pas revu d'autres individus présentant les mêmes caractères, les naturalistes modernes
ont conçu de justes doutes sur son existence. M. Vieillot
regarde celui qu'Aldrovande a décrit et figuré comme un
oiseau falsifié par l'empailleur ; il croit même que c'est le
corps du grand pluvier, *charadrius œdicnemus*, Linn., monté
sur les jambes de l'avocette, et cette conjecture est d'autant
plus probable que, suivant Aldrovande, les jambes sont fort
courtes, tandis que les tarses sont très-longs, et que la figure,
où ceux-ci ressemblent à des piquets entièrement droits
sans présenter l'inflexion ordinaire, paroît annoncer que le
tibia a été rentré dans le corps par le préparateur, afin de
mieux cacher sa fraude. (Ch. D.)

COUREUR DE COUSINS. (*Ornith.*) L'oiseau qui porte ce
nom vulgaire dans la ci-devant Normandie, est, suivant Salerne, un gobe-mouche. (Ch. D.)

COURE-VITE (*Ornith.*) : *Cursorius*, Latham et Meyer ;
Tachydromus (terme composé de deux mots grecs, ayant la
même signification), Illig. Ce genre, qui se rapproche des
pluviers par le nombre des doigts, s'en éloigne par le bec,
qui est pointu et arqué, comme celui des gallinacés, tandis
que chez les pluviers il est droit et obtus, et par les ailes, qui
sont plus courtes, et les jambes plus hautes. Les autres caractères génériques sont, d'avoir le bec moins long que la tête,
fort grêle, sans sillon ; les narines ovales, surmontées par
une petite protubérance ; la bouche médiocrement fendue ;
la langue effilée ; les tarses écussonnés ; point de pouce ; les
trois doigts de devant entièrement séparés ; le doigt intérieur de moitié plus court que celui du milieu ; la deuxième
rémige la plus longue. Ces oiseaux semblent propres aux contrées chaudes de l'Afrique et de l'Asie. On n'en voit qu'ac-

cidentellement dans les parties méridionales de l'Europe, et il n'en a été tué que trois individus dans les provinces tempérées.

COURE-VITE ISABELLE ; *Cursorius isabellinus.* Meyer a ainsi appelé l'espèce trouvée en France, qui, dans Gmelin, est le *charadrius gallicus*, et dans Latham, le *cursorius europœus.* Buffon l'a fait figurer dans ses planches enluminées sous le n.° 795. Mais l'Afrique paroit être son pays natal, et la dénomination du naturaliste allemand est préférable pour un oiseau dont la rencontre en Europe est si rare. Long d'environ neuf pouces et demi, il a le plumage d'un fauve plus clair sur les parties inférieures, et plus roux sur le dos et surtout au-dessus de la tête : on remarque derrière l'œil un trait blanc, et au-dessous un trait noir ; les pennes de l'aile sont de cette dernière couleur, et chaque plume caudale, excepté les deux du milieu, porte vers l'extrémité deux taches, dont l'une est noire et l'autre blanche ; le bec est noir, et les pieds sont d'un blanc jaunâtre.

On a trouvé dans le comté de Kent, en Angleterre, un autre individu de la même taille, qui est représenté planche 116 du 1.er supplément du *Synopsis* de Latham, et dont Lewin a donné, tome 6, pl. 188, une figure dans laquelle on n'a pas rendu le véritable caractère du bec. Cet individu, chez lequel les deux traits du derrière de l'œil se remarquoient à peine, et qui étoit vraisemblablement une femelle, avoit le sinciput et le haut de la tête d'un brun ferrugineux, semé de taches sombres ; le dessus d'un roux jaunâtre, avec des raies plus foncées, le dessous plus pâle : les pennes des ailes, noires comme chez le précédent, avoient leur extrémité fauve, ainsi que les pennes latérales de la queue. On a entendu son cri, qui ne ressembloit pas à celui des pluviers.

COURE-VÎTE DE COROMANDEL : *Cursorius asiaticus*, Lath. ; *Charadrius coromandelicus*, Gmel. ; pl. enlum. de Buffon, n.° 892. Cet oiseau, qui habite la côte de Coromandel, est un peu plus petit que le premier ; il a, comme lui, une raie blanche et une raie noire derrière l'œil ; le manteau est gris ; le haut de la tête, la poitrine et le haut du ventre sont d'un roux marron ; les pennes des ailes et le bas-ventre noirs ; les plumes uropygiales, les couvertures de la queue, les cuisses et les plumes anales sont blanches ; les pennes caudales, grises, ont vers l'extrémité une tache noire, et sont bordées de blanc ; les pieds sont d'un blanc jaunâtre.

Coure-vîte a double collier, *Cursorius collaris.* Cet oiseau, d'environ dix pouces de longueur, que M. Levaillant a trouvé dans le pays des Grands-Namaquois, et qui existe dans la collection de M. Temminck, a deux colliers noirs, dont le premier, le plus étroit, est au bas du cou, et dont le second, large d'un demi-pouce, est sur la poitrine ; le reste du cou offre plusieurs taches longitudinales noires sur un fond d'un blanc roussâtre ; les pennes des ailes sont noires, les moyennes couvertures rousses ; les grandes et les petites couvertures sont d'un gris brun, ainsi que le dos et la queue ; chaque plume est largement bordée d'un blanc roussâtre ; le croupion est blanc ; le ventre et les plumes anales sont roussâtres. (Ch. D.)

COURGE, *Cucurbita.* (*Bot.*) Genre de plantes à fleurs monoïques, de la famille des cucurbitacées, de la *monoécie monadelphie* de Linnæus. Ce genre ne diffère essentiellement des concombres que par ses semences entourées d'un bourrelet très-sensible. Ses fleurs sont pourvues d'un calice à cinq dents, dont le tube est soudé avec la base de la corolle ; une corolle (calice, Juss.) monopétale, adhérente au calice, campanulée, à cinq divisions ; une cavité particulière au centre de la fleur, en partie recouverte par la base des étamines ; trois étamines ; les filamens libres à leur base, réunis à leur sommet ; les anthères adhérentes entre elles ; dans les fleurs femelles, le calice et la corolle comme dans les mâles ; dans le fond de la fleur une cavité orbiculaire, à bord saillant, à cinq ou six petites dents fort courtes ; un ovaire inférieur, chargé d'un style court, trifide à son sommet. Le fruit est une grosse baie ou pomme charnue, divisée intérieurement en trois ou cinq loges par des cloisons molles et membraneuses, renfermant un grand nombre de semences elliptiques et bordées.

Les courges sont des herbes annuelles, quoiqu'elles soient des plantes très-fortes, et qu'elles produisent les plus gros fruits connus. Elles sont originaires des climats brûlans des Indes et de l'Afrique, également cultivées en Amérique et dans les contrées méridionales de l'Europe. Rien de plus varié que les espèces, les races et les variétés de ce genre. Ces plantes, soumises à la culture depuis très-long-temps, ont tellement perdu les traits de leur caractère originel, qu'il est très-difficile d'assigner les limites qui séparent l'espèce et la variété, rien n'étant constant ni dans la forme des fruits, ni dans les découpures des feuilles, ni dans la disposition des branches, tendant à s'élever ou à ramper : les vrilles quelquefois se convertissent en feuilles, quelquefois aussi elles disparoissent entièrement; elles sont chargées, sur toutes leurs parties, de poils permanens, excepté sur les fruits. M. Duchesne, qui a cultivé pendant plusieurs années les plantes de ce genre pour en suivre les différentes races et les variétés, nous a laissé le travail le plus complet qui eût été donné jusqu'alors sur ce genre intéressant, et dont nous présentons ici l'analyse. Cet auteur a établi la différence des espèces particulièrement sur la forme et la couleur des fleurs, sur la figure des semences. Il trouve qu'on peut reconnoître quatre ou cinq espèces distinctes, et les rapporter à trois sections, subdivisées dans leurs races principales, ainsi qu'il suit.

§. I.ᵉʳ *Fleurs blanches très-ouvertes; feuilles arrondies; semences échancrées au sommet et de couleur grise.*

Courge-calebasse, Courge a fleurs blanches : *Cucurbita leucantha*, Duch., Encycl., 2, pag. 150; *Cucurbita lagenaria*, Linn. Cette espèce se reconnoit, même dans toutes ses variétés, par ses feuilles arrondies, molles, lanugineuses, d'un vert pâle, légèrement gluantes et odorantes. Ses fleurs sont blanches, fort évasées, formant dans leur limbe une étoile, comme celle de la bourrache; les semences ont la peau plus épaisse que l'amande; leur bourrelet, échancré par le haut et par le bas, ne forme que des appendices qui donnent à ces semences une figure carrée. Dans toutes les variétés la pulpe du fruit devient spongieuse, fort blanche, d'abord d'un vert pâle, puis d'un jaune sale dans la maturité. On y distingue les trois variétés suivantes:

1.° La Congourde, Gourde des pélerins, Courge-bouteille; *Cucurbita lagenaria*, J. Bauh., 2, p. 216; Tourn., *Inst.*, 107; *Cucurbita prior.*, Dodon., *Pempt.*, 688; Moris., *Hist.*, 2, §. 1, tab. 5, fig. 1. Cette variété a son fruit en forme de bouteille; souvent la partie voisine du pédoncule est elle-même renflée, imitant, en plus petit, la figure du ventre, dont elle n'est séparée que par un étranglement. Les fruits sont souvent marqués de taches foncées peu régulières.

2.° La Gourde : *Cucurbita latior*, Dodon., 669; J. Bauh., 2, p. 215; Moris., §. 1, tab. 5, fig. 2. C'est une calebasse à coque dure et à gros fruits renflés, point ou presque point étranglés ni alongés. Les nageurs novices en font usage pour se soutenir plus aisément à la surface de l'eau, en s'attachant à chaque aisselle un de ces fruits secs et vides.

3.° La Trompette ou Courge-trompette : *Cucurbita longior*, Dodon., *Pempt.*, 669; J. Bauh. 2, p. 215; Moris., §. 1, tab. 5, fig. 3; Rumph, *Amb.*, 5, tab. 144; la Courge longue, Tourn. 107. Cette variété se reconnoît à ses fruits alongés : s'ils restent à terre, ils se courbent souvent en forme de faux, ou même se renflent par les deux bouts en forme de pilon : ils varient en grosseur; les plus gros ont la coque plus tendre, la pulpe plus charnue. On les mange en Amérique et dans les parties méridionales de l'Europe; mais il faut alors les cueillir bien avant leur maturité. Lorsque ces fruits sont secs, les nègres, en les creusant, en font une sorte d'instrument de musique, dont ils tirent le son en frappant sur l'ouverture avec la paume de la main, comme sur un cornet à jouer aux dés.

Il paroît que les calébasses ont été connues des anciens. Les voyageurs en ont trouvé dans l'Amérique méridionale, ainsi qu'à Amboine et dans d'autres contrées de l'Inde, et c'est depuis ce temps que le nombre de leurs espèces s'est multiplié. Quand leurs fruits sont bien secs, leur peau dure et presque ligneuse, on les vide, et l'on en fait des bouteilles et divers ustensiles commodes, dont se servent les voyageurs et les pauvres gens. Les jardiniers font usage des plus petites pour serrer diverses graines, qui s'y conservent très-bien.

Dans les régions un peu froides, il est nécessaire de hâter sur couche la végétation des calebasses : on les élève sous cloche, en les semant dans le courant de Mars. Il faut les placer dans une exposition chaude, et ne pas leur épargner le fumier. Comme la plante grimpe volontiers, et que son fruit réussit mieux suspendu que traînant à terre, c'est ordinairement au pourtour des carrés de couches qu'on en élève.

§. II. *Fleurs jaunes, en entonnoir; semences ovales, de couleur blanche.*

COURGE MELONÉE : *Cucurbita moschata*, Duch. ; CITROUILLE MELONÉE OU CITROUILLE MUSQUÉE, *Cucurbita indica rotunda*, Dalech., *Hist.*, 616. Cette espèce, très-difficile à circonscrire, se divise en plusieurs variétés trop peu observées pour les bien déterminer. M. de Chanvalon est le premier qui, dans son Voyage de la Martinique, ait parlé de cette plante. M. Duchesne la regarde comme une espèce distincte du pepon ; M. de Lamarck l'y réunit, n'y trouvant pas de différences suffisantes. On peut cependant en indiquer deux, savoir : dans sa fleur, le resserrement du bas du calice ; dans ses feuilles, leur mollesse et leur duvet doux et serré. Elle tient de la calebasse par ses fleurs blanches en dehors, par l'alongement des pointes vertes du calice, par la saveur musquée de son fruit. Les feuilles ressemblent à celles des pepons : elles sont anguleuses ou découpées. Le fruit est le plus souvent aplati, sphérique ou ovale ; quelquefois aussi il est cylindrique, en massue ou en pilon : la couleur de la pulpe varie depuis le jaune soufré, jusqu'au rouge orangé.

On cultive cette plante comme les calebasses. Malgré son nom vulgaire de *citrouille musquée*, elle ne fournit qu'un fruit médiocre, qu'on mange rarement cru : cependant on en fait quelque cas dans les départemens méridionaux de la France, en Italie et dans les îles de l'Amérique ; la finesse de leur chair et leur bon goût les font préférer à la plupart des giraumons.

COURGE A GROS FRUITS, POTIRON : *Cucurbita maxima*, Duch. ; *Cucurbita pepo*, Linn., var.; *Pepo maximus*, etc., Lob., *icon.*, 641 ; *Cucurbita aspera*, etc., J. Bauh., 2, p. 221. Cette espèce se distingue du pepon par ses fleurs plus évasées, plus élargies dans le fond du calice ; le limbe rabattu. Les feuilles sont très-amples, en cœur arrondi, assez molles, couvertes de poils presque sans roideur. Les fruits sont très-gros, de forme sphérique aplatie, à côtes régulières, avec des renfoncemens très-considérables au sommet et à la base : la pulpe est ferme, juteuse, fondante, la peau fine.

Les principales variétés sont, 1.º *le Potiron jaune commun.* C'est le plus gros et le plus creux : il s'en trouve de trente à quarante livres ; on en a vu quelquefois de soixante. La couleur de la pulpe est d'un beau jaune ; plus ce jaune est vif, meilleure elle se trouve au goût : la nuance extérieure du jaune est toujours un peu rougeâtre ; souvent il existe une bande blanche entre les côtes. 2.º *Le gros Potiron vert.* Ce vert est toujours grisâtre, quelquefois ardoisé avec des bandes blanches : sa chair varie de couleur. En général, les potirons verts un peu moins gros sont estimés les meilleurs ; ils se gardent plus long-temps. 3.º *Le petit Potiron vert,* sous-variété du précédent, qui est recherchée, parce que son fruit, fort aplati, plus plein, moins aqueux, se conserve plusieurs semaines de plus, et reste bon à manger jusqu'à la fin de Mars. Enfin, il existe encore un petit potiron jaune dont la queue même est jaune, et qui est le plus hâtif.

Les potirons sont plus délicats que les citrouilles, moins que les courges melonées et les pastèques. On en fait, avec le lait, des soupes très-agréables : d'habiles cuisiniers ont aussi trouvé le moyen d'en faire des crêmes, des tourtes et autres entremets délicats ; mais ils préfèrent les *giraumons.* Les potirons n'exigent, pour la culture, de soins que dans le printemps. C'est au commencement de Mars, si l'on veut récolter de bonne heure, ou à la fin d'Avril, si l'on préfère des fruits de garde, qu'il faut les semer dans des trous remplis de fumier, recouverts de terreau, les arroser fréquemment, et les couvrir de cloches jusqu'à la fin des temps rigoureux. Quand le fruit paroit, il faut placer dessous, pour le sauver de l'humidité, une tuile, une planche ou une pierre plate et inclinée : les potirons étant cueillis, il convient de les laisser quelques jours au soleil, puis de les rentrer dans un lieu sec, aéré, mais à l'abri de la gelée, et il faut éviter qu'ils se touchent.

Courge pepon, Pepon polymorphe : *Cucurbita pepo,* var. *polymorpha,* Duch. ; *Cucurbita pepo,* var. *melopepo,* Linn. Cette espèce est tellement variable dans la figure de toutes ses parties, qu'elle est très-difficile à bien caractériser. La grandeur des fleurs, leur forme régulièrement conique, la direction oblique ou presque droite et jamais horizontale de ses feuilles, leur couleur brune, leur âpreté, voila tout ce qu'on peut observer de commun entre les nombreuses variétés que fournit cette espèce. Avant de les mentionner, il ne sera pas inutile de présenter ici, d'après M. Duchesne, quelques observations, qui, sans être très-générales, sont du moins communes au plus grand nombre des variétés.

Les fruits dont le vert est le plus noir, deviennent du jaune le plus foncé à la maturité. Le soleil, au lieu de colorer le dessus de ces fruits, les pâlit. La privation de lumière, causée par le contact de la terre, blanchit le dessous ; alors le pourtour de cette tache reste très-long-temps vert, aussi bien que les bords des parties blessées. Les pepons panachés le sont principalement dans le milieu ; le côté de la tête, c'est-à-dire, de la fleur, conserve une certissure verte, toujours plus grande que celle du côté du pédoncule. Ces parties vertes, quelquefois unies par une bande, font toujours des pointes comme pour se rejoindre, et les pointes sont prolongées sur les cloisons des graines. Les parties panachées sont toujours plus minces, quelquefois d'une manière fort sensible.

Outre les grandes pointes, qui ont rapport à l'intérieur du fruit, on en voit de moindres marquer le passage des fibres principales, qui passent du pédoncule au calice de la fleur : c'est en rapport avec ces nervures que se trouvent les bandes colorées, ce qui en établit ordinairement cinq principales entre cinq autres moins fortes. Les bandes sont, indifféremment, pâle sur foncée, ou foncée sur pâle ; quelques-unes même se trouvent pâles au milieu, et foncées aux deux extrémités ; enfin, dans quelques autres, elles restent d'abord pâles, même lactées, tandis que le fond est verdâtre, puis deviennent d'un vert noir lorsque le fruit jaunit. Les bandes morcelées forment des mouchetures plus ou moins grandes, et agrégées de diverses manières, mais quadrangulaires et non arrondies ni étoilées, comme celles des pastèques : à ces mêmes bandes répondent des côtes proéminentes et des cornes très-saillantes dans les variétés contractées du pastisson, qui ont d'abord la peau très-fine, très-mince et très-lisse.

Une autre inégalité d'accroissement, dans les giraumons à peau fine et à chair aqueuse, y forme des ondes. Les pepons à peau ou coque épaisse, particulièrement les barbarines, au lieu d'ondes, sont sujets à des bosselures, nommées vulgairement *verrues*, qui sont si sensiblement l'effet d'une maladie, que ceux qui en sont entièrement couverts ont rarement de bonnes graines.

Enfin, la peau des pepons est susceptible de ces gerçures exsudantes qui forment la broderie dans les melons; mais cet accident est peu commun, et seulement par places. Les races ou variétés des *pepons polymorphes* sont:

1.º L'Orangin et les Coloquinelles, vulgairement les fausses Oranges et les fausses Coloquintes : *Cucurbita colocyntha*, Duch.; *Cucurbita minima lutea*, J. Bauh., 2, pag. 231. Les feuilles sont médiocrement découpées; les fleurs mâles et femelles également distribuées sur toute la plante, qui en acquiert une grande fécondité. Le fruit est de forme sphérique, d'un diamètre double de celui de la fleur, à trois loges régulières; les semences nombreuses. assez grosses; la pulpe jaunâtre, fibreuse, un peu amère. se desséchant facilement, acquérant alors une odeur un peu musquée; la peau forme une coque solide, d'un vert noir dans sa fraicheur, puis d'un jaune-orangé très-vif: tels sont les orangins. Dans les coloquinelles la peau est beaucoup plus mince, plus panachée, à bandes claires; la pulpe assez mince et sèche. Tous ces fruits sont très-agréables. Ceux de l'orangin ressemblent tellement aux oranges qu'on s'amuse quelquefois à les mêler dans les desserts pour en faire des plats d'attrape : cette plaisanterie réussit presque toujours.

2.º La Cougourdette, vulgairement fausses Poires, Coloquintes lactées : *Cucurbita pyridaris*, Duch.; *Cucurbita seu colocynthis amara*, C. J. Bauh., 2, p. 230. Ses feuilles sont un peu plus découpées, et l'ensemble de la plante plus grêle que dans l'orangin : ses fleurs sont les plus petites de toutes, aussi bien que les semences, dont la forme est très-alongée : le fruit est ovale ou en forme de poire; la coque épaisse et solide; la pulpe fraiche d'abord, puis fibreuse et friable, très-blanche; la peau d'un vert brun, marquée de bandes et de mouchetures d'un blanc de lait. Les cougourdettes sont , plus robustes que la plupart des cucurbitacées ; elles ne demandent qu'un terrain chaud pour fructifier abondamment ; elles grimpent bien d'elles-mêmes, et leurs fruits en sont plus jolis : ils servent de parure dans les orangeries, ainsi que sur les cheminées ; en les creusant, on en fait des vases assez agréables.

3.° La BARBARINE, vulgairement BARBARESQUE SAUVAGE ; *Cucurbita verrucosa*, Duch., Linn., *Spec.* Les fruits, ordinairement plus gros que les précédens, ont une grande disposition aux bosselures, ce qui semble analogue au défaut de couleur de ces fruits, qui sont la plupart entièrement jaunes ou panachés, quelquefois marqués de bandes vertes. Leur forme et leur grosseur varient beaucoup. On en voit d'orbiculaires, de sphériques, d'ovales, d'alongés en concombre. Ils n'exigent pas, pour leur culture, plus de soins que les coloquinelles ; ces plantes produisent beaucoup, et réussissent surtout très-bien quand elles trouvent à grimper : mais il n'y a de bon à manger que les fruits très-pâles et lorsqu'ils sont jeunes. Ils sont meilleurs frits que de toute autre manière. Il s'en trouve de blancs, à peau tendre et à pulpe très-aqueuse, qui peuvent se manger en salade, comme les concombres.

4.° Le TURBANÉ, vulgairement le PEPON TURBAN ; *Cucurbita piliformis*, Duch. Cette belle variété tient beaucoup de la nature des barbarines, mais la forme particulière de ses fruits la rend très-remarquable. Leur partie inférieure, très-large, est légèrement sillonnée ; mais ces côtes s'arrêtent vers le milieu, et au-dessus de la contraction formée en cet endroit on ne voit plus que quatre cornes correspondantes aux quatre loges du fruit : les mouchetures sont également interrompues, de manière que, ne se répondant point, il semble que la moitié supérieure soit un fruit différent et beaucoup moindre, qu'on auroit pris plaisir à faire entrer dans le gros : enfin les deux moitiés sont séparées par un cordon de petites verrues grises qui se touchent sans intervalle, et qui, au dedans de la coque, répondent à une augmentation d'épaisseur fort remarquable. Cette coque est solide ; la pulpe sèche, fort colorée : les semences sont ovales ; le bourrelet n'y est que tracé et non relevé. Ce pepon doit être cultivé comme les coloquinelles ; il réussit facilement : on fait profiter les fruits, en retranchant les branches surabondantes; ils sont toujours plus beaux lorsqu'ils pendent, et sont fort bons à manger, quoique la pulpe crue en soit fort dure et d'un jaune assez foncé.

5.° Les CITROUILLES et les GIRAUMONS : *Cucurbita pepo*, Linn., var.; *Cucurbita foliis asperis, seu zuccha, flore luteo*, J. Bauh., 2, pag. 218; vulgairement COURGE DE S. JEAN, CONCOMBRE D'HIVER, CONCOMBRE DE MALTE OU DE BARBARIE, CITROUILLE IROQUOISE, etc. Sans les intermédiaires et les fécondations métisses, il seroit difficile de soupçonner les petits pepons, tels que des coloquinelles ou des cougourdettes, de même espèce que nos citrouilles et nos gros giraumons; et si, au contraire, ces énormes différences ne se rencontroient pas entre les races diverses des pepons, les citrouilles pourroient bien être distinguées des giraumons, ces derniers ayant une pulpe ordinairement plus pâle, toujours plus fine, les feuilles plus profondément découpées, tandis que celles des citrouilles ne sont souvent qu'anguleuses. Les variétés principales sont :

A. *La Citrouille verte*, à peau tendre, fort luisante; la chair très-colorée, quelquefois jaune : sa forme est ovale, ou plutôt cylindrique, arrondie aux deux extrémités.

B. *La Citrouille grise* ou *vert-pâle*, de forme ovale, un peu en poire.

C. *La Citrouille blanche* ou *sans couleur*, si molle que son poids altère sa forme, qui est naturellement en poire.

D. *La Citrouille jaune*, également arrondie à ses deux extrémités, la plus commune à Paris, avant que le potiron l'ait fait abandonner.

E. *Le Giraumon vert bosselé*, énorme en grosseur, égal à ses deux extrémités, comme les citrouilles.

F. *Le Giraumon noir*, effilé du côté de la queue, quelquefois du côté de la tête; peau fort lisse, pulpe ferme. Il y en a de panachés et de jaunes.

G. *Le gros Giraumon rond*, de forme peu constante, qui a probablement porté le premier le nom de giraumon, rocher roulant.

H. *Les Giraumons moyens*, à bandes et mouchetures, nommés communément *concombres de Malte ou de Barbarie*, et par d'autres, *citrouilles iroquoises;* tous variés en forme, en nuances de vert et de jaune, et en mouchetures.

j. Les *Giraumons blancs* ou *d'un vert pâle*, appelés aussi *concombres d'hiver*, qu'on peut regarder comme les plus dégénérés de l'espèce primitive.

l. Les *Giraumons vert-tendre*, à bandes et mouchetés, soit pâles, soit foncés.

Culture et usages. Le fumier, plus ou moins consommé, est l'aliment des citrouilles et des giraumons. A la campagne on fait assez communément courir les citrouilles sur des tas de fumier, qui ne se consomment que mieux tout en les alimentant. Dans les terrains bien amendés des potagers, il suffit, pour la culture des giraumons, de les planter dans des paquets de terrain, comme les cardons, soit qu'on les y élève, soit qu'on les y transporte semés sur couche et, pour le mieux, dans de petits pots. Il est presque nécessaire d'arrêter la pousse directe, en coupant chaque branche deux ou trois yeux au-dessus du fruit noué, ou du second nœud, si deux se trouvoient près l'un de l'autre. On doit supprimer toutes les branches latérales, et on leur fait grand bien en fixant les branches de place en place avec une ou deux bêchées de terre. Il est bien essentiel, en transportant les giraumons et citrouilles dans la serre, de prendre garde de heurter la queue : c'est communément à sa jonction avec le fruit que se déclare le moisi, et bientôt une pourriture, qui gagne successivement tout le reste.

Les citrouilles se mangent, comme les potirons, cuites et fricassées, ou en soupe au lait : il est nécessaire de mettre en coulis toutes celles dont la chair est un peu grossière. On a vu autrefois, à Paris, un boulanger célèbre par ses petits pains mollets à la citrouille. Les giraumons, qui ont la chair plus blanche et plus fine, s'apprêtent comme les concombres, coupés en morceaux. En général, les giraumons vert-pâle sont les plus délicats à manger. Quand on en a une bonne espèce, il faut en garder précieusement la graine, et surtout éviter d'en élever de moins bons dans le même jardin : il en résulte souvent des métisses qui altèrent les bonnes espèces.

6.° Le Pastisson : *Cucurbita melopepo,* Duch., Linn., var.; *Melopepones latiores clypeiformes,* Lob., icon., 642; J. Bauh.,

2, pag. 224; connu vulgairement sous les noms de BONNET D'ÉLECTEUR, BONNET DE PRÊTRE, COURONNE IMPÉRIALE; ARTICHAUT DE JÉRUSALEM, D'ESPAGNE; ARBOUSTE D'ASTRACAN. La forme du pastisson, ses nombreuses variétés, qui se perpétuent depuis plusieurs siècles par le plaisir que l'on prend à resemer les fruits les plus régulièrement déformés, offrent un phénomène très-curieux en botanique. Ces fruits ont, en général, la peau fine, comme les coloquinelles, mais ordinairement plus molle; la pulpe plus ferme, blanche et assez sèche, ce qui fait qu'ils se gardent fort long-temps : ils se divisent intérieurement en quatre et cinq loges. Quant à la forme, il s'en trouve quelquefois de ronds, de turbinés ou en poire, mais plus souvent, dans les races franches, comme s'ils étoient serrés par les nervures du calice, la pulpe se boursoufle, s'échappe dans les interstices, formant tantôt dix côtes dans toute la longueur, seulement plus élevées vers le milieu, tantôt des proéminences dirigées vers la tête ou vers la queue, qu'elles entourent en forme de couronne : d'autres fois aussi le fruit se trouve étranglé par le milieu, et renflé aussitôt en un large chapiteau, comme dans un champignon qui n'est pas encore épanoui ; ou bien, il est entièrement aplati en bouclier, quelquefois goudronné inégalement, quelquefois régulièrement. Cette dernière forme, la plus éloignée de la nature, est aussi la plus rare de toutes, et celle qui se reproduit le moins constamment. Une partie des semences renfermées dans ces fruits contractés sont elles-mêmes bossues, fort courtes et presque de forme ronde, suivant la proportion qui s'observe en général dans les pepons, dont les fruits les plus longs ont aussi les semences les plus alongées. La même contraction affecte la plante entière dès le commencement de sa végétation : ses rameaux, plus fermes par le rapprochement des nœuds, s'élancent verticalement jusqu'à ce que le poids des fruits les abatte ; ce à quoi concourt le grand alongement des pédoncules des fleurs mâles, des pétioles des feuilles, et de la figure de ces mêmes feuilles. Enfin les vrilles, toujours plus petites, lorsqu'il y en a, se trouvent quelquefois changées en petites feuilles à pétiole tortillé, dont la pointe se prolonge en une très-petite vrille, qui n'existe pas toujours.

11. 16

Les *Pastissons barbarins* sont des pepons qui s'alongent moins que les autres, et dont les fruits médiocres et alongés ont des bosselures et une peau jaune.

Les *Pastissons giraumonés* sont cultivés, chez divers curieux, sous les noms impropres de *Concombre de carême*, de *Potiron d'Espagne*, et sous celui de *Sept-en-toise*, nom plaisant, mais exact, en ce qu'il peint la fécondité et la végétation resserrée des pastissons. Quelques-uns sont si serrés que les fruits en demeurent défectueux ; d'autres s'alongent, prennent diverses figures et varient de grosseur. Dans leur état de perfection , ils sont comme de médiocres giraumons, de vingt-quatre à trente pouces de long, en massue, et peints de belles bandes d'un vert gai, sur un fond d'un jaune pâle, un peu verdâtre ; la pulpe est fort blanche, d'un grain fin , et se conserve bien plus délicate qu'en aucun autre giraumon.

La végétation des pastissons étant plus resserrée que celle des giraumons, les fruits sont plus exposés à mal nouer, si on ne les place pas à une bonne exposition : au reste, leur culture exige moins de peine, leur disposition dispensant de fixer leurs branches, et même de les tailler. Ces fruits se gardent communément tout l'hiver, et sont bons à manger jusqu'en Février et Mars : c'est en friture qu'ils réussissent le mieux, ce qui leur a fait donner le nom d'artichaut.

Courge pastèque ou Courge laciniée : *Cucurbita anguria*, Duch. ; *Cucurbita citrullus*, Linn. ; *Anguria*, Dodon., Pempt., 664 ; Rumph , *Amb.*, 5, tab. 146, fig. 1 ; *Citrullus officinarum*, Lob., *ic.* , 640 ; vulgairement le Melon d'eau. Cette espèce se distingue par ses feuilles très-profondément laciniées, placées dans une direction verticale, et d'une consistance ferme et cassante ; par son fruit orbiculaire ou ovale, lisse , moucheté de taches étoilées ; par sa chair souvent rougeâtre ; par ses semences noires ou rouges, non blanchâtres. Le nom de *pastèque* est réservé aux variétés dont le fruit, plus ferme, ne se mange que confit ou fricassé, et l'on donne celui de *melon d'eau* aux variétés dont le fruit est très-fondant, que l'on mange cru comme le melon, qui se résout dans la bouche en eau d'un goût sucré , agréable et très-rafraîchissant.

On cite encore plusieurs espèces de courges, jusqu'à présent peu connues, telles que le *Cucurbita hispida*, Thunb., dont le fruit est oblong, les fleurs blanches, les feuilles velues, se rapprochant de la calebasse, ainsi que le *Cucurbita idolatrica*, Willd., originaire de la Guinée. Le *Cucurbita siceraria*, observé au Chili par Molina : ses fruits sont globuleux, leur écorce ligneuse ; les feuilles anguleuses, tomenteuses. Le *Cucurbita mammeata*, du même pays, à fruits sphériques, mamelonnés ; les feuilles découpées. Le *Cucurbita aurantia* et *subverrucosa* ne sont probablement que des variétés produites par la culture. Le *Cucurbita umbellata* de l'Inde a des feuilles rudes, en cœur, anguleuses, à cinq lobes denticulés ; les fleurs mâles réunies en ombelle ; les femelles solitaires ; le fruit elliptique, tomenteux. (Poir.)

COURGNÉ (*Bot.*), nom du cornouiller en Languedoc. (L. D.)

COURICACA. (*Ornith.*) Buffon a décrit sous ce nom l'oiseau d'Amérique qui, dans Marcgrave, Hist. nat. du Brésil, p. 191, est appelé *curicaca*. C'est le *tantalus loculator* de Linnæus et de Latham. M. Vieillot donne en françois le nom de *couricaca* aux trois espèces de tantales que M. Cuvier conserve dans le genre *Tantalus*, et qui diffèrent surtout des autres, auxquelles est réservée la dénomination d'*ibis*, en ce que leur bec est aussi large que la tête à sa base, un peu comprimé latéralement, échancré vers le bout, et sans cannelures. Les deux autres couricacas de M. Vieillot sont le couricaca jaunghill, *tantalus leucocephalus*, Gmel. et Lath., et le couricaca soleïkel, *tantalus ibis*, Linn. et Lath.; laquelle espèce a été reconnue n'être pas le véritable ibis d'Égypte. On les décrira toutes trois sous le mot Tantale. (Ch. D.)

COURIKIL (*Ornith.*), nom sous lequel, d'après le P. Paulin, on désigne, au Malabar, une espèce d'hirondelle. (Ch. D.)

COURIMARI DE LA GUIANE (*Bot.*): *Courimari guianensis*, Aubl. *Guian. supp.*, 28, tab. 584; *Oulemari arbor citreifolia, etc.*, Barr., Fr. équin., 84; Préfont., Mais. rur. de Cayenne. Arbre de la Guiane, observé par Aublet dans les bois et les lieux humides, mais dont on ne peut assigner ni l'ordre naturel, ni la place dans le système sexuel de Linnæus, le nombre des étamines et des styles n'ayant point été observé, et le fruit ne l'ayant été qu'imparfaitement. Cet arbre est très-remarquable, d'après ce qu'en dit Aublet. Son tronc est porté sur des arcabas qui ont six ou sept pieds de hauteur, et quelquefois quinze pieds de large vers le bas où ils se couchent dans la terre. Ces arcabas sont des côtes applaties qui, en se prolongeant et s'étendant, forment des triangles ; ils ont environ sept ou huit pouces d'épaisseur. Le tronc est formé par la réunion de tous ces arcabas, du sommet desquels il s'élève. Ils sont écartés les uns des autres, et laissent entre eux un espace plus ou moins grand, suivant la direction qu'ils prennent et l'étendue qu'ils ont ; c'est là où se retirent souvent les bêtes fauves. Cet arbre s'élève à la hauteur d'environ quatre-vingts pieds sur quatre de diamètre : son bois est blanc, tendre, léger ; l'écorce épaisse, ridée, de couleur brune. Du sommet du tronc partent de grosses branches rameuses, dont les pousses annuelles sont long-temps marquées par un bourrelet ridé qui se trouve à leur naissance. Les nouvelles pousses sont velues, roussâtres, et portent des feuilles alternes, ovales, vertes, entières, lisses en-dessus, velues et roussâtres en-dessous, avec des nervures saillantes, longues de cinq pouces sur trois de large, portées sur un pétiole canaliculé, long d'un pouce.

De l'aisselle des feuilles sortent des fleurs disposées en grappes courtes, incomplétement connues. Le calice se divise en cinq découpures profondes, aiguës ; la corolle composée de cinq pétales lancéolés, alternes avec les divisions du calice ; un ovaire supérieur. Le fruit, observé avant sa maturité, est sphérique, de la grosseur d'une prune, divisé intérieurement en cinq loges, contenant chacune une seule semence. Les naturels du pays tirent de l'écorce intérieure de cet arbre des feuillets minces dans lesquels ils enveloppent le tabac pour fumer, ce qui leur tient lieu de pipe, et qu'ils nomment *cigale, cigare* ou *chirome*. Avec les arcabas, qu'ils amincissent, ils font des planches, des pagayes qui leur tiennent lieu de rames pour naviguer, des gouvernails et des pirogues. (Poir.)

COURINGIA. (*Bot.*) Heister avoit désigné sous ce nom générique le *brassica orientalis* et le *brassica campestris*, d'après des caractères qui ont paru insuffisans à Linnæus pour les séparer du Chou. Voyez ce mot. (J.)

COURLAN. (*Ornith.*) Voyez Courliri. (Ch. D.)

COURLERET (*Ornith.*), nom vulgaire du courlis commun, *numenius arcuatus*, qu'on appelle aussi *courleru*. (Ch. D.)

COURLEROLES. (*Entom.*) On appelle ainsi dans quelques provinces les larves des courtillières et des hannetons, qu'on nomme aussi les mans, quelquefois celles des grosses tipules, et quelquefois aussi les lombrics blancs. (C. D.)

COURLIRI. (*Ornith.*) Ce nom est celui que porte à Cayenne l'oiseau représenté dans la 848.ᵉ planche enlum. de Buffon, sous la dénomination de *courlan*. Gmelin et Latham l'ont placé parmi les hérons, auxquels il appartient, en effet, beaucoup plus qu'aux courlis par la taille, et dont il ne diffère que par une foible courbure à la pointe du bec. M. Vieillot, ayant remarqué que ses doigts étoient d'ailleurs entièrement séparés, tandis qu'ils sont réunis à la base dans les autres espèces du genre *Ardea*, et que l'ongle intermédiaire, pectiné chez celles-ci sur le bord interne, étoit dilaté, mais entier, chez le *courliri*, et chez le *carau* décrit par M. d'Azara sous le n.° 366 et qui offre également les autres particularités, en a fait un genre distinct sous le nom d'*aramus*.

Courliri courlan : *Aramus scolopaceus*, Vieill.; *Ardea scolopacea*, Gmel. et Lath. Il a deux pieds huit pouces de longueur. Le bec, long de quatre pouces, est de couleur de corne et bleuâtre à la pointe; le plumage, d'un beau brun, a des nuances vertes et rougeâtres aux grandes pennes alaires et caudales, et chaque plume du cou porte un trait blanc, longitudinal, au centre. Les mœurs de cet oiseau sont celles des hérons, et M. Cuvier le place entre eux et les grues.

Courliri carau; *Aramus carau*, Vieill. Cette espèce, assez commune au Paraguay, a vingt-six pouces de longueur et quarante-quatre pouces de vol. Des vingt-cinq pennes de l'aile la troisième est la plus longue; les douze pennes de la queue, presque égales, sont bien fournies de barbes; la langue, de substance élastique, est étroite et courte; le bec est jaune dans presque toute son étendue, mais la base et l'extrémité sont noirâtres; l'iris est d'un brun roussâtre; le dessus de la tête, les épaules, les couvertures supérieures des ailes, le dessous et les côtés du corps, sont d'un brun noirâtre qui, sur le ventre et entre les jambes, est moucheté de blanc; des plumes courtes, brunes au centre et blanches sur les bords, couvrent les côtés et le derrière du cou ; le dos, les plumes uropygiales et les pennes alaires et caudales, sont d'un brun pourpré ; les côtés de la tête, la gorge et le haut du cou, ont les plumes blanches et bordées de brun ; le bas du cou est entièrement de cette dernière couleur ; la partie nue de la jambe et les tarses ont une teinte plombée et noirâtre.

Cet oiseau a la démarche aisée et légère des hérons, et, comme eux, il vit solitaire ou par couples ; mais, moins vif et moins prompt, il ne se cache pas, et, au lieu d'imiter ceux-ci en ne s'envolant qu'à la dernière extrémité et pour peu de temps, il part et s'élève spontanément en l'air, où il se maintient sans chercher à se rapprocher de la terre : ses ailes sont plus étendues, ses épaules plus larges, sa queue et son bec plus forts, son cou et ses jambes plus courts, ses doigts plus longs. Il se perche au haut des arbres, et se nourrit, comme les hérons, des produits des terrains argileux ; mais il n'entre pas dans l'eau pour y chercher sa nourriture, ne mangeant ni poissons ni serpens. Lorsque quelque bruit le frappe, il prononce, de jour et même de nuit, d'une voix perçante, le mot *carau*, qui s'entend d'une demi-lieue. On a assuré à M. d'Azara que cet oiseau cachoit soigneusement, dans des lieux remplis d'eaux stagnantes, un nid où la femelle, en tout semblable au mâle, déposoit deux œufs, et que les petits suivoient la femelle aussitôt après leur naissance. (Cu. D.)

COURLIS. (*Ornith.*) Les Grecs désignoient les oiseaux de ce genre par les mots *clorios* et *noumenios*, et les anciens naturalistes, par ceux de *numenius, arquata, falcinellus.* Linnæus les a placés dans la famille des bécasses ; mais, à l'exemple de Brisson, Latham et les naturalistes modernes les en ont extraits, en adoptant pour terme générique le mot *numenius*, dérivé de *néoménie*, nouvelle lune, à cause de leur bec en forme de croissant. Les courlis se distinguent des tantales et des ibis proprement dits, en ce que les premiers ont un bec de cicogne, à dos arrondi et courbé seulement à la pointe ; que les seconds l'ont arqué dans la moitié de son étendue, moins fort et presque carré à sa base, avec une partie de la tête ou du cou dénuée de plumes : tandis que, avec une courbure semblable, les courlis ont le bec rond dans toute sa longueur, bien plus grêle, et la tête, ainsi que le cou, entièrement garnis de plumes. En considérant isolément leurs autres caractères génériques, on observe chez les courlis des narines latérales linéaires, placées dans une cannelure plus ou moins prolongée, mais qui ne s'étend pas jusqu'à l'extrémité du bec, dont la mandibule supérieure, foiblement obtuse, dépasse un peu l'inférieure ; une langue courte et triangulaire ; des pieds grêles, nus au-dessus du genou ; les trois doigts antérieurs réunis par une membrane qui ne dépasse pas la première articulation du côté intérieur, mais s'étend un peu davantage du côté extérieur ; le pouce, dont l'attache est plus élevée, ne touche à terre que par le bout.

M. Cuvier sépare des vrais courlis les corlieux, *phœopus*, et les falcinelles, *falcinellus*, dont il forme deux sous-genres, caractérisés, le premier par la dépression du bec vers le bout et une plus grande extension du sillon des narines, le second par l'absence du pouce. Peut-être les considérations relatives au premier de ces oiseaux sont-elles un peu légères, puisque les mœurs du corlieu ne diffèrent point d'ailleurs de celles des autres courlis; mais le défaut de pouce, pour le second, est d'une autre importance, si l'on y ajoute encore celui de membranes entre les doigts antérieurs, et si l'on considère, de plus, que les falcinelles sont sujettes à une double mue, tandis que les courlis n'en éprouvent qu'une seule dans l'année. On pense donc que, s'il y a lieu à une association, ce devroit être plutôt avec les sanderlings, dont les falcinelles ne diffèrent que par la courbure du bec. (Voyez, au surplus, le mot FALCINELLE.)

Les courlis vivent sur les bords de la mer et des fleuves, dans les marais, les prairies, et s'avancent souvent dans l'intérieur des terres ; ils se nourrissent de vers, d'insectes, de limaçons et de petits coquillages. Leur démarche est grave et mesurée; ils ne se perchent point; leur vol est soutenu et très-élevé ; ils émigrent en grandes troupes, mais ils vivent isolés pendant le temps de la reproduction. Ils nichent sur le sable ou dans les herbes, et leurs petits quittent le nid dès leur naissance pour chercher eux-mêmes leur nourriture. Les femelles de ces oiseaux se distinguent difficilement des mâles.

On ne trouve que deux espéces de courlis en Europe ; mais il y en a un plus grand nombre en Asie, en Afrique et dans le Nouveau-Continent.

Courlis commun : *Numenius arcuatus*, Lath. ; *Scolopax arquata*, Linn. Cet oiseau, figuré dans les planches enluminées de Buffon, n.° 818, et dans les Ornithologies angloises de Lewin, tom. 5, et de Graves, tom. 1, est de la grosseur d'un chapon, et long de deux pieds et plus. Son bec a près de six pouces, et sa queue n'en a pas cinq ; il a trois pieds quatre pouces de vol. Son plumage ne présente que du gris, du brun et du blanc. La seconde de ces couleurs s'étend longitudinalement au centre des plumes, dont le reste est gris sur la tête, le cou, la gorge, le dos, les scapulaires, et blanchâtre sur la poitrine, le haut du ventre et les couvertures des ailes, qui ont les pennes d'un brun noirâtre, avec des taches blanches aux barbes intérieures ; le croupion, le bas du ventre, les cuisses et l'anus sont blancs ; la queue est d'un cendré blanchâtre avec des raies brunes disposées transversalement. La mandibule supérieure et l'extrémité de l'inférieure sont d'un brun noirâtre ; la première partie de cette dernière est de couleur de chair ; les pieds sont d'un cendré foncé. Suivant M. Temminck, la femelle n'a pas sur la bordure des plumes dorsales et des scapulaires la teinte rousse qu'on observe aux mâles, et les jeunes de l'année ont le bec presque droit et d'un tiers moins long que celui des vieux, qui se courbe en grandissant. Cette espéce, qu'on trouve dans le nord de l'Europe, jusqu'en Sibérie, et dans le sud, en Italie, en Gréce, se rencontre aussi en Égypte et dans d'autres contrées de l'Afrique et de l'Asie ; elle vit sur le bord de la mer, des riviéres et des lacs couverts de limon, dans les prairies, les champs et les lieux sablonneux près des eaux ; elle s'arrête peu dans les champs, qu'elle traverse en troupes : on la voit aussi dans les dunes et les bruyéres, où elle niche ; les lieux où elle est le plus nombreuse, sont céux qu'arrose la Loire. Elle pond quatre ou cinq œufs d'un fond olivâtre, avec des taches arrondies, d'un brun rougeâtre, qui forment une sorte de couronne vers le gros bout. On en voit la figure dans la 55.° planche de Lewin, n.° 1. La chair de ce courlis, autrefois estimée, ne l'est plus aujourd'hui, quoiqu'elle ait un fumet tel que les meilleurs chiens couchans l'arrêtent comme la perdrix. On rencontre quelquefois des courlis blancs ; mais c'est par l'effet d'une dégénération accidentelle, et pareille à celle qui cause la blancheur de certaines bécasses et de quelques merles et moineaux.

Courlis corlieu : *Numenius phœopus*, Lath.; *Scolopax phœopus*, Gmel., planche enluminée de Buffon, n.° 842, et de Lewin, n.° 155. Le corlieu, dont la grosseur est de moitié moindre que celle du courlis commun, lui ressemble beaucoup par le plumage. Il n'a que quinze à seize pouces de longueur, et deux pieds cinq à six pouces de vol. La partie supérieure de sa tête offre, depuis le front jusqu'à l'occiput, deux larges bandes brunes, séparées au milieu par une plus étroite, variée de gris et de blanc, et deux autres de la même couleur entre elles et l'œil ; la gorge est blanche ; le cou et la poitrine sont couverts de plumes d'un gris blanc sur les bords, et brunes au centre ; celles de la partie supérieure du dos et les scapulaires sont d'un brun plus foncé au milieu, et légèrement bordées de gris ; les pennes alaires sont noirâtres, à l'exception de quelques taches blanches aux barbes intérieures ; la partie inférieure du dos, le ventre, les cuisses, les plumes anales sont blancs ; les pennes caudales sont rayées transversalement de brun sur un fond gris ; le bec est noirâtre, à l'exception de la première moitié de la mandibule inférieure, qui tire sur la couleur de chair ; l'iris est brun, et les pieds sont plombés. M. Temminck a fait sur le bec de cette espèce la même observation que sur celui du courlis commun, en remarquant que, presque droit et à peine long d'un pouce et demi chez les jeunes, il acquiert le double d'étendue et se courbe avec l'âge. Suivant le même auteur, le *numenius hudsonicus*, Lath., ou premier courlis de la baie d'Hudson, Sonn., ne diffère pas du corlieu ; mais il en est autrement du *numenius borealis* du même auteur, dont l'*eskimaux curlew*, décrit tome 3, part. 1.ʳᵉ du *Synopsis*, p. 125, est le synonyme.

Willughby avoit déjà observé que Gesner faisoit un double emploi en plaçant deux fois le petit courlis parmi les poules d'eau, sous la dénomination de *phœopus* et de *gallinula* ; et ce dernier s'est encore trompé en lui appliquant les noms de *Wind-Vogel* et de *Wetter-Vogel*, qui appartiennent au courlis commun. Suivant Buffon, l'oiseau représenté par Edwards, pl. 356 de ses Glanures, sous le nom de *petit ibis*, n'est aussi qu'un corlieu dessiné dans un état de mue.

Cette espèce qui, aux mois d'Avril et de Mai, passe régulièrement en troupes nombreuses le long des côtes pour se diriger vers le nord, est fort rare en France et en Allemagne; mais elle est plus commune en Hollande et en Angleterre, où Lewin ne doute pas qu'il n'en reste plusieurs paires, quoiqu'en général ces oiseaux paroissent nicher dans les régions du cercle arctique et en Asie. Ses œufs, que le même naturaliste a figurés pl. 35, n.° 2, sont de la couleur de ceux du courlis commun, mais plus petits. Les habitudes et le genre de vie sont aussi les mêmes pour les deux espèces, qui mangent des vers et des insectes, et qui fréquentent les mêmes lieux, sans toutefois se mêler ensemble.

M. Vieillot fait mention d'un autre courlis, qui ne seroit pas étranger à l'Europe, puisqu'il auroit été compris par M. Rafinesque-Schmaltz dans ses Oiseaux de la Sicile, sous le nom d'*addarana*, comme ayant tout le plumage, ainsi que le bec et les pieds, noirs : mais une description plus détaillée seroit nécessaire pour s'assurer du genre et de l'espèce de cet oiseau, et reconnoitre si ce ne seroit pas plutôt un ibis, et particulièrement l'*ibis vert* ou *ibis d'Italie*, qui, sous certains aspects, paroît noir.

Courlis de Madagascar : *Scolopax madagascariensis*, Linn.; *Numenius madagascariensis*, Lath.; pl. enlum. de Buffon, n.° 198. Cet oiseau, que Buffon regarde comme étant de la même espèce que le courlis commun, a, en effet, de très-grands rapports avec lui : sa taille est la même; son bec est seulement un peu plus long, et ses pieds sont d'un brun rougeâtre et plus foncé que dans l'autre; mais le plumage n'offre que quelques différences dans la distribution des couleurs, en général brunes, grises, blanches ou roussâtres. Outre les taches brunes, presque partout longitudinales chez le premier, il existe chez le second des raies transversales sur les scapulaires, sur la poitrine et sur les couvertures inférieures de la queue, lesquelles sont roussâtres, comme sur leurs pennes, qui sont grises. La gorge est blanche et les ongles noirâtres.

Courlis a bec grêle, *Numenius tenuirostris*. L'oiseau que M. Vieillot a ainsi nommé, et qui se trouve en Égypte, est probablement le même qu'on voit au Muséum sous la dénomination de *courlis d'Égypte*. Sa taille est celle du courlis corlieu, dont il diffère par la largeur des mouchetures brunes et en forme de larmes qu'il a sur le ventre ; sa queue est transversalement rayée de blanc et de brun, et les plumes du sommet de la tête et du dos, brunes au centre, sont bordées de roussâtre.

Latham et Gmelin ont donné les noms de *numenius africanus* et de *scolopax africana* à un plus petit oiseau, qu'on trouve au cap de Bonne-Espérance et au Sénégal, et dont la longueur totale n'excède pas neuf pouces. Le sommet de la tête, le devant du cou et la poitrine sont d'un gris clair, avec des ondes d'un gris plus sombre ; le ventre et les plumes anales sont blancs ; le dessus du corps et les couvertures des ailes d'un gris foncé ; les pennes alaires noirâtres, celles de la queue grises et bordées de blanc. Le bec, long de dix-huit lignes, légèrement arqué, est de couleur noire, ainsi que les pieds et les ongles. M. Temminck cite cet oiseau parmi les synonymes de son *tringa subarquata* ou bécasseau cocorli dans son plumage d'hiver.

Courlis a tête blanche : *Numenius leucocephalus*, Lath.; *Scolopax leucocephala*, Gmel. Cet oiseau du cap de Bonne-Espérance, dont Latham a donné la figure pl. 8o de son *Synopsis*, t. 5, pag. 125, est de la taille du courlis commun, dont il a aussi le port. La tête et une partie du cou sont blancs ; les pennes des ailes sont noires, et le reste du plumage est d'un bleu très-foncé ; son bec est rouge.

Sonnini, dans son édition de Buffon, tom. 58, pag. 242, regarde cet oiseau comme identique avec le *hagedash* ou *hadelde* du même pays, qui est décrit par Sparrman, t. 1.er de son Voyage au Cap, p. 5o1 et 5o2 de la traduction françoise, édit. in-4.° ; mais il ne paroît pas avoir assez fait attention à la longueur de la queue, que ce naturaliste annonce être double de celle du bec, tandis qu'elle est, chez l'oiseau dont il s'agit, aussi courte que la queue du courlis ordinaire. Le hagedash paroît d'ailleurs appartenir plutôt au genre Ibis.

Courlis a calotte noire. M. Vieillot a substitué cette dénomination, exprimée en latin par *Numenius atricapillus*, à celle de *numenius luzoniensis*, Lath., et de *scolopax luzoniensis*, Gmel., par lesquelles on avoit désigné le courlis tacheté de l'île de Luçon, dont il est fait mention page 85 du Voyage de Sonnerat à la Nouvelle-Guinée, et qui est figuré pl. 48 du même ouvrage. Cette espèce, d'un tiers plus petite que le corlieu, avec lequel elle paroit avoir plus d'analogie qu'avec le courlis commun, est décrite par l'auteur comme ayant le vertex noir ; les autres parties de la tête, le cou et la poitrine blancs, avec des raies longitudinales noires et très-étroites ; le ventre coupé par des bandes et des hachures transversales, plus larges et également noires sur le même fond ; le dos et les couvertures des ailes de couleur de terre d'ombre, avec quatre ou six taches blanches sur le bord de chaque plume ; les grandes pennes alaires noires, et la queue d'un gris vineux, avec des bandes transversales noires.

Courlis roussatre. M. Vieillot fait une espèce particulière de ce courlis du nord de l'Amérique, qu'il nomme *numenius melanopus*, et que Gmelin et Latham ont considéré, peut-être un peu légèrement, comme une simple variété du *scolopax arquata* ou *numenius arcuatus*. Il paroit, en effet, malgré sa taille, plus rapprochée de celle du courlis commun, appartenir davantage au corlieu, les deux sillons de sa mandibule supérieure s'étendant presque jusqu'à la pointe, et le bec étant proportionnellement plus long qu'au premier. Le sommet de la tête est aussi plus noir, comme au corlieu ; et le fond du plumage est différent de celui des deux autres, puisque la teinte dominante est le roux, qu'on remarque surtout au ventre et à l'anus, parties qui sont blanches chez ceux-ci. Cet oiseau est vraisemblablement le même que celui qui est étiqueté au Muséum de Paris *courlis roux*, quoique ce dernier paroisse d'une taille plus forte. Les pieds sont d'un brun très-foncé, et c'est par les seuls mots, *pedibus nigris*, que Gmelin a désigné ce courlis, auquel ne s'appliquent point spécialement des détails qu'il donne sur l'habitation, la nourriture et la ponte du courlis commun.

Courlis boréal ; *Numenius borealis*, Lath. Sonnini, édit. de Buffon, t. 58, p. 278, a décrit, sous le nom de second

courlis de la baie d'Hudson , cet oiseau, que Gmelin a confondu avec le premier courlis de la même baie sous le nom
de *scolopax borealis*, et qui est d'une taille trois fois moindre
que celle du courlis commun, avec lequel, d'ailleurs, il a
plusieurs traits de ressemblance. Son bec est proportionnément plus petit ; ses pieds sont d'un noir bleuàtre ; la tête
est blanchàtre, avec des lignes brunes ; les parties inférieures
sont d'un blanc jaunàtre , et il y a sur ce fond des lignes
brunes et étroites au cou et à la poitrine ; le centre des
plumes dorsales est d'un brun foncé, et leur bordure d'un
gris blanc ; les pennes alaires sont brunes, et la queue rayée
de blanc sale. Cet oiseau, qui habite les terrains inondés et
les prairies humides de la baie d'Hudson, s'y nourrit de vers
et d'insectes.

COURLIS GOUARONA, Buff. ; *Numenius guarauna*, Lath. ; *Scolopax guarauna*, Linn. ; *Numenius americanus fuscus*, Briss.
Cet oiseau, long d'environ deux pieds, et qui se trouve
au Brésil et à la Guiane, a la tête, le cou et la gorge couverts de plumes brunes au centre et blanchàtres sur les côtés ;
le dos, la poitrine, le ventre et le haut des jambes d'un
brun marron ; les scapulaires, le croupion, les couvertures
des ailes et de la queue, d'un brun à reflets verts, ainsi que
les pennes alaires et caudales extérieurement ; le bec jaunàtre à sa base et brun vers l'extrémité ; les pieds d'un gris
brun, et les ongles noiràtres.

COURLIS CHICHI, *Numenius chichi*. Le nom de cet oiseau
vient du cri qu'il prononce d'une voix rauque, en volant
à une très-grande hauteur après le coucher du soleil. M.
d'Azara, qui le décrit sous le n.° 364, l'a toujours vu en
troupes de vingt à soixante dans les terrains argileux du Paraguay et dans les plaines de Buenos-Ayres. Les Guaranis l'appellent *caruay* ; mais la ressemblance de ce nom avec celui
de *carau*, qu'ils donnent à un courliri, a empêché l'auteur
espagnol de l'adopter, et l'a déterminé à nommer l'oiseau
dont il s'agit *curucau* (courlis) *à cou varié*. Cette espèce, longue
de dix-huit pouces et demi, a le dessus du corps, des ailes et
de la queue noiràtre, avec des reflets violets et verts ; les
plumes de la tête et du cou, cotonneuses et très-serrées, ont
une bordure blanche sur un fond bleu foncé ; le dessous et les

côtés du corps sont d'un violet noirâtre ; les pieds sont bruns et lisses , et le bec est de couleur de plomb. Le courlis chichi , que M. d'Azara a trouvé dans le même pays que le guarauna de Marcgrave , a beaucoup de ressemblance avec ce dernier oiseau , et il est probable que c'est la même espèce , comme M. d'Azara le pense lui-même.

Latham , dans le Supplément de son *Index ornithologicus* , a ajouté aux espèces américaines du genre Courlis un oiseau nommé par les Indiens de la Floride *ephouskica*, ce qui signifie *oiseau criard* , et il l'a appelé *numenius vociferus*. Bartram , qui le premier l'a décrit dans son Voyage dans les parties sud de l'Amérique septentrionale, tome 1.er , p. 261 et suiv. de la traduction françoise , le désignoit sous le nom de *tantalus pictus* , en avouant son incertitude sur le genre auquel il appartenoit réellement. Ce seroit , en effet , d'après la forme de son bec , un ibis plutôt qu'un courlis, quoique l'auteur ne fasse aucune mention de parties nues à la face : mais la vraie place de l'ephouskica ne pourra être assignée avant qu'on ait été à portée de l'examiner en nature. On se contentera donc , en observant qu'il habite les terres basses et marécageuses qui bordent la rivière des Mosquites et les lacs de la Floride et de la Géorgie, de rapporter ici le texte même du traducteur de Bartram. « Cet oiseau est à peu près de la grosseur d'une poule domestique. Tout son corps, tant en-dessus qu'en-dessous , est d'une couleur plombée ; mais chaque plume est bordée de blanc , ce qui , vu de près , fait paroître l'oiseau moucheté. Son œil est grand et *placé fort haut sur la tête*, qui est très-proéminente. Le bec a cinq ou six pouces de long ; il est courbé à peu près dans la forme que présente un arc bandé. *Près de sa base, il est gros ou épais*, comprimé sur les côtés , et *aplati par-dessus et par-dessous* , ce qui forme un carré d'environ un pouce , sur lequel sont placées les narines. Depuis là les deux mâchoires sont rondes ; elles diminuent par degrés jusqu'auprès de leur extrémité, où , dans la longueur d'environ un demi-pouce, elles deviennent plus épaisses qu'elles ne sont immédiatement au-dessus, ce qui fait qu'elles ne sont jamais absolument fermées dans toute leur longueur. La mâchoire supérieure est un peu plus longue que l'inférieure. Le bec est d'un vert foncé.

plus clair et un peu jaunâtre vers la base et aux angles de
son ouverture. La queue est courte : la plume du milieu en
est la plus longue ; les autres vont des deux côtés en diminuant, et sont de la même couleur que le reste de l'oiseau,
seulement un peu plus foncées ; les deux extérieures, les plus
courtes, sont parfaitement blanches. L'animal a la faculté
de les faire jouer de chaque côté aussi vite que l'éclair, ce
qu'il fait surtout lorsqu'il est inquiet ; il jette en même temps
un cri haut et aigu. Son cou est long et mince, et ses jambes,
longues aussi, sont dépourvues de plumes jusqu'au-dessus du
genou ; elles sont noires ou fortement plombées. »

COURLIS TEVREA : *Numenius tahitiensis*, Lath. ; *Scolopax tahitiensis*, Gmel. Tevrea est le nom que porte à Otaïti cette
espèce de courlis, qui a vingt pouces de longueur, et dont la
taille approche de celle du courlis commun. Le sommet de la
tête est brun, et le surplus, ainsi que le cou, d'un blanc
rougeâtre, parsemé de beaucoup de traits sombres et longitudinaux ; le dos et les couvertures supérieures des ailes
sont bruns et frangés de roussâtre ; les parties inférieures
du corps sont d'un brun teint de roux ; les pennes alaires
sont noirâtres, et celles de la queue d'un jaune sale, avec
des taches irrégulières noirâtres sur la première partie, et
des bandes de la même couleur sur l'autre ; le bec, rouge
à la base, est brun dans le reste ; les pieds sont bleuâtres,
et les ongles noirs.

M. Vieillot donne le nom spécifique de courlis à pieds
bleus, *numenius cyanopus*, à un oiseau de la Nouvelle-Hollande
que Latham paroît regarder comme une simple variété du
courlis ordinaire, mais qui, suivant le premier de ces naturalistes, a un bec beaucoup plus long, et dont le plumage
est d'un ferrugineux sale, inclinant au brun.

On a aussi appliqué le nom de courlis à des oiseaux qui
n'appartiennent pas à ce genre. Tels sont le *courlis de terre*,
synonyme d'œdicnème ; le grand *courlis d'Amérique*, qui est
le couricaca. Beaucoup d'autres, qui étoient considérés comme
des courlis avant la division du genre *Tantalus*, sont aussi
maintenant des ibis, et dans ce nombre se trouvent le *courlis
d'Italie*, le *courlis marron*, le *courlis vert*, le *petit courlis des
bois de Cayenne*, le *petit courlis d'Amérique*, le *courlis varié du*

Mexique, le *courlis brillant*, le *courlis brun*, le *courlis du Brésil*, le *courlis espagnol*, le *courlis de Surinam*. (Ch. D.)

COURLY. (*Ornith.*) Voyez Courlis. (Ch. D.)

COURMI, CURMI (*Bot.*), nom grec employé par Dioscoride pour désigner une boisson fermentée, faite avec l'orge, qui ne peut être que la bière. Il croit qu'elle agace les nerfs, affecte la tête et produit un mauvais chyle. (J.)

COURMOTTE. (*Bot.*) Voyez Coulmotte. (Lem.)

COURNAC. (*Ornith.*) On nomme ainsi, dans le bas Montferrat, la corneille-freux, *corvus frugilegus*. Linn. (Ch. D.)

COURNAJA. (*Ornith.*) Ce mot, qui s'écrit aussi *cournajas*, désigne en Piémont la corneille mantelée, *corvus cornix*, et quelquefois aussi le freux. (Ch. D.)

COURNÉ. (*Bot.*) On donne ce nom, dans quelques départemens du midi, à une espèce de courge. (L. D.)

COURNEBIOOU (*Bot.*), nom languedocien de deux vesces, *vicia lutea* et *hybrida*, selon M. Gouan. (J.)

COURNIAOU (*Bot.*), nom languedocien, selon M. Gouan, de la variété d'olivier à fruit alongé qu'il nomme *olea europæa craniomorpha*. (J.)

COUROL (*Ornith.*), nom donné par M. Levaillant à des oiseaux qui tiennent du coucou et du rollier, et qui forment une section du genre Coucou. Voyez ce mot. (Ch. D.)

COURONDI. (*Bot.*) L'arbre du Malabar décrit et figuré sous ce nom par Rheede, vol. 4, p. 103, t. 50, nommé *courdi* par les Brames, et *asotas* par les Portugais, n'a point été rapporté jusqu'à présent à un genre connu. Il est élevé; ses feuilles sont opposées, ovales-lancéolées, lisses, laissant échapper de leur aisselle des pédoncules chargés de plusieurs fleurs, rarement d'une seule. Ces fleurs, petites, composées de cinq pétales réunis, renferment des étamines nombreuses. L'ovaire, qui occupe le centre, devient un fruit ou brou sphérique, charnu, épais et mou, de couleur safranée à l'intérieur, au milieu duquel est une amande recouverte d'une pellicule rousse. Cette description de Rheede ne peut s'appliquer à aucun genre connu. Le port exprimé dans la gravure rapprocheroit ce végétal du *tontelea*, dans la famille des hippocraticées, dont le nombre indéfini des étamines l'éloigne. Il diffère des myrtées par son ovaire libre, des symplocées par le même caractère, ainsi que par les feuilles opposées. Cette disposition des feuilles l'écarte des tiliacées. Il auroit plus d'affinité avec les guttifères, et surtout avec le *rheedia*, qui offre la même disposition des parties, mais dont les pétales ne sont qu'au nombre de quatre et le fruit rempli de trois amandes. L'inspection de la plante, et surtout la connoissance d'autres caractères omis dans la description, détermineront avec plus de précision sa place dans l'ordre naturel. (J.)

COURONNANT, *Coronans*. (*Bot.*) On nomme bractées couronnantes celles qui, comme dans la fritillaire impériale, surmontent les fleurs : on nomme feuilles couronnantes celles qui, comme dans les palmiers, le *sempervivum arboreum*, etc., sont ramassées ou étalées en rose au bout de la tige ou des rameaux : on nomme nectaire couronnant celui qui, comme dans les ombellifères, surmonte l'ovaire. (Mass.)

COURONNE. (*Bot.*) Quand une calathide de synanthérée est composée de fleurs qui diffèrent essentiellement par la corolle, nous nommons *disque* l'assemblage des fleurs à corolles masculines, c'est-à-dire, des fleurs hermaphrodites ou mâles qui occupent le milieu de la calathide; et *couronne*, l'assemblage des fleurs à corolles non masculines, c'est-à-dire, des fleurs femelles ou neutres qui occupent la bordure. Ainsi la calathide est incouronnée, toutes les fois qu'elle ne contient que des corolles masculines, quand même les extérieures seroient plus longues que les intérieures : auquel cas la calathide est radiatiforme. Au contraire, elle est couronnée dès qu'elle contient des corolles masculines sur son milieu et des corolles non masculines sur sa bordure, quand même elles seroient toutes également longues. La couronne est radiante ou inradiante, selon que ses fleurs dépassent ou ne dépassent point en longueur les fleurs du disque : au premier cas la calathide est radiée; au second cas elle est discoïde. Enfin, elle est discoïde-radiée, si la couronne est double, l'extérieure radiante, et l'intérieure inradiante. (Voyez l'article Composées.) On emploie aussi le mot couronne pour désigner l'appendice qui, dans quelques plantes, surmonte la gorge de la corolle (silène) ou du périanthe simple (narcisse). (H. Cass.)

COURONNE. (*Fauconnerie.*) On appelle ainsi le duvet qui entoure la base du bec d'un oiseau de proie. (Ch. D.)

COURONNE DE TERRE (*Bot.*), nom vulgaire du lierre terrestre, *glecoma hederacea*, Linn. (L. D.)

COURONNE D'ÉTHIOPIE (*Conchyl.*), nom marchand de la volute d'Éthiopie. (De B.)

COURONNE-DES-FRERES (*Bot.*), nom vulgaire du *cirsium eriophorum*, Scop. (H. Cass.)

COURONNE IMPÉRIALE (*Bot.*), nom vulgaire de la fritillaire impériale. On donne le même nom à une courge. (L. D.)

COURONNE IMPÉRIALE (*Conchyl.*), nom marchand du cône impérial. (De B.)

COURONNE PAPALE (*Conchyl.*), nom marchand de la mitre papale, *voluta mitra*, Linn. (De B.)

COURONNE ROYALE (*Bot.*), nom vulgaire du mélilot officinal. (L. D.)

COURONNÉ. (*Bot.*) On dit qu'un fruit est couronné, lorsque, faisant corps avec le calice, il conserve à son sommet une partie du limbe de ce dernier (groseillier, coriandre, pomme, poire). Un épi est dit couronné, lorsqu'il est terminé par des feuilles ou de grandes bractées (ananas. *salvia horminum*, *lavandula stœchas*). (Mass.)

COUROUALY, BALYRY. (*Bot.*) Selon Nicolson, ces noms caraïbes sont ceux d'un balisier : il indique ensuite comme synonyme la canne congo, qui, à Cayenne, est un *costus*, suivant Aublet, et l'*alpinia racemosa* de Plumier, conservé par Linnæus. Dès-lors on ne peut déterminer auquel des trois genres ces deux noms doivent être rapportés. (J.)

COUROUCOAI. (*Ornith.*) Le mot *curucui*, nom générique que l'on a donné dans le Brésil aux couroucous, d'après leur voix, doit se prononcer ainsi, ou *couroucoui*. (Ch. D.)

COUROUCOU. (*Ornith.*) Ces oiseaux, qui portent au Brésil le nom de *curucui*, ont reçu, dans le latin moderne, celui de *trogon*, qui leur a d'abord été imposé par Mœrhing, à la suite de ses *Genera avium*, n.° 114, p. 185. Leurs caractères sont d'avoir la tête grosse, le bec court, plus large que haut à la base, qui est garnie de quelques poils roides ; la mandibule supérieure arquée dès son origine, mousse à la pointe et dentelée sur les tranches chez les individus parvenus à l'âge adulte; les narines orbiculaires, placées près du front et ordinairement recouvertes par des soies; l'ouverture de la bouche fort large; la langue courte, triangulaire et collée au fond de la bouche; les tarses foibles, emplumés en partie ou en totalité, moins longs que le plus grand des doigts, qui sont placés deux à deux, et dont les extérieurs de chaque côté excèdent les intéireurs; ceux de devant réunis à leur base, et l'externe des deux de derrière versatile; les ongles peu courbés et aigus; les ailes médiocres, et dont les troisième et quatrième pennes sont en général les plus longues; la queue large et composée de douze rectrices.

Les couroucous sont bien plus petits de corps qu'ils ne le paroissent à cause de la quantité et de la longueur des plumes qui leur couvrent le sternum et le croupion, et dont les barbes sont douces et décomposées. Leur peau, fine et mince, se déchire aisément, et leurs plumes sont si légèrement implantées dans les chairs qu'un froissement suffit pour les faire tomber. La tige de chacune de ces plumes est large et terminée en une pointe déliée. M. Levaillant a observé qu'on sentoit ces pointes comme autant d'épingles lorsqu'on passoit la main à rebours sur le dos de l'oiseau, effet qu'on remarque également chez les échenilleurs. Plusieurs des plumes des couroucous ont un éclat métallique et des teintes éclatantes; mais la brièveté de leur cou et de leurs pieds, leur corps ramassé, leur air stupide, leur port dénué de grâces, ôtent tout le charme que leur procureroit la beauté de leur plumage, si elle étoit accompagnée de formes plus sveltes et plus élégantes. Il résulte encore d'une observation faite par M. Levaillant, que ces oiseaux ont, au bas de la nuque, un espace nu qu'on n'aperçoit qu'en soulevant les plumes environnantes ou en alongeant le cou.

Ces oiseaux aiment la solitude et se tiennent ordinairement dans les endroits les plus sombres des grands bois, vers le milieu ou sur les branches basses des arbres, où ils restent silencieusement pendant une grande partie du jour, guettant les insectes et les saisissant adroitement à leur passage. Quoiqu'ils ne soient pas farouches et se laissent facilement approcher lorsqu'ils sont à découvert, on a, en général, de la peine à les apercevoir, car ce n'est que de grand matin et le soir qu'ils se mettent en mouvement; et, comme ils restent blottis et sans se remuer aux autres heures de la journée, on les prend pour des paquets de feuilles ou pour des branches mortes. M. Levaillant, qui n'a trouvé dans l'estomac de ceux qu'il a tués que des élytres, des pattes d'araignées, de sauterelles, de mantes, de cigales, et des peaux de chenilles, les croit purement entomophages; d'autres auteurs prétendent néanmoins qu'ils mangent aussi des baies et les avalent tout entières.

Les couroucous ne voyagent pas; ils se tiennent seuls ou par paires, et on ne les voit jamais ni en familles ni en troupes. Presque toujours silencieux, hors le temps des amours, le mâle et la femelle jettent à cette époque des cris sonores et mélancoliques, prononcés d'une voix forte et d'un ton plaintif, que Sonnini compare aux gémissemens d'un enfant abandonné. Leur vol, court et bas, s'exécute par des ondulations verticales et promptes. Ils font deux nichées par an dans des trous d'arbres vermoulus, qu'ils agrandissent, au besoin, avec le bec. Suivant M. d'Azara, l'emploi de ces trous ne seroit pas général, et le *surucua*, qu'il a observé au Paraguay, feroit une sorte d'exception. Ce naturaliste prétend que les oiseaux de cette espèce se servent à cet effet des nids que les termès, appelés au Paraguay *cupiy*, adaptent aux arbres, où ils forment des protubérances de plus de deux pieds de diamètre. Il a vu un mâle qui, se tenant accroché comme les pics, creusoit avec le bec un de ces nids par le bas, tandis que la femelle restoit tranquille sur un arbre voisin, paroissant l'encourager; mais il est évident que cet auteur, si exact dans la plupart de ses remarques, s'est ici trompé sur l'intention de l'oiseau, qui ne pouvoit songer à établir son nid dans ces galeries à compartimens, où il n'auroit pas trouvé de logement propice, et qui, en les perçant par-dessous, n'avoit d'autre but que de faire sortir les termès de leur réduit, afin de les dévorer plus à son aise.

La ponte de la femelle est de deux à quatre œufs. Les petits, tout-à-fait nus au moment de leur naissance, se couvrent ensuite d'un duvet, et lorsqu'ils n'ont plus besoin de leurs parens et sont en état de se suffire à eux-mêmes, ils se dispersent, poussés par l'instinct qui les porte à la solitude.

Merrem a publié, dans le second Fascicule de ses Oiseaux rares, Leipsick, 1806, une monographie des couroucous, composée de six espèces, savoir : 1.° *trogon hæmorrhoidalis* (queue très-longue), auquel il donnoit pour synonymes le couroucou gris à longue queue de Cayenne, pl. enlum. de Buffon, n.° 737, et les deux autres individus mentionnés page 288 du 6.° vol. de l'Histoire naturelle, édit. in-4.° ; 2.° *trogon curucui* (queue longue, les huit rectrices intermédiaires égales), le même que le couroucou vert du Brésil de Brisson, à l'exception de quelques-uns de ses synonymes, et le couroucou à ventre rouge de Cayenne, Buff., pl. enlum. 452, autrement nommé caleçon rouge et dame angloise, en indiquant, avec le signe du doute, le *tzinitzcan* de Fernandez, et l'*avis* donné par Marcgrave, *Hist. Brasil.*, p. 219, comme de l'espèce du couroucou ; 3.° *trogon strigilatus* (queue longue, les six rectrices intermédiaires égales, et les trois extérieures de chaque côté plus courtes), le même que le couroucou cendré de Cayenne, Briss., et le couroucou de la Guiane, Buff., pl. enl., n.° 765 ; 4.° *trogon ferrugineus* (ailes courtes, pieds à demi emplumés), ou couroucou de Ceilan, Briss., et couroucou à queue rousse de Cayenne, Buff., pl. enlum. 756 ; 5.° *trogon flammeus* (ailes courtes, pieds totalement emplumés), auquel est rapporté le *psittacus flammeus* du P. Feuillée, Observ. p. 20 ; 6.° *trogon viridis* (queue longue, les six rectrices intermédiaires égales, et les trois de chaque côté beaucoup plus courtes), en citant le *trogon viridis*, Linn., et donnant pour synonymes du mâle, l'oiseau décrit comme un *lanius* par Kölreuter, *Nov. Comment. Petrop.*, vol. XI, p. 436, tab. 16, fig. 8, le couroucou vert de Cayenne, Briss., et les couroucous à ventre jaune et à chaperon violet de Buffon, tom. 6, in-4.°, p. 291 et 294, avec le couroucou de Cayenne de ses planches enluminées n.° 195 ; et pour synonymes de la femelle, le couroucou vert à ventre blanc, de Cayenne, Briss., l'oiseau décrit par Buffon sous la même dénomination, tom. 6, p. 293, in-4.°, et un autre individu mentionné p. 294.

Quoique la Monographie des mêmes oiseaux, récemment publiée par M. Levaillant, ait singulièrement contribué à rectifier la nomenclature, en enrichissant d'ailleurs cette famille de nouvelles espèces, il s'en faut de beaucoup que la synonymie soit entièrement éclaircie, et qu'on puisse se garantir de doubles emplois et reconnoitre toutes les méprises. Au reste, les espèces établies dans l'ouvrage de M. Levaillant, et classées d'après la couleur du ventre, sont au nombre de dix; savoir : cinq à ventre rouge, les couroucous rocou, rosalba, damoiseau, narina, cannelle; deux à ventre blanc, l'albane et le géant ; trois à ventre jaune, l'orroucouai, l'oranga, l'aurora. Six de ces espèces appartiennent à l'Amérique, une à l'Afrique, et trois aux Indes.

COUROUCOUS D'AMÉRIQUE.

COUROUCOU ROCOU : *Trogon curucui*, Linn., Lath. et Merrem, *Fascic.*, pl. 9. Outre le nom de *rocou*, donné par M. Levaillant à cette espèce, qu'on appelle ainsi à Surinam, ce naturaliste, qui a fait représenter le mâle et la femelle, pl. 1.re et 2 de son Hist. des couroucous, lui a appliqué la double dénomination de grand couroucou à ventre rouge de la Guiane. C'est le *tzinitzcan* de Fernandez ; le couroucou vert du Brésil, Briss. ; le couroucou à ventre rouge de Cayenne, Buff., pl. 452. L'espace compris entre le bec et l'œil de cet oiseau est noir, ainsi que le derrière des yeux jusqu'aux oreilles. La tête, le cou, le manteau, les scapulaires, le croupion et les couvertures du dessus de la queue, sont d'un vert d'émeraude à reflets. Les couvertures des ailes sont finement rayées en travers de lignes d'un vert noirâtre sur un fond gris de perle. Les pennes alaires sont noires et ont en partie les tiges blanches. Les pennes du milieu de la queue sont égales entre elles et du même vert que le dos ; mais elles sont terminées par une bande transversale noire : les suivantes, un peu étagées, sont noires, excepté la dernière, dont les barbes extérieures ont de petites raies en zigzag, comme les couvertures des ailes. Au bas du cou, entre le vert qui le termine et le rouge qui de la poitrine s'étend sur toutes les parties inférieures, est un petit collier blanc, qui a été négligé par le peintre de Buffon, et dont lui-même n'a pas fait mention en le décrivant : ce collier, qui paroit n'appartenir qu'au mâle, n'est pas d'un blanc pur dans son jeune âge, où cette couleur est mêlée de points bruns qui disparoissent quand l'oiseau est plus vieux. Les cuisses et les tarses sont couverts d'un duvet noir. Le bec est d'un jaune orangé et les pieds sont bruns.

Chez les jeunes, auxquels se rapporte la planche enluminée de Buffon n.° 757, sous la dénomination de coucou gris à longue queue de Cayenne, et dont Merrem a fait son *trog. hæmorrhoidalis*, le bas-ventre et les plumes anales sont de couleur rose, et le reste du corps est d'un gris cendré, plus clair en-dessous qu'en-dessus. Sonnini dit, dans une note au bas de cet article de son édition de Buffon, que la femelle ne diffère du mâle que par sa taille plus petite et par un peu moins de brillant dans son plumage ; mais M. Levaillant doute de cette assertion, et croit plutôt que la femelle tient le milieu entre le vieux mâle et le jeune, quoiqu'il n'ait pas eu les moyens de la disséquer.

Couroucou damoiseau, ou a caleçon rouge; *Trogon roseigaster*, Vieill. C'est le couroucou à ventre rouge de S. Domingue, de Buffon, que dans plusieurs colonies on nomme *dame* ou *demoiselle angloise* et *pie de montagne*. M. Levaillant a donné, pl. 15 de son Hist. des cour., la figure de cet oiseau, très-rare dans les collections, et qui n'a pas de collier ni de trait noir entre l'œil et le bec, comme le précédent, mais dont le dessus de la tête, les joues, le derrière du cou, les scapulaires et le dessus de la queue, sont également d'un vert d'aigue-marine brillant. Les couvertures des ailes sont finement rayées de lignes transversales d'un noir vert et blanches, et leurs pennes sont marquetées de taches carrées, blanches et noires. La gorge, le devant du cou et la poitrine du même oiseau sont d'un gris de perle avec des reflets verdâtres. Le bas-ventre et l'anus sont d'un rose pâle. La queue a les pennes centrales d'égale longueur et d'un bleu verdissant·sur le bord externe, tandis que les pennes latérales, étagées, sont blanches extérieurement et au bout, et que la dernière de chaque côté a une tache ronde d'un noir vert à l'extrémité. Le bec, les pieds et les ongles sont jaunes.

M. Lefebvre des Hayes a fourni à Buffon, sur cette espèce, des notes dont il résulte qu'elle niche dans des trous d'arbres qu'elle élargit, au besoin, avec le bec, et qu'elle pond sur le bois vermoulu trois ou quatre œufs blancs, un peu moins gros que ceux de pigeon, qui sont couvés par la mère seule, à laquelle le mâle apporte de la nourriture.

M. d'Azara a décrit, n.º 270, sous le nom de *surucua*, que lui donnent les Guaranis, un couroucou du Paraguay, que Sonnini rapporte au *trogon curucui*, pl. 452 de Buffon, sans distinguer celui-ci du couroucou à caleçon rouge ou dame angloise, et que M. Vieillot a présenté comme une espèce particulière, *trogon surucua*, en reconnoissant sa grande analogie avec ce dernier. La longueur totale du surucua est de dix pouces trois lignes. La première des dix-neuf pennes de l'aile est la plus courte; les troisième, quatrième et cinquième les plus longues. La tête et le cou sont d'un noir changeant en bleu et en violet; le dos et les couvertures supérieures des ailes sont d'un beau vert à reflets, et le croupion d'un bleu éclatant; les grandes couvertures sont piquetées de blanc et de noir, les pennes noirâtres avec une bordure blanche à l'extérieur, et une large bande blanche en-dessous près de leur naissance. Les deux pennes du milieu de la queue sont bleues et bordées de noir; les deux suivantes, bleues seulement au côté le plus étroit; les quatrième et cinquième tachetées de blanc au bout, et la première à la moitié de son côté extérieur; le reste est noir. La poitrine et le ventre sont de couleur écarlate; les côtés du corps et les couvertures inférieures des ailes ont une teinte plombée. Les tarses sont noirâtres et comme saupoudrés de blanc; le bec est blanchâtre, le bord de la paupière d'un bel orangé, et l'iris d'un roux très-foncé. La femelle a les paupières blanches; la tête, le cou, le dos, les petites couvertures supérieures des ailes et les plumes uropygiales d'un noirâtre plombé; les grandes couvertures rayées transversalement de blanc sur un fond noir; la poitrine cendrée, le ventre écarlate; les pennes alaires et caudales, noires, à l'exception des trois latérales de la queue, dont la pointe et presque tout le côté intérieur sont blancs.

Le cri des surucuas a paru à M. d'Azara exprimer les syllabes *pio, pio*, souvent répétées, et c'est sur leurs nids que ce naturaliste a fait l'observation ci-devant réfutée.

Couroucou rosalba, ou petit Couroucou à ventre rouge d'Amérique; Lev., Monogr., pl. 6. Cet oiseau, qui est fort rare à Cayenne, où on ne le trouve que dans l'intérieur des terres, a été regardé par Buffon comme une simple variété du grand couroucou à ventre rouge de la même contrée ; mais, outre qu'il est plus petit de moitié, il se distingue du premier par les trois pennes latérales de sa queue, qui, chez les jeunes comme chez les vieux, sont barrées en travers de lignes alternativement noires et blanches. Il a aussi un collier blanc ; mais cette circonstance se rencontre également dans la grande espèce, et, ne pouvant alors en tirer un caractère spécifique et exclusif, on a cru devoir préférer la dénomination latine *trogon rosalba* à celle de *trogon collaris*, proposée par un autre naturaliste.

Les parties que les vieux ont d'un vert d'émeraude, sont d'un roux pâle chez les jeunes.

Couroucou ourroucouai, ou grand Couroucou à ventre jaune de la Guiane : *Trogon viridis*, Linn., Merr., Lath., pl. enlum. de Buff., n.° 195. Cette espèce, décrite par Brisson sous le nom de couroucou vert de Cayenne, l'a été aussi par Buffon sous ceux de couroucou à ventre jaune et de couroucou à chaperon bleu. M. Levaillant a donné la figure du mâle et de la femelle, pl. 3 et 4 de sa Monographie. Le front, le cou et la gorge du premier sont noirs. Le derrière du cou et sa partie antérieure jusqu'à la poitrine sont d'un bleu vert à reflets ; le bas de la poitrine et les autres parties inférieures sont d'un jaune aurore, plus pâle au bas-ventre. Le haut du dos, les plumes scapulaires et uropygiales, ainsi que les couvertures supérieures de la queue, sont d'un vert-doré changeant en bleu. Les couvertures supérieures des ailes et leurs grandes pennes sont noires ; plusieurs de celles-ci ont un petit liséré blanc sur leur bordure externe. Les six pennes caudales du milieu, égales entre elles, sont de la même couleur et se terminent par une bande noire ; les trois suivantes, de chaque côté, sont étagées, noires intérieurement et blanches à l'extérieur. Le bec est d'un jaune verdâtre, les yeux d'un brun rouge, et les ongles d'un gris brun.

La tête, le cou, la poitrine, le manteau, le croupion, les ailes et les six pennes du milieu de la queue de la femelle sont d'un noir lavé qui, sous certains aspects, paroît gris. Les pennes des ailes ont une ligne blanche sur leurs bords, et leurs couvertures supérieures présentent des raies fines et presque imperceptibles. Les trois pennes latérales de la queue sont alternativement rayées de noir et de blanc. Le ventre et les plumes anales sont jaunes. La mandibule supérieure du bec, jaune à sa base, est d'un noir lavé dans tout le reste ; l'inférieure est entièrement jaune. Les cuisses, les pieds et les ongles sont noirâtres. Le couroucou cendré de Cayenne, *trogon strigilatus*, Gmel. et Lath., paroît n'être autre chose que cette femelle.

Le jeune ourroucouai ne diffère de la femelle qu'en ce que la couleur jaune du bas-ventre, plus foible, ne dépasse pas les cuisses ; que tout son plumage a une teinte fauve, et que son bec, d'un brun noir en totalité, est sans dentelures.

Cette espèce, bien plus commune que le couroucou à ventre rouge, se trouve fréquemment à Cayenne, à Surinam et dans toute l'Amérique méridionale.

Par une suite de la synonymie de Merrem et de M. Levaillant, le couroucou à chaperon violet, *trogon violaceus*, Gmel. et Lath., décrit par Kölreuter, dans les nouveaux Mémoires de l'acad. de Pétersbourg, tom. 11, pl. 16, fig. 8, seroit aussi de l'espèce de l'ourroucouai ; mais il n'est fait aucune mention de la couleur jaune dans la description de cet auteur, qui, au reste, ne parle point du ventre de l'oiseau, dont le cou et la poitrine sont seulement indiqués comme étant d'un violet rembruni.

Couroucou oranga, ou petit Couroucou à ventre jaune d'Amérique ; *Trogon atricollis*, Vieill. M. Levaillant a donné, dans sa Monographie, la figure du mâle, de la femelle et du jeune de cette espèce, qui habite l'intérieur des terres à Cayenne, et se trouve aussi à la Trinité et a Surinam. Le mâle, pl. 7, a, lorsqu'il est parvenu à son état parfait, le front, les joues et la gorge noirs ; le dessus de la tête, le derrière du cou, le haut du dos, les plumes scapulaires, uropygiales, et les couvertures supérieures de la queue, d'un vert changeant et à reflets dorés ; les couvertures du dessus des ailes finement rayées et pointillées d'un noir verdâtre sur un fond gris ; le devant du cou et la poitrine d'un vert doré à nuances bleues ; les parties inférieures d'un jaune plus ou moins foncé , suivant l'âge de l'oiseau , mais qui s'affoiblit toujours à mesure qu'il s'approche de la queue ; les pennes des ailes d'un noir brunâtre avec les tiges blanches ; les pennes centrales de la queue d'égale longueur et d'un vert-doré jaunâtre , avec une bande d'un noir foncé à l'extrémité ; les suivantes étagées entre elles , avec des raies transversales noires et blanches , et le bout blanc ; le bec jaune , les tarses couverts d'un duvet noir , et les pieds bruns.

Le jeune oiseau, avant sa première mue , pl. 8 , a tout le dessus du corps , le devant du cou , la poitrine et les flancs d'un brun dont la teinte roussâtre est plus prononcée sur les pennes centrales de la queue qu'ailleurs ; le bas-ventre et les plumes anales d'un blanc fauve ; les pennes latérales de la queue rayées de blanc et de noir ; le bec brun sans dentelures et les ongles noirâtres. M. Levaillant pense que le ventre du mâle ne devient tout-à-fait jaune qu'à la troisième mue , et que les femelles , pl. 9 (ou 15 par une faute de numérotage et une confusion avec le couroucou aurora dans quelques exemplaires), conservent toujours leur ventre blanc.

Couroucou albane, ou Couroucou à ventre blanc d'Amérique. L'oiseau nommé ainsi par M. Levaillant, qui en a figuré le mâle, pl. 5 de sa Monographie, avoit déjà été décrit par Brisson sous la dénomination de couroucou vert à ventre blanc de Cayenne. Merrem l'a regardé comme la femelle du couroucou vert de Cayenne du même auteur, *trogon viridis*, ou couroucou ourroucouai, Levail. ; et Buffon l'avoit auparavant supposé une simple variété de son couroucou à ventre jaune, opinion qui a été partagée par Latham. M. Levaillant en fait une espèce particulière, et M. Vieillot le considère comme identique avec le couroucou levérian , *trogon leverianus*, Lath., qui est figuré pl. 177 du *Museum leverianum* , et indiqué par Latham lui-même, dans le supplément de son *Index*, comme bien voisin du *trogon violaceus*, dont il est fait mention à l'article de l'ourroucouai. Cet oiseau, qui se trouve dans l'Amérique méridionale, et particulièrement à Surinam et à Cayenne, a près de onze pouces depuis l'extrémité du bec jusqu'à celle de la queue;

sa face est noire, et la tête, le cou et la poitrine sont d'un bleu violet à reflets verts ou pourprés. Le dos, le croupion, les couvertures du dessus de la queue et les plus petites du dessus des ailes sont d'un vert changeant en bleu ou en violet. Les grandes couvertures des ailes et les scapulaires sont noires, ainsi que les remiges, dont les premières ont le bord extérieur blanc. Le ventre et les plumes anales sont d'un blanc pur. La queue a les six pennes intermédiaires égales et d'un vert bleuâtre et pareil a celui du dos ; les trois externes de chaque côté sont étagées et noires, à l'exception de leur extrémité, qui est blanche dans un espace d'autant plus grand qu'il s'éloigne du centre. La queue et les ailes sont noires en-dessous, le bec et les pieds sont d'un gris plombé. Chez les jeunes, la tête, le cou, la poitrine, les flancs et les couvertures supérieures des ailes et de la queue sont d'un gris-brun roussâtre ; les pennes alaires et caudales d'un noir très-lavé, avec des taches d'un blanc roussâtre aux trois plus extérieures de ces dernières ; le ventre et les plumes anales d'un blanc roussâtre. Le bec, encore dépourvu de dentelures, est d'un brun jaunâtre : les doigts et les ongles sont de cette dernière couleur.

La femelle, qui probablement a de la ressemblance avec le jeune, n'est pas connue.

Brisson a donné, t. 4 de son Ornithologie, p. 175 et 176, les noms de *couroucou du Mexique* et de *couroucou varié du Mexique*, à deux oiseaux indiqués par Fernandez, chap. 57 et chap. 177, l'un sous le nom de *tzanatltototl*, et l'autre sous celui de *quaxoxoctototl ;* mais le premier de ces oiseaux a été désigné comme appartenant au genre Étourneau par l'auteur lui-même, suivant lequel le second, qui habite les bords de la mer, a, d'ailleurs, le bec long et recourbé, et tous deux paroissent étrangers au genre Couroucou.

COUROUCOUS D'AFRIQUE.

COUROUCOU NARINA ; *Trogon narina*, Cuv., Vieill. M. Levaillant, qui a trouvé cette espèce dans les grands bois du pays d'Auteniquoi et de celui des Cafres, en a figuré le mâle et la femelle, tome 5, pl. 228 et 229, de son Ornithologie d'Afrique. Il y a de la ressemblance entre cet oiseau et le couroucou rocou ; mais sa face n'est pas noire, il n'a pas le collier blanc de celui-ci, et sa taille est un peu inférieure.

Le mâle a la tête, le cou, le manteau, le dos, le croupion, les petites couvertures des ailes et celles du dessus de la queue, la gorge et le devant du cou, d'un vert lustré. Les grandes couvertures des ailes, dont le fond est gris, présentent des points en zig-zag et de fines raies noirâtres, et les grandes pennes alaires, de couleur noire, ont les tiges blanches ; la poitrine, le ventre et les plumes anales sont d'un rose foncé. Les pennes du milieu de la queue sont d'égale longueur, et les autres étagées de manière que la plus extérieure n'excède pas la moitié des pennes intermédiaires : les premières sont d'un vert doré en-dessus, et les autres blanches à l'extérieur et noirâtres en dedans. Le bec, jaune, noircit vers la pointe et sur l'arête ; les yeux sont rougeâtres, et les pieds sont jaunes.

La femelle, dont la couleur est partout moins éclatante que celle du mâle, s'en distingue aussi par le rose beaucoup plus pâle du ventre et des plumes anales, et par le brun-roux du front, de la gorge et de la poitrine. Les pennes alaires sont d'un brun noir.

Le front et la gorge du jeune sont d'un roux grisonnant ; la poitrine, les flancs et le ventre d'un gris rose. Les trois pennes alaires les plus proches du dos sont marquées chacune d'une tache blanche à la pointe, et les grandes couvertures sont roussâtres avec des points noirs. Enfin, ce qui est d'un vert lustré chez le mâle, est d'un vert brunâtre chez le jeune.

Cette espèce pond quatre œufs presque ronds, d'un blanc rosé : l'incubation dure vingt jours.

Couroucous d'Asie.

Couroucou géant ; *Trogon gigas*, Vieill. M. Levaillant, qui, le premier, a fait connoître cet oiseau, dont il n'existoit alors que trois individus en Europe, lui a donné, dans sa Monographie, la double dénomination de grand couroucou à ventre blanc de Java ; et le mâle, qu'il a fait figurer sur sa 12.ᵉ planche, y porte le nom de *couroucou Temminck*, ce qui annonce l'intention primitive de dédier cet oiseau au célèbre ornithologiste d'Amsterdam, dans le beau cabinet duquel il se trouve. Cette espèce a environ dix-huit pouces de longueur depuis le sommet de la tête jusqu'à l'extrémité de la queue, et sa grosseur est presque le double de celle des plus fortes espèces d'Amérique. La tête, le cou, les autres parties supérieures du corps et les parties inférieures jusqu'à la poitrine, sont d'un vert-jaunâtre très-lustré et plus ou moins doré selon les divers aspects. La poitrine et tout le dessous du corps sont d'un blanc pur. Les petites couvertures du dessus des ailes et celles des grandes les plus voisines du dos sont transversalement et finement rayées de noir verdâtre et de blanc : les pennes alaires, d'un noir brun en-dessus, sont grisâtres à leur revers. Les pennes caudales sont du même vert que le croupion en-dessus, et d'un gris glacé de blanc en-dessous : les six du centre sont égales entre elles, et les autres décroissent graduellement. Les tarses, non emplumés, sont bruns, ainsi que les doigts et les ongles ; le bec est jaune.

Couroucou cannelle, ou Couroucou à ventre rouge de Ceilan ; *Trogon rutilus*, Vieill. Le mâle de cette espèce, figuré pl. 14 de la Monogr. de M. Levaillant, a la tête et le cou d'un vert sombre ; le dos, les scapulaires, le croupion, les couvertures supérieures de la queue et celles du haut des ailes d'un roux vif ou couleur de cannelle fine. Les six pennes du milieu de la queue, toutes de longueur égale, sont aussi de la même couleur, jusqu'à leur bordure, qui est noire : les pennes latérales, étagées, ont les barbes extérieures presque entièrement blanches, et leurs barbes intérieures noires, ainsi que les pennes des ailes. La poitrine, les flancs, le ventre et les plumes anales sont d'un rose foncé. Le bec, les tarses, les doigts et les ongles sont d'un noir brun. Un individu passant du jeune âge à l'âge fait, que M. Levaillant a observé dans la collection de M. Temminck, avoit la tête, le cou et tout le dessus du corps d'un roux pâle, le ventre et les parties inférieures blanches.

Couroucou aurora, ou Couroucou à ventre jaune des Moluques : *Trogon rufus*, Gmel. et Lath., et *ferrugineus*, Merr. Cet oiseau, qui est figuré dans les planches enl. de Buffon, n.° 736, sous le nom de Couroucou à queue rousse de Cayenne, paroît étranger à l'Amérique. M. Levaillant ayant trouvé l'individu qu'il a fait peindre (la pl. porte le n.° 9, au lieu du n.° 15, et le nom de Couroucou oranga femelle, au lieu de celui de Couroucou aurora, mâle) dans la collection rapportée des Moluques par M. Boers, officier hollandois au service de la Compagnie des Indes. La tête, le cou, la poitrine, le manteau, le croupion et les couvertures supérieures de la queue sont d'un roux ferrugineux. Les six pennes intermédiaires de la queue, toutes de longueur égale, sont d'un roux plus vif et terminées par un liséré jaunâtre, suivi d'une bande noire plus large ; les trois latérales de chaque côté sont fortement étagées et rayées transversalement de noir et de blanc, comme les couvertures des ailes, où ces raies sont beaucoup plus fines que celles de la queue et en zig-zag ; les pennes alaires sont noirâtres et ont la tige blanche. La poitrine et toutes les parties inférieures sont d'un jaune jonquille. Les tarses sont à demi couverts d'un duvet de la même couleur, et bruns dans le reste, ainsi que le bec.

L'oiseau, de la taille du merle, qui est décrit par Brisson, tom. 2, p. 91 de son Ornithologie, édit. in-8.°, Leyde 1761, sous le nom de *trogon ceylonensis*, a beaucoup de rapport avec cette dernière espèce, à laquelle il est accolé par Merrem. D'un autre côté, Gmelin et Latham le présentent comme synonyme de leur *trogon fasciatus*, appelé par M. Vieillot, *couroucou kondea*, en abrégeant les mots *rant van kondea*, qui forment son nom à Ceilan ; et ce sont peut-être des différences de sexe ou d'âge, qu'il seroit difficile de déterminer sans être à portée d'en comparer divers individus.

Latham a aussi décrit, sous les noms de *trogon asiaticus* et *trogon indicus*, des individus venant de l'Inde. Le premier de ces oiseaux, qu'il nomme en anglois *blue-cheeked*, gorge bleue, est long de huit à neuf pouces ; il a le front rouge, et séparé par une ligne blanche du vertex et de la nuque, qui est frangée de blanc et de noir. On lui voit d'ailleurs une petite raie rouge au-dessus de l'œil, et une tache de la même couleur à la gorge, qui est bleue. Le reste du corps est d'un beau vert, à l'exception des pennes, qui sont noires. Le second oiseau, dont le nom indien est *bungummi*, a le bec bleuâtre et très-courbé ; la tête et le cou sont noirs, avec des raies blanches; une ligne blanchâtre, qui part du coin de la bouche, s'étend le long des joues. Le dos et les ailes, dont le fond est noirâtre, sont marqués de taches ferrugineuses de forme ronde. La poitrine et le ventre sont d'un blanc jaunâtre et rayés de brun. La queue, très-longue et cunéiforme, a des barres brunes et fort étroites. Les jambes sont de couleur cendrée.

Ces deux oiseaux n'ont été décrits que sur les dessins de Lady Impey, et il est fort douteux que ce soient de véritables couroucous. La même incertitude existe pour le couroucou tacheté, *trogon maculatus*, que Brown a représenté pl. 15 de ses *Illustrationes*, et qu'il a donné comme venant de Ceilan. Ce petit oiseau n'est pas plus gros qu'une sittelle : il a le bec brun ; le haut de la tête d'un vert foncé ; le cou, la poitrine et le ventre d'un brun pâle avec des raies plus obscures; les ailes vertes et bordées de blanc; la queue d'un brun foncé avec des raies transversales blanches. (Ch. D.)

COUROUCOUCOU. (*Ornith.*) Cet oiseau, annoncé comme étant long de dix pouces et de la grosseur d'une pie, n'est connu que d'après Seba, qui l'a nommé dans son *Thesaurus*, tom. 1.er, p. 102, *cuculus brasiliensis venustissimè pictus*, et en a donné la figure pl. 66, n.º 2. Suivant cet auteur, il auroit la tête d'un rouge tendre et surmontée d'une belle huppe d'un rouge plus vif, varié de noir. Le bec seroit d'un rouge pâle, ainsi que les couvertures des ailes et les parties inférieures du corps, dont le dessus auroit une teinte plus prononcée ; enfin, les pennes des ailes et celles de la queue seroient d'un jaune ombré d'une teinte noirâtre. Quoique dans la figure l'oiseau paroisse avoir les doigts disposés trois en avant et un en arrière, Brisson, d'après l'analogie du nom, l'a rangé parmi les coucous chez lesquels les doigts sont deux à deux, et il en a fait son coucou rouge huppé du Brésil. Linnæus l'a aussi nommé *cuculus brasiliensis*, ce qui a été suivi par Gmelin et par Latham : mais, avant de chercher à reconnoître si c'est là la véritable place de cet oiseau, il faut attendre qu'on en ait vérifié l'existence et les caractères génériques. (Ch. D.)

COUROU-MOELLI (*Bot.*), arbrisseau du Malabar, mentionné par Rheede, vol. 5, p. 77, t. 59, que Linnæus citoit, sous la dénomination de *caro-moelli*, comme synonyme de son *sideroxylum spinosum*, et qui est reconnu maintenant pour être le *flacurtia sepiaria* de Roxburg. (J.)

COUROUMOU. (*Ornith.*) Les naturels de la Guiane nomment ainsi le vautour urubu, *vultur aura*, Linn. (Ch. D.)

COUROUPITA DE LA GUIANE (*Bot.*) : *Couroupita guianensis*, Aubl., *Guian.*, 708, tab. 282; *Pekea sive pekia*, Pis. *Brasil.*, 141? *Pekia fructu maximo, globoso; Couroupitou tourmu*, Barr., Fr. équin., pag. 90; vulgairement Boulet de canon; *Lecythis bracteata*, Willd. Grand arbre de la Guiane, remarquable par la grosseur et la forme de ses fruits, de la famille des *myrtacées* et de la *polyandrie monogynie* de Linnæus, caractérisé par un calice turbiné, à six découpures; une corolle à six pétales inégaux, réunis par leur base sur un disque charnu qui couvre le sommet de l'ovaire; un grand nombre d'étamines insérées sur le disque; un ovaire à demi inférieur; un stigmate presque sessile, à six rayons. Le fruit est une capsule arrondie, très-grande, indéhiscente, operculée à son sommet, renfermant une très-grosse noix, en forme de seconde capsule, divisée intérieurement en six loges polyspermes; les semences placées dans une pulpe succulente.

Ce genre a de très-grands rapports avec le *lecythis* (*quatelé*). Il n'en diffère que par le fruit, qui en est également très-voisin : aussi quelques auteurs n'en ont formé qu'un seul genre.

Son tronc s'élève à une très-grande hauteur; il a environ deux pieds de diamètre, et plus. Son bois est blanc, d'une dureté médiocre, rougeâtre en dedans; l'écorce épaisse, raboteuse; les rameaux étalés, chargés de feuilles alternes, pétiolées, glabres, très-lisses, ovales-lancéolées, aiguës, très-entières, longues d'un pied sur quatre pouces de large; les fleurs sont grandes, d'une odeur suave, d'une belle couleur de rose, disposées en grappes droites, simples, latérales, munies à la base des pédoncules d'une écaille caduque en forme de bractées, et de deux autres sur le calice ; celui-ci est turbiné, à six découpures verdâtres, concaves et charnues : la corolle est composée de six pétales fort grands, inégaux; les deux supérieurs redressés et plus grands, quatre autres plus petits ; tous attachés, par une espèce d'onglet large et charnu, à la base des divisions du calice, s'unissant ensuite à un disque charnu qui couvre le sommet de l'ovaire, percé dans son centre, garni d'étamines sur presque toute sa surface, et s'alongeant d'un côté en une languette large, convexe en dehors, recourbée sur le fond de la fleur, et couvrant les étamines et le pistil; les filamens courts, charnus, insérés sur le disque intérieur, munis d'anthères petites, oblongues, jaunâtres; l'ovaire à demi inférieur, faisant corps avec la base du calice, se terminant par un mamelon anguleux, qui remplit l'ouverture du disque, couronné par un stigmate à six rayons.

Le fruit consiste en une capsule ligneuse, sphérique, assez grande, brune, raboteuse en dehors, munie à sa partie supérieure d'un rebord circulaire avec les restes des divisions du calice, en forme d'opercule indéhiscent; dans l'intérieur est une pulpe fibreuse et un noyau en forme de seconde capsule globuleuse, mince, cassante, contenant dans chaque loge plusieurs semences comprimées, arrondies, nichées dans une pulpe succulente, d'une saveur acide, point désagréable. (Poir.)

COUROUFITOUTOUMOU (*Bot.*), nom galibi d'un arbre dont Aublet a formé son genre *Couroupita*, qui a été ensuite nommé *pontopidana* par Scopoli, *elsholtzia* par Necker, *curupita* par Gmelin. Voyez Couroupita. (J.)

COURPATA. (*Ichthyol.*) A Nice, d'après M. Risso, on donne ce nom au *tetragonurus Cuvieri*. Voyez Tetragonurus. (H. C.)

COURPATAS (*Ornith.*), nom provençal du corbeau, *corvus corax*. (Ch. D.)

COURPENDU. (*Ornith.*) Suivant Salerne, ce nom, qui s'écrit aussi *court-pendu*, est donné, dans les environs de Troyes, au loriot, *oriolus galbula*, Linn., soit parce que son nid est attaché à l'extrémité d'une branche, soit d'après la supposition, à laquelle a donné lieu un passage de Pline, que cet oiseau dort suspendu par les pieds. (Ch. D.)

COURREGEOLO. (*Bot.*) On donne ce nom, en Provence, au liseron des champs. (L. D.)

COURRIER. (*Ornith.*) On appelle ainsi, en Perse, un pigeon dressé à porter des lettres; et le même nom est donné, sur les bords de la Saône , au chevalier aux pieds rouges, *scolopax calidris*, Linn. (Ch. D.)

COURTE-ÉPINE. (*Ichthyol.*) L'abbé Bonnaterre attribue ce nom vulgaire au *diodon attinga*. Voyez Diodon. (H. C.)

COURTE-LANGUE. (*Ornith.*) Voyez Okeitsok. (Ch. D.)

COURTEROLLE. (*Entom.*) Il paroît que ce nom est le même que celui de courleroles, sous lequel on désigne , dans quelques pays, la larve du hanneton ou le man. (C. D.)

COURTILIÈRE (*Entomol.*), Jardinière ou Taupe-gryllon. Nom d'un genre d'insectes orthoptères, de la famille des grylloides ou grilliformes, caractérisés par la dilatation et la forme singulière des jambes et des tarses antérieurs, qui sont aplatis, dentelés et tranchans, et dont l'insecte se sert pour fouir la terre à la manière des taupes.

Ce genre ne comprend encore que deux ou trois espèces long-temps confondues avec les *grillons* par Linnæus et les auteurs systématiques, puis avec les espèces que Fabricius avoit cru devoir en séparer sous le nom impropre d'Achète (voyez ce mot) et celui de Grillon.

Ce nom de *courtillière* vient évidemment du vieux mot françois *courtille*, qui signifioit un grand jardin entouré de murs, et celui de taupe-gryllon, de la ressemblance que cet insecte offre pour les mœurs avec les taupes, et avec les sauterelles pour la forme.

Les courtillières, sous l'état parfait, sont de très-gros insectes alongés, qui vivent habituellement sous la terre, où ils se creusent des chemins ou galeries, en détruisant les racines des plantes, ce qui fait qu'ils sont le fléau des jardiniers, surtout dans les terrains sablonneux ou remplis de débris de couches dont le sol est facile à remuer.

Ces insectes volent très-peu ; ils s'élèvent cependant dans l'air, surtout les mâles, qui ont le corps moins pesant et qui tombent comme en parachutes à l'aide de leurs longues ailes plissées, qui, dans l'inaction, semblent former deux tuyaux à l'extrémité de l'abdomen, outre les deux appendices articulés qui se voient chez beaucoup d'autres orthoptères, et même dans les forbicines, lesquelles se rapprochent tant des blattes par leurs mœurs.

Les femelles déposent leurs œufs sous terre, vers le mois

de Juillet, dans un espace vide ou sorte de chambre, à laquelle elles donnent une forme ovalaire aplatie. Les parois en sont solides, voûtées, à la profondeur de six à dix pouces du sol. Ces œufs sont au nombre de trois ou quatre cents. Les petits éclosent au bout d'un mois, suivant la température. En sortant de l'œuf, ils sont blancs, très-mous, mais en tout semblables, sauf les ailes et les élytres, à l'insecte parfait.

Ils changent au moins six fois de peau. Leur nourriture consiste en matières animales et végétales, principalement en larves d'insectes, et en petits lombrics, qu'ils recherchent, dit-on, avec avidité. Cependant l'organisation intérieure du tube alimentaire sembleroit indiquer que ces insectes sont essentiellement herbivores.

M. Le Feburier, de Versailles, a consigné dans le Nouveau cours d'agriculture des observations très-intéressantes sur ce genre d'insectes, dont il a étudié les mœurs avec une patience et un talent très-remarquables.

On ne connoît encore que deux espèces dans ce genre, la commune, *gryllo-talpa vulgaris*, et une autre espèce qui vient de Cayenne et de Surinam, qui est beaucoup plus petite, et dont les tarses antérieurs n'ont que deux dentelures, ce qui l'a fait nommer didactyle. Dans l'espèce commune, qui atteint près d'un pouce et demi de longueur, les jambes antérieures ont quatre dentelures, sur lesquelles les articles tranchans des tarses se meuvent comme des branches de ciseaux. Ce sont les armes avec lesquelles ces insectes se creusent des galeries et des terriers. Ils ont dans ces parties une force prodigieuse de diduction, qui leur fait soulever ou plutôt écarter des pierres et des obstacles très-considérables.

Olivier a séparé de ce genre, sous le nom de *tridactyle*, et Illiger sous celui de *xia*, des espèces qui semblent tenir le milieu, par la forme de leurs tarses et de leurs habitudes, entre les gryllons et les courtillières. Voyez TRIDACTYLE et la planche qui représente les GRYLLOÏDES. (C. D.)

COURTILLE. (*Entom.*) Voyez COURTILLIÈRE. (C. D.)

COURTINE (*Bot.*), nom vulgaire du plantain corne-de-cerf. (L. D.)

COURT-JOINTÉ (*Fauconnerie*), oiseau de vol qui a les jambes courtes. (Ch. D.)

COURT-PENDU (*Bot.*), fruit d'une espèce de pommier, qu'on appelle aussi *fenouillet rouge*. Son nom est dû à la queue grosse et fort courte qui le suspend à l'arbre, et il remonte au temps de Pline, dans lequel on trouve cette variété désignée sous le nom de *malum curtipendulum*. (J.)

COURT-PENDU. (*Ornith.*) Voyez Courpendu. (Ch. D.)

COURTRIAUX. (*Ornith.*) Voyez Coutrioux. (Ch. D.)

COURY. (*Ornith.*) Voyez Gowry. (Ch. D.)

COUS (*Ichthyol.*), nom spécifique d'un Pimélode. Voyez ce mot. (H. C.)

COUSCOU, MIL A CHANDELLES. (*Bot.*) C'est ainsi que l'on nomme, dans les colonies françoises, le houlque à épis, *holcus spicatus* de Linnæus, séparé plus récemment de ce genre sous le nom de *penicillaria*. On applique aussi plus particulièrement le nom de *couscou* à la graine de cette plante, lorsqu'elle est mondée, et dans quelques lieux on la nomme encore *cousse-couche* ou *couche-cousse*. Il paroît qu'à Saint-Domingue le même nom est donné aux grains et à la farine de maïs. (J.)

COUSCOUS ou Coussous. (*Mamm.*) Voyez Coescoes. (F. C.)

COUSCUILLE (*Bot.*), nom que l'on donne à la livèche du Péloponèse dans plusieurs cantons des Pyrénées. (L. D.)

COUSIN. (*Bot.*) On donne, en Amérique, ce nom à des plantes dont quelques parties, chargées d'aspérités, s'attachent aux vêtemens des passans. Ainsi le *triumfetta rhomboidea* de Jacquin, dont le fruit est couvert d'aiguillons crochus, est nommé *grand cousin*. Le *petit cousin* est une espèce congénère à feuilles plus petites. (J.)

COUSIN, *Culex*. (*Entomol.*) Genre d'insectes diptères, à suçoir saillant, alongé, oblique, sortant de la tête; à ailes étendues horizontalement sur le corps dans l'état de repos, à antennes plus longues que le corselet, composées de quatorze articles poileux ou velus en panache dans les mâles, de la famille des Haustellés ou Sclérostomes (voyez ces mots).

Le nom de *culex* est très-ancien dans la science : on le trouve dans tous les bons auteurs latins. Qui ne se rappelle ce beau passage de Pline le naturaliste : *Ubi tot sensus collo-*

cavit in culice (*Hist.* *natur.*, *lib.* *XI*, *c.* 2)? Saint Isidore de Séville, dans ses Origines ou Étymologies, prétend que ce nom a été ainsi contracté de *culilex : quod cutem laciat.* Linnæus l'a employé le premier comme nom générique. Il paroit que les Grecs désignoient ces insectes sous les noms d'ἐμπὶς, de κώνωψ.

Les cousins sont malheureusement trop connus dans presque toutes les parties du monde, mais principalement dans les climats chauds et humides ; car on a beaucoup de peine à se garantir de leur piqûre, qui fait naître une espèce de boursouflure œdémateuse inflammatoire, dont la démangeaison est insupportable, et qui excite souvent à déchirer la peau. Les *maringonins* paroissent appartenir à ce genre ; mais M. Latreille pense que les *moustiques* ou *mosquites* appartiennent à un autre groupe, qu'il a désigné sous le nom générique de *simulie.*

Les cousins ont à peu près la forme de petites tipules : leur corps est grêle, très-mou, presque cylindrique ; le corselet renflé ; la tête arrondie ; les pattes minces, longues, poilues ; les ailes horizontales, les balanciers sans cuillerons. Ils diffèrent principalement des tipules et de tous les hydromies, dont ils se rapprochent par leurs formes et les lieux qu'ils habitent, d'abord par la différence de leurs mœurs sous l'état parfait, les cousins étant sanguisuges et les autres ne se nourrissant que des humeurs de végétaux ; ensuite par la forme de leur bouche, qui, dans les cousins, consiste en un véritable suçoir, tandis que, dans les hydromies, le museau se prolonge en une sorte de troncature garnie de palpes articulés et de lèvres mobiles.

La tête des cousins est petite en proportion du corselet. On y voit deux yeux taillés en facettes, plus grands chez les mâles ; on n'y remarque pas de stemmates. Les antennes sont en soie, dirigées en avant et en haut, plus longues que la tête et le corselet pris ensemble ; le plus ordinairement velues, et tellement poilues chez les mâles qu'elles ressemblent à une sorte de panache. On a observé que le nombre de leurs articles est de quatorze à seize ; qu'en général ces articles portent chacun quatre poils, qui sont comme plumeux ou ramifiés dans les mâles, ou disposés par faisceaux.

La bouche consiste, comme nous l'avons dit, en une sorte de suçoir ou de trompe cornée ; elle est garnie de chaque côté d'un long palpe formé de quatre ou cinq pièces articulées velues, surtout dans les mâles, chez lesquels ces palpes sont plus longs et constituent, en devenant cependant libres à leur extrémité, une sorte de gaine veloutée, une sorte de houpe que semble traverser le suçoir.

Ce suçoir est une sorte de gaine ou d'étui cylindrique, terminé à son extrémité libre par un petit bouton ou renflement, dans lequel, à l'aide du microscope, on peut reconnoître deux lèvres mobiles et comme charnues. Dans une rainure de cette gaine sont renfermés cinq filets écailleux, que Swammerdam a parfaitement décrits et figurés à la planche 52 de sa Bible de la nature. Chacun de ces filets se termine par une pointe très-acérée, aplatie comme une lancette, et l'on voit sur l'une ou sur deux de ces pointes des dentelures dirigées en arrière. (Voyez Réaumur, Mémoires, tom. IV, p. 636, pl. 42, fig. 13.)

Voici comment cet habile observateur expose le mécanisme de la succion qu'opère le cousin avec sa trompe : « Après « que le cousin s'est posé sur le lieu où il doit piquer, on « voit qu'il fait sortir du bout libre de sa trompe une pointe « très-fine ; qu'il tâte successivement la peau à quatre ou cinq « endroits avec le bout de cette pointe, probablement afin « de choisir le lieu où se trouve un vaisseau dans lequel le « sang puisse être puisé à souhait. Quand il a fait son choix, « on en est averti par la petite douleur que la piqûre cause « sur-le-champ. La pointe de l'aiguillon composé s'introduit « dans la peau : elle y pénètre. L'étui, quoique solide, a « une sorte de flexibilité ; il se courbe à mesure que l'ai- « guillon pénètre dans les chairs ; il devient d'abord un arc « dont l'aiguillon ou les cinq filets réunis forment la corde. « L'extrémité libre et renflée reste toujours sur le bord du « trou pour maintenir et empêcher de vaciller un instrument « délicat et foible : c'est par un expédient semblable que les « ouvriers qui ont à percer de très-petits trous dans des « corps très-durs, savent maintenir la pointe déliée du foret. « Au fur et à mesure que l'aiguillon pénètre, l'étui se courbe « de plus en plus ; il s'y fait même un angle, d'abord obtus, qui

« le devient de moins en moins , et qui finit par se plier
« tout-à-fait en deux sur sa longueur, quand la tête du cousin
« est prête à toucher la peau. »

Lorsque le cousin suce à son aise et sans être troublé , il
ne quitte pas l'endroit où il est fixé jusqu'à ce qu'il se soit
gorgé de tout le sang qu'il peut contenir. La piqûre faite
par une pointe aussi fine que celle de la trompe du cousin,
devroit être presque insensible : cependant il s'élève presque
constamment des tumeurs dans l'endroit qui a été piqué.
Réaumur a reconnu que cette tuméfaction inflammatoire est
produite par une sorte de venin ou d'humeur que l'insecte
dégorge par le bout de la trompe ; c'est une petite guttule
d'une liqueur transparente comme une eau très-claire. Notre
auteur suppose que cette humeur est destinée à rendre le
sang plus fluide , comme une sorte de salive; mais il est probable que l'insecte la dégorge, afin d'émousser la sensibilité
des fibrilles nerveuses de la partie dans laquelle la trompe
s'enfonce, et que cette sorte d'ampoule, que font naître également les piqûres des puces, des punaises de lits, est destinée
à émousser pour ainsi dire momentanément la sensibilité
locale, et qu'ensuite cette particule de venin narcotique,
introduite dans la plaie , y fait l'office d'un corps étranger
que l'inflammation tend à rejeter.

On n'a point encore trouvé de remède efficace contre cette
inflammation; une fois qu'elle a commencé, elle suit ses pé-
riodes plus ou moins rapidement. On a proposé, comme
moyen de la faire avorter, l'ammoniaque liquide, les acides,
les narcotiques, le miel : aucun de ces moyens ne nous a
réussi. On croit que s'il étoit possible de changer la petite
plaie en une petite incision par laquelle le sang s'écouleroit,
celui-ci entraîneroit avec lui le venin. Cette petite blessure deviendroit ainsi une méthode prophylactique. Mais comment
connoitre le lieu qui a été piqué, pour l'inciser légèrement ?

Le corselet des cousins est beaucoup plus gros que la tête ,
il est comme renflé en-dessus; on y voit quatre stigmates ou
ouvertures de trachées, dont deux sont dirigées vers la tête.
Les ailes sont articulées très en arrière. Dans l'état de repos
l'insecte les porte croisées l'une sur l'autre sur la longueur de
l'abdomen, qu'elles dépassent. Vues au microscope, dans le

cousin commun, les nervures de ces ailes et leur bord libre interne ou postérieur sont recouverts de petites écailles en forme de feuilles arrondies à leur extrémité libre. Les balanciers sont, à nu, à pédicule court peu distinct de la masse.

Le ventre ou l'abdomen des cousins est aussi couvert d'écailles et de poils, surtout vers les stigmates, où ils forment une sorte de frange. Dans les mâles, l'extrémité libre est plus effilée et terminée par deux crochets courbés en-dessous. L'anus s'observe entre ces crochets, et quand on force par la pression l'intestin à sortir un peu, on voit même, à la loupe, deux autres petits crochets en-dessus et en-dessous. L'abdomen de la femelle est plus gros et un peu plus court en proportion : il n'est pas terminé par deux crochets, mais par des palettes arrondies. Quoique ces organes, surtout ceux des mâles, paroissent destinés à l'accouplement, aucun naturaliste n'a été témoin jusqu'ici du rapprochement des sexes. S'opèreroit-il pendant la nuit, comme le supposoit Réaumur, ou bien dans les régions élevées de l'air ? Ou bien, enfin, n'y auroit-il pas de véritable accouplement, comme nous avons quelque raison de le penser ? et la fécondation des œufs se feroit-elle en masse après la ponte, comme dans quelques autres insectes aquatiques, et surtout dans les batraciens et les poissons ?

Quoi qu'il en soit, ce fait de l'histoire des cousins laisse beaucoup de doutes. Il est, cependant, peu d'insectes dont on ait mieux étudié le développement. Swammerdam, Hook, Bonnani, Leeuwenhoëk, Barth, Blankard, Réaumur, Godeheu de Riville, nous ont ouvert les sources fécondes où nous allons puiser l'histoire du développement des cousins, en commençant par la ponte, et suivant la larve jusqu'à ce qu'elle fournisse l'insecte parfait. Nous avons nous-même eu l'occasion et la patience de suivre le développement et les métamorphoses de ces animaux pendant près de trois mois consécutifs, à Bagneux près Paris.

Quand la femelle veut pondre, elle va se placer sur le bord des eaux dormantes, ou sur quelque corps qui flotte à la surface, de manière que, supportée par les quatre pattes antérieures, l'avant-dernier article de son abdomen pose sur l'eau. Du dernier segment, où est le cloaque, sortent les œufs, mais dans une direction verticale : chacun de ces œufs est alongé ; sa forme est à peu près celle d'une quille dont le gros bout seroit posé en bas. Cependant la base de ce cône s'arrondit et vient brusquement se terminer par un col court, comme celui de quelques flacons : ce col est rebordé et semble avoir un bouchon. Les œufs, au moment où ils sont pondus, sont blancs, visqueux; mais ils deviennent bientôt verdâtres et gris. A mesure qu'un œuf sort, il est reçu sur l'espèce de chantier ou de cale que forment les deux longues pattes postérieures, que l'insecte tient d'abord croisées et qu'il porte ensuite dans une direction parallèle. Cet œuf va se coller à celui qui le précède, de manière que l'ensemble représente une sorte de petit radeau ou de bateau concave alongé, que la femelle n'abandonne ou ne met à flot que quand elle a pondu la totalité de ceux qu'elle produit.

Au bout de deux jours les œufs éclosent, la larve qui en sort s'échappe par le bout inférieur : ces larves sont apodes, comme toutes celles des diptères. Leur corps est alongé , composé de neuf anneaux, dont le premier, qui représente la tête, est beaucoup plus gros que les autres, qui vont successivement en décroissant. Le dernier anneau est comme fourchu, ou se termine par deux tuyaux fins, plus longs, destinés à la respiration; il fait un angle avec l'anneau dont il se détache : l'autre, plus court, sert de canal à l'intestin qui s'y termine; il est terminé par un verticille ou une couronne de longs poils qui s'écartent en entonnoir, et au fond duquel on distingue alors quatre lames ovales, minces, transparentes, posées par paires.

Le premier anneau, qui forme la tête, est un peu aplati, brunâtre, en forme de cœur; il porte deux sortes d'antennules ou de palpes velus. L'ouverture de la bouche est garnie de franges de poils ou de houppes, que l'insecte fait mouvoir avec beaucoup de vitesse, probablement pour porter les particules alimentaires vers la bouche. On voit aussi sur les parties latérales de la tête deux taches brunes qui paroissent correspondre aux yeux à facettes de l'insecte parfait.

Le second anneau, qui correspond au corselet, est plus gros, arrondi, garni de chaque côté de trois faisceaux de poils, tandis que chacun des autres segmens ne porte qu'une seule de ces houppes.

Suivant la température de l'air, ces larves changent de peau, ou muent trois ou quatre fois dans l'espace de deux ou trois septénaires. La dépouille qu'elles quittent est complète : quand elle doit s'opérer, l'insecte vient à la surface de l'eau, non pour y faire toucher le tuyau inspiratoire de la queue, comme il le fait habituellement, mais de manière que, la tête et la queue étant tout-à-fait plongés, le second anneau ou le corselet vient surnager du côté du dos, semble s'y dessécher, et se fend en longueur. Cette fente se prolonge sur la peau des anneaux suivans : c'est par cette ouverture que tout le corps parvient à sortir en laissant l'ancienne peau nager sur l'eau.

A la dernière mue, la larve prend la forme d'une nymphe ; mais elle est encore mobile, quoique la figure des deux extrémités du corps soit tout-à-fait changée. La position du corps est alors différente ; la queue se replie et s'applique sous la tête , et la masse totale est en apparence lenticulaire. Deux cornes, ou plutôt deux tuyaux respiratoires, remplacent celui qui étoit à la queue ; ils correspondent à l'endroit où est le corselet. L'insecte, dans l'état de repos, semble amené hydrostatiquement à la surface de l'eau, de manière à ce que l'extrémité de ces cornets, qui est coupée obliquement , en dépasse le niveau. Quand cette nymphe veut se mouvoir et nager, par un mouvement brusque qu'elle donne à sa queue, dont l'extrémité est garnie de palettes ovales, semblables à celles qui terminoient dans la larve le tuyau excrémentitiel, elle s'appuie sur l'eau, et l'insecte se dirige à la manière dont nagent les écrevisses et les homards. Les ailes, les cuillerons et les pattes sont coarctés, pliés sous la peau de la partie qui correspond au corselet. Swammerdam les a très-bien représentés dans les figures VII et VIII de sa planche 31.

La métamorphose de la nymphe en insecte parfait présente quelques particularités curieuses que nous allons extraire des observations de Réaumur.

La nymphe, immobile à la surface, déroule sa queue et la porte hors de l'eau : à peine a-t-elle été un moment dans cette position qu'on voit survenir une sorte d'emphysème ou d'infiltration d'air sous la peau du corselet, qui se gonfle et se fend entre les deux stigmates qui ont la forme d'oreilles ou de cornets. Cette fente ne s'est pas plutôt opérée, qu'on la voit s'alonger et s'élargir très-vite, pour laisser à découvert une portion du corselet du cousin ; dès que la fente est assez agrandie, on voit paroître la tête : c'est alors un véritable accouchement, fort pénible pour l'insecte et fort dangereux ; car, si l'espèce de barque où l'insecte est à sec vient à se remplir d'eau, l'animal est submergé et périt. Aussi, dès que la tête est dégagée avec le corselet, le cousin les dresse et les élève, autant qu'il le peut, au-dessus des bords de l'ouverture qui lui a permis de paroître au jour; puis, par des contractions successives et alternatives qu'il imprime aux anneaux de son abdomen conique, il le dégage de sa dépouille, dans laquelle tout le corps, placé verticalement, représente une sorte de mat qui s'élève successivement, sans que les pattes ni les ailes paroissent encore. Le moindre courant d'air dirigé sur le mat fait voguer et tournoyer la nacelle, sans la renverser, à moins qu'il ne soit très-fort; mais une seule minute de calme suffit pour amener à bien cette sorte d'accouchement. On voit, en effet, bientôt les pattes s'alonger par paires et venir se poser sur l'eau sans s'y enfoncer : ses ailes se déplient, se sèchent; tout le corps prend une teinte plus brune, et bientôt l'insecte s'envole.

Les cousins se renouvellent ou forment plusieurs générations par an. Réaumur croit qu'il y en a six ou sept, et que chaque femelle produit trois cent cinquante œufs et plus. Heureusement que beaucoup d'animaux s'en nourrissent, principalement les hirondelles et les poissons; car leur multiplication seroit un fléau.

Les principales espèces de cousins sont les suivantes:

1.° Le Cousin commun, *Culex pipiens.*

Car. *Il est cendré : les huit anneaux de son abdomen offrent un petit cercle brunâtre; ses ailes sont transparentes, légèrement enfumées.*

C'est l'espèce la plus commune, surtout dans les bois humides près des mares. Les antennes du mâle sont très-velues, ainsi que les deux barbillons de sa trompe. Le bruit qu'il fait en volant est presque aussi incommode que sa piqûre. Il fuit la lumière ; aussi se préserve-t-on jusqu'à un certain point de sa piqûre pendant la nuit, en laissant quelque lumière autour du lit. Les mâles piquent moins que les femelles.

2.° Le Cousin annelé, *Culex annulatus*.

Car. *Il est brun, avec les ailes tachetées et des anneaux blancs à l'abdomen et aux pattes.*

C'est la plus grande espèce de France : nous l'avons trouvée sur des murs humides.

D'autres espèces ont été plutôt indiquées que décrites · l'une, nommée *clavigère* par Meigen, est brune avec deux points bruns sur des ailes transparentes ; celle que le même auteur nomme *jaunâtre* (*flavescens*), est jaunâtre en effet, avec des ailes transparentes dont le bord externe est jaune.

Geoffroy a décrit, sous le nom de cousin à trois taches sur les ailes, une très-petite espèce qui n'a pas une ligne de longueur, dont la teinte est noirâtre, les ailes transparentes avec trois bandes obscures en travers, les antennes fourchues à l'extrémité : il paroît que c'est l'espèce décrite par Linnæus sous le nom de *pulicaire*, ou semblable à une puce. (C. D.)

COUSINES. (*Bot.*) Dans quelques lieux de la France, suivant Daléchamps, on donne ce nom à l'airelle, *vaccinium myrtillus*, et celui de *cousines de marais* à la canneberge, *vaccinium oxycoccus*, qui forme des gazons dans des terrains marécageux. Dans la Flore françoise il est nommé *coussinet*. (J.)

COUSINETTE ou Cousinotte. (*Bot.*) C'est le nom d'une variété de pomme. (L. D.)

COUSINIÈRES. (*Entom.*) On nomme ainsi, dans le midi de la France, de grands rideaux de gaze soutenus par des cerceaux, dont on couvre les lits pour préserver de la piqûre des cousins les personnes qui y sont endormies. (C. D.)

COUSSAIBA (*Bot.*), nom caraïbe, cité dans l'Herbier de Surian, d'un arbre désigné précédemment sous celui de *bois de savonnette*, qui paroît être une espèce de *dalbergia*, ou un *robinia*, voisin du *robinia nicou* d'Aublet. (J.)

COUSSAPOA, *Coussapier.* (*Bot.*) Ce genre, établi par Aublet pour quelques plantes de la Guiane, n'est encore connu que par ses fruits, qui le placent dans la famille des urticées : les autres parties de la fleur, le calice, la corolle, les étamines et le style, n'ont point été observées. Le fruit consiste en un grand nombre de petites semences attachées à un placenta sphérique et pulpeux. Aublet a observé les deux espèces suivantes.

Coussapoa a larges feuilles ; *Coussapoa latifolia*, Aubl., *Guian.*, 955, tab. 562. Cet arbre s'élève à la hauteur de soixante-dix pieds sur un tronc de trois pieds de diamètre ; son bois est roussàtre, peu compacte ; son écorce grisâtre et gercée ; il en découle, ainsi que des rameaux et des feuilles déchirées, un suc jaunâtre ; ses branches sont droites, écartées, un peu inclinées, très-rameuses ; les feuilles fermes, lisses, alternes, pétiolées, ovales, très-entières, longues de cinq pouces sur trois de large, vertes en-dessus, roussâtres en-dessous, à nervures saillantes, munies à leur base d'une longue stipule caduque ; les rameaux terminés par un bourgeon pointu, comme dans tous les figuiers ; les fleurs sont réunies en têtes sphériques, axillaires, sur des pédoncules rameux, presque en corymbe ; les fruits jaunâtres : ils consistent en un réceptacle sphérique et pulpeux, couvert de semences fort petites. Cet arbre croît dans les grandes forêts de la Guiane, qui s'étendent le long des bords de la rivière de Sinémari.

Coussapoa a feuilles étroites ; *Coussapoa angustifolia*, Aubl., *Guian.*, 956, tab. 563. Autre arbre de la Guiane, distingué du précédent par ses feuilles plus obtuses, plus étroites par le bas, à nervures moins nombreuses, presque d'un tiers plus courtes. Ses fruits sont beaucoup plus gros, solitaires, ou deux à deux. (Poir.)

COUSSAREA VIOLET (*Bot.*) : *Coussarea violacea*, Aubl., Guian., 98, tab. 38 ; *Coussari*, Lam., *Ill. gen.*, tab. 65. Arbrisseau découvert par Aublet dans les grandes forêts de la Guiane : il appartient à la famille des *rubiacées* et à la *tétrandrie monogynie* de Linnæus, se rapproche du genre *Ixora*, et se distingue par un calice à cinq dents, une corolle monopétale à tube court ; le limbe divisé en quatre lobes aigus ; quatre anthères alongées, presque sessiles, situées à l'orifice du tube ; un ovaire inférieur ; un style ; le stigmate à quatre ou cinq pointes ; une baie ombiliquée, à une seule loge monosperme.

Cet arbrisseau s'élève à la hauteur de sept à huit pieds,
sur un tronc d'environ trois pouces de diamètre : son bois
est dur et blanc, son écorce grisâtre ; ses rameaux opposés,
garnis de feuilles médiocrement pétiolées, grandes, opposées
en croix, glabres, luisantes, ovales, acuminées, entières ;
les stipules opposées, ovales, aiguës ; les fleurs blanches,
presque sessiles, réunies en petits corymbes terminaux ; le
calice turbiné, presque en soucoupe ; la corolle monopétale,
attachée sur le disque qui couronne l'ovaire ; l'ovaire sphérique, couronné par un disque, du centre duquel sort un
style terminé par un stigmate à quatre ou cinq divisions
aiguës. Le fruit est une petite baie ovale, ombiliquée, violette
à l'époque de sa maturité, à une seule loge, contenant une
semence dure, coriace, arrondie, entourée d'une pulpe
jaunâtre.

M. de Lamarck a mentionné une seconde espèce de ce
genre, sous le nom de *Coussarea squamosa* (*Ill.*, vol. 1, pag.
281). Elle diffère de la précédente par ses feuilles ovales-
oblongues, non acuminées, par ses fleurs pédonculées, disposées en cimes axillaires, chargées d'écailles opposées, adhérentes par leur base : les calices sont presque cylindriques.
Cet arbrisseau croit aux Antilles. (Poir.)

COUSSECOUCHE ou Couchecousse. (*Bot.*) Voyez Couscou. (L. D.)

COUSSINET ou Canneberge (*Bot.*); *Oxycoccus*, Tournef.
Ce genre de plantes, d'abord établi par Tournefort, et confondu depuis par Linnæus avec les *vaccinium*, nous a paru
en différer d'une manière si positive par sa corolle polypétale, que, quoiqu'il en ait déjà été question dans ce Dictionnaire, à l'article Airelle, vol. 1.er, p. 409, nous avons
cru devoir le présenter de nouveau, en le rétablissant comme
genre, avec les caractères suivans : Calice monophylle très-
court, à quatre divisions arrondies; corolle de quatre pétales
oblongs, réfléchis; huit étamines ayant leurs filamens plus
courts que les anthères, qui sont bifides et s'ouvrent par
leur sommet ; un ovaire inférieur, surmonté d'un style filiforme, terminé par un stigmate simple, le tout un peu plus
long que les étamines; une baie turbinée à quatre loges
polyspermes. Nous avions pensé que ce genre, à cause de

son ovaire infère et de sa corolle polypétale, pourroit être rapproché des grossulariées. Mais l'ensemble des autres affinités permet-il qu'on l'éloigne des *vaccinium*, surtout si, à l'exemple de M. Decandolle, séparant ces derniers des *éricinées*, on en fait le type d'une famille particulière sous le nom de *vacciniées?* Quoi qu'il en soit, le genre Coussinet ne paroît jusqu'ici se composer que d'une seule espèce, qui croît également en Europe et dans l'Amérique septentrionale.

Coussinet de marais ou Canneberge de marais : *Oxycoccus palustris*, Lois. ; *Oxycoccum*, Fl. Dan., t. 80 ; *Vaccinium oxycoccos*, Linn., *Spec.* 500. Ses tiges sont grêles, filiformes, un peu ligneuses, couchées et rampantes sur la mousse, longues de six pouces à un pied, garnies de feuilles alternes, ovales-oblongues, très-petites, courtement pétiolées, glabres et luisantes en-dessus, blanchâtres en-dessous. Ses fleurs sont rougeâtres ou couleur de rose, portées sur de longs pédoncules filiformes, solitaires dans les aisselles des feuilles supérieures et peu nombreuses. Ses fruits sont de petites baies rouges, d'une saveur acide, et bonnes à manger : on en fait usage dans le nord de l'Europe, après les avoir fait cuire avec du sucre. On emploie aussi ces fruits en médecine, comme astringens et rafraîchissans, dans les fièvres bilieuses, malignes, dans les dyssenteries et les hémorragies. La plante croît dans les marais au milieu des mousses, et surtout de celles du genre *Sphagnum* : elle fleurit pendant tout l'été, et ses fruits sont mûrs en Septembre et Octobre. (L. D.)

COUSSOOUDOS ou Frétadous. (*Bot.*) Les Provençaux nomment ainsi, au rapport de Garidel, toutes les espèces de prêle, parce qu'on s'en sert pour frotter ou nettoyer la vaisselle. La prêle fluviatile est le *cassoouda* des Languedociens, selon Gouan. (J.)

COUSSOU (*Bot.*), nom caraïbe, cité dans l'Herbier de Surian, d'une espèce d'igname, *dioscorea*, non décrite, dont les feuilles sont à cinq lobes. (J.)

COUSSOU. (*Ornith.*) Les habitans du Congo donnent ce nom aux perroquets. (Ch. D.) ⌣

COUTARDE, *Hydrolea.* (*Bot.*) Genre de plantes dicotylédones, de la famille des *convolvulacées*, de la *pentandrie digynie* de Linnæus, offrant pour caractère essentiel : un calice à cinq divisions profondes ; une corolle en roue ; le tube court ; le limbe à cinq découpures ; cinq étamines attachées au fond du tube ; un ovaire supérieur ; deux styles ; une capsule à deux loges, à deux valves ; un grand nombre de semences imbriquées sur un réceptacle central.

Ce genre se compose de plusieurs espèces, toutes originaires de l'Amérique, à tige ligneuse ou herbacée, avec ou sans épines ; à feuilles simples, alternes ; les fleurs munies de bractées terminales ou axillaires, solitaires ou presque en corymbe. Les principales espèces sont :

COUTARDE ÉPINEUSE : *Hydrolea spinosa*, Linn. ; Lam., *Ill. gen.*, tab. 184, fig. 1 ; Aubl., *Guian.*, 221, tab. 110. De gros bouquets de fleurs bleues donnent à cette plante un aspect fort agréable. Ses racines, d'une consistance ligneuse, produisent des tiges droites, hautes de trois pieds, rameuses, couvertes d'un duvet visqueux, ainsi que les feuilles : celles-ci sont alternes, sessiles, lancéolées, aiguës, longues d'environ deux pouces, munies chacune dans leur aisselle d'une épine rude, visqueuse, très-aiguë : les fleurs naissent à l'extrémité des rameaux, munies à la base de leur pédoncule d'une bractée écailleuse. Le calice est velu ; le limbe de la corolle partagé en cinq ou six lobes arrondis ; autant d'étamines ; les filamens plus épais et en cœur à leur base, courbés vers leur sommet, soutenant des anthères oblongues et vacillantes ; l'ovaire ovale, marqué d'une ligne de chaque côté ; les styles un peu courbés. Le fruit est une capsule ovale, à deux loges, environnée par le calice, renfermant des semences fort menues, attachées à un placenta double, fixé dans chaque loge à la cloison qui les divise. Toutes les parties de cette plante sont amères. Elle croît dans l'île de Cayenne, aux lieux humides, marécageux, et sur le bord des ruisseaux.

L'*hydrolea trigina* avait été distinguée comme espèce par Swartz, à cause de ses trois styles ; mais l'observation nous a fait connoître que, dans l'espèce précédente, le nombre des styles varioit de deux à quatre.

COUTARDE DE CEILAN : *Hydrolea zeylanica*, Lamk., *Ill. gen.*, tab. 184, fig. 2 ; *Nama zeylanica*, Linn., *Spec.* : *Steris javanica*, Linn., *Mant.* ; Barm., *Ind.*, tab. 39, fig. 3 ; Pluken., *Almag.*,

tab. 130, fig. 2 : *Tsiern-rallel*, Rheede, *Malab.*, 10., tab. 28.
Cette plante, placée d'abord dans un autre genre, a été depuis rapportée à celui-ci, dont elle offre tous les caractères. C'est une petite plante herbacée, sans épines, à tiges droites, annuelles, rameuses, très-lisses, hautes de sept à huit pouces ; les feuilles sont alternes, pétiolées, glabres, lancéolées, entières ; les pétioles très-courts; les fleurs pédicellées, en grappes axillaires, droites, simples, pubescentes, accompagnées d'une petite bractée lancéolée ; la corolle un peu plus grande que le calice ; une capsule à deux loges.

Coutarde de Caroline : *Hydrolea carolineana*, Mich., *Amer.*, 1, pag. 177 ; *Hydrolea quadrivalvis*, Walth. Cette espèce croît dans les eaux stagnantes à la basse Caroline. Elle diffère de la première espèce par ses tiges bien moins rameuses ; les rameaux épineux, très-courts ; les feuilles étroites, beaucoup plus longues, presque glabres ; les fleurs axillaires, presque sessiles, fasciculées ; les capsules glabres.

Coutarde brulante ; *Hydrolea urens*, Fl. Per., 3, tab. 243. Plante du Pérou, haute de douze à quinze pieds, velue sur toutes ses parties ; ses tiges sont herbacées, presque anguleuses, sans épines ; les rameaux étalés ; les feuilles grandes, alongées en cœur, blanchâtres en-dessous, à double dentelure ; les supérieures ovales, entières à leur base ; les pétioles longs de deux pouces ; les fleurs violettes, unilatérales, disposées en une ample panicule composée d'épis divergens, solitaires ou géminés. Elle croît sur les rochers.

Coutarde crépue ; *Hydrolea crispa*, Fl. Per., 3, t. 244, fig. a. Ses tiges sont hautes de quatre à six pieds, sans épines, droites, hérissées, peu rameuses ; les feuilles pétiolées, grandes, alternes, coriaces, ovales, en cœur, vertes en-dessus, tomenteuses en-dessous, crépues à leur contour, à double dentelure ; les fleurs blanches, très-grandes, réunies en une panicule terminale fort ample, composée d'épis géminés, recourbés à leur sommet ; la corolle campanulée ; l'ovaire velu ; les capsules ovales, obtuses. Elle croît dans les grandes forêts des Andes du Pérou.

Coutarde dichotome ; *Hydrolea dichotoma*, Fl. Per., 3, tab. 244, fig. b. Cette espèce est visqueuse, herbacée, sans épines, un peu hispide, très-rameuse, haute d'un pied ; les rameaux dichotomes, de couleur purpurine ; les feuilles presque sessiles, oblongues, spatulées, obtuses, très-entières; les fleurs sessiles, solitaires, situées dans la bifurcation des rameaux ; la corolle blanche, petite, campanulée, traversée par cinq lignes d'un bleu violet ; une capsule ovale à deux sillons. Elle croît au Pérou. (POIR.)

COUTARE ÉLÉGANTE (*Bot.*) : *Coutarea speciosa*, Aubl., *Guian.*, 1, tab. 122*; Lam., *Ill. gen.*, tab. 257; *Portlandia hexandra*, Linn. Cette plante faisoit partie du genre *Portlandia*, avec lequel elle a en effet de très-grands rapports, mais dont elle est distinguée par des caractères qui lui sont particuliers. Elle appartient à la famille des *rubiacées*, à l'*hexandrie monogynie* de Linnæus. Son caractère essentiel consiste dans un calice à six folioles ; une grande corolle infundibuliforme ; le tube ventru, recourbé ; le limbe partagé en six lobes ; six étamines insérées à la base du tube ; les anthères longues et saillantes ; un style ; un stigmate cannelé ; une capsule inférieure, comprimée, à deux valves, à deux loges polyspermes; les semences imbriquées, membraneuses à leurs bords.

Arbrisseau de douze à quinze pieds de haut, très-rameux; les rameaux opposés ; les feuilles vertes, médiocrement pétiolées, opposées, ovales, arrondies à leur base, aiguës, très-entières, longues de trois à quatre pouces, larges de deux, munies à leur base de deux stipules opposées, aiguës : les fleurs sont grandes, fort élégantes, d'un beau pourpre violet, terminales, ordinairement réunies trois à trois sur des pédoncules axillaires et terminaux, accompagnés de stipules : le calice est court, rougeâtre, partagé en cinq ou six découpures fort longues, étroites, aiguës; sa corolle presque longue de deux pouces; son tube, resserré d'abord par le calice, s'enfle et s'alonge, puis se courbe et se divise à son limbe en six ou sept lobes égaux, contenant un même nombre d'étamines ; les anthères étroites, linéaires, alongées : les capsules sont planes, oblongues, comprimées, marquées de larges sillons de chaque côté, couronnées par quelques restes du calice, à deux valves, en forme de carène, dont les bords recourbés forment une très-petite cloison, qui se détache lorsque les valves s'ouvrent, et devient un réceptacle libre, auquel sont attachées quelques semences orbiculaires, imbriquées, membraneuses à leurs bords. Cet arbrisseau a été observé par Aublet à l'île de Cayenne, dans les forêts de Sinnamari. (Poir.)

COUTEAU (*Ichthyol.*), *Leuciscus cultratus ; Cyprinus cultra'us*, Linnæus. Espèce de poisson du genre Able. Il a la tête petite et très-comprimée ; sa mâchoire inférieure est recourbée vers celle d'en haut ; le corps et la queue sont très-comprimés ; le ventre est carené ; la nageoire du dos située au-lessus de celle de l'anus ; la ligne latérale, droite près de son origine, fléchie ensuite vers le bas, puis recourbée vers la nageoire caudale et tortueuse. Les écailles sont larges, minces, offrant cinq rayons divergens, et foiblement attachées. La nuque est d'un gris d'acier ; les côtés sont argentins ; le dos est d'un gris brun ; les pectorales, dont la longueur est remarquable, l'anale et les catopes, sont d'une couleur grise en-dessus et rougeâtres en-dessous. Les nageoires dorsale et caudale sont grises.

Ce poisson parvient à la longueur de dix-huit pouces, et pèse jusqu'à deux livres. On le pêche dans le Danube, dans l'Elbe, dans presque toutes les rivières de l'Allemagne et de la Suède, dans la Baltique, le gol'e de Finlande, la mer Noire, la mer d'Azow et la mer Caspienne. Voyez ABLE et CYPRIN. (H. C.)

COUTEAU POLONOIS (*Conchyl.*), nom marchand d'une espèce du genre Solen, *S. cultellus*, Linn. (DE B.)

COUTELO. (*Bot.*) En Provence et en Languedoc on donne ce nom au glaïeul commun, au narcisse-porillon, et aux iris indigènes. Le glaïeul est aussi nommé *coutelasse* et *couteou*. (L. D.)

COUTELO (*Ornith.*), un des anciens noms de la poule. (CH. D.)

COUTILLE (*Bot.*), nom vulgaire de la fétuque dorée. (L. D.)

COUTOIR, *Venus clonissa*. (*Conchyl.*) Voy. VÉNUS. (DE B.)

COUTOUBÉE, *Coutoubea*. (*Bot.*) Genre de plantes dicotylédones, a fleurs monopétales régulières, de la famille des *gentianees*, de la *tétrandrie monogynie* de Linnæus, offrant pour caractère essentiel : un calice a quatre divisions, souvent muni a sa base de trois bractées en écaille ; une corolle en soucoupe ; le tube court ; le limbe à quatre lobes égaux ;

quatre étamines attachées sur autant d'écailles en capuchon, insérées sur la corolle ; les anthères sagittées ; un style ; un stigmate à deux lames ; une capsule bivalve, polysperme.

Ce genre est très-voisin de celui des *exacum* (gentianelle), auquel il a été réuni par M. Vahl. Schreber l'a nommé *picrium*. Il renferme des espèces toutes originaires des contrées les plus chaudes de l'Amérique, à feuilles simples, opposées ; les fleurs axillaires ou disposées en épis. Il se compose des espèces suivantes :

CoutouBée blanche : *Coutoubea alba*, Aubl., *Guian.*, 72, tab. 27 ; Lamk., *Ill. gen.*, tab. 79 : *Exacum spicatum*, Vahl. Ses tiges sont droites, un peu tétragones, hautes de trois pieds ; ses feuilles opposées, sessiles, à demi amplexicaules, molles, glabres, entières, oblongues, aiguës, un peu charnues, longues de trois pouces sur un de largeur ; les fleurs blanches, disposées en épis simples, terminaux, presque verticillées, munies à leur base de trois petites écailles très-aiguës. Elle croit dans la Guiane le long des chemins et sur le bord des ruisseaux et des rivières. Elle est fort amère. On l'emploie pour rétablir le cours des règles, pour guérir plusieurs maladies de l'estomac dépendantes du défaut de digestion ou des obstructions des viscères du bas-ventre, et particulièrement pour tuer les vers.

CoutouBée purpurine : *Coutoubea purpurea*, Lamk., Encycl. 2, pag. 162 ; *Coutoubea ramosa*, Aubl., *Guian.*, tab. 28 : *Exacum ramosum*, Vahl. Cette espèce jouit des mêmes propriétés que la précédente. Elle croit au bord des ruisseaux, dans les déserts de la Guiane, et surtout au Sinnamari : elle est plus rameuse ; ses feuilles sont plus étroites ; ses fleurs purpurines, axillaires, solitaires dans chaque aisselle ; les capsules sont plus remplies, marquées de chaque côté d'un sillon longitudinal.

CoutouBée a trois feuilles : *Coutoubea ternifolia*, Cavan., *Icon. rar.*, 4, pag. 14, tab. 328. Elle a de grands rapports avec la première espèce ; elle s'en distingue par ses feuilles réunies trois par trois, glabres, sessiles, très-aiguës, traversées par une seule nervure : les fleurs sont blanches, sessiles, réunies en un épi terminal, touffu, presque de forme hexagone ; chaque fleur accompagnée de trois bractées inégales, très-aiguës ; les capsules divisées jusqu'à leur moitié en deux loges, à deux valves ; les semences membraneuses à leurs bords. Elle croît à l'isthme de Panama. (Poir.)

COUTOUBOU. (*Bot.*) Voyez Conami. (J.)

COUTOUILLE (*Ornith.*), un des noms vulgaires du torcol, *yunx torquilla*, Linn. (Ch. D.)

COUTRIOUX. (*Ornith.*) On donne ce nom et celui de *courtriaux*, dans le département de la Charente, à l'alouette lulu, *alauda arborea*, et au proyer, *emberiza miliaria*, Linn. (Ch. D.)

COUTURIER. (*Ornith.*) L'oiseau que l'on désigne sous ce nom, dans le nouveau Dictionnaire d'histoire naturelle, est sans doute la fauvette couturière, *sylvia sutoria*, Lath. (Ch. D.)

COUTURNIX. (*Ornith.*) Ce nom latin de la caille, qui, ajouté à *tetrao*, désigne la caille commune dans le Système naturel de Linnæus, est employé comme terme générique par M. Temminck. (Ch. D.)

COUVAIN. (*Entom.*) On nomme ainsi les œufs et les larves des insectes qui vivent en société ; le couvain des fourmis, des abeilles. On désigne même sous ce nom, dans les ruches, les rayons de cire qui ne contiennent que les larves ou les nymphes. Dans les vers à soie, les magnaudiers appellent couvain les œufs ou la graine de ces insectes. (C. D.)

COUVE (*Bot.*), nom espagnol et portugais du choux ordinaire, selon Dalechamps et Vandelli. (J.)

COUVÉE. (*Ornith.*) Ce terme est employé pour désigner la totalité des œufs soumis à l'incubation, l'époque à laquelle cette opération a lieu, ainsi que les petits nés d'une même ponte. (Ch. D.)

COUVERCLE DE COQUILLE. (*Conchyl.*) C'est le nom que quelques auteurs du dernier siècle donnoient aux opercules. (De B.)

COUVERTE. (*Chim.*) C'est la substance vitreuse ou l'émail dont on recouvre les poteries, afin de leur donner plus d'éclat, et d'empêcher qu'elles n'imbibent les liquides, ou que la malpropreté ne pénètre dans les interstices de leur pâte. Les couvertes transparentes s'appliquent sur la porcelaine, les poteries blanches dites angloises, et même sur plusieurs sortes de poteries tout-à-fait grossières ; les cou-

vertes opaques se mettent sur la poterie de terre colorée,
qui est préparée avec un certain soin, comme la faïence.

La couverte de la porcelaine est le feldspath, ou le pe-
tunt-zé. La couverte des poteries blanches dites angloises
peut être composée de la manière suivante :

Sable de Nevers. 700
Minium 900
Sous-carbonate de potasse. 45
Chlorure de sodium. 60

Les mêmes ingrédiens, mélés avec plus ou moins de
peroxide d'étain, sont susceptibles de former un émail
blanc pour la faïence. (Ch.)

COUVERTS [Fruits]. (*Bot.*) Il est des fruits difficiles à
distinguer au premier aspect, parce qu'ils sont cachés par
quelque organe particulier qui les couvre. Ceux du pin,
par exemple, sont cachés entre des écailles qui, réunies en
cône, offrent l'apparence d'un fruit particulier. Ceux du
genevrier sont cachés également entre des écailles qui,
devenues succulentes et soudées entre elles, prennent l'apparence d'une baie. La cupule qui cache ceux du châtaignier
a tout-à-fait l'aspect d'un véritable péricarpe épineux.
Voyez Angiocarpiens. (Mass.)

COUVERTURES, *Tectrices*. (*Ornith.*) On appelle ainsi les
plumes qui garnissent la surface supérieure ou inférieure des
ailes et de la queue des oiseaux, et qui, suivant la partie
qu'elles occupent, prennent la dénomination de couvertures
supérieures ou inférieures. Elles se divisent, pour le dessus
des ailes, en grandes, moyennes et petites (*tectrices majores,
mediæ, minores*). Les premières sont celles qui recouvrent
immédiatemen.. les pennes ; les secondes, celles qui viennent
après, et les troisièmes, celles qui garnissent le haut de l'aile
et sont les plus éloignées des pennes. Les couvertures inférieures de l'aile pourroient se diviser de la même manière ;
mais on les désigne sans faire ces distinctions dans les descriptions d'oiseaux. On n'en fait pas non plus pour les
divers rangs des couvertures de la queue, dont les supérieures, qui tirent leur naissance du croupion, sont les plumes
uropygiales, et dont les autres, partant des environs de
l'anus, correspondent aux plumes anales. (Ch. D.)

COUX (*Ornith.*), nom provençal du coucou commun, *cuculus canorus*, Linn. (Cн. D.)

COUXIO. (*Mamm.*) C'est en Amérique le nom du *simia satanas* de M. de Hofmannsegg, suivant M. de Humboldt. Voyez SAPAJOUS. (F. C.)

COUYARAITI (*Bot.*), nom caraïbe de l'*elephantopus scaber*, cité dans l'Herbier de Surian. (J.)

COUYONNE. (*Bot.*) On donne ce nom à la folle-avoine dans quelques départemens du midi. (L. D.)

COVALAM (*Bot.*), nom malabare du BELOU des Brames (voyez ce mot), que Linnæus rapportoit à son genre *Crateva*, et dont M. Correa a fait son genre *Æglé*, dans la famille des aurantiées. Voyez ÉGLÉ. (J.)

COVARELLA (*Ornith.*), nom italien du cochevis, *alauda cristata*, Linn. (Cн. D.)

COVATERRA (*Ornith.*), nom sous lequel Zinanni parle de l'engoulevent, *caprimulgus europæus*, Linn., pag. 94 de son ouvrage sur les Nids et les Œufs des oiseaux. (Cн. D.)

COVEL. (*Bot.*) La plante cucurbitacée de ce nom décrite et figurée par Rheede paroît appartenir au genre Momordique. (J.)

COVET. (*Conchyl.*) Adanson nomme ainsi une espèce de buccin, *buccinum condor*, Linn. (DE B.)

COVUR. (*Mamm.*) Molina donne ce nom comme le nom générique des tatous au Chili. (F. C.)

COXOLITLI. (*Ornith.*) Cet oiseau du Mexique, dont parle Fernandez, chap. 40, est une espèce de hocco, nommée par M. Temminck, tome 3 de ses Gallinacés, *crax rubra*. D'autres auteurs écrivent *coxilitli* et *coxolisso*. (Cн. D.)

COY. (*Mamm.*) Voyez CUY. (F. C.)

COYALITI. (*Bot.*) L'échantillon en feuilles sans fructification, qui est sous ce nom caraïbe dans l'Herbier de Surian, paroit appartenir au genre *Guarea*, dans la famille des méliacées. (J.)

COYAMETL. (*Mamm.*) Voyez COJAMETL. (F. C.)

COYAU. (*Ichthyol.*) M. Bosc nous apprend qu'on donne ce nom vulgaire à un poisson du genre des spares, dont la pêche est très-abondante auprès du Croisic. Sa chair est peu estimée. On ne sait à quelle espèce le rapporter. (H. C.)

COYEMBOUC. (*Bot.*) Voyez COHYNE. (J.)

COYOLCOZQUE. (*Ornith.*) Ce nom, donné par Fernandez, chap. 24, à une espèce de colin ou perdrix du Mexique, dont Buffon a adouci la prononciation en l'écrivant *coyolcos*, est le *coturnix mexicana*, Briss.; le *tetrao coyolcos*, Linn.; le *perdix coyolcos*, Lath., et le *perdix borealis*, Temm. Le dernier de ces naturalistes a fait connoître, au sujet de cet oiseau, tome 3, p. 437 de ses Gallinacés, plusieurs doubles emplois, qui sont relatés dans ce Dictionnaire sous le mot *Colcuicuiltic*. Voyez aussi le mot YNAMBUI, n.° 328 des Oiseaux du Paraguay de M. d'Azara. (CH. D.)

COYOLLI (*Bot.*), nom méxicain du cocotier, suivant Hernandez. (J.)

COYOLTOTOTL. (*Ornith.*) Cet oiseau, dont Fernandez parle chap. 149, a été rapporté par les naturalistes à l'ouette ou cotinga rouge, pl. enl. de Buffon 378, *cotinga rubra*, Briss. et Merrem, *Fasc.* 1, p. 1 et 2; *ampelis carnifex*, Gmel. (CH. D.)

COYOLXOCHITL. (*Bot.*) La plante mexicaine figurée par Hernandez sous ce nom paroît être un *alstroemeria* à tige grimpante. (J.)

COYOPOLLIN. (*Mamm.*) Voyez CAYOPOLLIN. (F. C.)

COYOTOMATL (*Bot.*), espèce de coqueret du Mexique, mentionnée par Hernandez. Une autre espèce est nommée *coztomatl*. La première porte aussi le nom de *coanenepilli*, donné d'une autre part à une grenadille, *passiflora*. (J.)

COYOTZIN ou TOZCUITLAPIL (*Bot.*), noms mexicains d'un balisier, *canna*, suivant Hernandez. (J.)

COYPOU, COIPOU ou COYPU. (*Mamm.*) Molina désigne sous ce nom une espèce de rongeur de l'Amérique méridionale qui appartient au genre HYDROMIS, Géoffr. Voyez ce mot. (F. C.)

COYUTA. (*Erpétol.*) Il paroît que les Brésiliens donnent ce nom au cenco, *bungarus cencoalt*. Voyez BONGARE. (H. C.)

COYYROU. (*Bot.*) Voyez LIANE AUX YEUX. (J.)

COZIRIHAN. (*Bot.*) La grande passerage, *lepidium latifolium*, est ainsi nommée dans le Levant, suivant Rauwolf. (J.)

COZOLMECATL (*Bot.*), plante du Mexique citée par Hernandez, qui paroît être un *smilax*. (J.)

COZQUAUTLI. (*Ornith.*) Voyez, sur cet oiseau, qui est un vautour, le mot Cosquauthli. (Ch. D.)

COZTICMETL (*Bot.*), espèce d'*agave* ou pitte du Mexique. Voyez Maguei, Metl. (J.)

COZTICPATLI (*Bot.*), espèce de pigamon du Mexique, *thalictrum*, suivant Hernandez. (J.)

COZTOMATL. (*Bot.*) Voyez Coyotomatl. (J.)

COZTOTOTL. (*Ornith.*) Cet oiseau, que Fernandez, chap. 28, dit n'être pas plus gros que le serin de Canarie, et avoir le chant pareil à celui du chardonneret lorsqu'on l'enferme en cage, a été rangé parmi les troupiales par Gmelin et Latham, qui en ont fait leur *oriolus costototl*. On en a déjà parlé sous le mot Costotol. (Ch. D.)

CRABE, *Cancer*. (*Crustacés.*) C'est le nom sous lequel on désigne un groupe d'animaux sans vertèbres dont le corps et les dix pattes sont recouvertes d'une croûte calcaire, articulée; respirant par dix branchies, à tête unie au corselet, qui est plus large que long, et dont la queue, courte en proportion, reste cachée sous la carapace. Ce genre, selon le langage des naturalistes, comprend donc des crustacés astacoïdes, décapodes, syncéphalés, brachyures; de l'ordre nommé, à cause des espèces qu'il réunit, *cancériformes* ou *carcinoïdes*.

La forme du corselet, qui est en demi-cercle; le dernier article des pattes, qui se termine par une sorte d'ongle crochu ou en pointe, et non en lame; la carapace non dilatée en arrière; les tarses postérieurs dirigés en arrière et non sur le dos; les pinces sans crêtes, distinguent ce genre de tous ceux qui sont compris dans la même famille, et particulièrement des *colapes*, des *portunes*, *matutes*, *podophthalmes* et des *hépates*, ainsi que cela sera mieux établi à l'article Crustacés.

Linnæus, dans son *Systema naturæ*, avoit compris sous le nom générique de *cancer* tous les crustacés; mais, depuis les travaux successifs de Muller, de Daldorff, de Fabricius, de Risso, et surtout de M. le docteur Leach, l'un des conservateurs du Musée britannique, ce genre de Linnæus se trouve partagé non-seulement en un grand nombre d'ordres, mais en plus de cinquante genres distincts et bien caractérisés.

Les crabes qui font le sujet de cet article, paroissent

évidemment avoir emprunté ce nom du latin *carabus*, qui,
suivant le témoignage de Pline, *Hist. nat., lib.* 9, *cap.* 11,
étoit celui de certaines espèces de cancres : *Cancrorum genera
carabi, astaci, maiœ, paguri, heracleotici, icones et alia igno-
biliora.* Et ce nom de carabe étoit lui-même tiré du grec,
καραβος, et désignoit le poulpe, qui a les pieds sur la tête :
τω καρα βαινει, *qui capite incedit.*

Ainsi que nous l'avons déjà dit, le corps des crabes est
formé d'un test plus large que long, souvent dentelé ou
anguleux sur les côtés, arqué, plane ou incliné en avant.
Des quatre antennes, les extérieures sont en soie, très-petites,
et celles qui sont médianes ou intérieures, sont repliées et
se cachent dans deux fossettes; les yeux sont rapprochés et
portés sur un court pédicule. Leurs deux pattes de devant
sont terminées par des pinces ou serres très-grosses. On reconnoît les femelles, ou les individus qui doivent porter les
œufs, à la forme et à la largeur de la queue, qui n'est pas
étranglée dans la partie moyenne comme dans les mâles.

Les crabes habitent en général les côtes maritimes, surtout
celles qui sont rocailleuses. Ils sont carnassiers, et se nourrissent principalement de débris d'animaux, dont on se sert
en effet comme d'amorces pour les attirer dans des piéges.
Plusieurs espèces sont nocturnes.

Les crabes les plus connus sur nos côtes sont les suivans :
1.º Le CRABE COMMUN , *Cancer mœnas.* Il est figuré dans
Herbst, pl. VII, fig. 46 du tome IV, pag. 145. Sa carapace
est d'un gris vert, porte cinq dents latérales, cinq festons
en avant, et un prolongement pointu à l'article des tarses
antérieurs qui précède la serre, dont les pointes sont noires
à l'extrémité.

Il se trouve dans les fentes des rochers. On le nomme en
Italie *grancio* et *grancella.* On a exagéré beaucoup ses propriétés médicales.

2.º Le CRABE TOURTEAU ; *Cancer pagurus*, figuré également
par Herbst, pl. IX, fig. 59, tome V, page 165. Cette espèce
a aussi l'extrémité des pinces de couleur noire ; mais on
compte jusqu'à neuf incisions sur les côtés du corselet.

Ce crabe a la chair estimée. Il acquiert jusqu'à cinq livres
de poids. On le nomme aussi le *poupart.*

3.° Le Crabe vérolé, *Cancer variolosus*. Le nom de cette espèce, qu'on a trouvée sur les bords de l'Océan, indique son principal caractère, qui consiste dans les tubercules arrondis et lisses qui couvrent la carapace comme des pustules de variole. Ses pattes, qui sont peu alongées, comprimées, sont velues et épineuses à leur extrémité.

4.° Le Crabe chauve-souris, *Cancer vespertilio*. Sa carapace et ses pattes sont velues, mais les doigts des serres sont lisses. (C. D.)

CRABE. (*Foss.*) On connoît à l'état fossile les espèces ci-après.

1. Le Crabe a grosses pinces; *Cancer macrochelus*, Desm. La longueur de la carapace de l'individu de cette espèce qui se trouve dans la collection de M. de Drée, est de trois pouces. Sa largeur est de trois pouces neuf lignes. D'après le moule intérieur de cette dernière, il paroit qu'elle n'offroit pas d'inégalités ou de protubérances en-dessus. Les pinces, larges, aplaties, ne portent aucune dentelure du côté interne, mais il s'en trouve quelques-unes sur le bord supérieur de la pièce principale; les autres pattes sont minces, alongées; la queue est étroite et composée de six pièces. Cette espèce, qui est indiquée comme venant de la Chine, peut se rapporter à celle figurée dans l'ouvrage de Rumphius, pl. 60, fig. 3.

2. Le Crabe paguroïde; *Cancer paguroides*, Desm. La largeur de ce crabe, qui se trouve dans la collection de la Monnoie, est de cinq pouces et demi, et la longueur de trois pouces et demi. Il est tellement encroûté dans la pierre qu'on n'en voit qu'une très-petite partie. Sa carapace paroît être plane et presque lisse. La pince est fort grosse, surtout vers le milieu. Le doigt immobile présente sept dents, qui diminuent de grosseur à mesure qu'elles se rapprochent de l'extrémité; le doigt mobile est très-fort, et il se trouve une très-grosse dent à sa base. On ignore où ce fossile a été trouvé.

3. Le Crabe pointillé; *Cancer punctulatus*, Desm. On trouve, aux environs de Vérone, à Vicence, à Bologne, à Naples, et dans d'autres endroits de l'Italie, des individus de cette espèce qui ont quelquefois trois pouces de largeur sur deux pouces trois lignes de longueur. On voit, sur leur carapace,

des ondulations ou sinuosités qui indiquent la position des principaux organes qui étoient au-dessous. Elle est couverte de points enfoncés comme ceux des dés à coudre. Le bord antérieur forme une demi-ellipse dans le sens transversal, et se termine de chaque côté par une saillie qu'on peut considérer comme l'angle latéral de la carapace. Ce bord est garni de petites dents; les yeux sont gros et écartés l'un de l'autre. La queue des femelles est fort large et formée de six pièces, dont les deux dernières sont les plus grandes: les pinces sont moyennes et un peu comprimées.

On peut rapporter cette espèce aux figures qu'on trouve dans l'ouvrage de Knorr, tom. 1.er, pl. 16, A, fig. 2 et 3.

4. Le CRABE QUADRILOBÉ: *Cancer quadrilobatus*, Desm. Cette espèce, qu'on trouve à Dax, dans un dépôt qui paroît avoir beaucoup de rapports avec celui de Grignon, est très-voisine de la précédente par ses formes. Le dessus de sa carapace étant très-mince et presque toujours détruit, il n'a laissé que son moule intérieur. Le bord antérieur est elliptique, et ses côtés présentent trois légères ondulations sans dentelure; les yeux sont écartés l'un de l'autre. Le front est divisé en quatre lobes, dont les deux intermédiaires sont les plus saillans. Le bord postérieur est comme tronqué; la queue, dans les mâles, est médiocrement étroite et composée de cinq articles.

5. Le CRABE DE LEACH; *Cancer leachii*, Desm. Sa carapace, à bord elliptique, et ses pattes, sont couvertes de points enfoncés; les yeux sont écartés l'un de l'autre; le bord antérieur est garni latéralement de trois tubercules, dont le plus gros forme l'angle de la carapace; la partie sous laquelle se trouve l'estomac, est fort relevée, avec une dépression dans son milieu; outre le plus gros tubercule du bord de la carapace, il s'en trouve encore quatre autres en-dessus, qui sont fort saillans. Les pinces sont très-grosses, et la dernière articulation présente deux légères côtes à leur partie extérieure. La femelle a la queue ample, formée de cinq pièces, dont l'avant-dernière est la plus large.

On trouve ce crabe dans les argiles de l'île de Shepey, à l'embouchure de la Tamise. Son test est toujours d'un noir foncé.

Il se trouve dans ma collection.

On voit, dans la collection du Muséum d'histoire naturelle de Paris, un crabe fossile qui a été trouvé dans une argile des environs de Bezières, mais dont l'espèce n'est pas déterminée. (D. F.)

CRABIER. (*Mamm.*) On a appliqué ce nom à plusieurs mammifères, parce qu'ils se nourrissent de crabes. Il a été donné à un raton, *porcyon cancrivorus*, Geoff.; à un chien, *canis cancrivorus*, et à un didelphe, *didelphis cancrivora*, Linn. Voyez les mots Raton, Chien et Didelphe. (F. C.)

CRABRON, *Crabro.* (*Entom.*) Genre d'insectes hyménoptères, à abdomen pédiculé, conique, arrondi; à lèvre inférieure de la longueur des mandibules au plus, à antennes non brisées de treize articles au plus; et par conséquent de la famille des floriléges ou anthophiles.

Ce nom de crabron, appliqué par Fabricius à quelques insectes particuliers, n'est pas la traduction du mot latin, par lequel il est évident que les Romains désignoient le *frelon* ou une sorte de grosse guêpe. Quoi qu'il en soit, et pour éviter toute confusion, voici comment les entomologistes caractérisent les espèces qui composent ce genre.

La forme de l'abdomen et son insertion distinguent les crabrons d'avec tous les Uropristes, comme les *tenthrèdes* et les *sirèces*, qui ont le ventre sessile et comme tronqué à l'extrémité. La brièveté de la lèvre inférieure fait également séparer ces insectes d'avec les *abeilles* ou les Mellites, dont la lèvre inférieure, unie aux palpes, devient une sorte de langue plus longue que les mandibules. Le ventre conique, turbiné et non concave, et par suite les ailes supérieures non doublées sur leur longueur, séparent ces insectes d'avec les Chrysides et les Ptérodiples, comme les *guêpes*. Les antennes non brisées les font distinguer des *fourmis* et en général de tous les Myrméges. Le nombre des articles de ces antennes, qui n'est jamais de plus de treize, les éloigne des Oryctères, comme les *sphèges*, et des Entomotiles, comme les *ichneumons*. Il ne reste donc que les Néotrocryptes, comme les *chalcides*, les *cynips*, les *diplolèpes*, qui pourroient être confondus avec les Anthophiles, parmi lesquels sont compris les *crabrons*; mais dans ceux-ci l'extrémité de l'abdomen est pointue et conique, tandis qu'elle est comprimée et renflée dans les premiers. Voyez au reste pour plus de détails l'article HYMÉNOPTÈRES, et chacun de ceux que nous venons d'indiquer par de petites capitales, particulièrement le mot ANTHOPHILES, et la planche de l'Atlas qui représente les quatre genres, *Philanthe*, *Scolie*, *Melline* et le *Crabron à cribles*.

Les crabrons ont en général le corps lisse, noir, le plus souvent à taches ou anneaux jaunes ; leur tête est grosse, et, vue en-dessus, elle paroît comme quadrangulaire : mais ce qui distingue surtout la plupart des espèces, c'est que le front ou le devant de la tête, qui constitue la face, au-dessus de la lèvre supérieure, offre une teinte nacrée brillante, comme argentée et quelquefois dorée. Leurs antennes sont en fil ou un peu en fuseau ; leur premier article est plus long et arrondi en cylindre ; le corselet est globuleux. Dans la plupart des mâles, les jambes antérieures présentent dans leur partie externe une dilatation qui ressemble à une élytre de coccinelle, concave en dedans, lisse et convexe en dehors. Vue à travers le jour, cette partie semble percée de petits trous ; mais ce sont des portions cornées et transparentes, ce qui a fait donner à ces insectes des noms particuliers, tels que le *peltatus*, *pterotus* (aile d'oreille), *cribrarius* : on remarque aussi que les mâles ont les tarses antérieurs et les anneaux des antennes différens de ceux des femelles ; celles-ci ont un aiguillon.

Les *crabrons*, quoique se nourrissant du suc des fleurs, sont souvent aperçus emportant des chenilles, de petits diptères ou de petits lépidoptères ; c'est pour en nourrir leurs larves, ou plutôt pour les déposer autour de l'œuf, qui est logé dans une petite fosse que l'insecte a creusée dans la terre ou dans le bois pourri, ou dans le centre médullaire de certains arbrisseaux. Lorsqu'on a saisi ces insectes, ils font entendre une sorte de murmure ou de cri très-aigu, qui paroît produit par le trémoussement de la base de leurs ailes.

Les principales espèces du genre Crabron sont les suivantes :

1.º Le CRABRON FOSSOYEUR, *Crabro fossorius ; Sphex*, Linn.

Car. Noir, avec cinq taches jaunes sur l'abdomen. Le mâle a aussi l'écusson jaune, et la tête est plus grosse.

2.º Le CRABRON GROSSE-TÊTE, *Crabro cephalotes.*

Car. Noir : le premier article des antennes et la base des mandibules sont jaunes ; deux lignes sur le front ; l'épaulette et les pattes, excepté les cuisses, jaunes; abdomen d'un noir brillant, avec une grande tache ferrugineuse sur les côtés, et trois autres taches glauques en arrière.

3.º Le Crabron crible, *Crabro cribrarius.*

Car. Noir; corselet à taches et abdomen à bandes jaunes; les intermédiaires interrompues, les pattes jaunes.

Dans les mâles, on voit que le tibia ou la jambe de devant est dilatée en une sorte de coquille jaune, concave, à points transparens.

Cette espèce est figurée sous le n.º 3 de la planche qui représente, dans l'Atlas de ce Dictionnaire, les anthophiles et les chrysides.

4.º Le Crabron a bouclier, *Crabro clypeatus.*

Car. Noir; corselet rétréci à épaulettes jaunes, abdomen à taches jaunes.

La dilatation qu'offrent les jambes du mâle, est d'un jaune pâle sans points pellucides.

Fabricius a inscrit vingt-cinq espèces dans ce genre; mais il a souvent décrit les mâles et les femelles comme des espèces distinctes. (C. D.)

CRABRONITES. (*Entomol.*) M. Latreille a indiqué sous ce nom une tribu d'insectes hyménoptères, qu'il rapporte à sa section des porte-aiguillons, et à sa famille des fouisseurs. A l'exception des scolies, il y rapporte les genres indiqués dans notre famille des anthophiles; mais il indique plusieurs autres subdivisions, telles que les genres *Trypoxylons, Corytes, Crabrons, Stigmes, Pemphredons, Mellines, Alysons, Psen, Cerceris* et *Philanthe.* (C. D.)

CRACCA. (*Bot.*) Ce nom ancien a été donné à plusieurs espèces de vesces, *vicia,* et est employé comme nom spécifique pour une d'elles. Linnæus, dans son *Flora zeylanica,* s'en est servi pour désigner plusieurs légumineuses, que lui et Burmann, fils, ont ensuite rapportées au genre *Galega.* (J.)

CRACHAT DE LUNE. (*Bot.*) Nom vulgaire du nostoch commun, plante cryptogame gélatino-membraneuse, que la chaleur du soleil réduit à rien pendant le jour, et à laquelle la fraîcheur de la nuit rend tout son développement, ce qui avoit fait croire que la lune produisoit cette singulière plante, très-célébrée autrefois par les alchimistes pour ses propriétés vraies ou supposées. Voyez Nostoch. (Lem.)

CRACRA. (*Bot.*) Suivant M. Bosc, ce nom est donné au fruit de la busserolle, espèce d'arbousier, *arbutus uva-ursi*, qui est abondant sur les Alpes. (J.)

CRADEAU (*Ichthyol.*), nom de la sardine, *clupea sprattus*, dans quelques provinces du nord-ouest de la France. Voyez Clupée. (H. C.)

CRADOS. (*Ichthyol.*) On donne ce nom, dans quelques rivières, aux jeunes brêmes. Voyez Brême. (H. C.)

CRÆPULA. (*Bot.*) Voyez Herpacantha. (J.)

CRAFFAS. (*Bot.*) Les Arabes nomment ainsi notre *cladanthus arabicus*. (H. Cass.)

CRAHATE. (*Ichth.*) Sur les bords de l'Océan, on appelle ainsi un poisson qui paroît appartenir au genre Labre. (H. C.)

CRAIE. (*Min.*) On donne généralement ce nom en France à toute terre blanche, à grain fin, pulvérulente et tachante, et ordinairement calcaire, ou renfermant au moins beaucoup de chaux carbonatée.

Les minéralogistes, et surtout les géologistes, ont restreint ce nom à une variété particulière de calcaire, dont nous avons fait connoître les caractères minéralogiques et géognostiques au mot Chaux, 13.ᵉ variété du calcaire, p. 290.

Le mot latin *creta*, qui est pour nous synonyme de notre mot de *craie*, ne désignoit chez les anciens aucune des substances auxquelles la plupart des modernes l'appliquent. Il est bien prouvé que le *creta* des anciens étoit une argile souvent propre à faire des poteries, et parmi les modernes, les Italiens, suivant Ferber, emploient ce mot dans le même sens.

La craie des anciens, *creta*, qu'ils distinguoient par les épithètes de *fullonia* ou d'*argentaria*, étoit employée pour dégraisser les draps, pour blanchir la borne terminale dans le cirque, pour marquer les pieds des esclaves destinés à être vendus à Rome, ou bien enfin, pour entrer dans la composition du mets particulier nommé *alica;* il est probable, que cette terre étoit ou une argile blanche et pure, ou tout au moins une marne argileuse, ou, enfin, un talc blanc. Ce qui nous porte à regarder ces diverses sortes de

11.   20

creta des anciens comme une argile, c'est qu'aucun des lieux d'où ils tiroient ces diverses craies, ne paroit renfermer la variété de chaux carbonatée à laquelle nous appliquons maintenant ce nom; tandis que ces lieux, qui sont principalement les environs de Pouzzoles et de Naples, l'ile de Cimolis, etc., renferment des argiles bolaires, et surtout des argiles cimolithes. (B.)

CRAIE DE BRIANÇON. (*Min.*) C'est un talc blanc et tendre. Voyez TALC. (B.)

CRAIN. (*Min.*) On donne ce nom à certaines solutions de continuité dans les couches de houille : il est synonyme du mot FAILLE. Voyez ce mot. (B.)

CRAITONITE. (*Min.*) C'est un minéral encore peu connu, que M. le comte de Bournon a observé pour la première fois dans les environs de Bourg-d'Oisans, en 1788, et qu'il a décrit, en 1813, en le dédiant au docteur Crichton, premier médecin de l'empereur de Russie.

Ce minéral ne s'est encore présenté que sous la forme de petites lames noires, minces, brillantes, semblables à du fer oligiste, et implantées avec les cristaux de felspath et de quarz sur les parois des fissures de la roche de micaschiste et de gneiss, qui renferme aussi du titane anatase.

Ces lames sont d'un beau noir luisant, ayant même un aspect vitreux, néanmoins parfaitement opaques : elles paroissent avoir pour forme primitive, suivant M. de Bournon, un rhomboïde très-aigu de 18 degrés et 162 degrés, subdivisible par un plan perpendiculaire à l'axe.

La craitonite raie la chaux fluatée, mais non le verre : elle est infusible.

Le docteur Wollaston y a trouvé de la zircone en quantité dominante, de la silice, du fer et du manganèse. On sait maintenant que la craitonite renferme beaucoup de titane, si elle n'en est même presque entièrement composée. (B.)

CRAM DES ANGLOIS (*Bot.*), nom vulgaire du cranson de Bretagne. (L. D.)

CRAMBE. (*Bot.*) Ce nom avoit été donné primitivement au chou en général, par Dioscoride; ensuite il a été appliqué plus spécialement a l'espèce que C. Bauhin et Tournefort nomment *brassica arvensis*, connue en françois et cultivée en grand sous le nom de *colsa*, à cause de l'huile qu'on retire de sa graine. Cette espéce paroît être la souche de toutes les variétés de choux cultivées dans les jardins potagers : c'est celle qui approche le plus de l'état des plantes sauvages. Le nom de *crambe* a été ensuite donné par Tournefort au chou marin, très-différent par son fruit, et lui a été conservé par tous les botanistes modernes. (J.)

CRAMBÉ; *Crambe*, Linn. (*Bot.*) Genre de plantes dicotylédones, polypétales hypogynes, de la famille des crucifères, Juss., et de la tétradynamie siliculeuse, Linn., dont les principaux caractères sont les suivans : Calice de quatre folioles ovales, caduques; corolle de quatre pétales obtus, ouverts; six étamines, dont quatre, plus longues, ont leurs filamens bifurqués, portant les anthéres à l'extrémité de leur branche extérieure; un ovaire supérieur, arrondi, surmonté d'un stigmate sessile et charnu; une silicule globuleuse, à une loge contenant une seule graine arrondie.

Les crambés sont des plantes herbacées ou sous-ligneuses, à feuilles alternes plus ou moins découpées, et à fleurs disposées en panicule terminale : on en connoît neuf à dix espéces, parmi lesquelles nous rapporterons les suivantes.

Crambé maritime, vulgairement Chou marin : *Crambe maritima*, Linn., *Spec.* 957; *Flor. Dan.*, t. 316. Cette espèce est une plante parfaitement glabre et entièrement glauque, dont la tige, rameuse, haute de deux pieds ou environ, est garnie de feuilles charnues, les unes pinnatifides, les autres sinuées, ondulées et crépues. Ses fleurs sont blanches, nombreuses, pédonculées, disposées, à l'extrémité des rameaux, en grappes formant dans leur ensemble une large panicule. Cette plante croit dans les sables des bords de la mer, dans les parties méridionales de l'Europe. Elle est vivace, et fleurit en Mai et Juin. On la cultive, surtout en Angleterre, comme herbe potagère, et l'on mange ses feuilles après les avoir fait blanchir en les buttant comme on fait le céleri. Naturellement dures et coriaces, elles deviennent tendres et succulentes au moyen de ce procédé.

Crambé lacinié; *Crambe laciniata*, Lam., Dict. enc. 2, p. 163. Les tiges de cette plante sont rameuses, paniculées, hautes de trois pieds, garnies de feuilles dont les radicales sont deux fois ailées, un peu rudes en-dessous; elles sont terminées par des fleurs blanches, disposées en grappes. Cette espèce croît en Hongrie.

CRAMBÉ D'ESPAGNE; *Crambe hispanica*, Linn., *Spec.* 937. Sa racine, fusiforme, fibreuse et annuelle, donne naissance à une tige d'un pied et demi ou environ, rameuse dans sa partie supérieure, chargée de poils qui la rendent rude au toucher; ses feuilles sont en lyre, à lobe terminal très-grand et arrondi; ses fleurs sont blanches, disposées en grappes effilées. Cette plante croît naturellement en Espagne.

CRAMBÉ FRUTIQUEUX: *Crambe fruticosa*, Linn. fils, Suppl. 299. La tige de cette espèce est ligneuse, roide, divisée en rameaux garnis de feuilles ovales, profondément dentées ou pinnatifides, chargées de poils courts et blanchâtres. Les rameaux sont terminés par une grande panicule lâche, composée de grappes courtes, portant des fleurs blanches. Cette plante croît dans l'île de Madère.

CRAMBÉ RÉNIFORME: *Crambe reniformis*, Desf., *Flor. Atlant.*, 2, pag. 78, t. 151; ses tiges sont rudes, anguleuses, hautes de quatre à cinq pieds, divisées en rameaux grêles, lisses, alongés, étalés en panicule; ses feuilles sont ailées, velues, inégalement dentées, terminées par un lobe très-grand et réniforme; ses fleurs sont blanches. Cette espèce croît dans les fentes des rochers en Barbarie. (L. D.)

CRAMBE, *Crambus*. (*Entom.*) M. Fabricius a établi sous ce nom de genre un groupe d'insectes lépidoptères à antennes en soie, rangé long-temps avec les *phalènes*, dont ils diffèrent en ce que les espèces, au lieu de porter, comme ces dernières et les *ptérophores*, les ailes étendues dans l'état de repos, les offrent au contraire disposées en une sorte de triangle formant un toit plane; tandis que, dans les pyrales, les noctuelles et alucites, ce toit est comme voûté, et que dans les *teignes* et les *lithosies* il forme une sorte de fourreau. Voilà du moins les caractères que nous avons développés dans l'article CHÉTOCÈRES, et dans la planche qui représente les espèces de cette famille de lépidoptères.

Le nom de *crambus* est évidemment emprunté du mot grec κράμβος, employé par Théophraste, dans son Traité des plantes, pour indiquer cette maladie de la vigne qui fait dessécher la grappe, et qu'on attribue à la présence d'une sorte de larve de Pyrale (voyez ce mot) : *vinearum vitium in uvis ex adustione.*

Le principal caractère de ce genre, outre la disposition des ailes que nous venons de faire connoître, consiste dans la forme des palpes qui accompagnent la trompe ou qui en tiennent lieu. M. Latreille a distribué les espèces qui composent ce genre dans ceux qu'il a nommés *aglosse, botys* et *herminie,* et dans la tribu que, d'après les dispositions des ailes, il nomme *deltoïdes.*

Les chenilles, qui ont seize pattes, ou roulent les feuilles des plantes dont elles se nourrissent, ou se filent des fourreaux, à l'extérieur desquels elles agglutinent soit leurs propres excrémens, soit des parcelles des substances dont elles font leur nourriture.

Nous allons faire connoître ici les espèces les plus remarquables par leurs mœurs, ou le préjudice qu'elles peuvent occasioner.

1.º Le Crambe de la graisse, *Crambus pinguinalis.* Réaumur l'a figuré dans le tome III de ses Mémoires, planche 20, depuis le n.º 5 jusqu'au n.º 11, sous le nom de fausse teigne de cuir. M. Latreille l'a décrit sous le nom d'*aglosse.*

Car. D'un cendré rougeâtre un peu bronzé, avec des raies et des taches brunes et noires.

La chenille est noirâtre : elle ronge les cuirs en se pratiquant un long tuyau, au dehors duquel elle fixe ses excrémens; elle mange aussi la couenne du lard rance, les couvertures de vieux livres et les animaux que l'on conserve dans les collections.

L'insecte parfait vole rarement de jour : il se fixe contre les murailles, où on le trouve souvent bloti et immobile.

2.º Le Crambe de la farine, *Crambus farinalis.*

Car. Ailes d'un brun jaunâtre, satiné, à bandes sinueuses transverses.

Cette espèce est beaucoup plus grande que la précédente : sous l'état parfait on la trouve dans les greniers à blé et à farine; dans l'état de repos elle relève constamment la pointe de l'abdomen : sa larve se nourrit de farine, et fait beaucoup de tort.

Plusieurs espèces de ce genre se trouvent dans les marais, où leurs chenilles se nourrissent des feuilles et des tiges des plantes aquatique .

La phalène de l'ortie, décrite par Geoffroy, tome II, page 155, sous le nom de *queue jaune*, n.° 54, appartient encore à ce genre ; c'est le *crambus urticalis* : ses ailes sont grises, avec des taches bleuâtres ; la base des ailes, le haut du corselet et l'extrémité du ventre sont jaunes : elle vit aussi sur les pommiers. (C. D.)

CRAMBION (*Bot.*), un des noms anciens d'une espèce de tithymale citée par Ruellius. (J.)

CRAMBITES (*Entom.*), nom donné par M. Latreille à une division des lépidoptères nocturnes, comprenant toutes les espèces à quatre palpes apparens, et parmi lesquelles se trouvoit compris le genre *Crambus*. (C. D.)

CRAMPE. (*Ichthyol.*) Quelques personnes ont ainsi nommé la TORPILLE. Voyez ce mot. (H. C.)

CRAMPIRE (*Bot.*), vieux nom françois de la pomme de terre. (L. D.)

CRAN (*Bot.*), nom vulgaire, dans la Bretagne, d'une espèce de cranson, *cochlearia armoracia*. (J.)

CRAN ou CRON. (*Min.*) Ces mots, presque synonymes de crayons, sont employés dans quelques parties de la France pour désigner une variété particulière de calcaire friable, qui nous paroît pouvoir se rapporter à la craie-tufau. Voyez l'article de la craie au mot CHAUX. (B.)

CRAN DE BRETAGNE (*Bot.*), un des noms vulgaires du cranson de Bretagne. (L. D.)

CRANDANG (*Bot.*), nom donné dans l'île de Java au limon, *citrus limon*. (J.)

CRANE. (*Bot.*) Espèce de vesse-loup, *lycoperdon*, observée par Paulet dans les bosquets du parc de Meudon, et qu'il rapproche de l'espèce que Césalpin semble avoir vaguement indiquée sous le nom de *cranium*, donné par Théophraste à un champignon du même genre. Le premier aspect de ce lycoperdon, selon Paulet, est effrayant, en ce qu'on croit voir sortir de terre une tête d'homme blanche et chauve, sur la surface de laquelle rampent comme des veines ramifiées. Cette tête, un peu oblongue, a quatre à cinq pouces de diamètre : sa substance est blanche, sans odeur et sans goût désagréable; dans sa maturité elle devient grise. Donnée aux animaux, lorsqu'elle est encore fraîche et dans sa première naissance, elle ne les incommode pas. Le crâne ou vesse-loup tête-d'homme est figuré dans Paulet (Traité II, pag. 444, pl. 200, fig. 1.*re*). C'est une variété de la vesse-loup gigantesque de la Flore françoise par MM. De Lamarck et Decandolle. (LEM.)

CRANGON. (*Crustacés.*) Ce nom, tiré du grec κραγων, qui indiquoit une espèce de crustacés, a été appliqué par Fabricius à un genre de petites écrevisses, qui comprend la *crevette* commune ou le *cardon*; il doit être rangé par conséquent dans la famille des *longicaudes* ou MACROURES (voyez ce mot). Le corps est alongé, les branchies sont cachées, les pattes au nombre de dix; la queue, au moins aussi longue que le tronc, est garnie d'appendices écailleux à son extrémité libre, où ils sont réunis en éventail : leurs deux premières paires de pattes sont terminées en pinces; celles de la seconde paire sont en outre alongées et coudées.

Ce genre se distingue en outre des *palémons*, qu'on nomme aussi crevettes ou chevrettes, mais plus particuliérement *salicoques* et bouquets, qui ont les quatre paires de pattes de devant terminées en pinces, et la pointe ou corne antérieure de leur test plus longue, plus droite et beaucoup plus dentelée.

Ce n'est qu'après la mort, et surtout lorsqu'ils sont cuits ou qu'ils ont trempé dans l'alcool, que leur chair devient rougeâtre; dans l'état de vie, leur corps est transparent, d'un vert glauque, et à peine peut-on le distinguer dans l'eau de la mer, où ces crustacés se trouvent en grand nombre sur nos côtes sablonneuses, où ils nagent et cheminent à reculons ou le corps renversé, et en frappant l'eau vivement avec leur queue.

Les poissons riverains s'en nourrissent, surtout les gades-merlans; aussi les pêcheurs s'en servent-ils comme d'amorce pour attirer les poissons dans certains parages où ils ont tendu leurs filets.

Les espèces de ce genre sont peu connues; cependant on y rapporte cinq ou six espèces, parmi lesquelles se trouve :

La Crevette de mer ou Crangon commun, *Crangon vulgaris*, dont nous avons indiqué plus haut les caractères, en comparant ce crustacé avec la salicoque ; car la crevette a aussi le test prolongé en pointe, mais courte, obtuse et non dentelée, et les feuilles caudales sont noirâtres.

On en apporte beaucoup à Paris ; il est très-commun sur les côtes de la Manche, surtout en Picardie et en Normandie. (C. D.)

CRANIA (*Bot.*), nom grec sous lequel Dioscoride désignoit le cornouillier ordinaire. (J.)

CRANICHIS. (*Bot.*) Voyez Cranique. (Poir.)

CRANIE, *Crania.* (*Conchyl.*) C'est un genre de coquilles bivalves, établi par Bruguières pour plusieurs espèces, la plupart fossiles, que Linnæus plaçoit dans le genre Anomie. Malheureusement on n'en connoît pas l'animal, en sorte qu'il n'est pas encore bien certain qu'il doive appartenir à la famille des *ostracées*, comme on l'admet cependant assez généralement. Ses caractères sont : Coquille inéquivalve, équilatérale ; la valve inférieure ou droite, plane, adhérente, pourvue d'un talon au sommet, suborbiculaire, marquée de trois trous obliques et inégaux, qui ne sont que des impressions musculaires profondes ; la supérieure ou gauche très-bombée et munie intérieurement de deux callosités saillantes.

La seule espèce vivante que l'on connoisse dans ce genre, la Cranie a masque (*C. personata; Anomia craniolaris*, Gmel., Chemnitz, *Conchyl.*, 8, t. 76, fig. 687, *a b*), est une petite coquille d'à-peine un pouce de long, et de trois quarts de large, blanche, qui se trouve dans la mer de l'Inde aux Philippines, et, dit-on, quoique très-rarement, dans la mer Méditerranée, fixée par sa valve plane aux corps sous-marins. (De B.)

CRANIE. (*Foss.*) Ces coquilles se présentent à l'état fossile dans les couches les plus anciennes et dans celles des craies. Voici les espèces les mieux connues.

1. La Cranie antique ; *Crania antiqua*, Def. Je possède deux valves de cette espèce, dont l'une paroit être la valve libre, et l'autre la valve adhérente. Le bord de la première se prolonge d'un côté en une pointe plate et obtuse, qu'on peut appeler le sommet. Il porte en-dessous des marques d'accrois-

sement, comme le talon d'une huître. A la base de ce prolongement on trouve, dans la coquille, deux trous qui se
dirigent obliquement du côté du sommet. Vers le milieu de la
valve il se trouve un autre trou oblong, qui se dirige comme
les deux précédens. La position et la forme de ces trous donnent au dedans de cette coquille la figure d'un masque aplati.
Le dessus est uni et marqué de cercles concentriques parallèles aux bords, et dont le sommet est le centre. L'autre
valve est plus arrondie ; les trous sont à peu près les mêmes
que sur la première ; l'intérieur, ainsi que les bords, qui sont
coupés obliquement, sont garnis de petits grains très-fins plus
ou moins ronds. Son diamètre est de six lignes environ.

On trouve cette espèce à Néhou, département de la Manche, dans une couche où l'on rencontre des *baculites* et des
cornes d'ammon.

2. La CRANIE STRIÉE ; *Crania striata*, Def. Cette espèce est
plus petite que la précédente : la partie du bord qui s'alonge
dans cette dernière, est comme tronquée dans celle-ci ; au
lieu de trous, l'intérieur des valves présente à leur place
de petites éminences : mais ce qui la distingue essentiellement, c'est que la valve supérieure porte des stries qui partent d'un centre rapproché du bord, comme celles de certains *cabochons*, avec lesquels on pourroit la confondre si on
n'en voyoit pas l'intérieur. On la trouve avec la précédente.
Elle a les plus grands rapports de forme avec celle dont on voit
la figure dans l'Encyclopédie, pl. 171, fig. 6 et 7 des *Cranies*.

3. La CRANIE DES ENVIRONS DE PARIS; *Crania parisiensis*, Def.
Quoique j'aie rencontré plusieurs valves de cette espèce dans
les craies de Meudon près de Paris, je n'ai jamais pu trouver
de valves supérieures. Leur largeur est de huit à neuf lignes ;
le sommet est tronqué, et les trois trous en sont rapprochés.
Le bord opposé au sommet est très-relevé ; l'intérieur porte
des sillons qui partent du centre et s'étendent jusqu'aux bords
opposés au sommet.

J'ai trouvé ces coquilles fortement attachées par toute
leur surface inférieure sur des morceaux d'une très-grande
coquille aplatie, qu'on a prise pour des débris de *pinne marine*,
mais qui est très-éloignée de ce genre par la forme de sa
charnière.

Cette espèce a les plus grands rapports avec celle que l'on trouve à l'état frais sur des madrépores qui viennent très-probablement de la Méditerranée ou de la mer Rouge, puisqu'ils sont accompagnés de débris de coraux; mais celle-ci est plus petite.

On trouve, dans la montagne de Saint-Pierre de Maestricht, une petite espèce de cranie qui se rapproche d'une térébratule qu'on rencontre au même lieu, dont on voit la figure dans l'Histoire naturelle de cette montagne, pl. 27, fig. 8, en sorte qu'il sembleroit que ces deux genres se trouveroient très-rapprochés l'un de l'autre.

On a donné le nom de monnoie de Bratembourg aux valves supérieures des *cranies* fossiles qu'on trouve, dit-on, en Suède, et que quelques auteurs ont rangées dans la classe des huîtres. Stobæus les a décrites dans ses Opuscules, p. 30 et suivantes. D. F.)

CRANIOLARIA. (*Bot.*) Ce genre de Linnæus est composé de deux espèces, dont l'une, *craniolaria fruticosa*, ayant l'ovaire adhérent au calice, doit être rapportée au genre *Gesnera* de Plumier, qui fera partie d'une nouvelle famille voisine des campanulacées; l'autre, *craniolaria annua*, remarquable par le tube alongé de sa corolle, doit rester genre distinct du *martynia*, avec lequel M. Swartz vouloit le confondre. (J.)

CRANIOLARIS (*Conchyl.*), nom trivial d'une espèce de Cranie. Voyez ce mot. (De B.)

CRANION. (*Bot.*) Théophraste divise les champignons en quatre groupes, sous les noms d'*hydnum*, de *myce*, de *poxos* et de *cranion*. Les champignons ronds, semblables à des crânes humains, comme certaines grosses espèces de *lycoperdon*, de *vesse-loup*, rentroient fort probablement dans le dernier groupe. Césalpin étoit persuadé de l'exactitude de ce rapprochement : il cite, en effet, aux environs de Pise, des vesse-loups de la grosseur d'une tête d'enfant, et que les habitans mangent frites dans de l'huile. Il ajoute que ces mêmes plantes sont les *pezica* de Pline, et qu'elles portent encore en Italie le nom de *puza*. Au rang de ces vesse-loups se trouve le *bolet de cerf* de quelques botanistes antérieurs à Linnæus, qui le nomma *lycoperdon cervinum* (voy. CERVIboletus). Ce bolet de cerf n'est pas le *ceraunios* de Pline, mais une *truffe* (*hydnum* de Théophraste). Ce nom de *ceraunios* est appliqué généralement, chez les anciens, à beaucoup de champignons et pour la même cause, leur croissance très-rapide dans les temps d'orage, surtout dans les orages où les coups de tonnerre sont très-fréquens. (Lem.)

CRANION et CERAUNION. (*Bot.*) Ces deux noms étoient donnés par Théophraste et d'autres anciens, à des plantes dépourvues de racines au moins apparentes, et particulièrement à la truffe, *tuber*. D'après des descriptions incomplètes, il paroitroit que, parmi ces plantes, celles qui sont nommées *cranion*, ont la surface lisse, et les *ceraunion* ont la surface raboteuse : en ce cas le premier nom conviendroit à la truffe blanche, et le second à la truffe noire. (J.)

CRANIQUE, *Cranichis*. (*Bot.*) Genre de plantes monocotylédones, de la famille des *orchidées*, de la *gynandrie monandrie* de Linnæus, offrant pour caractère essentiel : Une corolle renversée, presque en masque, à six pétales; trois extérieurs lancéolés, presque égaux, dont deux latéraux supérieurs, le troisième plus en avant; deux pétales intérieurs, plus étroits; le sixième, ou la lèvre, en voûte, droit, ovale, en bosse, souvent bifide à sa base, placé entre les pétales latéraux, recouvrant les organes sexuels : une anthère sessile, à deux loges, placée sur le corps charnu du stigmate ; une capsule trigone, alongée, uniloculaire, s'ouvrant sur ses angles, renfermant des semences petites et nombreuses.

Ce genre se compose de quelques plantes herbacées, la plupart originaires de l'Amérique méridionale, dont les racines sont fasciculées, et les fleurs terminales presque en épi. Il a été établi par Swartz pour les espèces suivantes, décrites dans sa Flore des Indes orientales.

Cranique sans feuilles ; *Cranichis aphylla*, Swartz, *Fl. Ind. occid.* 3, page 1421. Ses racines sont charnues, cylindriques, fasciculées; les tiges simples, filiformes, longues d'environ six pouces, dépourvues de feuilles, remplacées par quelques gaines alternes, membraneuses, pubescentes, acuminées. Les fleurs sont petites, d'un blanc pâle, disposées en un épi long de deux pouces, muni de petites bractées ovales, aiguës, cinq pétales connivens à leur sommet ; l'inférieur plus grand, plus coloré; une capsule ovale, à six angles obtus. Elle croît dans les forêts, sur les hautes montagnes de la Jamaïque.

CRANIQUE A DEUX FEUILLES; *Cranichis diphylla*, Swartz, *l. c.* Cette espèce a aussi été découverte sur les montagnes de la Jamaïque, parmi les mousses. Ses tiges sont filiformes, hautes d'un demi-pied, munies de quelques petites gaines acuminées, et communément de deux feuilles radicales pétiolées, d'un vert gai, en cœur, aiguës, nerveuses; les fleurs sont petites, blanchâtres; les épis courts; les trois pétales extérieurs persistans, d'un vert pâle; la lèvre plus petite que les pétales; les capsules petites, oblongues, aiguës à leurs deux extrémités, s'ouvrant en trois parties.

CRANIQUE A PETITES FLEURS; *Cranichis oligantha*, Swartz, *l. c.* Ses racines sont tomenteuses, fasciculées; ses tiges filiformes, presque nues; quelques feuilles radicales glabres, luisantes, pétiolées, ovales-lancéolées, acuminées, à veines réticulées; les fleurs très-petites, nombreuses, d'un blanc rougeâtre; l'épi presque filiforme; les pétales connivens à leur sommet; la lèvre en casque, bifide à sa base; les capsules fort petites, en ovale renversé, à trois angles obtus.

CRANIQUE EN ÉPIS; *Cranichis stachyoides*, Swartz, *l. c.* Ses tiges sont épaisses, hautes de deux pieds, garnies de trois ou quatre feuilles radicales, pétiolées, ovales, acuminées; l'épi alongé, cylindrique, presque pyramidal; les fleurs nombreuses, verdâtres, assez grandes, presque verticillées; les pétales réfléchis et roulés; les extérieurs ventrus à leur base; une anthère à quatre loges; des globules solitaires dans chaque loge; une capsule oblongue et trigone.

CRANIQUE MOUSSEUSE; *Cranichis muscosa*, Swartz, *l. c.* On trouve cette plante aux lieux humides et ombragés de la Jamaïque. Ses racines sont fasciculées, cylindriques, tomenteuses; ses tiges hautes d'un pied et plus, un peu comprimées à leur sommet; les feuilles droites, pétiolées et radicales, ovales, aiguës, minces, nerveuses, réticulées; les caulinaires sessiles, vaginales à leur base; les fleurs blanches, petites, disposées en un épi long de deux ou trois pouces; le pétale inférieur concave, redressé, aigu, marqué en dedans de points verdâtres; les capsules oblongues, trigones; les semences pileuses.

Cranique a fleurs rares ; *Cranichis pauciflora*, Swartz, *l. c.*
Ses racines sont velues ; ses tiges hautes de plus d'un pied,
glanduleuses et pubescentes vers leur sommet ; les feuilles
presque toutes radicales et sessiles, ovales-oblongues, d'un
brun verdâtre, rétrécies à leur base ; les fleurs petites, blanchâtres, presque sessiles, formant un épi terminal ; les bractées
pubescentes, ainsi que l'ovaire ; les capsules ovales, un peu
pédicellées.

M. Swartz rapporta d'abord à ce genre, sous le nom de
cranichis luteola, *l'epidendrum minutum* d'Aublet, qui est ensuite
devenu le *dendrobium polystachyon*, Sw., *Act. Holm.* Le genre
Galeola de Loureiro paroît très-rapproché de celui-ci.
(Poir.)

CRANIUM (*Conchyl.*), nom trivial d'une espèce de *cramie*
fossile. C'est aussi celui d'une espèce d'*alcyon*. (De B.)

CRANOïDE, *Cranioides*. (*Foss.*) *Lapis cranii supernam par-
tem mentiens*; Scheuchzer, *Spec. litho.* 64.

Bertrand, dans son Dictionnaire oryctol., pense que sous
cette dénomination Scheuchzer a entendu parler du polypier
fossile qu'on nomme Méandrine (voyez ce mot), ou de la
portion supérieure de quelque grand *oursin* (D. F.)

CRANQUILLIER. (*Bot.*) Dans quelques cantons le chèvre-
feuille des bois porte ce nom. (L. D.)

CRANSON ; *Cochlearia*, Linn. (*Bot.*) Genre de plantes dicotylédones, polypétales hypogynes, de la famille des crucifères,
Juss., et de la tétradynamie siliculeuse, Linn., dont les principaux caractères sont les suivans : Calice de quatre folioles
ovales, caduques ; corolle de quatre pétales, moitié plus
grands que le calice ; six étamines à anthères obtuses et comprimées, deux des filamens plus courts que les autres ; un
ovaire supérieur, arrondi, ovale ou en cœur, surmonté d'un
style court, persistant, terminé par un stigmate obtus ; silicule
de la même forme que l'ovaire, à deux valves renflées et opposées à la cloison, à deux loges, contenant d'une à six graines
ovoïdes, dépourvues de rebord.

Les cransons sont des plantes herbacées, pour la plupart
indigènes de l'Europe, à feuilles alternes, le plus souvent
entières, et à fleurs disposées en grappes terminales ou latérales. On en connoît douze à treize espèces, parmi lesquelles

nous citerons les suivantes, qui croissent naturellement en France.

CRANSON OFFICINAL; vulgairement HERBE AUX CUILLERS, COCHLÉARIA : *Cochlearia officinalis*, Linn., *Spec.* 903; *Fl. Dan.*, t. 135. Sa tige est légèrement anguleuse, très-glabre, plus ou moins rameuse, un peu couchée à sa base, haute de six pouces à un pied, garnie de feuilles, dont les inférieures sont arrondies, échancrées en cœur à leur base, pétiolées, et les supérieures ovales, sinuées, anguleuses, sessiles. Ses fleurs sont blanches, disposées, au sommet des tiges et des rameaux, d'abord en corymbe serré, mais s'alongeant ensuite en grappe. Les silicules sont presque globuleuses, et contiennent, dans chacune de leurs loges, cinq à six graines d'un brun noirâtre. Cette plante croit spontanément sur les rivages de la mer, en Normandie et en Bretagne, et sur les bords des ruisseaux dans les Pyrénées : elle fleurit en Mai, Juin et Juillet. On la cultive à cause de ses propriétés médicinales.

Les feuilles du cranson officinal ont une saveur âcre et un peu amère : quelques personnes les mangent en salade. On les emploie beaucoup en médecine, à cause de leur propriété antiscorbutique. On en prépare dans les pharmacies, avec l'alcool, un esprit ardent, dont on fait usage avec succès pour guérir les ulcères scorbutiques de la bouche et des gencives. Ces mêmes feuilles entrent dans la composition du sirop et du vin antiscorbutiques. On ne doit les employer que fraiches; sèches elles n'ont plus de propriété. Leur suc, à la dose d'une demi-once à une once, est une des meilleures préparations dont on puisse se servir dans le scorbut.

CRANSON DANOIS : *Cochlearia danica*, Linn., *Spec.* 903; *Fl. Dan.*, t. 100. Cette espèce a les plus grands rapports avec la précédente; elle en diffère en ce que ses feuilles, à l'exception de quelques radicales un peu arrondies et cordiformes, sont en général deltoïdes et à cinq angles, et parce que ses silicules sont elliptiques au lieu d'être globuleuses. Cette plante présente dans sa taille des variations si extraordinaires qu'on en trouve des individus parfaitement complets qui n'ont pas un pouce de hauteur, tandis que d'autres s'élèvent jusqu'à un pied; mais elle a en général quatre à six pouces. Elle croit dans les lieux bourbeux des bords de l'Océan, en

Bretagne, en Normandie, en Flandre, en Danemarck, etc. Ses fleurs sont blanches, et paroissent en Avril, Mai et Juin.

CRANSON ANGLOIS : *Cochlearia anglica*, Linn., *Spec.* 903 ; *Fl. Dan.*, t. 329. Le port et la consistance de cette plante sont les mêmes que dans les deux précédentes ; mais ses feuilles radicales sont ovales, entières, rarement un peu anguleuses, et celles de la tige sont lancéolées, entières ou chargées de quelques dents écartées. Ses silicules sont elliptiques, très-renflées. Ses fleurs blanches paroissent en Mai et Juin. Elle se trouve au bord de la mer, en Bretagne, en Angleterre, en Danemarck, etc.

CRANSON A FEUILLES DE PASTEL : *Cochlearia glastifolia*, Linn., *Spec.*, 904. Sa tige est très-glabre, droite, presque simple, haute d'un à deux pieds, garnie de feuilles lisses, glauques ; les inférieures ovales, pétiolées ; toutes les autres lancéolées, sessiles. Ses fleurs sont blanches, petites, disposées en grappes d'abord très-courtes et ensuite alongées. Cette plante est bisannuelle ; elle croît en Provence, dans l'île de Corse et dans le midi de l'Europe.

CRANSON DRAVE : *Cochlearia draba*, Linn., *Spec.* 904 ; Jacq. *Flor. Aust.*, t. 315. Sa tige est droite, pubescente, striée, haute de huit à quinze pouces. Ses feuilles sont ovales-oblongues, dentées, pubescentes ; les radicales pétiolées ; celles de la tige sessiles et munies d'appendices à leur base. Ses fleurs sont blanches, petites, nombreuses, disposées, au sommet de la tige et des rameaux, en plusieurs grappes formant une panicule. Les siliques sont en cœur et ne contiennent qu'une graine dans chaque loge. Cette plante croît sur le bord des champs, en France, en Italie, en Autriche, etc. Elle est vivace.

CRANSON DE BRETAGNE ; vulgairement CRANSON RUSTIQUE, RAIFORT SAUVAGE, GRAND RAIFORT, MOUTARDE DES CAPUCINS, MOUTARDE DES ALLEMANDS, CRAM DES ANGLOIS, CRAN DE BRETAGNE : *Cochlearia armoracia*, Linn., *Spec.*, 904 ; *Raphanus sylvestris*, Fuchs, *Hist.*, 660. La racine de cette espèce est cylindrique, très-longue, blanchâtre, vivace ; elle donne naissance a une tige striée, glabre, rameuse, haute de deux pieds et plus. Ses feuilles radicales sont longuement pétiolées, très-grandes, ovales-oblongues, crénelées, quelquefois pinnatifides; celles de la tige sont linéaires-lancéolées, le plus souvent dentées. Ses fleurs sont blanches, disposées en panicule au sommet de la tige et des rameaux. Les silicules sont ovales. Cette plante croît sur les bords des ruisseaux et dans les lieux humides, en France, en Allemagne, en Suisse, en Angleterre, etc. On la cultive à cause de ses usages en médecine.

Dans quelques provinces on râpe la racine de raifort sauvage, qui a, lorsqu'elle est fraîche, une odeur très-pénétrante, et une saveur âcre et fort piquante, pour en faire une sorte de moutarde, dont on se sert pour assaisonner les viandes et exciter l'appétit. On appelle cette préparation moutarde des Allemands ou des capucins. Cette racine est d'ailleurs employée en médecine comme incisive, diurétique, et surtout comme fortement stimulante et éminemment antiscorbutique. Elle fait une des bases du vin et du sirop antiscorbutiques. Comme ses propriétés tiennent à un principe très-volatil, on doit toujours la préparer par simple infusion. Nous avons traité, au genre Coronope, du *cochlearia coronopus* de Linnæus. (L. D.)

CRANTZIA, *Crantzia.* (*Bot.*) Ce nom d'un botaniste estimé par ses travaux sur les ombellifères et les crucifères, et par sa Flore de l'Autriche, a été donné successivement à plusieurs genres. Scopoli s'en est servi pour désigner le *besleria cristata*, dont il faisoit un genre distinct. (Voyez BESLERE.)

Schreber a nommé *crantzia* le *kaka-toddalia* (*Hort. malab.*, vol. 5, p. 5, t. 41) ou *paullinia asiatica*, Linn., qui est le *toddalia*, Juss., *Gen.*, et le *Scopolia* de Smith. (Voy. TODDALI.)

Un autre *crantzia* est celui de Swartz, dans son *Prodromus*, adopté par Vahl dans ses *Symbolæ*, nommé ensuite *tricera* par Swartz lui-même dans son *Flora*, et successivement par Schreber, dans sa série des genres. Celui-ci, examiné dans les herbiers et d'après les descriptions données, paroît être un véritable buis, *buxus*, différant de l'ordinaire seulement par ses paquets de fleurs pédonculées, le calice des femelles divisé en cinq parties, au lieu de quatre, et les styles plus courts. (J.)

CRAPA. (*Ichthyol.*) En Sicile, on donne vulgairement le nom de *crapa* à un poisson que M. Rafinesque-Schmaltz rapporte au genre Lutjan sous la dénomination de *lutjanus crapa*, et qu'il regarde comme voisin du *lutjanus adriaticus*. Il a la mâchoire inférieure prolongée, les dents moyennes plus fortes, la ligne latérale courbe et la queue entière; il est roux, avec des bandes transversales couleur de feu, et plusieurs de ses nageoires sont ponctuées. Il doit probablement être rapporté au genre Serran de M. Cuvier. Voyez SERRAN. (H. C.)

CRAPAUD , *Bufo*. (*Erpétol.*) Genre de reptiles de la famille des batraciens anoures, et reconnoissable aux caractères suivans :

Pattes de derrière de la longueur du corps seulement ; doigts antérieurs unis, courts, plats et inégaux; deux grosses glandes sur le cou, appelées parotides; corps couvert de verrues ou de papilles, d'où suinte une humeur fétide; point de dents le plus communément ; une langue visible.

A l'aide de ces notes et du tableau que nous avons présenté à l'article ANOURES (Supplém. du 2.ᵉ volume), il sera facile de distinguer les crapauds des grenouilles et des rainettes, qui manquent de *parotides* et ont les pattes postérieures plus longues que le corps, et des pipas, chez lesquels les doigts sont libres et qui sont totalement dépourvus de langue. Il faut pourtant convenir que ce genre a les plus grands rapports avec celui des grenouilles, auquel Linnæus l'avoit réuni, en quoi il a été suivi par la plupart des naturalistes systématiques. Plusieurs grenouilles ont les pattes postérieures très-raccourcies; plusieurs aussi ont le corps couvert de tubercules : les *parotides* nous paroissent donc jusqu'à présent le seul caractère sur lequel on puisse compter d'une manière certaine. (Voyez ANOURES , BATRACIENS , GRENOUILLE , PIPA , RAINETTE et ERPÉTOLOGIE.)

Les premières traces de la séparation des crapauds et des grenouilles en deux genres distincts, existent dans un ouvrage de l'anglois Bradley (*Account of the Works of Nature , London,* 1759); mais il a été très-facile de détruire la plupart des assertions qu'il a mises en avant. Laurenti, après lui, soutint la même théorie, mais d'une manière peu décisive. Il donne, en effet, aux crapauds, entre autres caractères essentiels, *un corps orbiculaire, verruqueux, sale et affreux à voir (tetrum),* sans penser que quelques grenouilles avoient le corps con-

formé de la même manière, et que, pour l'historien de la nature, rien de ce qui fait partie de l'universalité des êtres ne
savroit être ni dégoûtant ni affreux à voir; *un canal de l'uré-*
tre propre à éjaculer (urethram ejaculatoriam), ce que tout le
monde peut observer aussi dans les grenouilles. M. de Lacépède et M. Duméril ont mieux établi les caractères du genre.
M. Schneider a adopté à peu près les principes de ces auteurs,
ajoutant seulement que, *dans les crapauds, le pouce des pattes*
de devant est écarté des autres doigts, et que l'index est fort court.
(*Hist. amphibiorum nat., fascic.* 1, *pag.* 177.)

Le mot *bufo* est depuis très-long-temps connu dans la langue
latine : *inventusque cavis bufo*, dit Virgile dans le premier livre
des Géorgiques. Hermolaus pense que ce nom a été donné
à l'animal qui le porte, à raison de la faculté qu'il a de se
gonfler de colère et de faire entendre une sorte de siflement
analogue à un soupir. Les Grecs nous paroissent avoir désigné
le crapaud par le mot μυοξὸν, quoique Scaliger pense que
cette opinion soit une erreur, et par ceux de φρῦνος et de
βάτραχος ἕλειον, grenouille de marais. Quant à l'expression
françoise, *crapaud* ou *crapault*, son étymologie me paroit fort
obscure, et je ne puis croire, comme quelques personnes
l'ont avancé, qu'elle dérive du grec κάρφυκλος, qu'on trouve
dans Hésychius.

Quoi qu'il en soit, les crapauds ont été, dans tous les temps
et dans tous les lieux, au nombre des animaux que l'opinion
repousse ; partout ils sont un objet de dégoût, on peut même
dire d'horreur. On les regarde généralement comme vénimeux, et la réputation que ce préjugé leur a donnée, les fait
proscrire avec fureur. Cependant nous verrons bientôt que
ces animaux, presque innocens, sont fort intéressans à étudier, et que leur histoire offre une foule de faits curieux et
dignes de l'attention des observateurs.

A. *Organisation des crapauds.*

1.° *Organes de la locomotion.*

Dans une dissertation soutenue à Berlin, tout récemment,
par M. C. G. Klœtzke, sous la présidence de M. Rudolphi, on
trouve une ostéologie et une myologie très-soignées du cra-

paûd cornu d'Amérique : ce qui, joint aux faits connus anté-
ricurement et à nos propres observations, nous met à même
de donner sur les animaux de ce genre les résultats anatomiques suivans.

Les os de la région supérieure de la tête sont, pour la plupart, rugueux à leur superficie; les intermaxillaires, les ju-
gaux et les tympaniques sont seuls lisses., Les os de la région
inférieure ne présentent point les inégalités qu'on observe
sur les autres.

A l'exception de la symphyse du menton et des os intermaxillaires, qui sont libres de toutes parts, tous les os du
crâne et de la face sont totalement soudés chez les individus
adultes.

Les osselets de l'ouie sont au nombre de deux, le marteau
et l'étrier; ils sont fort grands et cartilagineux.

Le plus habituellement les crapauds sont dépourvus de
dents; cependant M. Klœtzke en a observé d'assez grandes
et recourbées dans le crapaud cornu, et M. Schlechtendal,
dans le crapaud sonnant. La tête est articulée par deux con-
dyles avec l'atlas.

Dans les crapauds d'Europe les vertèbres sont au nombre
de huit : il n'y en a que sept dans le crapaud cornu et quelques autres espèces étrangères. Leurs apophyses sont fortes
et longues en général; les transverses sont larges et sécuri-
formes.

Le sacrum a des apophyses tranverses prismatiques, triangulaires et très-robustes : il est long, pointu et comprimé,
sans coccyx.

Les os coxaux sont réunis en une seule pièce dans les sujets
adultes, comme cela a lieu dans les grenouilles en général.

Il n'y a aucune apparence de côtes.

Le sternum est large; il est uni en devant avec les os de
la fourchette et les clavicules. Il est échancré en arrière, et
pourvu dans ce sens de deux pièces cartilagineuses, chez le
crapaud cornu. Dans les autres espèces il se termine par un
disque qui sert à l'insertion des muscles.

Les os de la fourchette et les clavicules sont entièrement
réunis d'une part avec le sternum, de l'autre avec le scapu-
lum. A leur point de jonction, ces trois pièces laissent entre

elles une large ouverture ovale, qui communique par un canal assez court dans l'articulation scapulo-humérale. Cette particularité est fort évidente dans le crapaud cornu : on ne la rencontre point dans la plupart des autres.

L'omoplate est brisée, et formée de deux pièces articulées, dont la supérieure se reporte vers l'épine.

L'os du bras n'offre aucune particularité notable. Ceux de l'avant-bras sont soudés entre eux, de manière à n'en former qu'un seul, creusé de chaque côté et inférieurement d'un sillon peu profond.

Le carpe est composé ordinairement de huit os sur trois rangs; dans le crapaud cornu, il n'y a que six os et deux rangs.

Les os du métacarpe sont au nombre de quatre.

Les doigts sont au nombre de quatre; il n'y a qu'un vestige de pouce, non supporté par un os du métacarpe.

Le pouce n'a qu'une seule phalange; les deux doigts suivans en ont deux, et les deux derniers, trois.

Le fémur est droit et dépourvu de trochanters. Sa coupe est arrondie. Après lui vient un os que la plupart des anatomistes ont considéré à tort comme représentant les deux os de la jambe. C'est une pièce particulière au squelette des anoures, mais qui est beaucoup moins longue dans les crapauds que dans les grenouilles.

La rotule, souvent cartilagineuse et placée dans l'épaisseur des tendons, est analogue à celle de l'homme.

Le tibia et le péroné, séparés dans toute leur longueur, ont été considérés par plusieurs auteurs comme étant l'astragale et le calcanéum.

Le tarse renferme quatre os, dont le dernier est fortement crochu.

Il y a cinq os du métatarse : le quatrième est le plus long; le premier le plus court.

Les deux premiers des cinq doigts postérieurs ont deux phalanges, le troisième trois, le quatrième quatre, et le cinquième trois.

Les muscles sont très-forts, très-irritables, très-sensibles à l'action du galvanisme.

Il n'y a que deux muscles propres aux mouvemens de la

tête sur le rachis : l'un est l'analogue de l'oblique supérieur, et l'autre celui du petit droit antérieur.

Les muscles de l'épine sont peu nombreux.

Le trachélo-mastoïdien, qu'il vaudroit mieux appeler trachélo-tympanique, s'étend de l'apophyse transverse de la seconde vertèbre à l'os tympanique et à la capsule de l'articulation de la mâchoire inférieure. Il dirige la tête de côté, et peut servir à l'ouverture de la bouche.

Il y a un muscle droit antérieur.

Le lombo-costal, ou plutôt son analogue éloigné, puisqu'il n'y a point de côtes, représente le trapèze et le sacro-lombaire de l'homme : il s'étend du sacrum à la tête, en se fixant, par des tendons isolés, à toutes les vertèbres.

Les intertransversaires sont comme dans l'homme : il en existe un entre la dernière vertèbre et le sacrum.

Le sacro-iliaque ou l'analogue de l'ischio-coccygien occupe tout l'intervalle compris entre le long os du sacrum et les os des îles. Il est partagé en trois portions, dont les deux dernières pourroient être appelées sacro-coccygienne et ilio-coccygienne.

Le carré des lombes ou vertébro-iliaque, né de l'apophyse transverse de la troisième vertèbre, va s'insérer à celles des quatrième, cinquième et sixième vertèbres, et à la symphyse sacro-iliaque.

La peau n'est point adhérente aux muscles du bas-ventre, qui, ne pouvant s'attacher aux côtes, sont unis au sternum par de fortes aponévroses.

Le muscle grand-dentelé a une forme toute particulière, à cause de l'absence des côtes. Il est composé de trois portions parfaitement distinctes, dont l'une, s'attachant à l'occipital et à l'omoplate, représente partiellement le trapèze, tandis que la seconde remplit, en partie, l'office de l'angulaire de l'omoplate ; et la troisième, en partie aussi, celui du rhomboïde.

Un autre muscle, analogue pareillement à l'angulaire de l'omoplate, naît de l'occipital et descend en s'amincissant vers l'épaule : il est très-fort.

Le rhomboïde est très-mince.

Il n'y a ni trapèze, ni petit pectoral, ni sous-clavier.

Un muscle, qu'on peut appeler interscapulaire, occupe

l'intervalle qui existe entre les deux portions de l'omoplate brisée.

L'omo-hyoïdien est long et grêle.

L'analogue du sterno-mastoïdien s'étend de derrière l'oreille à la première portion de l'omoplate.

Le grand pectoral est formé de deux portions superposées, qui, au sternum, viennent, par deux tendons, s'insérer sur les bords de la gouttière humérale. Dans le crapaud cornu il se partage en quatre portions.

Le grand dorsal, né de la région inférieure du dos, recouvre entièrement l'omoplate, et s'attache à l'humérus par un tendon.

Il n'y a ni sous-épineux, ni sus-épineux, ni grand rond.

Le sous-scapulaire et le coraco-brachial sont représentés par un seul muscle, qui s'attache à la face interne de l'omoplate, à son articulation scapulo-claviculaire et à l'humérus.

Le deltoïde est formé de trois portions, dont la première vient du sternum.

Le petit rond n'a été vu que dans le crapaud cornu.

Enfin, il y a un muscle accessoire du grand pectoral.

Le muscle biceps est remplacé par un muscle que MM. Cuvier et Duméril proposent avec raison de nommer sterno-radien; il s'attache au sternum, fournit un tendon qui traverse l'articulation scapulo-humérale, et va s'insérer au radius.

Il n'y a point d'huméro-cubital.

Le triceps ou scapulo-olécrânien est analogue à celui de l'homme, mais plus fort.

Il n'y a qu'un supinateur; le pronateur est unique également et descend jusqu'au carpe. Il paroit que dans le crapaud cornu il y a deux supinateurs.

Il y a deux extenseurs du métacarpe, qui, de la tubérosité interne de l'humérus, se portent aux os du métacarpe qui soutiennent les doigts index et medius.

Un autre extenseur du métacarpe descend, de la tubérosité externe de l'humérus, à l'os du métacarpe qui soutient le petit doigt, et au carpe : il étend la main et la dirige dans le sens de l'abduction. Les deux précédens la portent dans celui de l'adduction.

Il n'y a ni grand palmaire ni palmaire grêle.

Le fléchisseur commun des doigts les remplace; il se divise en quatre portions, et reçoit le palmaire cutané.

L'extenseur commun des doigts ne se distribue qu'aux second, troisième et quatrième d'entre eux.

Il y a un extenseur propre de l'indicateur, un extenseur du petit doigt, un court extenseur des doigts, un abducteur et un adducteur du petit doigt, et quatre lombricaux.

Comme les muscles des membres abdominaux ont dans la grenouille des fonctions plus importantes et sont mieux caractérisés que dans le crapaud, nous en parlerons à l'article Grenouille. (Voyez ce mot.)

2.º *Organes des sensations.*

Quoique les nerfs soient, chez le crapaud, très-distincts et fort gros, la cavité du crâne, qui en renferme l'origine, est très-resserrée. Le cerveau lui-même est d'un fort petit volume.

Les hémisphères sont lisses, sans circonvolutions, alongés et étroits. Les couches optiques, placées en arrière de ceux-ci, sont grandes et creusées d'un ventricule qui communique avec le ventricule moyen. Le cervelet est aplati, triangulaire, couché en arrière sur la moelle alongée. Il n'y a point de tubercules quadrijumeaux, ni de pont de Varoli.

Les nerfs olfactifs proviennent de l'extrémité antérieure des hémisphères cérébraux : le trou qui les transmet au dehors du crâne, est double. Les fosses nasales sont très-peu étendues; elles ne contiennent pas de cornets, et n'ont dans leur voisinage aucun sinus qui communique avec elles; elles ne présentent que quelques tubercules. Les narines sont tubuleuses et garnies d'une petite valvule, destinée à s'opposer à la sortie de l'air pendant les mouvemens de la respiration.

Les orbites ne sont séparées des fosses temporales que par une branche osseuse incomplète. Leur base regarde en haut. Les trous optiques sont fort écartés et percés sur les côtés du crâne. Les muscles droits de l'œil sont au nombre de quatre : M. Cuvier n'en admet qu'un seul, qu'il appelle inférieur, parce qu'il regarde les trois autres comme trois portions d'un seul et même muscle. Le grand oblique n'existe point ; il y a un élévateur de la paupière supérieure. Les procès ciliaires sont peu marqués. La pupille est rhomboïdale. Le globe de l'œil n'est soutenu inférieurement que par le voile du palais. Les nerfs optiques naissent d'un tubercule moyen de la base de l'encéphale. Les paupières, au nombre de trois, sont toutes horizontales : la supérieure n'est qu'une saillie de la peau, à peu près immobile ; l'inférieure est plus mobile : la troisième se meut de bas en haut et est la plus employée ; elle est transparente, et mue par un seul muscle, placé transversalement derrière le globe de l'œil. Le devant de l'œil est humecté par un liquide analogue aux larmes.

Les crapauds jouissent du sens de l'audition. Au rapport d'Aétius (*Tetrabib.* 4, *serm.* 1), les anciens les distinguoient en crapauds sourds, et en crapauds qui entendent : ils regardoient les premiers comme vénimeux.

La membrane du tympan est, chez eux, à fleur de tête, en arrière et au-dessous de l'œil, entre les muscles masseter et temporal, en sorte qu'il n'y a ni conque, ni pavillon de l'oreille; la peau qui la recouvre est plus fine que sur le reste du corps : elle est ordinairement très-lisse et remarquable par une couleur particulière.

La caisse du tympan est entièrement membraneuse dans la partie postérieure; elle communique immédiatement avec l'arrière-bouche par un grand trou, qui se voit en écartant simplement les mâchoires de l'animal. Les trois canaux demi-circulaires sont situés au-dessus du labyrinthe membraneux; ils sont surbaissés et forment ensemble un cercle presque complet. Chacun d'eux a son ampoule, et le sac labyrinthique renferme une pierre de consistance amylacée, comme dans les poissons chondroptérygiens.

L'épiderme est une sorte de membrane muqueuse qui revêt tout le corps et qui tombe par lambeaux à plusieurs époques de l'année. C'est au tissu muqueux de la peau de ces animaux que sont dues les taches noires, grises, rouges, vertes, bleues, etc., que l'on remarque à la surface du corps. On n'observe des papilles que sous les pattes. Le derme est très-serré et très-dense; il n'adhère pas au corps dans tous les points, comme dans les autres animaux, chez lesquels il est intimement uni avec le tissu cellulaire : il est seulement fixé au pourtour de la bouche, le long de la ligne médiane du corps, aux aisselles et aux aines; partout ailleurs le corps est libre et renfermé dans la peau comme dans un sac, qu'on peut en isoler en produisant un emphysème artificiel.

Dans les crapauds, comme dans les autres batraciens, toujours cette peau est nue. M. Schneider a constaté que la grenouille écailleuse de Wallbaum n'avoit paru telle que par accident, quelques écailles de lézards gardés dans le même, bocal s'étant attachées à son dos.

Il n'y a pas de muscle peaucier; on trouve seulement, sous la gorge, des fibres qui s'attachent au pourtour de la mâchoire et se perdent dans le tissu cellulaire qui unit la peau à l'origine de la poitrine.

La peau est constamment lubrifiée par une viscosité d'autant plus abondante que les espèces sont plus souvent plongées dans l'eau : il semble même que les crapauds puissent augmenter à volonté l'excrétion de cette liqueur, et la faire sortir comme une rosée de tous leurs pores. Des glandes cutanées sont irrégulièrement éparses sur toute la surface du corps, et les deux grosses qu'on remarque derrière les oreilles s'ouvrent par plusieurs petits pores. Ces glandes produisent une humeur âcre, qui est un poison pour les animaux très-foibles, dit M. Cuvier.

L'usage du mucus qui enduit le corps des crapauds est manifeste; il sert à les défendre contre la sécheresse de l'air et l'ardeur du soleil. On peut citer à ce sujet une expérience de Bartholin, qui fit périr une grenouille en l'exposant au soleil après lui avoir préalablement frotté la tête et le dos avec de la graisse. M. Schneider a vu également que le soleil faisoit beaucoup de mal aux crapauds, et le célèbre Adanson rapporte que l'évaporation qui se fait par la peau de ces animaux est si grande, que les Nègres qui traversent les sables brûlans du Sénégal s'en appliquent un tout vivant sur le front pour se rafraîchir.

Les doigts, nus et sans ongles, doivent donner au sens du toucher beaucoup de délicatesse.

La langue est entièrement charnue, attachée au bord de

la mâchoire inférieure, et repliée dans la bouche dans l'état de repos. Sa surface est lisse et toujours muqueuse.

Sa pointe n'est point bifurquée comme dans la plupart des grenouilles : elle sort de la bouche et y rentre, en tournant, pour ainsi dire, sur son point fixe. Ces mouvemens dépendent de deux paires de muscles, les génio-glosses et les hyo-glosses.

5.° *Organes de la digestion.*

L'arc très-ouvert que forme la mâchoire inférieure, est composé de six pièces, dont les deux moyennes sont les plus grêles. Cette même mâchoire manque absolument de branches montantes, et est seule mobile. Il n'y a aucune trace d'apophyse coronoïde.

Il y a une ligne transverse de dents implantées dans les os palatins : cette ligne est interrompue dans son milieu.

La langue est évidemment couverte d'une couche glanduleuse.

Le cartilage hyoïde est une large plaque à peu près carrée, appliquée immédiatement aux parois inférieures du palais et de l'arrière-bouche. Ses cornes antérieures se recourbent de manière à aller se fixer à la partie postérieure du crâne. Les postérieures sont droites et osseuses : le larynx est placé entre elles.

L'analogue du muscle mylo-hyoïdien remplit l'intervalle des branches de la mâchoire inférieure, et soutient et soulève les parties qui sont au-dessus.

Le sterno-hyoïdien se prolonge en dedans du sternum jusqu'à la partie reculée de cet os.

Le stylo-hyoïdien existe évidemment. Les génio-hyoïdiens se divisent postérieurement en deux portions, entre lesquelles passe le sterno-hyoïdien.

Il n'y a point d'épiglotte.

Le pharynx ne peut guère être distingué du commencement de l'œsophage ; leur diamètre est absolument le même, et leur membrane interne a tout-à-fait la même apparence. Il n'y a pour le pharynx aucun muscle particulier.

L'estomac, d'abord assez dilaté, se rétrécit petit à petit, puis se recourbe, et ne forme plus qu'un boyau étroit, à parois plus épaisses que le reste, lequel aboutit au pylore.

La longueur des intestins est à celle du corps dans le rapport d'un à deux, c'est-à-dire que, sur un crapaud de 0,65, les intestins sont de 0,110. L'intestin grêle est beaucoup plus long que le gros, à l'extrémité duquel il s'insère de manière à se prolonger dans sa cavité, pour y former un rebord circulaire en forme de valvule. Les parois du gros intestin sont toujours plus fortes et plus épaisses. Le rectum est cylindrique.

L'anus est garni d'un sphincter : il correspond à un cloaque, et sert par conséquent à la sortie des matières excrémentitielles et aux organes de la génération.

4.° *Organes de là circulation.*

La structure du cœur est la plus simple possible. Il n'a qu'une seule oreillette arrondie, plus large que la base du cœur et affermie par des colonnes charnues, et un seul ventricule conique, dont la cavité a des colonnes charnues adhérentes, et s'ouvre dans le tronc commun des artères par un orifice unique, au-dessous de l'ouverture auriculo-ventriculaire.

L'aorte se divise bientôt en deux branches, dont chacune produit une pulmonaire, une carotide commune, une axillaire, une vertébrale, les analogues des intercostales. Puis elles se rapprochent l'une de l'autre, et se réunissent en un tronc qui fournit la cœliaque et toutes les autres artères de l'aorte abdominale. De cette manière une partie du sang seulement passe par les poumons.

Les veines ont une distribution comparable à celle des artères.

5.° *Organes de la respiration.*

Les bronches commencent immédiatement au-dessous du larynx, et s'ouvrent brusquement, et sans se diviser, dans les deux poumons, par plusieurs larges orifices.

Les poumons forment deux sacs, dont les parois intérieures sont divisées par des feuillets membraneux en cellules polygonales, dans lesquelles d'autres feuillets moins élevés forment des cellules plus petites. Celles-ci sont plus étroites, plus nombreuses et plus profondes dans la partie antérieure du sac que dans le reste de son étendue.

Ici la respiration doit s'opérer suivant un mode particulier, puisqu'il n'y a ni côtes ni diaphragme. L'air est introduit dans les poumons par une véritable déglutition ; la bouche se ferme, la gorge se dilate, il s'y produit un vide, et l'air extérieur se précipite par les narines : alors le pharynx se ferme, et l'air ne trouve d'autre issue que la glotte. L'expiration a lieu par la contraction des muscles du bas-ventre, et peut-être par la force propre des poumons. Ce qu'il y a de sûr, c'est que, quand on ouvre le ventre d'un de ces animaux pendant sa vie, les poumons se dilatent sans pouvoir s'affaisser, et si on le force à tenir sa bouche ouverte, il meurt asphyxié, ne pouvant plus renouveler l'air de ses poumons.

Les crapauds ne présentent point les vessies sonores qui s'échappent de la bouche des grenouilles mâles et qui donnent à leur coassement un son si éclatant.

6.º *Organes des sécrétions.*

Le foie est bilobé, fort grand.

Dans quelques crapauds le conduit hépatique est séparé du cystique et ne s'ouvre point avec ce dernier dans le canal intestinal. La vésicule du fiel est assez grande et très-adhérente au foie.

Le pancréas est irrégulier et logé dans l'arc que forme, en avant, le col de l'estomac.

La rate est au centre et entre les lames du mésentère, au-dessus de l'estomac et assez près du rectum. Elle est petite et sphérique.

Les reins sont ovales, alongés, non divisés.

La vessie est divisée en deux espèces de cornes, et s'ouvre immédiatement dans le cloaque : elle est grande et ressemble assez à celle des grenouilles, telle que Swammerdam l'a figurée. Immédiatement avant de sauter, les crapauds lancent avec force le liquide qu'elle contient. Mais les uretères ne conduisent pas l'urine dans cette vessie, ainsi que l'a observé Roësel ; ils s'ouvrent plutôt dans le rectum, suivant la remarque de Swammerdam, et en conséquence Robert Townson est porté à croire que cette prétendue vessie urinaire n'est qu'un réservoir pour l'eau absorbée par la peau.

On trouve encore dans l'abdomen du crapaud des organes particuliers, que l'on compare généralement de nos jours aux glandes surrénales, mais que Swammerdam et Roësel ont regardés comme des parties accessoires des testicules. Ces organes sont composés d'un pédicule qui se joint particulièrement à la veine émulgente correspondante, et de deux, trois, quatre, sept franges et plus, dont la grosseur varie beaucoup, suivant l'âge et la saison, mais qui sont surtout plus volumineuses dans les Têtards. (Voyez ce mot.) Chaque frange a dans son axe un petit cœcum rempli de sang veineux, et tous se réunissent dans le pédicule en un tronc commun qui s'ouvre dans la veine émulgente. M. Cuvier soupçonne que ce sont des épiploons, ce que semble justifier la présence de la graisse qui s'y trouve après l'engourdissement, et qui disparoît pendant qu'il a lieu.

7.° *Organes de la génération.*

Comme les autres batraciens, les crapauds sont privés d'organes propres à l'intromission ; leurs œufs sont fécondés après le part, et le mâle aide seulement la femelle à s'en débarrasser, les arrosant de sa laitance au moment même où ils sortent du corps.

Les petits, en quittant l'œuf, ont le ventre et la tête réunis en une masse sphérique, terminée par une queue de poisson. On les appelle alors Têtards, et ils subissent plusieurs métamorphoses avant d'arriver à leur état parfait.

Les testicules sont placés immédiatement sous la partie antérieure des reins dans l'abdomen. Ils paroissent n'être qu'une agglomération de petits grains blanchâtres, entrelacés de vaisseaux sanguins, et sont dépourvus de corps d'Higmore.

Le canal déférent éprouve une dilatation marquée, que certains auteurs ont considérée comme une vésicule séminale.

La verge manque absolument.

Les crapauds mâles ont les pouces armés de pelottes, composées de papilles dures, quelquefois noires ou brunes, qui recouvrent non-seulement le pouce, mais s'étendent encore dans la peaume de la main. En serrant les femelles, au moment de la ponte, ils enfoncent ces pelottes dans leur peau et s'y cramponnent par ce moyen d'une manière très-ferme. Elles disparoissent après le temps des amours, et ne reviennent qu'à cette époque.

Les ovaires sont fort étendus et au nombre de deux. Les

œufs y prennent un accroissement marqué, et gonflent parfois singulièrement le ventre de l'animal. Ils tiennent à deux
longs prolongemens du péritoine, qui s'attachent de chaque
côté du rachis jusqu'au bassin; la teinte de ces œufs est
noirâtre tant qu'ils sont dans l'ovaire, comme l'a remarqué
Camper, excepté les plus petits, qui sont jaunes et blancs.

B. *Mœurs et habitudes des crapauds en général.*

Les crapauds se nourrissent de petits mollusques, de vers,
d'insectes, etc., et ne se jettent jamais sur une proie morte
ou sur un animal qui reste immobile; il faut qu'il y ait du
mouvement et de la vie dans ce qui doit servir à leur nourriture : aussi, quand Linnæus a dit, *delectantur cotula, actæa,
stachide,* il ne faut pas penser que le célèbre naturaliste suédois ait voulu indiquer qu'ils se repaissoient de végétaux; sa
phrase exprime seulement qu'ils recherchent l'odeur de ces
plantes fétides.

C'est pendant la nuit que les crapauds sortent de leurs
sombres retraites : ils les abandonnent aussi à la suite des
pluies chaudes de l'été, et souvent alors ils couvrent, pour
ainsi dire, la surface de la terre, dans des endroits où l'on n'en
apercevoit point auparavant. C'est ce phénomène qui a donné
lieu à une erreur généralement répandue chez le peuple des
campagnes, l'existence de pluies de crapauds : il semble en
effet, parfois, qu'ils soient tombés du ciel avec la pluie.

Les crapauds vivent très-long-temps sans manger. On en
a vu rester enfermés des années entières dans des murs, ou
dans des arbres creux, ou dans la terre, sans pouvoir en
sortir et sans avoir perdu la vie. En 1777, Hérissant entre-
prit des expériences pour constater la vérité de faits analogues, qui pouvoient passer pour fabuleux. Il renferma trois
crapauds dans des boîtes scellées dans du plâtre, et elles
furent déposées à l'Académie des sciences. Au bout de dix-
huit mois un de ces crapauds étoit mort, les deux autres
vivoient encore. Personne ne pouvoit douter de l'authenti-
cité du fait, et cependant son expérience fut vivement cri-
tiquée, de même que les observations qu'elle devoit confirmer. On prétendit que l'air devoit, dans ces cas, arriver

aux animaux par quelque trou imperceptible et qui échappoit aux yeux de l'observateur. Ce qui pourroit cependant
donner quelque vraisemblance à cette circonstance, ce sont
des recherches que tout récemment (Août 1817) vient de
publier M. le docteur Edwards : il a vu, en effet, que des
crapauds, totalement ensevelis dans du plâtre et absolument
privés d'air, vivoient un très-grand nombre de jours, et
beaucoup plus long-temps que ceux qu'on forçoit à rester
sous l'eau. C'est un des phénomènes les plus extraordinaires
que puisse fournir l'histoire des reptiles. Il paroit une exception à la nécessité de l'air, que l'on regarde comme indispensable à la vie de tous les animaux, et semble rompre la
chaîne qui les unissoit sous un des rapports les plus intéressans de la vie. Mais l'air pénètre évidemment à travers le
plâtre, comme le même observateur l'a expérimenté : aussi
les crapauds périssent-ils quand on place sous l'eau le plâtre
qui les renferme. Les adversaires de Hérissant avoient donc
raison en quelque chose. Au reste, si ces reptiles vivent ainsi
plus long-temps que dans l'air sec, c'est qu'ils perdent moins
par la transpiration, et s'ils meurent beaucoup plus tard que
dans l'eau, c'est que l'air parvient jusqu'à eux. (Mémoire lu
à l'Institut.)

Il paroît aussi que, lorsqu'on a observé des crapauds qui
avoient été renfermés pendant long-temps dans des masses
solides, on leur a trouvé la bouche remplie d'une sorte de
membrane muqueuse (*Acta Stockholm.* 1741, *pag.* 285), et
M. Schneider a remarqué que, pendant leur hibernage, les
grenouilles plongées dans la boue avoient la même partie
obstruée par du mucus et de la vase.

Dans les crapauds, les pattes servent rarement à la marche.
Ils rampent presque tous, et, quand ils sont surpris, loin
de chercher à fuir, ils s'arrêtent subitement, enflent leur
corps, le rendent dur et élastique, font suinter des verrues
de leur peau une humeur blanche et fétide, lancent un
fluide particulier par l'anus, et cherchent enfin à mordre ;
mais leur morsure est sans aucun inconvénient, elle détermine seulement parfois une légère inflammation.

Nous avons déjà dit que la liqueur éjaculée par l'anus n'est
point de l'urine. On l'a crue vénimeuse, mais à tort. Celle

qui suinte des tubercules cutanés est dans le même cas. On a prétendu cependant que, quand ces liqueurs étoient déposées sur les légumes, les fruits, les champignons, etc., elles déterminoient des vomissemens. Il paroît certain au moins que ceux qui avalent de ces liqueurs éprouvent de violentes nausées et des accidens du côté de l'estomac. M. Bosc assure même que, si pendant les chaleurs de l'été, après avoir manié le crapaud commun, on porte sa main au nez, on est tourmenté par les mêmes symptômes pénibles; et Gunth. Christ. Schelhammer a donné, dans les Éphémérides des curieux de la nature (Déc. 2, ann. 6, 1687, obs. 113), l'histoire d'un enfant qui éprouva une éruption pustuleuse grave, parce qu'un autre enfant lui avoit tenu pendant quelques instans un crapaud devant la bouche. (Voyez Venin des Batraciens.)

Dans un mémoire lu à la Société médicale d'émulation, M. Pelletier, professeur à l'École de pharmacie de Paris, dit que la liqueur cutanée des crapauds est jaunâtre, d'une consistance huileuse, susceptible de se concréter par son exposition à l'air, d'une saveur extrêmement amère, âcre et caustique. Elle rougit fortement la teinture de tournesol et forme émulsion avec l'eau. Elle lui a paru renfermer un acide en partie libre et en partie combiné à une base; une matière grasse très-amère, et une matière animale ayant quelque analogie avec la gélatine.

Dans les pays où la température est froide, les crapauds passent l'hiver dans des trous de rochers, souvent réunis plusieurs ensemble. Aux États-unis d'Amérique, M. Palisot de Beauvois en a fréquemment rencontré, ainsi engourdis par le froid, dans les mêmes trous qu'occupoient les serpens à sonnettes.

Dès que la chaleur du printemps se fait sentir, les crapauds se rendent en foule dans les eaux voisines, pour s'occuper de la reproduction de leur espèce. Le mâle, dit M. Bosc, se place sur le dos de sa femelle, et l'embrasse par le cou avec ses deux pattes de devant, qui se gonflent et se roidissent. Ils restent ainsi accouplés plus ou moins long-temps, selon la température de la saison, depuis deux jusqu'à vingt jours et plus. Ils coassent alors perpétuellement; le mâle éloigne les autres mâles avec ses pattes de derrière. Lorsqu'il y a plus de ceux-ci que de femelles dans une même marre, ils se réunissent plusieurs ensemble autour d'un couple, et attendent ainsi que la femelle lâche ses œufs.

Pendant que les œufs sortent, le mâle les tire, les conduit contre son anus et les arrose de sa liqueur spermatique. Ensuite ils sont abandonnés dans l'eau assez généralement. Ils forment deux chapelets qui, étant réunis, auroient quelquefois plus de quarante pieds de longueur. Dix à douze jours après la ponte, ils acquièrent un volume doublé, les petits têtards s'en échappent vers le vingtième jour, et ils acquièrent leurs branchies deux ou trois jours après.

Communément on pense que les têtards des crapauds vivent de détritus de végétaux dans l'eau. Mais M. Bosc, d'après une suite d'observations, croit qu'ils se nourrissent plutôt d'animalcules infusoires, d'entromostates et de larves d'insectes.

Les crapauds ne peuvent se reproduire qu'à la quatrième année : ils vivent probablement fort long-temps; mais on ne sait rien de positif à cet égard. On en voit qui acquièrent des dimensions énormes.

Ils sont susceptibles d'être apprivoisés. Pennant raconte que, chez M. d'Arscott, il y avoit un crapaud qui avoit établi sa demeure sous un escalier, et qui étoit devenu tellement familier que tous les soirs, dès qu'il apercevoit de la lumière dans la maison, il levoit la tête et sembloit demander à être placé sur une table, où il trouvoit son souper préparé et consistant en vers, en mouches, en cloportes et autres insectes. Il a vécu ainsi trente-six ans, et il est mort par suite d'un accident. Il étoit d'une grosseur énorme.

Les crapauds ont été l'objet d'un très-grand nombre de fables anciennes et modernes : on a attribué à leur regard le pouvoir de *charmer* les hommes et les animaux; ces bergers qui joignent l'ignorance la plus hideuse à une ame bassement méchante et superstitieuse, et que l'on redoute si fort dans les campagnes, font entrer des crapauds dans la plupart de leurs compositions magiques. Mais, loin de nuire et d'attaquer, ces reptiles ne savent même pas se défendre, et deviennent la proie des serpens, des brochets, des cigognes, des vautours, des loups, des renards, etc.

Les crapauds meurent promptement quand on les saupoudre de sel ou de tabac. On prétend aussi que les jardiniers les chassent de leurs jardins en y brûlant du vieux cuir.

Il est peu de personnes qui voudroient manger sciemment de la chair de crapaud. Cependant, à Paris même, ce sont des cuisses de ces animaux que l'on vend presque toujours pour des cuisses de grenouilles. En Afrique et en Amérique les Nègres en font un objet de nourriture habituelle.

Enfin, les médecins anciens ont fait entrer cet être dégoûtant dans un grand nombre de préparations pharmaceutiques. Desséché et réduit, ils le regardoient comme diurétique et diaphorétique; ils l'appliquoient vivant sur le front et sur le scrobicule du cœur, dans les cas de céphalalgie et d'épigastralgie. Sa macération dans l'huile passoit pour anodyne et détersive. Ettmuller, François Joël, Vallisnieri et plusieurs autres nous ont laissé des détails curieux à ce sujet. Mais nous devons nous avouer bien heureux d'être débarrassés de ce fatras de remèdes insignifians et rebutans, qui, semblables à des échafaudages gênans, ont si long-temps obstrué le sanctuaire de la médecine.

§. 1.ᵉʳ *Pattes de derrière libres ou à peine palmées; pattes antérieures totalement libres.*

Le Crapaud des joncs : *Bufo calamita*, Daudin, 28, 1; *Rana bufo calamita*, Gmelin; *Bufo cruciatus*, Roësel, pl. 24; *Rana portentosa*, Blumenbach. Tête triangulaire, épaisse, un peu obtuse; yeux saillans; iris d'un beau vert clair mélangé de filets noirs; dos olivâtre, couvert de tubercules arrondis, gros comme des lentilles; parotides rougeâtres; une ligne jaune, étroite, prolongée depuis le bout du nez, sur le milieu du dos, jusqu'à l'anus; une rangée longitudinale de verrues rougeâtres au-dessus de chaque flanc; ventre granulé, blanchâtre, avec quelques petites taches noirâtres; pieds courts et trapus. Taille de deux à trois pouces.

Le crapaud calamite vit dans les régions tempérées de l'Europe, et particulièrement dans les montagnes : il n'est point du tout rare aux environs de Paris. Il subit toutes ses métamorphoses dans l'eau, et habite ensuite les endroits secs, les fentes des murs, les trous des rochers, et y passe l'hiver dans l'engourdissement et réuni quelquefois en petites sociétés. En Saxe, il est assez commun dans les maisons.

Il vit à terre, ne saute point du tout, mais court assez vîte; il grimpe aux murs et aux arbres pour se cacher dans leurs trous, et pour cela il a deux petits tubercules osseux sous la paume des mains: jamais il ne va à l'eau que pour s'accoupler, c'est-à-dire au printemps.

Le cri du mâle ressemble à celui de la rainette verte, et est produit à l'aide d'une vessie placée à l'entrée du gosier.

Ce batracien répand une odeur très-forte de poudre à canon.

Le CRAPAUD VERT : *Bufo viridis*, Daudin, 28, 2; *Bufo Schreberianus*, Laurenti; *Rana bufo viridis*, *var. C*, Linnæus; *Bufo variabilis*, Pallas; *le Rayon vert*, Daubenton et Lacépède. Analogue au précédent, mais point de ligne jaune sur le dos; iris doré; de grandes taches vertes, très-rapprochées, sur le dessus du corps, et laissant entre elles des lignes blanchâtres irrégulières, entrecroisées, et parsemées de quelques pustules un peu rougeâtres; des pustules vertes sur les taches.

On trouve quelquefois ce crapaud dans le midi de l'Europe, en Italie et en Allemagne. Il se cache pendant l'hiver dans les fentes des rochers, et il passe les autres saisons dans les eaux stagnantes. M. Bosc l'a rencontré aux environs de Langres.

On assure que, si on le frappe, il répand une odeur d'abord ambrée et ensuite pareille à celle du *solanum nigrum*.

Le CRAPAUD ACCOUCHEUR : *Bufo obstetricans*, Laurenti; Daudin, 32, 1. Petit, gris; des points noirâtres sur le dos, de blanchâtres sur les côtés; tête obtuse, yeux saillans; iris doré; oreilles très-visibles; des tubercules très-petits et écartés sur la peau; parotides peu saillantes. Taille d'un pouce à un pouce et demi au plus.

Ce crapaud vit à terre dans toute la France et spécialement aux environs de Paris. Demours en a parlé le premier dans les Mémoires de l'Académie des sciences pour 1741. Mais M. Alexandre Brongniart est le premier naturaliste qui l'ait décrit et figuré. On ne le voit jamais dans l'eau, pas même au moment de l'accouplement. Le mâle aide la femelle à se débarrasser de ses œufs, qui sont assez gros et au nombre de soixante environ; il se les attache en paquets sur les deux cuisses, au moyen de quelques fils d'une matière glutineuse; il les porte partout avec lui, prenant tous les soins nécessaires pour leur conservation : exemple rare dans les animaux de cette classe.

Au bout de quelque temps on distingue les yeux du têtard qu'ils renferment, au travers des membranes de ces œufs, dont la matière albumineuse est plus mince et plus solide que dans les autres espèces. Lorsqu'ils doivent éclore, le crapaud cherche quelque eau dormante et les y dépose. Ils se fendent aussitôt, et le jeune animal en sort et nage.

Nous avons fait représenter le crapaud accoucheur dans notre Atlas.

Le Crapaud de Surinam; *Bufo Surinamensis*, Daudin, 33, 2. Tête petite, triangulaire, confondue avec le corps; yeux très-petits, non saillans; nez avancé, mince au bout; bouche peu fendue; corps ovale, très-lisse et brun, avec quelques petits points gris en-dessus; ventre roussâtre et pointillé de gris; une ligne d'un blanc jaunâtre derrière chaque cuisse, et deux petites taches de même couleur aux jarrets; une petite callosité sous les articulations des phalanges aux pattes postérieures. Taille d'un pouce.

De Surinam.

Le Crapaud a taches blanches : *Bufo albo notatus*, Daudin; *Rana fusca*, Schneider; *Raine à bandeau*, Latreille. Corps d'un brun roux et parsemé de petits tubercules en-dessus; une bande blanche, étroite, partant des narines sur les paupières et les flancs jusqu'aux cuisses; ventre blanchâtre avec des gouttelettes luisantes; une tache alongée sur chaque épaule; des taches blanches sur les membres; tous les doigts séparés, obtus et arrondis à leur extrémité, et munis d'une petite callosité sous les articulations des phalanges.

Patrie inconnue. M. Schneider en a donné la description d'après un individu qui existe dans la collection de Lampi.

Le Crapaud ovale : *Bufo ovalis*, Daudin; *Rana ovalis*, Schneider. Tête et corps réunis en ovale, sans aucune apparence de cou ni de tympan; yeux petits; nez prolongé en forme de bec au-dessus de la mâchoire inférieure ; corps brunâtre en-dessus, d'un jaune pâle en-dessous ; pieds courts ; une petite callosité à la base du pouce.

M. Schneider a trouvé ce crapaud dans la collection du duc de Brunswick et dans celle de Barby.

Le Crapaud rayé : *Bufo lineatus*, Daudin ; *Rana lineata*, Schneider. Dos couvert de petites verrues ou papilles très-nombreuses ; une ligne blanche prolongée des narines sur les yeux et les flancs jusqu'aux pieds postérieurs ; d'un brun roux en-dessus, blanchâtre en-dessous ; une longue tache blanche sur chaque bras ; des bandes transversales blanches sur les membres et les doigts ; ceux-ci arrondis au bout avec une callosité sous chacune de leurs phalanges.

M. Schneider a observé cette espèce dans la collection de Lampi. Daudin la regarde comme très-voisine du crapaud à taches blanches, et peut-être comme identique.

Le Crapaud pustuleux : *Bufo pustulosus*, Laurenti ; *Bufo melanostictus*, Schneider ; *Bufo scaber*, Daudin, 34, 1 ; *Rana ventricosa*, *var*.B., Linnæus. Tête triangulaire, aplatie sur les côtés, lisse et canaliculée entre les yeux, qui sont saillans ; de larges parotides proéminentes, parsemées de grands pores et de points noirs ; lèvres et paupières supérieures bordées de noir ; nez pointu ; tout le corps d'un blanc jaunâtre, avec des tubercules saillans, nombreux, surmontés chacun de plusieurs aspérités ou petites pointes noirâtres, principalement sur les flancs et les jambes ; les tubercules du ventre plus petits et serrés ; les doigts courts, noirâtres à l'extrémité. Taille de quatre à cinq pouces. La femelle, plus grosse que le mâle, a des tubercules moins nombreux et moins rapprochés.

Il ne faut point confondre cette espèce avec le *bufo scaber* de M. Schneider, qui est le même que l'*agua*.

Le Crapaud du Bengale ; *Bufo bengalensis*, Daudin, 35, 1. Tête large, déprimée, triangulaire ; yeux saillans ; paupière supérieure couverte de petites verrues ; parotides poreuses ; une saillie lisse partant des narines, et prolongée derrière l'œil jusqu'au-dessus du tympan ; tout le corps large, trapu et parsemé de verrues très-rapprochées, dont quelques-unes plus grosses vers le milieu du dos. Teinte d'un gris jaunâtre uniforme. Quatre ou cinq verrues blanchâtres et pointues sur chaque côté du cou au-dessous du tympan : les verrues des membres pointues; celles de la plante des pieds d'un noir de poix. Il y a une petite callosité à la base du pouce de derrière.

Ce crapaud a été envoyé du Bengale à Paris par le médecin Macé.

Le Crapaud épineux ; *Bufo spinosus*, Bosc. Tête obtuse, déprimée, tuberculeuse, brune, avec les côtés plus pâles; corps brun en-dessus, avec de grandes taches irrégulières plus pâles, d'un gris blanc uniforme en-dessous; pattes brunes en-dessus, avec des taches plus pâles; tubercules des côtés et du dessous antérieur du corps, du dessus et du dessous des pattes, terminés par une épine obtuse, cornée, noire, quelquefois divisée en deux et en trois sur les côtés du cou. Taille de quatre à cinq pouces de longueur, sur trois ou quatre de largeur.

Cette espèce se trouve en France, dans les pays de montagnes, et a été décrite pour la première fois par M. Bosc. M. Latreille l'a également observée auprès de Brives et de Bordeaux. Il est vraisemblable que c'est à elle qu'il faut rapporter toutes les observations sur les crapauds monstrueux d'Europe.

On ne rencontre jamais le crapaud épineux à la surface du sol; on ne peut s'en procurer qu'au moyen de la charrue, et les villageois sont persuadés qu'il ne quitte jamais sa retraite volontairement. Daudin soupçonne qu'il doit pondre ses œufs en terre, dans les lieux humides, auprès des sources souterraines.

Le Crapaud hérissé; *Bufo horridus*, Daudin, 56. Tête grosse, yeux saillans, bordés de brun en-dessus, de même que les lèvres; corps très-gros, d'un vert sombre, couvert de verrues nombreuses, munies chacune de cinq ou six pointes noirâtres en-dessus; ventre gonflé, presque lisse, varié de verdâtre et de blanchâtre; gorge granulée; membres alongés, amincis, parsemés de verrues épineuses en-dessus; un tubercule en forme de pouce aux pieds postérieurs.

Patrie inconnue. Il en existe un individu dans les galeries du Muséum d'histoire naturelle de Paris.

Le Crapaud agua : *Bufo agua*, Daudin. 37; *Bufo brasi-*

liensis, Laurenti; *Bufo scaber*, Schneider; *Rana brasiliensis*. Linnæus. Tête très-large, lisse en-dessus; yeux saillans; paupière supérieure garnie de verrues et prolongée en avant sur les côtés. ce qui donne à cet animal un aspect hideux et farouche; dessus du corps marbré de gris, de jaune et de brun, et garni de larges tubercules écartés, tachetés de brun foncé dans leur milieu; ventre d'un blanc jaunâtre, finement ridé en divers sens, et parsemé de points bruns écartés; tous les doigts bruns à leur bout. Taille de dix à douze pouces.

Ce crapaud, remarquable par sa taille énorme, est, suivant Seba, nommé *aguaquaquan* par les habitans du Brésil. Daudin paroît porté à croire que c'est plutôt un reptile de l'ancien continent.

Le Crapaud bossu : *Bufo gibbosus*, Laurenti; Daudin, 55, 2, et 59, 2 : *Rana gibbosa*, Linnæus; *Bufo breviceps*, Schneider. Tête petite, courte, arrondie, obtuse; bouche peu fendue; yeux petits et non saillans, avec une tache d'un brun roussâtre au-dessous; corps court, très-gros, parsemé de verrues à peine distinctes; teinte générale d'un blanc jaunâtre; dos d'un brun pâle, marqué de points plus foncés, et d'une large bande longitudinale allant de la tête à l'anus, d'un blanc jaunâtre, parsemée de points roussâtres et dentée en scie sur ses bords, qui sont blancs; de petites taches rousses sur la tête et sur les flancs; pieds très-courts; quatre doigts aux antérieurs et six aux postérieurs, où ils sont fort courts, excepté le second en dehors, qui est long. Longueur de deux pouces, sur un pouce six lignes de largeur.

Ce crapaud est, dit-on, originaire des Indes orientales. Paul Isert (Voyage en Guinée) dit qu'auprès d'Adda plusieurs crapauds bossus, venant des marais voisins, le régaloient de leurs voix mélodieuses et sautilloient autour de lui. Seba (*Thes.* 11, *tab.* 57, *fig.* 3,3,3) le fait venir d'Afrique et l'accuse d'être venimeux. M. de Lacépède pense qu'on le trouve au Sénégal. M. Bosc a rencontré en Caroline, sous des écorces d'arbres, un crapaud ou une grenouille qui ressembloit beaucoup à celui-ci, mais dont la peau étoit si fine et si susceptible de s'altérer à l'air, qu'il n'a jamais pu l'apporter en vie et non ridé jusque chez lui, ni par conséquent le décrire.

Le Crapaud coureur; *Bufo cursor*, Ivan Lepéchin, tom. 1.er, pag. 318, pl. 22, fig. 6. Tous les doigts obtus et séparés; dos assez lisse; côtés couverts de beaucoup de verrues; des taches rouges et noires en-dessus; ventre jaune; trois taches noires entre les pieds de devant; de petits tubercules près des pieds de derrière. Taille de deux pouces environ.

Ce crapaud habite dans les steppes du Peremiot, non loin de Jaïck, où il a été découvert par Lepéchin.

Le Crapaud goitreux; *Bufo gutturosus*, Daudin. 34, 2. Tête triangulaire; yeux et narines saillans; gorge enflée, teinte d'un gris brunâtre pâle; plusieurs petites taches noires en-dessus, avec des tubercules nombreux et roussâtres à leur pointe; ventre entièrement granulé; pieds antérieurs trapus, les postérieurs alongés; doigts courts, excepté le second de derrière, qui est légèrement alongé.

Patrie inconnue.

Le Crapaud ventru : *Bufo ventricosus*, Laurenti; Daudin, 30, 2 : *Rana ventricosa*, Linnæus; *Rana acephala*, Schneider; le Goîtreux, Daubenton. Tête petite, bouche étroite, yeux petits et non saillans; corps trapu, couvert d'une peau très-lâche, qui peut s'enfler comme une vessie; d'un brun sombre et sale en-dessus; blanchâtre et légèrement tacheté d'un noir pâle en-dessous; quelques verrues simples et peu nombreuses sur le dos; pieds courts; bras et cuisses cachés sous la peau; une callosité sous la base du pouce. Taille de deux pouces et demi.

Patrie inconnue.

Le Crapaud lisse; *Bufo lævis*, Daudin, 30, 1. Yeux peu saillans sur le haut de la tête; tête élargie, déprimée, lisse, et d'un blanc jaunâtre, ainsi que le corps; une rangée longitudinale de petits piquans au-dessus de chaque flanc; tympan non apparent; pieds alongés, cylindriques, à doigts minces, longs et cylindriques aussi. Taille de trois pouces environ.

Patrie inconnue. Cette espèce et la précédente sont placées dans le Muséum d'histoire naturelle de Paris.

§. 2. *Pattes postérieures palmées ou demi-palmées ; pattes
antérieures à doigts totalement libres.*

Le Crapaud commun : *Bufo vulgaris*, Daudin, 24 ; *Rana
bufo*, Linnæus. Gris roussâtre ou gris-brun, quelquefois olivâtre ou verdâtre ; le dos couvert de beaucoup de tubercules
arrondis, roussâtres, gros comme des lentilles ; le ventre
garni de tubercules beaucoup plus petits et plus serrés ; tête
courte, presque arrondie et petite en comparaison du corps,
que l'animal peut gonfler considérablement, surtout lorsqu'on
le tourmente ; yeux petits et peu saillans ; iris grisâtre ; parotides réniformes ; pieds courts, trapus ; extrémités des doigts
brunâtres. Taille de deux à cinq pouces ; poids de trois à
neuf onces.

Ce crapaud se tient dans des lieux obscurs et étouffés, et
passe l'hiver dans des trous qu'il se creuse. On le trouve
dans toute l'Europe, et spécialement aux environs de Paris,
où il est fort commun dans les jardins. Son accouplement se
fait dans l'eau, en Mars et en Avril : lorsqu'il a lieu sur terre,
la femelle se traîne à l'eau en portant son mâle ; elle produit
des œufs petits et innombrables, réunis par une gelée transparente en deux cordons, souvent longs de vingt et trente
pieds, que le mâle tire avec ses pattes de derrière. Le têtard
est noirâtre, et de tous ceux de notre pays c'est celui qui
est encore le plus petit lorsqu'il prend des pieds et perd sa
queue ; son ouverture branchiale est à gauche. Daudin prétend, contre l'opinion de la plus grande partie des naturalistes, que ce crapaud fuit les eaux et pond ses œufs dans des
trous voisins des sources souterraines.

Le crapaud commun marche lentement et saute peu. Il
vit plus de quinze ans, et produit à quatre. Son cri a quelque rapport avec l'aboiement d'un chien. Quelquefois, pendant l'été, il fait entendre, à l'entrée de son trou, un coassement foible, qu'il cesse dès qu'on approche de lui, et qui
est fort différent de celui du crapaud des joncs.

Le Crapaud cendré ; *Bufo cinereus*, Daudin, 25, 1. Tête
arrondie, moins large que le corps ; yeux petits, peu saillans ;
iris jaune doré ; bouche large ; parotides réniformes ; teinte
cendrée uniforme ; dos couvert d'un grand nombre de petites

verrues; ventre légèrement granulé par places. Taille de deux pouces au plus de longueur.

Cette espéce, qui a été confondue à tort avec la précédente, vit par troupes nombreuses sur des montagnes arides et sablonneuses en Europe, et dans des trous très-profonds qu'elle se creuse dans le sable. Daudin l'a rencontrée abondamment, après le coucher du soleil, dans les rues de Coucy-le-Château près Soissons. Il y en a une variété dans le Jura, laquelle a le bord des lèvres et le bout des doigts bruns, et, dans les environs de Beauvais, une autre variété, dont les verrues dorsales et les parotides sont cuivreuses.

Le Crapaud a ventre jaune; *Bufo chlorogaster*, Daudin, 25, 2. Tête arrondie, moins large que le corps; yeux saillans; iris d'un jaune doré; bouche ample; parotides réniformes; couleur cendrée, uniforme, avec de nombreuses petites verrues en-dessus, d'un jaune de soufre légèrement orangé, et des granulations çà et là en-dessous; ventre couleur de soufre. Un pouce six lignes de longueur.

Van Ernest a trouvé ce crapaud sur une montagne de l'île de Java. Son coassement est foible et imite un peu le cri d'une petite cigale. Il se retire sous des pierres ou en terre dans des trous.

Le Crapaud sonnant ou pluvial : *Bufo bombinus*, Daudin, 26, 1, 2, 3; *Rana bombina*, *Rana variegata*, et *Rana rubeta*, Linnæus; *Rana campanisona*, et *Bufo igneus*, Laurenti; *Rana salsa*, Gmelin; la Sonnante et le Couleur-de-feu, Daubenton et Lacépède; le Crapaud à ventre jaune, Cuvier; Roësel, 22. Corps oblong, un peu trapu, analogue à celui du crapaud accoucheur; yeux un peu saillans; parotides petites; un pli transversal sous la gorge; grisàtre ou brun en-dessus, lisse et d'un jaune orangé avec des taches bleuàtres en-dessous; un pli longitudinal au-dessus de chaque flanc; pattes postérieures complétement palmées et presque aussi alongées que celles des grenouilles. Taille d'environ un pouce.

Ce crapaud est le plus petit et le plus aquatique de ceux de notre pays. Il se tient dans les marais et s'accouple au mois de Juin; ses œufs sont en petits pelotons et plus grands que ceux des espèces précédentes. Il est assez fréquent dans les eaux stagnantes et croupies de l'Europe méridionale; il peut même vivre dans les marais salins et dans des vases pleins d'eau de mer. Lorsque l'accouplement a lieu, il jette un gémissement lugubre, et pendant le reste de la belle saison son coassement imite le son d'une cloche agitée dans l'éloignement : c'est ce qui l'a fait appeler *rana campanisona* par Gesner et par Laurenti. Il sort quelquefois de l'eau, dans les soirées brûlantes de la canicule. Lorsqu'on le tourmente, il renverse sa tête et sa partie postérieure sur le dos, et il est alors replié sur lui-même. Suivant M. Bosc, il s'enfonce dans la vase à une profondeur considérable pour y passer l'hiver; et Daudin avance que, dans les marais dont l'eau gèle entièrement dans cette saison, il se creuse des trous de huit à dix pieds de profondeur.

Le *bufo igneus*, des auteurs, doit se rapporter à cette espèce; les jeunes individus du crapaud sonnant sont en effet d'une couleur olivâtre claire, avec des taches noires en-dessus et bleuâtres en-dessous.

Le crapaud des salines, *bufo salsus*, découvert par Schranck dans les eaux stagnantes et salées de Berchtesgaden en Autriche, appartient encore à la même espèce.

Le CRAPAUD BRUN : *Bufo fuscus*, Laurenti; Daudin, 29, 1 : *Rana bombina*, var. Γ, Gmelin; *Rana ridibunda*, Pallas. Brun clair, marbré de brun foncé ou de noirâtre; tubercules du dos peu nombreux et gros comme des lentilles; ventre lisse; pattes de derrière à doigts alongés et entièrement palmés; flancs un peu enflés; tête grosse; iris d'un rouge doré; bouche très-fendue; bord des lèvres noir. Taille de deux pouces environ.

Le crapaud brun, qui saute assez bien, se tient de préférence dans le voisinage des eaux douces et stagnantes du midi de l'Europe. Il répand une forte odeur d'ail lorsqu'il est inquiété. Le mâle coasse à peu près comme la grenouille verte, et la femelle a un petit grognement. Ses œufs sortent du corps en un seul cordon, mais plus épais que les deux que rend le crapaud commun. Son têtard est de ceux qui n'ont qu'une ouverture branchiale au côté gauche. Il tarde beaucoup, dit M. Cuvier, à passer à l'état parfait, et est déjà fort grand qu'il a encore sa queue et que ses pieds de devant ne sont pas sortis; il a même l'air de rapetisser lors-

qu'il quitte tout-à-fait son enveloppe de têtard. On le mange
en quelques lieux, comme si c'étoit un poisson.

M. de Lacépède regarde comme l'analogue de notre espèce
le *rana ridibunda* de Pallas, qui habite les eaux des fleuves
Volga et Oural, près de la mer Caspienne : son cri imite
un peu le rire, et son poids s'élève quelquefois à une demi-
livre.

Le *bufo vespertinus*, décrit aussi par Pallas, ne paroît en
différer que par ses taches dorsales, qui sont longitudinales et
brunes, un peu variées de verdâtre.

Le CRAPAUD PERLÉ : *Bufo margaritifer*, Daudin, 33, 1;
Rana margaritifera, Linnæus; *Rana typhonia*, Gmelin; *Bufo
nasutus*, Schneider ; *Rana mitrata*, Houttuyn. Tête large,
triangulaire, museau pointu; bouche ample, un peu saillante
vers ses commissures; yeux proéminens; iris rouge; une crête
droite, roide et arrondie derrière chaque œil; parotides poreuses; dos d'un brun rouge et parsemé de tubercules rougeâtres et arrondis comme des perles; une bande dorsale
d'un gris rougeâtre clair, étendue depuis le nez jusqu'à l'anus;
une rangée de tubercules épineux bifides sur la nuque; flancs
marbrés de brun; ventre parsemé de perles nombreuses,
comme le dos, avec de petites marbrures grises ou brunes;
pattes un peu minces, oblongues; les postérieures demi-palmées. Taille de trois à quatre pouces. Femelle plus grosse
que le mâle.

Cette espèce, dont les couleurs varient beaucoup, se trouve
au Brésil, où elle est nommée *aquaqua*, et dans d'autres parties
de l'Amérique méridionale. Son cri consiste dans un quadruple coassement, qu'elle fait entendre pendant les nuits cal-
mes. Seba en a décrit une variété qui a cinq doigts aux
pattes antérieures. (*Thesaurus*, 1, *tab.* 71, *fig.* 8.)

Le CRAPAUD CRIARD : *Bufo musicus*, Daudin, 33, 3; *Rana
musica*, Linnæus ; *Bufo clamosus*, Schneider. Tête obtuse,
presque lisse, canaliculée entre les yeux; sourcils relevés;
yeux très-saillans, bruns, verruqueux, avec une bande plus
foncée en-dessus, et une autre en-dessous verruqueuse; iris
doré; narines très-petites, presque rondes; lèvre supérieure
échancrée; nuque brune, avec des tubercules obtus; parotides larges, réniformes, creusées de pores et marquées d'une

tache brune en-dessous. Corps et ventre très-renflés; dos couvert de tubercules inégaux; ventre blanchâtre, granulé; flancs d'un brun plus clair que le dos, avec de larges taches noirâtres. Membres d'un brun variable, avec des bandes transversales plus foncées, très-rapprochées, et des tubercules aussi pointus que ceux du cou : pattes postérieures demi-palmées. Trois pouces de longueur; deux pouces six lignes de largeur.

M. Bosc a souvent rencontré le crapaud criard en Caroline, où il vit dans des trous en terre, ne sortant que vers le soir ou après la pluie. Son coassement est loin d'être *musical*, comme on l'a prétendu; il est foible et désagréable. Bartram assure cependant qu'au premier printemps, lorsque ces crapauds se rassemblent en grand nombre dans les étangs et les canaux, ils font entendre un bruit fort qui n'est pas sans harmonie. Ils sortent de l'eau après la ponte et se répandent sur les terrains élevés; les petits, lorsqu'ils ont subi toutes leurs métamorphoses, sont à peine plus gros qu'un grillon, et vont sautiller et marcher sur la terre sèche. Ils se nourrissent de divers insectes et surtout de vers luisans.

C'est à cette espèce qu'il faut rapporter le crapaud terrestre de Catesby, commun en Virginie et en Caroline.

Le CRAPAUD ÉPAULE-ARMÉE : *Bufo humeralis*, Daudin; *Rana marina*, Linnæus; *Bufo marinus*, Schneider; *Rana ochroleuca*, Walbaum. Parotides réniformes, pointillées de noir, poreuses, très-volumineuses; d'un gris cendré, irrégulièrement tacheté de brunâtre; un très-grand nombre de grosses verrues; yeux grands; iris d'un jaune brillant; pattes postérieures demi-palmées. Taille de huit à neuf pouces.

Ce crapaud, qui a souvent été confondu avec l'agua, habite diverses contrées de l'Amérique méridionale. On le rencontre surtout à Cayenne.

Seba l'a représenté, à tort, avec des ongles aux doigts des pattes antérieures.

Le CRAPAUD SEMI-LUNAIRE ; *Bufo semi-lunatus*, Schneider. Tête lisse, déprimée, canaliculée; yeux saillans; membres et corps couverts de verrues d'égal volume; couleur noirâtre, avec une tache longue, étroite, blanchâtre vers le milieu du dos, de chaque côté, et une autre tache en forme de croissant, voisine de chaque tympan; pattes postérieures demi-palmées, à premier doigt très-long; une petite callosité près du pouce de chaque pied. Taille de trois pouces environ.

Envoyé de Surinam à Bloch.

Le Crapaud a pustules bleues : *Bufo cyanophlyctis*, Daudin; *Rana cyanophlyctis*, Schneider. Mâchoire supérieure munie de dents coniques, serrées, assez longues; bout de la langue libre et bifide; trous des narines petits et surmontés d'un lobule cutané; d'un bleu brun en-dessus, avec une rangée de pustules bleues qui s'étendent depuis les yeux sur chaque flanc jusqu'à l'anus; une autre rangée de pustules de chaque côté du ventre, qui est blanchâtre et parsemé de taches brunes très-rapprochées; dessus des membres noir avec des bandes bleues; pattes postérieures demi-palmées, avec un tubercule près du pouce.

Des Indes orientales. La description donnée par M. Schneider est insuffisante.

Le Crapaud cornu : *Bufo cornutus*, Laurenti; Daudin, 38 : *Rana cornuta*, Linnæus, Schneider. Tête très-grosse, large; yeux moyens, recouverts en-dessus par une paupière saillante, relevée en une pointe conique ou corne haute de deux à trois lignes : des papilles alongées sur la langue; de petites dents pointues à la mâchoire supérieure; narines petites: milieu du dos et dessus des membres lisses, et d'un brun verdâtre sale; côtés verruqueux et verdâtres tachetés de brun; flancs plus clairs, avec de gros grains rapprochés; ventre et dessous des membres d'un jaune sale, avec quelques petits grains écartés; dos, anus et cuisses hérissés d'épines; pattes postérieures demi-palmées. Taille de quatre pouces environ.

On trouve le crapaud cornu à Surinam et dans la Virginie.

§. 5. Pattes antérieures palmées ou demi-palmées.

Le Crapaud de Panama ; *Bufo panamensis*, Daudin. D'un cendré jaunâtre avec des pustules rembrunies et un peu violettes à leur sommet; ventre d'un blanc jaunâtre, un peu granulé près de l'anus. Toutes les pattes demi-palmées. Taille et forme du crapaud cendré.

Ce crapaud a été trouvé, dans quelques marais de l'isthme de Panama, par Ruis de Xelva, naturaliste espagnol.

Le Crapaud de Roesel : *Bufo Roeselii*, Daudin, 27; *Rana bufo*, Linnæus; *Bufo vulgaris*, Roësel; Crapaud commun, Daubenton. Tête un peu arrondie; yeux saillans; corps aplati, légèrement élargi; verdâtre, parsemé de taches noirâtres un peu élevées en-dessus, mais d'un cendré verdâtre en-dessous; les pattes antérieures demi-palmées, les postérieures entièrement palmées. Taille de deux pouces et demi environ.

Le crapaud de Roësel est commun dans les marres et les bois en Europe. Au printemps il est fort abondant à la marre d'Auteuil près de Paris. On en fait, dans ce lieu, une pêche assez productive pendant la nuit, et avec des troubles à long manche; on les coupe par le milieu du corps, et on en vend les cuisses à Paris pour des cuisses de grenouilles. Il est reconnu maintenant qu'on vend aussi souvent dans les marchés de cette ville, à l'usage de la table, des cuisses de crapauds que des cuisses de grenouilles.

Le Crapaud spinipède (*Bufo spinipes*, Schneider; *Rana australensis*, Shaw), qui vient des îles autour de la Nouvelle-Hollande, et qui est conservé dans le Muséum de Londres, est trop mal décrit pour que nous puissions en parler ici. (H. C.)

CRAPAUD (*Conchyl.*), nom françois du genre *Buffo*, établi par M. Denys de Montfort pour une coquille du genre *Murex* de Linnæus. Voyez Buffo, au Supp. du 5.ᵉ vol. (De B.)

CRAPAUD AILÉ (*Conchyl.*), nom marchand d'une espèce de strombe, *strombus latissimus*, Linn. (De B.)

CRAPAUD DE MER. (*Ichthyol.*) On appelle ainsi vulgairement un poisson de la mer des Indes, que Linnæus avoit nommé *scorpæna horrida*, et que nous décrirons dans le genre Synancée. Voyez ce mot. (H. C.)

CRAPAUDINE; *Sideritis*, Linn. (*Bot.*) Genre de plantes dicotylédones, polypétales hypogynes, de la famille des labiées, Juss., et de la didynamie gymnospermie, Linn., dont les principaux caractères sont les suivans : Calice monophylle, tubuleux, à cinq dents; corolle monopétale, à deux lèvres, dont la supérieure droite, entière ou échancrée, l'inférieure à trois lobes, dont le moyen plus large et arrondi; quatre étamines cachées dans la corolle, dont deux plus courtes; quatre ovaires supérieurs, surmontés d'un style simple, saillant hors du tube de la corolle, et terminé par deux stigmates inégaux, dont l'un est comme engainé par l'autre; quatre graines ovoïdes au fond du calice persistant.

Les crapaudines sont des plantes herbacées ou suffrutescentes, à feuilles simples et opposées, à fleurs disposées par verticilles. On en connoît aujourd'hui trente et quelques espèces, dont une seule, particulière au Nouveau-Monde, croît au Pérou; toutes les autres sont naturelles à l'ancien continent, et se trouvent principalement dans le midi de la France, les contrées australes de l'Europe, et dans le Levant.

CRAPAUDINE DES CANARIES : *Sideritis canariensis*, Linn., *Spec.*, 801; Jacq. *Hort. Vind.*, vol. 3, t. 50. Cette espèce est un arbrisseau dont la tige, haute de trois à quatre pieds, se divise en plusieurs rameaux tétragones, cotonneux, garnis de feuilles cordiformes, pétiolées, veloutées, blanchâtres, molles au toucher. Ses fleurs sont blanches, verticillées six à douze ensemble, et disposées en épis placés à l'extrémité des rameaux; leur calice est laineux, à cinq découpures courtes et pointues. Cette plante croit dans les îles Canaries.

CRAPAUDINE DE SYRIE : *Sideritis syriaca*, Linn., *Spec.*, 801; *Stachys lychnoides*, etc., Barrel., *Icon.*, 1187. Sous-arbrisseau dont la tige, ligneuse à sa base, se divise en rameaux tétragones, hauts de deux à trois pieds, chargés d'un duvet laineux, et garnis de feuilles ovales-oblongues, à peine crénelées, cotonneuses, blanchâtres, ridées, les inférieures pétiolées, les supérieures sessiles. Les fleurs, d'un blanc jaunâtre, sont disposées six ensemble par verticilles, formant de longs épis interrompus et terminaux; elles ont leur calice laineux, à découpures très-pointues. Cette espèce croît dans le Levant et en Italie.

CRAPAUDINE DE ROME : *Sideritis romana*, Linn., *Spec.*, 802; Cavan., *Icon.*, rar. 2, t. 187. Cette espèce est une plante annuelle, dont la tige, souvent rameuse dès sa base, est partagée en rameaux tétragones, velus, couchés à leur base, ensuite redressés, longs de six à dix pouces, garnis, dans toute leur longueur, de feuilles ovales-oblongues, dentées à leur sommet et rétrécies en pétiole à leur base. Ses fleurs, blanches, disposées six ensemble par verticilles occupant presque toute la longueur des tiges, sont remarquables par leur calice à cinq dents roides et épineuses, dont une supérieure beaucoup plus large que les autres. Cette plante croît dans les parties méridionales de la France, en Espagne et en Italie.

CRAPAUDINE DE MONTAGNE: *Sideritis montana*, Linn., *Spec.* 802 ; Jacq., *Fl. Aust.*, t. 434. Cette espèce est annuelle, comme la précédente, et sa tige se partage de même, dès sa base, en plusieurs rameaux, souvent simples, velus, longs d'un pied ou environ, garnis de feuilles ovales-oblongues, velues, rétrécies en pétiole, un peu dentées à leur sommet. Les fleurs sont jaunes, tachées de pourpre ou de violet brun, disposées six ensemble par verticilles axillaires et lâches ; leur corolle est plus courte que le calice, dont les cinq dents sont épineuses. Elle croît en Italie et dans les départemens méridionaux de la France.

CRAPAUDINE PERFOLIÉE ; *Sideritis perfoliata*, Linn., *Spec.* 802. Une racine vivace donne naissance à une tige herbacée, tétragone, rameuse, très-velue, blanchâtre, haute d'un pied et demi à deux pieds, garnie, à sa base, de feuilles ovales-oblongues, pétiolées, très-velues, portant, dans sa partie supérieure, des feuilles lancéolées, amplexicaules et comme connées. Ses fleurs sont blanches, marquées de quelques veines roussâtres, disposées cinq à six ensemble par verticilles accompagnés de deux bractées cordiformes, acuminées, ciliées en leurs bords. Cette plante croît dans les sables des bords de la mer aux environs de Montpellier.

CRAPAUDINE BLANCHATRE : *Sideritis incana*, Linn., *Spec.* 802 ; Cavan., *Icon.*, 2, p. 69, t. 186. La partie inférieure de sa tige est une souche ligneuse qui donne naissance à plusieurs rameaux grêles, cotonneux, hauts de six à dix pouces, garnis de feuilles linéaires-lancéolées, cotonneuses et blanchâtres. Ses fleurs sont jaunes, verticillées, remarquables par la lèvre supérieure de leur corolle, qui est longue, étroite, redressée, et munies à leur base de bractées plus courtes que les calices. Cette plante croît en Espagne, dans les Pyrénées et en Piémont.

CRAPAUDINE LAINEUSE : *Sideritis lanata*, Linn., *Spec.* 804. Sa tige est simple, droite, haute de six à huit pouces, entièrement revêtue d'un duvet laineux, garnie de feuilles cordiformes, légèrement crénelées, obtuses, presque sessiles.

Ses fleurs, d'un violet foncé, n'ont point les dents de leur calice épineuses; elles sont disposées, environ six ensemble, par verticilles distans, laineux, et accompagnés de bractées ovales, légèrement dentées, cotonneuses, formant un épi interrompu dans la partie supérieure de la tige, et plus long que celle-ci. Cette plante se trouve en Égypte et en Palestine: elle est annuelle. (L. D.)

CRAPAUDINE, *Bufoniti.* (*Foss.*) On a donné autrefois ce nom à celles des dents fossiles de poissons qui sont rondes ou ovales. (Voyez le mot Glossopètres.)

Le nom de crapaudine est venu d'une erreur des anciens, qui croyoient que ces pierres se trouvoient dans la tête ou dans le cou des crapauds. (D. F.)

CRAPAUDINE. (*Ichthyol.*), nom vulgaire de l'anarrhique commun ou loup de mer. Voyez Anarrhique. (H. C.)

CRAPAUDINE. (*Min.*) M. Galitzin donne ce nom à un minéral que le docteur Withering a décrit dans les Transactions philosophiques, et qui est d'un gris foncé brunâtre avec le tissu grénu: il est moins dur que l'acier, et ne fait aucune effervescence avec les acides. Le docteur Withering lui attribue pour composition

Silice 63
Alumine 14
Chaux 7
Fer oxydé 16

Il paroît que ce minéral, que M. Galitzin rapporte à la wacke, est la base de la variolite nommée *toadstone* en Angleterre. Voyez Variolite. (B.)

CRAPAULT. (*Ichthyol.*) Suivant Gesner, dans l'ancienne langue françoise, on écrivoit ainsi crapaud. (H. C.)

CRAPULA. (*Bot.*) Dalechamps dit que Pline donnoit ce nom à une préparation particulière de la térébenthine. (J.)

CRAQUES. (*Min.*) On désigne quelquefois sous ce nom les cavités qui se rencontrent dans les roches et qui sont tapissées de cristaux. Ce mot est synonyme de *druse* et de *poche.* (B.)

CRASPEDARIUM. (*Conchyl.*) Hill, *Hist. anim.*, donne ce nom de genre à la verticille subcarrée, *vert. subquadrata,* Linn. (De B.)

CRASPÉDIE, *Craspedia*. (*Bot.*) [*Corymbifères*, Juss.; *Syngénésie polygamie séparée*, Linn.] Ce genre de plantes, de la famille des synanthérées, appartient à notre tribu naturelle des inulées. Voici les caractères que nous avons observés sur un individu de *richea glauca*, dans l'herbier de M. de Jussieu : ils ne s'accordent parfaitement ni avec ceux de Forster, ni avec ceux de M. Labillardière, ni avec ceux de M. R. Brown.

Calathide incouronnée, équaliflore, pauciflore, régulariflore, androgyniflore, subcylindracée; péricline inférieur aux fleurs, formé de cinq squames unisériées, à peu près égales, elliptiques, membraneuses, scarieuses, diaphanes ; clinanthe petit, convexe, squamellifère seulement à la circonférence, de sorte que les fleurs du centre sont nues, tandis que chaque fleur extérieure est accompagnée d'une squamelle analogue aux squames du péricline ; ovaire oblong, velu, muni d'un bourrelet basilaire ; aigrette composée de squamellules unisériées, égales, filiformes, barbées ; corolle à lobes larges, papillés intérieurement ; anthères munies d'appendices basilaires membraneux, laciniés. Les calathides sont rassemblées en grand nombre, de manière à former un capitule globuleux ; elles sont toutes réunies sur un calathiphore commun cylindracé, garni de longs poils laineux ; et en outre chacune d'elles est supportée par un pédoncule particulier très-manifeste, également garni de longs poils laineux. Chaque calathide est accompagnée d'une bractée squamiforme, foliacée, scarieuse sur les bords, située au sommet du pédoncule sur le côté extérieur du péricline. Le capitule est dépourvu de véritable involucre ; car l'involucre apparent n'est que le résultat du rapprochement des bractées qui appartiennent aux calathides inférieures du capitule.

La CRASPÉDIE RICHÉE (*Craspedia richea*; *Richea glauca*, Labill.) habite le cap Van-Diemen. Sa tige est herbacée, haute d'un pied, dressée, presque toujours simple, cylindrique; ses feuilles sont glauques; les radicales entassées, oblongues, rétrécies inférieurement; les caulinaires en petit nombre, lancéolées, plus courtes à proportion qu'elles sont situées plus haut; le capitule est terminal.

C'est M. R. Brown qui a reconnu que le *craspedia* de Forster et le *richea* de M. Labillardière n'étoient qu'un seul et même genre, que Solander avoit fait avant Forster sous le nom de *cartodium*; et comme le *craspedia* avoit été publié avant le *richea*, il a adopté pour ce genre le nom donné par Forster, de préférence à celui que M. Labillardière a proposé. Cela nous paroît extrêmement injuste : Forster avoit si mal caractérisé son *craspedia* qu'il eût été impossible de le reconnoître sans confronter dans son herbier l'échantillon original, comme a fait M. Brown. C'est donc M. Labillardière qui le premier a fait connoître ce genre aux botanistes, et il doit être considéré comme son véritable auteur.

M. R. Brown, dans ses Observations sur les composées, publiées en 1817, annonce qu'il a observé d'autres espèces de ce genre à la Nouvelle-Hollande, et qu'il y a trouvé deux nouveaux genres très-voisins de celui-ci. Le premier, qu'il nomme *calocephalus*, diffère du *craspedia* ou *richea*, en ce que les calathides du capitule ne sont point accompagnées de bractées, que le clinanthe de chacune d'elles est inappendiculé, et que les squamellules de l'aigrette ne sont barbées que dans leur partie supérieure. Le second, qu'il nomme *leucophyta*, sera décrit en son lieu. (H. Cass.)

CRASPÉDOSOME. (*Crustacés.*) M. le docteur Leach a décrit sous ce nom de *craspedosoma*, des espèces de petits *iules* ou de *polydesmes*, dont elles diffèrent en ce qu'on leur reconnoît des yeux; d'ailleurs leur corps est linéaire, déprimé. Voyez Myriapodes. (C. D.)

CRASPEDUM. (*Bot.*) Loureiro avoit établi sous ce nom, dans sa Flore de la Cochinchine, un genre que Willdenow croit appartenir au genre *Dicera* de Forster, dont il ne diffère que par ses anthères qui ne sont point terminées par deux soies. Le *dicera* est réuni au genre *Elæocarpus*. Voyez Ganitre. (Poir.)

CRASSATELLE, *Crassatella*. (*Conchyl.*) Genre de coquilles bivalves, qui a été long-temps connu à l'état fossile seulement, et dont M. Peron et le Sueur ont rapporté deux espèces vivantes, trouvées dans les mers de l'Australasie. M. A. Roissy lui a donné le nom de Paphie, dénomination imaginée par M. de Lamarck pour les espèces de coquilles qui, avec les mêmes caractères, offrent la fossette du ligament à côté des deux dents de la charnière, et non entre elles. M. de Lamarck,

qui a établi ce genre, le range dans la famille des mactracées ;
et en effet Bruguières en faisoit des mactres, tandis que
Linnæus les plaçoit en partie au nombre des vénus. Ses caractères sont : Coquille équivalve, inéquilatérale, close, à
sommets dorsaux et antérieurs, avec une lunule ; charnière
dissimilaire, formée sur la valve gauche de deux dents car-
dinales contiguës, séparées par une excavation moyenne,
dans laquelle pénètre une seule grosse dent, accompagnée de
deux fossettes sur la valve droite ; dents latérales nulles ou
peu apparentes ; ligament simple, interne, s'insérant dans
une fossette arrondie un peu postapiciale ; deux impressions
musculaires.

On en connoît cinq à six espèces vivantes, qui sont décrites par M. de Lamarck dans le vol. VI des Annales du
Muséum, et dont nous citerons :

1.º La CRASSATELLE ONDULÉE : *C. undulata*, Lmck. ; *Venus
divaricata*, Linn., Chemn., 6, tab. 30, fig. 316. Cette
espèce, très-rare dans les collections, et dont on ignore jusqu'ici la patrie, est réticulée par des stries longitudinales
fines, croisées par des lignes verticales s'écartant vers les
bords, qui sont crénelés intérieurement ; la lunule est ovale.

2.º La CRASSATELLE SILLONNÉE ; *C. sulcata*, Lmck., Ann.
du Mus., vol. VI, p. 409, n.º 2. Coquille assez peu épaisse,
triangulaire, marquée de sillons transversaux réguliers sur
toute sa surface ; l'extrémité antérieure très-arrondie et plus
courte que la postérieure, tronquée. Cette espèce, qui se
trouve fossile aux environs de Beauvais, a, suivant M. de
Lamarck, son analogue parfait dans une coquille rapportée
des mers de la Nouvelle-Hollande par M. Péron et le Sueur.
(De B.)

CRASSATELLE. (*Foss.*) Les espèces de ce genre, qu'on
rencontre si rarement à l'état vivant, et qu'on n'a trouvées
jusqu'à présent que dans la mer du Sud, se présentent très-
communément à l'état fossile, mais seulement dans les couches qui sont au-dessus des craies. Voici les principales espèces.

1.º La CRASSATELLE RENFLÉE : *Crassatella tumida*, Lam., Ann.
du Mus., tom. 9, pl. 20, fig. 6 ; Encyclop., pl. 259, fig. 5.
Cette belle coquille n'est pas rare à Grignon. Elle est de

la grosseur du poing. On trouve souvent les deux valves jointes ensemble avec le ligament qui s'est conservé dans sa fossette. Elle est renflée, ovale-arrondie, ayant les crochets munis de sillons transverses; le disque est lisse, et elle est un peu sillonnée sur ses bords par les vestiges de ses accroissemens. Ses valves sont très-épaisses et finement dentelées à leur bord interne. Elle offre une petite ouverture entre les crochets.

Cette espèce ressemble tellement à la crassatelle kingicole rapportée de la mer du Sud, qu'on peut croire qu'elle est de la même espèce : cependant cette dernière n'est point dentelée sur ses bords.

On trouve la crassatelle renflée dans les couches du calcaire coquillier des environs de Paris, et à Hauteville près de Valognes.

2.° La CRASSATELLE SILLONNÉE; *Crassatella sulcata*, Lam., Ann. du Mus., tom. 9, pl. 20, fig. 3. Cette espèce se trouve dans une couche de sable quartzeux à Bracheux près de Beauvais. Elle est couverte de sillons réguliers. Sa forme est triangulaire, ayant son extrémité postérieure beaucoup plus avancée que l'antérieure. Sa largeur est d'environ quatorze lignes.

On trouve, dans les mers voisines de la Nouvelle-Hollande, des crassatelles non fossiles qui sont un peu plus grandes que celle-ci, mais qui lui ressemblent par tous les caractères.

3.° La CRASSATELLE LAMELLEUSE; *Crassatella lamellosa*, Lam., Ann. du Mus., tom. 9, pl. 20, fig. 4. Cette espèce est très-remarquable par les lames élevées et transverses qui ornent ses valves. Elle est transversalement alongée, un peu aplatie, et offre de chaque côté postérieurement un angle bien prononcé. Sa largeur est de dix-huit lignes. On trouve abondamment cette espèce à Grignon.

4.° CRASSATELLE COMPRIMÉE; *Crassatella compressa*, Lam., loc. cit., fig. 5. Cette espèce a quelque rapport avec la précédente, mais elle est moins alongée et ses lames transverses sont plus petites; elle a aussi quelque rapport de forme avec la crassatelle sillonnée, mais elle est moins renflée vers ses crochets. On la trouve à Grignon.

5.° La CRASSATELLE BOSSUE : *Crassatella gibbosula*, Lam., vél. du Mus., n.° 55, fig. 4; *Tellina sulcata*, Brand., fig. 89. Cette espèce est remarquable par son renflement, et surtout par la saillie de son angle antérieur, qui la rend comme bossue. Sa largeur est de seize lignes. Les sillons transverses dont elle est couverte, sont petits ou peu saillans, et écartés les uns des autres. Le bord supérieur des valves est dentelé intérieurement; les crochets sont petits, peu renflés et à peine saillans.

On trouve cette espèce dans le département de Seine et Oise, auprès de Houdan; et dans le Hampshire en Angleterre.

6.° La CRASSATELLE LISSE; *Crassatella lævigata*, Lam., vél. du Mus., n.° 27, fig. 8. La largeur des coquilles de cette espèce est à peine de six lignes. Elle est presque orbiculaire, transverse, à peine inéquilatérale; ses valves sont lisses, même sur leur crochet; leur bord supérieur n'est point dentelé intérieurement; les crochets ne sont point recourbés, de manière que la base de la coquille est une petite pointe oblique. On trouve cette espèce à Grignon.

7.° CRASSATELLE TRIANGULAIRE; *Crassatella triangularis*, Lam., Ann. du Mus., tom. 9, pl. 20, fig. 6. Cette espèce est de la grandeur de la précédente; mais elle est extrêmement remarquable, étant triangulaire et élégamment sillonnée transversalement. Elle est médiocrement renflée, rétrécie en pointe vers ses crochets, arrondie à son bord supérieur, et à peine inéquilatérale : le bord supérieur n'est point dentelé intérieurement. On la trouve à Grignon et dans le calcaire coquillier des environs de Paris.

On trouve dans le falun de la Touraine, et à S. Clément près d'Angers, une espèce qui a les plus grands rapports de forme avec celle-ci; mais elle est un peu plus grande et moins triangulaire.

On rencontre à Betz, département de l'Oise, une espèce de crassatelle lisse qui a dix lignes de largeur.

On trouve, dans la Caroline du nord, une espèce de crassatelle qui a dix-huit lignes de largeur, et qui a beaucoup de rapports de forme avec la crassatelle sillonnée; mais celle-ci est moins bombée.

Toutes ces espèces se trouvent dans ma collection. (D. F.)

CRASSINA. (*Bot.*) Dans une dissertation académique de Scepin, citée par Linnæus, on trouve sous ce nom le *zinnia pauciflora*. (J.)

CRASSULA. (*Bot.*) Ce nom a été donné successivement à plusieurs plantes grasses, à l'orpin, *sedum telephium*, à la trique blanche, *sedum album*, à une espèce de saxifrage, *saxifraga cotyledon*, ou *saxifraga aizoon*. Maintenant il désigne un genre de plantes de même nature, qui donne même son nom à la famille dont il fait partie. (J.)

CRASSULE, *Crassula*. (*Bot.*) Genre de plantes dicotylédones, à fleurs polypétalées, de la famille des *crassulées*, de la *pentandrie pentagynie* de Linnæus, qui offre pour caractère essentiel : Un calice a cinq divisions; une corolle à cinq pétales réunis par leurs onglets ; cinq étamines insérées à la base des pétales; autant d'ovaires, munis chacun à leur base d'une petite écaille glanduleuse; cinq capsules s'ouvrant longitudinalement à leur côté intérieur, renfermant des semences petites et nombreuses.

Ce genre est composé d'espèces très-nombreuses, les unes herbacées, les autres à tige ligneuse, presque toutes originaires du cap de Bonne-Espérance, remarquables la plupart par la singularité de leurs formes, par leurs feuilles charnues, très-épaisses, succulentes, ordinairement opposées, quelquefois alternes, simples, entières, souvent soudées ensemble par leur base; les fleurs sont le plus souvent disposées en cimes ou en grappes presque ombellifères. Quelques-unes ont beaucoup d'élégance, et méritent d'être cultivées pour l'ornement des jardins, telles que la crassule écarlate, et celle en forme de faucille, etc, La plupart fleurissent en été. On les élève dans une terre franche, mélangée avec du sable, ayant soin de les garantir du froid de l'hiver, les enfermant pendant cette saison dans une orangerie bien aérée et non humide. On doit éviter de les arroser souvent, même pendant l'été. Elles se propagent facilement de boutures qu'on laisse faner à l'air pendant quinze ou vingt jours avant de les planter. Les fleurs des crassules varient quelquefois de cinq à six et sept divisions au calice, et même quelquefois de quatre; dans ce cas les pétales, les étamines, les écailles glanduleuses et les ovaires, sont en nombre égal à celui des divisions du calice. Lorsqu'il y a six divisions, ces espèces ne diffèrent des *sempervivum* que par leur port. Les *cotylédons* ont avec ce genre la plus grande affinité ; ils n'en diffèrent que par la corolle, qui est en tube, et par les étamines en nombre double des divisions de la corolle. Quelques espèces de crassules ont leurs pétales soudés en tube à leurs onglets. M. de Jussieu pense qu'elles devroient être réunies aux *cotylédons;* mais le nombre des étamines, égal à celui des pétales, et non double, paroît s'opposer à cette réforme. Pour trancher la difficulté, M. Decandolle a établi pour elles le genre *Rochea* ou *Larochea.* Ce genre disparoîtra si l'on admet, comme le caractère le plus essentiel des crassules, celui d'avoir les étamines en nombre égal a celui des pétales ou des divisions du calice. Les espèces les plus remarquables renfermées dans ce genre sont les suivantes, distribuées en deux sections.

° *Espèces à tige ligneuse.*

CRASSULE ÉCARLATE : *Crassula coccinea*, Linn., Commel., *Rar.*, tab. 24; Breyn., *Prodr.*, tab. 20, fig. 1 ; *Rochea coccinea*, Dec., Pl. grass., n.° 1, *icon.* L'élégance de ses fleurs, d'une longue durée et d'une belle couleur écarlate, fait de cette plante une espèce très-agréable; ses tiges sont hautes d'un pied et plus, un peu rameuses, garnies de feuilles glabres, planes, ovales, à bord cartilagineux un peu cilié, opposées en croix, presque engainées à leur base, très-nombreuses; les fleurs sont grandes, sessiles, tubuleuses, réunies en un faisceau terminal. Elle croît, ainsi que les suivantes, au cap de Bonne-Espérance.

CRASSULE JAUNE : *Crassula flava*, Linn.; Burm., *Afr.*, tab. 25, fig. 2. Arbuste de six à sept pouces de hauteur, à feuilles lancéolées, perfoliées, très-aiguës, presque imbriquées; les fleurs sont petites, jaunâtres, pédonculées, disposées en un corymbe terminal. On en distingue une variété (Pluk., *Alm.*, tab. 314, fig. 3) à fleurs d'un beau jaune, de la longueur du calice; les feuilles frangées ou un peu crénelées à leurs bords. Dans le *crassula pruinosa* Linn., les fleurs sont blanches, réunies en petits corymbes inégaux; les tiges hautes d'un pied, d'un rouge de sang, parsemées, ainsi que toute la plante, de particules cristallines semblables au givre; les feuilles linéaires, aiguës.

Crassule rude : *Crassula scabra*, Linn.; Dill., *Elth.*, tab. 99, fig. 117. Ses tiges et ses feuilles sont hérissées d'aspérités, ou de poils cartilagineux réfléchis; les feuilles très-ouvertes, conniventes à leur base, oblongues, aiguës; les fleurs d'un vert jaunâtre, disposées en cimes ombelliformes.

Crassule capitée; *Crassula capitata*, Encycl., 2, page 171. Ses tiges sont hautes de six à sept pouces; ses feuilles linéaires, aiguës, conniventes et vaginales à leur base, cartilagineuses et ciliées à leurs bords; les fleurs réunies en petites têtes serrées au sommet des rameaux. Le *crassula cymosa* de Linnæus paroît peu différer de cette espèce. Le *crassula fascicularis*, Encycl., ressemble presque, par ses fleurs, à l'espèce précédente : elles sont plus petites, sessiles, fasciculées; leurs onglets rapprochés en tube; leur limbe ouvert en étoile.

Crassule perfoliée : *Crassula perfoliata*, Linn.; Dill., *Elth.*, tab. 96, fig. 113; Dec, Pl. grass., n.° 13, *icon;* Commel. *Præl.*, tab. 23. Cette plante a un port très-remarquable; sa couleur est glauque; sa tige presque simple, haute de trois pieds et plus; ses feuilles épaisses, conniventes, presque perfoliées; les fleurs blanches, agglomérées en bouquets; les pédoncules lanugineux; les pétales une fois plus longs que les calices.

Le *Crassula tetragona*, Linn., Bradl., *Succ.* 5, p. 18, tab. 11, fig. 41; Dec., Pl. grass., n.° 9, *icon.* Cet arbuste s'élève à la même hauteur que le précédent; ses feuilles sont subulées, très-étroites, légèrement tétragones, aiguës, un peu arquées en-dessus; le pédoncule, nu, soutient une cime trifide très-rameuse, chargée de petites fleurs blanches, à anthères purpurines. Dans le *crassula fruticulosa*, Linn., et le *crassula cafra*, qui n'en est qu'une variété, les fleurs sont blanches, petites, campanulées, disposées en ombelles; les ovaires rudes; les feuilles sessiles, opposées, en alène, lisses, mucronées, très-ouvertes; les tiges ligneuses, hautes d'un pied, de l'épaisseur du doigt.

Crassule percée : *Crassula perfossa*, Encycl.; *Ill.* tab. 220, fig. 2; Dec., Pl. grass., n.° 25, *icon.*; ou *Crassula punctata*, Linn.? Cette singulière espèce est remarquable par la manière dont les feuilles, réunies à leur base, sont percées par la tige; elles sont épaisses, de couleur glauque, purpurines à leurs bords; les tiges sont simples, longues de six à dix pouces; les fleurs

terminales, nombreuses, paniculées; les ramifications opposées.

CRASSULE A FEUILLES SERRÉES; *Crassula obvallata*, Linn.; Dec.,
Pl. grass., n.° 61, *icon.* Ses tiges, hautes de trois ou quatre
pouces, sont couvertes de feuilles opposées, presque lancéolées, très-serrées les unes contre les autres, à bords tranchans, un peu pubescentes dans leur jeunesse; les fleurs sont
blanches, paniculées, à ramifications nombreuses. Le *crassula
cultrata*, Linn. (Dill. *Elth.*, tab, 97), est très-rapproché
de l'espèce précédente; mais il s'élève davantage : ses feuilles
sont presque planes, rétrécies à leur base, ovales, obtuses,
à bords tranchans; les fleurs sont blanchâtres, fort petites,
réunies en une panicule oblongue; les ramifications courtes;
les pétales mucronés à leur sommet.

CRASSULE EN FAUCILLE; *Crassula falcata*, Willden.; *Crassula
obliqua*, Andr., *Bot. Rep.*, tab. 414; *Rochea falcata*, Dec., Pl.
grass., n.° 103, *icon.* Ses tiges sont un peu pubescentes,
hautes de trois ou quatre pieds; les feuilles conniventes,
munies à leur base d'une petite oreillette, oblongues, courbées en faucille, tachetées de points verts sur un fond glauque
cendré; les fleurs disposées en corymbes axillaires, et feuillées;
le calice' pubescent; la corolle rouge, tubulée à sa base, à
cinq découpures ouvertes.

CRASSULE A FEUILLES DE POURPIER : *Crassula portulacea*, Encycl.;
Dec., Pl. grass., n.° 79, *icon.* : *Crassula obliqua*, Ait., *H. Kew.*
Cette plante s'élève à la hauteur de quatre pieds, sur une
tige plus épaisse à sa base que le bras, chargée au sommet
de rameaux charnus, paniculés; les feuilles sont ovales, succulentes, d'un vert jaunâtre, glabres, luisantes, ponctuées;
les fleurs assez grandes, d'un rose tendre, réunies en une
cime ombellifère et terminale; les pétales linéaires-lancéolés,
ouverts en étoile; les ovaires hérissés de poils courts.

CRASSULE LUISANTE : *Crassula lucida*, Encycl.; *Crassula spathu-
lata*, Dec., Pl. grass., n.° 49, *icon.* Elle ressemble par ses
feuilles à la morgeline, *alsine media.* Elles sont opposées,
pétiolées, arrondies, presque en cœur, charnues, finement
crénelées, d'un beau vert luisant en-dessus; les fleurs petites,
ouvertes en étoile, blanches en dedans, purpurines en dehors, disposées en corymbes lâches, paniculés; les pétales
étroits, aigus, plus longs que le calice.

Crassule en cœur : *Crassula cordata*, Dec., Pl. grass., n.° 121, *icon.*; *non* Linn. Ses tiges sont ligneuses; ses rameaux étalés, opposés; les feuilles médiocrement pétiolées, un peu arrondies, ovales, en cœur, ponctuées en-dessus, parsemées en-dessous d'une poussière glauque; les fleurs sont petites, d'un blanc rougeâtre, réunies en cimes paniculées; les ramifications grêles, opposées, munies d'une foliole à leur base. Le *crassula lactea*, Dec., Pl. grass., n.° 37 (Smith, *Exot.*, tab. 33), s'élève à la hauteur d'un pied sur une tige garnie de feuilles ovales, opposées, conniventes, rétrécies à leur base, d'un vert foncé, ponctuées à leurs bords; les fleurs sont très-blanches, disposées en cimes paniculées; les pédoncules divisés en trois pédicules rameux, chargés de quatre à cinq fleurs; les pétales alongés, aigus; les capsules triangulaires.

Crassule cotylédon : *Crassula cotyledon*, Linn.; Jacq., *Miscell.*, 2, tab. 19. Elle ressemble par son port au *cotyledon orbiculata;* sa tige est fort épaisse, haute de deux pieds; ses feuilles opposées, presque orbiculaires, glauques, bordées de pourpre, parsemées en-dessus de petits points verdâtres; les fleurs d'un blanc rougeâtre; réunies en cimes paniculées et terminales : quelques-unes sont quadrifides.

Crassule renversée : *Crassula dejecta*, Jacq., *H. Schœnbr.* 4, tab. 433. Ses tiges sont glabres, ligneuses, très-rameuses; les rameaux tors et renversés; les feuilles en croix, conniventes, lancéolées, cartilagineuses et ciliées à leurs bords; les fleurs nombreuses, réunies en un gros bouquet terminal; la corolle blanche, très-ouverte, une fois plus longue que le calice. Dans le *crassula marginalis*, Jacq., *H. Schœnbr.* 4, tab. 471, les tiges sont hautes de deux pieds; les rameaux diffus et nombreux; les feuilles conniventes, arrondies, échancrées en cœur, mucronées, ponctuées, un peu glauques en-dessous, purpurines à leurs bords; les fleurs presque en ombelle; les pétales d'un blanc sale, lancéolés, aigus, une fois plus longs que les calices.

Linnæus fils cite de la Chine, sous le nom de *crassula pinnata*, une espèce très-remarquable par ses feuilles alternes, ailées avec une impaire, composées de sept à neuf folioles en cœur, lisses, aiguës, très-entières, un peu pétiolées : ses tiges sont ligneuses, roussâtres; ses rameaux alternes; les fleurs rouges, disposées en panicules axillaires, plus courtes que les feuilles.

** *Espèces à tige herbacée.*

CRASSULE LYCOPODE ; *Crassula lycopodioides*, Encycl. Cette singulière espèce ressemble à un lycopode : elle est d'un vert sombre qui contraste singulièrement avec le vert pâle et tendre des jeunes tiges. Elle s'élève à la hauteur d'un pied. Ses tiges sont droites, rameuses, de la grosseur d'une plume à écrire; les branches, voisines de la terre, poussent des fibres blanches, descendantes, qui prennent racine; les feuilles sont petites, sessiles, très-serrées, imbriquées sur quatre rangs, roides, ovales, aiguës, convexes sur le dos. Ses fleurs ne sont pas encore connues ; elle n'en a point donné depuis près de trente ans qu'elle est cultivée au Jardin du Roi. Le *crassula muscosa*, Linn., paroit avoir de grands rapports avec cette espèce; ses fleurs sont très-petites, axillaires et sessiles.

CRASSULE GLOMÉRULÉE; *Crassula glomerata*, Linn. Cette espèce, remarquable par sa petitesse, ressemble au *montia fontana* par son port : sa tige est filiforme, dichotome, purpurine ; ses rameaux touffus ; les feuilles sont opposées, sessiles, lancéolées, vertes, un peu charnues, plus courtes que les entrenœuds; les fleurs petites, solitaires, presque sessiles dans les bifurcations ; d'autres réunies deux ou trois au sommet des rameaux, munies à leur base de petites bractées en forme d'involucre, rudes au toucher, ainsi que les calices; les pétales blancs, ovales, à peine de la longueur du calice.

CRASSULE CENTAURÉE; *Crassula centauroides*, Linn. Petite plante, haute de trois ou quatre pouces, dont les tiges sont menues, un peu pubescentes, branchues; les feuilles sessiles, le plus souvent opposées, charnues, luisantes, ovales, aiguës, marquées en-dessus de points concaves; les fleurs d'un rouge jaunâtre; les pédoncules axillaires, uniflores, plus courts que les rameaux. Le *crassula dichotoma*, Linn. (Herm., *Lugd.*, tab. 553), a beaucoup de rapports avec la précédente ; mais ses feuilles sont moins larges, plus grandes, ses tiges un peu plus élevées; la corolle est jaune en dedans, purpurine en dehors, marquée à la base de chaque pétale d'une tache en cœur, couleur de sang. Dans le *crassula strigosa*, Linn., les tiges, hautes de six à sept pouces, sont droites, dichotomes, un peu hispides; les feuilles opposées, ovales, rayées, peu charnues, les inférieures souvent pétiolées; les pédoncules uniflores, réunis plusieurs ensemble à l'extrémité des rameaux; les pétales de la longueur du calice.

CRASSULE CILIÉE : *Crassula ciliata*, Linn.; Dill., *Elth.*, tab. 98, fig. 116. Ses tiges sont courtes;, quelques-uns de ses rameaux élancés en longs jets foibles, cylindriques, longs de neuf ou dix pouces, chargés de feuilles planes, opposées, vertes, ovales, obtuses, point conniventes, à bords frangés et ciliés; les fleurs sont petites, jaunâtres, disposées en petits corymbes terminaux. On cultive au Jardin du Roi, sous le nom de *crassula calycina*, une espèce originaire de la Nouvelle-Hollande, remarquable par son grand calice.

CRASSULE GENTIANE : *Crassula gentianoides*, Encycl.; Pluk. *Mant.*, tab. 415, fig. 6. Espèce remarquable par ses belles fleurs campanulées, tubulées à leur base, à cinq étamines. Ses tiges sont grêles, hautes de deux ou trois pouces, fourchues à leur sommet, garnies de trois paires de feuilles ovales, un peu aiguës. Chaque bifurcation de la tige se divise en trois parties, soutenant trois pédoncules uniflores, munis à leur base de quelques bractées étroites. Dans le *crassula subulata*, Linn. (Herm., *Lugd.*, tab. 552), les fleurs sont d'un rouge écarlate, ou blanches, réunies en une tête terminale, presque sessile, accompagnée d'un involucre à plusieurs folioles; les tiges sont hautes d'un demi-pied, peu rameuses; les feuilles opposées, étroites, linéaires, obtuses, bordées de cils cartilagineux.

CRASSULE A FEUILLES AIGUES; *Crassula acutifolia*, Encycl. Ses tiges sont peu rameuses, longues de trois pouces; les feuilles opposées, un peu conniventes, glabres, cylindriques, très-aiguës; un pédoncule latéral, presque nu, soutient une cime de fleurs en ombelle, fort petite, souvent dichotome; la corolle est blanche, un peu plus grande que le calice. Le *crassula alternifolia*, Linn. (Burm., *Afr.*, tab. 24, fig. 1), est distingué par ses feuilles alternes, planes, ovales-lancéolées, dentées, très-aiguës; par ses tiges ou rameaux rougeàtres,

velus, longs de deux pieds; les fleurs sont jaunes, solitaires,
axillaires, un peu pédonculées et pendantes.

CRASSULE ROUGEATRE : *Crassula rubens*, Linn.; Dec., Pl. grass.,
tab. 55. Cette espèce n'a ordinairement que cinq étamines;
quelques botanistes disent en avoir observé dix : ses tiges sont
hautes de trois ou quatre pouces, rougeâtres, un peu velues,
divisées vers leur sommet en trois ou quatre rameaux à demi
ouverts, garnis de feuilles alternes éparses, oblongues, sessiles, presque cylindriques, courtes, charnues, souvent rougeâtres; les fleurs sont sessiles, alternes; les calices légèrement
velus; les pétales blancs, lancéolés, très-aigus, traversés par
une ligne purpurine. Elle croît dans les lieux sablonneux, le
long des vignes et des chemins, dans les environs de Paris, etc.
La variété *nana* (Magn., *Monsp.*, pag. 237, *icon.*) est considérée
comme une espèce par M. Decandolle, sous le nom de *crassula magnolic*, Fl. fr., *Sup.* 522. C'est le *tillæa rubra*, Gouan,
Hort., 77; *crassula cespitosa*, Balb., *Misc.* 15. Sa tige est de
moitié plus courte; ses feuilles éparses, ovales, obtuses; les
fleurs d'un blanc un peu rougeâtre; les capsules divergentes
en étoile à leur maturité: elle croît près de Montpellier. Le
crassula andegavensis (Fl. fr., *Sup.*), ou *sedum atratum* (Bast.,
Ess., page 167), très-voisin du *crassula Monspelii*, en diffère
par ses capsules de moitié plus courtes, droites et non divergentes. Le *crassula verticillaris*, Linn., est une autre petite
plante de l'Europe australe, dont les tiges sont très-rameuses
et diffuses; les feuilles sessiles', opposées, très-rapprochées,
très-ouvertes, un peu tuberculeuses; les fleurs sessiles, axillaires, très-petites; les pétales de la longueur du calice, lancéolés, très-aigus.

CRASSULE A TIGE NUE : *Crassula nudicaulis*, Linn.; Dill., *Elth.*,
tab. 98, fig. 115. Une tige nue, haute d'environ un demi-pied,
munie seulement de trois ou quatre folioles verticillées à
chaque articulation, s'élève du milieu d'une rosette de feuilles
linéaires, étroites, subulées, à demi cylindriques, longues de
trois pouces; les fleurs sont petites, herbacées, presque en
verticilles, ou ramassées en têtes compactes.

CRASSULE CRÉNELÉE : *Crassula crenata*, Desf., *Coroll.*, tab. 58.
Cette plante, découverte dans l'Arménie par Tournefort, a
des tiges à peine rameuses, rampantes à leur base, hautes de

six pouces; des feuilles opposées, presque sessiles, ovales,
renversées, charnues, crénelées, longues de dix lignes; les
fleurs presque sessiles, unilatérales, disposées en un corymbe
terminal; les divisions du calice profondes, aiguës; les pétales blancs, lancéolés, très-aigus.

CRASSULE ODORANTE : *Crassula odoratissima*, Andr., *Bot. Rep.*,
tab. 26; Jacq., *Hort. Schœnbr.* 4, tab. 434. Ses fleurs répandent
une odeur très-agréable, approchante de celle de la tubéreuse;
elles sont d'un jaune pâle : les pétales linéaires, connivens,
recourbés à leur sommet; les feuilles opposées, amplexicaules, linéaires, obtuses, ciliées à leurs bords; les fleurs
presque sessiles, réunies en tête.

CRASSULE ORBICULAIRE : *Crassula orbicularis*, Linn.; Dill., *Elth.*,
tab. 100, fig. 118. Ses fleurs ont une odeur très-agréable; ses
feuilles sont radicales, imbriquées, disposées en rosettes,
ovales-oblongues, un peu aiguës, bordées de cils cartilagineux très-fins; du collet de la racine naissent plusieurs jets
filiformes, terminés par une rosette de feuilles naissantes,
prolifères ; les hampes sont droites, nues, chargées de petits
bouquets de fleurs glomérulées, presque en épi, d'un blanc
rougeâtre.

CRASSULE TRANSPARENTE : *Crassula pellucida*, Linn.; Dill., *Elth.*,
tab. 100, fig. 119. Ses tiges sont transparentes, d'un rouge vif,
rampantes, longues d'environ neuf pouces et plus; les feuilles
opposées, ovales, un peu aiguës, à peine denticulées; les
fleurs d'un blanc pourpre, solitaires, ou deux et trois ensemble,
pédonculées, terminales. Dans le *crassula perforata*, Linn., les
tiges sont également rouges, plus longues ; les feuilles perfoliées, ovales ou en cœur; les fleurs petites, glomérulées, en
grappe alongée, portées sur des pédoncules opposés.

CRASSULE EN COLONNE : *Crassula columnaris*, Linn.; Burm. *Afr.*,
tab. 9, fig. 2. Ses tiges sont très-simples, longues d'un pouce;
ses feuilles imbriquées, arrondies, très-obtuses; les fleurs
fasciculées, sessiles, terminales; une corolle tubulée à cinq
divisions linéaires; autant d'étamines et d'ovaires.

CRASSULE EN GAZON : *Crassula cespitosa*, Linn.; Cavan., *icon.*,
rar. 1, tab. 69, fig. 2. Très-petite plante, à peine longue de
trois lignes, observée par Cavanilles dans les environs de
Madrid; ses tiges sont rougeâtres, ramassées en gazon; ses

feuilles imbriquées sur quatre rangs, sessiles, ovales-globuleuses, marquées d'un point rougeâtre à leur sommet; les fleurs sessiles, disposées en cime, au nombre de trois ou quatre; le calice charnu, à quatre ou cinq divisions; les pétales blancs, très-aigus, rougeâtres sur leur dos; les capsules oblongues, aiguës; les semences noirâtres.

Les espèces que je viens de citer sont en partie cultivées, en partie les mieux connues. Il en existe un grand nombre d'autres, les unes douteuses, les autres très-peu connues. Je me bornerai à les mentionner par leurs noms : telles sont les *Crassula moschata*, Forst.; *pulchella*, Ait., *Hort. Kew.*; *alooides*, Ait.; *turrita*, Thunb.; *imbricata*, Ait.; *muricata*, Thunb.; *lineolata*, Ait.; *hemisphærica*, Thunb.; *minima*, Thunb.; *expansa*, Ait.; *dentata*, Thunb.; *marginata*, Thunb.; *sparsa*, Ait.; *diffusa*, Ait.; *prostrata*, Thunb.; *cymosa*, Berg. et Petiv., *Gaz.*, tab. 89, fig. 6; *barbata*, Linn. *S.*; *dichotoma*, Linn. *Supp.*, *non* Linn. *Spec.*; *argentea*, Linn. *S.*; *vestita*, Linn. *S.*; *corallina*, Linn. *S.*; *retroflexa*, Linn. *S.*; *deltoidea*, Linn. *S.*; *cordata*, Linn. *S.*; *montana*, Linn. *S.*; *mollis*, Linn. *S.*; *crenulata*, Linn. *S.*; *alpestris*, Linn. *S.*; *pyramidalis*, Linn. *S.*; *spicata*, Linn. *S.*; *turrita*, Linn. *S.*; *rupestris*, Linn. *S.*; *thyrsiflora*, Linn. *S.*; *capitella*, Linn. *S.*; *pubescens*, Linn. *S.*; *cephalophora*, Linn. *S.*; *tomentosa*, Linn. *S.*; *cotyledonis*, Linn. *S.*; *tecta*, Linn. *S.* (Poir.)

CRASSULÉES. (*Bot.*) Famille de plantes dans la classe des dicotylédones peripétalées ou polypétales, à pétales et étamines insérées au calice. Elle tire du *crassula*, un de ses genres, son nom qui exprime en même temps un de ses caractères habituels, consistant en des feuilles charnues et épaisses. Ce nom a paru préférable à celui de joubarbe, *sempervivæ*, que cette famille portoit auparavant.

Les autres caractères principaux sont : un calice monophylle, divisé profondément en plusieurs parties; une corolle, tantôt composée d'autant de pétales à base large, alternes avec les divisions du calice, tantôt et plus rarement monopétale par suite de la réunion inférieure des pétales. Les étamines sont en nombre égal à celui des pétales et alternes avec eux, ou en nombre double, dont la seconde moitié est insérée sur l'onglet des pétales; toutes les anthères sont arrondies. Le pistil est composé de plusieurs ovaires libres, en nombre égal à celui

des pétales, distincts supérieurement, rapprochés et presque
réunis par leur base intérieurement, munis à leur base extérieure d'une glande qui prend quelquefois la forme d'une
écaille. Chaque ovaire est surmonté d'un style et d'un stigmate, et devient une capsule uniloculaire, s'ouvrant du côté
intérieur en deux valves, aux bords desquelles sont insérées
les graines; l'intérieur de celles-ci est occupé par un embryon
droit, cylindrique, central, à radicule longue et à lobes courts,
entouré d'un périsperme charnu très-mince.

Les tiges sont ordinairement herbacées, rarement ligneuses
ou formant de petits arbrisseaux. Les feuilles, toujours
charnues et épaisses, sont alternes ou opposées. Les fleurs
sont terminales. Les genres qui appartiennent à cette famille
sont le *tillæa*, dont le *bulliarda* paroît ne devoir pas être séparé;
le *crassula*, dont le *rochea* et le *globulea* font partie; le *crassula*, auquel le *calanchoe*, le *verea* et le *bryophyllum* doivent
rester unis; le *sedum* et l'*anacampseros*, qui ne font qu'un; le
sempervivum et le *septas*.

On peut placer encore à la suite, comme genres appartenant à des familles voisines non encore établies, le *cephalotos*
de M. Labillardière et le *penthorum*. (J.)

CRATÆGUS. (*Bot.*) Les auteurs qui ont cherché à déterminer quel étoit l'arbre ainsi nommé par Théophraste, ne
sont pas d'accord sur ce point. Les uns ont cru que c'étoit le
houx, *ilex aquifolium*. Lobel vouloit que ce fût le tremble,
populus tremula. Dalechamps et d'autres pensent, avec plus de
raison, que c'est un alisier, *cratægus torminalis*, dont Willdenow fait une espèce de poirier, *pyrus torminalis*. Voyez
Alisier. (J.)

CRATÆOGONON. (*Bot.*) La plante mentionnée sous ce
nom par Pline, et sous celui de *crateum* par Théophraste,
pousse d'une même racine plusieurs tiges garnies de nœuds :
ses graines sont comme celles du millet; leur décoction a un
goût très-âpre. (*Quod si bibant, ex vino, ante cœnam, tribus obolis
in cyathis aquæ totidem mulier et vir ante conceptum diebus qua-
draginta, futurum virilis sexus partum aiunt.* Cette description
et cette propriété sont extraites presque textuellement de
Pline, et on retrouve à peu près les mêmes indications dans
Dioscoride, qui dit de plus que la plante a les feuilles du

mélampyre : mais quelle est cette plante? Calepin, dans son Dictionnaire, la jugeant d'après ses vertus, l'indique comme une espèce de *satyrion*. Dalechamps, qui cite les mêmes propriétés, et après lui C. Bauhin, croient que le *cratæogonon* est un mélampyre, *melampyrum pratense* de Linnæus, qui seroit mieux nommé *sylvaticum*, puisqu'on ne le trouve que dans les bois. Mais on doit observer que ses graines sont plus fortes que celles du millet. Selon Gérard, ancien botaniste, c'est la plante que nous nommons maintenant *euphrasia odontites*. Lacunel et Anguillara penchent pour deux persicaires différentes. Dodoëns est pour une espèce d'œillet que C. Bauhin a nommé postérieurement *caryophyllus arvensis glaber flore majore*, et qui n'est point cité par les modernes. Dans cette énumération il paroît que l'opinion de Dalechamps est la mieux fondée, malgré la différence énoncée dans les graines.

On trouve encore dans l'*Herb. Amboin.* de Rumph, sous le nom de *crateogonum*, deux plantes, dont la première offre dans sa description et sa gravure les caractères d'une rubiacée, à l'exception du fruit, qu'il dit être une graine dure, ayant la forme d'un gros gravier : c'étoit l'*oldenlandia verticillata* de Linnæus, et c'est maintenant le *spermacoce articularis* de son fils. La seconde, plus petite, n'ayant qu'une graine semblable à celle de la moutarde, n'est point figurée par Rumph. Il dit qu'elle a du rapport avec le pariétaire ; et c'est peut-être pour cela que Linnæus, sous son *parietaria indica*, l'a citée comme synonyme, qui a été depuis supprimée par Willdenow. Ces plantes de Rumph n'ont aucun rapport avec celle de Pline et de Dioscoride, et l'on observera de plus que l'orthographe n'est pas la même. (J.)

CRATEOGONUM. (*Bot.*) Voyez OLDENLANDE. (Poir.)

CRATÉRANTHEME, *Cratheranthemum*. (*Bot.*) Donati, dans son Histoire naturelle de la mer Adriatique, donne ce nom à un genre de plantes marines, qu'il caractérise ainsi : Fruits humides, cratériformes, contenant chacun une seule semence, solitaire à l'extrémité de la plante. Ce genre paroît appartenir à des zoophytes de la famille des sertulaires : on ne sauroit en rien dire de plus. (Lem.)

CRATÈRE. (*Min.*) On donne ce nom à la dépression, en forme de coupe plus ou moins profonde, qui est creusée au sommet d'une certaine classe de montagnes volcaniques. Voyez Volcan. (B.)

CRATERELLA. (*Bot.*) M. Persoon avoit d'abord formé sous ce nom un genre de champignons qu'il a réunis depuis aux auriculaires, *telephora*; il comprenoit les espèces dont le chapeau entier étoit contourné en forme d'entonnoir ou de coupe, et dont le disque étoit couvert de papilles. Il y avoit également rapporté la pezize corne - d'abondance, *peziza cornucopioides*, Linn., qui se présente en forme de coupe, comme quelques autres espèces du même genre, *peziza crater*, Schæff., et *peziza craterella*, Hedw. Voyez Telephora. (Lem.)

CRATERIUM. (*Bot.*) Genre de la famille des champignons, très-voisin des arcyries et des capillines, et qui s'en distingue par le *peridium* muni d'un opercule. Trentepohl, en établissant ce genre, en indique une espèce pédonculée, *craterium pedunculatum*, que M. Persoon rapprochoit de son *arcyria leucocephala* : depuis, Linke a fait remarquer que cette dernière espèce est distincte et appartient aussi au genre *Craterium*, son péridium étant garni d'un opercule toujours convexe, fort mince et très-fugace. Les espèces de *craterium* sont de jolies petites fongosités qui naissent sur les feuilles sèches. Leur croûte est mince et oblongue; elle est blanchâtre ou brunâtre, et porte des péridium groupés, grisâtres, globuleux, membreux et celluleux à l'intérieur, ou remplis de flocons entremêlés, rameux, blanc - de - neige, qui se détruisent après l'émission de la poussière : alors les péridium ressemblent à de petites coupes. Ce genre est placé entre les genres *Cribaria* et *Calicium*, par Linke, et dans la cinquième série, Mycetodéens, du deuxième ordre, Gastromyciens, de la classification des champignons, Pav. (Lem.)

CRATEVA. (*Bot.*) Voyez Tapier. (Poir.)

CRATIUM. (*Conchyl.*) Dargenville nomme ainsi une espèce d'huitre, l'*ostrea frons*, Linn. (De B.)

CRAUROPHYLLON (*Bot.*), nom grec sous lequel Thalius, cité par C. Bauhin, désigne le *cucubalus otites*. (J.)

CRAVAN (*Molluscart.*), nom que l'on donne, en quelques endroits, aux anatifes. (De B.)

CRAVE. (*Ornith.*) On a déjà exposé, sous le mot Coracias,

les motifs qui déterminent à substituer ici la première de ces dénominations, comme terme générique françois, à la seconde; et, en adoptant le mot latin *fregilus*, donné par M. Cuvier, tom. 1.er, pag. 406 de son Règne animal, on observera que ce genre, qui correspond au *coracia* de Brisson et de M. Vieillot, se distingue du genre *Corvus* par la courbure des mandibules, toutes deux également arquées, comme chez les huppes. Le bec, plus long que la tête, arrondi, un peu grêle, a d'ailleurs, comme celui des corbeaux, la base garnie de plumes dirigées en avant, qui recouvrent les narines; la langue, aussi longue que le bec, est cartilagineuse et bifide à la pointe.

Crave a bec rouge: *Corvus graculus*, Linn.; *Coracia erythroramphos*, Vieill.; *Fregilus erythroramphos*, Dum. Cet oiseau, qui est représenté dans les planches enluminées de Buffon, n.° 255, sous le nom de coracias des Alpes, a environ quinze pouces de longueur. Son bec, long de deux pouces, est d'un beau rouge, et ses pieds sont de la même couleur, à l'exception des ongles, qui sont noirs; ses ailes, pliées, s'étendent à neuf lignes au-delà du bout de la queue, qui est carrée; son plumage est en entier d'un noir brillant, à reflets verts, violets et pourprés; l'iris est brun, et la langue d'un jaune de safran. Les plumes des jeunes n'ont point de reflets, et avant la première mue leur bec et leurs pieds sont noirs. Tel étoit sans doute l'individu dont Gerini fait mention, tom. 2.e, pag. 58, de son Histoire des oiseaux.

Le crave, qu'on a souvent confondu avec le chocard ou choucas des Alpes, *corvus pyrrhocorax*, Linn., est d'un naturel vif, inquiet et turbulent. Son cri est aigu, quoique assez sonore, et il le fait entendre presque continuellement. Les Alpes et les hautes montagnes de la Suisse, de l'Italie, du Tyrol, de la Bavière, de la Carinthie, sont les lieux que ces oiseaux habitent ordinairement; dans les hivers rigoureux on les trouve sur des montagnes moins élevées, telles que le Jura, les Vosges; et partout ils se plaisent sur les rochers, où ils nichent, ainsi qu'au sommet des vieilles tours abandonnées. La ponte de la femelle est de quatre ou cinq œufs, qui, suivant Montbeillard, sont blancs avec des taches d'un jaune sâle, mais que Lewin a fait représenter comme étant tachetés de brun sur un fond bleuâtre, dans la planche 10, n.º 3, de son Histoire naturelle des oiseaux d'Angleterre, pays où l'auteur prétend que cette espèce est assez commune, surtout dans les rochers de Douvres, et dans ceux des comtés de Devon et de Cornouailles.

Belon a vu des craves sur les montagnes de Crète, et, suivant Hasselquist, ils arrivent en Égypte lorsque le Nil, débordé et prêt à rentrer dans son lit, leur offre d'abondantes ressources pour leur nourriture, qui consiste en insectes, en baies et en graines ramollies par le premier travail de la végétation.

On peut élever ces oiseaux en domesticité : on les nourrit, dans les commencemens, d'une pâtée faite avec du lait, du pain, etc., et bientôt ils s'habituent aux mets que l'on sert sur la table. Ils sont, comme les corneilles et les pies, attirés par tout ce qui brille, et ont l'habitude d'enlever des pièces de métal et d'autres objets luisans. On en a même vu qui ont occasioné des incendies, en transportant hors du foyer des morceaux de bois allumés; et Aldrovande en cite un qui, probablement par suite du même instinct, cassoit les vitres, et rentroit à la maison par les fenêtres.

M. Picot de la Peyrouse parle, dans ses Tables méthodiques d'oiseaux observés dans le département de la Haute-Garonne, pag. 17, d'un individu qui étoit tout-à-fait blanc; mais c'étoit vraisemblablement une variété accidentelle.

Gesner ayant décrit et figuré, sous le nom de *corvus sylvaticus*, pag. 337 de l'édit. de 1555, un oiseau portant à l'occiput des plumes alongées qui formoient une sorte de huppe, et dont le bec étoit long, effilé, presque droit, et rouge, comme ses pieds, la plupart des naturalistes en ont fait un coracias huppé, et lui ont aussi donné le nom de *sonneur*, qui pouvoit également convenir au crave d'Europe, à cause de son cri sonore : c'est le *corvus eremita* de Linnæus et de Latham. Mais, malgré les détails dans lesquels Gesner est entré sur cette prétendue espèce, qu'on n'a pas revue depuis, les auteurs modernes ont pensé avec raison que le naturaliste suisse avoit été dupe du charlatanisme de quelque empailleur. Certains traits de la mauvaise gravure y ont fait trouver des rapports avec quelques courlis; on auroit pu, de même, en supposer avec l'huîtrier, à cause de la couleur rouge de son bec et de ses pieds : mais il paroit plus simple de ne voir dans cette figure défectueuse, surtout pour la longueur et la trop grande rectitude du bec, qu'un crave ordinaire, auquel on aura fabriqué une huppe, en collant aux plumes occipitales d'autres plumes arrachées dans des places voisines. Cette soustraction, mal-adroitement exécutée, a peut-être aussi contribué à faire associer l'idée de chauve à celle de huppé, dans la description de Gesner, où tout annonce l'hésitation et l'incertitude.

CRAVE A BEC NOIR : *Coracia melanoramphos*, Vieill.; *Fregilus melanoramphos*, Dum. Cette espèce, de la Nouvelle-Hollande, se distingue du crave d'Europe en ce que son bec, un peu moins long, est noir, ainsi que ses pieds. Son plumage est d'ailleurs d'un noir plus terne et presque sans reflets; mais, ces deux circonstances se rencontrant chez le crave d'Europe avant la première mue, il seroit bon de s'assurer si elles existent à tout âge chez celui de la Nouvelle-Hollande.

M. Vieillot ajoute à ces deux espèces l'oiseau de Madagascar que Flacourt nomme *tivouch*, et qui est l'*upupa capensis* de Linnæus et de Latham, la huppe noire et blanche de Buffon, pl. enl. n.° 697 : voyez-en la description sous le mot HUPPE. (CH. D.)

CRAVE SICRIN. (*Ornith.*) Voyez CHOCART SICRIN. (CH. D.)

CRAVETA. (*Ornith.*) On nomme ainsi, en Piémont, la barge brune, *scolopax fusca*, Linn., qui est une espèce de chevalier. (CH. D.)

CRAVETTA. (*Bot.*) En Piémont on donne ce nom à un bolet que l'on mange, et qui est une variété du bolet bronzé de Bulliard, *boletus aereus*, Decand. : il se distingue par son pédicule blanc, ponctué de points obscurs, et par sa chair blanche, qui noircit à la fin de sa vie. (LEM.)

CRAVICHON. (*Bot.*) On donne ce nom au prunier sauvage, dans quelques cantons. (L. D.)

CRAVINHA. (*Bot.*) L'œillet des jardins, *dianthus caryophyllus*, est ainsi nommé en Portugal, selon Vandelli : l'œillet prolifère, *dianthus prolifer*, est le *cravo* du même pays. (J.)

CRAVO. (*Bot.*) Voyez CRAVINHA. (J.)

CRAWFISH-EYE (*Bot.*), nom qu'on donne en Angleterre

à la parelle, espéce de lichen, *lichen parellus*, Linn., placé par Decandolle dans le genre *Patellaria*, et par Acharius dans celui qu'il nomme *parmelia*. (LEM.)

CRAX (*Ornith.*), nom latin et générique des hoccos. (CH. D.)

CRAYE-BESSEU. (*Bot.*) Voyez KADALI. (J.)

CRAYONS. (*Min.*) Ce nom, qui s'applique à toutes les pierres colorées qu'on peut employer pour dessiner, paroît venir du mot craie, qui désigne une des substances les plus généralement employées pour tracer des linéamens blancs, tant chez les anciens, chez lesquels, comme nous l'avons dit, il s'appliquoit à une argile blanche, que chez les modernes, où il s'applique à une. chaux carbonatée.

Parmi les crayons naturels, c'est-à-dire qui sont dus à des pierres simplement choisies et taillées, on n'en connoît que de trois couleurs principales :

1.° Les crayons blancs, qui sont faits la plupart avec de la craie proprement dite, et quelques-uns avec du talc stéatite ;

2.° Les crayons rouges, ou sanguine, qui appartiennent au fer oxydé terreux ;

3.° Les crayons noirs, qui sont tantôt du graphite ou fer carburé, tantôt de l'ampélite *nigrica*. Voyez à chacun de ces mots les diverses méthodes suivies pour préparer ces crayons. (B.)

CRÉAC. (*Ichthyol.*) Dans plusieurs de nos départemens méridionaux on donne ce nom à l'ESTURGEON. Voyez ce mot. (H. C.)

CRÉAC DE BUSC. (*Ichthyol.*), nom que, suivant Rondelet, on donnoit à l'ange dans la ville de Bordeaux. Voyez SQUATINE. (H. C.)

CRÉADION. (*Ornith.*) M. Vieillot, en établissant une famille d'oiseaux *caronculés*, sans toutefois y comprendre la totalité de ceux qui offrent des appendices charnus, et qui, malgré cette circonstance particulière et accessoire, tiennent à d'autres groupes bien déterminés, a formé dans cette famille même le genre *Créadion*, terme qui, en grec, signifie aussi caroncule, et qui ne présente peut-être pas une idée assez distincte de celle du premier nom.

Quoi qu'il en soit, les créadions, la plupart de la Nouvelle-Hollande, étoient dispersés dans les genres *Sturnus*, *Merops*, *Corvus*, et, en les réunissant, M. Vieillot leur a donné pour caractères : le bec fléchi en arc, comprimé latéralement, entier, pointu ; la tête, ou seulement la mandibule inférieure, caronculée ; les narines longitudinales et couvertes d'une membrane ; la langue cartilagineuse, ordinairement ciliée à la pointe. L'auteur divise ce genre en deux sections, dont la première comprend ceux qui ont le bec déprimé à la pointe, et la seconde ceux dont le bec est étroit vers le bout. La première de ces sections n'est composée que du créadion pharoïde, *sturnus carunculatus*, Lath. et Gmel. La seconde renferme le créadion cornu, *merops corniculatus*, Lath. ; le créadion à pendeloques, *merops carunculatus*, Lath. ; le créadion foulehaio , *certhia carunculata*, Lath. M. Cuvier n'a formé de ces oiseaux et de beaucoup d'autres que des sous-divisions de son genre PHILÉDON. Voyez ce mot. (CH. D.)

CREAL. (*Ichthyol.*) , nom portugais de l'ESTURGEON. Voyez ce mot. (H. C.)

CRECER. (*Ornith.*) La grive draine, *turdus viscivorus*, Linn. , porte ce nom en Gallois. (CH. D.)

CRÉCERELLE. (*Ornith.*) Voyez CRESSERELLE. (CH. D.)

CRÉCHET (*Ornith.*), un des noms vulgaires du cul-blanc, motteux ou vitrec, *motacilla œnanthe*, Linn. (CH. D.)

CREEPER (*Ornith.*), nom générique anglois du grimpereau, en latin *certhia*. (CH. D.)

CREIDION. (*Bot.*) Voyez CATAPSYXIS. (J.)

CREIN (*Bot.*), nom donné dans la Bourgogne, suivant J. Bauhin, à l'espèce de pin plus connu sous celui de *mugho*, maintenant nommé *pinus pumilio*. (J.)

CREMAILLERE (*Bot.*), nom vulgaire de la cuscute. (L. D.)

CRÉMASTOCHEILE. (*Entom.*) Ce nom, imaginé par Knoch, et composé de deux mots grecs qui signifient support de mâchoire, a été donné à une espèce de trichie ou de coléoptère pétalocère, voisin des cétoines, qui vit dans le châtaignier du nord de l'Amérique. Voyez TRICHIE. (C. D.)

CRÈME. (*Chim.*) C'est la substance, d'un blanc jaunâtre, qui se réunit à la surface du lait que l'on abandonne à lui-même dans un lieu frais. La crème est composée,

1.º De beurre, ou plutôt de ses principes immédiats, savoir, de stéarine, d'élaine, d'acide butirique ou de ses élémens, et d'un principe colorant jaune;

2.º D'eau tenant en dissolution du caséum, du sucre de lait, de l'acide lactique, de l'acide acétique, quelquefois de l'acide butirique, de l'acide carbonique, du phosphate de chaux, du chlorure de potassium.

Tels sont les résultats que j'ai obtenus de l'analyse de la crème. Voyez Lait. (Ch.)

CREME DE CHAUX. (*Chim.*) C'est la pellicule de sous-carbonate de chaux qui se forme à la surface de l'eau de chaux exposée dans une atmosphère où il y a du gaz acide carbonique. Une pellicule toute semblable se produit dans les eaux qui contiennent du sous-carbonate de chaux dissous dans un excès d'acide carbonique, lorsque cet acide vient à s'évaporer lentement. (Ch.)

CREME DE TARTRE. (*Chim.*) C'est le surtartrate de potasse qui a cristallisé à la surface de l'eau avec laquelle on a traité le tartre brut. (Ch.)

CRÉMOCARPE, *Cremocarpium*. (*Bot.*) M. Mirbel a réuni, sous le nom de fruits diérésiliens, trois genres de fruits simples, dont le caractère est de se diviser spontanément, à l'époque de la maturité, en plusieurs loges distinctes (coques). Ces fruits sont le crémocarpe, le regmate et la diérésile. Le crémocarpe appartient exclusivement à la famille des ombellifères : il fait corps avec le calice ; il se divise en deux coques, qui restent suspendues quelque temps par leur sommet à un axe central grêle, souvent bifurqué à la partie supérieure. Ces coques ne s'ouvrent point : chacune contient une graine renversée, avec laquelle elle adhère. L'embryon, très-petit, est accompagné d'un grand périsperme approchant de la nature de la corne par sa consistance.

Le crémocarpe est sphérique dans la coriandre ; alongé comme une aiguille dans le *scandix pecten* ; aplati et orbiculaire dans le *tordylium* : il est comprimé latéralement dans le céleri ; il l'est par les deux faces dans le panais : sa surface est unie dans le *scandix cerefolium* ; il est relevé d'angles dans le *scandix odorata*. Le limbe du calice, avec lequel il fait corps, est quelquefois très-apparent et lui forme une couronne (coriandre, œnanthe). ‾

Il arrive, mais ce cas est très-rare, que ce fruit ne se divise point (*sanicula marylandica*). (Mass.)

CREMONIUM; *Acremonium*, Link. (*Bot.*) Des filamens rameux, semblables à une toile d'araignée, embrouillée, cloisonnée intérieurement, et portant des graines solitaires à la partie interne de leurs extrémités, distinguent, de la famille des champignons, ces plantes dont le genre, établi par Linke, ne nous a été connu qu'après l'impression du premier supplément de ce Dictionnaire. (Voyez Byssoïdées.)

M. Linke en indique deux espèces, qui se trouvent sur les troncs et les feuilles des arbres : dans l'une, le *cremonium verticillatum* (Linke, *Berl. Mag.* 5, pag. 15, tab. d, fig. 20), les rameaux sont verticillés ; dans l'autre, le *cremonium alternatum* (tab. e), ils sont alternes. Elles tombent en poussière par la sécheresse. (Lem.)

CREMONTIA (*Bot.*), genre que Commerson avoit établi pour une très-belle plante de l'île de Bourbon, et que Cavanilles a réuni au genre *Hibiscus*, sous le nom d'*hibiscus liliflorus*. Voyez Ketmie. (Poir.)

CRENAMUM. (*Bot.*) Ce genre d'Adanson correspond par ses caractères au *barkhausia* de Mœnch ; mais Adanson comprenoit aussi fort mal à propos dans son *crenamum* l'*helmintia* de M. de Jussieu. (H. Cass.)

CRÉNATULE, *Crenatula*. (*Conchyl.*) C'est un petit genre de coquilles bivalves de la famille des mytilacées, établi par M. de Lamarck pour quelques espèces que l'on plaçoit parmi les avicules ; ses caractères sont : Coquille très-aplatie, irrégulière, subéquivalve, entière ; charnière sans dents ; ligament céphalique multiple, inséré dans une série longitudinale de petites fossettes arrondies sur les deux valves. On n'aperçoit aucune ouverture pour un byssus, en sorte que l'on pense que les animaux des crénatules en sont entièrement dépourvus ; aussi les trouve-t-on enfermés pour ainsi dire dans les éponges. L'animal est tout-à-fait inconnu. On le trouve dans la mer des Indes et dans la mer Rouge.

M. de Lamarck, Annal. du Mus., vol. 5, pag. 929, tab. 2, en décrit deux espèces, toutes deux fort rares : l'une, fig. 1, 2, qu'il nomme *crenatula avicularis*, C. aviculaire, est très-large, très-comprimée, presque rhomboïdale, jaunâtre, marquée de lignes blanches partant du sommet; elle vient du canal de Mozambique : et l'autre, qui a quelque ressemblance pour la forme avec une moule, d'où son nom de CRENATULE MYTILOÏDE, *C. mytiloides*, fig. 3, 4, est oblongue, lisse, d'un violet noirâtre. Elle se trouve dans la mer Rouge, adhérente aux éponges. (DE B.)

CRÉNÉE MARITIME (*Bot.*) : *Crenea maritima*, Aubl., Guyan. 523, tab. 209; Lamk., *Ill. Gen.*, tab. 407. Plante de la Guyane, découverte par Aublet, constituant un genre particulier de la famille des *lythraires*, de la *dodécandrie monogynie* de Linnæus, offrant pour caractère essentiel : Un calice urcéolé, à quatre découpures; quatre pétales attachés entre les divisions du calice; quatorze étamines insérées sur le calice, au-dessous des pétales; un ovaire supérieur; un style; un stigmate. Le fruit est une capsule à cinq loges, renfermée en partie dans le calice, contenant des semences fort menues.

Cette plante pousse de ses racines plusieurs tiges noueuses, quadrangulaires, hautes de trois pieds; les angles bordées d'un petit feuillet membraneux; les feuilles sont opposées, presque sessiles, lisses, vertes, ovales-oblongues, entières, rétrécies à leur base, obtuses à leur sommet. De chaque aisselle des feuilles sortent un, plus souvent deux pédoncules grêles, plus courts que les feuilles, chargés de deux ou trois fleurs blanches pédicellées; les pédicelles munis de quelques écailles opposées; le calice est en forme de coupe, persistant, divisé en son bord en quatre parties ovales, aiguës; la corolle petite, un peu plus longue que le calice; les pétales arrondies; les filamens des étamines alongés, tous inclinés du même côté; les anthères jaunes, ovales; l'ovaire sphérique; le style courbé; le stigmate rouge, oblong, un peu épais; les capsules petites, ovales, aiguës, en partie renfermées dans le calice. Cette plante croit dans l'eau saumâtre, sur les bords de la crique qui partage l'île de Cayenne. (POIR.)

CRENELÉ, *crenatus* (*Bot.*) : dont le bord est découpé en dents arrondies, séparées par des angles rentrans aigus. On a des exemples de feuilles crenelées dans le lierre terrestre, la bétoine, le souci des marais, le tremble; d'androphore crenelé, dans le *gomphrena globosa*; de pétales crenelés, dans l'œillet de poëte; de stigmate crenelé, dans le safran cultivé. (Mass.)

CRÉNELÉE. (*Ichthyol.*) L'abbé Bonnaterre donne ce nom à un poisson des Indes qu'il range, avec Linnæus, dans le genre des perches. Ce dernier naturaliste l'a appelé *perca radula*, et M. Schneider l'a fait entrer depuis dans le genre BODIAN. Voyez ce mot. (H. C.)

CRENEUSE (*Bot.*), nom ancien de l'agripaume, *leonurus cardiaca*, cité par Dalechamps. (J.)

CRÉNIDENTÉ. (*Ichthyol.*) M. Schneider a donné ce nom à un poisson qui est désigné, dans Forskaël (XV, n.° 19), sous celui de *rasan* ou *boteit*, et qu'il range, à la suite de ses spares, parmi les espèces mal déterminées et sous la dénomination spéciale de *Sparus crenidens*. (H. C.)

CRÉNILABRE. *Crenilabrus.* (*Ichthyol.*) M. Cuvier a donné ce nom à un genre de poissons dont la plupart des espèces avoient été confondues par Bloch avec les lutjans, et par quelques autres ichthyologistes avec les labres. Il appartient à la famille des acanthopomes de M. Duméril, et à celle des labroïdes de M. Cuvier. On peut lui assigner les caractères suivans :

Corps oblong, écailleux; une seule dorsale soutenue en avant par des épines fortes, garnies le plus souvent chacune d'un lambeau membraneux; lèvres charnues, doubles; branchies à cinq rayons; dents maxillaires coniques; les mitoyennes et antérieures plus longues; dents pharyngiennes cylindriques et mousses, disposées en forme de pavé; les supérieures sur deux grandes plaques, les inférieures sur une seule qui correspond aux deux autres; bords des préopercules dentelés; joues et opercules écailleuses.

La vessie natatoire est considérable; il n'y a point de cœcum le long du tube intestinal.

Comme on le voit, les poissons de ce genre ont tous les caractères intérieurs et extérieurs des labres, dont ils ne diffèrent absolument que par les dentelures de leurs préopercules. On les distinguera des HOLOCENTRES, qui ont des épines marquées aux opercules et aux préopercules : des SCIÈNES, des CENTROPOMES et des PERCHES, qui ont deux nageoires du dos : des LUTJANS, qui ont la gueule armée de dents en crochets, peu régulières; sept rayons à la membrane des branchies; des dents pharyngiennes nulles, des lèvres charnues nulles aussi : des Bodians, dont le préopercule n'est point dentelé; etc. (Voyez ces différens mots, Acanthopomes dans le Supplément du premier volume, et Labre.)

Les crénilabres réunissent à la surface de leur corps les couleurs les plus brillantes. C'est principalement au printemps, vers l'époque de leurs amours, qu'elles sont éblouissantes. Leurs dimensions sont, en général, petites. Ils fréquentent les fentes et les cavernes des rochers, et ils n'en sortent que lorsque la mer est calme et paisible. Ils sont vifs et légers, et se nourrissent de plantes marines et de petits crustacés. Ils pullulent beaucoup.

Le Crénilabre deux-dents, *Crenilabrus bidens* : *Lutjanus bidens*, Bloch, 251, fig. 1; *Labrus bidens*, Schneider. Mâchoires égales; nageoire caudale arrondie; deux dents seulement, presque horizontales, à la mâchoire supérieure; une rangée de dents courtes et arrondies à l'inférieure; écailles unies: ligne latérale interrompue; dos rouge, ventre argentin, nageoires et menton verts.

Des mers du Nord.

Le Crénilabre de Norwège, *Crenilabrus norvegicus* : *Lutjanus norvegicus*, Bloch, 256; *Labrus norvegicus*, Schneider. Nageoire caudale arrondie; mâchoires égales et garnies chacune d'un rang de petites dents très-serrées; une petite membrane au-dessus de chaque œil; un seul orifice à chaque narine; plusieurs pores autour des yeux; la dernière pièce de l'opercule terminée par un appendice arrondi; écailles dures, dentelées et fortement attachées à la peau; nuque et dos violets; côtés et ventre jaunes et tachetés de violet; rayons aiguillonnés de la nageoire dorsale garnis chacun d'un filament; les nageoires pectorales et les catopes sont bleus; l'anale et la caudale sont violettes à leur extrémité.

Des mers du Nord.

Le Crénilabre Geoffroi, *Crenilabrus Geoffroyus* : *Lutjanus Geoffroyus*, Risso, tab. VIII, fig. 25. Museau échancré, mâchoires garnies de petites dents; ligne latérale courbe vers la queue; partie supérieure d'un brun doré; ventre de la couleur d'argent la plus éclatante; une légère tache ronde, noirâtre sous les ouies et à la base de la queue; yeux dorés,

verdâtres; catopes azurés; nageoires pectorales d'un jaune
foncé; la caudale rougeâtre, pointillée de bleu. Taille d'un
pied environ.

Ce poisson est très-commun en hiver sur la côte de Nice.
M. Risso, qui l'a décrit le premier, l'a dédié au professeur
Geoffroy S. Hilaire.

Le Crénilabre lapine, *Crenilabrus lapina* : *Labrus lapina*,
Linnæus; *Lutjanus lapina*, Lacépède. Museau pointu, ondulé
de bleu; une petite bosse, pointillée de rouge, au-devant des
narines; ligne latérale courbe; dernière pièce de chaque
opercule échancrée; nageoire caudale arrondie; corps verdâtre avec trois lignes de taches rouges disposées en zigzag;
dos brunâtre; yeux émeraudes, avec l'iris doré et la prunelle bleue; nageoire dorsale marbrée de jaune et de rouge,
et parsemée de points d'un bleu céleste; anale et caudale
bleuâtres, marquetées de rouge; catopes d'un bleu foncé;
nageoires pectorales jaunes. Taille d'un pied à dix-huit
pouces.

M. Risso a trouvé ce poisson sur la côte de Nice. Il habite
particulièrement la Propontide, et est très-commun à Constantinople. Forskaël l'a décrit dans sa Faune d'Égypte et d'A-
rabie. Les Arabes le nomment *hassun;* et les Grecs modernes, ainsi que les Turcs, *lapina*.

Son épine vertébrale acquiert une teinte verte par l'effet
de l'ébullition.

Le Crénilabre palloni, *Crenilabrus palloni* : *Lutjanus palloni*, Risso. Corps oblong, aplati; museau alongé, lèvres peu
épaisses; mâchoires égales; nuque couverte de petits pores;
opercules composées de deux pièces : la première, dentelée
par de longues épines; la seconde, lisse et arrondie. Teinte
générale d'un rose pâle, avec quelques écailles dorées; gorge
et ventre d'un blanc mat; yeux argentés, avec une lunule
noire en-dessus; ligne latérale jaune; nageoire dorsale d'un
vert jaunâtre, varié d'obscur; anale blanche; catopes roses;
pectorales jaunâtres; caudale arrondie, marquée à la partie
supérieure de sa base d'une grande tache noire. Taille de
huit à dix pouces.

Pris dans la mer d'Eza, au mois d'Août.

Le Crénilabre écriture, *Crenilabrus scriptura* : *Lutjanus scripturæ*, Lacépède; *Perca scriba*, Linnæus. Nageoire caudale arrondie; yeux saillans, rouges, à iris argenté; ligne latérale courbe; des filamens aux rayons aiguillonnés de la nageoire du dos; des traits semblables à des lettres sur la tête; le dos roussàtre; des bandes transversales brunes; les nageoires parsemées de points rouges qui se fondent dans des taches bleuàtres; les pectorales et la caudale jaunàtres. Taille de huit à dix pouces.

Ce poisson, dont on ignoroit la patrie, a été trouvé récemment dans les mers de Nice par M. Risso : on le nomme *perco* dans le pays.

Le CRÉNILABRE MÉLOPS, *Crenilabrus melops* : *Lutjanus melops*, Risso; *Labrus melops*, Linnæus. Corps ovale - oblong, d'un rouge de corail, orné de lignes bleues qui s'étendent jusqu'à la nuque. Tête traversée en-dessous de bandes d'outre-mer; un croissant brun derrière les yeux; des filamens aux rayons de la nageoire du dos; bouche petite; lèvres d'un blanc verdàtre; les deux dents moyennes, de la màchoire supérieure, très-longues; yeux verdàtres, avec des lunules bleues; ligne latérale courbe; nageoire caudale arrondie, parsemée de points bleus et violets; pectorales garnies, à leur base, d'une tache noire, cerclée de jaune; catopes bleus. Taille de cinq à six pouces.

La couleur rouge du màle varie pendant l'hiver; la femelle présente toujours une teinte noisette, traversée par des lignes bleuàtres.

On prend ce poisson sur la côte de Nice, où on le nomme *fournié*, ainsi que le suivant.

Le CRÉNILABRE CENDRÉ, *Crenilabrus cinereus* : *Lutjanus cinereus*, Risso; *Labrus griseus*, Gmelin, Lacépède, Brunnich. Museau avancé, bouche petite, nageoire caudale arrondie; corps grisàtre, marqué de points obscurs, et traversé sur l'abdomen par de légères lignes bleues; yeux verdàtres; iris doré; ligne latérale courbe : nageoires rougeàtres; la caudale aurore à sa base, avec une tache obscure. Taille de cinq à huit pouces.

On le prend en Mars et en Avril sur les côtes de la mer Méditerranée.

Le CRÉNILABRE CORNUBIEN, *Crenilabrus cornubicus* : *Lutjanus cornubicus*, Risso ; *Labrus cornubius*, Linnæus. Museau en forme de boutoir ; nuque enfoncée ; bouche étroite, ligne latérale courbe ; nageoire caudale rectiligne ; yeux d'un rose pâle, iris argenté ; les premiers rayons de la nageoire dorsale tachetés de noir ; une tache noire sur la queue ; dos d'un jaune verdâtre, nuancé de rouge ; côtés tachetés de blanc ; ventre argenté ; nageoire caudale parsemée de points rouges. L'anus de la femelle est d'un gros bleu. Taille de cinq à six pouces.

Ce poisson est commun sur les côtes de la Grande-Bretagne, où il a été observé par le savant Pennant. M. Risso dit qu'on le prend, en Janvier, sur la plage de Nice. Sa chair est molle et fade.

Le CRÉNILABRE TACHETÉ, *Crenilabrus guttatus* : *Lutjanus guttatus*, Risso ; *Labrus guttatus*, Linnæus. Museau avancé, bouche petite, ligne latérale courbe ; corps rougeâtre, pointillé de blanc, parsemé d'écailles noires ; une tache obscure au milieu de la base de la queue ; deux traits noirs et obliques au-dessus des yeux ; toutes les nageoires rousses ; les catopes et l'anale verts chez quelques individus ; cette dernière toujours ponctuée de blanc, la caudale entière. Taille de six à sept pouces.

De la mer Méditerranée. A Nice, on l'appelle *rouquié*, comme le précédent et le suivant.

Le CRÉNILABRE MAILLÉ, *Crenilabrus reticulatus* : *Lutjanus venosus*, Risso ; *Labrus venosus*, Linnæus ; *Labrus reticulatus*, Lacépède. Museau alongé ; nageoire dors. le ornée de bandes et de filamens rouges ; caudale arrondie ; corps d'un beau vert, avec de petites veines rouges réticulées, et plusieurs écailles noires ; yeux verts, à iris doré ; une tache noire sur les opercules et sur la nageoire dorsale. Anus de la femelle d'un bleu foncé. Taille de trois à quatre pouces.

Brunnich, le premier, a fait connoître ce poisson, qui vit sur les rochers sous-marins de la mer Méditerranée, et qui pond, en Avril, des œufs verdâtres.

Le CRÉNILABRE ŒILLÉ, *Crenilabrus ocellaris* : *Lutjanus ocellaris*, Risso ; *Labrus ocellaris*, Linnæus. Lèvres avancées ; bouche petite ; dents égales ; nuque d'abord plane et se relevant ensuite en bosse ; dos d'un rouge brunâtre ; ventre d'un gris argenté; une tache noire, entourée d'un cercle, sur la partie dorsale de la base de la queue ; yeux verts, iris doré; ligne latérale droite ; nageoire dorsale variée de bleu, de rouge et de jaune; quatorze de ses rayons sont ciliés; anale marquetée de points bleus; catopes d'un rose pâle; caudale rouge, pectorales jaunes. Taille de six à huit pouces.

On ignoroit la patrie de ce poisson. M. Risso l'a trouvé habituellement sous les rochers du lazareth de Nice, où on le nomme *rouquairon*.

Le CRÉNILABRE TANCOÏDE, *Crenilabrus tinca* : *Lutjanus tinca*, Risso; *Labrus tinca*, Linnæus; *Labre tancoïde*, Lacépède. Museau recourbé vers le haut ; nageoire caudale arrondie en arc ; corps coloré d'un rouge tendre; dos nuageux; côtés traversés par plusieurs raies obscures et bleuâtres ; ventre argenté ; anus d'un bleu foncé; ligne latérale courbe vers la queue ; nageoire caudale ponctuée à la base. Taille de trois à quatre pouces, quelquefois de neuf à dix.

On a quelquefois donné à ce poisson le nom de *tanche de mer*, à cause de sa ressemblance avec la tanche de nos rivières. Il habite pendant une grande partie de l'année dans les profondes anfractuosités des rochers qui ceignent les rivages britanniques. On le trouve, mais rarement, à Nice, où il ne paroit que dans les belles journées d'hiver. Au rapport de Willughby, sa chair n'est ni délicate, ni saine.

Le CRÉNILABRE ROUGEATRE, *Crenilabrus rubescens ; Lutjanus rubescens*, Risso. Bord du ventre décrivant une courbe oblongue; dos droit; museau avancé, couvert de petits pores; bouche petite ; nuque plane; dents égales, les inférieures plus longues que les supérieures : dos rose, parsemé d'écailles d'un brun obscur et d'un bleu d'outre-mer; gorge et ventre d'un blanc argenté, avec quelques taches foncées; caudale variée de rouge. Taille de huit à dix pouces.

Il est commun sur les plages des Alpes maritimes en Septembre. Il a été décrit pour la première fois par M. Risso.

Le CRÉNILABRE MÉDITERRANÉEN , *Crenilabrus mediterraneus* : *Lutjanus mediterraneus*, Lacépède; *Perca mediterranea*, Linnæus. Tête dénuée d'écailles; bouche petite, ovale; les rayons de la nageoire du dos garnis de filamens; dents fines et serrées, les deux moyennes d'en-haut plus longues; ligne latérale courbe, formée de lignes relevées placées en angle rentrant. Corps verdâtre, nuancé de brun sur le dos, avec une tache noire sur la queue ; tête et abdomen traversés de lignes tortueuses d'un bleu indigo ; yeux bleus, iris jaune ; nageoire dorsale ondée de bleu, de rouge et de jaune ; anale d'un jaune verdâtre, avec des teintes bleues et rouges ; pectorales roussâtres ; caudale d'un bleu jaunâtre avec des points rouges. Taille de huit à dix pouces.

On le prend en Janvier au lazareth de Nice.

Le CRÉNILABRE BRUNNICH, *Crenilabrus Brunnichii* : *Lutjanus Brunnichii*, Lacépède ; *Labrus fuscus*, Linnæus. Tête pointue ; bouche petite ; corps alongé et un peu comprimé ; les deux dents moyennes de la mâchoire supérieure plus longues ; ligne latérale courbe ; teinte générale d'un brun rougeâtre ; des raies bleues et tortueuses sur la tête, la gorge et le ventre ; iris argenté ; nageoire dorsale colorée de bleu et de brun ; les pectorales roussâtres, tachetées de noir à leur base, et bleuâtres à l'extrémité ; une tache d'un bleu foncé sur la caudale, qui est arrondie. Taille de trois à quatre pouces.

Brunnich a le premier observé ce poisson à Marseille. Il fréquente en hiver la côte de Nice, où on le nomme *sublaire*, ainsi que le crénilabre méditerranéen.

Le CRÉNILABRE MASSA, *Crenilabrus Massa* ; *Lutjanus Massa*, Risso. Bouche petite ; dents égales ; nuque plate ; ligne latérale courbe ; dos d'un vert brunâtre : ventre jaune doré ; une grande tache triangulaire bleue, bordée de noir, à la base de la queue ; tête traversée par des lignes d'un bleu d'outremer ; yeux orangés, prunelle améthyste, iris doré ; dorsale tachetée de noir à son origine, traversée d'une bande verte ondulée ; anale liserée de bleu ; catopes bleuâtres ; pectorales d'un jaune doré. Taille de cinq à sept pouces.

On trouve ce poisson, au mois de Mai, dans les environs de Nice. M. Risso, qui l'a décrit le premier, l'a dédié à M. Massa de Menton, connu par ses notes sur Beccaria.

Le CRÉNILABRE VERT-TENDRE, *Crenilabrus chlorosochrus* ; *Lutjanus chlorosochrus*, Risso. Forme du crénilabre méditerranéen ; tête aiguë ; nuque large, diaphane, avec une petite élévation ; bouche petite ; mâchoire inférieure garnie de dents fines et serrées ; deux dents longues et isolées sur le devant de la mâchoire supérieure; ligne latérale courbe; corps verdâtre, nuancé de rouge et traversé par de petites lignes longitudinales obscures; une tache noire vers la partie dorsale de la queue; yeux verts; iris doré; nageoires variées; la caudale, qui est arrondie, traversée d'une bande noire à sa base et pointillée de rouge à l'extrémité. Taille de cinq à sept pouces.

On trouve en automne ce poisson dans les rochers de Nice, où les pêcheurs le nomment *langaneo*. Le mot grec χλωρόσωχρός signifie *vert tendre*, et M. Risso en a tiré le nom spécifique *chlorosochrus*.

Le CRÉNILABRE ROISSAL, *Crenilabrus Roissali; Lutjanus Roissali*, Risso. Corps ovale - oblong; museau avancé; dents petites, serrées sur les côtés; deux plus grandes, isolées, sur le devant; ligne latérale courbe, formée de petits traits; les neuf premiers rayons de la nageoire dorsale ciliés; deux taches noires, cerclées de fauve et entourées de points rouges, dans les femelles, sur cette même nageoire; teinte générale d'un bleu d'outre-mer, avec des lignes sinueuses d'un vert jaunâtre foncé qui bordent presque toutes les écailles; gorge et abdomen argentés, avec des reflets azurés et orangés; lèvres rougeâtres; catopes orangés et azurés; pectorales d'un vert jaunâtre, avec une lunule bleue à leur base; caudale arrondie. Taille de dix pouces environ.

On prend ce poisson à Nice pendant les mois de Novembre et de Décembre. Sa chair est délicate.

Le CRÉNILABRE VARIÉ, *Crenilabrus varius; Lutjanus varius*, Risso. Couleurs non constantes et variant d'après l'âge, le sexe et les saisons : le plus ordinairement, corps marbré de vert, de rouge, de bleu; tête traversée de lignes sinueuses verdâtres; yeux d'un vert rougeâtre; iris doré; deux taches noires inégales, cerclées de rouge, sur la nageoire dorsale; la caudale rougeâtre, arrondie, avec des reflets bleus. Taille de six à huit pouces.

On trouve, en Mars et en Novembre, ce poisson dans les mers de Nice. Je crois qu'il ne faut pas le confondre avec le labre varié, *labrus variegatus*, Linnæus.

Le CRÉNILABRE ALBERTI, *Crenilabrus Alberti; Lutjanus Alberti*, Risso. Tête inclinée; bouche ample; dents égales; ligne latérale courbe, à petits traits; opercules marquées d'une tache noire, bordée de fauve; écailles d'un vert tendre, varié de jaune; yeux d'un rouge de cinabre, et entourés de petits pores; deux grandes taches noires, irisées de jaune, à l'extrémité de la nageoire du dos; pectorales jaunâtres; caudale rouge sur les côtés, avec une petite tache noire à sa base. Taille d'environ quatre pouces.

De la mer de Nice, où il a été découvert par M. Risso.

Le Crénilabre ocellé, *Crenilabrus ocellatus* : le Lutjan œillé, Lacépède; *Labrus ocellatus*, Linnæus. Corps ovale-oblong, d'un brun jaunâtre, ondulé de reflets rougeâtres et bleus; tête traversée de raies bleues; nuque diaphane; bouche petite; dents égales; yeux d'un rouge azuré; opercules ornées d'une tache bleue, bordée de rouge, qui se prolonge en ligne vers les yeux; ligne latérale courbe; nageoires rougeâtres; caudale pointillée de rouge avec un point noir à sa base. Taille de quatre pouces environ.

On pêche ce crénilabre dans les rochers de Saint-Hospice près de Nice, où on l'appelle *vachetto*. Forskaël l'a également ment décrit dans sa Faune d'Arabie.

Le Crénilabre olivatre, *Crenilabrus olivaceus* : *Lutjanus olivaceus*, Lacépède; *Labrus olivaceus*, Linnæus. Corps d'un vert olivâtre, argenté sous la gorge et l'abdomen, qui sont traversés par des lignes bleuâtres; bouche petite; dents fines, les antérieures aiguës et isolées; yeux roussâtres, à iris doré; tache bleue à l'extrémité des opercules; ligne latérale courbe; nageoire caudale tachetée de noir à sa base. Taille du précédent.

De la mer Méditerranée; des environs de Nice en particulier.

Le Crénilabre Cotta, *Crenilabrus Cotta*; *Lutjanus Cotta*, Risso. Museau avancé et arrondi; bouche petite; mâchoire inférieure plus longue; dents petites; caudale coupée en ligne droite; teinte générale d'un blanc d'argent; écailles bordées de petits points obscurs qui semblent se renforcer en une teinte brune sur le dos; yeux d'un rose pâle; prunelle bleuâtre; gorge traversée de lignes brunes; opercules pointillées; anus d'un beau bleu; nageoire dorsale tachetée de roussâtre; anale couverte de points blancs. Taille de trois pouces au plus.

M. Risso, qui a trouvé ce poisson dans la mer de Nice, l'a décoré du nom du poëte Cotta de Tende.

Le Crénilabre queue-noire, *Crenilabrus melanocercus; Lutjanus melanocercus*, Risso. Museau arrondi; mâchoire supérieure plus courte; dents petites; opercules composées de deux pièces, la première bordée d'une dentelure aiguë, et la seconde terminée en pointe; ligne latérale suivant la courbure du dos; corps aplati, couvert d'écailles d'un rouge brunâtre, entremêlées d'autres d'un bleu d'outre-mer éclatant; yeux argentés; nageoire dorsale d'un rouge obscur à reflets bleuâtres; pectorales d'un jaune rougeâtre; caudale arrondie, noire, bordée de blanc. Taille de deux pouces et demi à trois pouces.

De la mer de Villefranche (Alpes maritimes). Les rochers de Saint-Hospice en nourrissent une variété d'une belle couleur d'outre-mer, à reflets rougeâtres, avec l'abdomen orangé.

Le Crénilabre marseillois, *Crenilabrus massiliensis : Lutjanus massiliensis*, Lacépède; *Labrus unimaculatus*, Linnæus; *Labrus erythrophthalmus*, Walbaum. Corps comprimé; museau alongé; dents antérieures plus longues; ligne latérale courbe, d'un vert tendre à la partie supérieure, d'un vert argenté sur le ventre, avec quelques écailles d'un rouge foncé qui semblent former un réseau, le tout traversé par de petites raies longitudinales obscures ou bleuâtres; museau brun; yeux rouges; iris doré; nageoires verdâtres; une tache noire au milieu de la base de la caudale. Taille de quatre à cinq pouces.

Brunnich a observé ce petit poisson dans les environs de Marseille; M. Risso l'a rencontré sur la côte des Alpes maritimes.

Le Crénilabre œil-d'or, *Crenilabrus chrysops; Lutjanus chrysops*, Bloch, 248. Nageoire caudale en croissant; ligne latérale voisine du dos et interrompue; mâchoires égales; dents petites, aiguës et séparées les unes des autres; iris large et doré; teinte générale argentée; dos violet; catopes, nageoires pectorales et anale, d'un jaune mêlé de violet; dorsale et caudale brunes.

Bloch en a observé un individu dans la collection de Linke, à Leipsic. Il vient probablement des mers des pays chauds.

Le Crénilabre érythroptère, *Crenilabrus erythropterus*; *Lutjanus erythropterus*, Bloch, 249. Nageoire caudale en croissant; mâchoires égales; les deux dents antérieures de la mâchoire supérieure plus longues et plus grosses que les autres; de très-petites dents à la partie antérieure du palais; un seul orifice à chaque narine; teinte générale argentée; dos brun; nageoire d'un rouge de vermillon; yeux gros; un sillon longitudinal peut recevoir la nageoire du dos; de petites écailles occupent la base des nageoires caudale et anale.

Ce poisson est des mers du Japon. Le mot *érythroptère*, par lequel on le désigne, signifie *nageoires rouges*, et vient du grec, εϱυθϱος, *ruber*, et πτεϱον, *pinna*.

Le Crénilabre marqué, *Crenilabrus notatus*; *Lutjanus notatus*, Bloch, 251, fig. 2. Nageoire caudale en croissant, suivant Schneider; arrondie, suivant M. de Lacépède : une rangée de pores au-dessous de chaque œil; écailles molles et lisses; dents serrées et pointues, les antérieures plus longues; mâchoires égales; langue et palais lisses; un seul orifice à chaque narine; teinte générale jaunâtre; plusieurs taches brunes et irrégulières; une tache noire sur chaque côté de l'extrémité de la queue; quelques rayons de la nageoire dorsale prolongés en filamens.

Des mers de Tranquebar.

Le Crénilabre de Linke, *Crenilabrus Linkii* : *Lutjanus Linkii*, Bloch, 252; *Labrus violaceus*, Schneider. Mâchoires égales; dents petites et aiguës; palais et langue lisses; un seul orifice à chaque narine; teinte générale d'un blanc violet; tête grise; museau violet; écailles grandes; nageoire caudale arrondie.

On ignore quelle est la patrie de ce crénilabre. Bloch l'a vu dans la collection de Linke, auquel il l'a dédié.

Le Crénilabre verdâtre, *Crenilabrus virescens* : *Lutjanus virescens*, Bloch, 254, fig. 1; *Labrus virescens*, Schneider. Caudale arrondie; mâchoires égales; dents aiguës et serrées; palais et langue lisses; quelques dents arrondies dans le voisinage du gosier; un seul orifice à chaque narine; écailles lisses et minces; ligne latérale interrompue; teinte générale jaunâtre; nageoires vertes; des raies violettes sur la tête, les côtés, la dorsale et l'anale; deux raies violettes et transversales sur la caudale.

Il ne faut point confondre ce poisson avec le lutjan verdâtre de M. Risso. (Voyez SUBLET.)

Le CRÉNILABRE VERRAT, *Crenilabrus verres* : *Lutjanus verres*, Bloch, 255; *Labrus verres*, Schneider. Caudale bilobée; museau saillant; mâchoire inférieure avancée; quatre grandes dents, recourbées et pointues, sur le devant de chaque mâchoire; dos violet; ventre argenté; palais revêtu de dents petites et arrondies; un seul orifice à chaque narine; écailles fortes et dentelées; base des nageoires dorsale, anale et caudale, écailleuse; anale, caudale, base des pectorales, dernière portion de la dorsale, d'un beau rouge.

Des mers du Japon.

Le CRÉNILABRE CINQ-TACHES, *Crenilabrus quinquemaculatus*; *Labrus quinquemaculatus*, Bloch, 291, fig. 2. Caudale arrondie; tête couverte d'écailles pareilles à celles du dos; un demi-cercle de pores muqueux au-dessous de chaque narine; teinte générale d'un jaune mêlé de violet; une tache noire au museau, une sur chaque opercule, une à la nageoire anale, une sur la dorsale; ligne latérale interrompue.

Des mers de la Norwége.

Le CRÉNILABRE MERLE, *Crenilabrus merula*; *Labrus merula*, Linnæus. Caudale rectiligne; bouche médiocre; dents grandes; mâchoires égales; écailles larges; teinte générale d'un bleu tirant vers le noir et chatoyant; yeux d'un rouge vif; iris doré. Taille d'environ un pied.

Ce poisson habite la mer Méditerranée; la couleur noire qui le caractérise, lui a fait donner le nom de *merle* dès les temps les plus anciens. Aristote, Oppien et Élien l'appelloient κοττυφος, et Columelle et Pline, *merula*. A Nice on le nomme aujourd'hui *tourdo d'Argo*. Aristote a écrit que le poisson-merle se montroit au printemps, après avoir passé l'hiver dans les antres sous-marins; qu'il étoit alors noir, et que, pendant le reste de l'année, il devenoit blanc; que ses œufs pouvoient être fécondés par des poissons d'espéces voisines, et que lui-même pouvoit féconder les leurs. Oppien l'a regardé, par suite, comme le mâle du TOURD. (Voyez ce mot.)

Au rapport de Rondelet, il se nourrit d'herbes marines et de petits crustacés. Les anciens, si l'on en croit Pline, faisoient grand cas de sa chair, et la recommandoient dans certaines maladies. Galien et Athénée en parlent également.

Si l'on est curieux de connoître toutes les fables qu'Oppien a débitées sur le poisson qui nous occupe, on les trouvera réunies dans le quatrième livre de ses Halieutiques.

Le Crénilabre vert, *Crenilabrus viridis ; Labrus viridis*, Bloch, 282. Nageoire caudale trilobée, à premier et dernier rayons très-prolongés ; les deux dents antérieures de chaque mâchoire plus longues que les autres ; écailles vertes, bordées de jaune ; presque toutes les nageoires jaunes, bordées de vert.

De la mer du Japon. (H. C.)

CRÉNIROSTRE. (*Ornith.*) Ce terme qui, dans l'acception la plus générale, signifie bec crénelé, désigne, dans une acception plus restreinte, les passereaux dont le bec a vers son extrémité une ou deux échancrures. (Ch. D.)

CRÉODUS (*Bot.*), genre établi par Loureiro, dans sa Flore de la Cochinchine. Il nous a paru être le même que le *chloranthus* de l'Héritier, ou le *nigrina* de Thunberg. Voyez Chloranthe. (Poir.)

CRÉOPHAGES. (*Entom.*) C'est le nom sous lequel nous avons désigné la première famille des insectes coléoptères, pentamérés ou à cinq articles à tous les tarses, dont les élytres sont dures, recouvrant le ventre ; les antennes en soie non dentées, le corps légèrement déprimé, et les tarses simples, non aplatis en nageoires. Ces divers caractères distinguent successivement cette famille de toutes celles qui comprennent des coléoptères à cinq articles à tous les tarses, ainsi qu'on peut le voir au mot Coléoptères.

Nous avons formé ce mot de *créophages* de deux termes grecs, κρέως, chair vivante, et φαγος, mangeur, que nous avons cherché à rendre en françois par le nom de *carnassiers*, parce qu'il désigne d'une manière expresse les mœurs des insectes de cette famille qui, sous leurs deux états agiles, font leur nourriture principale de petits animaux qu'ils dévorent tout vivans.

Ce groupe correspond aux deux premières tribus de la première famille des coléoptères entomophages de M. Latreille, qu'il nomme les *cicindelètes* et les *carabiques*, d'après les principaux genres qu'il y a réunis. Outre les particularités que nous avons déjà indiquées, les créophages sont caractérisés par l'existence de six palpes ou antennules à la bouche, dont deux paires garnissent les mâchoires, et par la présence d'une éminence notable à la base de la cuisse postérieure, que, par comparaison, l'on a désignée sous le nom de trochanter. En outre, chez la plupart des mâles les tarses antérieurs sont dilatés ou élargis.

Les créophages proviennent de larves alongées, molles, formées de douze articulations, outre la tête, qui est grosse, écailleuse, munie de deux mandibules fortes, arquées, pointues et courbées, avec deux antennules ou barbillons très-mobiles; elles ont six pattes, et le corps généralement mou, excepté dans quelques genres. où les larves offrent en-dessus une sorte de plaque écailleuse et garnie d'épines. Chez d'autres, qui vivent dans de longs tuyaux ou dans des galeries verticales qu'elles se creusent dans le sable, on voit vers le huitième anneau en-dessus deux tubercules ou mamelons, lesquels deviennent deux sortes de pattes dorsales, qui donnent à ces animaux la faculté de se plier en Z, et de descendre et de monter verticalement avec une grande prestesse, à la manière des ramoneurs dans nos cheminées.

Leur chrysalide se durcit et se forme sous la terre dans des cavités pratiquées d'avance, où l'insecte, après sa dernière mue, prend la forme qu'il doit avoir; mais il est alors dans un état de grande mollesse, de contraction, et couvert d'un 'épiderme, dont il doit se dépouiller pour prendre la forme sous laquelle il peut propager son espèce.

Nous allons présenter ici un tableau analytique, à l'aide duquel il deviendra facile de reconnoître le genre auquel devront se rapporter les espèces appartenant à cette famille, qui se divise naturellement en deux groupes: ceux chez lesquels le corselet est plus étroit que les élytres et la tête, et ceux dans lesquels les élytres sont aussi larges que le corselet.

Chez les premiers, à tête plus large que le corselet, et qui correspondent au genre *Cicindela* de Linnæus, le dernier article des tarses est:

ou simple, entier, et les ailes { nulles; élytres soudées. . . . . 9. *Manticore.*
distinctes; à palpes { très-épineux, velus . . . 7. *Cicindèle.*
nus; pattes antérieures { échancr. 12. *Bembidion.* / entières 11. *Élaphre.*
ou à deux lobes; tête, { de la longueur du corselet . . . . . . 10. *Drypte.* / plus courte que le corselet . . . . . . 8. *Colliure.*

(Voyez la planche de l'Atlas de ce Dictionnaire.)

Le second groupe, qui correspond aux *carabes*, chez lesquels la tête est aussi large que les élytres, offre, 1.° tantôt la tête engagée dans le corselet, dont elle est à peine distincte, 2.° et tantôt, au contraire, tout-à-fait distincte.

1.° A corps { hémisphérique ou ovale . . . . 16. *Omophron.*
alongé; corselet . . { carré, accolé . . . . . 15. *Notiophile.*
non carré, { globuleux . 13. *Clivine.* / en croissant 14. *Scarite.*

2.° Corselet, { égal, carré, accolé . . . . 4. *Carabe.*
inégal, { rond; bouche . . . . { en bec . . 2. *Cychre.* / simple . . . 5. *Calosome.*
rétréci; ailes . . { nulles; jambes antér.ᵉˢ { échancrées. 1. *Anthie.* / entières . . 3. *Tachype.* / distinctes; élytres courtes. 6. *Brachin.*

Voyez chacun de ces noms de genre et les planches de l'Atlas de ce Dictionnaire. (C. D.)

CREPANELLA (*Bot.*), nom donné, selon Camerarius, cité par C. Bauhin, à la dentelaire, *plumbago*, qui est la même plante que le *molybdana* de Pline. (J.)

CREPELIA. (*Bot.*) Schrank sépare sous ce nom du genre Lolium l'ivraie, *lolium temulentum*, qui cependant ne diffère du *lolium perenne* que par sa glume plus longue que le locuste ou l'assemblage des fleurs. (J.)

CRÉPIDE, *Crepis*. (*Bot.*) [*Chicoracées*, Juss.; *Syngénésie polygamie égale*, Linn.] Ce genre de plantes, de la famille des synanthérées, fait partie de la tribu naturelle des lactucées.

La calathide est incouronnée, radiatiforme, multiflore, fissiflore, androgyniflore. Le péricline inférieur aux fleurs centrales est double; l'extérieur plus court, formé de squames unisériées, égales, inappliquées, linéaires, foliacées; l'intérieur plus long, formé de squames unisériées, égales,

appliquées, amplexiflores, linéaires, charnues inférieurement. Le clinanthe est plane, muni de quelques fimbrilles
éparses, courtes, filiformes, charnues. La cypsèle, cylin-
dracée, striée, incollifère, porte une aigrette de squamellules inégales, filiformes, barbellulées. La corolle a des poils
épars sur le tube et sur la partie inférieure du limbe.

Le genre *Crepis* est immédiatement voisin de l'*hieracium*
et du *barkhausia*; mais, dans l'*hieracium*, le péricline est formé
de squames paucisériées, inégales, irrégulièrement imbriquées, et dans le *barkhausia* la cypsèle est collifère. On a
décrit une trentaine d'espèces de crépides, toutes herbacées,
à fleurs jaunes, et presque toutes européennes: la France en
possède huit, dont quatre croissent dans les environs de Paris.
La distinction des espèces, qui est extrêmement difficile,
pourra être facilitée par l'observation de M. Decandolle, qui
a remarqué que chez les unes les côtes de la cypsèle sont
lisses, et que chez les autres elles sont munies d'aspérités.

La Crépide bisannuelle (*Crepis biennis*, Linn.) a la tige
haute de deux à quatre pieds, dressée, rameuse, sillonnée,
hispide inférieurement; les feuilles profondément pinnatifides, hispides; les calathides disposées en corymbe terminal,
et portées sur des rameaux hispides; les périclines d'un vert
noirâtre, hispides, non farineux; les cypsèles très-lisses. Cette
plante est commune dans les prés, où elle fleurit en Mai et
Juin.

La Crépide verdatre (*Crepis virens*, Linn.? Decand., Fl.
fr. Supplém., n.° 2942) est annuelle, et croit dans les prés,
sur les pelouses, au bord des chemins. Sa tige est dressée,
rameuse, un peu hispide à la base: ses feuilles sont lancéolées,
roncinées, glabres; les supérieures plus étroites, linéaires,
dentées, sagittées: les calathides, plus petites que dans l'espèce précédente, sont disposées en corymbe irrégulier; leur
péricline est pubescent, renflé à la base, l'extérieur dressé
et appliqué : les cypsèles ont les côtes lisses; les corolles
extérieures sont un peu rougeâtres en-dessous.

La Crépide des toits (*Crepis tectorum*, Linn.; Decand., Fl.
fr., Supplém., n.° 2943ª) diffère de la précédente par les
caractères suivans: La tige est un peu grisâtre, ses rameaux
sont divergens; les feuilles supérieures ont les bords entiers

et roulés en-dessous ; les calathides sont un peu plus grandes ;
leur péricline est conique à la maturité, l'extérieur étalé ;
les cypsèles sont noirâtres, et munies d'aspérités, surtout vers
le sommet ; les branches du style sont un peu brunes. Cette
plante annuelle croit dans les champs, les prés et les terrains
incultes. (H. Cass.)

CRÉPIDULE. (Foss.) Ce genre de coquilles ne se présente
à l'état fossile que dans les couches les plus nouvelles. Voici
celles que je connois.

1.° La Crépidule de Hauteville. *Crepidula altavillensis*, Def.
La longueur de cette espèce est de cinq lignes, et sa largeur
de deux lignes et demie. Elle est épaisse, unie en-dessus et
un peu élevée vers son sommet, qui est subcentral. L'ouverture en-dessous est petite, arrondie et opposée au sommet.
Le dessous est très-peu concave. On trouve cette espèce
dans le falun de Hauteville près de Valognes. Il est pourtant
douteux qu'elle appartienne au genre Crépidule, à cause de
son sommet subcentral.

2.° La Crépidule bossue ; *Crepidula gibbosa*, Def. On trouve
cette espèce dans le falun de la Touraine et à Laugnan près
de Bordeaux. Sa longueur est de sept à huit lignes. Les différentes formes sous lesquelles on la trouve, prouvent qu'elle
s'attache sur différens corps ; mais le dessus est constamment
arrondi et couvert de petites aspérités irrégulières. Le dessous est très-concave. Le sommet est contigu au bord.

3.° La Crépidule d'Italie ; *Crepidula italica*, Def. Cette espèce, allant se fixer pour vivre et prendre son accroissement
dans l'intérieur des coquilles univalves abandonnées, prend
toutes sortes de formes. Elle est plate, très-lisse en-dessous :
dans quelques individus elle est retroussée en-dessus, ce qui
doit provenir du lieu concave où elle a vécu ; dans d'autres
le dessus est convexe. Sa grandeur varie beaucoup ; les plus
grandes ont un pouce de longueur et un peu moins de largeur. Le sommet est contigu au bord. On la trouve dans le
Plaisantin, et je possède des coquilles de ce pays dans la
bouche desquelles elle est encore en place. Je la regarde
comme l'analogue fossile de la coquille qu'on appelle vulgairement la *sandale*. (D. F.)

CRÉPIDULE, *Crepidula*. (Malacoz.) Genre d'animaux conchylifères céphalophores chismobranches, de la famille des mégastomes, proposé par plusieurs anciens conchyliologistes, et entre autres par da Costa, mais établi d'une manière définitive par M. de Lamarck pour des animaux dont les coquilles étoient confondues avec les véritables patelles par Linnæus et ses sectateurs sous le nom de patelles chambrées. Les caractères peuvent être exprimés ainsi : Animal mollusque, assez analogue avec celui des patelles, ayant le corps ovale déprimé, plane en-dessous, et pourvu d'un large pied abdominal de forme un peu variable ; gibbeux en-dessus ; tête et tentacules comme dans les patelles ; les yeux un peu au-dessus de la racine de ces derniers ; ouverture des organes de la génération à droite ; organes de la respiration à la partie antérieure du dos, non symétriques et formés d'une série transversale de longs filamens attachés au bord antérieur de la cavité ; coquille recouvrante, non symétrique, ovale ou oblongue, à sommet incliné obliquement sur le bord postérieur ; ouverture aussi grande que la coquille, à bords tranchans, plus ou moins irréguliers ; la cavité partagée plus ou moins inégalement en deux, au moyen d'une lame ou diaphragme horizontal, qui supporte la masse viscérale.

Ce genre, ainsi défini, diffère des autres patelles chambrées, qui constituent le genre Calyptrée, en ce que la cloison n'est pas recourbée en languette, et des entonnoirs ou *infundibulum*, en ce que cette languette n'est pas spirale ou décurrente.

D'après ce que dit Adanson de trois espèces de ce genre, ce sont des animaux qui adhèrent aux corps marins aussi fortement que les patelles véritables, et dont les autres habitudes sont à peu près semblables.

1.ᵉ Crépidule sulin ; *C. porcellana* (*Lmk.*), vulgairement la Sandale, Adanson, Sénég., tab. 2, fig. 8. Coquille ovale, convexe, rouge en dehors et variée de taches écailleuses blanches et de lignes transverses ondulées, bleues, entièrement blanche en dedans. L'animal qu'elle recouvre a son manteau bordé de vingt-cinq crénelures découpées en manière de croissant, du milieu duquel on voit s'élever un petit point blanc ; son pied est elliptique, et sa partie antérieure se termine de chaque côté par une oreillette triangulaire, qui s'étend sur les côtés de l'animal quand il marche ; sur la droite, dans le sinus qui sépare le pied du manteau, est un petit corps blanc, semblable à une petite languette triangulaire, ordinairement roulé en bas : c'est probablement la verge.

Cette espèce, commune sur la côte du Sénégal, se trouve aussi, à ce qu'il paroît, dans les Indes orientales.

2.° CRÉPIDULE JENAC; *C. goreensis*, Adans., Sénég., tab. 2, fig. 10. Très-petite coquille ronde, de cinq à six lignes de diamètre, extrêmement comprimée, fort mince, entièrement blanche, et cachée au dehors sous un périoste composé de plusieurs lames en recouvrement : ce qui, suivant Adanson, la fait beaucoup ressembler à celle d'une espèce de laplysie.

L'animal, d'un blanc de neige, a les tentacules terminés par un petit nombre de tubercules blancs, qui les rendent comme chagrinés ; son pied est arrondi sans oreillettes, et chagriné ; le manteau l'est aussi, et il est bordé à sa gauche, derrière la tête, de huit filets cylindriques assez longs, probablement les branchies.

Elle est très-rare sur les rochers de l'île de Gorée.

3.° CRÉPIDULE GARNOT; *C. crepidula*, Adans., Sénég., tab. 2, fig. 9. Coquille naviculaire, transparente, d'un pouce environ de long, brune ou blanche, avec dix raies brunes qui partent du sommet, recouverte d'un épiderme brun, membraneux et très-fin.

L'animal est très-rapproché de celui de la première espèce ; les oreillettes sont peu semblables ; il vit sur les coquillages enfoncés dans le sable.

4.° CRÉPIDULE VOÛTÉE ; *C. fornicata*, Martini, *Conchyl.* 1, t. 13, fig. 129, 130. Petite coquille ovale, recourbée obliquement en arrière, quelquefois rougeâtre ou fauve, mais le plus souvent blanche sur les bords, fauve ou tachetée de cette couleur ; l'intérieur très-blanc, la cloison excavée en avant.

De la mer Méditerranée.

5.° CRÉPIDULE ÉPINEUSE ; *C. aculeata*, Chemnitz, *Conchyl.* 10, p. 334, tab. 168, fig. 1624, 1625. Très-rapprochée de la précédente, dont elle ne diffère essentiellement que par sa couleur presque toujours fauve, et parce qu'elle est couverte de stries aiguillonnées du sommet à la base.

Des îles d'Amérique.

6.° Crépidule sandale; *C. solea*, *Mensch. Naturfor.* 1:, p. 14, tab. 2, fig. 15 et 15 *b*. Coquille d'un demi-pouce de long, un peu tortueuse, transparente, tachetée de brun, finement plissée et sillonnée transversalement en-dessus : patrie ignorée. (De B.)

CRÉPINETTE (*Bot.*), nom vulgaire ancien de la renouée, *polygonum aviculare*, cité dans le Théâtre d'agriculture d'Olivier de Serres. (J.)

CRÉPINIÈRE (*Bot.*), nom sous lequel on a désigné le vinettier de Crète, *Berberis cretica*, Linn. (L. D.)

CREPIS. (*Bot.*) Selon Césalpin, la plante que Pline et Théophraste nommèrent ainsi, est le *terracrepulus* des Toscans, que C. Bauhin et Tournefort rangent parmi les *sonchus*, dont Linnæus fait son *scorzonera picroides*, et qui est maintenant le *picridium vulgare* de M. Desfontaines. Le nom de *crepis* a été depuis appliqué par Linnæus à un autre genre de la même famille, qui l'a conservé. (J.)

CREPITAAN. (*Bot.*) Voyez Corpoo. (J.)

CREPITUS LUPI. (*Bot.*) Ruellius, botaniste du commencement du seizième siècle, fixa le premier ce nom, adopté par les botanistes qui écrivirent après lui, pour les vesse-loups, *lycoperdon*. Il a été étendu néanmoins aux clathres de Linnæus, qu'on désignoit alors par *vesse-loups efflorescentes*. (Lem.)

CRÉPUSCULAIRES. (*Entcm.*) M. Cuvier, dans son ouvrage intitulé le Règne animal, etc., partage l'ordre des insectes lépidoptères en trois familles, les *diurnes*, les *crépusculaires*, et les *nocturnes*.

Les insectes compris dans ces deux derniers groupes ont les ailes unies, de l'un et de l'autre côté, au moyen d'une sorte de boucle ou d'anneau formé par un crochet de la supérieure, dans lequel pénètre un ardillon, une sorte de crin ou d'épine roide de l'aile inférieure ; mais de plus leurs antennes sont en massue : ainsi cette famille correspond à celle que nous avons appelée les fusicornes ou Closterocères, elle comprend les *sphinx*, *sésies*, *zygènes*, etc. (C. D.)

CRÉPUSCULE. (*Phys.*) Voyez, au mot Atmosphere, la page 278 du Tome III. (L.)

CREQUIER. (*Bot.*) Dans quelques cantons le prunier sauvage porte ce nom. (L. D.)

CRESANE *(Bot.)* Espèce de poire. Voyez POIRIER. (J.)

CRESCENTIA. *(Bot.)* Voyez CALEBASSIER. (POIR.)

CRESCIONE *(Bot.)*, nom italien du cresson. On le donne encore au *veronica becabunga*, que Césalpin nommoit *anagallis aquatica*, et à une espèce de berle, *sium angustifolium*. (J.)

CRESPINO. *(Bot.)*, nom italien de l'épine-vinette, *berberis*, suivant Clusius. C'est le *crespinus* de Césalpin, qu'il ne faut pas confondre avec le *crespinus* ou *crispina* que Tabernæmontanus cite comme le même que son *uva crispa*, espèce de groseillier épineux. (J.)

CRESPINULUS. *(Bot.)* Césalpin dit que, dans quelques lieux de l'Italie, on nomme ainsi le laitron, *sonchus;* il dit encore, avec Dalechamps, que chez les Romains, et de son temps dans la Toscane, la même plante étoit nommée *cicerbita*. Adanson attribue ce dernier nom à Pline, dans l'ouvrage duquel on ne le trouve point cité à l'article du *sonchus*. Dans quelques autres parties de l'Italie, le laitron est nommé *crespine*, *cripini*, suivant Tabernæmontanus cité par Mentzel, et celui-ci dit encore qu'il est mentionné par Pline sous les noms de *cicerbita* et *lactiron*, d'ou provient peut-être son nom françois. (J.)

CRESPOLINA *(Bot.)*, nom toscan d'une santoline, *santolina chamæcyparissus*, suivant Césalpin. (J.)

CRESSA. *(Bot.)* Voyez CRESSE. (L. D.)

CRESSABOUS. *(Bot.)* Dans les montagnes d'Auvergne on nomme ainsi le cucubale behen. (L. D.)

CRESSE; *Cressa*, Linn. *(Bot.)* Genre de plantes dicotylédones, monopétales hypogynes, de la famille des convolvulacées, Juss., et de la pentandrie monogynie, Linn., dont les principaux caractères sont les suivans: Calice de cinq folioles ovales, persistantes ; corolle monopétale, hypocratériforme, à limbe partagé en cinq découpures ; cinq étamines à filamens insérés sur le tube de la corolle et portant des anthères arrondies; un ovaire supérieur ovale, surmonté de deux styles égaux aux étamines, et terminés par des stigmates simples; capsule uniloculaire, bivalve, environnée par le calice persistant, et contenant une à quatre graines.

Les cresses sont de petites plantes herbacées, à feuilles alternes, et à fleurs ramassées en tête à l'extrémité des rameaux. On en connoît deux espèces, qui croissent dans les lieux humides des bords de la mer.

Cresse de Crete : *Cressa cretica*, Linn., *Spec.* 325 ; Lam. *Illust.*, t. 182. Sa tige est divisée en un grand nombre de rameaux étalés et couchés sur la terre, longs de quatre à six pouces, garnis de petites feuilles ovales, pointues, sessiles, velues et blanchâtres. Ses fleurs sont jaunes, ramassées en bouquets serrés et terminaux. Ses capsules ne contiennent qu'une seule graine. On trouve cette plante dans les lieux maritimes du midi de la France, en Italie, dans l'île de Crète, dans le Levant et même en Chine.

Cresse des Indes : *Cressa indica*, Retz. *Obs.*, 4, p. 24. Cette espèce, qui croît dans les Indes, a le port et les principaux caractères de la précédente ; mais elle en diffère par ses corolles barbues à leur sommet, et par ses capsules contenant quatre graines. (L. D.)

CRESSERELLE. (*Ornith.*) Cet oiseau de proie est le *falco tinnunculus*, Linn. Voyez Faucon. (Ch. D.)

CRESSON (*Bot.*), nom françois du genre *Cardamine*, avant que les botanistes eussent francisé ce dernier mot. Voyez Cardamine. (L. D.)

CRESSON ALÉNOIS, CRESSON DE JARDIN, NASI-TORT (*Bot.*), noms vulgaires du *lepedium sativum* de Linnæus, que plus récemment M. Decandolle a nommé *thlaspi sativum* (J.)

CRESSON D'EAU, DE FONTAINE, DE RUISSEAU. (*Bot.*) La plante connue sous ces différens noms, parce qu'elle croît de préférence dans les lieux humides et aquatiques, est le *sisymbrium nasturtium* de Linnæus, *cardamine fontana* de Lamarck. Gouan, dans sa Flore de Montpellier, cite le cresson de fontaine comme le nom vulgaire du *veronica beccabunga*. Voyez Cresson. (J.)

CRESSON D'INDE (*Bot.*), traduction du nom *nasturtium indicum*, donné par Lobel et C. Bauhin à la capucine, *tropœolum*. (J.)

CRESSON DE L'ISLE-DE-FRANCE. (*Bot.*) Le *sisymbrium nasturtium*, transporté depuis long-temps et naturalisé dans nos îles africaines, y est, comme chez nous, appelé cresson : mais ce nom ne lui est pas exclusivement réservé ; quelquefois aussi, quoique plus rarement, il désigne l'acmelle, *spi-lantus acmella* de Linnæus, qui forme maintenant le genre *Acmelle*, distinct du spilanthe. (J.)

CRESSON DE PARA. (*Bot.*) On cultive sous ce nom à Cayenne le *spilanthus oleracea*, suivant Aublet. Cette plante, mâchée, dit-il, irrite la langue et les parties internes de la bouche, d'où résulte une abondante sécrétion de salive. (J.)

CRESSON DE RIVIÈRE (*Bot.*), nom vulgaire du sisymbre sauvage. (L. D.)

CRESSON DE ROCHE. (*Bot.*) C'est la même plante que le cresson doré. (L. D.)

CRESSON DE SAVANE. (*Bot.*) Dans les Antilles on donne ce nom à diverses plantes qui croissent dans les savanes ou prairies : telle est une conyze à feuilles de linaire, ainsi désignée par Desportes et Nicolson, et qui pourroit être plutôt un *chrysocoma* ou un *pectis;* celle encore qu'ils nomment *thlaspi nasturtii sapore*, qui doit être une espèce de *lepidium*. Des habitans de S. Domingue ont aussi dit à M. Bosc que ce nom, dans leur île, est donné au *lepidium didymum* de Linnæus, réuni maintenant au genre *Senebiera*. (J.)

CRESSON DES PRÉS (*Bot.*), nom vulgaire du *cardamine pratensis*. (J.)

CRESSON DES RUINES. (*Bot.*) C'est le *lepidium ruderale*, Linn., que nous rapportons au genre Tabouret. (L. D.)

CRESSON DE TERRE. (*Bot.*) On nomme ainsi, dans quelques cantons, le vélar Sainte-Barbe. (L. D.)

CRESSON DORÉ, CRESSON DE ROCHE. (*Bot.*) On nomme ainsi le *chrysosplenium*, genre voisin des saxifrages, mais différent par l'ovaire non libre et l'absence des pétales. Il a été aussi connu anciennement sous le nom de saxifrage dorée. (J.)

CRESSON SAUVAGE, AMBROSIE SAUVAGE. (*Bot.*) C'est sous ce nom que l'on désigne le *cochlearia coronopus* de Linnæus, dont Gærtner a formé son genre *Coronopus*, suffisamment distingué du cochlearia. Voyez CORONOPE. (J.)

CRÊTE. (*Ornith.*) Ce nom est donné particulièrement à la caroncule charnue qui s'élève sur la tête du coq, et qui tantôt est simple et tantôt double, tantôt se tient droite et tantôt retombe d'un côté par son propre poids. Dans le coq

huppé, la crête est beaucoup plus foible et même quelquefois nulle. Cet effet provient de ce que la plus grande partie
de la nourriture est absorbée par l'accroissement des plumes
surabondantes. (CH. D.)

CRÊTE DE COQ (*Bot.*), nom vulgaire de la cocrête des
prés, *rhinanthus crista galli.* C'est aussi celui du *celosia cristata*,
à ce qu'on lit dans la Flore de Montpellier, de Gouan. De
plus, suivant Aublet, l'*heliotropium indicum* est ainsi appelé
par les habitans de la Guiane, qui emploient ses fleurs en infusion pour arrêter les pertes de sang chez les femmes. On
donne aussi ce nom, dans quelques endroits, à la *clavaire
coralloïde.* Voyez au mot CLAVAIRE. (J.)

CRÊTE DE COQ (*Conchyl.*), nom marchand de plusieurs
espèces d'huîtres plissées, dont la forme a quelque ressemblance avec certaines crêtes de coq. (DE B.)

CRÊTE DE PAON. Le nom de *crista pavonis* a été donné
à deux espèces de bonduc, *quilandina bonducella* et *paniculata;*
au sappan, *cæsalpinia sappan;* au condori, *adenanthera pavo-
nina;* au pongam, *pongamia,* et à la poincillade, *poinciana
pulcherrima.* Cette dernière est nommée *flos pavonis* par Sibylle
Merian, qui a donné un grand ouvrage sur les plantes et les
insectes de Surinam. Elle dit qu'on donne ses grains aux
femmes en mal d'enfant pour favoriser l'accouchement, et
que, d'après cette propriété qui leur est attribuée, les né-
gresses esclaves s'en servent pour se faire avorter quand
elles sont traitées durement par leurs maîtres, pour ne pas
donner naissance à des enfans condamnés au malheur. Ce fait
est répété, d'après Sibylle Merian, dans l'Abrégé des voyages
par Laharpe. (J.)

CRÊTE-MARINE. Voyez BACILE. (J.)

CRETELLE ou CYNOSURE (*Bot.*); *Cynosurus*, Linn.
Genre de plantes monocotylédones, hypogynes, de la famille
des graminées, Juss., et de la triandrie digynie, Linn., dont
les principaux caractères sont, d'avoir un calice de deux
glumes multiflores; une corolle de deux balles linéaires
lancéolées, entières, l'extérieure mutique ou aristée; trois
étamines; un ovaire supérieur, surmonté de deux styles;
une bractée découpée en divisions distiques, placée au-
dessous de chaque épillet.

Les cretelles sont des plantes herbacées, annuelles ou vivaces, dont les fleurs sont accompagnées de bractées uni-latérales , et disposées en grappes resserrées en épi. On en connoît huit espèces, dont deux indigènes de l'Europe; les autres sont naturelles à l'Afrique ou à l'Asie : nous ne par-
•lerons que des deux premières.

Cretelle des prés ou Cynosure en crête : *Cynosurus cristatus*, Linn., *Spec.* 105 ; Host, *Gram.* 2, p. 68, t. 96. Ses chaumes sont minces, hauts d'un pied à un pied et demi, garnis de feuilles linéaires, glabres. Ses fleurs sont verdâtres, disposées en une grappe resserrée en épi et tournée d'un seul côté : les glumes calicinales contiennent trois à cinq fleurs, et les bractées sont ailées en forme de peigne. Cette plante est vivace; elle croît dans les bois, les prés et sur les bords des champs, en France et dans la plus grande partie de l'Europe.

Cretelle d'Espagne : *Cynosurus lima*, Linn., *Spec.*, 105 ; Desf., Fl. Atlant., 1, p. 83, t. 19. Ses chaumes sont grêles, munis de deux ou trois articulations, hauts de cinq à sept pouces , garnis de feuilles très-étroites , terminées par un épi ovale-oblong, de couleur glauque, composé de deux rangées d'épillets sessiles, serrés les uns contre les autres, tournés tous d'un seul côté, et contenant quatre à huit fleurs. Cette plante croit en Espagne et en Barbarie. (L. D.)

CRÉTHMOS AGRIOS. (*Bot.*) La plante désignée sous ce nom par Pline paroît être celle que Césalpin nomme *crithmum sylvestre*, et qu'il distingue du *crithmum* de Dioscoride, qui est celui des modernes, celui qui étoit le *batis* ou *baticula* cité par Césalpin, le *baciucco* des paysans de la Toscane. La plante de Pline paroît être le *crithamus agrestis* de Tragus, le *crithmum quartum* de Matthiole, dont C. Bauhin faisoit un *eryngium*, Tournefort un *ammi*, et qui est maintenant le *sium falcaria*. (J.)

CRÉTOIS. (*Ichthyol.*) On a donné ce nom à un scare que Linnæus a appelé *scarus cretensis*. Voyez Scare. (H.C.)

CREUSET. (*Chim.*) On donne ce nom à des vaisseaux des-tinés à contenir les matiéres que l'on veut exposer à des tem-pératures très-élevées.

On fait des creusets en terre, en argent, en platine, en or, etc.

Parmi les creusets de terre on distingue les creusets de

Hesse, les creusets de grès et les creusets de porcelaine. Les premiers sont poreux : c'est pour cette raison qu'ils ne peuvent être employés dans les opérations où l'on chauffe des matières qui acquièrent une grande fluidité par l'action de la chaleur, et qui ont en outre la propriété de *mouiller* la pâte du creuset ; à plus forte raison ne doit-on pas chauffer dans des creusets de terre des corps qui, comme la potasse, la soude, les oxides de plomb, de bismuth, ont la propriété de vitrifier les substances terreuses. Les creusets de terre sont particulièrement employés dans les laboratoires, pour la décomposition de plusieurs sulfures métalliques fixes, pour la réduction en sulfure de plusieurs sulfates chauffés avec du charbon, pour la fabrication des fleurs de zinc et d'antimoine, pour la réduction des oxides réfractaires au moyen du charbon. Dans ce dernier cas, lorsqu'on opère sur de petites quantités d'oxides, ou renferme le mélange dans une cavité que l'on a pratiquée dans un cylindre de charbon ; on ferme la cavité avec un disque de la même substance, et on place le tout dans un creuset de Hesse, dont on remplit le vide avec du sable ou une poussière terreuse. Les creusets de grès et de porcelaine sont d'un usage moins fréquent que les creusets de Hesse ; ils sont beaucoup moins poreux et un peu moins attaquables qu'eux : mais ils sont très-faciles à se fendre par l'action de la chaleur, ce qui en rend l'emploi peu économique.

Les creusets de plombagine sont fabriqués avec de l'argile mêlée de plombagine.

Les creusets de terre sont en général beaucoup plus hauts que larges, plus étroits au fond qu'à l'orifice ; celui-ci est circulaire ou triangulaire. On ferme les creusets de terre avec un couvercle de la même matière que celle qui a servi à le fabriquer, ou simplement avec une brique.

Les creusets de métal sont cylindriques jusqu'à une petite distance du fond, où leur diamètre va un peu en diminuant jusqu'au fond. On les ferme avec un disque de métal, garni, sur la surface qui regarde l'intérieur du creuset, de trois petites pointes qui, en entrant dans le creuset lorsque celui-ci est couvert, empêchent le disque de glisser. Ce disque porte en outre sur son autre surface un petit cylindre de métal.

Les creusets d'argent et les creusets d'or sont particulièrement destinés à traiter les substances pierreuses par les al-
calis, lorsqu'il ne faut pas une température rouge très-élevée.
Les creusets de platine peuvent servir au même traitement,
mais ils sont plus attaquables par la potasse et par la soude
que les creusets d'argent et d'or : d'un autre côté, ils ont sur
ceux-ci l'avantage de supporter la température la plus élevée de nos fourneaux de réverbère, et de ne pas être attaqués, comme ceux d'argent, par la plupart des acides minéraux. Les creusets de platine, d'or et d'argent ne doivent
jamais servir lorsqu'on opère sur des métaux ou des oxides
qui pourroient être revivifiés, et dont les métaux sont susceptibles de s'allier au platine, à l'or et à l'argent. (Ch.)

CREUSIE, *Creusia.* (*Molluscart.*) M. le D.ʳ Leach établit
sous ce nom un petit genre de la famille des balanes, par
conséquent pourvu d'une base calcaire régulière, et dont
le têt, divisé en quatre parties, est fermé par un opercule
dont chaque valve est d'une seule pièce. Il ne contient qu'une
seule espèce, la CREUSIE ÉPINEUSE, *C. spinulosa,* Leach , *Edimb.*
Encycl., qui me paroît avoir beaucoup de rapports avec
le balane des madrépores de M. Bosc, mais dont M. Leach
ne nous a pas encore donné de description. (De B.)

CREUX. (*Bot.*) Les feuilles sont creuses dans l'oignon
commun, l'aldrovanda, le *lobelia dortmanna,* le *juncus articu-*
latus, etc. Les feuilles de l'aldrovanda sont renflées comme
une vessie ou une petite outre ; celles du *lobelia dortmanna*
sont divisées en deux loges par une cloison longitudinale ;
celles du *juncus articulatus* sont divisées en plusieurs loges
par des cloisons transversales : la prêle, la plupart des gra-
minées, l'angélique, les pétioles de l'*eryngium corniculatum,*
sont aussi dans ce dernier cas. Le périsperme est creux dans
le cocotier. Dans le rosier, le réceptacle est également creux,
et c'est dans cette cavité que sont contenues les ovaires.
(Mass.)

CRÉVALE. (*Ichthyol.*) A la Caroline on donne ce nom à
un poisson qui paroit appartenir au genre Centronote, et
que M. de Lacépède a décrit sous le nom de *centronotus caro-*
linus. Linnæus en avoit fait son *gasterosteus carolinus.* Voyez
CENTRONOTE. (H. C.)

CREVALLE. (*Ichthyol.*) Voyez Crévale. (H. C.)

CREVASSÉ, *Rimosus.* (*Bot.*) L'orme, le châtaignier offrent des exemples de tige crevassée. L'uvaria, l'anona offrent des exemples de périsperme crevassé ; les replis de la tunique séminale s'engagent dans les crevasses de ce périsperme. (Mass.)

CREVE-CHASSIS. (*Ornith.*) On nomme ainsi, dans certains cantons, la mésange charbonnière, *parus major*, Linn. (Ch. D.)

CREVETTE, *Gammarus.* (*Crustacés.*) Fabricius avoit le premier distingué ce genre, que la plupart des auteurs avoient laissé confondu avec les crabes sous le nom de *pulex.*

Suivant notre méthode, ce genre appartient à la septième famille des crustacés, qui ont ordinairement les pattes au nombre de quatorze, les branchies apparentes vers la queue, et la tête distincte, articulée sur le corselet, ce qui nous les a fait désigner sous le nom de Capités ou Arthrocéphales.

Les yeux des crevettes sont sessiles et non pédonculés, comme dans les *squiles* et les *mysis ;* la troisième paire de leurs pattes est simple, et non terminée par deux serres comme dans les *phronimes ;* enfin leurs antennes intermédiaires sont plus longues que les externes, ce qui est le contraire de ce qu'on observe dans les thalitres.

L'espèce la plus commune de ce genre est un crustacé d'eau douce ; elle est très-commune dans nos ruisseaux et nos fontaines : c'est le *gammarus pulex.* Elle est très-bien figurée et décrite dans Geoffroy, Histoire des insectes des environs de Paris, tome II, page 667, pl. 21, fig. 6. Ce crustacé se trouve sous les pierres, où il se nourrit des débris d'animaux et de végétaux. Nous l'avons quelquefois employé pour préparer de très-beaux squelettes, en plongeant les cadavres de petits animaux dans les ruisseaux où il existoit en grande abondance. Voyez l'article Crustacés. (C. D.)

CREX. (*Ornith.*) Aristote désigne par ce terme un oiseau à longues jambes, qu'il dit vivre en guerre avec le coureur, le merle, le chlorion, et être d'un caractère fort porté à se battre.

Les ornithologistes ont assez généralement regardé le crex comme étant le râle de genet, *rallus crex*, Linn., quoique cet oiseau timide, qui vole avec peine et ne se soustrait aux dangers que par la course, soit loin d'annoncer le caractère guerrier qu'Aristote attribue au sien. D'un autre côté, M. Savigny (Observations sur le système des oiseaux de l'Égypte, pag. 15) pense que le *crex* appartient à la famille des grues, et il se fonde sur des passages d'Hérodote et d'Aristophane, qui sont tout-à-fait étrangers à ceux d'Aristote; c'est même, suivant lui, la demoiselle de Numidie, *ardea virgo*, Linn. (Ch. D.)

CRIADILLAS DE TIERRA. (*Bot.*) C'est un des noms des truffes en Espagne. (Lem.)

CRIARD. (*Ornith.*) Cette dénomination est appliquée, en général, aux corbeaux, aux mouettes, et à plusieurs oiseaux de rivage qui ont l'habitude de jeter fréquemment des cris. (Ch. D.)

CRIAS. (*Bot.*) Voyez Cucullata. (J.)

CRIBLETTE (*Bot.*), nom françois proposé par Bridel pour désigner le genre de mousse décrit au mot Cinclidium. (Lem.)

CRIBRARIA. (*Bot.*) Schrader créa ce genre pour y placer quelques petites espèces de champignons, très-voisines des trichia, et dont le *peridium*, presque globuleux d'abord, se change, en la partie supérieure, en un amas floconneux, dont les fils forment les nervures de la partie inférieure, et contiennent, dans les mailles qu'ils forment, de petits amas de séminules ou sporidies. Dans le genre *Dictydium* de Schrader, le *peridium* se convertit en entier en un réseau ou grillage criblé de trous ou de mailles, qui contiennent les sporidies. Ces deux genres forment celui que M. Persoon nomme *cribraria*, dont M. Decandolle fait une section dans son genre *Trichia* (capilline), et que Bulliard confondoit avec son *sphœrocarpus*. Link rétablit les deux genres de Schrader; mais son opinion n'a pas été adoptée.

Le genre *Cribraria*, tel que M. Persoon le caractérise, contient une douzaine d'espèces fort petites, qui ont pour base une membrane coriace, sur laquelle sont rassemblés les péridiums; ceux-ci sont sessiles, ou, et le plus souvent, pédicellés. Leurs seminules s'échappent, sous la forme d'une poussière extrêmement fine, à travers les mailles du réseau. Les espèces naissent, comme celles des genres *Arcyrie* et *Capil-*

line, sur le bois mort; elles forment un petit duvet jaune, ou rougeâtre, ou blanchâtre, etc. On peut citer, comme exemples, les deux espèces suivantes : la première appartient au genre *Cribraria* de Schrader, et la deuxième au *dyctidium* du même botaniste.

CRIBRARIA A DEMI-GRILLAGE : *C. semicancelata*, Dec.', Fl. fr., n.º 689; *Sphœrocarpus semitrichioides*, Bull., tab. 387, fig. 1. Sa membrane est blanchâtre, coriace, et produit plusieurs pédicelles brunâtres, striés, portant chacun un *peridium* globuleux, d'abord droit, opaque et d'un beau jaune, puis penché et roussâtre après l'émission de la poussière, qui est jaune. Sa moitié inférieure est membraneuse et persistante en manière d'une capsule dentée. La partie supérieure, filamenteuse et réticulée, se détruit après l'émission des séminules. On trouve cette espèce aux environs de Paris, ainsi que la suivante.

CRIBRARIA EN RÉSEAU : *Cribraria articulata*, Decand., Fl. fr., n.º 690; *Cribraria coccinea*, Pers.; *Sphœrocarpus trichioides*, Bull., tab. 387, fig. 2. Sa membrane est d'un roux brun; ses pédicules sont droits, grêles et roussâtres, sans stries; les péridiums, d'abord blancs et sphériques, se changent entièrement en fibriles d'un roux fauve, anastomosés en forme de grillage, qui contient la poussière dans ses mailles. Cette poussière est brune. (LEM.)

CRICERAC (*Ornith.*), un des noms vulgaires de la rousserolle, *turdus arundinaceus*, Linn. (CH. D.)

CRICET (*Mamm.*), un des noms du HAMSTER. Voy. ce mot. (F. C.)

CRICETINS (*Mamm.*), nom donné par M. Desmarets à une famille formée par lui des marmottes, des hamsters et des campagnols. (F. C.)

CRICETUS (*Mamm.*), nom latin du hamster, qui a été étendu au genre dont cette espèce de rongeurs est le type. Voyez HAMSTER. (F. C.)

CRICOMPHALOS. (*Conchyl.*) Klein, dans la table générale de son système de Conchyliologie, écrit ainsi ce mot, *circomphalos*, dénomination qu'il donne à un genre de coquilles bivalves, caractérisé seulement par l'existence d'une fossette en forme d'ombilic vers les crochets, c'est-à-dire, d'une lunule ou d'un écusson, ce qui comprend nécessairement beaucoup d'espèces de vénus, de tellines et genres voisins. (DE B.)

CRICOSTOMA. (*Conchyl.*) Klein, Méthode d'ostracologie, donne ce nom à quelques petites coquilles de genres différens, mais surtout de celui des turbos, dont le dernier tour de spire est d'un diamètre plus considérable que l'axe de la coquille, et dont l'ouverture est du reste circulaire, sans doute, et quelquefois un peu crénelée. (DE B.)

CRICOSTOMES. (*Conchyl.*) M. de Blainville, dans sa Méthode conchyliologique, désigne sous ce nom de famille les genres de coquilles à ouverture entière, médiocre, circulaire et pourvue d'un opercule; elle comprend les genres CYCLOSTOME, PALUDINE, CYCLOPHORE, LANISTE, VALVAIRE, SCALAIRE, ACIONÉE, TURBO, ÉPERON, DELPHINULE, MONODONTE, BOUTON et VERMET. Voyez ces différens mots et les articles CONCHYLIOLOGIE et MALACOLOGIE. (DE B.)

CRI-CRI. (*Entom.*) C'est le nom vulgaire des grillons des champs et du *grillon* domestique, insectes orthoptères du genre *Achète*. Voyez ACHÈTE et GRILLON. (C. D.)

CRICRI (*Ornith.*), un des noms vulgaires du proyer, *emberiza miliaria*, Linn. (CH. D.)

CRIGNON ou CRINON. (*Entom.*) C'est le nom que l'on donne par corruption, dans quelques-unes de nos provinces du nord, au grillon des champs et à celui des fours, qu'on appelle aussi *cricri*. (C. D.)

CRIK. (*Ornith.*) Ce nom, que l'on écrit aussi *crick*, se donne à des perroquets d'Amérique, qui diffèrent des amazones en ce qu'ils n'ont pas, comme ceux-ci, de rouge au fouet de l'aile. (CH. D.)

CRIMNON. (*Bot.*) C'est, suivant Dioscoride, la plus grosse farine extraite du mélange de maïs et de froment, avec laquelle on fait une bouillie très-nourrissante, et qui resserre, dit-il, les intestins, si auparavant on a fait torréfier le maïs. (J.)

CRIN (*Ichthyol.*), nom d'un poisson qui appartenoit au genre Labre, *labrus trichopterus*, Linn. Voyez LABRE et TRICHOGASTER. (H. C.)

CRINITA. (*Bot.*) Deux genres ont été faits sous ce nom :

l'un est le *pavetta caffra*, que Houttuyn a voulu séparer de son genre primitif, parce que ses fleurs sont disposées en tête terminale, portées sur un réceptacle velu; l'autre, établi par Mœnch, est une plante composée, qui paroit congénère du *chrysocoma*. (J.)

CRINODENDRUM. (*Bot.*) Voyez PATAGUA. (POIR.)

CRINOLE, *Crinum*. (*Bot.*) Genre de plantes monocotylédones, de la famille des narcissées de Juss., ou des *amaryllidées* de Brown, appartenant à l'*hexandrie monogynie* de Linnæus, dont le caractère essentiel consiste dans une corolle (calice, Juss.) supérieure. à tube alongé; le limbe partagé en six découpures régulières, étalées ou réfléchies; six étamines libres, insérées à l'orifice du tube; un ovaire inférieur; un style; un stigmate obtus; une capsule a trois loges polyspermes: souvent plusieurs semences avortent.

Ce genre a été d'abord composé de plusieurs espèces que depuis l'on a placées dans d'autres genres : tel est le *crinum africanum* Linn., devenu le type du genre *Agapanthus*, qui doit être conservé, ainsi qu'il sera dit plus bas; tel le *crinum obliquum*, *angustifolium*, formant le genre *Cyrtanthus*, Ait. (Voyez CYRTANTHE.) D'autres, enfin, ont été reconnues devoir appartenir aux *amaryllis*. Les espèces qui entrent dans la composition de ce genre, les unes originaires de l'Amérique, d'autres du cap de Bonne-Espérance ou des Indes orientales, sont, la plupart, remarquables par la beauté de leurs fleurs: elles ont une racine bulbeuse; une tige ou hampe chargée de plusieurs fleurs en ombelle sessile ou pédonculée, munies de bractées à la base des pédoncules, et d'une spathe bivalve; les feuilles très-longues, toutes radicales. Elles se cultivent toutes en serre chaude, et se multiplient par leurs semences ou par leurs bulbes. Elles offrent, par l'élégance de leurs fleurs, de très-beaux modèles aux arts imitatifs. Les principales espèces sont :

** Fleurs en ombelles sessiles ou presque sessiles.*

CRINOLE D'AMÉRIQUE : *Crinum americanum*, Linn.; Curt., *Magaz.*, tab. 1034; Redout., Lil., tab. 332; Commel., *Rar.*, tab. 15. Ses racines forment une touffe épaisse de rameaux fibreux ; de leur collet sort un faisceau de feuilles lancéolées, la plupart redressées, longues de deux pieds, larges de quatre pouces ; la hampe, presque latérale , est un peu comprimée, plus courte que les feuilles, soutenant une ombelle de fleurs blanches·, presque sessiles, longuement tubulées ; les divisions du limbe longues, étroites , réfléchies ; les étamines purpurines, ainsi que le style, portées d'un même côté ; les anthères vacillantes. Elle croit dans l'Amérique méridionale.

CRINOLE A BORDS ROUGES : *Crinum erubescens*, Willd. ; Curt., *Magaz.*, tab. 1232 ; Jacq., *Hort. Schœnbr.*, 4, tab. 30 ; Red., *Lil.*, tab. 27 ; Kunth, *in Humb. Nov. gener.?* D'une bulbe ovale , de la grosseur du poing, sortent plusieurs feuilles planes, canaliculées en-dessus, lancéolées, longues de trois pieds, larges de deux pouces ; la hampe est comprimée , purpurine, longue de deux pieds, soutenant une ombelle de six à sept fleurs très-odorantes, blanchâtres en dedans, bordées de rose pourpre en dehors ; les découpures du limbe linéaires-lancéolées, plus longues que le tube ; les filamens et le style d'un pourpre sanguin. Elle croit dans l'Amérique méridionale.

CRINOLE DE COMMELIN : *Crinum Commelini*, Jacq. , *Hort. Schœnbr.*, 2, tab. 202 ; Red., *Lil.*, tab. 322. Espèce du même pays que la précédente , dont la bulbe est ovale, stolonifère , de la grosseur d'une noix ; les feuilles presque linéaires, longues d'un pied, larges de huit lignes ; la hampe, plus courte que les feuilles, purpurine , comprimée ; la spathe rougeâtre ; deux ou trois fleurs blanches, sessiles, odorantes ; les découpures du limbe linéaires, lancéolées, aiguës, une fois plus courtes que le tube, rougeâtres à leur sommet ; les filamens pourpres ; les anthères jaunes.

CRINOLE A RACINE ENFONCÉE : *Crinum defixum*, Ker, *Gen. Crin.*, 6 ; *Crinum asiaticum*, Roxb., *Corom. ined.* ; *Belutta-polataly*, Rheed., *Hort. Mal.* 11, tab. 38. Ses racines stolonifères, fusiformes, profondément enfoncées en terre, produisent des feuilles roides, droites, étroites, canaliculées, longuement acuminées, longues d'un à deux pieds ; la hampe plus courte, soutenant une ombelle de six à douze fleurs blanches, grandes, odorantes pendant la nuit ; les découpures du limbe un peu ondulées à leurs bords, recourbées et appendiculées à leur sommet; l'ovaire presque sessile; la capsule pédicellée, presque globuleuse; dans chaque loge une ou deux semences ridées, bulbeuses. Elle croît dans les Indes, aux lieux marécageux. Le *Crinum ensifolium*, Ker et Roxb., *Ined.*, peu différent de l'espèce précédente, a une bulbe ovale, des feuilles plus étroites, moins canaliculées.

Crinole élégante; *Crinum amœnum*, Ker, *l. c.*, et Roxb., *Corom. ined.* Plante des Indes, fort élégante; sa bulbe est globuleuse, d'un pied de diamètre; les feuilles droites, un peu canaliculées, un peu rudes à leurs bords; les hampes cylindriques; les fleurs grandes, blanches, sessiles; le tube trigone, long de trois ou quatre pouces; les découpures du limbe linéaires-lancéolées, aiguës; trois stigmates; l'ovaire oblong, polysperme. Le *Crinum sumatranum*, Ker, *l. c.* et Roxb., *Ined.*, a des fleurs blanches, grandes, pédicellées; le tube cylindrique; les divisions du limbe linéaires, de la longueur du tube; les feuilles droites, larges, subulées, longues de trois à six pieds, rudes, blanches et cartilagineuses à leurs bords; une capsule de la grosseur du poing; les semences grosses, bulbeuses.

Crinole a longues feuilles: *Crinum longifolium*, Ker, *l. c.* Roxb., *Corom. ined.* Rapprochée du *crinum defixum*, cette espèce en diffère par sa bulbe globuleuse, par ses feuilles très-étalées, hispides à leurs bords, cartilagineuses, striées; une hampe axillaire un peu comprimée, soutenant une ombelle de huit à douze fleurs fort grandes, blanches, odorantes; les bractées filiformes; le tube presque cylindrique, ridé en dedans, long de quatre pouces; les filamens colorés, les anthères brunes; trois stigmates; l'ovaire oblong. Elle croît au Bengale, dans les lieux inondés.

Crinole ensanglantée: *Crinum cruentum*, Ker, *Bot. Rep.* 171. icon. Ses bulbes sont d'un pourpre livide en dehors, ovales, pyramidales, stolonifères; ses feuilles épaisses, d'un vert sombre, élargies, subulées, un peu rudes à leurs bords; les hampes vertes, comprimées, soutenant une ombelle sessile, inclinée, d'environ sept fleurs d'un rose pourpre, légèrement odorantes, longues de dix à douze pouces; une spathe bivalve, herbacée, presque longue d'un demi-pied; le limbe de la corolle recourbé; les divisions alongées, lancéolées, presque larges de trois pouces; les filamens d'un rouge de sang. On le soupçonne originaire des Indes orientales. Peut-être faudra-t-il placer parmi les amaryllis, le *Crinum moluccanum*, Ker, *l. c.*, plante de l'île d'Amboine, à bulbe sphérique; les feuilles linéaires, ondulées, rudes à leurs bords; les fleurs sessiles, inclinées; le tube recourbé, de la longueur du limbe.

Deux espèces de la Nouvelle-Hollande, mentionnées par Rob. Brown, paroissent se rapporter à cette sous-division. C'est le *Crinum angustifolium*, Brown, *Nov. Holl.*, 297 : les feuilles sont rudes à leurs bords; les ovaires presque sessiles; les étamines plus courtes que les découpures lancéolées du limbe de la corolle. Le *Crinum venosum* a le tube de sa corolle une fois plus long que le limbe; ses divisions sont veinées, élliptiques, lancéolées; les étamines une fois plus courtes que le limbe; les anthères de la longueur des filamens; le style non saillant; l'ovaire presque sessile.

** *Fleurs en ombelle, pédonculées.*

Crinole d'Asie : *Crinum asiaticum*, Linn. ; *Crinum americanum*, Red., Lil., tab. 332; *Bulbine asiatica*, Gærtn., 1, t. 13 ? *Radix toxicaria*, Rumph., *Amb.*, 6, tab. 69. Ses bulbes ont la forme de la base d'un porreau : elles produisent un grand nombre de feuilles étalées, longues de trois ou quatre pieds, larges de six pouces, lancéolées, lisses à leurs bords; une hampe latérale soutenant une ombelle hémisphérique d'environ soixante fleurs très-blanches, longues de six pouces, un peu odorantes; les découpures du limbe étroites, linéaires, recourbées, à peine de la longueur du tube; le style grêle, rougeâtre au sommet; un stigmate fort petit, presque à trois lobes, un peu pubescent; un ovaire oblong, à trois loges polyspermes; une capsule pédonculée, uniloculaire. Elle croît à la Chine.

Le *Crinum lorifolium* (Ker, *l. c.*, et Roxb., *Corom. ined.*), originaire du Pégu et cultivé à Calcutta, est remarquable par ses feuilles longues de cinq à six pieds, flexibles, rabattues, larges de deux pouces, à peine rudes à leurs bords; leur bulbe est ovale, cylindrique; les fleurs, au nombre de vingt, réunies en une ombelle pédonculée.

CRINOLE GRACIEUSE : *Crinum amabile*, Ker, *l. c.*; Curt. , *Bot. Magaz.* 1605, tab. A , B. Cette espèce est une des plus brillantes liliacées que l'on connoisse. Sa bulbe, couverte de pellicules membraneuses très-nombreuses, parvient jusqu'a un pied de long ; elle est aussi grosse que la cuisse d'un homme : ses feuilles sont larges, subulées, un peu glauques, longues de trois à six pieds, larges de six pouces, lisses a leurs bords ; la hampe latérale plus courte que les feuilles ; la spathe très-grande, à deux valves réfléchies, acuminées; les bractées linéaires; une ombelle pédonculée, composée d'environ trente grandes fleurs très-odorantes d'un pourpre rose ; le tube un peu trigone, long d'un demi-pied; les divisions du limbe de la longueur du tube, lancéolées, larges de neuf lignes, roulées en dehors; les étamines purpurines; les anthères versatiles, longues d'un pouce. Cette belle espèce croit à Sumatra.

CRINOLE A LONGUES BRACTÉES : *Crinum bracteatum* , Willd.; Ker, *Bot. Rep.* 3, page 179, *icon.* ; *Crinum asiaticum*, Red., Lil., 548, *ex* Ker. Cette plante, originaire de l'île Maurice, est cultivée à Calcutta. Sa bulbe est grande, ovale, cylindrique; ses feuilles lancéolées, longues de plus d'un pied, lisses, ondulées à leurs bords, terminées par une pointe calleuse ; la hampe soutient une ombelle pédonculée, remarquable par les bractées pâles, lancéolées, de la longueur du tube de la corolle ; les fleurs blanches, grandes, odorantes ; les découpures du limbe linéaires-lancéolées, recourbées, à peine plus longues que le tube ; les filamens divergens, d'un rouge sanguin; le style plus court que les étamines; l'ovaire court, oblong.

CRINOLE CANALICULÉE : *Crinum canaliculatum* , Ker, *Crin. gen.* 13 ; Roxb., *Corom. ined.* Sa bulbe est cylindrique, alongée; ses feuilles canaliculées, longues de cinq pieds, larges de trois ou quatre pouces ; une hampe axillaire une fois plus courte que les feuilles ; une ombelle pédonculée, composée de trente à cinquante fleurs odorantes, d'un blanc de neige , d'une grandeur médiocre; le tube à demi cylindrique, long de deux pouces ; les divisions du limbe recourbées.

canaliculées; le style trigone ; le stigmate à trois lobes ; l'ovaire à trois loges, plusieurs ovules disposées sur deux rangs. Cette plante est cultivée dans le jardin botanique de Calcutta.

Crinole pédonculée : *Crinum pedunculatum*, Brown , *Nov. Holl.*, 297 ; Ker, *in Bot. Rep.* 1, page 52, *icon.*; *Crinum taitense*, Red., Lil., tab. 408; *Crinum australe*, Donn, *Cant.*, *ed.* 6, page 83. Plante découverte au port Jackson, dans la Nouvelle-Hollande. Sa bulbe est très-épaisse, alongée, cylindrique ; les feuilles élargies, lancéolées, lisses à leurs bords ; une ombelle lâche, composée de fleurs blanches, pédonculées ; leur tube jaunâtre, cylindrique, long de quatre pouces; les divisions du limbe étroites, linéaires, très-obtuses, mucronées; les filamens étalés, rougeâtres à leur sommet, ainsi que le style. Le *Crinum augustum*, Ker, *Crin. gen.* 14, est une très-belle espèce, très-voisine des amaryllis, recueillie à l'île Maurice : sa bulbe s'alonge en colonne ; ses feuilles sont lancéolées, canaliculées, lisses à leurs bords; la hampe épaisse, haute de trois pieds ; les ombelles pédonculées, composées de vingt à trente fleurs odorantes, couleur de rose ; le tube long de quatre à cinq pouces; les découpures du limbe linéaires, longues d'un demi-pied.

Ker pense que le *Crinum urceolatum* de la Flore du Pérou doit former un genre particulier. Ses fleurs sont pendantes; leur limbe urcéolé, campanulé; les étamines saillantes ; une capsule trigone à trois sillons.

Le *Crinum africanum*, Linn. (Lamk., *Ill. gen.*, tab. 234), doit être conservé comme genre, sous le nom d'*agapanthus*, ayant un ovaire supérieur, une spathe caduque, à deux valves ; une corolle infundibuliforme, à six divisions régulières. Il se compose de plusieurs espèces. L'*agapanthus umbellatus*, l'Hér : c'est le *Crinum africanum*, Linn., l'*abumon* d'Adanson, vulgairement la Tubéreuse bleue, plante d'un aspect très-agréable par la beauté de ses fleurs. Sa racine est tubéreuse ; ses feuilles linéaires-lancéolées, étroites, nombreuses, presque planes, étalées sur la terre; la hampe haute de deux pieds, soutenant une ombelle de quinze à dix-huit fleurs pédonculées, d'un bleu vif; leur tube est court; le limbe à six divisions oblongues, un peu recourbées, trois alternes plus larges, plus obtuses à leur sommet; les filamens des étamines teints en bleu; les anthères jaunes, vacillantes; le stigmate simple. On en distingue une variété plus petite. On cite encore l'*agapanthus præcox*, Willd., *Enum.*, dont les feuilles sont linéaires; les pédoncules une fois plus longs que la corolle; les fleurs nombreuses : elles paroissent beaucoup plus tôt que celles de l'espèce précédente. (Poir.)

CRINON, *Crino.* (*Entozoaires.*) M. de Lamarck, dans la première édition de ses Animaux sans vertèbres, avoit établi, d'après des observations incomplètes de Chabert, un petit genre de vers intestinaux, auquel il donnoit pour caractères le corps alongé, cylindrique, atténué vers les deux extrémités, et sous l'extrémité antérieure un ou deux pores ou fentes transverses; mais, dans la nouvelle édition du même ouvrage, il paroit penser que ces animaux doivent rentrer dans le genre Hamulaire de Rudolphi, au moins l'espèce qu'il avoit nommée *crino truncatus*, en supposant que les deux tentacules des hamulaires étoient rétractés dans les individus observés par Chabert, et que par conséquent ils n'ont pu être aperçus. Rudolphi, qui a publié un ouvrage véritablement classique sur les vers intestinaux, paroit penser que les crinons ne sont autre chose que des filaires, ou de jeunes strongles; et, par exemple, que le filaire papilleux, qui se trouve très-fréquemment dans différentes parties des chevaux, paroît être le crinon vulgaire, et que c'est à tort que plusieurs naturalistes françois disent qu'il se trouve dans l'homme. Il fait l'observation, qu'à ce sujet il y a beaucoup de confusion et même d'erreurs dans les auteurs d'helmintologie françois, parce qu'ils confondent les strongles, les filaires, avec les crinons et même avec des corps non organisés; ce qui, dit-il, les a conduits à avancer des choses tout-à-fait fabuleuses; et il paroit que Rudolphi entend par là ce que Chabert a dit des crinons dans son Traité des maladies vermineuses. Voyez Filaire, Hamulaire, Strongle et Entozoaires. (De B.)

CRINULES, *Crinuli.* (*Bot.*) Si l'on observe au microscope la fructification du *marchantia*, on voit dans l'intérieur de l'ovaire, lorsqu'il s'ouvre à l'époque de la maturité, un paquet de fils hygrométriques qui se meuvent, s'agitent, se tordent comme des crins que l'on approcheroit du feu, et lancent, par bouffées, d'innombrables séminules auxquelles ils servoient de support. M. Mirbel a désigné ces filets par le nom de crinules. (Mass.)

CRIOCÈRE, *Crioceris*. (*Entom.*) Geoffroy a fait distinguer sous ce nom de genre une division des chrysomèles de Linnæus, qui sont par conséquent des coléoptères tétramérés de la famille des Phytophages ou herbivores.

Les caractères auxquels on distingue ce genre, sont les suivans, que nous allons extraire de la Zoologie analytique. Leurs antennes sont filiformes ou grenues, non en soie, ni en masse, insérées sur les parties latérales de la tête, et non sur un prolongement du front. Ce peu de notes suffit pour les séparer de toutes les autres familles du même sous-ordre, savoir: 1.° par le dernier caractère, des Rhinocères, comme les charansons; 2.° l'extrémité de ses antennes, qui n'est point en massue, les éloigne des Cylindroïdes, comme des bostriches, des clairons, et des Omaloïdes, tels que les ips et les trogosites; 3.° enfin, dans la quatrième famille du même sous-ordre, qui réunit les capricornes ou Xylophages, les antennes sont en soie et non en fil.

En outre, les *criocères* ont le corps alongé, lisse, poli, richement et agréablement coloré; leur corselet est étroit, cylindrique; leur tête un peu plus grosse; leurs antennes, presque aussi longues que le corps, sont composées de onze articles grenus.

Ce nom de *criocères* leur a été donné par analogie avec ceux des cérambyces ou capricornes. Il est en effet composé de deux mots grecs, κριὸς et κερας, qui signifient corne de bélier.

Les *criocères* proviennent de larves qui vivent sur les plantes, comme leurs insectes parfaits. Ces larves ressemblent beaucoup à celles des chrysomèles; leur corps est court, trapu, ramassé, lent dans les mouvemens; leur peau est molle. La plupart des espèces, pour se mettre probablement à l'abri du bec des oiseaux, qui en sont fort avides, ont l'art et l'habitude de se recouvrir du résidu de leurs alimens, qu'elles agglutinent et retiennent sur leur corps comme un toit protecteur, qui les préserve en même temps des intempéries et surtout de la trop vive chaleur de l'atmosphère.

L'espèce qui vit sur les tiges des liliacées, dont elle dévore les feuilles, a reçu même de cette particularité de ses mœurs le nom sous lequel les naturalistes la désignent : les petits tas de matière écumeuse, humide, verdâtre, visqueuse et dégoûtante, qu'on observe en été sur les feuilles de ces belles plantes de parterre, ne sont autre chose que le résultat de cette sorte d'artifice. Mais c'est en vain que l'on chercheroit, si l'on n'en étoit prévenu, la larve qui les produit. Pour la découvrir, il faut soulever ce tas d'ordures immobiles, et ce n'est que lorsqu'elle se sent dépouiller de ce singulier vêtement, qu'elle manifeste quelques mouvemens, en laissant distinguer les anneaux jaunâtres de son corps. C'est à l'aide de cette astuce que la race de ces insectes, qui, sous leur dernière forme, sont d'un rouge de laque très-brillant, parvient à conserver son existence.

Réaumur nous a donné, dans le tome troisième de ses Mémoires, des observations très-curieuses sur l'organisation de ces larves, qu'il nommoit les *teignes des lis*, et que Patarol avoit déjà si bien décrites, il y a plus de cent ans, dans une lettre à Vallisnieri, sous le nom de cantharide ou scarabée du lys, *cantharide de gigli*.

Nous allons en extraire les faits principaux qui se rallient aux diverses espèces de ce genre nombreux.

Les œufs sont ordinairement déposés par la femelle, au-dessous ou à la face inférieure des feuilles, en un petit tas irrégulier, et plus ou moins rapprochés les uns des autres. Ces œufs sont alongés, visqueux, et leur nombre est ordinairement de dix à douze rapprochés; mais une seule femelle en pond dans beaucoup d'autres endroits. Leur couleur varie suivant la température. Ces œufs éclosent à dix ou douze jours de distance de l'époque de la ponte. Ils éclosent tous en même temps, et les petites larves qui en sortent, se réunissent pour paitre ensemble sur une seule et même ligne; d'abord, en ne mangeant que le parenchyme de la feuille du côté où elles ont été déposées. Au fur et à mesure qu'elles grossissent, ces larves s'éloignent les unes des autres. Alors elles deviennent plus voraces: elles attaquent les nervures des feuilles, qu'elles entament en divers sens, au milieu, sur les bords et à l'extrémité : mais chacune d'elles, une fois fixée vers le point qu'elle ronge, se déplace peu.

La manière particulière qu'emploie cette larve pour recouvrir son dos du résidu de ses alimens, dépend d'une
structure spéciale et de la position de l'anus, qui n'est pas
ouvert sous le dernier anneau de l'abdomen, comme dans
la plupart des autres larves, mais entre l'avant-dernier anneau du ventre et le dernier du côté du dos; de sorte que
les matières qui sortent de cet orifice se collent les unes aux
autres, et sont successivement poussées vers la tête. Nous
avons décrit, à la page 224 du VII.ᵉ volume de ce Dictionnaire, un mécanisme analogue employé par la larve des
cassides, dont l'organisation est cependant un peu différente.

Lorsque les larves des criocères ont toutes atteint leur
croissance, laquelle exige une quinzaine de jours, pendant
lesquels l'insecte semble occupé à manger continuellement,
même pendant la nuit, elles entrent dans la terre pour s'y
métamorphoser. Elles s'y construisent une sorte de coque,
en dégorgeant une matière visqueuse ou gommeuse, qui se
dessèche et devient une sorte de bulle solide, autour de
laquelle la terre se trouve agglutinée comme une sorte de
pilule, analogue à celle que se filent par un autre mécanisme les larves des fourmilions. Là, le criocère prend
d'abord la forme de nymphe, molle, immobile, mais dont
toutes les parties sont distinctes, qui, suivant la chaleur de
l'atmosphère, se durcissent et prennent assez de consistance
et se colorent peu à peu, de manière qu'au bout de deux
semaines environ on voit sortir de ces coques, aux environs
des plantes sur lesquelles l'insecte doit vivre, des individus
absolument semblables à ceux qui les ont pondus.

Linnæus avoit d'abord rangé les criocères dans le même
genre que les chrysomèles. Gmelin, dans la treizième édition
de son *Systema naturæ*, les avoit placés, comme un sous-genre,
parmi les cryptocéphales. Fabricius, dans son dernier Système
des eleuthérates, a donné le nom de *crioceris* à des insectes
tout-à-fait différens de ceux qui font l'objet de cet article,
qu'il a désignés dans le même ouvrage sous le nom de *lema*.

Les principales espèces de ce genre qui se rencontrent en
France, sont les suivantes : elles font toutes entendre, lorsqu'on les saisit, un petit cri, provenant du frottement de leur
abdomen contre les élytres.

1.º Le **Criocère du lis**, *Crioceris merdigera*.

Car. Rouge en-dessus, noir en-dessous.

C'est l'espèce la plus connue : la belle couleur rouge-vermillon vernie, semblable à celle de la plus belle cire à cacheter, la fait contraster avec le vert des feuilles et de la tige des lis, sur lesquelles on les observe souvent au nombre de sept à huit en même temps sur une même plante. Les élytres, examinées à la loupe, offrent des lignes longitudinales de points enfoncés. Les pattes, les antennes sont noires, ainsi que la tête. Une variété offre quelquefois les pattes et l'anus rouges.

2.º Le **Criocère a douze points**, *Crioceris decem-punctata*.

Car. D'un rouge pâle ; les élytres ont chacun six points noirs.

On trouve cet insecte très-communément sur l'asperge, avec celle dont la description suit : les pattes sont rouges, avec les articulations et les tarses noirs; chacun des anneaux de l'abdomen, qui est rouge, porte un anneau noir.

3.º Le **Criocère de l'asperge**, *Crioceris asparagi*.

Car. Corselet rouge avec deux points noirs; élytres d'un jaune rougeâtre ou pâle, avec une croix d'un noir bleuâtre.

Cette espèce, que Geoffroy a nommée *porte-croix*, est extrêmement polie et brillante; elle est noire en-dessous. Les taches. les lignes et la teinte générale des élytres varient beaucoup. Il est très-commun sur l'asperge. Il se précipite à terre au moindre mouvement qu'il s'aperçoit que l'on fait pour le saisir.

4.º Le **Criocère pattes-noires**, *Crioceris melanopa*.

C'est le criocère bleu, à corselet rouge, avec les tarses et les antennes noires, de Geoffroy ; c'est là en effet le caractère de cette espèce. On trouve sa larve sur les tiges des plantes graminées.

5.º Le **Criocère tout bleu**, *Crioceris cyanella*.

Car. D'un bleu métallique ; à antennes et pattes brunes; élytres striées. (C. D.)

CRIOPODERME. (*Malacoz.*) Poli, Test. des deux Siciles, a, le premier, établi en un genre distinct, mais assez mal défini, l'animal de la coquille que Linnæus avoit nommé *anomia caput serpentis*, auquel il a joint deux autres espèces, qu'il a décrites et figurées dans l'ouvrage que nous venons de citer. Les caractères qu'il lui assigne consistent à n'avoir ni trachées, c'est-à-dire, d'ouvertures distinctes particulières du manteau pour l'entrée de l'eau dans la cavité branchiale, ni pied, ou appendice abdominal, et enfin d'avoir des branchies contournées en forme de cornes de bélier. Ce que Poli regarde ici comme des branchies, est considéré par MM. Cuvier et de Lamarck comme les analogues des bras ciliés des lingules et autres brachiopodes. Voyez, pour plus de détails, le mot Orbicule. (De B.)

CRIOPUS. (*Malacoz.*) M. Poli, dans son système de dénomination des genres de mollusques acéphales, donne ce nom aux mêmes animaux qui portent celui de Criopoderme. (De B.)

CRIOU. (*Ornith.*) On appelle ainsi, en Provence, l'alouette pipi, *anthus arboreus*, Bechst. (Ch. D.)

CRIOUCRIOU. (*Ornith.*) Flacourt, qui cite cet oiseau parmi ceux qu'on trouve dans les bois à Madagascar, se borne à dire qu'il est vert et ne chante que l'été. (Ch. D.)

CRIQUARD. (*Ornith.*) La sarcelle d'été, *anas crecca*, Linn., est ainsi nommée dans le département de la Somme. Voyez Criquet. (Ch. D.)

CRIQUE. (*Géograph. phys.*) Voyez Golfe. (L.)

CRIQUET, *Acridium*. (*Entom.*) Nom d'un genre d'insectes de la famille des sauterelles ou grylloïdes, de l'ordre des orthoptères.

Ce nom de criquet a été donné à plusieurs insectes différens : aux grillons, tels que celui des champs, le genre *Acheta;* aux *sauterelles* du genre *Gryllus;* et en particulier à certaines espèces de petites sauterelles que Geoffroy a le premier distinguées sous le nom de criquet, et en latin sous celui d'*acrydium*, tiré du grec Αχρις, qui signifie sauterelle. Pour éviter toute confusion, nous avons substitué le nom d'Acridie au genre en question. Voyez ce mot. (C. D.)

CRIQUET. (*Ornith.*) Ce nom, par lequel, en Basse-Normandie, on désigne vulgairement le traquet, *motacilla rubicola*, Linn., se donne aussi à la sarcelle d'été ou *criquard*. (Ch. D.)

CRISIE, *Crisia*. (*Polyp.*) M. Lamouroux, dans son Histoire des polypiers coralligènes flexibles, a cru devoir séparer des cellaires ou cellulaires des auteurs quelques espèces qui en diffèrent essentiellement, parce que les cellules sont peu saillantes, alternes, rarement opposées, avec l'ouverture sur la même face du polypier, qui du reste paroit avoir la même forme et la même structure que celui des cellaires. La grandeur de ces espèces ne passe guère un décimètre de hauteur, et est ordinairement de quatre à six centimètres : elles se trouvent presque toujours sur les thallasiophytes, et ce qu'on vend sous le nom de mousse de Corse dans les pharmacies, en contient à ce qu'il paroit beaucoup. Nous ne connoissons, sur les animaux de ce genre, que le peu que dit Ellis sur ceux de la crisie-ivoire, qu'il n'a vus que morts, et qu'il dit tout semblables à ceux des sertulaires.

M. Lamouroux caractérise douze espéces dans ce genre, dont la plupart sont des mers d'Europe.

1.º Crisie-ivoire : *C. eburnea*, Lmx ; Ell., *Corall.*, p. 54, tab. 21, fig. a A. Droite, articulée, subrameuse ; les cellules cylindriques, tronquées. assez saillantes, et comme tubuleuses et alternes : mers d'Europe.

2.º Crisie ciliée : *C. ciliata*, Lmx ; Ell., *Corall.*, tab. 20, n.º 5, fig. d D. Cellules déjetées de côté, bien distinctes et alternes ; ouverture grande, oblique, garnie de cils : des mêmes mers.

3.º Crisie raboteuse : *C. scruposa*, Lmx ; Ell., *Corall.*, tab. 20, n.º 4, fig. cC. Rampante, dichotome ; cellules unies, alternes, à ouverture ovale : des mers d'Europe, d'Asie et d'Amérique.

4.º Crisie rampante : *C. reptans*, Lmx ; Ell., *Corall.*, tab. 20, n.º 3, fig. b B. Rampante, articulée, dichotome ; l'ouverture oblique des cellules garnie de deux soies inégales.

5.º Crisie aviculaire : *C. avicularia*, Lmx ; Ell., *Cor.*, tab. 20, n.º 2, a A. Droite, élargie, dichotome ; deux cils au bord des cellules, avec une vésicule en forme de tête d'oiseau. M. Lamouroux regarde comme une espèce distincte de celle-ci, la variété B d'Ellis, *Corall.*, tab. 38, fig. 7, G N, et qu'il nomme Crisie flustroïde ; elle a cependant aussi la singuliere vésicule en tête d'oiseau.

M. Lamouroux compte encore dans ce genre les Crisie cuirasse, *C. loricata* de Pallas, C. plumeuse, *C. plumosa*, qui diffèrent un peu des autres espèces de ce genre, et enfin une nouvelle espèce qu'il nomme Crisie a trois cellules, *C. tricy-thara*, qui vient des mers de l'Australasie, et qu'il figure pl. 3, fig. 1 *a*, de son ouvrage. (De B.)

CRISITE. (*Bot.*) Voyez Chrysite. (Poir.)

CRISPÉE [Feuille]. (*Bot.*) Lorsque le bord d'une feuille est élevé et abaissé alternativement en plis arrondis, on la dit ondulée (*polygonum bistorta*); lorsqu'elle a plusieurs plis longitudinaux à saillie aiguë, on la dit plissée (*veratrum album, malva sylvestris*); lorsqu'elle est plissée irrégulièrement dans toute sa superficie, on la dit crispée ou crépue (*malva crispa, lactuca sativa crispa*). (Mass.)

CRISPITE. (*Min.*) M. Delamétherie a donné ce nom à une variété de titane ruthile, qui ne diffère des autres que par l'entrelacement de ses cristaux prismatiques en réseau. (B.)

CRISPULA. (*Bot.*) Au rapport de C. Bauhin, la matricaire étoit ainsi nommée par Monardez. (J.)

CRISSAN (*Bot.*), nom javanais du *carex amboinica* de Rumph, ou *laté* des Malais, que Burmann donne comme le même que son *schœnus paniculatus*, qui n'est point cité par Willdenow, et qui, d'après la figure donnée par Rumph, paroit être plutôt une espèce de *scleria*. (J.)

CRISSION (*Bot.*), nom donné par Dioscoride à une buglose. (J.)

CRISSUM. (*Ornith.*) Ce terme latin s'emploie pour désigner la région qui, chez les oiseaux, est recouverte par les plumes anales. (Ch. D.)

CRISTA. (*Bot.*) Césalpin nomme ainsi le mélampyre des prés, *melampyrum pratense*, et une pédiculaire, *pedicularis tuberosa*. Linnæus ajoute ce nom, qui signifie crête, comme spécifique, à une *cæsalpinia*. Le même, avec un nom additionnel, tel que *crista galli, crista pavonis*, s'applique à des plantes différentes. Voyez Crête de coq, Crête de paon. (J.)

CRISTA GALLI. (*Bot.*) Les anciens botanistes ont appelé ainsi plusieurs espèces des genres Cocrête (*rhinantus*), Mélampyre (*melampyrum*) et l'édiculaire (*pedicularis*). La disposition des fleurs dans ces plantes, et celle de leurs bractées déchiquetées, avoient sans doute donné lieu à l'application de ce nom latin, qui signifie crête de coq. C'est ainsi que Linnæus a donné ce même nom, pour celui d'espèce, à un sain-foin (*hedysarum crista galli*), dont les fruits ont la forme d'une crête de coq, et qu'il a été également attribué, pour des motifs analogues, à quelques autres plantes de genres différens. (L. D.)

CRISTA GALLI. (*Conchyl.*) C'est le nom spécifique d'une espèce d'huitre alongée, plissée, qu'en françois on nomme crête de coq. *Ostrea crista galli*, Linn. (De B.)

CRISTAL (*Chim.*): tout assemblage de particules, déterminé par la force de cohésion, qui a pris une forme plus ou moins régulière. Autrefois on ne regardoit comme cristal que les substances, de forme régulière, qui étoient douées de la transparence. (Ch.)

CRISTAL, CRISTAUX. (*Min.*) On désigne par ces mots les formes symétriques que prennent souvent les substances minérales, et en général les substances inorganiques, soit en se précipitant d'une solution, soit, en général, en passant de l'état fluide à l'état solide.

Ce nom de *cristal*, qui vient du grec χρυσταλλος, *glace*, pa-roît avoir été donné d'abord au quarz hyalin cristallisé, connu encore vulgairement sous le nom de *cristal de roche;* sans doute, parce que, les cristaux de cette substance étant le plus sou-vent très-limpides et incolores, on les comparoit à la glace.

C'est par suite d'une comparaison semblable qu'on donne aussi le nom de *cristal* au verre fin, très-pur et sans couleur.

Mais depuis long-temps ces mots de *cristal* et *cristaux* ont été consacrés uniquement à désigner les formes régulières sous lesquelles les minéraux se présentent dans la nature, et de même celles que prennent un grand nombre de substances dans nos manufactures chimiques et nos laboratoires.

On a reconnu que les cristaux d'une même substance, c'est-à-dire, d'un minéral ayant la même composition chi-mique bien connue, présentent toujours les mêmes formes, ou du moins des formes qui sont toutes dérivées d'un même système géométrique. Cette règle est regardée comme géné-rale, malgré un très-petit nombre de cas qui paroissent former des exceptions, et sur lesquels d'ailleurs on n'est pas encore assez éclairé pour prononcer.

D'après cela, on sent combien l'observation exacte des

cristaux peut être utile au minéralogiste, comme au chimiste.
Mais cette observation exacte demande une grande expérience et une connoissance parfaite des règles symétriques
que la nature semble s'être tracées dans la configuration
géométrique des cristaux. Cette partie importante de la
minéralogie sera exposée au mot Cristallisation. (Br. de V.)

CRISTAL DE MADAGASCAR, DE MONTAGNE, DE
ROCHE, DE MÉDOC. (*Min.*) Tous ces noms ont été donnés
au Quarz hyalin cristallisé. Voyez ce mot. (B.)

CRISTAL D'ISLANDE. (*Min.*) C'est le calcaire rhomboïdal,
obtenu ordinairement par clivage. Voyez Chaux carbonatée.
(B.)

CRISTAL FACTICE. (*Chim.*) C'est le nom que l'on a
donné à un verre formé de silice, de potasse et d'oxide de
plomb. (Ch.)

CRISTAL MINÉRAL. (*Chim.*) C'est du nitrate de potasse,
sur lequel on a projeté, pendant qu'il étoit fondu dans un
creuset, une certaine quantité de soufre, laquelle, en dé-
composant un peu de nitre, a produit du sulfate de potasse
qui s'est mêlé au nitre non décomposé. La proportion de
soufre qu'on ajoute à une livre de nitre, est d'un gros. Quand
le soufre a détoné et que les deux sels de potasse sont bien
fondus, on coule la matière en plaques minces dans une
bassine d'argent ou de platine. Le cristal minéral est employé
dans les mêmes cas que le nitre pur. (Ch.)

CRISTAL NATUREL. (*Chim.*) C'est le cristal de roche. (Ch.)

CRISTALLA (*Ornith.*), nom italien de la huppe, *upupa
epops*, Linn. (Ch. D.)

CRISTALLISATION. (*Chim.*) Opération par laquelle les
corps prennent une forme régulière, lorsqu'ils passent de
l'état liquide ou gazeux à l'état solide avec assez de lenteur
pour que leurs particules puissent se réunir dans le sens où
elles exercent la plus grande action mutuelle ; car on admet
généralement que les particules matérielles ont des faces ou
des pôles dans le sens desquels la cohésion s'exerce avec
plus de force que dans le sens des autres faces, et c'est l'existence de ces faces de plus grande cohésion qui explique la
constance des formes que prend une même substance, lorsqu'elle cristallise dans des circonstances semblables.

Dans l'origine on ne donnoit le nom de cristaux qu'aux produits de la cristallisation qui étoient transparens comme le cristal de roche, et c'est de cette ressemblance que dérive le mot *cristallisation*, qui désignoit l'opération par laquelle une matière prenoit l'apparence du cristal : aujourd'hui la forme régulière est la seule propriété qui caractérise un cristal.

Nous allons examiner rapidement les diverses circonstances dans lesquelles les corps peuvent cristalliser.

I. *Cristallisation des corps fluidifiés par le calorique.*

a) *Cristallisation des corps liquéfiés.* La plupart des corps qui, comme le soufre, le bismuth, l'antimoine, l'argent, l'or, etc., présentent une fonte bien liquide, peuvent être obtenus, sous la forme de cristaux, par le procédé suivant. On fait fondre ces corps dans un creuset dont le diamètre doit être à peu près égal à sa profondeur ; après quoi on retire le creuset du feu, et on l'expose dans un lieu où il ne refroidit que très-lentement. La solidification se fait de l'extérieur au centre. Quand on juge qu'il s'est formé une couche solide assez épaisse, on enlève une portion de la couche extérieure, et on renverse le creuset, afin de faire écouler tout ce qui est liquide. Il reste dans le creuset une géode tapissée de cristaux.

b) *Cristallisation des corps gazeux.* Lorsqu'un corps, réduit en vapeur, se condense lentement à l'état solide dans des cornues ou dans tout autre appareil distillatoir ou sublimatoir, les particules sont susceptibles de prendre un arrangement régulier : c'est ce qui arrive à l'arsenic, à l'acide arsenieux, au soufre, à l'acide benzoïque, etc., que l'on chauffe dans des cornues ou des matras de verre.

Les corps cristallisent non-seulement dans les circonstances précédentes, mais encore dans toutes celles où, après qu'ils ont été dissous dans un liquide, il arrive, par une cause quelconque, que, leur cohésion l'emportant sur l'action du dissolvant, ils prennent lentement l'état solide.

Les corps dissous peuvent cristalliser par évaporation de leur dissolvant, par abaissement de température, par l'action prolongée de la cohésion seulement.

II. *Cristallisation des corps dissous dans un liquide.*

c) *Cristallisation par évaporation.* Plus le liquide s'évapore lentement et uniformément, plus il y a en général de chances favorables pour la cristallisation : aussi observe-t-on qu'une eau saturée, à la température ordinaire, de nitrate de baryte, de nitrate de strontiane, d'alun, etc., qui est abandonnée à l'air libre, donne des cristaux beaucoup plus réguliers et plus volumineux que ceux que l'on obtiendroit en exposant le même liquide a une température de 5o à 8o degrés. En ne laissant dans une dissolution qui évapore spontanément qu'un petit nombre de cristaux choisis parmi les plus réguliers qui se sont d'abord produits, en les retournant de temps en temps pour que leur accroissement se fasse également sur toutes leurs faces, et, quand ils ont acquis un certain volume, les remettant dans de nouvelles dissolutions qui sont au même degré de saturation que celle où ils ont pris naissance, on finit par obtenir de très-beaux cristaux. (Voyez la Cristallotechnie de Leblanc, auteur de ce procédé.)

Dans le cas où les corps dissous exerceroient sur leur dissolvant une action trop forte pour que celui-ci pût s'évaporer à l'air libre, il faudroit exposer la dissolution dans des étuves, et s'il arrivoit que ce moyen ne fût pas suffisant, il faudroit, pour faire cristalliser les corps, les dissoudre dans un autre liquide sur lequel ils auroient une moindre action. C'est ainsi que les sels, très-déliquescens, qui ont moins d'affinité pour l'alcool que pour l'eau, cristallisent plus facilement dans le premier de ces liquides que dans le second.

Il existe un moyen très-ingénieux de faire cristalliser par évaporation les corps qui ne sont dissous dans l'eau qu'en petite quantité, et qui sont d'ailleurs susceptibles d'éprouver des changemens de la part de l'atmosphère. Ce moyen consiste a mettre la dissolution de ces corps dans une capsule placée sous une cloche qui repose sur le mercure, et sous laquelle on a mis des fragmens de chaux caustique ou une capsule d'acide sulfurique concentré. Si la matiere mise en expérience étoit altérable par l'oxigène, il faudroit remplir la cloche de gaz azote avant d'y introduire la dissolution ; si elle l'étoit par l'acide carbonique, on introduiroit un peu d'eau de potasse dans l'air renfermé sous la cloche.

d) *Cristallisation par abaissement de température.* Le sulfate de soude, le sulfate de potasse, le phosphate de soude, et un grand nombre d'autres corps sont plus solubles à chaud qu'à froid dans une même quantité de liquide : de là les cristaux que l'on obtient des dissolutions qui, ayant été saturées à une certaine température, sont ensuite exposées à une température plus basse. Il paroît que la principale cause de cette séparation doit être attribuée à ce que le refroidissement augmente la force de cohésion du corps dissous, plutôt qu'il ne diminue son affinité pour le dissolvant.

e) *Cristallisation par l'action prolongée de la cohésion.* On regarde aujourd'hui assez généralement comme prouvé, que plusieurs dissolutions, saturées à une température déterminée, peuvent à la longue laisser cristalliser les corps dissous, quoique la température ne varie pas et que les dissolutions soient renfermées dans des flacons où l'évaporation ne peut avoir lieu. Les cristaux produits par ce moyen sont presque toujours très-beaux. (Ch.)

CRISTALLISATION. (*Minér.*) Ce mot a deux acceptions différentes. Les chimistes s'en servent pour désigner le phénomène qui a lieu lorsqu'un corps inorganique prend des formes polyédriques régulières ou symétriques, nommées *cristaux*, soit en passant de l'état liquide à l'état solide, soit en se séparant d'une dissolution ou d'une combinaison dont il faisoit partie : on dit alors qu'il s'opère une *cristallisation.*

Mais on a étendu ce mot à tous les résultats de ce phénomène, et il est d'usage de l'employer pour indiquer d'une manière générale, soit l'ensemble des observations que l'on peut faire sur les *cristaux* d'une substance, soit plus généralement encore toutes celles que présentent tous les *cristaux* reconnus dans la nature : ainsi, on dit la *cristallisation* du feldspath, pour désigner les divers cristaux de feldspath ; ou dit aussi la *cristallisation* en général, lorsque l'on veut parler collectivement des formes polyédriques qu'affectent les minéraux, et des observations auxquelles elles peuvent donner lieu. Cette double acception étant généralement reçue, elle nous conduit naturellement à comprendre dans cet article tout ce qui a rapport à la cristallisation (autant du moins qu'il nous est permis de l'exposer dans cet ouvrage), et à le diviser en deux parties.

Dans la première, qui aura pour titre *Description géométrique des cristaux*, nous comprendrons tous les détails relatifs à la connoissance des formes cristallines, à leur détermination géométrique, aux rapports qu'elles ont entre elles, et nous y joindrons les idées théoriques qui peuvent servir à expliquer ces rapports.

Dans la seconde, qui aura pour titre *des Phénomènes de la cristallisation*, nous réunirons le petit nombre d'observations que l'on a faites jusqu'à présent sur la formation des cristaux, et sur les lois que la nature paroît suivre dans cette opération.

Nous traiterons donc d'abord des *résultats* de la cristallisation, et ensuite des *phénomènes* de cette mystérieuse opération de la nature. Sans doute, il sembleroit plus naturel de suivre une marche inverse, et de décrire ce qui se passe dans la cristallisation avant d'examiner ses résultats ; mais nous avons préféré l'ordre que nous venons d'indiquer, parce qu'il est impossible d'exposer plusieurs des phénomènes de la cristallisation sans avoir auparavant une connoissance approfondie des formes des cristaux.

PREMIÈRE PARTIE.

Description géométrique des cristaux.

Les naturalistes avoient remarqué depuis long-temps les formes polyédriques qu'affectent les substances inorganiques ; mais, jusque vers la fin du siècle dernier, on n'en connoissoit qu'un très-petit nombre, et fort imparfaitement : On avoit reconnu que certains cristaux étoient semblables à quelques-uns des corps réguliers de la géométrie (l'octaèdre régulier, le cube) ; on connoissoit la forme du cristal de roche (quarz) ; des physiciens avoient mesuré celle de la chaux carbonatée d'Islande ; plusieurs savans avoient aussi jeté en avant sur cet objet quelques idées plus générales, quoique encore peu exactes : mais le plus souvent on regardoit ces solides polyédriques comme n'étant que des accidens, des résultats du hasard. Linnæus, qui savoit si bien étudier la nature, paroit être le premier qui ait senti que les cristaux devoient être le résultat de causes constantes, et que l'observation de ces polyèdres devoit être de la plus grande importance pour la connoissance des minéraux; aussi, quoique ses recherches à cet égard ne l'aient pas conduit à la vérité, peut-être doit-il être regardé sous certains rapports comme le fondateur de la cristallographie.

Cependant c'est à Romé de Lisle qu'on doit le premier travail général sur cet objet. Dans sa *Cristallographie*, dont la première édition parut en 1772, il décrivit avec soin un très-grand nombre de cristaux, la plupart inconnus et les autres mal déterminés avant lui. Il mesura mécaniquement les angles entre leurs plans, et fit reconnoître enfin ce fait fondamental, que ces angles avoient une mesure constante dans la même variété. Il chercha aussi à lier entre elles les différentes formes cristallines d'un même minéral.

Bientôt après, Bergmann et M. Haüy observèrent en même temps la cassure lamelleuse de quelques cristaux, et reconnurent que ses directions étoient constantes dans tous ceux qui appartenoient à une même substance. Mais le premier se contenta d'en tirer quelques inductions sur la structure des cristaux. M. Haüy, au contraire, à qui l'honneur de cette grande découverte appartient également, étendit ce résultat à toutes les espèces qui sont susceptibles de le présenter; joignant ensuite à ces faits des considérations physiques aussi ingénieuses que savantes, il parvint bientôt à établir une théorie générale de la structure des cristaux, qui le conduisit au moyen de calculs très-simples à assigner les rapports entre toutes les formes cristallines d'une même espèce minérale, à déterminer la valeur de leurs angles avec une exactitude qu'on n'avoit jamais atteinte, et à élever ainsi la cristallographie au rang des sciences géométriques : aussi les applications qu'il a faites de sa théorie à toutes les substances cristallisées, ont rendu à la minéralogie des services immenses qui l'ont fait changer entièrement de face.

C'est donc à ce savant illustre que nous sommes redevables de nos connoissances actuelles sur les cristaux, puisque les faits que d'autres savans[1] peuvent y avoir ajoutés, n'ont été pour la plupart que le résultat des applications qu'ils ont faites des principes que lui seul a posés. Ainsi tout ce qui va suivre ne sera pour ainsi dire qu'un précis de ses découvertes, ou des conséquences qui nous ont paru en résulter. Nous exposerons cependant tous les faits relatifs aux formes des cristaux dans un ordre différent de la marche savante qu'il a suivie, parce que cet ordre nous a paru mieux convenir ici.

Nous diviserons cette première partie en huit sections, ainsi qu'il suit :

1.re Idées générales des formes cristallines et de la cassure lamelleuse ou du *clivage* des cristaux, et de ce qu'on peut appeler le *système cristallin* d'une substance. (§§. 1 à 23.)

2.e Moyens employés pour *la mesure des angles* des cristaux. (§§. 24 à 32.)

3.e Des *formes dominantes* des cristaux, c'est-à-dire, des divers solides géométriques auxquels on peut rapporter tous les cristaux, en ne considérant dans chacun d'eux que la réunion de ses faces les plus étendues, et faisant abstraction des facettes additionnelles qui le modifient. Des divers *solides formés par la réunion des plans de clivage* d'un même minéral. (§§. 53 à 64.)

4.e Des différens genres de *modifications* que subissent les formes dominantes des cristaux. (§§. 65 à 69.)

5.e *Lois symétriques* observées dans la disposition des modifications que subissent les diverses formes dominantes. (§§. 70 à 83.)

6.e *Passages* d'une forme à plusieurs autres, produits nécessairement par la symétrie des modifications, ce qui explique les formes dominantes diverses observées dans un même minéral. Conséquences qui en résultent pour la détermination du système cristallin de chaque substance minérale : utilité de choisir une forme fondamentale. (§§. 84 à 92.)

7.e *Théorie de la structure des cristaux*, ou moyens d'assigner les rapports géométriques de toutes les formes cris-

---

1 Tels que M. le comte de Bournon, M. Weiss et autres, dont les travaux ont aussi enrichi la cristallographie ; on sent bien qu'il nous est impossible de donner ici une histoire complète de cette science.

tallines d'un même minéral avec une seule forme primitive.[1] (§§. 93 à 112.)

8.e Des *cristaux hémitropes* ou *maclés*, et *groupés régulièrement* : lois symétriques auxquelles ils paroissent assujettis. (§. 113 à 124.)

PREMIÈRE SECTION.

Idées générales des formes cristallines, et de la cassure lamelleuse ou du clivage des cristaux.

Nous réunirons dans cette section les faits généraux relatifs à la structure symétrique de toutes les formes cristallines, sans entrer dans les détails nécessaires pour donner une idée précise de cette symétrie dans les différens cas ; ce qui sera l'objet de la 3.e section et des suivantes, auxquelles celle-ci sert pour ainsi dire d'introduction.

§. 1.er *Les cristaux sont des solides polyédriques symétriques, terminés par des plans.*

Il y en a cependant quelques-uns qui présentent des surfaces convexes ; mais cette disposition est assez rare et n'appartient qu'à un petit nombre de substances : d'ailleurs on peut toujours, ou ramener ces cristaux convexes à des cristaux à faces planes, connus et déterminés, dont les faces auroient subi un contournement ; ou, dans d'autres cas, considérer ces surfaces convexes comme n'étant que l'assemblage de plusieurs faces planes qui se réunissent sous des angles très-obtus.

§. 2. *A l'exception du tétraèdre régulier* (§. 35), *les formes*

---

1 C'est la théorie de M. Haüy. En la voyant ainsi rejetée à la fin de cette description géométrique des cristaux, il sembleroit que tout ce qui précède est étranger aux découvertes dont ce savant célèbre a enrichi la science. Cela tient à l'ordre que nous avons cru devoir suivre : nous avons jugé que les faits relatifs à la symétrie des formes cristallines devoient être exposés d'abord isolément et sans y joindre aucune idée théorique. Il nous a semblé que l'exposé de cette théorie deviendroit par là plus simple et plus facile à comprendre. Mais presque tous les faits qui seront développés dans les six premières sections ne nous sont connus que par M. Haüy, et par suite des applications qu'il a faites de sa théorie à toutes les substances cristallisées.

*polyédriques des cristaux ont ordinairement leurs faces parallèles
deux à deux.*

Cette disposition symétrique pourroit être regardée comme
générale, malgré un petit nombre de cas particuliers d'exceptions où la nature paroit s'être écartée de cette règle, et
que nous allons faire connoître.

Il est presque superflu d'annoncer que nous ne rangerons
pas dans ces cas d'exception ce grand nombre de cristaux
implantés, en groupes, en druses, et dont nous ne voyons
qu'un seul sommet : il est évident que nous ne pouvons observer ici qu'une moitié de cristal ; et la nature s'est si peu
écartée dans ce cas du parallélisme symétrique que nous an-
nonçons, qu'il n'est presque point de cristaux implantés qui
n'aient été trouvés au moins quelquefois isolés et complets,
sinon en totalité, au moins par parties, et qu'alors chaque
face avoit sa parallèle. On est donc fondé par analogie à
supposer qu'il en seroit de même des autres cristaux s'ils
n'étoient pas implantés, et à les représenter habituellement
complets avec leurs faces parallèles deux à deux. Nous voulons
parler d'autres cas qu'on pourroit croire former des exceptions en apparence plus réelles.

On peut distinguer dans un cristal deux sortes de faces :
d'abord les *faces principales* ou *dominantes*, c'est-à-dire, celles
qui sont les plus étendues, et dont l'ensemble détermine
la forme ; et ensuite les faces plus petites ou les *facettes*,
qu'on peut regarder comme *additionnelles*, parce que la
forme n'est pas sensiblement altérée par leur présence[1]. Relativement aux faces principales, on connoît quelques exemples où le parallélisme des faces deux à deux n'est pas complet ; les cristaux dits *hémitropes* sont dans ce cas (voy. les
fig. 130 et 134) : mais, ces cristaux n'étant réellement que
des réunions de deux cristaux en sens inverse (comme on le

---

[1] Cette distinction des faces dominantes sera plus complétement définie au §. 33 : par exemple, dans la figure 72, les plans triangulaires *o*,
qui sont les plus larges, sont les *faces dominantes*, et les plans hexagones alongés *d* sont les *facettes additionnelles*, dont la présence n'altère
pas d'une manière notable le polyèdre qui résulte de l'ensemble des
autres et dans lequel on reconnoît un octaèdre.

verra dans la 8.ᵉ section), ou des doubles cristaux, il n'y a
là aucune exception, et d'autant plus qu'on connoît presque
toujours des cristaux simples appartenant à la même variété
et qui ont leurs faces disposées parallèlement deux à deux.
Il y a aussi des cristaux simples qui présentent la même anomalie ; mais ils sont très-peu nombreux, et comme il est rare
de ne pas trouver d'autres cristaux semblables entièrement
réguliers, on peut dire que, l'anomalie observée n'étant pas
constante, ces cristaux ne peuvent point servir à infirmer
la règle générale. [1]

Quant aux facettes additionnelles, les exemples de non-
parallélisme ou de l'absence de l'une de deux faces parallèles sont moins rares ; cependant elles ne peuvent renverser le principe. D'abord il y a des cristaux où cette irrégularité n'est point constante, et alors elle doit être regardée,
de même qu'on vient de le dire pour les faces principales,
comme une déviation accidentelle, produite dans certains
cas par des causes jusqu'ici inconnues ; il y a aussi d'autres
cristaux dans lesquels une ou plusieurs facettes, situées vers
une des extrémités de la direction qu'on peut regarder
comme l'axe du cristal, n'ont pas leur parallèle à l'extrémité opposée, et dans lesquels cette irrégularité est constante (voyez les figures 65, tourmaline ; et 86, magnésie boratée). Mais ces cristaux sont électriques par la chaleur et
donnent les deux genres d'électricité en deux points opposés.
Ici on peut d'abord présumer avec quelque probabilité que
l'anomalie de forme est un résultat de la propriété électrique,
et cette conjecture est confirmée par l'observation que l'on
a faite, qu'il y avoit dans une même espèce de ce genre
(le titane silicéo-calcaire) des cristaux électriques et des
cristaux non électriques : dans les premiers, les deux sommets sont différens ; dans les autres, ils sont semblables.

---

[1] La tourmaline, par exemple, qui cristallise souvent en prisme
hexagonal régulier, se présente aussi quelquefois sous la forme principale ou dominante d'un prisme triangulaire équilatéral, par la dispari-
tion de trois des faces du prisme (voy. la fig. 66); mais cette exception,
qui, comme on le voit, n'a pas toujours lieu dans cette substance,
paroît tenir à sa propriété électrique, comme on va le dire.

Toutes ces exceptions ne peuvent donc pas détruire la règle générale ; tout au plus pourroient-elles conduire à la modifier, en disant que *dans les cristaux la nature a constamment une tendance à produire des faces parallèles deux à deux, et qu'elle ne s'en est écartée que dans des cas très-rares, qui sont eux-mêmes sujets à exception dans la même espèce.*

C'est par suite de cette tendance générale à produire toujours deux faces parallèles, que *dans les cristaux on ne trouve point de pyramides complètes, à l'exception du tétraèdre, mais des doubles pyramides*, etc.

§. 3. *Les plans qui composent les cristaux sont en général ordonnés symétriquement, soit tous ensemble, soit par parties, par rapport à une ligne qu'on peut considérer comme l'axe.*

Tantôt la plupart de ces plans, ou au moins les principaux et les plus étendus, sont parallèles à l'axe, et alors le cristal a réellement la forme d'un *prisme* (voy. fig. 10 à 18, 35, 36, etc.); tantôt tous les plans ou seulement une partie sont également inclinés à l'axe (voy. les fig. 21 à 26, 38, 47, etc.), et alors chacun des sommets du cristal a la forme d'une pyramide plus ou moins régulière.

Il y a aussi des cas où deux faces seulement sont inclinées à l'axe (biseau, §. 67, fig. 53, 54, etc.), ou bien dans lesquels plusieurs faces ont deux à deux la même inclinaison (fig. 63); ou, enfin, d'autres où plusieurs faces ont, trois à trois ou quatre à quatre, vers une même extrémité de l'axe, la même inclinaison à cet axe. Mais ce n'est pas ici le lieu d'entrer dans ces détails, dont on trouvera des exemples fréquens dans tout ce qui va suivre. Il est également inutile de mentionner le peu de cristaux qui font exception à cette règle, comme, par exemple, dans les prismes terminés par deux faces inégalement inclinées à l'axe, ce qui a lieu dans une variété de feldspath (fig. 55).

Nous nous contenterons d'observer que les formes prismatiques et pyramidales dont nous avons parlé, sont très-fréquemment combinées ensemble dans le même cristal, et que, dans ce cas, le plus souvent les faces qui tendent à former le prisme, et celles qui tendent à former la pyramide, sont coordonnées au même axe (voy. fig. 59, etc.).

Cependant il y a des cas qui paroîtroient au premier

coup d'œil faire exception à cette règle, comme, par exemple, le cristal représenté figure 81. Cela tient à ce que, dans ces cristaux, l'arrangement des faces est tellement symétrique qu'on peut choisir à volonté une, deux, trois et même quatre lignes pour axe. Le dernier cas de quatre axes a lieu dans le cube (v. §. 37).

Ces indications générales de la symétrie des cristaux seront développées dans la 3.ᵉ section.

§. 4. *On observe plusieurs formes différentes dans les cristaux d'un même minéral, quoique, dans ces différens cas, les autres caractères de ce minéral, et notamment sa composition chimique, ne présentent aucune différence appréciable.*

Ainsi le plomb sulfuré cristallise en cube et en octaèdre régulier; la chaux carbonatée se rencontre également en prisme hexagonal régulier, en une espèce particulière de prisme quadrangulaire obliquangle (rhomboèdre), (§. 43, fig. 19), et en double pyramide à 6 faces symétriques, etc. (dodécaèdre triangulaire scalène, §. 58, fig. 48).

Mais il y a plus, c'est que *beaucoup de minéraux affectent plusieurs espèces différentes d'une même forme :* ainsi la chaux carbonatée présente au moins six rhomboèdres différens et trois doubles pyramides à six faces symétriques; le corindon, plusieurs doubles pyramides à six faces régulières; le schéelin calcaire, deux octaèdres symétriques, etc.

Cette diversité de formes cristallines dans une même substance est connue depuis long-temps des physiciens et des minéralogistes, et elle a dû nécessairement effrayer ceux qui ont voulu se livrer à l'étude des cristaux, tant qu'on n'a pas su si elle avoit, ou non, des limites. M. Haüy est parvenu à découvrir que ces formes différentes étoient toujours liées entre elles par des rapports géométriques, et qu'elles n'étoient que des résultats différens d'un même *système cristallin.* On exposera plus bas (§. 17) d'une manière plus précise ce qu'on doit entendre par ce mot; mais ce que l'on vient de dire suffit déjà pour faire concevoir que cette multiplicité de formes d'un même composé chimique, quoique souvent très-grande, a néanmoins des limites invariables pour chaque substance; et on verra par la suite que souvent il suffit de connoître un très-petit nombre de cristaux d'un minéral, pour pouvoir *à priori* déterminer non-seulement les autres formes qu'il affecte ou qu'il peut affecter, mais aussi celles qui lui sont nécessairement étrangères.

§. 5. *Les différens angles des cristaux sont toujours constans et invariables dans chacune des formes d'une même substance.*

On entend ici par angles des cristaux, non-seulement les *angles dièdres* que forment entre eux les faces qui constituent ces solides polyédriques, mais aussi les *angles plans* que forment entre elles les lignes d'intersection de ces plans, ou les arêtes des cristaux. Nous nous contentons de donner ici ces indications; on trouvera dans le §. 24 des détails plus étendus sur les·différentes espèces d'angles des cristaux.

Cette constance des angles des cristaux est généralement reconnue depuis les travaux de Romé de Lisle; néanmoins ce principe fondamental demande quelque explication pour détruire la contradiction qu'il semble présenter avec ce qui a été dit, dans l'article précédent, de quelques minéraux dont les cristaux affectent *plusieurs espèces différentes d'une même forme.*

Sans doute ces différentes espèces d'un même genre de forme présentent des angles différens; mais dans chacune d'elles les angles sont constans et invariables, et ces changemens d'une forme à une autre dans la mesure des angles ne sont nullement graduels. En outre, les rapports géométriques qui ont été reconnus entre ces différentes espèces d'une même forme, comme on l'a déjà indiqué, les ramenant toutes à une seule forme fondamentale, ainsi qu'on le verra par la suite, il est évident que toutes ces mesures d'angles différentes ne sont que la conséquence nécessaire d'un premier angle déterminé par la nature : dès-lors la constance et l'invariabilité que nous avons annoncées sont entièrement conservées.

§. 6. *Les cristaux ont toujours des angles saillans et jamais d'angles rentrans.* Les seuls cas où la nature paroîtroit s'écarter de cette règle, sont les cristaux qui présentent ce que l'on appelle une *hémitropie* (voyez §. 113, fig. 130 et 132), et aussi les groupemens ou croisemens réguliers des cristaux (§. 121, fig. 141, 142 et 143); mais, ces derniers n'étant qu'une réunion symétrique de formes simples à angles saillans, et les hémitropies n'étant que le résultat de l'accolement de deux moitiés de cristaux en sens inverse, on voit qu'il n'y a là aucune exception à la règle générale qui vient d'être posée.

§. 7. Les corps cristallisés présentent souvent dans leur cassure des surfaces planes; et comme cette sorte de cassure peut être répétée sur les fragmens successivement obtenus du cristal, et toujours parallèlement, il en résulte que deux cassures successives parallèles forment une plaque ou *lame*: d'après cela on a donné à ce genre de cassure le nom de *cassure lamelleuse*.

Les lapidaires connoissent depuis long-temps cette propriété dans plusieurs des pierres qu'ils emploient, surtout dans le diamant, qui présente une *cassure lamelleuse* dans quatre sens différens, et ils profitent de cette propriété pour abréger considérablement le travail de la taille du diamant, en en séparant par la cassure les parties nuageuses ou mal colorées. Ils appellent cette opération, *cliver* le diamant, et *clivage* du diamant.

Beaucoup de minéralogistes ont adopté cette dénomination de *clivage* pour indiquer cette propriété d'un grand nombre de minéraux à l'état cristallin de se laisser diviser dans des directions planes, ou, comme on le dit, en lames; et nous nous en servirons ici. M. Haüy l'a désignée sous le nom de *division mécanique*. Mais on a donné encore une extension un peu plus grande à ce mot de *clivage*, en l'employant à désigner aussi les fissures planes que l'on observe dans un cristal, sans pourtant que la cassure en suive les directions. On dit alors qu'il y a des *indices de clivage;* et cette dénomination est très-exacte, puisque cette structure est au fond la même que celle qui donne la cassure lamelleuse: elle n'en diffère qu'en ce qu'elle est beaucoup moins prononcée.

§. 8. Il y a donc des clivages *faciles* et des clivages *difficiles*, ce que nous exprimerons en disant qu'il y a de grandes différences de *netteté* dans les clivages. Les uns sont très-faciles à constater par la cassure, même dirigée au hasard; d'autres demandent plus de précaution, et on ne les obtient que plus ou moins imparfaitement : il en est dont on ne peut s'assurer que par des lignes tracées naturellement sur les faces des cristaux, et qu'on voit se continuer dans des directions planes sur plusieurs faces adjacentes, mais qui ne sont jamais mises à découvert par la cassure ; d'autres, enfin, dont les indices sont si foibles et si peu distincts, qu'on ne peut les déterminer que par quelques reflets qui s'aperçoivent en présentant le cristal à une lumière vive.

§. 9. Un cristal présente le plus ordinairement plusieurs clivages, soit prononcés, soit seulement indiqués. Le nombre en est quelquefois très-considérable : l'antimoine fondu en a jusqu'à dix. Quelques observations tendroient même à en faire reconnoître davantage dans certaines substances, en tenant compte de tous les indices les plus foibles. Le plus souvent il n'y en a que 3, 4, 5 ou 6 ; d'autres cristaux n'en présentent qu'un ou deux, et, enfin, quelques-uns n'en ont pas même un seul (le plus grand nombre des métaux natifs, le cobalt arsenical, etc.).

§. 10. Dans un même cristal les clivages qu'il présente donnent lieu à plusieurs observations très-importantes.

Quelquefois ils ont tous le même degré de *netteté*, c'est-à-dire que chacun d'eux est aussi facile ou difficile à obtenir que les autres : c'est ce que l'on observe dans le clivage quadruple (octaèdre régulier) de la chaux fluatée, dans le clivage triple (cubique) du plomb sulfuré.

D'autres ont des degrés de *netteté* différens : ainsi la chaux sulfatée a trois clivages, dont un est extrêmement facile, puisqu'on peut l'obtenir avec un couteau, sans choc, et qu'il développe une surface plane miroitante, tandis que les deux autres sont beaucoup moins faciles et que leurs surfaces ne sont point éclatantes.

§. 11. Dans les substances qui ont des clivages nombreux, on remarque souvent que les clivages sont comme partagés en *ordres* différens, par rapport à leur degré de netteté. Ainsi, par exemple, dans le corindon on observe trois clivages inclinés à l'axe des cristaux, également faciles, et un autre clivage perpendiculaire à l'axe, d'une netteté moins grande que les premiers ; dans la chaux carbonatée on remarque d'abord un clivage triple très-facile, et plusieurs autres ordres de clivage triples ou sextuples, tous beaucoup moins faciles que le premier. On a quelquefois désigné ces derniers ordres de clivage sous le nom de *clivages surnuméraires*.

§. 12. On a vu (§. 5) que les angles des cristaux sont constans et invariables dans chacune des formes d'une même substance ; il en est en général de même des clivages, dans tous les cristaux d'une même espèce minérale, c'est-à-dire que *dans une même substance les clivages sont toujours semblablement disposés et forment toujours les mêmes angles, soit entre eux, soit avec les faces du cristal.* Il en résulte que le clivage ou le tissu lamelleux des cristaux peut être regardé comme étant, pour les substances minérales, une sorte d'*organisation* constante et invariable.

§. 13. Lorsque les cristaux présentent plusieurs sens de clivage (voyez §. 9), *la réunion des plans de clivage peut être considérée comme constituant réellement une forme géométrique intérieure constante*, que l'on peut appeler en général *solide de clivage.*

On verra par la suite combien il est utile de bien connoître ces *solides de clivage*, qui sont le fondement principal de la détermination des *formes primitives* des cristaux, ou en général des *systèmes cristallins*. (Voyez la 7.ᵉ section.)

Dans les cristaux où il existe plusieurs *ordres* de clivage, il arrive souvent que l'on est naturellement conduit à considérer séparément chacun des solides que peut former l'ensemble des clivages d'un même ordre ; et cette abstraction est d'autant plus naturelle que les divers solides qu'on peut ainsi considérer dans un même cristal, ont toujours entre eux des rapports géométriques remarquables et analogues à ceux qui lient entre elles les diverses formes cristallines d'un même minéral (voy. §. 4).

Nous décrirons à la fin de la 3.ᵉ section les différentes formes observées dans les solides de clivage (voy. §§. 62 et 63).

§. 14. *Le plus souvent les plans de clivage sont parallèles à différentes faces qui existent, soit dans le cristal même, soit dans d'autres cristaux de la même substance.* Lorsque cela n'a pas lieu, on remarque que la face que représente un des plans de clivage, est du nombre de celles dont on est fondé à présumer que l'existence est possible d'après les lois ordinaires de symétrie observées. (Voyez ce qui a été dit §. 4,‑ et la 5.ᵉ section.)

§. 15. On a vu (§. 12) que les clivages sont constans

dans leur position; on peut dire en général qu'*ils sont aussi ordinairement constans dans leur degré de netteté.*

Cependant il n'est pas rare d'observer à cet égard des *variations* qu'il est essentiel d'indiquer.

Dans les espèces qui n'ont qu'un seul ordre de clivage, il y a des cristaux où ce clivage est très-prononcé, d'autres où il est peu sensible, et même d'autres où il est tout-à-fait indistinct. Le corindon, par exemple, dans les gros cristaux presque opaques de l'Inde et de la Chine, présente très-nettement le clivage triple rhomboïdal qui est propre à cette substance, tandis que ce clivage est à peine indiqué dans les cristaux diaphanes du Pégu, etc., et qu'il est entièrement nul dans les cristaux trouvés près de Sella en Piémont.

Parmi les clivages de différens ordres que l'on a observés dans une même substance, il y en a qui n'existent que rarement et dont la présence paroît dépendre de circonstances particulières. Ainsi, dans la chaux carbonatée, le clivage triple, parallèlement aux faces de la forme qu'on a nommée le rhomboèdre primitif, est toujours d'une netteté constante et invariable; mais les autres ordres de clivage qu'on a observés dans la même espèce, toujours moins distincts que le premier (comme celui parallèle aux faces du rhomboèdre équiaxe, un autre parallèle à celles du rhomboèdre inverse, etc.), sont assez rares et n'existent que dans les cristaux de certaines localités. Le défaut de constance de ces clivages est un dés motifs qui les ont fait nommer *clivages surnuméraires.*

Dans tous ces exemples, les clivages d'un même ordre ont subi ensemble les mêmes variations, et les clivages d'ordres différens ont conservé entre eux les mêmes rapports de netteté; celui qui étoit moins sensible que les autres n'est jamais devenu le plus distinct. Il y a cependant un petit nombre de cas où cette dernière variation a été observée. Ainsi, dans le pyroxène, qui a cinq sens de clivage dont un seul est incliné à l'axe, les quatre premiers sont toujours plus ou moins sensibles; mais le dernier, qui est presque toujours indistinct et invisible dans les cristaux de pyroxène volcaniques, non-seulement devient très-net dans les pyroxènes de Norwége (*sahlite*) et du Piémont (*mussite*), mais y est beaucoup mieux prononcé que ne le sont les autres clivages du pyroxène, soit dans ces variétés, soit dans aucune autre.

On doit donc reconnoître qu'*il y a quelquefois des variations dans les rapports de netteté des clivages;* mais il est très-important de remarquer que cette exception à la règle générale est extrêmement rare, et qu'elle n'a jamais lieu qu'entre les clivages qui sont situés différemment par rapport à l'axe des cristaux. Les clivages, au contraire, qui sont parallèles à l'axe, ou qui sont coordonnés à l'axe suivant une même loi, paroissent conserver constamment la même netteté relative.

En général, on peut dire que les différens genres de variations qui viennent d'être indiqués sont très-peu fréquens, et que *le plus grand nombre des espèces minérales (qui ont des clivages) présentent constamment dans tous leurs cristaux le même nombre de clivages avec les mêmes différences relatives de netteté.* Aussi ces différences relatives constantes, qui viennent très-bien à l'appui de cette idée d'organisation minérale que nous avons attachée ci-dessus aux clivages (§. 12), ont-elles servi de base pour déterminer approximativement les dimensions relatives des formes primitives ou fondamentales (comme on le verra dans les 3.ᵉ et 7.ᵉ sections), d'après des considérations physiques qui sont d'autant plus fondées que ces différences de netteté de plusieurs sens de clivage se trouvent en rapport avec des différences que l'on observe entre les faces qui correspondent à chacun d'eux.

§. 16. On a vu (§. 4) que les formes cristallines différentes d'un même minéral étoient toujours liées entre elles par des rapports symétriques. Nous nous sommes contentés d'exposer ce fait important, qui sera développé dans la suite (voyez les 5.ᵉ, 6.ᵉ et 7.ᵉ sect.). De même, dans un minéral, *les divers solides formés par la réunion des clivages de différens ordres ont entre eux des rapports géométriques analogues.*

D'après ce qui a été dit (§. 14) du parallélisme fréquent des plans de clivage avec des faces cristallines, on conçoit facilement que les rapports annoncés sont une conséquence de ceux qu'on a dit exister entre les formes des cristaux d'une même espèce. Ainsi on voit fréquemment deux sens de clivages (qui constituent le prisme à quatre faces) situés diagonalement à deux autres sens de clivages (formant un autre prisme à quatre faces); un clivage quadruple, représentant un octaèdre symétrique, traversé par un clivage double passant par son axe et les deux diagonales de la base, etc.

§. 17. D'après ce qu'on a vu jusqu'ici, on doit déjà reconnoître que les formes cristallines et les clivages de chaque substance ne sont point des résultats accidentels, mais que ces polyèdres sont constamment assujettis à des lois symétriques particulières et invariables dans chaque substance.

Nous désignerons ici par le mot de *système cristallin* d'un minéral, l'ensemble des lois symétriques principales auxquelles les différentes parties de ses formes cristallines paroissent être assujetties.

Il y a des substances cristallines dont les formes, quoique souvent assez variées, sont tellement coordonnées entre elles qu'on peut saisir très-facilement les rapports qui les unissent; d'autres, qui dépendent de lois plus compliquées et plus nombreuses; d'autres, enfin, dans lesquelles nous n'avons pu encore reconnoître que bien peu de symétrie. Il y a donc nécessairement des *systèmes cristallins* très-simples, d'autres plus ou moins composés.

La chaux fluatée, la chaux carbonatée, ont des systèmes cristallins simples et faciles à définir, de manière à rendre facilement raison, au moins en général, de toutes les variétés et modifications de formes qu'elles présentent. Le feldspath, le pyroxène, ont des systèmes cristallins plus composés ; ceux du plomb carbonaté, de l'épidote, le sont encore davantage.

§. 18. La plupart des corps inorganiques cristallisent, et on est fondé à présumer que tous peuvent cristalliser. Les minéraux cristallisent donc également. Sans doute, il y a dans la nature une grande abondance de minéraux compactes; mais il n'en est qu'un très-petit nombre qui ne puissent pas être rapportés à des minéraux cristallisés, et regardés comme en étant des variétés; et ces rapprochemens sont fondés, soit sur l'identité de composition chimique, soit sur des rapports évidens dans l'ensemble des caractères. Il en résulte déjà que la cristallisation , pouvant être considérée comme appartenant généralement à tous les minéraux , mérite une attention particulière, surtout en raison des lois symétriques, constantes dans chaque espèce , auxquelles elle paroît être assujettie , ainsi qu'on doit déjà s'en former une idée générale d'après tout ce qui précède.

En effet, *dans nos laboratoires* on a reconnu que les substances que nous pouvons composer et décomposer à volonté, et dont nous sommes assurés de bien connoître les principes dans leur nature et leurs *proportions définies*, affectoient toujours, en cristallisant, ou les mêmes formes, ou une série de formes liées entre elles par des rapports déterminés, chacune d'elles avec des angles constans; qu'en un mot, *une composition chimique bien identique produisoit toujours des cristaux faisant partie d'un même système cristallin*. Parmi les produits de nos laboratoires, il ne paroît pas qu'on ait encore pu assigner un seul cas d'exception à cette règle.

On y a également reconnu que *des compositions chimiques essentiellement différentes, et en proportions définies, donnoient lieu à des systèmes cristallins essentiellement différens*, en exceptant toutefois les systèmes cristallins qui ont pour type un des corps réguliers (le tétraèdre , le cube, l'octaèdre), ou le dodécaèdre rhomboïdal, que nous verrons en être un dérivé: ce que M. Haüy a appelé les *formes limites*. A cette exception près, on n'a pas encore trouvé dans deux substances, reconnues chimiquement différentes, des systèmes cristallins semblables. [1]

La proposition réciproque de celle que nous venons d'exposer paroît être également vraie, au moins dans les produits

---

[1] Quelques expériences qui ont été faites sur des sels doubles, sembleroient présenter des exceptions à cette règle. Mais on ne peut encore, à cet égard, prononcer en aucune manière; d'abord , parce qu'on n'a pas suivi assez ces expériences pour constater rigoureusement la composition chimique de chaque sel double dont on a obtenu des cristaux, et en outre parce que les ressemblances qu'on a cru trouver entre ces cristaux et ceux d'un autre sel différent des sels qui composent le sel double , n'ont pas été assez vérifiées pour qu'on ne puisse pas présumer que la ressemblance n'étoit qu'apparente.

de nos laboratoires, c'est-à-dire, que *des systèmes cristallins identiques ou différens* (sauf toujours l'exception des formes limites) *indiquent constamment des compositions chimiques essentiellement identiques ou différentes dans leur nature ou leurs proportions*.

Les chimistes ont reconnu la vérité de ce dernier principe : aussi se servent-ils souvent de l'observation des cristaux pour déterminer la nature d'une substance, ou au moins pour confirmer cette détermination. Souvent dans une analyse, pour reconnoître la présence d'une terre ou d'un alkali, ils se contentent d'examiner les cristaux qu'elle forme avec un acide, etc.

§. 19. On est conduit par analogie à appliquer tous ces principes, et par conséquent le dernier, aux substances minérales que nous trouvons à la surface et dans l'intérieur du globe. En effet, on est d'abord porté à présumer que la nature a dû suivre, dans ses grandes et anciennes opérations, les mêmes lois auxquelles nous la voyons s'assujettir dans nos laboratoires. Il est vrai que cette présomption pourroit être erronée ; car si (comme on le verra dans la seconde partie) nos cristallisations artificielles sont influencées dans leurs modifications par diverses circonstances accompagnantes, rien ne nous assure que les circonstances dans lesquelles les minéraux ont cristallisé, soient toutes analogues à celles dans lesquelles nous opérons dans nos laboratoires : il ne seroit pas impossible que différentes causes fussent capables, non-seulement de modifier les formes d'une substance sans changer son système cristallin, mais même de lui en donner un autre, sans pour cela que sa composition chimique fût altérée.

Cependant cette présomption acquiert un grand degré de probabilité, se trouvant confirmée par la chimie, pour les espèces minérales dont nous pouvons déterminer la composition chimique essentielle, en proportions constantes et rigoureusement définies, c'est-à-dire, dans toutes celles de la classe des substances acidifères et la plupart des espèces métalliques. On peut dire de ces minéraux, qu'ils présentent, comme les produits de nos laboratoires, des rapports constans entre l'identité ou la différence de leurs formes cristallines

et l'identité ou la différence de leur composition chimique
essentielle. [1]

Il est vrai que dans la classe nombreuse dite des substances
pierreuses non acidifères, qui renferme environ le tiers des
espèces minérales, l'analyse ne peut pas nous fournir la
preuve des mêmes rapports. Tantôt des analyses de deux
substances évidemment identiques, quant à leurs formes
et à tous leurs autres caractères, sont très-différentes l'une
de l'autre : tantôt des analyses de substances entièrement
distinctes sont tout-à-fait semblables, sans que toute la sagacité des chimistes puisse, dans l'un et l'autre cas, rectifier
les résultats obtenus, par suite de l'impossibilité où l'on est
encore presque toujours de distinguer les principes essentiels définis, des principes accidentels variables que l'on sait
exister très-fréquemment. De plus, les substances pierreuses
sont toutes des composés des différentes terres ; et non-seulement nous ne pouvons, dans nos laboratoires, recomposer
ces substances pierreuses, mais nous ne connoissons pas encore,
par la synthèse, les limites précises des diverses combinaisons
que ces terres sont susceptibles de former entre elles. La
chimie, malgré ses immenses progrès, n'est donc pas encore
assez avancée pour pouvoir assigner, d'une manière rigoureuse et invariable, la véritable composition de cette classe de
minéraux, et par conséquent nous ne pouvons leur appliquer avec une certitude entière les principes que nous venons
de reconnoître pour les produits de nos laboratoires : mais,
en raisonnant par analogie, il est permis d'établir, comme

---

1 L'arragonite est jusqu'ici la seule exception à cette règle dans les
classes de minéraux que nous venons de citer. On sait qu'elle contient
rigoureusement les mêmes proportions de chaux et d'acide carbonique
que la chaux carbonatée, et que cependant son système cristallin est totalement différent de celui de cette substance. Ce n'est pas ici le lieu de
discuter ce fait remarquable : nous nous bornerons à observer que la
conséquence la plus forte que l'on puisse en tirer, est que les principes
qui terminent ce paragraphe et le suivant ne sont pas entièrement
généraux ; mais leur constance, dans le très-grand nombre des cas, suffit
pour qu'on puisse s'en servir dans la détermination des espèces minérales, au moins avec une très-grande probabilité d'exactitude. Nous
reviendrons sur cette exception que présente l'arragonite (voy. §. 93).

étant au moins très-probable, que les minéraux dont l'analyse n'est pas encore suffisamment fixée, doivent avoir une
composition essentielle, identique ou différente, suivant
qu'ils présentent des systèmes cristallins semblables ou différens; et, pour parler généralement de toutes les substances
minérales, nous dirons que *dans beaucoup de minéraux, et
très-probablement dans le plus grand nombre, des systèmes cristallins essentiellement identiques ou différens* (à l'exception des
formes limites, voy. §. 18) *indiquent constamment des compositions chimiques essentiellement identiques ou différentes, soit
dans leur nature, soit dans leurs proportions.*

L'expérience nous a déjà fourni plusieurs exemples de la
certitude des conjectures qu'on a fondées sur cette proposition. Ainsi M. Haüy avoit reconnu une différence essentielle
entre les cristaux de baryte sulfatée et ceux de strontiane
sulfatée de Sicile (regardés alors comme étant de la baryte
sulfatée), avant que M. Vauquelin eût découvert leur différence chimique essentielle. On sait aussi que cet illustre
cristallographe avoit constaté l'identité d'espèce du béril et
de l'émérande par la ressemblance de leurs cristaux, et qu'il
a annoncé d'avance à M. Vauquelin qu'il retrouveroit dans
l'émérande la terre particulière du béril (la glucine) : ce
qui, en effet, s'est vérifié par de nouvelles recherches.

Ce rapport que l'on vient d'annoncer entre l'identité ou
la différence essentielle de cristallisation, et l'identité ou
la différence de composition chimique essentielle et définie,
est d'autant plus vrai qu'il se trouve confirmé par des rapports semblables dans tous les autres caractères les plus importans. On reconnoit constamment que les substances qui
ont le même système cristallin, ne présentent aucune différence notable dans leur dureté, leur pesanteur spécifique
et leurs autres caractères essentiels; que souvent même ils
ont de grands rapports dans leur coloration et autres caractères, qu'on sait être les plus variables dans une même espèce.

§. 20. La proposition précédente conduit nécessairement à
accorder une très-grande importance aux caractères tirés de
l'observation des cristaux, ou, pour parler plus exactement,
des *systèmes cristallins* des minéraux.

Ce n'est pas ici le lieu de discuter l'importance relative

des caractères minéralogiques dans la constitution des espèces ; il en sera traité à l'article Minéralogie : nous nous contenterons de rappeler que tous les savans se sont accordés à reconnoître en principe, que les corps inorganiques devoient être classés d'après les différences *essentielles* qu'ils présentent dans leur composition chimique, ou, autrement, que l'analyse devoit être la base d'après laquelle on doit constituer les espèces minérales. Mais l'application de ce principe suppose que la composition d'un minéral est bien connue, tant dans la nature de ses parties constituantes essentielles, que dans leurs proportions constantes et définies, et qu'elle établit des différences positives entre ce minéral et tous les autres : or, comme on sait que cette condition n'a pu malheureusement être encore remplie pour un assez grand nombre de substances, il s'en suit que les espèces sous lesquelles on doit les réunir ne peuvent être déterminées et circonscrites par la considération de leurs analyses, et qu'il faut trouver des moyens de suppléer à ce caractère fondamental. On est donc naturellement conduit, d'après la proposition qui termine le paragraphe précédent, à reconnoître que *les caractères tirés de l'observation du système cristallin d'une substance minérale sont, avec l'analyse chimique, ou à son défaut, le moyen le plus sûr de déterminer l'espèce à laquelle elle doit appartenir.*

§. 21. Mais l'emploi de ce caractère demande à être fait avec une grande attention. L'observation du *système cristallin* ne peut être vraiment spécifique que lorsqu'elle est complète, lorsqu'on a pu vérifier les premières observations par d'autres souvent d'un autre genre, et que toutes se sont trouvées d'accord entre elles. Aussi, pour réussir à obtenir des résultats exacts dans ces recherches délicates, il est essentiel de commencer par bien connoître la marche générale de la cristallisation, et les lois symétriques auxquelles les divers polyèdres cristallins observés paroissent être assujettis : c'est ce qui sera exposé dans les sections suivantes.

Nous terminerons celle-ci par quelques détails sur des formes cristallines qui n'appartiennent pas proprement au minéral, au composé chimique, qui les présente ; ce sont les *cristaux épigènes* et les *pseudocristaux* : leur description trouve ici naturellement sa place pour compléter les idées générales que nous avons voulu donner des formes cristallines.

§. 22. Il y a des minéraux cristallisés qui, depuis leur cristallisation, ont subi spontanément des changemens de nature chimique, sans que leur forme ait été altérée. Ils ont perdu ordinairement un de leurs principes et en ont reçu un nouveau ; quelquefois ce dernier cas seul a eu lieu. C'est un phénomène que l'on peut comparer, quoique assez imparfaitement, à celui de la pétrification des bois, ou du remplacement de leur matière végétale par une substance minérale, sans que leur tissu soit effacé ; avec cette différence néanmoins, que le bois pétrifié ne conserve plus rien de sa matière végétale, tandis qu'ici le cristal conserve un de ses principes constituans.

M. Haüy a imaginé le mot *épigénie* pour désigner ce qui se passe dans ce phénomène, parce qu'en effet c'est une substance qui a été *produite après coup* sur la forme d'une autre. On donne alors au minéral le nom de l'espèce dont il a la composition chimique, en y ajoutant l'épithète *épigène*. Ainsi on connoît un *plomb sulfuré épigène*, qui n'est autre chose que du plomb phosphaté cristallisé, dans lequel l'acide phosphorique a disparu et a été remplacé par du soufre ; de même il existe une *chaux sulfatée épigène*, qui est une chaux anhydro-sulfatée lamelleuse qui, postérieurement, a reçu de l'eau, etc.

Les cristaux dans lesquels on reconnoît que ces *épigénies* ont eu lieu, sont nommés *cristaux épig`nes*.

On sent bien qu'on n'a pu déterminer l'existence de ces épigénies qu'entre deux espèces dont la composition chimique essentielle et définie étoit bien connue. Il n'est peut-être pas impossible qu'il en existe plusieurs autres dans la nature, entre des espèces dont la composition chimique n'est pas encore assez déterminée ; et si cela étoit quelque jour constaté, on expliqueroit peut-être par là une partie des incohérences observées dans les résultats d'analyse.

Quant à la place que les *cristaux épigènes* doivent occuper, on les range ordinairement à la suite de l'espèce dont ils ont la forme ; mais nous pensons qu'il convient de leur donner une *double place* dans la méthode, de même que dans les collections, c'est-à-dire, de les placer à la fois à la suite de l'espèce dont ils ont la composition et dont on leur a donné le nom, et à la suite de l'espèce dont ils ont la forme, ces cristaux étant également liés à la connoissance complète de l'une et de l'autre. D'après ce mode de classement, les cristaux de plomb sulfuré épigène que nous venons de citer, doivent être mentionnés par appendice à la suite du plomb sulfuré et à la suite du plomb phosphaté.

§. 23. On entend par *pseudocristaux* (faux cristaux) des formes cristallines qui appartiennent encore, comme les cristaux épigènes, à un autre minéral que celui dont ils sont formés.

Mais il y a cette différence entre eux et les cristaux épigènes, que dans les *pseudocristaux* tous les principes du minéral qui a donné la forme ont disparu et ont été remplacés par un autre minéral, et qu'en outre tout fait présumer que ce remplacement, au moins dans la plupart des cas, s'est opéré par un *moulage*. C'est le quarz-agathe qui est presque toujours la matière de ces pseudocristaux.

Ce qui conduit naturellement à cette idée de *moulage*, c'est que la matière de ces pseudocristaux a le plus souvent une structure plus ou moins évidemment concrétionnée, parallèlement aux faces du cristal, et jamais une structure lamelleuse ; que l'intérieur est très-souvent creux et tapissé de petits cristaux de quarz ; enfin, que les arêtes sont fréquemment arrondies.

On peut concevoir, 1.º que les cristaux, après s'être formés, ont été enveloppés d'une autre matière minérale qui a reçu leur empreinte ; 2.º que ces cristaux ont été ensuite détruits et entraînés par une cause quelconque qui n'a pas attaqué leur enveloppe, laquelle a conservé leurs empreintes vides ; 3.º que ces cavités ont été postérieurement remplies par un nouveau dépôt, qui a pris complétement la forme des moules abandonnés par les cristaux primitivement formés.

Cependant il y a quelques *pseudocristaux* dans lesquels aucun caractère ne peut autoriser cette conjecture d'une *origine par moulage*, sinon l'analogie tirée de ceux où elle paroît évidente, et qui sont bien plus fréquens. Il n'est pas absolument impossible que le remplacement de la matière originaire de ces cristaux par celle qui les constitue aujourd'hui, ait été successif dans plusieurs cas, comme on a lieu de le présumer dans la pétrification des bois; et alors ce changement de nature participeroit de celui qui a lieu dans les épigénies: mais nous n'avons pas assez de données pour établir à cet égard une opinion.

Les divers pseudocristaux qui se rencontrent dans la stéatite de Bareith, et qui sont eux-mêmes composés de stéatite, rentrent dans ceux dont nous venons de parler. On a présumé d'abord qu'ils pouvoient être de véritables cristaux de quarz et de chaux carbonatée, espèces auxquelles leur forme se rapporte évidemment; et que ces substances, en cristallisant, auroient entraîné avec elles, et empâté dans leurs cristaux, une grande quantité de stéatite, d'une manière analogue à ce qui a lieu pour les particules de grès que contient la chaux carbonatée quarzifère de Fontainebleau. Néanmoins l'absence totale de chaux carbonatée dans les pseudocristaux de stéatite qui en ont la forme, et le défaut absolu de dureté dans ceux qui se rapportent au quarz, ont forcé de renoncer entièrement à cette opinion, et de revenir à les regarder comme des pseudocristaux; mais on n'a pas encore pu donner une explication satisfaisante de la manière dont ils se sont formés.

2.ᵉ SECTION.

Moyens employés pour mesurer les angles des cristaux.

§. 24. D'après les idées générales qui ont été données dans la première section, des formes des cristaux, de la constance de leurs angles et de ce qu'on appelle *système cristallin,* on conçoit qu'il est indispensable, pour bien connoître les cristaux, d'avoir des moyens de mesurer leurs angles le plus rigoureusement possible.

On distingue en général dans les cristaux, comme nous avons déjà eu occasion de le dire (§. 5), les angles que forment entre elles les différentes faces prises deux à deux, ou leurs angles d'incidence réciproque, ce que nous appellerons *angles dièdres,* et les angles que forment entre elles deux arêtes qui se rencontrent. Lorsque nous aurons à comparer ceux-ci avec les angles dièdres, pour les distinguer, nous leur donnerons le nom d'*angles plans*.

Il y a encore une troisième espèce d'angles dans les cristaux : ce sont les *angles solides*, lesquels sont le résultat de la réunion d'au-moins trois plans en un seul point commun.

Nous appellerons *angles solides, triples, quadruples*, etc., ceux qui sont formés par trois plans, quatre plans, etc. Mais il y a cette différence entre les *angles solides* et les deux premières espèces d'angles, que les *angles dièdres* expriment la quantité plus ou moins grande dont deux plans se sont écartés l'un de l'autre par une sorte de révolution autour d'une ligne qui est leur intersection; que, de même, les *angles plans* expriment l'écartement de deux lignes par une révolution dans un plan autour du point où elles se coupent; qu'ainsi les *angles dièdres* et les *angles plans* peuvent, tous deux également, être mesurés par une circonférence de cercle, tandis qu'il n'en est pas de même des *angles solides*. Leur véritable mesure seroit la portion de surface sphérique comprise entre leurs côtés ou les plans qui les forment, cette surface sphérique ayant pour centre le sommet de l'angle solide. Mais, comme on ne mesure ce polygone sphérique qu'en le partageant en triangles sphériques, et qu'un triangle sphérique est déterminé quand on connoît ou ses trois angles ou ses trois côtés, il s'en suit en général qu'on peut déterminer un angle solide triple d'un polyèdre ou d'un cristal par le moyen des angles dièdres ou des angles plans qui le composent, les premiers étant les angles et les seconds les côtés du triangle sphérique, qui est sa véritable mesure : il en est de même des angles quadruples et autres.

§. 25. Pour mesurer les *angles plans*, il sembleroit qu'on pourroit y parvenir, au moins approximativement, par le rapporteur ordinaire. Mais, d'une part, les cristaux sont presque toujours trop petits pour permettre l'emploi de cet instrument, et même dans les cristaux d'une grande dimension on seroit souvent arrêté par le défaut fréquent de continuité des arêtes; d'ailleurs on obtiendroit bien rarement une application exacte du rapporteur, à cause des inégalités qu'on rencontre presque toujours sur quelque point d'une face, et par suite du groupement des cristaux. On ne mesure donc pas ordinairement les *angles plans;* on les conclut par le calcul de la mesure de plusieurs *angles dièdres* adjacens : ou, si l'on veut les mesurer directement, on peut y parvenir approximativement, au moins dans plusieurs cas, avec le goniomètre ordinaire dont nous allons parler.

§. 26. On mesure un angle dièdre d'un cristal avec divers instrumens, qu'on nomme *goniomètres.* On peut les diviser en deux classes. Les uns consistent principalement en deux lames métalliques, réunies entre elles par un axe autour duquel elles peuvent tourner : on applique ces lames par leur tranche sur les deux faces qui composent l'angle dièdre, perpendiculairement à leur intersection; elles en prennent l'ouverture ou l'angle, que l'on mesure ensuite avec un rapporteur. Les autres sont des demi-cercles, ou des cercles entiers, gradués, disposés de manière à observer l'angle dièdre au moyen de la *réflexion* d'un objet sur l'une et l'autre des faces qui composent cet angle dans le cristal. On sent bien que ce moyen ne peut convenir qu'aux cristaux dont les faces sont suffisamment polies pour réfléchir les objets; ce qui n'a pas toujours lieu.

Les figures 1, 2 et 3 représentent deux *goniomètres* de la première classe, que l'on pourroit appeler *goniomètres par application.* Dans l'une (fig. 1), le demi-cercle ou rapporteur est fixé aux deux lames métalliques : dans l'autre (fig. 2 et 3), il en est séparé. Les figures 4 et 8 représentent des *goniomètres à réflexion.*

§. 27. Le goniomètre (fig. 1) a été inventé par Carangeot, il y a environ quarante ans. Le demi-cercle gradué *s t r*, en cuivre ou en argent, n'est pas, comme à l'ordinaire, fermé entièrement par un diamètre; celui-ci ne se prolonge que jusqu'au centre, de *r* en *c*, afin de supporter l'axe *c* autour duquel se meut l'alidade mobile *df.* Cette alidade peut s'alonger ou se raccourcir au moyen de la rainure *l m* qui y est pratiquée. Deux semblables rainures, *g h*, *i k*, existent sur l'alidade fixe *a b*, afin qu'elle puisse de même être avancée ou reculée le long des deux points fixes *c* et *e*. Ces deux alidades sont en acier.

On conçoit que, par cette disposition, on a la faculté d'appliquer une longueur assez considérable des alidades sur les deux faces de l'incidence à mesurer, si ces faces sont grandes, ou de n'en appliquer que les extrémités, si les faces sont petites. Dans l'un et l'autre cas, le nombre de degrés de l'angle est marqué sur le cercle par le bord *fn* de l'alidade mobile, lequel se dirige vers le centre du cercle. Il faut, comme on l'a dit ci-dessus, que les alidades soient appliquées par leur tranche perpendiculairement à l'intersection des deux faces de l'angle dièdre à mesurer. Il arrive assez souvent que, le cristal se trouvant engagé, soit avec d'autres cristaux, soit sur une gangue, l'extrémité *s* du demi-cercle empêche l'application exacte des alidades : pour remédier à cet inconvénient, le demi-cercle est coupé en *t* en deux parties réunies à charnière. On peut donc, quand cela est nécessaire, replier la partie *st* du demi-cercle sur l'autre ; on la remet en place lorsque l'application des alidades sur le cristal a été faite, afin d'observer les degrés de l'angle mesuré. Pour que cette partie du demi-cercle, qui est mobile, soit solide, elle est maintenue par une petite branche d'acier *c o*, fixée au centre, qui vient s'accrocher en *o* dans un bouton sous le demi-cercle. Lorsqu'on veut replier cette partie mobile, on décroche cette petite branche d'acier, et on l'écarte vers la partie fixe du demi-cercle en la faisant tourner autour du centre.

§. 28. Dans le *goniomètre* à demi-cercle libre (fig. 2 et 3), le système des alidades est le même. Quand on a pris avec elles l'ouverture de l'angle, on les pose sur le demi-cercle pour observer les degrés. Mais on conçoit qu'il est absolument essentiel d'être bien assuré de placer exactement le centre des alidades au centre du demi-cercle, et une alidade sur son diamètre. Une construction particulière de l'instrument donne les moyens d'obtenir toujours cette exactitude sans tâtonnement. On a pratiqué au centre du demi-cercle un point *c'* saillant en avant, et à l'entour un enfoncement cylindrique *k'*, puis sur le côté du diamètre une petite rainure *y' y''*. En outre l'axe *k* des alidades (fig. 2) est cylindrique et saillant, et il porte à son centre une petite cavité ronde *c*; il y a aussi sur une des alidades une saillie *y*.

Les alidades sont représentées ici vues en-dessous, c'est-à-dire, en sens inverse de la position qu'elles occupent quand elles sont placées sur le demi-cercle tel qu'il est représenté dans la figure 5. Ainsi, pour appliquer les alidades sur le demi-cercle, on les retourne; on fait entrer la saillie y dans la rainure $y'y''$; le cylindre k dans l'enfoncement cylindrique k', et la saillie c' dans la petite cavité c. De cette manière on est assuré que les deux centres sont bien identiques, et qu'une des alidades correspond au diamètre.

Avec ces goniomètres on peut, avec de l'habitude, parvenir à mesurer les angles des faces des cristaux à un quart de degré près. Pour avoir encore plus d'exactitude, on a imaginé de se servir d'un demi-cercle plus grand, environ du double de la figure, et de le diviser de dix en dix minutes, ou même de cinq en cinq minutes, au moyen de plusieurs cercles concentriques (disposés à des distances convenables), coupés par les rayons qui marquent les degrés, et par des lignes diagonales menées entre les deux cercles extrêmes d'un degré à l'autre, comme cela se pratique dans d'autres instrumens.

Mais la plus grande cause d'erreur provient, soit de ce que l'application des deux lames aux faces n'a pas été rigoureusement exacte, soit de ce qu'on ne les a pas placées bien perpendiculairement à l'intersection des deux faces à mesurer. Il faut pour cela beaucoup de soin et d'attention, et surtout une grande pratique. Ce n'est que de cette manière qu'on peut parvenir à obtenir des mesures d'angles aussi approchées que celles que nous avons indiquées.

§. 29. *Goniomètres à réflexion.* La figure 4 représente un cercle entier gradué, que l'on dispose horizontalement. Il est muni d'une alidade mobile ab. Au centre c de cette alidade on fixe (avec de la cire) le cristal def dont on veut déterminer les angles dièdres; par exemple, l'angle entre la face ef et la face df. Il faut avoir soin de placer ce cristal de manière que l'intersection fg de l'angle dièdre soit à peu de distance du centre de rotation de l'alidade, et en même temps verticale. Cette dernière position doit être rigoureuse : on va voir comment on parvient à s'en assurer.

On choisit dans la campagne un objet assez éloigné et vertical, tel qu'un clocher, etc. On observe, avec la lunette fixe mn, l'image de cet objet réfléchie successivement sur chacune des faces ef et df, en tournant l'alidade, et on modifie la position du cristal jusqu'à ce que cette image réfléchie

soit, dans l'un et l'autre cas, verticale; ce dont on s'assure
au moyen d'un fil vertical qui est placé dans la lunette. Lorsque l'on a obtenu cette verticalité pour l'une et l'autre image,
on est parfaitement certain que les deux faces sont verticales,
et par conséquent leur intersection. Dès-lors il est évident
que les deux faces, par le mouvement de l'alidade, décri-
ront le même angle qu'elle.

Il ne s'agit plus maintenant que de répéter l'observation
de l'image réfléchie sur chacune des deux faces ef et df;
de noter le nombre de degrés que marque l'alidade, lorsque l'image réfléchie par la face ef est vue par la lunette
et à son centre; de compter ensuite le nombre de degrés
marqués par l'alidade, lorsque la même image, réfléchie par
la face df, est vue par la lunette. La différence entre ces
deux nombres est, non pas la mesure de l'angle, mais celle
de son supplément.

En effet, si on suppose que l'angle efd (fig. 5) représente
la position de l'angle dièdre cherché lors de la première
observation de l'image réfléchie sur la face ef, on conçoit
que sa position sera $e'fd''$[1], lors de la seconde observation
(celle de l'image réfléchie sur la face df) : il est donc évident
que, pour l'amener à cette position, il faut que la face fd
ait parcouru l'angle dfd', qui est le supplément de l'angle
cherché efd. Si on veut obtenir une plus grande exactitude,
il faut répéter la mesure de l'angle, comme on le fait ordinairement, avec les cercles répétiteurs, ce que nous ne décrirons pas ici.

§. 5o. Feu M. Malus, qui a enrichi l'optique de plusieurs
découvertes importantes, ayant eu besoin de mesurer par
réflexion des angles dièdres de surfaces réfléchissantes, s'est
servi du *cercle répétiteur ordinaire*.

---

1 Cela n'est pas rigoureusement exact, puisque, si le point f étoit le
centre de rotation, on ne pourroit pas, la lunette étant fixe, voir
l'image réfléchie successivement sur l'une et sur l'autre face; pour cela
il faut que le centre de rotation soit entre f et e. Mais on l'a représenté tel qu'il est dans la figure, pour faire mieux concevoir la mesure
de l'angle cherché.

C'est un inconvénient de ce goniomètre que la difficulté de trouver
le centre de rotation convenable.

Dans ce mode de *mesure par réflexion*, on opère dans un lieu découvert d'où l'on puisse apercevoir deux objets verticaux, *p* et *q* (fig. 6), éloignés du lieu d'où l'on observe d'environ 1000 à 1200 mètres, et qui soient dans des directions opposées; le cristal est placé en *a d b* sur un support quelconque, où on le fixe avec de la cire, en donnant à l'intersection *d* des deux plans *a d* et *b d*, dont on veut mesurer l'angle, une position verticale, ce dont on s'assure dans le cours de l'opération par les mêmes moyens que ceux indiqués ci-dessus (§. 29).

Le cercle répétiteur est placé d'abord en *m*, à 2 ou 3 décimètres de distance du cristal. Il doit être disposé horizontalement, et de manière qu'avec ses lunettes on puisse observer l'image de l'objet *p* réfléchie dans la face du cristal qui lui est opposée. On mesure alors successivement les angles *q m p* et *p m e*; on dérange ensuite un peu l'instrument, pour le placer en *n*, avec les mêmes précautions que dans sa première position, et on observe les angles *q n p* et *q n g*.

Au moyen de la mesure de ces quatre angles, que l'on peut avoir répétée plusieurs fois, on peut conclure la valeur de l'angle cherché *a d b.*

En effet, d'après la petite distance entre les deux positions *m* et *n* de l'instrument, et le grand éloignement des objets *p* et *q*, on conçoit que les deux angles mesurés *q m p* et *q n p* seront bien peu différens l'un de l'autre : on peut donc prendre la moitié de leur somme, et supposer que toutes les opérations ont été faites d'un même point *m*; ce qui change la figure 6 en la figure 7, dans laquelle l'angle *q m p* sera cette valeur moyenne des deux angles *q m p* et *q n p* (fig. 6). Les deux angles *q m g* et *p m e* (fig. 7) seront aussi dans ce cas sensiblement les mêmes que les angles *q n g* et *p m e* (fig. 6).

D'après la position relative, indiquée, des points *p* et *m*, relativement au cristal, les lignes *p e* et *p m* forment entre elles un angle extrêmement petit; on peut le regarder comme nul, et supposer les lignes *p e* et *p m* parallèles. De l'autre côté on peut également supposer le parallélisme des lignes *q g* et *q m*.

Si maintenant on mène du point *m* les lignes *m r* et *m t*, parallèles aux côtés de l'angle cherché *a d b*, l'angle *t m r* sera égal à cet angle $a\,d\,b$. Or, d'après l'égalité entre l'angle de réflexion et l'angle d'incidence d'un rayon visuel, et les propriétés des parallèles, on trouve que cet angle $t\,m\,r$, c'est-à-dire l'angle cherché, est égal à l'angle $q\,m\,p$ moins la moitié de la somme des deux angles $p\,m\,e$ et $q\,m\,g$.[1]

Sans doute les suppositions qui ont été faites amènent nécessairement des inexactitudes dans la mesure de l'angle; mais M. Malus a calculé qu'en opérant sur des objets situés au moins à la distance indiquée, le maximum d'erreur dans la valeur de l'angle cherché ne pouvoit être que d'environ quinze secondes.

Pour éviter les petites anomalies résultantes de la courbure légère qu'ont fréquemment les faces des cristaux, M. Malus avoit imaginé de noircir les deux faces de l'angle dièdre à mesurer, en ne laissant sur chacune d'elles qu'un espace éclatant très-étroit, et de répéter plusieurs fois l'épreuve sur d'autres points à différentes distances de l'intersection. Les résultats obtenus différoient, à la vérité, entre eux, mais extrémement peu, et il en prenoit la valeur moyenne.

On voit que l'on ne peut faire usage de cette méthode de mesurer les angles par réflexion que dans des circons-

---

[1] En effet, on a, d'après les suppositions, $p\,e\,m = 180° - p\,m\,e$ et $p\,e\,m = 180° - (d\,e\,m + b\,e\,r)$; donc $p\,m\,e = d\,e\,m + b\,e\,r$: et comme $d\,e\,m = b\,e\,r$, on a $p\,m\,e = 2\,d\,e\,m$; mais $d\,e\,m = e\,m\,r$; donc $p\,m\,e = 2\,e\,m\,r$: donc l'angle $r\,m\,p = \frac{1}{2}\,p\,m\,e$.

On prouveroit, par un raisonnement tout-à-fait analogue, que de l'autre côté l'angle $t\,m\,q = \frac{1}{2}\,q\,m\,g$.

Mais la somme des deux angles $r\,m\,p$ et $t\,m\,q$ est précisément la différence entre le grand angle $q\,m\,p$ observé et l'angle $t\,m\,r$, ou son égal l'angle cherché $a\,d\,b$; donc $a\,d\,b = q\,m\,p - (r\,m\,p + t\,m\,q)$, ou $a\,d\,b = q\,m\,p - \dfrac{p\,m\,e + q\,m\,g}{2}$.

Ou, en général, si on nomme X l'angle dièdre à déterminer sur le cristal, A le grand angle observé entre les rayons visuels dirigés vers les deux objets, B l'angle observé entre le rayon visuel dirigé vers un objet et celui dirigé vers son image réfléchie dans une des faces de l'angle X, et C l'angle semblable pour le second objet; on a

$$X = A - \frac{B + C}{2}.$$

tances particulières qu'on n'a pas toujours à sa disposition; mais, d'un autre côté, comme on a souvent un cercle répétiteur pour d'autres usages, on peut s'en servir à défaut de l'instrument suivant.

§. 31. *Le goniomètre à réflexion du D.ᵣ Wollaston* est d'un usage beaucoup plus général. Il est représenté figure 8. Il consiste en un cercle entier, divisé en degrés sur sa tranche, disposé verticalement sur un axe horizontal mobile *i k*, qui est assujetti par un support *m n*, reposant sur un pied horizontal *g h*. Ce cercle est muni d'un vernier *q*, qui est fixe et adapté au support *m n*. L'axe *i k* est creux et traversé par un second axe *tf*; l'un et l'autre peuvent tourner sur eux-mêmes au moyen des viroles *v* et *s*, avec cette différence que la petite virole *s* ne fait tourner que l'axe intérieur, l'axe extérieur et le cercle restant immobiles, au lieu que la grande virole *v* fait tourner à la fois l'axe extérieur et le cercle qui lui est adapté, et aussi l'axe intérieur.

Cet axe intérieur est prolongé en *f*, d'abord par une branche circulaire *f l* qui est brisée et peut se mouvoir en *d*. Son extrémité *l* est creuse et traversée par une tige ronde *e p*, qui peut s'avancer ou se reculer, et en même temps se mouvoir circulairement au moyen de la virole *u*. L'extrémité *p* est fendue de manière à recevoir une petite plaque de cuivre *c*.

C'est sur cette plaque *c*, ou à l'extrémité *p* de la tige *e p*, que l'on fixe, avec de la cire, le cristal *A B* sur lequel on veut mesurer un angle dièdre; et c'est pour pouvoir donner à volonté au cristal toutes les positions nécessaires que l'on a imaginé tous les mouvemens que l'on vient de décrire dans le prolongement *f e*.

On conçoit qu'il faut placer le cristal de manière que l'intersection des deux faces dont on veut mesurer l'angle, soit d'abord à peu près parallèle à l'axe de rotation. On obtient ensuite ce parallélisme rigoureusement par des moyens que nous allons décrire.

Pour observer avec ce goniomètre, il faut le placer sur un plan horizontal, et diriger le plan du cercle à peu près perpendiculairement à la face d'un bâtiment peu éloigné, et offrant, comme cela est ordinaire, plusieurs lignes horizontales parallèles, telles, par exemple, que la ligne extrême du toit et une ligne de balcons d'un même étage. On tourne alors le cristal par le moyen de la virole *s*, de manière à apercevoir sur une de ses faces *A* l'image réfléchie de la plus haute de ces lignes parallèles; puis on fait varier sa position, toujours au moyen de la virole, de manière que l'œil observe à la fois cette ligne réfléchie et l'autre ligne inférieure du bâtiment vue directement, coïncidant ensemble. Lorsqu'on y est parvenu, on fait la même opération sur l'autre face *B*, sans toucher au cristal, mais seulement en le faisant tourner par la virole *s* : si la coïncidence a également lieu, on est assuré que l'intersection des deux faces *A* et *B* est bien parallèle à l'axe de rotation, et que le plan du cercle est perpendiculaire aux deux lignes de mire parallèles. Le plus souvent on ne réussit pas d'abord : les deux lignes ne peuvent être amenées à la coïncidence sur la seconde face *B* ; on y voit l'image de la ligne réfléchie couper la ligne vue directement. Pour obtenir la coïncidence, on fait varier, soit la position du cristal sur son support au moyen des divers mouvemens du prolongement *f e*, soit la direction du plan du cercle vers le bâtiment. Après quelques tâtonnemens, dont on acquiert bientôt l'habitude, on parvient à trouver la véritable position, dans laquelle *la coïncidence parfaite de la ligne réfléchie et de la ligne (parallèle à la première) vue directement a lieu également sur l'une et l'autre face du cristal,* ce qui est la condition essentielle pour l'exactitude de l'observation.

Alors, au moyen de la virole *v*, on met le cercle à zéro, et, au moyen de la virole *s*, on amène une des faces *A* du cristal à donner à l'œil la coïncidence indiquée. On fait tourner ensuite le cristal, et en même temps le cercle, avec la virole *v*, de manière à obtenir la coïncidence sur l'autre face *B*. Il est évident que le cercle, qui tourne aussi (comme on l'a dit) avec la virole *v*, doit marquer le nombre de degrés de la rotation qu'a subie le cristal pour que la face *B* vienne prendre la même position qu'avoit la face *A* lorsque le cercle étoit à zéro.

Mais, d'après ce qui a été dit ci-dessus (§. 29), ce nombre de degrés n'est pas l'angle dièdre cherché, mais le supplément de cet angle. (Voyez la fig. 5.) Aussi, pour éviter tout caleul, la division du cercle, qui est ici de deux fois 180°, est inverse du sens dans lequel il doit tourner. Si la rotation a été du quart de la demi-circonférence, c'est-à-dire de 45°, le cercle marque 135°, qui est son supplément.

On conçoit que, pour obtenir une plus grande exactitude, on peut répéter l'observation de l'angle plusieurs fois, comme avec le cercle répétiteur ordinaire.

Pour rendre l'observation plus commode, on a adapté au support un ressort *r*, qui arrête le cercle aux deux points qui marquent à la fois zéro et 180° par le moyen de deux saillies qui existent dans l'intérieur du cercle. Ainsi, lorsqu'on est arrivé à l'un de ces points, on ne peut faire tourner le cercle, de 10° par exemple, qu'en l'amenant à 170°, et non en l'amenant à marquer 10°; pour lui faire marquer 10°, il faudroit lui faire subir une rotation de 170°. De cette manière on est assuré de ne commettre aucune erreur, et d'avoir toujours directement marquée sur l'instrument la quantité de degrés de l'angle cherché, ou le supplément de l'arc de rotation.

Cependant on peut, en cas de besoin, donner au cercle tous les mouvemens que l'on veut en soulevant le ressort.

§. 32. Ce goniomètre a un avantage remarquable, c'est de pouvoir servir à mesurer les angles dièdres de cristaux très-petits, en approchant l'œil très-près du cristal. Cette condition de la grande proximité de l'œil est même essentielle dans tous les cas, l'œil n'étant point fixe : mais on doit observer que ce sont précisément les petits cristaux qui doivent donner les angles les plus exacts, parce que l'effet de la légère courbure qu'ont souvent les faces cristallines y est à peu près insensible. Cette grande proximité de l'œil permet encore d'appliquer, avec cet instrument, la mesure des angles par réflexion à un plus grand nombre de cristaux qu'avec les autres instrumens que nous avons décrits d'abord : le plus foible éclat d'une face permet d'y observer une image réfléchie.

Les différens modes de mesurage des angles dièdres des cristaux, *par réflexion*, doivent, comme on le voit, donner des résultats plus exacts que les goniomètres ordinaires *par application*, pourvu, toutefois, qu'on ait pris toutes les précautions indiquées; et on doit remarquer qu'on peut toujours s'assurer, presque rigoureusement, d'avoir bien observé ces précautions, tandis que dans les goniomètres ordinaires on ne peut juger que par aperçu que les lames sont appliquées bien perpendiculairement à l'intersection. Néanmoins l'emploi de ces goniomètres à réflexion, même de celui du docteur Wollaston, ne pouvant s'appliquer aux cristaux non éclatans, et exigeant toujours un temps beaucoup plus long que l'emploi des autres goniomètres, l'usage de ceux-ci est et doit être conservé, ne fût-ce que pour reconnoître rapidement des angles déjà déterminés antérieurement; mais le mesurage par réflexion peut être préféré lorsqu'il s'agit de déterminer le *système cristallin* d'une substance qui n'est pas encore suffisamment connue.

3.ᵉ SECTION.

Des formes dominantes des cristaux.

§. 33. Nous entendons ici par *forme dominante* d'un cristal, le solide géométrique simple auquel on peut le rapporter en ne considérant d'abord que l'ensemble de ses faces les plus étendues, et faisant abstraction (momentanément) des facettes plus petites qui les modifient, et que nous appellerons en général les *modifications de la forme dominante*. Ainsi nous nous proposons dans cette section de décrire toutes les *formes dominantes* auxquelles on peut rapporter les cristaux observés jusqu'ici.

Sans doute cette manière de décrire les cristaux par leur *forme dominante* est entièrement artificielle; mais elle nous paroît être la plus simple que l'on puisse employer. Si on vouloit décrire à la fois toutes les faces qui composent un cristal, il seroit presque toujours très-difficile d'être compris; on verra d'ailleurs que cette méthode nous conduit à des résultats qui représentent très-bien les lois symétriques que la nature paroît avoir suivies dans la disposition des faces des cristaux. (Voyez la 5.ᵉ section, §. 70, etc.)

Il doit résulter nécessairement de cette manière d'envisager les cristaux, en ne considérant que leurs plus grandes faces.

que le même solide composé des mêmes faces, en même nombre et en même position relative, pourroit se trouver, dans différens échantillons, rapporté à deux formes dominantes différentes, suivant que telles ou telles faces auroient pris plus d'accroissement que les autres ; elle peut donc conduire quelquefois à un double emploi ou à une double description d'une même forme. Ainsi, par exemple, le cristal représenté par la fig. 77 seroit rapporté au *cube*; seulement, pour indiquer les petites facettes triangulaires o, o, ... qui sont sur ses angles, on ajouteroit, suivant les expressions que nous adopterons dans la quatrième section, qu'il est *tronqué sur chacun de ses huit angles* : mais si, dans un autre cristal, ces facettes o, o, ... sont très-étendues et beaucoup plus que les faces c, c, ...du cube, le cristal prendra la forme représentée par la figure 73, qui seroit rapportée à l'*octaèdre régulier*, en ajoutant également, *tronqué sur chacun de ses six angles*.

Néanmoins nous pensons qu'il est extrêmement utile, peut-être même indispensable, d'adopter cette méthode de décrire les cristaux d'après leurs formes dominantes: d'abord, parce qu'il est plus naturel et plus clair de commencer par indiquer le solide géométrique dont la forme paroît dominer dans le cristal ou auquel le cristal considéré dans son ensemble ressemble le plus, et, en outre, parce que ces proportions relatives des différentes faces, quoique sujettes à varier quelquefois, ne paroissent pas être le résultat du hasard; que par conséquent il est important de les fixer, au moins approximativement. Ainsi l'exemple que nous venons de citer, étant pris dans une *forme limite* (voy. §. 18), est, à la vérité, commun à plusieurs espèces minérales; mais les deux extrêmes ne se rencontrent pas dans toutes. Le *fer sulfuré* cristallise en *cube tronqué sur ses angles*, et jamais ou presque jamais en *octaèdre régulier tronqué sur ses angles* : le contraire a lieu dans le *cuivre oxydulé*. Et enfin, ce qui lève toute difficulté, c'est que ces doubles descriptions d'un solide composé des mêmes faces, en même nombre et position, qui', d'ailleurs, ne sont pas très-fréquentes, peuvent toujours être ramenées à une seule d'entre elles, en faisant remarquer leur correspondance, et mieux encore à une seule *forme primitive*, d'après la théorie de M. Haüy, comme on le verra

11.   5o

dans la 7.ᵉ section. Par conséquent le double emploi ne peut être que momentané.

Il y a quelques cristaux assez composés, tels, par exemple, que celui que représente la figure 85, dans lesquels on peut, au premier abord, être embarrassé pour déterminer la *forme dominante*, parce que, leurs faces étant sensiblement égales, il paroît difficile de trouver celle qu'il convient le mieux de choisir pour constituer cette *forme dominante*. Mais dans ces cas, qui sont d'ailleurs assez rares, on a toujours des moyens de se guider d'après plusieurs analogies tirées des autres cristaux du même minéral.

§. 54. Les *formes dominantes* des cristaux peuvent être d'abord rapportées, en général, à neuf polyèdres géométriques principaux, qui sont le *tétraèdre*, le *parallélipipède*, l'*octaèdre*, le *prisme hexagonal*, le *dodécaèdre rhomboïdal*, le *dodécaèdre pentagonal*, le *dodécaèdre triangulaire*, l'*icosaèdre triangulaire*, et le *trapézoèdre*.

Nous allons décrire ces formes générales, et nous ferons connoître les variations dont plusieurs sont susceptibles. Si on les considéroit géométriquement, ces variations dépendroient également de leurs angles et de leurs dimensions; mais on sent bien que dans les cristaux les rapports de dimension réelle ne sont nullement fixes. Deux cristaux d'une même substance, composés du même nombre de plans en même position relative, peuvent différer beaucoup dans les rapports entre leurs dimensions. Un *prisme hexagonal* d'émeraude peut être très-alongé, un autre très-court, etc. Les dimensions des formes dominantes des cristaux ne peuvent donc nous servir à les définir; nous ne pouvons pour cela considérer que leurs angles, qui, comme on l'a vu (§. 5), sont constans.

Mais les angles, malgré leur constance. ne nous étant connus qu'approximativement par nos goniomètres, c'est bien moins sur leurs valeurs absolues que nous baserons ces distinctions de diverses variétés de formes, que sur les identités ou différences que l'on remarque entre les divers angles d'un même cristal.

Outre les angles, nous pouvons encore déterminer dans les cristaux leurs *clivages*, et par conséquent la position relative des différentes faces par rapport aux différens sens de clivage. Nous devons donc aussi faire concourir ce genre d'observation à la détermination des formes dominantes; il nous conduira à considérer différentes faces comme étant identiques ou différentes dans un système cristallin, suivant qu'elles sont semblablement ou différemment placées par rapport aux plans de clivage. Ainsi, si deux faces latérales, d'une forme dominante, en parallélipipède ou prisme quadrangulaire, sont semblablement placées par rapport aux clivages (comme, par exemple, si chacune d'elles est parallèle à un plan de clivage également facile), nous en conclurons que ces deux faces sont identiques dans le système cristallin, ou qu'elles y remplissent, pour ainsi dire, le même rôle; et, pour exprimer cette identité, nous distinguerons le prisme par une indication géométrique analogue, en disant que sa base est *isocèle :* dans le cas contraire, c'est-à-dire, si deux faces d'un prisme ne sont pas semblablement placées par rapport aux plans de clivage, ou si elles correspondent à des clivages de netteté différente, nous dirons que le prisme est *à base oblongue.*

Cette même observation des clivages nous servira aussi à vérifier les identités qui nous auront paru exister entre certains angles d'après le goniomètre. Ainsi, pour prononcer qu'un cristal en parallélipipède est un *rhomboèdre,* il faut, comme on le verra plus bas (§§. 42 et 43), avoir observé que trois faces, se réunissant en un angle solide triple, font entre elles des angles égaux : mais nous n'admettrons cette égalité que lorsqu'elle se trouvera confirmée par une identité de position des clivages par rapport à chaque face, comme, par exemple, s'il y a un clivage également facile parallèlement à chacune d'elles.

Cependant, comme il peut y avoir de l'incertitude dans la détermination de la netteté égale ou différente des clivages, il est encore nécessaire que les résultats de ce genre se trouvent confirmés par des rapports entièrement semblables dans la disposition symétrique des modifications des formes dominantes, d'après les principes qui seront exposés dans la 5.ᵉ section. Cela est d'autant plus nécessaire qu'il y a des cristaux où, comme on l'a vu (§. 9), les clivages sont très-indistincts et même nuls.

Ainsi la distinction que nous allons faire de plusieurs variétés très-importantes dans la plupart des neuf formes dominantes que nous venons d'indiquer, sera toujours fondée à la fois, sur l'observation des angles, sur celle des clivages, et sur la disposition symétrique des modifications. Nous donnerons, à la fin de cette section, un résumé général de toutes les variétés de formes dominantes que nous aurons été conduits à distinguer.

Les dénominations géométriques que nous emploierons pour désigner ces variétés, entraînent des idées, au moins générales, de rapports entre les dimensions, quoique ces dimensions nous soient inconnues; et on a pu le remarquer ci-dessus, lorsque nous avons dit *prisme quadrangulaire*, *isocèle*, ou *à base oblongue*. D'après tout ce qui précède, ces dénominations ne doivent pas être prises dans un sens absolu; ce ne sont, pour ainsi dire, que des comparaisons que l'on établit entre un cristal et un solide géométrique déterminé qu'on peut considérer comme en étant le type, afin de donner en peu de mots une idée exacte de toute la symétrie de la structure du cristal. On verra, par tout ce qui va suivre dans cette section et dans la 5.ᵉ, combien ces dénominations sont utiles.[1]

§. 55. *Tétraèdre*. On appelle ainsi en général un solide

---

1 On trouvera un grand rapport entre les bases sur lesquelles nous établissons ces *formes dominantes* des cristaux, et celles dont M. Haüy déduit les rapports entre les dimensions de la *forme primitive* qu'il a considérée dans chaque espèce minérale pour en faire dériver toutes les autres formes de cette même espèce. En effet, la *forme primitive* d'un minéral est toujours, ou une de ses *formes dominantes* existantes, ou une autre forme qui peut être le résultat de certaines modifications de ses formes dominantes existantes, d'après la symétrie ordinaire qu'on observe dans ces modifications, etc., comme on le verra dans la 7.ᵉ section. Nous avons pensé qu'il convenoit mieux de déterminer ainsi d'avance les élémens des différentes formes des cristaux, uniquement d'après l'observation de la nature, et abstraction faite de toute considération théorique. Cette description des formes dominantes, et le développement de la symétrie observée dans leurs modifications dans la 5.ᵉ section, serviront comme d'introduction à l'exposition de la théorie de M. Haüy, et il nous a semblé qu'elles devoient en rendre l'intelligence plus facile.

formé par la réunion de quatre plans triangulaires : on ne connoît, dans les formes dominantes des cristaux, qu'une seule forme de ce genre ; c'est le *tétraèdre régulier* de la géométrie, dont toutes les faces sont également inclinées entre elles sous l'angle dièdre de 70° 31′ 44″, et qui, par conséquent, est composé de 4 triangles équilatéraux. Il est représenté, figure 9, en projection verticale et horizontale. Cette forme dominante appartient aux cristaux de cuivre gris et à quelques-uns de ceux du zinc sulfuré. Dans ce dernier, il y a douze sens de clivages, également faciles et parallèles deux à deux, qui sont disposés trois à trois sur chaque angle (comme on le voit fig. 69), en faisant un angle égal avec la face adjacente, identité qui confirme l'identité des quatre angles. Dans le cuivre gris il n'y a point de clivage sensible ; mais dans les *tétraèdres* de cette substance la disposition des modifications confirme entièrement la régularité rigoureuse que nous avons donnée à cette forme, et par conséquent l'angle dièdre exact que nous avons indiqué.

Il résulte de la définition seule du *tétraèdre* régulier, que toutes ses faces sont également distantes d'un point intérieur, qu'on peut regarder comme le *centre* du solide, et qu'il en est de même de toutes ses arêtes et de tous ses angles.

§. 56. *Parallélipipède.* On entend par ce mot, en géométrie, un solide composé de six faces parallèles deux à deux, et qui sont des parallélogrammes ; ou un prisme quadrangulaire ayant pour base des parallélogrammes. Cette dernière dénomination suppose que l'on a choisi deux des faces pour bases. Dans un parallélipipède, en général, considéré géométriquement, on peut prendre pour bases indifféremment telles faces que l'on veut ; mais il n'en est pas de même dans les cristaux dont la forme dominante peut être rapportée au parallélipipède ou au prisme quadrangulaire, excepté dans deux cas très-remarquables que nous ferons connoître (le *cube*, §. 37, 1.°, et le *rhomboèdre*, §. 42 et 43), et qui sont assez fréquens. Les modifications que subissent les formes dominantes de ce genre, sont constamment ordonnées, soit toutes ensembles, soit par groupes, d'une manière semblable par rapport à une ligne passant par le centre de deux faces opposées, et parallèle aux arêtes d'intersection des quatre autres faces entre elles : cette ligne doit donc être prise pour l'*axe du prisme*, ces quatre faces pour les faces latérales, et les deux premières pour les bases.

Il est donc plus convenable de rejeter ici la dénomination de *parallélipipède*, et d'adopter celle de *prisme quadrangulaire* : pour plus d'exactitude nous devrions ajouter, *à base parallélogrammique;* mais, comme nous avons dit ci-dessus, §. 2, que les cristaux avoient en général leurs faces parallèles deux à deux, et que les exceptions que nous avons mentionnées n'ont jamais lieu dans des cristaux en *prismes quadrangulaires*, nous n'exprimerons pas, en parlant de ces prismes, cette condition des bases, et nous dirons simplement *prismes quadrangulaires*.

Il arrive assez souvent que les bases ne sont pas visibles, étant entièrement remplacées par les facettes qui modifient la forme. Néanmoins, les quatre faces latérales suffisant pour constituer un *prisme quadrangulaire*, nous considèrerons ces cristaux comme tels.

Les figures 10 à 18 représentent différens cristaux en *prismes quadrangulaires.* Il y a, en effet, dans cette espèce de formes dominantes, plusieurs variétés qu'il est important de définir.

On conçoit d'abord que ces prismes sont différens, suivant que les angles dièdres latéraux sont, ou tous égaux et par conséquent de 90° (*prisme quadrangulaire rectangle*, ou *prisme rectangulaire*, fig. 10, 11 et 12), ou inégaux et de deux espèces, l'un aigu, et l'autre obtus supplément du premier (*prisme quadrangulaire obliquangle*, ou *prisme rhomboïdal*, fig. 13, 14, 16, 17 et 18).

Ensuite, dans chacun de ces prismes quadrangulaires la base qui le termine peut être perpendiculaire à l'axe et par conséquent aux arêtes (*prisme rectangulaire droit*, fig. 10, 11, 12; *prisme rhomboïdal droit*, fig. 13), ou inclinée à l'axe et aux arêtes (*prisme rectangulaire oblique, prisme rhomboïdal oblique, ou à base oblique à l'axe;* fig. 14, 15, 16, 17 et 18).

Lorsque les bases n'existent pas sur le cristal observé, comme on a dit ci-dessus que cela avoit lieu assez souvent, on ne peut pas, au moins d'abord, déterminer ces dernières conditions dépendantes de la position de la base; mais l'observation des modifications sert très-bien, par analogie, à les déterminer. Cependant, dans ce que nous dirons de ces prismes obliques, nous ne nous occuperons, autant que possible, que de ceux dont la base est visible.

§. 57. Dans le *prisme rectangulaire droit* tous les angles dièdres sont de 90°. Il sembleroit donc que ces prismes devroient être nécessairement tous d'une même espèce; mais, si l'on observe les clivages, on reconnoît bientôt qu'il peut se présenter trois cas très-différens. Pour les distinguer, il faut examiner la position des trois faces (deux faces latérales et une base) par rapport aux différens plans de clivages : pour plus de simplicité nous supposerons qu'ils sont au nombre de trois et parallèles aux trois faces; le raisonnement seroit le même, si le nombre des clivages et leur position étoient différens.'

1.° Si les trois sens de clivage sont tous également nets et distincts, comme dans le plomb sulfuré, il est évident que chacune des trois faces du prisme est alors dans le même rapport avec le clivage qui lui correspond : toutes sont donc identiques dans le cristal ; toutes peuvent être regardées comme étant à égale distance d'un point central, comme dans le solide régulier que les géomètres appellent *cube*. Ce prisme quadrangulaire droit doit donc, dans ce cas, être appelé *cube* (fig. 10).

Si, dans un cube, on veut considérer un axe (voy. §. 3), on reconnoît qu'il en a quatre, qui sont les lignes joignant deux angles solides opposés, telles que *as*, *cn*, etc. (fig. 10). Il n'y a aucune raison pour adopter plutôt l'un que l'autre.

2.° Si deux sens de clivage sont également nets et distincts, et le troisième plus ou moins distinct que les premiers, ou

---

1 Pour le faire concevoir, on peut citer pour exemple des cristaux dont la forme dominante est rapportée au *cube*. Le plomb sulfuré *cubique* présente un clivage également net parallèlement à toutes ses faces : il n'en est pas de même dans la chaux fluatée *cubique*; mais on y observe quatre clivages également faciles, parallèles à des plans passant par trois diagonales de trois faces adjacentes à un même angle solide, ou tronquant cet angle solide. Les facettes triangulaires sur les angles du cube (fig. 77) représentent ces plans de clivage. Chaque face se trouve ainsi entourée sur ses angles par quatre clivages également nets et également inclinés sur elle. Toutes sont donc dans une position identique par rapport aux clivages : le solide peut donc encore être représenté par un *cube*.

même nul, comme dans l'idocrase, les deux faces. et par conséquent les quatre qui correspondent aux deux premiers sous des clivages identiques, sont semblables et ordonnées semblablement par rapport à la ligne qui joint les centres des deux autres; cette ligne doit donc être considérée comme l'axe, et alors, pour représenter l'identité de position des faces latérales par rapport à cet axe, on doit considérer la base, c'est-à-dire, l'autre face comme carrée : le solide peut donc être désigné sous le nom de *prisme rectangulaire droit à base carrée*, ou *prisme droit à base carrée* (fig. 11).

Si deux clivages, quoique parallèles à l'axe, n'étoient pas parallèles aux faces, il faudroit, pour que le cristal pût toujours être rapporté au prisme droit à base carrée, que chaque face latérale fût également placée par rapport aux deux plans de clivages latéraux, et que ceux-ci, par conséquent, fussent perpendiculaires entre eux.

5.° Si les trois sens de clivages, toujours supposés parallèles aux faces, sont différemment distincts, comme dans le péridot, alors chacune des trois faces du prisme, considérée avec le clivage qui lui correspond, peut être regardée comme différente des autres : ce que l'on exprime très-bien en considérant le prisme comme un *prisme rectangulaire droit à base rectangle*, ou *prisme droit à base rectangle* (fig. 12).

On doit encore rapporter la forme à ce prisme, si deux sens de clivage parallèles à l'axe ne sont pas parallèles aux faces, lorsqu'ils ne sont pas perpendiculaires entre eux.

On sent bien, comme on l'a déjà dit, que ces désignations de *base carrée* et de *base rectangle* ne sont pas absolues, et qu'elles ne sont adoptées ici que pour indiquer brièvement les rapports qui existent entre les différentes faces et les clivages, et aussi entre elles et les différentes modifications, lesquelles, comme on le verra, confirment toujours cette idée géométrique de la forme dominante par des dispositions symétriques analogues. (Voy. la fin du §. 54.)

Mais, en disant ainsi qu'une base est *rectangle*, c'est-à-dire, un carré oblong ou à côtés inégaux, il reste à déterminer quel est le côté le plus long. Nous ne pouvons avoir à cet égard que des conjectures probables : en général, la face qui correspond au clivage le plus distinct, est regardée comme la plus petite, et celle qui correspond au clivage le moins distinct, comme la plus grande, parce qu'il est naturel de supposer qu'une adhérence plus forte est produite par une surface plus grande, et réciproquement. [1]

Si les clivages parallèles à l'axe sont inclinés aux faces latérales, et non perpendiculaires entre eux, la face du prisme qui correspond à l'angle obtus que les clivages font entre eux, est regardée comme plus grande que celle qui correspond à leur angle aigu.

On voit que ces distinctions de diverses variétés de *prismes rectangulaires droits* ne sont fondées que sur l'observation des clivages et sur leurs rapports avec les faces du prisme; aussi, quand on n'a pas pu les observer suffisamment, on doit décrire le cristal en général comme un *prisme rectangulaire droit*, en se bornant au résultat de la mesure des angles.

§. 38. Dans les *prismes rhomboïdaux droits*, si l'on veut observer les clivages, que nous supposerons encore ici parallèles aux faces comme dans l'article précédent, on n'est pas conduit à des distinctions aussi nombreuses. D'abord, il est évident que la face qui est perpendiculaire aux deux autres, est seule de son espèce, et doit être la base du prisme; et, en effet, elle est toujours placée, par rapport aux plans de clivage quelconques, différemment des autres. Il n'y a donc que deux cas qui peuvent se présenter : celui où les deux faces latérales (celles qui ne sont pas perpendiculaires entre elles) présentent des clivages identiques, et celui où elles présentent des clivages différens. Dans le premier cas, on peut considérer le solide comme un *prisme rhomboïdal droit à base isocèle*; dans le dernier, qui est assez rare et qui appartient à l'épidote, la forme dominante peut être distinguée sous le nom de *prisme rhomboïdal droit à base oblongue*.

Il faut appliquer ici l'observation faite à la fin de l'article

---

1 On verra dans la 7.ᵉ section (§. 111), que M. Haüy est parvenu, au moyen de sa théorie, à déterminer approximativement les valeurs relatives des dimensions de ses *formes primitives*, en général, et par conséquent de celles qui se rapportent au prisme droit à base rectangle dont il est ici question.

précédent sur ces désignations de rapports entre les dimensions de la base.

§. 39. *Le prisme rectangulaire oblique* ne diffère du *prisme rectangulaire droit*, et le *prisme rhomboïdal oblique* du *prisme rhomboïdal droit*, qu'en ce que la base ne fait pas un angle droit avec l'axe. Nous les considèrerons ici ensemble sous le nom général de *prisme quadrangulaire oblique*.

La base oblique d'un prisme, quelle que soit son inclinaison, peut être disposée sur le prisme de plusieurs manières différentes, qu'il est essentiel d'indiquer, parce que, comme on le verra par la suite, elles donnent au prisme des propriétés symétriques différentes.

Pour mieux faire juger de ces différentes positions d'une base oblique, on a tracé, vers le milieu de chaque prisme, dans les figures 14, 15, 16, 17 et 18, un plan $xyvz$, qui est une coupe perpendiculaire aux arêtes ou à l'axe. La projection horizontale qui est au bas de la figure, représente ce plan suivant sa véritable grandeur. On conçoit que les rapports de longueur entre les parties supérieures ax, cz, iy, ov, des arêtes latérales au-dessus du plan horizontal $xyvz$, peuvent servir à faire reconnoître les différentes positions de la base que nous aurons indiquée.

En considérant géométriquement et d'une manière générale cette position oblique de la base, il se présente beaucoup de cas différens; mais nous nous bornerons à ceux qui ont été observés dans les cristaux et qui se réduisent à trois, auxquels nous en ajouterons ensuite un quatrième, lequel donne naissance à un solide d'un genre très-différent, qui mérite d'être considéré à part.

1.° La base oblique peut être disposée de manière *qu'elle ne fasse avec aucune des faces latérales un angle égal à celui qu'elle forme avec l'axe, et que les angles qu'elle forme avec deux faces adjacentes soient différens.*

Ce genre de prisme oblique est représenté figure 14; la projection verticale est entièrement droite, en sorte que la coupe transversale $x\,y\,v\,z$ n'y est représentée que par une ligne. On voit que, dans le cas dont nous parlons, les portions supérieures des quatre arêtes latérales du prisme au-dessus du plan $x\,y\,v\,z$ sont toutes inégales, comme il seroit facile de démontrer que cela doit être.

Cette forme dominante appartient au *cuivre sulfaté*. L'*axinite* en présente une semblable. On peut l'indiquer sous le nom de *prisme quadrangulaire, à base oblique non symétrique.*

§. 40. 2.° La position de la base peut être telle *qu'elle forme avec deux faces latérales parallèles opposées, a e r m, et i o s n* (fig. 15), *deux angles obtus et aigus, égaux à ceux qu'elle forme avec l'axe*, ou, ce qui est la même chose, avec les arêtes. On reconnoît cette position dans la figure par l'égalité des parties supérieures des arêtes adjacentes deux à deux, $ax = ez$, $iy = ov$. Dans le cas particulier que représente la figure et qui appartient au feldspath, la coupe $xyvz$ du prisme est rectangulaire; alors la face $erso$ et sa parallèle sont perpendiculaires à la base : mais cela n'auroit pas lieu si la coupe n'eût pas été rectangulaire. Nous indiquerons cette forme sous le nom de *prisme quadrangulaire, à base oblique, reposant sur une face latérale.*[1]

§. 41. 3.° Enfin, la base oblique d'un prisme quadrangulaire (fig. 16) peut être placée de manière *qu'elle forme un angle égal avec deux faces adjacentes*, telles que *a e m r*, et *c o r s*. La figure représentant un prisme isocèle, comme cela a lieu ordinairement, on reconnoît l'existence de cette condition de la base par l'égalité entre les parties ax et ov de deux arêtes opposées au-dessus de la coupe perpendiculaire $xyvz$.

Dans ce cas l'inclinaison de la base à l'axe est égale, en général, à l'angle que l'arête *e r* fait avec une ligne *e i*, qui sépareroit en deux parties égales l'angle *e* de la base; ou à l'angle que la base fait avec un plan *a m s o*, qui partageroit l'angle *a* du prisme en deux parties égales; ou, enfin, ce qui est la même chose, à l'angle de la base avec un plan appliqué

---

1 Nous avons imaginé cette expression *reposant* sur une face latérale, parce qu'en effet la base est avec cette face latérale dans le même rapport qu'un toit avec le mur sur lequel il est appuyé ou sur lequel il *repose*. Cette comparaison nous a paru plus exacte que toute autre indication également abrégée. Nous ne nous dissimulons pas que cette expression peut ne pas être approuvée; mais, la géométrie n'en ayant aucune consacrée pour rendre cette disposition, nous avons cru pouvoir nous servir provisoirement de celle-ci, n'ayant pu, ni par nous-mêmes, ni par le secours de différentes personnes que nous avons consultées, en imaginer une meilleure, à moins d'adopter une phrase.

sur l'arête *e r*, et faisant un angle égal avec chacune des deux faces latérales adjacentes (plan *tangent* à cette arête ; voyez §. 66).

Dans le cas particulier représenté par la figure, et qui appartient au pyroxène, le prisme étant isocèle, le plan *a m s o* est un plan diagonal du prisme, et la ligne *e i* est une diagonale de la base.

Nous indiquerons cette forme dominante sous le nom de *prisme quadrangulaire, à base oblique reposant sur une arête.*[1] Si le prisme est obliquangle, comme cela a lieu dans la figure, il faut indiquer si la base repose sur une arête *obtuse*, ou une arête *aiguë*.

§. 42. Mais cette position d'une *base oblique reposant sur une arête*, peut donner lieu à un cas particulier très-remarquable, que nous allons faire connoître.

On conçoit que ces angles égaux de la base avec deux faces latérales adjacentes, sont essentiellement dépendans de celui qu'elle forme avec l'axe dans un rapport trigonométrique constant ; que, par conséquent, ils peuvent, comme cet angle, varier à l'infini : d'après cela, il peut arriver *que ces deux angles égaux de la base avec deux faces latérales adjacentes soient égaux à celui que ces deux mêmes faces font entre elles*, et cette limite, qui est représentée par les figures 17 et 18, où la base oblique repose sur l'arête *a m*, donne au solide, comme on va le voir, des propriétés symétriques particulières, qui déterminent à ne plus le considérer comme un prisme, mais comme un solide d'un autre genre, auquel on donne le nom de *rhomboèdre*.

En effet, il en résulte nécessairement que, dans l'une et l'autre figure, l'angle solide *a*, et de même son opposé *s*, sont composés de trois angles dièdres ou, ce qui est la même chose, de trois angles plans égaux, obtus dans la figure 17, aigus dans la figure 18 ; tandis que tous les autres angles solides sont, dans la figure 17, composés de deux angles aigus et d'un angle obtus, supplément de chacun des deux autres, et dans la figure 18 de deux angles obtus et d'un angle aigu.

De là il est évident que le système du solide est devenu bien

---

1 Voyez la note précédente.

plus symétrique. Dans un prisme quadrangulaire, considéré
en général, les quatre faces latérales sont, à la vérité, semblablement placées par rapport à l'axe du prisme ; mais les bases
ne sont nullement déterminées dans leur position à l'axe,
laquelle est variable et indépendante de celle des faces :
or, dans le prisme dont nous parlons, et par suite de la condition que nous y avons établie, toutes les faces, y compris
les bases, sont semblablement placées par rapport à la ligne
qui joint les deux angles solides opposés égaux, *a* et *s*. Cette
ligne *a s* doit donc bien plus naturellement être regardée
comme l'axe du cristal, et il convient de ne plus considérer
le solide comme un prisme, ce qui n'exprimeroit pas assez
sa nature, mais comme un solide bipyramidal.

C'est ce solide qu'on désigne sous le nom de *rhomboèdre*[1],
et on le représente beaucoup mieux en plaçant son axe verticalement, comme dans les figures 19 et 20, qui sont les
mêmes solides que ceux des figures 17 et 18.

Nous avons pensé qu'il étoit utile de commencer par expliquer comment ce solide peut s'engendrer sur un prisme
quadrangulaire par une condition particulière dans la position de la base, pour le rattacher d'abord à une forme plus
généralement connue, dont, en effet, il n'est rigoureusement qu'une variété, qu'une sorte de limite ; mais maintenant nous allons en donner une définition géométrique plus
simple et en même temps plus propre à faire ressortir les
propriétés symétriques qui le distinguent.

§. 43. Si l'on conçoit un triangle équilatéral horizontal, traversé à son centre par un axe vertical, et que sur chacun
des côtés de ce triangle on applique un plan incliné à l'axe
vers sa partie supérieure, ces trois plans étant également
inclinés ; qu'à un autre point de l'axe, dans sa partie inférieure, on place trois autres plans parallèles aux premiers :
le solide compris entre ces six plans sera un *rhomboèdre*.

---

[1] Nous avons préféré, avec M. Weiss, la dénomination de *rhomboèdre*,
au lieu de celle de *rhomboïde* (qui a été d'abord adoptée par M. Haüy),
par analogie avec les noms depuis long-temps reçus d'*octaèdre*, *tétraèdre*, etc.

Un rhomboèdre est donc composé de six plans rhombes égaux, qui sont semblablement et symétriquement disposés autour d'un axe, trois à chaque extrémité, et qui forment entre eux des angles égaux. On peut ajouter que ces six plans, d'après cette identité de position sur l'axe, se trouvent semblablement placés par rapport au milieu de cet axe, qui peut être regardé comme le centre du solide.

On l'a encore quelquefois considéré comme étant une *double pyramide triangulaire*, ou un solide composé de deux pyramides triangulaires égales et régulières, ayant le même axe et opposées base à base, mais de manière que chaque arête de l'une corresponde dans l'autre à la ligne qui partage en deux parties égales l'angle au sommet.

Nous rappellerons ici ce qui a été dit, §. 34, que, pour regarder une forme dominante cristalline comme un rhomboèdre, il faut que l'identité d'angles dièdres des faces adjacentes au sommet, donnée par le goniomètre, se trouve confirmée par une position identique des faces par rapport aux sens de clivages, qui doivent être au moins au nombre de trois et tous également faciles.

D'après ces définitions on concevra facilement les rapports qui existent entre les différens angles et arêtes d'un rhomboèdre.

Quant aux angles solides, nous les avons déjà décrits dans l'article précédent.

Les deux angles solides opposés *a* et *s* (fig. 19 et 20), situés aux deux sommets de l'axe, seuls de leur espèce, sont distingués sous le nom d'*angles au sommet*, ou *angles supérieurs*.

Les six autres angles solides, tous égaux, peuvent être appelés *angles latéraux*.

Les arêtes *a m*, *a e* et *a i*, pour le sommet *a*, et les arêtes *s n*, *s r* et *s o*, pour le sommet *s*, sont appelées *arêtes supérieures*, ou *arêtes culminantes*.

Les six autres arêtes, *m r*, *r e*, *e o*, *o i*, *i n* et *n m*, sont les *arêtes inférieures* ou *latérales*. D'après la définition du rhomboèdre, ces six *arêtes latérales* étant toutes semblablement placées par rapport à l'axe, et les plans dont elles sont les intersections étant tous semblablement disposés autour d'un triangle équilatéral, il est facile de concevoir que la projection horizontale d'un rhomboèdre quelconque dont l'axe est vertical, est toujours un hexagone régulier, comme le représentent les deux figures 19 et 20, et comme il seroit facile de le démontrer.

Nous nous contentons d'indiquer ici ces dénominations. On verra par la suite que ces différens angles ou arêtes ont des propriétés symétriques différentes, dépendantes de leur position.

On conçoit qu'un cube considéré par rapport à une quelconque de ses diagonales intérieures qui seroit prise pour axe, peut être regardé comme étant un rhomboèdre dont les faces sont des carrés et les angles dièdres de 90 degrés. Par un calcul trigonométrique très-simple on trouveroit que l'inclinaison de chaque face à l'axe est de 35° 15′ 51$\frac{3}{4}$″.

Mais, comme cette inclinaison des faces à l'axe dans un rhomboèdre peut varier à l'infini, soit au-dessous de cette mesure et jusqu'à o, soit au-dessus jusqu'à 90 degrés; ou, ce qui est la même chose, comme dans chacun des rhombes d'un rhomboèdre l'angle au sommet, qui dans le cube est de 90 degrés, peut devenir *aigu* et successivement jusqu'à o, ou *obtus* jusqu'à 120° (voyez ci-après) : il en résulte qu'il y a entre ces limites une infinité de rhomboèdres.

On appelle *rhomboèdre aigu* celui dont l'inclinaison des faces à l'axe est moindre que 35° 15′ 51″, et l'angle au sommet de chaque rhombe moindre que 90°; et *rhomboèdre obtus*, celui dans lequel ces mêmes angles sont au contraire plus forts que les mesures indiquées.

Le rhomboèdre le plus aigu est celui dont l'inclinaison des faces à l'axe seroit = o. Les faces seroient alors parallèles à l'axe. Le *prisme hexagonal* régulier est donc la limite des rhomboèdres aigus. Le rhomboèdre le plus obtus est celui dans lequel l'inclinaison des faces à l'axe seroit = 90°. Toutes les faces seroient donc alors dans un même plan hexagonal, qui est en effet la limite extrême des rhomboèdres obtus. Voilà pourquoi on a dit ci-dessus que l'angle formé par deux arêtes au sommet ne pouvoit pas être plus grand que 120°.

Nous nous sommes un peu étendus sur le rhomboèdre, parce que ce genre de solide est la forme dominante d'un grand nombre de cristaux.

§. 44. L'*octaèdre* est, en général, un solide terminé par huit

plans, quelle que soit leur position ; mais on restreint ordinairement cette acception à un solide composé de huit plans
disposés symétriquement autour d'un axe, qu'ils rencontrent.
quatre dans un sens, quatre en sens inverse parallèlement
aux premiers. Ces plans sont tous des triangles, si les faces
se réunissent quatre à quatre en un point, à moins qu'une
face ne soit beaucoup plus étendue que les autres (§. 51).
(Voyez les figures 21, 22, 23, 24, 25, 26 et 27.)

On peut aussi considérer ce solide comme formé par la
réunion de deux pyramides à quatre faces, semblables, régulières ou symétriques, opposées base à base et arête contre
arête. Il s'en suit que les quatre arêtes ce, ef, fd, dc, de
la jonction réciproque des deux pyramides, sont dans un même
plan, et forment entre elles un parallélogramme $cefd$, qui
est la *base commune*. Ces arêtes ce, ef, fd, dc sont appelées
arêtes de la base ou *arêtes inférieures*. Les quatre angles solides
c, e, f et d, qui sont adjacens, sont appelés *angles de la base*;
les deux autres angles solides opposés a et b, *angles-sommets*
ou *angles supérieurs*; et la ligne intérieure ab qui les joint,
est l'*axe*. Les arêtes qui joignent les angles-sommets avec
la base, sont appelées *arêtes supérieures* ou *arêtes culminantes*.

Dans chacune des figures que l'on vient d'indiquer, on a
tracé en bas la projection horizontale de la *base commune*,
et même cette projection représente cette base suivant sa
véritable grandeur, les solides ayant été disposés de manière
que la base soit horizontale.

A côté de cette projection de la base on a tracé, suivant
sa véritable grandeur, un des triangles qui composent l'octaèdre, et même deux dans la figure 26, où ils ne sont pas
tous égaux.

Les huit arêtes culminantes sont aussi quatre à quatre
dans un même plan, et ces deux nouveaux plans $aebd$ et
$afbc$ sont encore des parallélogrammes. Il y a donc dans
un octaèdre trois plans diagonaux ou trois coupes parallé-
logrammiques, $cefd$, $aebd$ et $afbc$; et on conçoit que
des rapports de figure et de position existant entre ces
trois plans doivent dépendre différentes variétés d'octaèdre.
On conçoit aussi qu'on peut indifféremment choisir pour
base un quelconque de ces parallélogrammes, et par suite,

pour axe, la ligne qui joint les deux angles opposés non compris dans la base adoptée. Il y a donc, en général, trois bases et trois axes dans un octaèdre; mais, dans les cristaux, les modifications fournissent presque toujours des motifs pour adopter un axe et une base de préférence aux deux autres, excepté dans un très-petit nombre de cas, notamment dans l'octaèdre régulier de la géométrie, dont nous allons bientôt parler.

Il est aisé de sentir que, chaque plan triangulaire d'un octaèdre rencontrant les trois axes, les différentes variétés d'octaèdre doivent également dépendre des rapports entre les inclinaisons des plans à chacun des axes.

Enfin, on conçoit que, dans les différens cas qui doivent se présenter, les triangles peuvent varier dans la proportion relative de leurs angles, et par conséquent de leurs côtés, *équilatéraux*, *isocèles*, *scalènes*, et être, ou tous d'une même espèce, ou de plusieurs, être égaux ou inégaux.

Toutes ces variations de rapports, soit entre les trois coupes ou bases, soit entre les différentes inclinaisons des plans à l'axe, soit enfin entre les triangles, lesquelles sont des conséquences les unes des autres, seront exprimées dans les descriptions des différentes variétés d'octaèdre que nous allons donner, en nous bornant à celles qui ont été observées dans les formes dominantes des cristaux. En les décrivant, nous nous contenterons de faire remarquer, entre les mesures de leurs angles, des rapports qui sont la donnée fondamentale servant à les distinguer; mais nous supposerons toujours que ces rapports sont confirmés par des rapports analogues dans la position et la netteté des clivages, et dans la symétrie des modifications. (Voy. §. 34.)

§. 45. *L'octaèdre régulier*: c'est celui qui est formé par huit triangles équilatéraux égaux, ou l'octaèdre régulier de la géométrie.

Les trois coupes sont rectangulaires et perpendiculaires l'une sur l'autre, et par conséquent des carrés : si le sommet est un point, comme dans la figure 21, et non une ligne, comme dans les figures 30 et 32, ainsi qu'il sera dit plus bas (§. 51), les trois axes sont égaux et perpendiculaires entre eux, et on peut choisir indifféremment l'un ou l'autre.

Chaque plan fait un angle égal avec chacun des plans qui lui sont adjacens sur une arête : il s'en suit que cet angle est nécessairement de 109° 28′ 16″, comme dans la géométrie, et que son supplément, ou l'angle des deux faces qui sont opposées l'une à l'autre à une des extrémités d'un même axe, est de 70° 31′ 44″, le même que l'angle entre deux plans adjacens du tétraèdre régulier (voyez §. 35). Chaque plan fait aussi un angle égal avec chacun des trois axes, et cet angle, qui est le même pour tous les plans, est de 35° 15′ 51¾″, précisément le même que celui de l'inclinaison à l'axe des faces du cube considéré comme rhomboèdre (voyez ci-dessus §. 43).

D'après cette identité de position des faces par rapport aux axes, on peut conclure que toutes les faces sont semblablement placées par rapport au point qui est commun aux trois axes, ce point pouvant être considéré comme le *centre* du cristal.

L'octaèdre régulier est une forme dominante qui appartient à la chaux fluatée, au spinelle, etc., et notamment à beaucoup d'espèces de la classe des substances métalliques.

§. 46. *L'octaèdre symétrique à base carrée*. Cet octaèdre est composé de huit triangles isocèles égaux. (Voyez les figures 22 et 23.)

La coupe *c e f d*, qui est ici prise pour base, parce qu'elle est seule de son espèce, est un rectangle, et les deux autres *a e b d* et *a f b c* sont des rhombes et sont égales; d'où il résulte que la première est un *carré*. Ces trois coupes sont perpendiculaires entre elles. Des trois axes qui sont nécessairement perpendiculaires entre eux, deux, *d e*, *c f*, sont égaux, le troisième *a b*, qui est ici préféré, est plus grand dans la figure 22, qui appartient à l'anatase, et plus petit dans la figure 23, qui appartient au zircon. Chaque face fait deux angles égaux avec les deux axes *d e* et *c f*, et un angle différent avec l'autre axe *a b*, plus petit que les premiers dans la figure 22, où l'octaèdre est appelé *aigu*, et plus grand dans la figure 23, où l'octaèdre est appelé *obtus*.

Plus généralement, dans toutes les variétés d'octaèdre qui se rencontrent dans les formes cristallines, on dit que l'octaèdre est *aigu*, lorsque les quatre angles linéaires qui viennent se réunir au sommet que l'on a choisi, ou au moins deux d'entre eux opposés, sont *plus petits* que 60°, qui est l'angle des triangles de l'octaèdre régulier; ou bien, ce qui est la même chose, lorsque l'inclinaison des quatre plans à l'axe, ou au moins celle de deux plans opposés, est *moindre* que 35° 15′ 51¾″, angle indiqué ci-dessus dans l'octaèdre régulier.

Si ces différens angles sont au contraire plus grands que les mêmes limites, on dit que l'octaèdre est *obtus*.

§. 47. *Octaèdre symétrique à triangles scalènes.* C'est un octaèdre composé de huit triangles *scalènes* égaux (voyez fig. 24 et 25).

Les trois coupes *cefd*, *aebd* et *acbf*, sont perpendiculaires entre elles; elles sont toutes des rhombes et toutes inégales. Il en résulte que dans cette forme, qui appartient au soufre, il n'y a en général aucun motif pour adopter plutôt l'une que l'autre pour base, comme on peut en juger par la figure 25, qui représente le même solide que la figure 24, mais sur une autre base : dans la figure 24 l'octaèdre est aigu, et il est obtus dans la figure 25. Les trois axes sont tous perpendiculaires entre eux, mais inégaux. Chacun des plans est également incliné au même axe, mais en faisant un angle différent avec chacun des trois axes.

§. 48. *Octaèdre symétrique à base rectangle.* Dans cet octaèdre les faces sont toutes isocèles, mais de deux espèces dans chaque pyramide, les quatre d'une même espèce étant égales (voyez la figure 26, qui appartient au plomb sulfaté). Des trois coupes, deux *afbc* et *aebd* sont des rhombes égaux; elles sont perpendiculaires à la troisième, mais inclinées entre elles. La troisième *cefd* est un *rectangle*; mais elle est nécessairement oblongue, d'après l'obliquité entre les deux autres. Des trois axes, deux, *cf*, *de*, sont égaux, et non perpendiculaires entre eux ni à la base correspondante; le troisième *ab* est, ou plus petit (comme dans la figure), ou plus grand, et il est perpendiculaire aux deux autres et à la base *cefd* qui lui correspond. Les deux faces opposées, *adf*, *ace*, d'une même pyramide, sont également inclinées à l'axe, et de même les deux autres faces opposées *acd*, *a e f;* mais l'inclinaison à l'axe des premières est plus petite que celle des deux autres.

§. 49. La figure 27 représente un cristal qui a encore les caractères d'un *octaèdre,* et qui a été considéré comme tel dans plusieurs ouvrages ; c'est ce qui nous détermine à le mentionner ici, quoiqu'il soit bien plus naturel, comme on va le voir, de le rapporter à une autre forme, dont il n'est qu'une modification.

Les faces sont de deux espèces: *a c e* et *b d f,* qui lui est parallèle, sont deux triangles équilatéraux ; toutes les autres sont des triangles isocèles égaux ; *a e f* et *a c d,* opposées, sont également inclinées à l'axe ; mais, des deux autres opposées, *a d f* est plus inclinée à l'axe que *a c e.* Les trois coupes sont rectangulaires et toutes inclinées entre elles ; les trois axes ne sont point perpendiculaires entre eux. Cependant, malgré ces irrégularités apparentes, le solide est extrêmement symétrique.

La symétrie consiste en ce que *les trois coupes sont égales et semblables, et également inclinées entre elles,* ou, ce qui est la même chose, que *les trois axes sont égaux et également inclinés l'un sur l'autre ;* d'où il résulte que les trois faces isocèles *a d c, a f e* et *b c e* sont également inclinées sur la face équilatérale *a c e,* et que les trois autres faces isocèles *b e f, b c d* et *a d f* forment aussi le même angle avec l'autre triangle équilatéral *b d f.*

Mais cette *inclinaison égale de trois faces à un triangle équilatéral* est la condition fondamentale d'un rhomboèdre, comme on l'a vu (§. 45). Cette forme est donc *un dérivé d'un rhomboèdre.* La figure 28 représente le même solide que la figure 27, mais disposé de manière que les triangles équilatéraux *a c e* et *b d f* sont horizontaux, et que la ligne qui joint leurs deux centres, et qui est ici l'axe du solide, est verticale. L'identité des lettres fait reconnoître la position des différentes faces dans l'une et l'autre figure ; de plus, les lignes ponctuées *r a, r c, r e,* vers le haut, et *t d, t b, t f* vers le bas, complètent le solide, qui redevient semblable en tout, sauf les dimensions, aux rhomboèdres figures 19 et 20. C'est donc un *rhomboèdre tronqué sur ses angles - sommets,* par deux plans perpendiculaires à l'axe passant par ses angles latéraux.

Cette forme appartient au corindon ; plusieurs autres espèces en présentent d'analogues.

§. 5o. Il n'est pas inutile d'observer que cette propriété, qui nous a servi à ramener l'octaèdre (fig. 27) dont nous venons de parler au rhomboèdre (*l'égalité entre les trois axes ou les trois coupes, et leur identité d'inclinaison réciproque*), existe aussi dans l'octaèdre régulier, où les trois axes sont égaux et perpendiculaires entre eux, etc. : il s'en suit donc que l'octaèdre régulier pourroit aussi être considéré comme un rhomboèdre tronqué sur ses deux angles-sommets, dont l'axe seroit à volonté une des quatre lignes qu'on peut mener entre les centres de deux faces parallèles ; ce qui, à la vérité, donneroit une idée peu nette de sa régularité.

Mais, si on rejette avec raison cette manière de représenter ce solide, elle peut servir à faire concevoir que *l'octaèdre régulier peut devenir un rhomboèdre par la suppression de deux faces parallèles, opérée par le prolongement des six autres*. La figure 29 représente un octaèdre régulier, que l'identité des lettres permet de comparer avec celui de la figure 21. Cet octaèdre est projeté de manière que les deux faces parallèles *a c e* et *b d f* sont horizontales, et les lignes ponctuées, *r a*, *r c*, *r e*, d'un côté, et *t b*, *t f*, *t d*, de l'autre, que l'on a ajoutées, complètent un rhomboèdre.

D'après ce qui a été dit (§§. 55 et 45) de la mesure des angles du tétraèdre régulier et de l'octaèdre régulier, on reconnoît facilement que les parties solides, *r a c e* et *t b d f*, ajoutées, sont des tétraèdres réguliers ; par conséquent la propriété que nous venons d'indiquer, peut s'exprimer en disant que *l'octaèdre régulier peut être changé en rhomboèdre, en ajoutant sur deux de ses faces parallèles un tétraèdre régulier dont les triangles équilatéraux ont la même dimension*. Cette variation remarquable de l'octaèdre régulier a été observée dans des cristaux de bismuth natif.

§. 5i. Dans le §. 44, en décrivant les octaèdres en général, et dans le §. 45, en décrivant l'octaèdre régulier, nous avons supposé que les faces étoient également étendues, de manière à se réunir, quatre à quatre, en un seul point de l'axe : d'où il résulte qu'elles sont toutes triangulaires. Ce cas est le plus ordinaire ; mais il y a aussi des exceptions, lesquelles donnent au solide une apparence toute différente, qu'il est utile de faire connoitre.

L'octaèdre cunéiforme (fig. 30) est l'octaèdre régulier (fig. 21) qui a subi un alongement parallèlement à deux arêtes parallèles *c d* et *ef;* d'où il résulte que les deux faces *a ef* et *a d c*, et de même leurs parallèles, ne se rencontrent plus en un point *a*, mais en une ligne *a a'* et *b b'*, et ne sont plus des triangles, mais des trapèzes, comme les deux côtés d'un *coin :* de là le nom d'octaèdre *cunéiforme* qu'il a reçu.

La même variation peut arriver sur les autres octaèdres que nous avons décrits. La figure 32 représente l'octaèdre figure 26, ainsi alongé.

Si cet alongement de l'octaèdre est considérable, le solide peut, au premier abord, être considéré comme un prisme rhomboïdal dont la base seroit remplacée par deux faces; et les figures 31 et 33 ne sont autre chose que les figures 30 et 32 disposées de manière que l'axe de chacune de ces formes prismatiques soit vertical.

Dans le cas de l'octaèdre régulier, on donne toujours à ces cristaux alongés le nom d'*octaèdre cunéiforme;* mais, dans les autres cas, il arrive quelquefois qu'il convient mieux de les considérer comme des prismes, d'après des motifs tirés des modifications que subit la forme dominante.

§. 52. Si l'alongement a lieu à la fois dans trois sens, ou, ce qui est la même chose, si les deux faces parallèles *a ef* et *b d c* (fig. 21) sont très-larges, et les six autres faces très-étroites, il résultera de cet aplatissement de l'octaèdre, que les deux premières faces deviendront des hexagones réguliers (au moins par l'égalité de leurs six angles entre eux), et les six autres des trapèzes.

C'est ce que représentent les figures 34 et 35 : dans la première, le solide est représenté dans la même position que dans la figure 21; dans la seconde, il est disposé de manière que ses faces *a'a' f f' e'e'* et *b'b' c'c' d'd'* sont verticales et représentées suivant leurs véritables dimensions.

Ce solide, pouvant être évidemment considéré comme le résultat de deux *sections* faites dans un octaèdre par deux plans parallèles entre eux et à deux de ses faces, est réellement un *segment d'octaèdre;* aussi lui a-t-on donné le nom d'*octaèdre segminiforme.*

On conçoit qu'il peut arriver que l'une des deux faces indiquées soit seule élargie; alors l'autre conserveroit sa forme triangulaire équilatérale.

§. 53. Ces solides aplatis, analogues à ceux dont nous venons de parler, peuvent aussi être le résultat d'un aplatissement semblable dans d'autres octaèdres, et par conséquent dans celui représenté fig. 27, c'est-à-dire, dans le rhomboèdre tronqué (fig. 28) : l'aplatissement a lieu sur les triangles équilatéraux *ace* et *dbf*, et ce *rhomboèdre tronqué segminiforme* est encore parfaitement représenté par les figures 34 et 35, sauf les différences des angles entre les faces.

§. 54. *Prisme hexagonal.* C'est en général un prisme qui a pour base un hexagone, ou qui a 6 faces latérales. On distingue :

Le prisme hexagonal régulier (fig. 36). C'est celui dont la coupe perpendiculaire à l'axe est un hexagone régulier, ou dont deux faces latérales adjacentes quelconques sont inclinées entre elles de 120°. On sent bien que chacune des faces du prisme doit aussi être semblablement placée par rapport aux clivages (voyez le §. 34).

Le prisme hexagonal symétrique (fig. 37). C'est celui dont la coupe perpendiculaire à l'axe est un hexagone qui n'est pas régulier, mais seulement symétrique. Dans les cristaux, la symétrie de ce genre de forme consiste presque constamment en ce que, parmi les six angles que font entre elles les faces latérales adjacentes, deux opposés *a* et *b* sont égaux et d'une mesure différente de celle des quatre autres, lesquels sont aussi égaux entre eux.

Nous ne voyons que les cristaux d'épidote qui fassent exception à cette règle. Dans les prismes hexagonaux qu'on y observe, les six angles sont de trois espèces; aussi on ne les considère pas comme des prismes hexagonaux, mais comme des prismes rhomboïdaux tronqués latéralement.

On conçoit que la *position de la base, perpendiculaire* ou *oblique,* mérite aussi d'être considérée dans le prisme hexagonal, comme nous l'avons fait dans le prisme quadrangulaire; et, dans le cas d'une base oblique, on doit distinguer également *si elle repose sur une arête ou sur une face* (voy. ci-dessus, §§. 40 et 41).

Un cristal ayant la forme d'un prisme hexagonal régulier a toujours sa base perpendiculaire à l'axe ; cependant, dans les cristaux de feldspath, elle est oblique et repose sur une arête : aussi ces cristaux ne devroient pas, rigoureusement, être considérés comme tels, quoique leurs angles dièdres latéraux paroissent être tous de 120° d'après le goniomètre, leurs faces latérales n'étant pas semblablement placées par rapport aux plans de clivage (voy. §. 54).

Dans un prisme hexagonal symétrique, il faut déterminer sur quelle espèce de face ou d'arête repose la base oblique (voy. la note au §. 40) : ainsi, par exemple, dans le pyroxène périhexaèdre de M. Haüy, elle repose sur une face comprise entre deux angles égaux.

§. 55. Le *dodécaèdre rhomboïdal* est un solide composé de douze plans rhombes.

Si les douze rhombes ont tous les mêmes angles ou sont égaux et semblables, il en résulte nécessairement que chacun d'eux forme le même angle avec chacun de ceux qui lui sont adjacens : c'est le *dodécaèdre rhomboïdal régulier*. Il est représenté fig. 38, et aussi, dans une autre position, figure 39, avec les mêmes lettres, afin de faire mieux juger de toute la symétrie de sa structure, que nous allons faire connoître avec quelques détails, à cause des rapports de ce solide avec le cube, l'octaèdre régulier et le tétraèdre régulier.

Il y a vingt-quatre arêtes et quatorze angles solides. Parmi ceux-ci il y en a six (a, c, d, f, e, b) qui sont quadruples et égaux, et huit (l, m, o, n, r, s, t, v) qui sont triples et de même égaux entre eux.

L'angle dièdre, entre deux faces quelconques qui se rencontrent sur une arête, est de 120°. Celui de deux faces quelconques qui sont opposées l'une à l'autre sur un angle solide quadruple, est de 90°. L'angle plan obtus de chaque face (fig. 40) est rigoureusement de 109° 28 16″ (le même que l'angle dièdre de l'octaèdre régulier ; voy. §. 45).[1]

---

1 Ces mesures d'angles rigoureuses sont déduites, 1.° de ce que tous les angles dièdres ou plans, de même espèce sont trouvés sensiblement égaux par le goniomètre ; 2.° de ce que les douze faces sont toutes sem-

Il en résulte nécessairement, 1.° que le dodécaèdre rhomboïdal régulier, placé de manière qu'une ligne *a b* joignant deux angles solides quadruples opposés soit verticale (comme cela a lieu dans la figure 38), doit donner un carré *c d e f* pour projection horizontale ou pour coupe perpendiculaire à la ligne *a b*, ainsi qu'on l'a tracé dans la figure ; et que, comme il y a six angles solides quadruples opposés deux à deux, il y a trois positions semblables absolument identiques, ou trois lignes, *a b, c e, d f*, qui, étant placées verticalement ou étant prises pour *axes*, donnent le même résultat.[1]

2.° Que le même solide, placé de manière qu'une ligne *o s* joignant deux angles solides triples opposés soit verticale (comme cela a lieu dans la figure 39), doit donner un *hexagone régulier, b v f m c r*, pour projection horizontale ou pour coupe perpendiculaire à la ligne *o s*, ainsi qu'on l'a tracé dans la figure ; et que, comme il y a huit angles solides triples opposés deux à deux, il y a quatre positions semblables entièrement identiques, ou quatre lignes, *o s, l v, m t, n r*, qui, étant placées verticalement ou étant prises pour *axes*, donnent le même résultat.[2]

Les trois coupes carrées sont égales et perpendiculaires entre elles, et elles se joignent toutes en un seul point intérieur, qui est leur centre. Mais, comme elles traversent

---

blablement placées par rapport aux plans de clivage, qui, dans cette forme, sont, ou au nombre de six et parallèles aux faces, ou de quatre et formant par leur réunion un octaèdre régulier, ou de trois et formant un cube, étant dans chacun de ces cas tous également faciles.

1 D'après ce qui a été dit ci-dessus, que deux faces opposées l'une à l'autre sur un angle solide quadruple formoient entre elles un angle de 90°, chaque face est donc inclinée de 45° à l'axe de l'angle quadruple auquel elle aboutit : d'où on déduit que chaque arête aboutissant à ce même axe lui est inclinée de 54°44′8″ ; par conséquent elle forme, avec l'arête qui lui est opposée de l'autre côté de cet axe, un angle de 109° 28′ 16″ (angle dièdre de l'octaèdre régulier).

2 On trouve, par des considérations et un calcul très-simples, que chaque face est inclinée de 54° 44′ 8″ à l'axe de l'angle triple auquel elle aboutit, même valeur que celle de l'inclinaison d'une arête à l'axe d'un angle quadruple ; d'où on déduit que chaque arête aboutissant à un axe d'un angle triple lui est inclinée de 70° 31′ 44″.

quatre à quatre tous les rhombes du dodécaèdre en les coupant par leur grande diagonale, il s'en suit que chacune de ces grandes diagonales, qui est un côté d'une coupe carrée, est semblablement placée par rapport à ce centre.[1]

Les quatre coupes hexagonales sont égales entre elles et se réunissent en un seul point ou centre, qui sera le même que celui des trois coupes carrées, si on suppose que chacune de ces coupes hexagonales a été faite à égale distance des deux sommets de l'axe *o s*, ou *etc.*, auquel elle est perpendiculaire[2]; et comme ces quatre coupes hexagonales traversent six à six tous les rhombes du dodécaèdre par une ligne perpendiculaire à deux côtés opposés et passant par le centre du rhombe (chaque rhombe étant traversé ainsi par deux coupes), il s'en suit que toutes ces lignes sont semblablement placées par rapport au centre des coupes, qui devient ainsi le *centre* du cristal.

Donc aussi, *dans un dodécaèdre rhomboïdal régulier, toutes les faces sont semblablement placées par rapport à un point intérieur, qui est le centre du cristal.* De même, toutes les arêtes sont semblablement placées par rapport à ce centre, et en sont également distantes.

Quant aux angles solides, cette identité n'existe pas pour tous à la fois. Les angles quadruples sont semblablement placés entre eux et par rapport au centre : les angles triples sont aussi semblablement placés entre eux et par rapport au centre; mais ils en sont plus rapprochés que les angles quadruples.

Cette propriété fondamentale du dodécaèdre rhomboïdal régulier a, comme on le voit, beaucoup de rapports avec celles que nous avons indiquées (§§. 35, 37 et 45) pour le tétraèdre

---

1 Il n'est pas inutile de faire remarquer ici que cette disposition de trois coupes carrées perpendiculaires entre elles est la condition fondamentale de l'octaèdre régulier, comme on l'a vu §. 45 : nous allons bientôt confirmer ce rapport entre ce solide et le dodécaèdre rhomboïdal régulier.

2 On démontreroit facilement qu'elles sont placées entre elles à ce centre comme les quatre faces d'un octaèdre régulier à son sommet, et qu'elles font entre elles les mêmes angles.

régulier, le cube et l'octaèdre régulier. En effet, si on joint les huit angles triples quatre à quatre par des plans, on aura un cube; et si on fait la même opération sur les six angles quadruples, on aura un octaèdre régulier, et par conséquent aussi un tétraèdre régulier, d'après ce qui sera dit §. 85. Ces quatre solides ont donc dans leur structure un grand nombre de rapports, et l'on verra, dans la sixième section, qu'ils passent de l'une à l'autre par des modifications symétriques.

Cependant la régularité du dodécaèdre rhomboïdal diffère de celles du tétraèdre régulier, de l'octaèdre régulier, du cube, en ce que les angles de ce solide sont de deux sortes, et c'est pour cela qu'il n'est pas compris, en géométrie, parmi les *corps réguliers*, lesquels doivent avoir une identité parfaite, non-seulement entre toutes leurs faces et leurs arêtes, mais aussi entre leurs angles. Néanmoins, en cristallographie, d'après les rapports qui existent entre ce dodécaèdre rhomboïdal et les corps réguliers de la géométrie, nous avons cru pouvoir le nommer aussi *régulier*, pour le distinguer des autres.

§. 56. On conçoit que, si les douze plans rhombes qui composent le *dodécaèdre rhomboïdal* ne sont pas également inclinés l'un sur l'autre, le solide sera seulement *symétrique*.

On peut en distinguer en général un grand nombre de variétés; mais dans les cristaux elles se réduisent à deux classes:

1.° Les dodécaèdres symétriques dont une des coupes hexagonales est un hexagone régulier; les six plans que traverse cette coupe sont également inclinés entre eux et diffèrent des six autres, lesquels sont aussi également inclinés entre eux et forment des angles égaux avec l'axe du prisme hexagonal.

2.° Ceux dont aucune coupe hexagonale n'est un hexagone régulier, mais dont huit faces, qui composent quatre à quatre deux angles solides quadruples opposés, forment entre elles des angles dièdres égaux, tandis que les quatre autres sont perpendiculaires entre elles.

Nous n'avons pas donné de figures particulières pour représenter ces deux cas : la figure 59 peut donner une idée du premier, qui existe dans la chaux carbonatée, etc.; et la figure 38, du second, qui se rencontre dans le zircon, etc. Ces genres de forme ne sont pas ordinairement décrites comme des dodécaèdres, mais comme des variétés d'autres formes, déjà décrites, modifiées : ainsi la variété figure 39 est beaucoup mieux indiquée comme un prisme hexagonal avec un pointement (voy. §. 68) à trois faces sur chacune de ses bases, ou comme un rhomboèdre dont le sommet est en o, tronqué verticalement sur toutes ses arêtes inférieures ; et la figure 38, comme un octaèdre symétrique à base carrée, tronqué sur les angles de sa base; on peut encore la considérer comme un prisme rectangulaire, tronqué symétriquement sur tous ses angles, ou plutôt portant sur chacune de ses bases un pointement à quatre faces qui reposent sur les arêtes latérales.

§. 57. Le *dodécaèdre pentagonal* est un solide terminé par douze plans pentagones égaux et semblables.

Dans la géométrie, on considère un solide de ce genre, qui est rangé parmi les corps réguliers, parce que ses pentagones sont réguliers.

Le dodécaèdre pentagonal régulier n'existe point parmi les cristaux : le seul [1] dodécaèdre pentagonal qu'on y connoisse (dans le fer sulfuré et le cobalt gris), a à la vérité toutes ses faces égales et semblables; mais ses pentagones ne sont point réguliers. Il est représenté (figure 41) en projection verticale et en projection horizontale. On conçoit que la représentation du dodécaèdre pentagonal régulier seroit peu différente.

Le dodécaèdre pentagonal de la cristallographie diffère du dodécaèdre pentagonal régulier en ce que, dans un de ses pentagones représenté figure 42, l'angle b est de 121° 55′ 17″; les angles adjacens q et s sont de 106° 36′ 2″, et les deux angles g et h, de 102° 36′ 19″.[2]

---

1 Cela n'est pas rigoureusement exact: la figure 56, qui est une variété de chaux carbonatée, est aussi un dodécaèdre pentagonal ; mais les pentagones sont de deux espèces, etc. La symétrie de ce solide est bien mieux exprimée en le considérant comme un prisme hexagonal régulier terminé par un pointement à trois faces (voyez §. 68).

2 Ces valeurs d'angles ont été calculées par M. Haüy d'après sa théorie. Celles, au contraire, que nous avons données pour le dodécaèdre

Dans le pentagone régulier (fig. 43), au contraire, tous les angles sont de 108°.

L'angle *b* (fig. 42), seul de son espèce, est appelé le *sommet* du pentagone ; le côté *g h*, opposé à cet angle, est appelé *la base.* Les angles *g* et *h* sont appelés *angles de la base,* et les angles *q* et *s*, *angles latéraux.*

Dans ce dodécaèdre pentagonal symétrique, les pentagones sont ordonnés de manière que deux ont un même côté pour *base* : ainsi la base *g h* du pentagone *b q g h s* est aussi la base du pentagone *d u g h x*; il n'y a donc que six bases.

La disposition symétrique de ces bases des pentagones est essentielle à connoître pour bien juger de la symétrie du solide. Ces bases sont situées deux à deux dans trois plans perpendiculaires entre eux. Dans la projection verticale (fig. 41), les deux bases parallèles *g h* et *e f* sont horizontales ; il en est de même des deux bases parallèles *a b*, *c d*, et les bases *i k* et *l m* sont verticales : mais, en faisant passer trois plans chacun d'eux par deux bases parallèles opposées, le plan par *g h* et *e f* est seul horizontal ; le plan par *a b* et *c d* est vertical et perpendiculaire au premier, et enfin le plan par *i k* et *l m* est encore vertical et perpendiculaire aux deux autres. [1]

Le sommet de chaque pentagone est situé à l'extrémité d'une de ces bases : ainsi les deux points *i* et *k*, extrémités de la ligne *i k* (base commune des deux pentagones *g q i k u* et *e p i k t*) sont les sommets des pentagones *i p a b q* et *k t c d u*, etc.

Il en résulte nécessairement que les vingt angles solides (tous triples) du dodécaèdre pentagonal symétrique sont de deux espèces. Il y en a huit, *p*, *q*, *s*, *r*, et *t*, *u*, *x*, *v*, qui sont composés de trois angles plans égaux, lesquels sont tous des angles latéraux du pentagone ; les douze autres angles

---

rhomboïdal, l'octaèdre et le tétraèdre réguliers et le cube, peuvent être déduites immédiatement de l'ensemble de la symétrie de chaque cristal.

[1] Dans le cobalt gris, le clivage, qui est triple et également distinct dans les trois sens, a lieu parallèlement à ces trois plans ; ce qui confirme l'identité de position relative des douze faces (voy. §. 34). Cette disposition fait également concevoir que ce solide a de grands rapports de symétrie avec le cube, comme on le verra §. 86.

solides sont composés d'un angle-sommet et de deux angles de la base du pentagone.

Les huit angles solides p, q, s, r, t, u, x, v, que nous venons d'indiquer, sont placés entre eux rigoureusement comme les huit angles d'un cube.

Nous verrons dans la sixième section (§. 86), que ce solide a beaucoup de rapports avec le cube, dont il n'est qu'un dérivé.

§. 58. *Le dodécaèdre triangulaire* est en général un solide composé de douze triangles, parallèles deux à deux, et se réunissant six à six en un point d'un même axe.

On distingue le cas où les triangles sont isocèles, *dodécaèdre triangulaire isocèle* (fig. 47): et celui où les triangles sont scalènes, *dodécaèdre triangulaire scalène* (fig. 48) : l'un et l'autre peuvent être regardés comme étant des solides bipyramidaux, ou composés de deux pyramides ayant le même axe et réunies par leur base.

Dans le dodécaèdre triangulaire isocèle (fig. 47), la jonction commune est un plan perpendiculaire à l'axe, si toutes les faces sont également inclinées à l'axe; il en est de même des arêtes, et il en résulte que la base commune est un hexagone régulier. Ce cas a lieu dans le quarz, le plomb phosphaté, etc. Si, au contraire, toutes les faces ne sont pas également inclinées à l'axe, la base commune est un hexagone qui n'est que symétrique : ce cas a lieu dans le plomb carbonaté.

Dans le dodécaèdre triangulaire scalène (fig. 48), les faces sont également inclinées à l'axe, mais les arêtes sont inégalement inclinées. Trois, non adjacentes, ont la même inclinaison, et les trois autres une inclinaison différente. Les arêtes moins inclinées à l'axe, dans la pyramide supérieure, viennent concourir, dans la jonction commune des deux pyramides, avec les arêtes plus inclinées à l'axe de la pyramide inférieure, et réciproquement. Il en résulte nécessairement que les angles dièdres entre deux faces adjacentes sont de deux sortes, alternativement plus obtus et moins obtus. Les angles dièdres d'une face d'une pyramide sur l'autre sont tous égaux. Il résulte de toutes ces propriétés que la jonction commune des deux pyramides n'est point un plan, mais une suite de lignes en zigzag, comme on le voit dans la figure, qui représente un cristal de chaux carbonatée.

On conçoit que, suivant que l'angle au sommet est plus ou moins aigu, il peut y avoir un grand nombre de dodécaèdres triangulaires, soit isocèles (à base régulière ou symétrique), soit scalènes; il y en a même quelquefois plusieurs variétés dans une même espèce minérale : en effet, le corindon présente deux dodécaèdres triangulaires isocèles à base régulière ; la chaux carbonatée présente plusieurs dodécaèdres triangulaires scalènes.

On verra (§. 90) que le dodécaèdre triangulaire isocèle à base régulière est un dérivé du prisme hexagonal régulier, ou, dans quelques cas, du rhomboèdre, comme dans le corindon (§. 87, 4.°), et que le dodécaèdre triangulaire scalène est aussi un dérivé du rhomboèdre par des modifications symétriques (§. 87, 3.°); enfin, que le dodécaèdre triangulaire isocèle à base symétrique peut être un dérivé du prisme hexagonal symétrique.

§. 59. *L'icosaèdre triangulaire.* C'est un solide composé de vingt triangles.

Si ces triangles sont tous équilatéraux, il en résulte *l'icosaèdre régulier de la géométrie*, qui a une identité parfaite entre tous ses angles solides.

Dans les cristaux cette forme entièrement régulière n'existe point; on n'y connoît qu'un seul *icosaèdre symétrique* (fig. 44), qui appartient au fer sulfuré et au cobalt gris.

Ses vingt triangles sont de deux espèces, huit équilatéraux et douze isocèles. Ils se réunissent cinq à cinq pour composer un angle solide : il y a douze angles solides.

Pour mieux indiquer la position symétrique relative de ces deux sortes de triangles, nous allons faire voir comment cet icosaèdre provient du dodécaèdre pentagonal symétrique.

D'après ce que l'on a dit ci-dessus (§. 57) de cette dernière forme, les angles solides p, q, s, r, et t, u, x, v (fig. 41), sont composés de trois angles plans égaux; par conséquent, et d'après la position relative des pentagones, si l'on mène les diagonales $i b$, $b g$ et $g i$ à l'entour de l'angle q, ces trois diagonales seront égales : si donc on fait passer par elles un plan qui tronque l'angle solide q, la face $i b g$ qui le remplacera, sera un triangle équilatéral. La figure 44, qui représente l'icosaèdre symétrique, n'est autre chose que le dodécaèdre pentagonal symétrique (fig. 41) qui a subi huit troncatures de ce genre. Ainsi les triangles *i b g*, *l b h*, *l a f*, *i a c*, dans la partie supérieure, et leurs parallèles, dans la partie inférieure, sont équilatéraux.

Les autres triangles, *g i k*, *b g h*, etc., sont isocéles; un de ces triangles, *b g h*, est représenté suivant sa véritable grandeur dans la figure 45, et l'on reconnoit qu'il est le même que le triangle *b g h* de la figure 42. On y a joint aussi (fig. 46) un des triangles équilatéraux *i b g*.

Dans le triangle isocéle *b g h*, l'angle *b* est de 48° 11′ 20″, et les angles *g* et *h* sont de 65° 54′ 20″.[1]

§. 60. Le *trapézoèdre* est un solide composé de vingt-quatre faces quadrilatères symétriques : il n'en existe qu'un seul parmi les cristaux ; toutes ses faces sont égales et semblables et semblablement placées (voyez la figure 49).[2]

Si les faces sont également étendues, ce qui arrive presque toujours, leur forme est celle que représente la figure 50. Les deux angles ζ et γ sont égaux (82° 15′ 3″); l'angle α est aigu (78° 27′ 46″), et l'angle *m* est obtus (117° 2′ 8″).[3]

Il y a vingt-six angles solides : savoir : huit angles triples, *m*, *l*, *n*, *o*, *s*, *r*, *v*, *t*, chacun d'eux étant formé de la réunion de trois angles obtus analogues à *m* (fig. 50), et dix-huit angles quadruples ; mais ces angles quadruples sont de deux espéces : six, *a*, *b*, *c*, *d*, *e*, *f*, sont formés par la réunion de quatre angles plans analogues à l'angle *a* (fig. 50); et les douze autres, désignés par des lettres grecques, sont composés de quatre angles plans, tels que ζ ou γ (fig. 50). Les huit angles solides triples sont situés quatre à quatre dans trois (six) plans égaux et perpendiculaires entre eux, comme les huit angles solides du cube, et disposés comme eux aux extrémités

---

1 Ces valeurs d'angles sont déduites de celles données au §. 57. Voy. la note qui y est relative.

2 Nous avons donné à ce solide le nom de *trapézoèdre*, par analogie avec les noms d'octaèdre, de dodécaèdre, etc. M. Haüy l'a désigné sous le nom de Solide à vingt-quatre faces trapézoïdales.

3 Ces valeurs rigoureuses d'angles, et les suivantes, sont déduites de celles des angles du dodécaèdre rhomboïdal régulier, avec lequel ce solide a de grands rapports de symétrie, comme on va le voir.

de quatre axes égaux. De même, les six angles solides quadruples formés par des angles plans a (fig. 50) sont disposés, deux à deux, aux deux extrémités de trois axes égaux, et perpendiculaires entre eux, comme les six angles solides de l'octaèdre; et comme ces six angles solides quadruples comprennent les vingt-quatre faces, et de même les huit angles solides triples, cela fait voir le mode de symétrie de tout l'ensemble du solide.

Deux faces quelconques, $a\beta m\gamma$, $a\delta o\epsilon$, qui sont opposées l'une à l'autre au même sommet quadruple moins obtus. a, font entre elles un angle de 109° 28′ 16″, précisément comme deux arêtes du dodécaèdre rhomboïdal régulier opposées l'une à l'autre sur un même sommet quadruple; ces faces sont par conséquent inclinées à cet axe de 54° 44′ 8″, comme les arêtes du même dodécaèdre (voy. §. 55).

De plus, trois faces quelconques $a\,m\gamma$, $f\gamma m\zeta$ et $c\,?m\beta$, qui se réunissent sur un angle solide trip'e m, sont également inclinées chacune de 70° 31′ 44″ à l'axe de cet angle, valeur qui est encore égale à l'inclinaison d'une arête du dodécaèdre rhomboïdal régulier sur l'axe de l'angle solide triple auquel elle aboutit (voy. §. 55).

Il suit de ce double rapprochement, que la symétrie du trapézoèdre est fondée sur celle du dodécaèdre rhomboïdal; et comme toutes les arêtes du dodécaèdre rhomboïdal régulier sont semblablement placées par rapport au centre, il s'en suit que toutes les faces du trapézoèdre sont de même semblablement placées par rapport à un point, qui est l'intersection des trois axes indiqués ci-dessus, et qui peut être regardé comme le *centre* du cristal.

On verra (§. 85) que le t apézoèdre n'est en effet que le résultat de la troncature *tangente* des vingt-quatre arêtes du dodécaèdre rhomboïdal régulier.

§. 61. D'après tout ce qui a été dit dans cette section, on a vu que les neuf polyèdres géométriques principaux que nous avons indiqués (§. 34) comme comprenant toutes *les formes dominantes* des cristaux, ont été partagés en plusieurs variétés. Nous allons résumer ici en un seul tableau toutes ces variétés de formes dominantes.

Tableau des formes dominantes des cristaux.

Forme				Résultat
Tétraèdre..	Tous les triangles équilatéraux			*Tétraèdre régulier* (§. 35, fig. 9)
Parallélipipède ou Prisme quadrangulaire.	Base perpendiculaire à l'axe.	Faces latérales perpendiculaires entre elles :	clivages identiq. sur les 3 faces..	*Cube* (fig. 10).
			deux clivages identiques, par rapport aux faces latérales.	*Prisme rectangulaire droit à base carrée* (§. 37, 2.°, fig. 11).
			tous les clivages différens . . .	*Prisme rectangulaire droit à base oblongue* (§ 37, 3.°, fig. 12).
		Faces latérales non perpendiculaires entre elles :	clivages latéraux identiques. .	*Prisme rhomboïdal droit à base isocèle* (§. 38, fig. 13).
			clivages latéraux différens . .	*Prisme rhomboïdal droit à base oblongue* (§. 38).
	Base oblique à l'axe.	Angles dièdres, de la base avec les faces latérales, *tous inégaux.*		*Prisme rectangulaire ou rhomboïdal, à base oblique non symétrique* (§. 39, fig. 14).
		Deux angles dièdres, de la base avec deux faces latérales *opposées, égaux.*		*Prisme rectangulaire ou rhomboïdal, à base oblique reposant sur une face* (§. 40, fig. 15).
		Deux angles dièdres, de la base avec deux faces latérales *adjacentes, égaux.*		*Prisme rectangulaire ou rhomboïdal, à base oblique reposant sur une arête* (§ 41, fig. 16).
		Angles dièdres de la base avec les faces latérales, égaux aux angles dièdres des faces latérales entre elles.		*Rhomboèdre* (§. 42 et 43, fig. 17, 18, 19 et 20).
Octaèdre..	Les trois coupes étant perpendiculaires entre elles,	toutes trois rectangulaires. . .		*Octaèdre régulier* (§. 45, fig. 21)
		une rectangul.e, deux rhombes.		*Octaèdre symétrique à base carrée* (§ 46, fig. 22, 23).
		toutes trois rhombes.		*Octaèdre symétrique à triangles scalènes* (§. 47, fig 24, 25).
	Deux coupes rhombes inclinées entre elles et perpendiculaires à la troisième, qui est rectangle.			*Octaèdre symétrique à base rectangle* (§. 48, fig 26).
Prisme hexagonal.	Angles dièdres latéraux, tous égaux ;	base perpendiculaire à l'axe..		*Prisme hexagonal régulier droit* (§ 54, fig. 36).
		base oblique à l'axe		*Prisme hexagonal régulier oblique* (§. 54).
	Quatre angles dièdres latéraux égaux, les deux autres différens des premiers et égaux ;	base perpendiculaire à l'axe..		*Prisme hexagonal symétrique droit* (§. 54, fig. 37).
		base oblique à l'axe		*Prisme hexagonal symétrique oblique* (§. 54).
Dodécaèdre rhomboïdal.	Tous les angles dièdres égaux, tous les rhombes égaux et semblables.			*Dodécaèdre rhomboïdal régulier* (§. 55, fig 38 et 39).
	Tous les angles dièdres n'étant pas égaux, tous les rhombes non semblables.			*Dodécaèdre rhomboïdal symétrique* (§. 56, fig. 38 et 39).
Dodécaèdre pentagonal.	Faces pentagonales, non régulières, mais toutes égales . .			*Dodécaèdre pentagonal symétrique* (§. 57, fig. 41).
Dodécaèdre triangulaire.	Toutes les faces étant des triangles isocèles égaux. . . .			*Dodécaèdre triangulaire isocèle* (§. 58, fig. 47).
	Toutes les faces étant des triangles scalènes égaux . . .			*Dodécaèdre triangulaire scalène* (§. 58, fig. 48).
Icosa[èdre] triangulaire	Huit triangles équilatéraux : douze triangles isocèles. . .			*Icosaèdre triangulaire symétrique* (§. 59, fig. 44).
Trapézoèdre.	Toutes les faces égales et semblables			*Trapézoèdre* (§. 60, fig. 49).

Dans beaucoup de traités de minéralogie on voit des cristaux qui sont décrits sous les noms de *tables à quatre faces*, *rectangulaires*, *rhomboïdales*, ou de *tables hexagonales*. Ces dénominations servent à désigner des prismes du même nom extrêmement courts : elles peuvent être utiles à conserver dans les descriptions, pour indiquer plus brièvement ce rapport entre les dimensions qui, en effet, est assez constant dans les cristaux de certaines espèces; mais nous avons pensé qu'il étoit inutile d'en faire mention dans la série des formes dominantes, parce que ces formes aplaties ou tabulaires rentrent tout-à-fait dans les cristaux prismatiques du même nombre de faces.

Nous n'avons pas parlé du *prisme triangulaire*, quoiqu'il existe dans la tourmaline, comme nous l'avons déjà dit ($. 2), parce qu'il y est toujours modifié par un biseau sur chacune de ses arêtes latérales (prisme à neuf faces, voy. fig. 66), et que par conséquent on peut le regarder comme un prisme hexagonal tronqué sur trois arêtes latérales non adjacentes.

Nous avons jugé également ne pas devoir comprendre parmi les formes dominantes le *prisme à huit faces*, qui est assez fréquent parmi les cristaux, parce qu'il peut toujours être regardé comme un prisme quadrangulaire dont chacune des arêtes latérales est remplacée par une facette. D'ailleurs, cette manière de le considérer s'accorde mieux avec la symétrie des modifications que l'on observe dans ces cristaux.

On a vu, à la fin du $. 33 , que, pour déterminer la forme dominante de quelques cristaux très-composés, il falloit se guider d'après les analogies tirées des autres cristaux du même minéral : ce seroit ici le lieu d'en donner des exemples, et de montrer comment on reconnoît ces analogies; mais nous serions entraînés dans de trop longs détails. Nous nous bornerons à citer le cristal représenté fig. 85, qui doit être rapporté au *cube* par ses faces M, quoique ces faces soient très-peu étendues par rapport aux autres. On verra ($. 79) comment, en effet, ce solide est produit par des modifications symétriques d'une forme dominante cubique.

Il y a même quelques cas où il convient de rapporter un cristal à une forme qui ne s'y trouve indiquée par aucune

*

face, mais seulement par ses arêtes et ses angles. Ainsi, par exemple, le cristal représenté figure 80 est composé de vingt-quatre triangles isocèles égaux; mais, à l'inspection seule de ce cristal, on reconnoît que ses faces *b, b, b, b,* ..... se réunissent quatre à quatre en six angles solides quadruples, ce qui donne six pyramides obtuses à quatre faces égales, et ces pyramides sont associées l'une à l'autre de manière que leurs douze lignes de jonction forment six plans rectangulaires, *a e o i,* etc., lesquels sont entre eux dans des positions rectangulaires. Ces douze lignes sont donc entre elles comme les douze arêtes d'un cube, et on donne une indication très-exacte et très-abrégée de la symétrie de ce cristal, en le décrivant comme un cube dont chaque face est remplacée par une pyramide ou un pointement quadruple obtus (voy. §. 68) : on peut s'assurer de cette exactitude, en comparant la figure 80 à la figure 79 et au cube figure 10. De même, le cristal représenté figure 71 seroit rapporté au tétraèdre régulier, comme on peut le reconnoître en comparant cette figure à la figure 9.

§. 62. Il a été dit (§. 9) que les cristaux présentoient souvent un nombre de clivages suffisant pour former un solide. Il faut en général au moins quatre plans pour renfermer un espace; mais, comme ici les plans sont parallèles deux à deux, il en faut au moins six, c'est-à-dire, trois sens de clivages. Néanmoins, comme on acquiert toujours une connoissance assez grande d'un système cristallin prismatique, quoiqu'on n'en connoisse que les faces latérales du prisme, il s'en suit qu'on peut considérer les solides formés par deux plans de clivage, lesquels donnent un prisme quadrangulaire, et d'autant plus que l'observation de la symétrie des modifications (voy. la cinquième section) fournit presque toujours des moyens de déterminer par analogie la position de la base, horizontale ou oblique, quoique cette position ne soit donnée en aucune manière par le clivage.

On a vu également (§. 11) que l'on remarquoit quelquefois *plusieurs ordres de clivage* dans une même substance : si on les considéroit tous ensemble, il en résulteroit des *solides de clivage* en général assez compliqués. On préfère décrire séparément les solides résultans de l'association des plans de clivage d'un même ordre, ce qui conduit à considérer plusieurs *solides de clivage* dans une même substance ; et cette abstraction est d'autant plus naturelle que ces solides de clivage d'une même substance sont toujours liés entre eux par des rapports géométriques, et qu'ils peuvent dériver l'un de l'autre ou passer de l'un à l'autre (voyez §. 13) par des modifications symétriques ordinaires.

L'observation de la position semblable ou différente, des plans de clivage également ou inégalement distincts, par rapport aux faces de la forme dominante, nous a servi (§. 34) à reconnoître dans ces formes des identités ou des différences relatives entre leurs dimensions : et dans le §. 37 nous avons dit que, dans une forme dominante prismatique non isocèle, la face correspondant au clivage le moins distinct pouvoit être regardée comme la plus large. On conçoit que nous devons à plus forte raison appliquer ces considérations de netteté, égale ou différente, aux divers solides qui nous serviront à représenter l'ensemble des plans de clivage (d'un même ordre) du même minéral ; mais, de même que pour les formes dominantes, nous n'admettrons les résultats de ces considérations qu'autant qu'ils auront été confirmés par des rapports analogues dans la disposition symétrique des modifications. (Voyez §. 34.)

§. 65. C'est d'après ces principes que nous allons indiquer les différentes formes des *solides de clivages* qui ont été observés jusqu'ici.

1.° *Cube* (fig. 10). Trois clivages également faciles, perpendiculaires entre eux. Exemples, le plomb sulfuré, le cobalt gris, l'amphigène.

Ce dernier minéral présente aussi un second solide de clivage, qui se rapporte au dodécaèdre rhomboïdal régulier.

2.° *Prisme droit à base carrée* (fig. 11). Trois clivages, dont deux également distincts, tous perpendiculaires entre eux. Ex. L'idocrase, la paranthine, etc.

3.° *Prisme droit à base rectangle* (fig. 12). Trois clivages inégalement distincts, perpendiculaires entre eux. Ex. le péridot, le schéelin ferruginé, etc.

4.° *Prisme droit rhomboïdal isocèle* (fig. 13). Deux clivages non perpendiculaires entre eux, également distincts ; un troisième, perpendiculaire aux premiers. Ex. la baryte sulfatée, la staurotide, etc.

5.° *Prisme droit obliquangle non isocèle.* Deux clivages non perpendiculaires entre eux, inégalement distincts; un troisième perpendiculaire aux premiers. Ex. l'épidote, la chaux sulfatée.

6.° *Prisme rectangulaire, à base oblique reposant sur une face* (voy. §. 40, fig. 15). Deux clivages perpendiculaires entre eux; un troisième, perpendiculaire à l'un deux, incliné à l'autre, et faisant avec ce plan le même angle qu'avec l'axe. Ex. la soude boratée.

7.° *Prisme rhomboïdal, à base oblique reposant sur une arête* (voy. §. 41, fig. 16). Deux clivages également nets, non perpendiculaires entre eux; un troisième, faisant un angle oblique égal, avec chacun des deux premiers. Ex. le pyroxène, l'amphibole.

8.° *Prisme obliquangle, à base oblique non symétrique* (voyez §. 39, fig. 14). Deux clivages inégalement distincts, non perpendiculaires entre eux; un troisième, incliné différemment à chacun d'eux et à l'axe. Ex. le feldspath, le cuivre sulfaté.

9.° *Rhomboèdre* (voy. §§. 42 et 43, fig. 17, 18, 19 et 20). Trois clivages également faciles, également inclinés entre eux, et de même également inclinés à l'axe des cristaux. Ex. la chaux carbonatée, le corindon, etc.

10.° *Octaèdre régulier* (voyez §. 45, fig. 21). Quatre clivages également distincts, également inclinés à un axe (sous l'angle de 35° 15′ 51″), de manière que deux quelconques de leurs intersections opposées sont perpendiculaires entre elles, ou que les trois coupes par les arêtes sont rectangulaires, et que les faces sont des triangles équilatéraux. Ex. la chaux fluatée, le diamant.

11.° *Octaèdre à base carrée* (voyez §. 46, fig. 22 et 23). Quatre clivages également faciles, également inclinés à un axe, de manière qu'ils forment des triangles isocèles égaux, et que des trois coupes par les arêtes une seule est rectangulaire, les deux autres obliquangles et égales. Ex. le zircon, le schéelin calcaire.

12.° *Octaèdre à triangles scalènes* (voyez §. 47, fig. 24 et

25). Quatre clivages également distincts, également inclinés à un axe, mais de manière qu'ils forment des triangles scalènes, et que les trois coupes par les arêtes sont obliquangles et inégales. Ex. le soufre.

13.° *Octaèdre à base rectangle* (voyez §. 48 , fig. 26). Quatre clivages disposés autour d'un axe sous deux inclinaisons différentes, les deux opposés étant également inclinés et également faciles; d'où il résulte que les triangles sont tous isocèles, mais de deux espèces. Ex. le plomb carbonaté, le plomb sulfaté, la potasse nitratée.

14.° *Prisme hexagonal régulier* (voyez §. 54 , fig. 36). Trois clivages également faciles, parallèles à l'axe des cristaux, se coupant entre eux sous l'angle de 120°; un quatrième perpendiculaire aux premiers. Ex. la chaux phosphatée, l'émeraude.

15.° *Dodécaèdre rhomboïdal régulier* (voyez §. 55 , fig. 38 et 39). Six clivages également faciles, se réunissant deux à deux sur une arête sous l'angle de 120°. Ex. le zinc sulfuré.

16.° *Dodécaèdre triangulaire isocèle* (voyez §. 58 , fig. 47). Six clivages également faciles et également inclinés à un axe, ainsi que leurs intersections réciproques : d'où il résulte que les triangles sont tous isocèles et égaux. Ex. la baryte carbonatée, le plomb phosphaté.

§. 64. On reconnoit que toutes ces formes des solides de clivage rentrent dans les formes dominantes que nous avons décrites dans cette section, et qu'il n'y a qu'un petit nombre des formes dominantes comprises au tableau général du §. 61 qui n'aient pas reparu ici. C'est pour cela que nous nous sommes bornés à une simple énumération de ces solides de clivage, en ne donnant qu'une courte indication de chacun d'eux, accompagnée de quelques exemples.

Cette conformité vient à l'appui de ce que nous avons dit (§. 14) du parallélisme très-fréquent des plans de clivage avec différentes faces existantes, soit dans le cristal même, soit dans d'autres cristaux de la même substance; et les rapports entre le solide de clivage d'un minéral et les diverses formes dominantes qu'il affecte, seront encore rendus plus évidens par ce qui sera dit, dans les 5.° et 6.° sections, de la symétrie des modifications et des passages d'une forme à une autre.

Enfin on verra dans la 7.ᵉ section, que la théorie de M. Haüy est fondée sur ces rapports généraux, et qu'elle sert à les déterminer d'une manière rigoureuse.

4.ᵉ SECTION.

Des différens genres de modifications que l'on observe sur les formes dominantes des cristaux.

§. 65. On a vu que, pour faciliter la description des cristaux, nous avons considéré d'abord, par abstraction, l'ensemble de leurs faces les plus étendues, ou leurs formes dominantes; ce qui nous a permis de les rapporter à des formes géométriques très-simples : maintenant nous allons nous occuper des autres faces, qui se combinent avec les premières et *modifient* la forme dominante.

Dans cette quatrième section, nous nous bornerons à définir ces *modifications* d'une manière générale applicable à toutes les formes dominantes; et dans la cinquième nous examinerons les lois *symétriques* auxquelles on a reconnu que les *modifications* étoient assujetties dans les différentes formes.

Lorsqu'une facette qui n'appartient pas à la forme dominante, et qu'on pourroit, d'après cela, appeler *additionnelle*, occupe la place d'une arête ou d'un angle de cette forme, il est d'usage d'exprimer cette modification, dans le langage ordinaire, en disant que l'arête ou l'angle est *tronqué*. Sans doute, cette idée de troncature n'est point exacte, puisque cette arête ou cet angle n'ont point existé, et, par conséquent, n'ont point été *tronqués;* mais, comme le résultat est le même, et que cette expression rend très-bien la disposition relative de cette facette additionnelle, elle a été assez généralement adoptée.

De même on dit qu'une arête ou un angle est remplacé par un *biseau*, lorsqu'il y a à sa place deux facettes.

Enfin, s'il y en a trois, ou davantage, dont les intersections réciproques ne soient pas parallèles entre elles, mais forment un angle soli e (ce qui a lieu, soit sur un angle, soit sur une face de la forme dominante), on dit que cet angle ou cette face est remplacée par une *pyramide* ou un *pointement,*

Cette dernière expression, qui est empruntée des minéralogistes allemands, peut paroître bizarre au premier abord; cependant elle a l'avantage de ne pas entraîner, comme le mot *pyramide*, l'idée d'une terminaison par un point. D'ailleurs, l'expression de *pyramide* elle-même n'est pas rigoureusement exacte, puisqu'elle suppose l'existence d'une base qui ne peut pas se rencontrer ici.

Toutes les *modifications* des formes dominantes peuvent rentrer dans ces trois espèces : *troncature*, *biseau* et *pointement*.

Sans doute il y a des formes qui ont des modifications beaucoup plus compliquées que celles que nous venons d'indiquer; mais on verra qu'il est toujours facile de les décomposer en plusieurs modifications simples. Auparavant nous allons entrer dans quelques détails généraux sur les trois espèces de modifications que nous venons d'établir.

§. 66. *Troncature.* Ce genre de modification se conçoit facilement d'après l'idée que nous venons d'en donner.

Il est essentiel, dans chaque cas. de déterminer les rapports entre la facette qui tronque un angle ou une arête, et les faces principales adjacentes.

Si cette facette, qui remplace une arête ou un angle, est également inclinée sur les faces adjacentes, nous dirons qu'elle est *tangente* à cette arête ou à cet angle, expression tirée de la comparaison avec les lignes tangentes à des courbes, que l'on peut aussi dire être également inclinées aux portions de cette courbe adjacentes au point de contact. Les *troncatures tangentes*, soit sur une arête, soit sur un angle, sont très-fréquentes dans les cristaux, et leur observation est extrêmement utile pour déterminer un système cristallin.[1]

Si la face de troncature n'est pas également inclinée sur les faces principales adjacentes, on dit que la *troncature* est

---

[1] Ces *troncatures tangentes* appartiennent, en effet, le plus souvent à d'autres formes dominantes de la même substance. Ainsi les *troncatures tangentes d, d, ...* des arêtes d'un cube (fig. 78) sont les faces du dodécaèdre rhomboïdal régulier (fig. 38). Les troncatures tangentes *o, o, ...* sur les angles d'un cube (fig. 77) sont les faces de l'octaèdre régulier (fig. 21). Celles des arêtes d'un prisme rhomboïdal isocèle sont les faces d'un prisme

oblique, et alors il convient de déterminer l'angle qu'elle forme avec chacune de ces faces.

§. 67. *Biseau*. On a vu qu'on désignoit par ce mot deux facettes adjacentes qui remplacent une partie de la forme dominante.

Un biseau peut être placé sur une arête (comme on le voit fig. 51), ou sur un angle (fig. 74), ou, enfin, sur une face (fig. 53.)

On appelle *arête du biseau*, l'intersection *a b* de ses deux faces (fig. 51, 52 et 53); et *angle du biseau*, l'angle que font entre elles ces mêmes faces.

Lorsqu'un biseau (fig. 51) est placé *sur une arête* de la forme dominante qu'on a considérée, l'arête du biseau *a b* et les intersections de ses faces avec chacun des plans adjacens sont parallèles à l'arête qu'il remplace.

Si un biseau est placé *sur une face* (comme fig. 52, 53, 54, 55), il peut se présenter plusieurs cas.

L'arête du biseau peut se trouver parallèle aux intersections de ses deux faces avec deux faces parallèles opposées de la forme dominante (comme on le voit fig. 52); ou bien elle peut être parallèle à la diagonale de la coupe du prisme (comme dans la fig. 53) : on dit, dans le premier cas, que les faces du biseau *reposent* (voyez §. 40) sur deux faces opposées, et, dans le second, sur deux arêtes. Si aucun de ces deux cas n'a lieu, on remarque presque toujours que l'arête du biseau est parallèle à une face qui existe quelquefois dans le cristal, ou dont on est fondé par analogie, d'après son système cristallin, à regarder l'existence comme possible.

L'arête *a b* d'un biseau qui remplace la base d'un prisme, peut être perpendiculaire à l'axe du cristal (comme dans les

---

rectangulaire; celles des arêtes supérieures d'un rhomboèdre (fig. 94) sont les faces d'un autre rhomboèdre, etc. (Voyez la 5.ᵉ et surtout la 6.ᵉ section.)

Nous ajouterons que souvent les faces de ces troncatures tangentes se retrouvent dans la même substance sur une autre espèce de forme dominante, sur laquelle elles forment des pointemens : les figures 69 et 81 en fournissent des exemples (voyez, pour leur explication, le §. 85.).

fig. 52, 53, 55), ou inclinée, comme dans le cristal représenté par la fig. 54, qui appartient au pyroxène.

Les inclinaisons de chacune des faces du biseau sur les
faces ou arêtes de la forme dominante sur lesquelles elles
reposent, peuvent être égales (comme dans les fig. 52, 53
et 54); ou différentes, comme dans la fig. 55, qui appartient
au feldspath. Si le biseau a lieu sur la base d'un prisme,
comme cela existe dans les figures citées, on dit que les
faces du biseau sont également ou différemment inclinées à
l'axe.

Ce dernier cas d'un biseau, dont les faces sont inégalement
inclinées aux faces ou arêtes sur lesquelles elles *reposent*,
ou, ce qui est la même chose, à l'axe, se rencontre très-rarement, et il vaut mieux alors considérer séparément chaque
face du biseau comme une troncature.

Si un biseau est placé *sur un angle* (fig. 74), on examine
si chacune de ses faces repose sur une arête, comme dans
la figure, ou sur une face, etc.

Il n'y a qu'un petit nombre d'exemples de biseaux sur des
angles; le plus souvent ils ont lieu sur des faces, ou sur des
arêtes.

§. 68. *Pointement.* Nous avons vu (§. 65) qu'on désignoit
par ce mot la réunion d'au-moins trois faces, qui remplacent
une partie de la forme dominante.

En général, on peut dire qu'un pointement a toujours
lieu à l'extrémité de l'axe ou d'un des axes de la forme
dominante.

Le nombre des faces d'un pointement est le plus souvent
égal au nombre des faces de la forme dominante qui sont
semblablement placées par rapport à l'axe. Dans quelques
cas il en est la moitié ou le double. Quand ces rapports
n'existent pas, il y a lieu de présumer que, parmi ces faces
de la forme dominante qu'on avoit crues semblables, il en
est qui présentent des caractères différens de ceux des autres,

Les différentes faces d'un pointement sont en général également inclinées à l'axe sur lequel ce pointement est placé.
Lorsque cela n'est pas, il vaut mieux considérer ses faces
comme une réunion de troncatures et de biseaux.

D'après cet exposé, et ce qui a été dit par rapport aux

biseaux (§. 67), on concevra facilement les différentes sortes de pointemens.

La figure 70 représente un tétraèdre portant sur chacun de ses angles un pointement triple, $t, t, \ldots$ dont les faces reposent sur les arêtes.

La figure 56 est un prisme hexagonal (chaux carbonatée) dans lequel la base est remplacée par un pointement triple, $r, r, \ldots$ dont les faces reposent sur trois des faces latérales en alternant. Les figures 57 et 58 sont des prismes quadrangulaires, dont la base porte un pointement quadruple; dans la figure 57 les faces du pointement reposent sur les faces latérales, et dans la figure 58 sur les arêtes latérales.

Les figures 59 et 60 représentent un prisme à six faces, terminé par un pointement à six faces placées sur les faces latérales. Dans l'une et dans l'autre, les faces sont également inclinées à l'axe; mais il y a cette différence que, dans la fig. 59, toutes les arêtes sont aussi également inclinées, tandis que dans la figure 60 elles forment avec l'axe deux sortes d'angles. La symétrie qui existe entre les inclinaisons différentes de ce dernier pointement, est analogue à celle qui a lieu dans le dodécaèdre triangulaire scalène (v. §. 58).

La figure 71 est un tétraèdre régulier, dont toutes les faces sont remplacées par un pointement à trois faces, $t', t', \ldots$ correspondant aux arêtes. On conçoit, d'après la structure du tétraèdre (§. 35), que le pointement est encore ici à l'extrémité d'un axe.

Il en est de même dans la figure 81, où le pointement $t, t, \ldots$ a lieu sur chacun des huit angles d'un cube, ou, ce qui est la même chose, aux deux extrémités de chacun de ses quatre axes.

On conçoit que les pointemens, qui ont tant de rapports avec les octaèdres et autres solides pyramidaux, peuvent, comme eux, ne pas être toujours terminés par un point, et l'être quelquefois par une ligne, ainsi qu'on le voit fig. 61, qui n'est autre chose que la fig. 59 élargie.

§. 69. Tous les cristaux que nous venons de citer dans les trois articles précédens, sont assez simples : nous avons dû les choisir ainsi, afin de mieux faire comprendre les variations que peuvent présenter les modifications des formes dominantes; mais la nature nous offre assez fréquemment des cristaux plus compliqués. Néanmoins on réussit à saisir toute leur symétrie, et à les décrire, en rapportant toutes leurs faces aux trois genres de modifications indiquées (*troncature, biseau, pointement*). Pour cela il faut observer les faces analogues de position, et en former, pour ainsi dire, des groupes, que l'on décrit successivement en faisant sentir les rapports qu'ils ont entre eux. Ainsi, par exemple, dans la fig. 62, où une arête du prisme est remplacée par trois facettes *t, o, t*, les deux faces *t, t*, étant également inclinées sur la face latérale adjacente, constituent un biseau; et l'arête de ce biseau est tronquée par la face *o*.

Dans la figure 63, la base d'un prisme quadrangulaire obliquangle est remplacée par quatre faces toutes inclinées à l'axe et ayant leurs intersections parallèles; mais les deux faces *s, s*, ont la même inclinaison, et les deux faces *n, n*, ont aussi entre elles la même inclinaison. On peut dire alors que ces faces *n, n* forment un biseau, et les faces *s, s*, un autre biseau plus aigu, ou bien deux troncatures sur deux angles opposés.

La figure 64 (variété de l'étain oxidé) est un prisme rectangulaire, terminé par un pointement aigu, symétrique, à huit faces, *m, m, ...* correspondant deux à deux aux faces latérales, et le sommet de ce pointement est remplacé par un second pointement à quatre faces, *o, o, ...* qui reposent sur les quatre arêtes les plus obtuses du premier pointement.

Nous ne pousserons pas plus loin ces exemples; ils suffisent pour donner une idée de la manière dont on procède dans les différens cas : d'ailleurs on verra bientôt qu'on a beaucoup de moyens de se diriger dans cette espèce d'analyse, par la connoissance des lois symétriques que la nature suit dans les modifications des cristaux.

5.ᵉ SECTION.

Lois symétriques qui existent dans la disposition des modifications des formes dominantes.

§. 70. Nous sommes loin de connoître encore ce qui se passe dans l'opération de la cristallisation; mais si, comme tous les physiciens le reconnoissent, elle dépend de la force d'attraction réciproque des particules similaires d'une même substance l'une sur l'autre, modifiée dans chaque cristallisation particulière de cette substance par des causes accidentelles, nous devons croire que ces causes accidentelles, quoique variables, doivent toujours produire des résultats qui soient en rapport avec celui que produiroient les seules forces d'attractions constantes des particules agissant isolément; ou plutôt que ces résultats doivent conserver des traces plus ou moins prononcées de l'action de ces forces. Le solide cristallin quelconque, que formeroient les particules d'un corps abandonnées à elles-mêmes et sans aucune influence étrangère, doit nécessairement imprimer, pour ainsi dire, son *type* à toutes les formes cristallines que le corps peut prendre dans différentes circonstances.

Mais, sans chercher à rien préjuger sur la détermination de ce solide cristallin, qu'on peut présumer être pour chaque espèce en particulier le *type* de toutes les formes qu'elle est susceptible d'affecter, il est naturel de penser qu'une forme dominante quelconque, supposée parfaite et sans aucune modification (troncature, biseau ou pointement), peut être considérée comme le résultat matériel d'un certain système mécanique de forces; que, par conséquent, lorsqu'elle présente quelques modifications, comme, par exemple, des troncatures, ces modifications sont le résultat d'une autre force accidentelle, qui est venue joindre son action à celles des premières, sans pour cela les détruire. Dès-lors on doit s'attendre, qu'à moins de dérangemens extraordinaires, et conséquemment très-rares, *cette force accidentelle aura dû agir également et d'une manière semblable* sur les parties semblables du premier résultat, c'est-à-dire, *sur les parties* (arêtes, angles, ou faces) *de cette forme dominante qui sont semblables et semblablement placées*; que, par conséquent, les faces, arêtes ou angles semblablement placés dans le système géométrique que l'on a reconnu dans cette forme dominante, seront modifiés tous à la fois et de la même manière; et qu'au contraire les parties différemment placées ne seront pas modifiées toutes à la fois, ou que, si cela a lieu, elle le seront différemment.

Sans doute ce n'est ici, à la rigueur, qu'une conjecture;

mais nous pensons que c'est au moins la plus vraisemblable qu'on puisse former.

Appliquons maintenant ce raisonnement aux différentes formes dominantes que nous avons décrites, et nous reconnoîtrons qu'en effet, comme nous venons de présumer que cela devoit être, les modifications que chacune d'elles subit y sont disposées suivant une ordonnance symétrique en rapport avec celle que nous avons fait remarquer dans la forme dominante elle-même. C'est au moins le résultat de toutes les observations les plus exactes faites jusqu'ici sur les cristaux. Il n'est, sans doute, pas impossible qu'on découvre des exceptions ; mais ces cas extraordinaires n'acquerront que plus de prix en signalant l'existence de conditions perturbatrices des lois symétriques générales.

§. 71. Examinons d'abord les trois formes dominantes qui sont des corps réguliers de la géométrie, savoir : le *tétraèdre régulier* (§. 35), le *cube* (§. 37), et l'*octaèdre régulier* (§. 45).

La structure régulière de ces formes a été constatée, d'abord par la conformité sensible des mesures mécaniques de leurs angles avec ceux des solides que les géomètres désignent sous les mêmes noms, et en même temps par l'égalité de ces angles entre eux, et par l'identité de position de chaque face par rapport aux clivages.

Si la conjecture qu'on vient d'établir *à priori* dans l'article précédent est vraie, nous ne devons trouver dans chacune des trois formes dominantes régulières que nous venons de rappeler, que des modifications qui aient lieu à la fois et d'une manière identique, soit sur tous les angles, soit sur toutes les arêtes, soit sur toutes les faces.

L'inspection seule des figures 67 à 71 pour le *tétraèdre*, des figures 72 à 75 pour l'*octaèdre régulier*, et des figures 77 à 81 pour le *cube*, lesquelles représentent toutes des cristaux existans [1], et dont nous aurions pu multiplier le nombre, suffit pour faire voir que, dans ces trois formes

---

1 Les tétraèdres appartiennent au cuivre gris ; la plupart des cubes et des octaèdres appartiennent à la chaux fluatée et au plomb sulfuré ; le cube (fig. 81) appartient à l'analcime, et l'octaèdre (fig. 74) au fer sulfuré.

dominantes régulières, il y a toujours des modifications identiques sur les parties identiques de position. Ainsi se trouve réalisée la conjecture que nous avons établie *à priori* dans l'article précédent, et la forme régulière que nous avions reconnue dans ces cristaux est entièrement confirmée.

§. 72. Le *dodécaèdre rhomboïdal régulier* a, comme nous l'avons fait voir (§. 55 , toutes ses arêtes semblablement placées et à égale distance d'un centre: s s angles solides sont de deux espèces, six quadruples et huit triples.

La figure 87, qui appartient au grenat, et l s figures 88 et 89. qui appartiennent au spinelle. comparées avec le dodécaèdre de la figure 38, font reconnoître, 1.°, que toutes les arêtes sont modifiées à la fois et semblablement (fig. 87); 2.°. qu'il en est de même des huit angles triples (fig. 88); mais que la troncature de ceux-ci n'entraine pas celle des six angles quadruples, lesquels, s'ils sont aussi modifiés, le sont différemment, comme on le voit dans la figure 89, où chacun d'eux porte un pointement à quatre faces.

La symétrie des modifications du dodécaèdre régulier est donc entièrement conforme avec la symétrie de sa structure.

Nous ne parlerons point ici du *trapézoèdre*, parce qu'on n'en connoit qu'une seule modification; mais elle est assujettie à la même symétrie.

Il n'est pas inutile de rappeler que, dans tous ces exemples de modifications des quatres formes dominantes régulières, les troncatures qui ont lieu sont toujours *tangentes* (voyez §. 66 et aussi §. 85).

§. 73. Dans le *rhomboèdre* la même symétrie a encore lieu, et elle y est confirmée par un grand nombre d'exemples, ce genre de forme étant assez fréquent et présentant une grande variété de modifications.

D'après les propriétés géométriques de ce solide, telles qu'on les a exposées (§§. 42 et 43), on doit reconnoître que les modifications, pour être en rapport symétrique avec sa structure, doivent être semblables, soit sur les deux *angles sommets*, a et s (fig. 19 et 20); soit sur les six *angles latéraux*, m, i, e et n, r, o; soit sur les six *arêtes supérieures*, am, ai, ae, et sn, sr, so; soit, enfin, sur les six *arêtes inférieures* ou latérales, mr, re, eo, oi, in et nm.

Les figures 28 et 90 à 98, qui représentent des cristaux de chaux carbonatée (excepté la fig. 95 : fer oligiste), montrent des exemples où ces conditions sont remplies, et on remarque, en général, qu'elles le sont constamment dans tous les cristaux que l'observation des angles et des clivages porte à regarder comme des rhomboèdres.

§. 74. Parcourons maintenant tous les *prismes quadrangulaires* décrits (§. 36 à 41), à l'exception, cependant, du cube dont nous venons de nous occuper (§. 71); et examinons, dans chacun d'eux, la position relative de leurs différentes parties. Dans tous, les arêtes latérales sont dans une position différente de celle des arêtes terminales (celles de la base); mais tantôt toutes les arêtes latérales sont identiques de position, tantôt elles sont de deux espèces : il en est de même des arêtes de la base. Les angles solides peuvent aussi être, ou tous identiques de position, ou dans deux positions différentes, et même davantage.[1]

Dans le *prisme rectangulaire droit à base carrée* (fig. 11), les quatre arêtes latérales sont identiques de position; les quatre arêtes terminales le sont aussi entre elles, et de même les angles; et, en effet, les modifications sont assujetties à la même identité. On en trouve un exemple dans la figure 99, qui appartient à l'idocrase, où chacune des facettes *d* est également inclinée sur les deux faces latérales M qui lui sont adjacentes, tandis que chaque facette *o* est plus inclinée vers la base P que vers la face latérale M.

Dans le *prisme rectangulaire droit à base oblongue* (fig. 12), les arêtes latérales et les angles sont identiques; les arêtes terminales *a e*, *i o*, sont différentes de position des autres *a i*, *e o*. Le cristal de péridot (fig. 100) est modifié d'une manière analogue, les trois troncatures *d*, *k*, *n*, sur les trois ordres d'arêtes, étant différemment inclinées sur les deux faces qui leur sont adjacentes.

Dans le *prisme rhomboïdal droit à base isocèle* (fig. 13), toutes les arêtes de la base sont identiques; mais les deux ,

---

[1] Nous rappellerons qu'en annonçant que des arêtes ou des angles sont identiques ou différens de position, nous entendons qu'ils sont semblablement ou différemment situés par rapport à l'axe et aux clivages.

arêtes latérales obtuses opposées *er* et *in*, et les angles solides qui les terminent, sont différens des arêtes latérales aiguës *am* et *os*, et des angles solides correspondans. Le cristal (fig. 101), qui est une topaze, est modifié, suivant ces rapports symétriques.

Si l'on suppose que le prisme (fig. 13) ait subi une troncature sur l'arête *er* et son opposée, on aura le *prisme hexagonal symétrique droit* (fig. 37); la symétrie générale du solide restera la même, et par conséquent aussi celle des modifications, dont on voit un exemple dans la fig. 102, qui appartient au plomb carbonaté.

§. 75. Le *prisme quadrangulaire à base oblique reposant sur une arête* (fig. 16) a d'abord ses arêtes latérales de deux espèces, comme dans la forme précédente; les angles solides *a* et *o* sont égaux : mais les angles solides *i* et *e* sont différens des premiers, et entre eux; par suite, les arêtes *ai*, *io*,..... de la base, semblablement situées, diffèrent de position d'avec les arêtes *ae* et *eo*.

Il en résulte nécessairement que les modifications du sommet, pour être symétriques, doivent toujours être différentes sur deux moitiés du cristal, en le supposant partagé par un plan vertical passant par les deux arêtes *am* et *os*.

Nous pourrions faire des remarques analogues sur la structure du *prisme hexagonal symétrique à base oblique*, que nous pouvons supposer être représenté par la figure 37, et nous en tirerions des conjectures semblables; car ce prisme peut être considéré comme étant le prisme (fig. 16) tronqué sur deux arêtes opposées, *er* et *in*, ou *am* et *os*, par des plans *tangens*.

Si le prisme rhomboïdal à base oblique reposant sur une arête (fig. 16) étoit tronqué à la fois sur ses quatre arêtes latérales par des plans tangens, et que les troncatures fissent disparoître entièrement les faces de ce prisme rhomboïdal, on auroit le *prisme quadrangulaire à base oblique reposant sur une face* (représenté fig. 15), auquel nous pourrions encore appliquer des raisonnemens analogues.

Les cristaux d'amphibole, et surtout ceux de pyroxène, nous fournissent des exemples nombreux où l'on voit toujours les modifications soumises à cette symétrie; c'est-à-dire que celles qui ont lieu sur les diverses parties de la base sont ordonnées suivant ce partage du cristal en deux moitiés, que nous avons indiqué.

La figure 103 est un *prisme rhomboïdal oblique* qui appartient à l'amphibole; la figure 104, un *prisme hexagonal oblique* qui appartient au pyroxène: de même la figure 105, qui peut être indifféremment ou un *prisme rhomboïdal à base oblique P reposant sur une arête*, si les faces latérales M sont plus larges que les faces r, ou, 'dans le cas contraire, un *prisme rectangulaire à base oblique P reposant sur une face r*. Les facettes du sommet supérieur, qui sont derrière le cristal, étant les mêmes que celles (*u*, *u*, *k*, *k* et *t*), qui sont en avant au sommet inférieur, on reconnoît évidemment la différence des modifications sur deux moitiés du cristal, supposé partagé par un plan vertical parallèle à *r*.

Le *prisme quadrangulaire à base oblique non symétrique* (§. 39, fig. 14) a évidemment chacune des quatre arêtes et chacun des quatre angles solides de sa base dans une position différente. Les cristaux de sulfate de cuivre présentent, en effet, des modifications soumises à la même irrégularité.

§. 76. Nous avons décrit avec assez de détails (§§. 46 à 48) les divers *octaèdres symétriques* pour n'être pas obligé d'y revenir ici: les modifications que subissent ces solides, sont coordonnées suivant les mêmes rapports.

Dans l'*octaèdre symétrique à base carrée* (§. 46, fig. 22 et 23), les arêtes supérieures et l'angle solide au sommet sont modifiés différemment que les arêtes et angles de la base. (Voyez l'octaèdre du schéelin calcaire, fig. 108.)

Dans l'*octaèdre symétrique à triangles scalènes* (§. 47, fig. 24 et 25), les modifications sur les angles solides ne sont semblables qu'aux deux extrémités d'un même axe. Les modifications sur les arêtes ne doivent être semblables que sur celles qui composent une même coupe. (Voyez les figures 109 et 110, qui appartiennent au soufre.)

Dans l'*octaèdre symétrique à base rectangle* (§. 48, fig. 26), les quatre angles de la base sont modifiés ensemble et semblablement; mais deux arêtes opposées de la base doivent l'être indépendamment des deux autres. (Voyez la figure 111, qui appartient au plomb sulfaté.)

§. 77. La disposition relative des différentes parties du *prisme hexagonal régulier* est trop facile à concevoir pour qu'il soit nécessaire de l'exposer. En général, toutes les arêtes de la base sont modifiées ensemble et semblablement; il en est de même de toutes les arêtes latérales et de tous les angles solides. (Voy. les fig. 106 et 107 : chaux phosphatée.)

Cependant, il arrive quelquefois que les arêtes de la base ne sont pas modifiées toutes ensemble : ce cas a lieu dans la figure 56, où ce sont trois faces latérales non adjacentes qui supportent une face du pointement. Mais dans ce cas on reconnoît ordinairement que le solide a un clivage triple rhomboïdal ; et, en effet, c'est le rhomboèdre qui imprime ici son caractère symétrique, et le prisme hexagonal régulier est un des solides dans lesquels le rhomboèdre peut être changé par des modifications symétriques, comme on le verra bientôt (§. 87).

Quant au *prisme hexagonal symétrique* (§. 54), ce que nous en avons dit (§. 74), en le rapprochant du prisme rhomboïdal, suffit pour faire concevoir quelle est la symétrie de ses modifications.

§. 78. Ainsi que nous l'avons dit plus haut (§. 56), le *dodécaèdre rhomboïdal symétrique* peut être regardé, suivant les rapports qui existent entre ses angles, tantôt comme un rhomboèdre tronqué fortement sur toutes ses arêtes inférieures, ou comme un prisme hexagonal terminé par un pointement à trois faces, placées sur trois arêtes latérales non adjacentes; tantôt comme un octaèdre symétrique à base carrée, tronqué fortement sur tous les angles de sa base, ou bien comme un prisme rectangulaire droit à base carrée, terminé par un pointement à quatre faces placées sur les arêtes latérales. Aussi, le petit nombre de modifications que l'on observe sur une forme dominante de ce genre, participent-elles toujours de la symétrie de l'un des solides auxquels on vient de la rapporter.

§. 79. Les détails géométriques que nous avons donnés (§. 57) sur la structure du *dodécaèdre pentagonal symétrique* (fig. 41), doivent faire concevoir la symétrie qui existe dans les modifications de cette forme dominante; et la manière dont nous avons fait naître sur ce solide l'*icosaèdre trian-*

gulaire (§. 59), fournit déjà un exemple remarquable de cette symétrie, puisque les huit angles solides formés de trois angles plans égaux sont tous tronqués à la fois et semblablement, et que leur troncature n'entraîne pas celle des douze autres angles solides.

La figure 82 fait encore voir que les trois arêtes (ou *bases*) *a b*, *i k*, *g h* (fig. 41), et leurs parallèles, sont tronquées ensemble et semblablement.

La même symétrie doit par conséquent exister dans les modifications de l'*icosaèdre triangulaire* (fig. 44), puisqu'il n'est qu'un dérivé du dodécaèdre pentagonal ; c'est ce que l'on reconnoît dans la figure 83, qui représente la même modification ou les mêmes facettes *M* que dans la figure 82. On voit aussi, dans la figure 84, chacun des huit triangles équilatéraux de l'icosaèdre remplacé par une pyramide triangulaire *fff*, tandis que tous les douze triangles isocèles *e* sont restés intacts.

Si l'on suppose que les facettes *M* (fig. 83) se trouvent réunies dans un même icosaèdre avec les facettes *f* (fig. 84), et que ces différentes facettes se prolongent de manière à faire disparoître entièrement les triangles isocèles *e*, on aura un polyèdre (représenté fig. 85) qui a trente faces (24 *f* et 6 *M*), ce qui lui a fait donner le nom de *triacontaèdre*. Les différentes modifications dont nous venons de parler, existent dans le fer sulfuré.

§. 80. Le *dodécaèdre triangulaire isocèle* (§. 58, fig. 47) doit évidemment être modifié de la même manière sur toutes les arêtes de la base commune : alors, si c'est une troncature et qu'elle soit parallèle à l'axe, on conçoit qu'on aura un *prisme hexagonal régulier*. Cette forme dominante, qui d'ailleurs est rare, présente en effet des modifications analogues à celle du prisme hexagonal régulier, duquel elle dérive par des modifications simples sur les arêtes de la base.

Cependant il arrive quelquefois que les modifications ne sont pas identiques, mais qu'elles correspondent à trois arêtes culminantes non adjacentes, comme on le voit dans la figure 112 (corindon), où le sommet est aussi tronqué. Ce cas est le même que celui que nous avons fait observer (§. 77) dans le prisme hexagonal régulier, et il indique dans le cristal les caractères du rhomboèdre, dont en effet le dodécaèdre triangulaire isocèle et le prisme hexagonal régulier peuvent dériver par des modifications d'accord avec la symétrie de sa structure, ainsi qu'on le verra.

§. 81. Ce même genre de modifications sur trois arêtes culminantes non adjacentes doit nécessairement avoir toujours lieu dans le *dodécaèdre triangulaire scalène* (§. 58, fig. 48), comme on peut le conclure de ce que nous avons dit de sa structure. On verra aussi plus bas que cette forme dominante n'appartient qu'à des substances qui ont un système cristallin rhomboédrique. La figure 113 représente le même cristal que la figure 48, tronqué sur trois arêtes culminantes non adjacentes (les moins obtuses), et tronqué aussi sur tous les angles de la jonction commune des deux pyramides.

§. 82. Nous avons parcouru toutes les formes dominantes des cristaux, et nous avons trouvé dans toutes la preuve du principe général que nous avons établi (§. 70), que *leurs modifications sont toujours assujetties à une symétrie semblable à celle de leur structure.*

Cependant il y a quelques anomalies.

1.° Dans les cristaux électriques par la chaleur, les modifications sont différentes aux deux sommets d'un même axe, ainsi qu'on le voit dans le cristal de tourmaline (fig. 65), et dans celui de magnésie boratée (fig. 86.)

Dans le premier, la base supérieure du prisme hexagonal régulier $s\,s\,s$ est terminée par un pointement triple o, o, o, surmonté d'un second, P, P, P; tandis que sa base inférieure porte le pointement triple P, surmonté d'un autre pointement n, n, n.

Dans le second, on voit un cube dont, à la vérité, toutes les arêtes sont tronquées par les facettes $d, d, \ldots$, comme dans la figure 78, mais dont il n'y a que la moitié des angles tronqués, savoir, un de deux qui sont opposés l'un à l'autre aux deux extrémités d'un même axe.

On remarque encore dans la figure 65 qu'il n'y a que trois arêtes latérales du prisme hexagonal qui soient tronquées par une face l. Ce sont ces faces l qui, en devenant quelquefois plus étendues (comme dans la figure 66), donnent au prisme la forme triangulaire.

Mais, toutes ces anomalies étant essentiellement dépendantes de la propriété électrique, comme nous l'avons déjà dit ci-dessus (§. 2), elles ne peuvent servir à infirmer la règle générale.

2.º Dans quelques cristaux non électriques par la chaleur, on observe que des troncatures n'ont pas lieu à la fois sur toutes les arêtes ou tous les angles identiques de position. On remarque une anomalie de ce genre dans le quarz que M. Haüy a appelé *rhombifère* (fig. 6 de son Traité). Nous jugeons inutile d'entrer ici dans les détails de sa description ; mais nous ferons remarquer que cette anomalie n'est nullement constante dans les espèces qui la présentent, et que jusqu'ici il ne paroît pas qu'elle y soit assujettie à aucune règle. Il y a en outre, presque toujours dans les mêmes espèces, des cristaux où toutes les facettes indiquées par la symétrie existent à la fois. Tout porte donc à présumer que cette anomalie est due à des circonstances accidentelles ; et comme elle est d'ailleurs fort rare, on ne peut en former une objection contre le principe de l accord entre la symétrie des modifications et celle de la structure des formes dominantes, lequel doit être regardé comme général, en raison du très-petit nombre des exceptions et de leur peu de constance.

§. 83. Néanmoins, dans l'observation des cristaux, au premier abord, on a souvent de la peine à reconnoître cet accord de symétrie dont nous venons de parler ; mais cela provient presque toujours de ce qu'en déterminant la forme dominante on a commis quelque erreur, surtout en prononçant l'égalité rigoureuse de tels ou tels angles d'une valeur très-rapprochée, ou bien de ce qu'on a mal choisi entre les différentes formes dominantes auxquelles un cristal peut être rapporté : cela peut en effet arriver souvent lorsqu'on n'est pas encore très-exercé à observer les cristaux, surtout dans ceux où les faces qui doivent être considérées ensemble sont très-inégalement étendues. Il faut alors faire servir l'observation de la symétrie des modifications à la recherche de la véritable forme dominante et de sa structure, laquelle, comme on l'a fait voir dans la troisième section, est toujours en rapport avec cette symétrie qui est la base la plus sûre pour la reconnoître. Ainsi, par exemple, lorsque des angles dièdres, que le goniomètre a fait reconnoître égaux, au moins sensiblement, correspondent à des modifications sensiblement égales, et surtout ayant lieu constamment ensemble, on peut être assuré rigoureusement de cette égalité première des angles mesurés.

Cette disposition symétrique générale des modifications des formes dominantes des cristaux, que nous venons d'exposer dans cette section, n'est autre chose que la *loi de symétrie*, découverte par M. Haüy, et dont il a fait une des bases principales de sa théorie. Il s'en suit que tous les résultats cristallographiques qu'il a publiés, et les nombreuses découvertes minéralogiques qui en ont été le fruit, sont dues à une observation exacte des différentes conditions particulières de cette *loi de symétrie;* ce qui suffit pour faire apprécier son importance. Nous l'avons exposée ici, à la suite de la description des formes dominantes, pour réunir en même temps tout ce qui complète la connoissance de toutes les formes cristallines; et, en outre, il nous a semblé qu'il valoit mieux la présenter isolément, telle qu'elle résulte de l'observation pure et simple de la nature, abstraction faite de toute idée théorique.

6.e SECTION.

Passages d'une forme dominante à plusieurs autres, produits par la symétrie des modifications. Conséquences qui en résultent pour la détermination du système cristallin de chaque substance minérale. Utilité de choisir une forme fondamentale.

§. 84. On conçoit que les faces résultantes des modifications peuvent être, dans certains cas, beaucoup plus étendues que les faces de la forme dominante, et qu'il peut même arriver qu'elles la fassent disparoître tout-à-fait. Alors l'ensemble de ces faces constitue une nouvelle forme dominante, qu'on peut regarder comme étant *dérivée* de la première, et dont la structure est une conséquence de la structure de celle-ci. Ainsi, par exemple, dans le cristal (fig. 59), si le pointement à six faces supérieur vient à se joindre avec le pointement inférieur, le prisme hexagonal régulier n'existera plus, et le solide deviendra un dodécaèdre triangulaire isocèle (fig. 47).

Il est nécessaire de faire connoître quelles sont les formes qui peuvent être ainsi des dérivés l'une de l'autre, d'après la symétrie de leurs modifications : leur ensemble servira très-bien à compléter les idées que l'on a déjà dû prendre, par tout ce qui précède, de la symétrie de la structure des cristaux ; et, en outre, ce sont ces dérivations qui expliquent cette multiplicité de formes dominantes qu'on observe dans plusieurs espèces minérales, comme nous l'avons dit ($. 4).

Pour cela, nous ferons de nouveau la revue de la plupart des formes dominantes, en reprenant les lois symétriques que nous avons reconnues dans leurs modifications, et nous examinerons les solides nouveaux qui peuvent en résulter.

$. 85. On a vu ($$. 35, 37 et 45) que, dans le *tétraèdre régulier*, le *cube* et l'*octaèdre régulier*, toutes les faces étoient égales et semblablement placées par rapport à un point que nous avons appelé le centre du cristal ; qu'il en étoit de même de leurs angles solides et de leurs arêtes.

Nous avons reconnu la même égalité et la même identité de position par rapport au centre, dans le *dodécaèdre rhomboïdal régulier* ($. 55), pour ses faces, ses arêtes, et aussi pour ses six angles solides quadruples et ses huit angles solides triples.

Enfin, nous l'avons également reconnu dans le *trapézoèdre* ($. 60), pour ses faces, pour ses huit angles solides triples, pour ses six angles solides quadruples moins obtus, et pour ses douze autres angles solides quadruples plus obtus.

Nous rappellerons aussi que, dans toutes ces formes, un angle solide quelconque est toujours composé d'angles plans égaux.

Les parties semblables devant être modifiées toutes à la fois et de la même manière, si on suppose que des arêtes semblables ou des angles solides semblables d'un de ces polyèdres soient remplacés par une troncature, et que cette troncature soit *tangente* (voyez $. 66), l'ensemble de ces troncatures, si on les suppose assez étendues pour faire disparoître les faces du solide sur lequel elles sont placées, composera nécessairement un nouveau polyèdre, dont les faces seront égales en nombre aux arêtes ou angles semblables tronqués, et qui toutes seront égales et semblablement placées par rapport à un centre qui sera le même que celui du premier polyèdre.

Si, maintenant, nous comparons le nombre des parties de même espèce qui sont semblablement placées par rapport au centre dans chacune des formes ci-dessus, nous aurons le résultat suivant :

Tétraèdre...	6 arêtes;	4 angles ;	4 faces.	
Cube......	6 faces;	8 angles;	12 arêtes.	
Octaèdre..	6 angles;	8 faces;	12 arêtes.	
Dodécaèdre	6 angl. quadruples;	8 angl. triples;	12 faces;	24 arêtes.
Trapézoèdre	6 angl. quadruples moins obtus ;	8 angles triples;	12 angl. quadruples plus obtus ;	24 faces.

D'après ce qui a été dit ci-dessus, on conçoit que les faces de chacun de ces solides peuvent nécessairement être produites par la troncature *tangente* des parties des autres solides, dont le nombre est égal au nombre de ses faces.

Ainsi il est évident, 1.º que les vingt-quatre faces du *trapézoèdre* peuvent être le résultat de la troncature des vingt-quatre arêtes du dodécaèdre (comme dans la figure 87) ;

2.º Que les douze faces du *dodécaèdre* peuvent provenir, soit de la troncature, *d, d, ...* des douze arêtes de l'octaèdre (fig. 72), soit de la troncature des douze arêtes du cube (fig. 78); soit, enfin, de celle des douze angles quadruples plus obtus du trapézoèdre ;

3.º Que les huit faces de l'*octaèdre* peuvent être le résultat soit de la troncature, *o, o, ...* des huit angles du cube (fig. 77), soit de celle des huit angles triples du dodécaèdre (fig. 88), soit de celle des huit angles triples du trapézoèdre; soit, enfin, de la troncature des quatre angles du tétraèdre, avec conservation des quatre faces de ce solide (fig. 67) ;

4.º Enfin, que les six faces du *cube* peuvent provenir de la troncature, *c, c,* ... soit des six arêtes du tétraèdre (fig. 68), soit des six angles de l'octaèdre (fig. 73), soit des six angles quadruples du dodécaèdre, soit des six angles quadruples moins obtus du trapézoèdre.

Il n'y a, comme on le voit dans ces cinq solides réguliers, que le cube et l'octaèdre qui puissent être produits directement par des troncatures sur des parties semblables de chacun des quatre autres, sans exception : le dodécaèdre présente, il est vrai, le même rapport avec le cube, l'octaèdre et le trapézoèdre, mais non avec le tétraèdre. Le trapézoèdre ne peut être produit par des troncatures que sur le dodécaèdre ; et le tétraèdre ne peut l'être de la même manière sur aucune des autres formes indiquées : on va voir néanmoins que la dérivation est générale entre ces cinq corps réguliers, et que les passages de l'un à l'autre sont réciproques, sinon toujours par des troncatures, au moins par des modifications d'un autre genre, mais également symétriques.

En effet, le *dodécaèdre* peut provenir du tétraèdre par un pointement symétrique à trois faces, *d, d,* ... sur chacun des quatre angles, chaque face de ce pointement étant tournée vers une des trois faces adjacentes (comme dans la figure 69). L'inclinaison d'une face quelconque de ce pointement à l'axe correspondant du tétraèdre est de 54° 44′ 8″. [1]

Le *trapézoèdre* peut être produit sur le tétraèdre par deux pointemens symétriques à trois faces, ayant lieu à la fois ; savoir : l'un, *t′, t′,* ... sur chacune des quatre faces (comme dans la figure 71), et l'autre, *t, t,* ... sur chacun des quatre angles, chaque face de ce pointement correspondant à l'arête adjacente (comme dans la figure 70) ; chacune des faces de l'un et de l'autre pointement étant inclinée de 70° 31′ 44″ à un axe joignant un angle solide du tétraèdre avec le milieu de la face opposée.

Le *trapézoèdre* peut être produit sur l'octaèdre par un pointement à quatre faces, *t, t,* ... sur chacun des six angles solides (comme dans la figure 76), chaque face de ce pointement correspondant à une face adjacente, et étant inclinée de 54° 44′ 8″

---

1 Cet angle est celui d'une face quelconque du dodécaèdre à l'axe d'un des angles solides triples auquel elle aboutit (voy. §. 55).

à l'axe passant par l'angle de l'octaèdre sur lequel ce pointement est placé.

Le *trapézoèdre* peut être produit sur le cube par un pointement à trois faces, *t*, *t*, ... sur chacun des huit angles solides (comme dans la figure 81), chaque face de ce pointement correspondant à une face adjacente, et étant inclinée à l'axe de 70° 31′ 44″. [1]

Le *tétraèdre* peut provenir de l'octaèdre par la suppression de la moitié de ses huit faces (savoir de l'une de deux faces parallèles) au moyen du prolongement des faces adjacentes, comme on peut déjà en juger par la figure 67, dans laquelle les faces de l'octaèdre qui doivent disparoître, subsistent encore en partie. Mais la figure 114 représente un tétraèdre régulier parfait, dans lequel est inscrit l'octaèdre régulier, dont quatre faces prolongées ont pu le produire. On peut juger ainsi de la position relative des deux solides.

Le *tétraèdre* pourroit provenir du cube, du dodécaèdre et du trapézoèdre, au moyen de la troncature de la moitié de celles de leurs dimensions, qui sont au nombre de huit (savoir : par la troncature de l'une des deux qui sont opposées aux deux extrémités d'une même ligne passant par le centre).

On voit donc que *le tétraèdre régulier, le cube, l'octaèdre régulier, le dodécaèdre rhomboïdal régulier, et le trapézoèdre, peuvent passer de l'un à l'autre par des modifications très-symétriques.*

Il y a, en effet, différentes espèces minérales qui se présentent sous plusieurs de ces formes dominantes.

Ainsi la *chaux fluatée*, *l'argent sulfuré*, sont cristallisés tantôt en cube, tantôt en octaèdre, tantôt en dodécaèdre rhomboïdal régulier ; *l'ammoniaque muriatée*, *l'or natif*, le *fer sulfuré*, nous présentent le cube, l'octaèdre et le trapézoèdre ; le *spinelle*, le *mercure argental*, le *fer oxidulé*, l'octaèdre et le

---

1 Pour vérifier l'exactitude de ces inclinaisons des pointemens pour produire le trapézoèdre, il faut consulter ce que nous avons dit de ce solide (§. 60), relativement aux inclinaisons de ses faces tant avec l'axe de l'angle solide quadruple, qu'avec l'axe de l'angle solide triple auquel elles aboutissent.

dodécaèdre ; l'*analcime*, le cube et le trapézoèdre ; le *grenat*, le dodécaèdre et le trapézoèdre ; le *diamant*, le *cuivre oxydulé*, l'octaèdre, le cube et le dodécaèdre ; le *plomb sulfuré*, le *cuivre natif*, le *cobalt arsenical*, le cube et l'octaèdre ; le *zinc sulfuré*, l'octaèdre, le dodécaèdre et le tétraèdre.

Le *cuivre gris* ne présente d'autre forme dominante que le tétraèdre, sinon peut-être le dodécaèdre ; mais on retrouve, dans les modifications de ses arêtes ou de ses angles, une tendance fréquente à produire l'octaèdre (voy. fig. 67), le cube (voy. fig. 68), le dodécaèdre (voy. fig. 69), et le trapézoèdre (voyez fig. 70 et 71).

En général, il arrive très-souvent, pour chacune des formes dominantes régulières dont nous venons de parler, que les modifications qu'elles présentent sont précisément celles qui conduisent à une des autres formes régulières, comme en effet cela doit se conclure d'après la symétrie. On donne alors quelquefois à ces cristaux des noms composés, tels que *cubo-octaèdre* (fig. 73), *cubo-dodécaèdre* (fig. 78), etc.

§. 86. D'après ce qui a été dit du cube dans l'article précédent, on a vu qu'une troncature *tangente* sur toutes ses arêtes (comme dans la figure 78), produisoit un dodécaèdre rhomboïdal régulier (fig. 38). Si la troncature n'étoit pas tangente, il est évident qu'il en résulteroit toujours un dodécaèdre ; mais il scroit nécessairement pentagonal. C'est de cette manière qu'on peut concevoir l'origine du dodécaèdre pentagonal que nous avons décrit (§. 57, fig. 41), le seul qui ait été observé jusqu'ici parmi les cristaux.

Si sur chaque angle solide de l'octaèdre régulier on suppose qu'il y ait un biseau, *e, e,...* disposé (comme dans la fig. 74), et que ces biseaux, en s'étendant, fassent disparoître toutes les faces de l'octaèdre, on aura encore un dodécaèdre qui sera pentagonal. Celui que donneroit la figure 74 est le même que celui figure 41, dont nous venons de parler.

Ainsi, le dodécaèdre pentagonal peut provenir de modifications simples et symétriques sur le cube et l'octaèdre.

Si on suppose que, dans l'octaèdre régulier (fig. 74), les biseaux placés sur les angles ne fassent pas disparoître entièrement les faces de l'octaèdre, mais qu'ils s'étendent seulement jusqu'à intercepter tout-à-fait les arêtes, la portion qui restera de chaque face de l'octaèdre sera un triangle équilatéral. Le solide aura donc vingt faces : ce sera l'icosaèdre (fig. 44); et comme déjà (dans le §. 59), pour faire connoître la structure de ce solide, nous avons montré comment il provenoit du dodécaèdre pentagonal (lequel provient lui-même du cube, ainsi qu'on vient de le voir), il s'en suit que *le cube, l'octaèdre, le dodécaèdre pentagonal et l'icosaèdre triangulaire peuvent provenir l'un de l'autre par des modifications symétriques.* Les figures 82 et 83 peuvent servir encore à faire mieux concevoir ces différens passages, qui n'existent que dans le fer sulfuré et dans le cobalt gris.

Nous aurions pu joindre à ces formes le tétraèdre, le dodécaèdre rhomboïdal et le trapézoèdre, puisqu'ils peuvent se rencontrer avec l'octaèdre et le cube dans la même substance, ainsi qu'on l'a vu dans l'article précédent ; mais, à l'exception du trapézoèdre, qui n'a été observé qu'une seule fois dans le fer sulfuré, ces trois formes n'ont pas encore été trouvées réunies dans un même minéral avec le dodécaèdre pentagonal et l'icosaèdre. Cependant, d'après l'analogie, on conçoit que cela peut arriver.

§. 87. Un *rhomboèdre*, d'après ce que nous avons dit de sa structure (§. 43, fig. 19 et 20), a *six* arêtes supérieures ou culminantes semblablement placées par rapport à l'axe, *six* arêtes inférieures ou latérales, aussi semblablement placées entre elles par rapport à l'axe, et de même pour les *six* angles solides latéraux entre eux et pour les *deux* angles-sommets.

Ses modifications étant toujours semblables et simultanées sur toutes celles de ces différentes parties qui sont entre elles semblablement placées (comme on l'a fait voir, §. 73), il en résulte que, si les modifications sont assez étendues pour faire disparoître tout-à-fait les faces du rhomboèdre, elles doivent produire en général (puisque les parties semblables sont toutes au nombre de *six*, à l'exception des deux angles-sommets), par des troncatures, des solides à six faces, et par des biseaux, des solides à douze faces; chacun de ces solides nouveaux devant avoir toutes ses faces semblablement placées par rapport à l'axe, mais la moitié en sens inverse de l'autre.

Ainsi un rhomboèdre peut, par différentes modifications symétriques, produire d'autres formes dominantes; savoir :

1.° *D'autres rhomboèdres*, par la troncature *tangente* de toutes ses arêtes supérieures (fig. 94), ou par la troncature de tous ses angles latéraux (fig. 92), laquelle peut être plus ou moins inclinée vers un sommet ou vers l'autre.

2.° Un *prisme hexagonal régulier*, d'abord par la troncature *tangente* des deux angles-sommets (fig. 28), et en même temps, soit la troncature de chacun de ses six angles latéraux parallèlement à l'axe (fig. 93), soit la troncature tangente des six arêtes latérales (fig. 97). [1]

3.° Un *dodécaèdre triangulaire scalène* (§. 58, fig. 48), par un biseau plus ou moins obtus, soit sur chacune de ses six arêtes latérales (fig. 98), soit sur chacune de ses six arêtes supérieures (fig. 96).

4.° Un *dodécaèdre triangulaire isocèle* à base régulière (§. 58, fig. 47), par un biseau plus ou moins obtus sur les six angles latéraux (fig. 95), ou par une troncature de chacun des six angles latéraux, ayant lieu sous une inclinaison à l'axe égale à celle des faces du rhomboèdre, avec conservation d'une partie de ces mêmes faces (voyez fig. 115).

5.° Enfin, une sorte d'*octaèdre symétrique* (§. 49, fig. 28), par la troncature des angles-sommets, avec conservation des faces du rhomboèdre.

Nous n'avons pas parlé du résultat des modifications par pointement. D'après ce qu'on a vu (§. 68), les pointemens n'ont lieu qu'à une extrémité d'un axe d'un cristal; ils ne peuvent donc être situés, dans un rhomboèdre, que sur les deux angles-sommets opposés : en outre, comme les pointemens ont en général un nombre de faces, ou égal, ou la moitié, ou le double des parties adjacentes du cristal, il ne peut y avoir, dans un rhomboèdre, que des pointemens à trois ou à six faces (à moins qu'il n'y ait deux pointemens l'un sur l'autre, auquel cas il faudroit les considérer séparément, §. 69); par conséquent les formes dominantes auxquelles un rhom-

---

1 Si, dans ce dernier cas, la troncature des deux angles-sommets n'avoit pas lieu, les six faces du rhomboïde subsistant, elles formeroient avec les six faces latérales du prisme hexagonal régulier un solide analogue à celui de la figure 39, un dodécaèdre rhomboïdal symétrique (§. 56, 2.°).

boèdre peut passer par des pointemens (fig. 90 et 91), ne peuvent être que des rhomboèdres ou des dodécaèdres triangulaires, scalènes ou isocèles, formes qui toutes viennent d'être indiquées comme pouvant dériver du rhomboèdre : c'est en effet ce que l'on observe constamment dans la nature.

Nous avons dit ci-dessus qu'un rhomboèdre pouvoit produire un autre rhomboèdre par une troncature tangente sur chacune de ses arêtes supérieures (fig. 94). Il est évident que ce second rhomboèdre, qui est plus obtus, doit jouir de la même propriété, et qu'il peut en produire à son tour un troisième encore plus obtus, celui-ci un quatrième, etc. La chaux carbonatée nous présente de cette manière quatre *rhomboèdres*, qu'on peut dire être, d'après leur forme, *tangens les uns aux autres* [1]. Dans la tourmaline il y en a aussi trois, mais dont les faces ne sont jamais dominantes. [2]

---

1 Ce sont les variétés nommées par M. Haüy, dans son Traité, *contrastante, inverse, primitive, équiaxe,* et représentées par les figures 5, 3, 2, 1, de sa planche XXIII.

Nous n'avons pas représenté ici chacune de ces formes complétement : mais, en faisant abstraction des modifications, la figure 91 représente la *contrastante* ou la plus aiguë ; le rhomboèdre, fig. 94, *l'inverse,* qui est tangente à la première ; la figure 19, la *primitive,* tangente à l'inverse ; et la figure 93, *l'équiaxe,* tangente à la primitive.

2 On a vu qu'un *octaèdre régulier* pouvoit être changé en un rhomboèdre aigu (§. 50, fig. 29) ; qu'un *cube* pouvoit être considéré comme un rhomboèdre (§. 43) : de même, on peut concevoir que, dans un *dodécaèdre rhomboïdal* régulier (fig. 38), les trois faces supérieures contiguës à l'angle *o,* et leurs parallèles contiguës à l'angle *s,* s'étendent et fassent disparaître toutes les faces latérales ; elles formeront évidemment un rhomboèdre obtus : on peut aussi faire la même supposition dans le *trapézoèdre* (fig. 49) pour les trois faces contiguës à l'angle triple *m* et leurs parallèles en *t ;* on aura nécessairement un autre rhomboèdre encore plus obtus.

D'après ce qui a été dit (§. 85) des passages de ces quatre formes l'une à l'autre par des troncatures tangentes, on concevra facilement que ces *quatre rhomboèdres* que nous venons d'indiquer sont *tangens* les uns aux autres. Le cube est tangent aux arêtes supérieures du rhomboèdre de l'octaèdre ; le rhomboèdre du dodécaèdre est tangent aux arêtes supérieures du cube, et le rhomboèdre du trapézoèdre est tangent aux arêtes supérieures du rhomboèdre du dodécaèdre.

On pourroit concevoir de même des séries de solides tangens dans les formes octaèdres.

Cependant tous les rhomboèdres qu'on observe dans une espèce qui a un système cristallin rhomboédrique, ne font pas toujours partie de cette série de rhomboèdres tangens que nous venons d'indiquer.

Nous sommes entrés dans beaucoup de détails sur les passages qui résultent des modifications symétriques des corps réguliers et des rhomboèdres, et pour les mieux faire saisir, nous avons multiplié les exemples et les figures, parce que ces formes dominantes se rencontrent fréquemment et qu'elles se prêtent plus facilement aux considérations de ce genre. Étant forcés de nous restreindre, nous marcherons plus rapidement dans la revue que nous allons faire des autres formes dominantes, pour examiner les nouvelles formes auxquelles leurs modifications symétriques peuvent donner lieu.

§. 88. Le *prisme rectangulaire droit à base carrée* (§. 37, 2.°, fig. 11), d'après la symétrie de ses modifications, que nous avons reconnues (§. 74), doit produire, tantôt un autre prisme rectangulaire à base carrée, par la troncature tangente, *d*, *d*, de ses arêtes latérales (fig. 99), tantôt un octaèdre obtus ou aigu par des troncatures, *s*, *s*,... toutes identiques, sur chacune des arêtes ou des angles de sa base, ce que l'on observe dans le zircon (fig. 57 et 58).

Le *prisme rectangulaire droit à base oblongue* (§. 37, 3.°, et 74, fig. 12) produiroit un prisme rhomboïdal par la troncature *n* de ses arêtes latérales, ou un octaèdre à base rectangle par les troncatures *d* et *k* des arêtes de sa base (fig. 100), etc.

Le *prisme rhomboïdal droit à base isocèle* (§§. 58 et 74) est susceptible de produire un octaèdre à base rectangle par la troncature *t* de deux angles opposés (fig. 101 et 103), avec conservation des faces latérales du prisme; un prisme rectangulaire à base oblongue par la troncature de ses quatre arêtes, comme dans le schéelin ferruginé, la baryte sulfatée: un octaèdre à triangles scalènes, comme dans la topaze, par la troncature *r* des arêtes de sa base (fig. 101); un prisme hexagonal symétrique, par la troncature tangente *s* de deux arêtes latérales opposées (fig. 103).[1]

---

[1] La figure 103, que nous venons de citer, représente un prisme

Le *prisme rhomboïdal*, *à base oblique reposant sur une arête* (§. 41, fig. 16), peut donner un prisme à six faces symétrique oblique, ou un prisme rectangulaire oblique, à base oblongue reposant sur une face, par la troncature de deux ou de quatre de ses arêtes latérales, comme dans le pyroxène (fig. 104); un octaèdre à base rectangle (dont l'axe est horizontal), par une troncature sur l'angle supérieur de sa base, si cette troncature a la même inclinaison à l'axe que la base[1], etc.

Le *prisme rectangulaire*, *à base oblique reposant sur une face*, peut produire un prisme hexagonal terminé par un biseau, par la troncature très-forte des deux angles supérieurs de sa base, comme dans le feldspath.

§. 89. L'*octaèdre symétrique à base carrée* (§§. 46 et 76, fig. 22) peut donner un autre octaèdre à base carrée, par la troncature tangente, *n*, *n*, ... de ses arêtes supérieures (fig. 108), ou par des biseaux sur les quatre angles de sa base, comme dans le schéelin calcaire.

Il produira un prisme rectangulaire à base carrée par la troncature tangente des quatre arêtes ou des quatre angles de sa base : l'un et l'autre cas ont lieu dans le zircon. Si les troncatures des angles de la base ne se coupent deux à deux qu'en un point, auquel nécessairement deux faces de l'octaèdre aboutissent également, ce qui constitue un angle solide quadruple, on a un dodécaèdre rhomboïdal *symétrique* (§. 56, 2.°). La figure 38 représente très-bien ce résultat, qui a lieu dans le zircon et le mellite.

L'*octaèdre symétrique à triangles scalènes* (§§. 47 et 76, fig. 24) peut produire un prisme rhomboïdal par la troncature tan-

---

rhomboïdal *à base oblique*; mais elle peut très-bien servir à donner une idée de plusieurs des modifications du prisme rhomboïdal droit.

1 On conçoit que, si dans la figure 16 l'angle *i* est remplacé par une face qui coupe en *a o* la base et soit autant inclinée qu'elle à l'axe, et si la même chose a lieu sur l'angle opposé *r*, ces deux nouvelles faces, jointes aux six faces du prisme, formeront l'octaèdre rectangulaire dont on vient de parler, dans lequel la base seroit le plan vertical *a o s m*, et l'axe une ligne horizontale perpendiculaire au centre de cette face.

gente *l* de quatre arêtes composant une de ses coupes ou bases, comme dans le soufre (fig. 110); si les arêtes de deux coupes étoient tronquées à la fois, on auroit l'octaèdre symétrique à base rectangle, etc.

L'octaèdre symétrique à base rectangle (§§. 48 et 76, fig. 26) est susceptible de donner un prisme rectangulaire par la troncature *t* des arêtes de sa base (fig. 111); un prisme rhomboïdal par la troncature *s* des angles de sa base, et un octaèdre à triangles scalènes, par un biseau *b, b* sur chacun des angles de la base.

§. 90. Le *prisme hexagonal régulier droit*, d'après ce qui a été dit (§. 77) de la symétrie de ses modifications, pourra se rencontrer dans la même substance, tantôt seulement avec le dodécaèdre triangulaire isocèle à base régulière, comme dans le quarz, tantôt avec des rhomboèdres dont on a vu (fig. 87) qu'il pouvoit dériver, et avec une partie des solides qui en proviennent; quelquefois même ces deux cas se rencontrent à la fois dans un même minéral, comme dans le corindon et le fer oligiste : ce qui d'ailleurs n'a rien d'extraordinaire, puisque le dodécaèdre triangulaire isocèle peut aussi provenir d'un rhomboèdre.

§. 91. Pour chacune des formes dominantes dont nous avons parlé dans les articles précédens, nous n'avons pas recherché généralement tous les changemens dont elles sont géométriquement susceptibles d'après la symétrie de leur structure et de leurs modifications; nous nous sommes bornés à faire connoître, parmi les formes qui peuvent en dériver, celles qui ont été observées d'une manière plus ou moins développée dans les cristaux.

Les formes dominantes dont il nous resteroit à faire connoître les dérivés, ayant toutes été comprises parmi les dérivés des formes que nous venons d'examiner, il seroit superflu de nous y arrêter; on conçoit qu'elles doivent reproduire les solides dont nous avons vu qu'elles pouvoient provenir.

On voit donc maintenant qu'il est naturel que la plupart des substances cristallisées se présentent sous plusieurs formes dominantes (§. 4), puisque *cette multiplicité de formes est un résultat nécessaire de la symétrie de structure d'une première forme*.

et des lois, également symétriques (§. 70), auxquelles leurs modifica-
tions doivent être assujetties. Mais en même temps on doit reconnoître que le nombre et la nature de ces formes dominantes diverses d'une même substance sont nécessairement
limitées et essentiellement dépendantes de la structure d'une
seule quelconque d'entre elles.

§. 92. Dans le §. 17 nous avons annoncé que nous enten-
dions par *système cristallin* d'un minéral, l'ensemble des lois
symétriques principales que la nature paroît avoir suivies dans
sa cristallisation.

D'après ce qui a été exposé dans les trois sections précédentes et dans celle-ci, on connoît maintenant quelle est la
nature de ces lois symétriques; et on doit concevoir que, pour
distinguer d'une manière courte et précise le *système cristallin*
d'un minéral d'avec tous les autres, il suffiroit de choisir, parmi
toutes les formes dominantes qu'on a observées dans ce minéral, celle dont la structure est la plus simple, et dont en
même temps on peut faire dériver toutes les autres par les
modifications les plus naturelles, comme, par exemple, par
le plus grand nombre de troncatures tangentes. Cette forme
seroit considérée comme le *type* principal du système cristallin, ou la *forme fondamentale*. Lorsque les plans de clivages
sont distincts, et que le solide qu'ils forment par leur réunion, soit de tous ensemble, soit seulement de ceux d'un
même ordre (§§. 10 et 11), existe parmi les formes dominantes du minéral, on pourroit préférer cette forme aux
autres, comme étant pour ainsi dire plus caractéristique, et de
plus, comme pouvant être vérifiée dans tous les cristaux. Cependant on parviendroit également à obtenir la dérivation,
en choisissant une autre forme, comme on doit le concevoir
d'après ce qu'on vient de dire de la symétrie constante et de
la réciprocité des transformations cristallines. On va voir
cette idée réalisée dans la théorie de M. Haüy. C'est le solide du clivage qu'il a adopté, sous le nom de *forme primitive,*
pour type de chaque système cristallin, même lorsque ce solide n'existe pas dans les formes dominantes d'un minéral,
et les moyens de dérivation qu'il lui a fournis sont d'autant
plus naturels qu'ils sont en rapport avec des considérations
physiques sur la composition solide des corps; mais en même

temps il a démontré géométriquement la possibilité d'obtenir, dans chaque cas, comme nous venons de l'indiquer, la même dérivation, en adoptant pour type une autre forme faisant partie du même système cristallin. •.

7.e SECTION.

Théorie de la structure des cristaux, ou moyens d'assigner les rapports géométriques de toutes les formes cristallines d'un même minéral avec une seule forme primitive.

§. 93. Une combinaison chimique, librement formée, étant nécessairement uniforme et homogène dans toutes ses parties, elle doit, lorsqu'elle est à l'état solide, être composée de particules solides semblables[1]; et puisque, alors, elle prend une forme polyédrique régulière, il est permis de présumer que ses particules composantes ont aussi une *forme polyédrique régulière*[2]. De plus, cette même condition d'homogénéité conduit à conclure que les particules composantes doivent être réunies entre elles, dans toute une même masse, suivant une même loi symétrique; ce qui exprime que leurs faces analogues, leurs axes, et en général leurs parties semblables, doivent être, pour ainsi dire, sembla-

---

1 Nous avons préféré ici, dans cette acception générale, le mot de *particules* à celui de *molécules*, qui est plus généralement reçu, afin d'éviter que l'on confonde ces *particules* avec les *molécules intégrantes* et *soustractives*, dont nous parlerons plus bas, auxquelles, dans la théorie de M. Haüy, une idée particulière est attachée.

2 Le docteur Wollaston et plusieurs autres savans admettent au contraire la supposition de *particules* ou de *molécules globulaires*. Il nous est impossible de discuter ici cette grande et difficile question, dans laquelle, après tout, l'une et l'autre opinion ne peuvent être fondées que sur des raisonnemens et des conjectures plus ou moins probables. On peut sans doute préférer l'idée des *molécules globulaires* à celle des *molécules polyédriques*; mais, comme jusqu'ici les partisans de la première n'ont pu faire contre la seconde des objections assez fortes pour la faire rejeter comme absurde, cela suffit pour qu'il soit permis de la conserver, sinon comme une vérité incontestable, au moins comme une présomption, ainsi qu'on vient de l'établir ici.

blement orientées. Enfin, tant qu'une substance n'a subi aucune variation dans sa nature chimique, on ne peut supposer que ses particules-composantes aient pu changer de forme; elles doivent être constamment les mêmes, et en outre, comme leur attraction réciproque peut être réputée constante, on doit présumer qu'elles doivent s'associer toujours, ou au moins le plus souvent, de la même manière. [1]

Cependant, comme les formes polyédriques extérieures, ou les cristaux d'un minéral sont très-variés, sans que ce minéral cesse d'être chimiquement le même, il faut admettre que la réunion des particules polyédriques composantes, quoique toujours identique dans son mode ou dans la position relative de deux particules adjacentes, soit néanmoins, dans certains cas, diversement modifiée par des lois variables, *dans ses limites extérieures*, ou dans sa forme, c'est-à-dire, dans le degré d'accroissement ou d'accumulation dans différentes directions.

Quelles sont ces lois? et auparavant, quelle est la forme

---

1 Cette conjecture, donnée ainsi *à priori*, pourra sans doute paroître dénuée de fondement ; aussi nous allons en donner quelque explication. Certainement il n'est pas impossible de supposer que des particules polyédriques de même forme puissent se réunir symétriquement l'une à l'autre de plusieurs manières. En effet, comme leur attraction réciproque, quoique constante, ou au moins devant être présumée telle, peut être modifiée dans quelques cas par des causes accidentelles, il paroît difficile de ne pas admettre en principe que ses résultats peuvent être variables ; on est d'ailleurs porté à concevoir la possibilité de ces variations par les différences que l'on observe dans le mode d'association régulière de deux cristaux de quelques substances desquelles résulte tantôt un cristal *hémitrope* ou un *groupement régulier* (ainsi qu'on le verra dans la 8.ᵉ section, §§. 113 à 124). Aussi a-t-on cherché à attribuer à une variation de ce genre la différence essentielle qu'on remarque entre le système cristallin de la chaux carbonatée et celui de l'arragonite, substances que les résultats de l'analyse chimique tendent jusqu'ici à identifier complétement.

Mais les recherches qui ont été faites pour déterminer dans l'arragonite ce mode différent d'association des particules polyédriques composantes de carbonate de chaux ont été toutes infructueuses, comme M. Haüy a fait voir que cela devoit être, en démontrant qu'il y avoit une incompatibilité géométrique absolue entre les systèmes cristallins

polyédrique de la particule solide composante d'une substance minérale dont nous connoissons les cristaux ? Telles
sont les difficiles recherches que s'est proposées M. Haüy, et
qui l'ont conduit à établir la savante théorie dont nous
allons tâcher de donner une idée abrégée.

On conçoit que, la forme des particules solides d'un minéral,
et les lois qui déterminent les limites extérieures de leurs
groupemens pour former ses différens cristaux, étant connues, on aura une représentation exacte de la symétrie
qui lie entre elles toutes les formes de cette substance, et
une expression rigoureuse de leur dérivation d'un type
unique.

§. 94. M. Haüy a pensé qu'on pouvoit regarder les plans
de clivage d'un minéral, comme n'étant autre chose que les
plans d'application de ses particules solides polyédriques régulières l'une sur l'autre, ou, plus généralement, des plans
parallèles à leurs faces.

---

de ces deux substances : ainsi le défaut d'accord qu'elles présentent
entre leur cristallisation et leur composition, ne peut trouver son explication dans la supposition d'un arrangement symétrique différent des
mêmes particules, et il est à croire que la solution de cette anomalie
apparente de la nature ne sera obtenue que par de nouvelles découvertes chimiques, qui établiront enfin quelque différence essentielle de
composition entre ces deux espèces.

On doit remarquer, d'ailleurs, que l'exemple que nous venons de
citer, de deux substances réputées chimiquement identiques, quoique avec
un système cristallin essentiellement différent, est jusqu'ici, sinon
peut-être unique, au moins le seul qu'on puisse regarder comme bien
constaté. Dans toutes les autres espèces dont la composition a pu être
rigoureusement définie, les variétés se sont présentées constamment sous
des formes cristallines dépendantes d'un même système; il en est aussi
constamment de même dans toutes les substances que nous composons
des mêmes élémens en même proportion dans nos laboratoires. On doit
donc reconnoître que l'hypothèse de la possibilité de deux ou plusieurs
modes différens d'association des mêmes particules solides entre elles,
quoique rigoureusement admissible par le raisonnement, ne peut être encore appuyée sur aucun exemple ; et il en résulte nécessairement que
l'identité (au moins presque générale) dans le mode de réunion symétrique
des mêmes particules polyédriques composantes, telle que nous venons
de l'énoncer, ne peut être contestée.

Avant d'entrer dans tous les développemens auxquels cette idée-mère de la théorie de M. Haüy va nous conduire, il est essentiel de faire sentir quel doit être, pour chaque espéce de forme de particules, leur mode de juxta-position l'une à l'autre, pour que, dans leur réunion en une masse solide, elles soient toutes dans la même position relative.

Si les particules composantes sont des *parallélipipèdes*, il n'y a aucune difficulté : on conçoit qu'étant appliquées l'une à l'autre, en un nombre quelconque, par leurs faces semblables semblablement disposées, elles rempliront complétement et sans aucun vide toute la capacité du cristal qu'elles formeront; dans ce cas, les plans de clivage, étant dirigés suivant les faces d'application des particules, doivent être, dans chacun de leurs points, en contact à la fois, de part et d'autre, avec une face de deux particules adjacentes.

La même application complète et sans vide aura lieu si la forme des particules est un *prisme hexagonal régulier*, ou un *dodécaèdre rhomboïdal régulier*.

Mais il n'en est pas de même, si la forme des particules composantes est un *octaèdre*, ou un *tétraèdre*, ou un *dodécaèdre triangulaire isocèle*. Chacune de ces formes est telle qu'il est impossible d'en réunir plusieurs ensemble sans laisser de vide. Or, cette réunion, lorsqu'elle est opérée par la cristallisation, devant se faire symétriquement, c'est-à-dire, de manière que les partics semblables de toutes les particules soient semblablement dirigées; si on cherche à remplir cette condition avec des particules de l'une ou l'autre de ces formes, on reconnoîtra qu'il faut les disposer de manière qu'elles se touchent, par leurs arêtes pour les octaèdres et les tétraèdres, et par une portion de la surface de six de leurs plans pour les dodécaèdres triangulaires : par conséquent il y aura nécessairement des *vides*. Dans le cas de particules tétraèdres, les vides seront octaèdres; dans les deux autres cas ils seront tétraèdres; et le résultat de ces *vides* doit être, que les plans de clivage par lesquels on voudroit séparer ces particules ainsi réunies symétriquement, étant dirigés par leurs faces, auront beaucoup de points où ils ne seront en contact qu'avec une des deux particules adjacentes.

Cette supposition de *vides*, à laquelle on est ici conduit, ne peut donner matière à aucune objection ; car, d'après la porosité reconnue des corps, rien ne s'oppose à ce que l'on admette l'existence réelle de vides entre les particules composantes d'un minéral réunies symétriquement.

Nous sommes forcés de nous borner ici à cette simple indication de ces réunions de particules avec vides ; ceux qui désireroient une explication plus détaillée, doivent recourir aux développemens très-étendus qui ont été donnés sur cet objet par M. Haüy dans son Traité de minéralogie (t. 1.er, p. 465, et t. 2, p. 249).

Nous ajouterons néanmoins encore quelques détails qui aideront à concevoir la forme de ces vides.

1.° Dans le cas d'une particule-composante *octaèdre*. Supposons d'abord que l'octaèdre soit régulier : nous avons fait voir (§. 50, fig. 29) qu'un octaèdre régulier pouvoit être changé en rhomboèdre par la suppression de deux de ses faces parallèles, opérée par le prolongement des six autres. Si donc, après avoir ainsi transformé des particules octaèdres, on applique les rhomboèdres produits l'un à l'autre par leurs faces, on formera une masse solide sans vides ; mais, si ensuite, dans cette masse solide, on recherche la position des octaèdres réguliers générateurs, on reconnoîtra qu'ils se touchent par leurs arêtes, et que chacun des vides qui les séparent est exactement mesuré par un de ces deux tétraèdres réguliers, *r a c e* ou *l b f d*, qui ont été ajoutés à l'octaèdre, par le prolongement de six de ces faces, pour obtenir le rhomboèdre.

On conçoit facilement que tous les octaèdres symétriques peuvent, par un semblable prolongement de six de leurs faces opposées deux à deux, être changés en parallélipipède ; et que, dans chaque cas, ce parallélipipède ainsi produit ne différera de l'octaèdre générateur que par l'addition de deux tétraèdres symétriques opposés, lesquels sont la mesure des vides qui séparent ces octaèdres dans leur réunion symétrique.

2.° Dans le cas d'une particule *tétraèdre*. Nous avons fait voir (§. 85, fig. 114) comment un tétraèdre régulier se changeoit en octaèdre régulier, en tronquant chacun de ses angles par un plan parallèle à la face opposée. Il est évident que le même changement peut avoir lieu dans tous les tétraèdres. La réunion des particules tétraèdres est donc inverse de celle des particules octaèdres, c'est-à-dire, que les vides seront octaèdres, comme l'inspection de la figure 114 peut servir à le faire concevoir.

3.° Dans le cas d'une particule *dodécaèdre triangulaire isocèle*. Nous avons montré ($. 87), au moyen de la figure 115, comment un rhomboèdre peut être changé en un dodécaèdre triangulaire isocèle : il s'en suit qu'on peut revenir de cette dernière forme à la première, en faisant disparoître la moitié de ses plans par le prolongement des autres. Appliquant l'un à l'autre, par leurs faces, les rhomboèdres produits, et recherchant dans cette masse les dodécaèdres générateurs, on reconnoit qu'ils sont séparés l'un de l'autre par des vides, chacun de ces vides ayant la forme d'un des tétraèdres $a\,m\,c\,d$, $s\,r\,d\,k$ ou $a\,e\,k\,f$, etc., qui sont tracés dans la figure.

Nous reviendrons plus bas sur ces transformations, qui ont fourni à M. Haüy le moyen de simplifier les calculs qu'il a appliqués à sa théorie.

$. 95. Revenons maintenant à l'idée principale, exposée au commencement de l'article précédent, que *les plans de clivage sont les plans d'application des particules polyédriques composantes* : il s'en suit naturellement que le *solide de clivage* (voyez $. 13) peut être considéré comme étant la représentation de ces particules. M. Haüy lui a donné le nom de *forme primitive*.

Mais, si l'on se rappelle ce que nous avons dit des clivages ($. 7 à 17), et notamment ($. 13) de l'existence de plusieurs solides de clivage dans une même substance, on reconnoitra qu'il peut se rencontrer plusieurs difficultés dans la détermination de la forme primitive.

Il n'y en a aucune, lorsqu'un minéral ne présente qu'un seul ordre de clivage, et qu'on peut en observer au moins trois sens : la forme primitive est alors le solide de clivage unique que l'on peut extraire du minéral.

Mais, lorsqu'il y a plusieurs ordres de clivage, ce qui conduit à considérer séparément plusieurs solides de clivage (voyez $. 13), on conçoit que chacun d'eux pourroit être adopté pour forme primitive. On préfère, le plus ordinairement, celui qui est formé par les plans de l'ordre de clivage le plus facile et le plus complet; mais quelquefois on s'écarte de cette règle, afin d'obtenir une dérivation plus simple de toutes les formes cristallines du minéral, et faciliter le calcul qu'on y applique. Au reste, comme, d'après ce qui a été dit §. 16. et d'après tout ce qu'on a exposé dans les 5.ᵉ et 6.ᵉ sections, les différens solides de clivage qu'on peut considérer séparément dans une même substance (et par conséquent les différentes formes primitives qu'on pourroit y choisir), sont liés entre eux par des rapports symétriques, il est aisé de sentir que les considérations symétriques que l'on peut appliquer à chacun d'eux doivent conduire aux mêmes résultats.

Il suit également du même principe qu'on auroit encore les mêmes résultats, comme nous l'avons déjà dit (§. 92), en substituant hypothétiquement, à la forme primitive ou au solide de clivage d'un minéral, une de ses formes dominantes (existante, ou même seulement reconnue possible conformément à la symétrie), qu'on adopteroit pour forme primitive. On peut voir dans le Traité de minéralogie de M. Haüy (tom. 2, pag. 15) la démonstration qu'il a donnée de la possibilité de cette substitution.

Enfin, lorsqu'il y a moins de trois sens de clivage (voyez §. 9), on n'a aucune donnée directe pour déterminer entièrement la forme primitive; mais on est fondé à compléter le solide, en y ajoutant les plans qui lui manquent, d'après de nombreuses analogies tirées des formes cristallines du minéral, et, en général, de la symétrie ordinaire de la cristallisation. Il en est de même lorsque la substance observée ne présente aucun indice de clivage.

§. 96. On voit que, dans les minéraux qui ont plusieurs ordres de clivages, on fait abstraction d'une partie d'entre eux pour déterminer la forme primitive. Mais, si on considéroit à la fois plusieurs ordres de clivages, les plans de l'un devant nécessairement couper ceux de l'autre, leurs intersections doivent sous-diviser la forme primitive en plusieurs petits solides que, d'après la connoissance de tous les solides de clivages connus, on démontre être toujours, ou des *tétraèdres*, ou des *prismes triangulaires*, ou des *parallélipipèdes*.

On obtient le même résultat dans un minéral qui n'a qu'un seul ordre de clivage, lorsque ce clivage est composé d'au-moins quatre plans différens. La rencontre de tous les plans sans leurs plans parallèles, ou celle d'une partie seulement de ces plans avec leurs plans parallèles, séparent, comme on va le voir, la forme en petits solides qui rentrent dans ceux que nous venons d'indiquer.

Cela a lieu dans les *octaèdres* : en effet, puisque nous avons vu (§. 94) que des solides octaèdres ne pouvoient être réunis symétriquement sans laisser entre eux des vides tétraèdres, il est évident que, ces tétraèdres étant supposés pleins et les octaèdres vides, la masse du solide octaèdre se trouve toute composée de tétraèdres. Cette supposition, il est vrai, est entièrement gratuite; mais l'autre, dans laquelle la forme primitive octaèdre seroit composée d'octaèdres avec vides tétraèdres, l'est également; et M. Haüy a jugé qu'il étoit plus simple et plus naturel d'adopter la première (voyez son Traité de minéralogie, t. 2, p. 249). Ici les petits solides tétraèdres, dans lesquels une forme primitive octaèdre se décompose, sont terminés par les quatre plans de l'octaèdre, sans leurs parallèles.

Un *prisme hexagonal régulier* peut être partagé, suivant sa longueur, en six prismes triangulaires, dont chacun est terminé par les trois plans latéraux du prisme hexagonal, sans leurs parallèles. (Voyez Haüy, Traité de minéralogie, tom. 1.er, pag. 30.)

Un *dodécaèdre rhomboïdal régulier* peut être partagé d'abord en quatre rhomboèdres, par des plans parallèles à se faces passant par des arêtes. Ainsi, dans la figure 39, un de ces rhomboèdres auroit son sommet extérieur en o et présenteroit a l'extérieur trois de ses rhombes, o d t e, o e n a, o d l a; un second auroit son sommet extérieur en r, un troisième en v, et un quatrième en m [1]. Chacune des trois faces inté-

---

1 On reconnoît que ces sommets de rhomboèdres o, r, v et m sont quatre des huit angles solides triples du dodécaèdre (voy. §. 55), savoir, toujours un de deux qui sont opposés l'un à l'autre aux deux extrémités d'une ligne (ou axe) passant par le centre du solide : nous aurions pu indifféremment indiquer les quatre autres, s, n, l et t.

rïeures du rhomboèdre en *o* seroit appliquée à une face de chacun des trois autres rhomboèdres.

On doit remarquer qu'il n'y a que trois des six plans de clivage du dodécaèdre employés dans un de ces rhomboèdres. Ainsi, par exemple, les trois plans qui sont verticaux dans la figure 39, ne font point partie du rhomboèdre supérieur en *o*. Mais, si on cesse de faire abstraction de ces plans, et si parallèlement à chacun d'eux, c'est-à-dire, verticalement, on fait passer un plan par chacune des arêtes, *o d, o e, o a*, de ce rhomboèdre et par la diagonale opposée, ce rhomboèdre sera partagé en six tétraèdres : d'où il suit que le dodécaèdre rhomboïdal régulier seroit partagé de cette manière en vingt-quatre tétraèdres. (Voyez Haüy, Traité de minéralogie, tom. 2, pag. 545.)

Il est évident qu'on peut appliquer ce partage en six tétraèdres à une forme primitive *rhomboèdre* dans laquelle on observeroit un second ordre de clivage triple vertical, parallèlement à ses trois sortes d'arêtes. (Voy. Haüy, Traité de minéralogie, tom. 1.er, pag. 29.)

Enfin, on doit reconnoître qu'un *dodécaèdre triangulaire isocèle* seroit de même partagé en six tétraèdres par trois plans verticaux, chacun d'eux passant par son axe et par deux arêtes culminantes opposées. (Voyez Haüy, Traité de minéralogie, tom. 1.er, pag. 482, et tom. 2, pag. 408.)

Ces exemples suffisent pour faire concevoir comment certaines formes primitives peuvent être considérées comme composées de petits solides plus simples.

Ces petits solides ont été distingués, par M. Haüy, sous le nom de *molécules intégrantes*. On conçoit que, dans le cas où une substance n'admet qu'un seul ordre de clivage, et seulement dans trois sens, la forme primitive ne peut pas être subdivisée; ainsi elle est alors elle-même la *molécule intégrante*.

§. 97. On a vu (§. 94) comment des formes primitives octaèdres, tétraèdres, et dodécaèdres triangulaires isocèles pouvoient être transformées en rhomboèdres ou en parallélipipèdes, et que la réunion symétrique de ces parallélipipèdes devoit, dans chaque cas, remplir un espace égal à celui qu'occuperoit la réunion symétrique des solides générateurs.

On vient de montrer dans l'article précédent qu'un dodécaèdre rhomboïdal régulier pouvoit être partagé en rhomboèdres ; et comme des dodécaèdres rhomboïdaux réguliers peuvent se réunir symétriquement sans laisser de vides, il s'en suit qu'un cristal d'une substance qui a une forme primitive de ce genre, peut être considéré comme composé de rhomboèdres.

Enfin, les six prismes triangulaires qui composent un prisme hexagonal régulier, étant pris deux à deux, constituent un prisme rhomboïdal : par conséquent, une forme primitive en prisme hexagonal peut être considérée comme composée de trois prismes rhomboïdaux.

Ces différens solides, réunis aux divers prismes quadrangulaires, comprenant tous les solides de clivages observés, c'est-à-dire, toutes les formes primitives, on doit donc reconnoître que *toutes les formes primitives peuvent être considérées comme composées de parallélipipèdes.*

Ces parallélipipèdes, dont une forme primitive est ainsi composée, ont été nommés par M. Haüy *molécules soustractives*, parce qu'il s'en sert avec beaucoup d'avantage pour faciliter le calcul des *soustractions* de rangées de molécules dont nous allons parler.

§. 98. D'après la nature des divers solides polyédriques que l'observation des plans de clivage conduit à considérer dans un minéral cr'stallisé, on conçoit qu'il étoit naturel que M. Haüy adoptât, pour type principal de tous les cristaux de ce minéral, sa *f rme primitive* (voy. §. 95).

Lorsqu'un cristal est semblable à la forme primitive de la substance a laquelle il appartient, comme cela n'est pas rare, on le distingue des autres cristaux de la même substance par l'épithète de *primitif* ; et, au contraire, tous les autres cristaux reçoivent collectivement le nom de *cristaux secondaires*.

Les solides de clivage dont nous avons donné l'énumération (§. 63), comprennent toutes les *formes primitives* observées jusqu'ici ; quant aux *formes secondaires*, on peut dire en général qu'elles rentrent toutes dans ce que nous avons appelé *formes dominantes des cristaux*, et dont nous avons présenté le tableau (§. 61). Mais M. Haüy a jugé devoir consi-

dérer comme une forme secondaire particulière, non-seulement chacune des variétés de ces formes dominantes, mais
encore les résultats divers des modifications dont elles sont
susceptibles et que nous avons exposés dans la 5.ᵉ section,
et même les associations et combinaisons différentes de ces
résultats dans un cristal : il distingue dans la description d'un
minéral chacune de ses formes secondaires observées, par
une épithète caractéristique particulière qu'il ajoute au nom
de l'espèce.

Il n'est pas inutile de remarquer qu'une même espèce de
solide peut se trouver être la forme primitive d'un minéral
et la forme secondaire d'un autre. Ainsi, par exemple,
l'octaèdre régulier est le cristal primitif de la chaux fluatée,
et un cristal secondaire dans le plomb sulfuré ; le dodécaèdre
rhomboïdal régulier est un cristal secondaire dans le spinelle,
et le cristal primitif dans le zinc sulfuré ; le dodécaèdre
triangulaire, qui est le cristal primitif du plomb phosphaté,
est un cristal secondaire dans le corindon, etc. : et on conçoit facilement qu'il en doit être ainsi, d'après la possibilité
des passages d'une forme à une autre que nous avons fait
connoître (6.ᵉ section). Cependant, ces rapports de formes
entre les cristaux primitifs et secondaires de deux espèces
n'entraînent une identité dans les angles que pour les quatre
polyèdres réguliers ; dans tous les autres cas, comme, par
exemple, dans le dernier de ceux que nous venons de
citer, les cristaux analogues de deux espèces minérales ont
des angles différens. (Voyez §. 18.)

§. 99. Ayant ainsi établi, dans les articles précédens, la
forme des divers polyèdres composans qu'on peut considérer
dans les cristaux, ayant adopté la *forme primitive* d'un minéral
pour type principal auquel on doit rapporter tous ses cristaux, et ayant défini ce que l'on entend par *formes* ou *cristaux secondaires*, il s'agit de déterminer le rapport symétrique
qui lie ces formes secondaires à la forme primitive.

D'après ce que nous avons dit (dans la 5.ᵉ section) de la
symétrie constante que la nature suit dans les modifications
des cristaux, on doit concevoir que, si une forme secondaire a deux de ses faces semblables de position entre elles,
elles doivent correspondre à deux dimensions (arêtes ou

angles) de la forme primitive, également semblables de position entre elles : par conséquent il suffira de déterminer
le rapport symétrique entre une de ces faces secondaires
et la dimension primitive correspondante ; car le rapport
relatif à l'autre face sera semblable au premier. Il en seroit
de même si la forme secondaire avoit un plus grand nombre
de faces semblables, et aussi si toutes ses faces étoient semblables. Ainsi, le dodécaèdre rhomboïdal régulier, qui est
une des formes secondaires propres à une forme primitive
cubique, ayant ses douze faces semblables, lesquelles correspondent aux douze arêtes du cube ($.85, fig.78), le rapport
entre une seule de ses faces et l'arête correspondante du cube,
ou plutôt avec les faces du cube adjacentes à cette arête,
étant déterminé, on connoîtra les rapports relatifs à chacune
des autres faces, puisqu'ils doivent être tous égaux au premier. Il s'en suit que *la détermination du rapport symétrique
entre une forme secondaire et la forme primitive se réduit à
trouver le rapport entre une de ses faces de chaque espèce et la
partie correspondante de la forme primitive . ou, plus exactement, ,
à assigner la loi d'où dépend l'inclinaison de cette face secondaire à une face primitive correspondante.*

§. 100. Aussitôt que les particules d'un corps passent à
l'état solide, ou sont abandonnées par un dissolvant, elles
tendent à se réunir entre elles par leur force d'attraction
propre. Si cette attraction n'est pas modifiée extérieurement
par des causes étrangères, il est à croire que les particules
conserveront, dans leur réunion, leur forme primitive, et
s'accumuleront dans tous les sens également. Si, par exemple,
leur forme primitive est cubique, elles formeront un cube
par leur réunion, et ce cube s'accroîtra sur chacune de ses
faces par des lames parallèles successives qui viendront s'y
appliquer, chacune de ces lames étant composée de petits
cubes. La figure 123, qui représente un cube composé de
lames qui se croisent dans toutes les directions et se sous-
divisent réciproquement en petits cubes, est destinée à
éclaircir cette idée.

Mais, si on suppose qu'une force extérieure quelconque
soit venue gêner ou modifier la force d'attraction dans une
direction déterminée, par exemple . vers une arête *a b* con-

sidérée dans la plus petite molécule cubique[1], on doit concevoir que, dès le commencement de l'action de cette force,
les molécules se réuniront en moins grand nombre dans cette
direction que dans les autres; et, cet effet ayant nécessairement lieu sur toutes les molécules nouvelles qui viendront
s'appliquer, le résultat sera que chaque lame successive de
molécules, comparée à celle qu'elle recouvre, sera un peu
moins étendue qu'elle d'une quantité constante égale à une
ou plusieurs rangées de molécules, et que cette quantité sera
la même pour chaque lame. M. Haüy exprime ce résultat en
disant que chaque lame a subi un *décroissement sur une arête*.

On conçoit que, si cette cause modifiante étrangère étoit
dirigée vers un angle, ou, ce qui est la même chose, vers la
diagonale qui lui est opposée, ou auroit un *décroissement
sur un angle*; et, de même, un *décroissement intermédiaire*,
si la direction étoit vers une ligne *intermédiaire* entre un
côté et une diagonale: ce mot *décroissement* exprimant que,
dans la formation du cristal, il y a eu un certain nombre
de *rangées de molécules soustraites* sur chaque lame successive
appliquée parallèlement à une face déterminée; ces rangées
étant prises parallèlement, soit à une arête, soit à une diagonale, soit à une ligne intermédiaire.

La figure 117 représente une série de lames décroissantes
parallèlement à l'arête *a b* d'un cube du côté de la face
a b c d; la figure 122 fait voir un résultat semblable sur
l'angle *a* de ce cube du côté de la même face; et les figures 119,
120, 121, représentent isolément trois lames successives de la
figure 122, afin d'aider à mieux concevoir ce décroissement.

On doit reconnoître que la soustraction de rangées parallèlement à une arête, telle que *a b*, peut être considérée

---

1 Il est évident, d'après les lois de la symétrie, que cette action aura
lieu également sur les autres arêtes qui seroient semblables de position
à celle-ci dans la forme primitive, et par conséquent, dans un cube,
sur toutes; mais, d'après ce qui a été dit dans l'article précédent, nous
pouvons n'en considérer ici qu'une seule séparément, pour plus de
clarté. Nous examinerons plus bas (§. 102) quel peut être le résultat
général de ces forces modifiantes (ou de ces *décroissemens*) pour la
production des cristaux secondaires.

indifféremment des deux côtés de cette arête, soit sur la série des lames appliquées parallèlement à la face *a b c d*, comme le représente la figure, soit sur celles appliquées parallèlement à *a b g f*; que de même, lors d'un décroissement sur un angle solide, il faut distinguer quelle est, parmi les faces composant cet angle solide, celle qui est parallèle aux lames qui ont subi un décroissement, ou plutôt dans lesquelles on préfère le considérer.

Puisque dans chaque cas le décroissement, quel que soit le nombre *n* de rangées soustraites, doit, comme on l'a dit, être égal pour chaque lame, il s'en suit que, dans la figure 117, toutes les arêtes saillantes *r r'*, *r r'*, ... et *m n* des lames successives seront dans un même plan avec l'arête *a b*, et que de même, dans la figure 122, tous les angles saillans *t*, *t*, *t*, etc., des molécules voisines de celles qui ont été soustraites, seront dans un même plan, lequel coupera le plan supérieur parallèlement à la diagonale qui va de *d* en *b*; et comme l'épaisseur de chaque lame est infiniment petite, il en résulte que, dans l'un et l'autre cas, ces arêtes ou ces angles saillans formeront réellement un plan continu, ou une *face secondaire*.

§. 101. Nous avons dit que le décroissement avoit lieu *sur chaque lame* par la soustraction d'une ou plusieurs rangées de molécules; mais rien ne s'oppose à ce qu'on imagine que la force quelconque qui produit le décroissement, puisse être, dans certains cas, capable d'opérer une soustraction égale *sur deux ou plusieurs lames* à la fois, ce qu'on peut concevoir encore en supposant que l'épaisseur ou la hauteur de chaque lame décroissante, au lieu d'être celle d'une molécule, comme nous l'avons dit d'abord, soit égale à deux ou plusieurs hauteurs de molécules. Si, par exemple, on suppose d'abord que cette hauteur de chaque lame décroissante est égale à deux hauteurs de molécules et qu'il y ait une rangée soustraite, il est évident qu'en ramenant ensuite chaque lame à n'avoir, comme ci-dessus, que la hauteur d'une molécule, le décroissement, considéré en largeur, n'est plus que d'une demi-rangée de molécules; dans d'autres cas il pourroit être de $\frac{1}{3}$, $\frac{2}{3}$, $\frac{1}{4}$, $\frac{3}{4}$, etc.

Le nombre *n* de rangées soustraites en largeur sur une seule lame peut donc être, ou entier, ou fractionnaire. Lorsqu'il est entier, on dit que le *décroissement* est *simple* et se fait en *largeur*; s'il est fractionnaire, on distingue ordinairement le cas où le numérateur est 1, et l'on dit que le *décroissement* est simple et se fait en *hauteur*; si le numérateur n'est pas 1, on dit que le *décroissement* est *mixte*, c'est-à-dire que qu'il se fait à la fois *en hauteur et en largeur.*

Les figures 117 et 122 nous ont déjà fait voir un *décroissement simple en largeur* par une rangée sur une arête et sur un angle; la figure 124 (qui est une coupe du cube, figure 125, parallèlement à la face $abfg$) représente, 1.º, sur l'arête bc du côté de la face $begh$, un *décroissement simple en largeur* par deux rangées ($n = 2$); 2.º, sur la même arête bc, du côté de la face $abcd$, un *décroissement simple en hauteur* par deux rangées ($n = \frac{1}{2}$); 3.º, sur l'arête ad, du côté de la face $adef$, un *décroissement mixte*, par trois rangées en largeur et deux rangées en hauteur ($n = \frac{3}{2}$).

Nous remarquerons ici, à l'occasion des décroissemens de part et d'autre d'une même arête, qu'ils doivent, à la vérité, dans le cas le plus général, produire deux faces, mais qu'ils peuvent aussi n'en former qu'une seule, comme on vient de le voir dans les deux décroissemens indiqués sur l'arête bc de la figure 124; alors, le décroissement en largeur d'un côté est le décroissement en hauteur de l'autre, et réciproquement; c'est-à-dire que, si d'un côté $n = \frac{p}{q}$, de l'autre côté on a nécessairement $n' = \frac{q}{p}$. C'est ainsi que, dans les deux exemples cités sur l'arête bc de la figure, on a eu $n = 2$ et $n' = \frac{1}{2}$. Il est évident que le même résultat a lieu lorsque $n = 1$ et $n' = 1$.

§. 102. Dans l'explication que nous venons de donner de chacun de ces genres de décroissemens, nous n'avons jamais parlé que d'une seule face secondaire, c'est-à-dire, d'un décroissement sur une seule arête et d'un seul côté de cette arête, ou sur un seul angle et vers un seul des plans qui le composent. Nous avons fait voir (§. 99) que le rapport symétrique d'une forme secondaire à la forme primitive du même minéral dépendoit de celui d'une des faces secondaires de chaque espèce avec les parties correspondantes de la forme primitive : mais on sent bien, d'après la marche symétrique de la nature dans les modifications des cristaux, que chaque partie identique de la forme primitive doit être modifiée de la même manière, ou doit subir le même décroissement.

D'après cela, on conçoit que le décroissement sur l'arête *a b* d'un cube (représenté figure 117), doit avoir lieu également sur toutes les autres arêtes; et si ces décroissemens ont lieu par une rangée (d'où il suit, en raison de l'identité entre les dimensions de la forme primitive, que la face secondaire, produite sur une arête, est également inclinée sur les deux faces adjacentes de cette arête), la réunion des faces produites par tous ces décroissemens formera le solide que la figure 118 représente (en partie seulement, afin de laisser encore distinguer le cube primitif), et dans lequel on reconnoît facilement le *dodécaèdre rhomboïdal régulier* (fig. 38).

Le décroissement qui a lieu sur l'arête *b c* du cube (fig. 124), par deux rangées en hauteur, ou par une demi-rangée en largeur, d'un côté de cette arête, et par deux rangées de l'autre, produit une face *k l;* et cette face devant naître également sur chacune des douze arêtes du cube, il en résultera, d'abord le solide, figure 82, où ces douze faces secondaires sont désignées par les lettres *e*, et par une plus grande extension de ces faces *e* (de manière à faire disparoître entièrement les six faces du cube), le *dodécaèdre pentagonal symétrique* (fig. 41).

Si le décroissement sur l'angle solide d'un cube (représenté par la figure 122) a lieu par une rangée, la face secondaire produite sera également inclinée sur les trois *faces primitives adjacentes*, ainsi qu'on peut en juger par cette figure 122, et aussi par les lignes *l k, k x, l x*, menées dans la figure 123 ; et comme le même décroissement doit se faire sur les huit angles solides en même temps, le résultat doit être, d'abord le solide représenté fig. 77, lequel devient ensuite, comme on l'a déjà dit, par un accroissement des huit faces secondaires, l'*octaèdre régulier* (fig. 21).

La figure 81 présente le résultat d'un décroissement par

deux rangées sur chacun des trois angles plans composant chaque angle solide d'un cube. Cette même figure, par une extension plus grande des vingt-quatre faces secondaires, devient le *trapézoèdre* (fig. 49).

Ces exemples suffisent pour faire concevoir comment des cristaux secondaires peuvent être produits par des décroissemens sur les parties semblables d'une forme primitive.

§. 103. Dans toutes les considérations contenues dans les deux articles précédens, sur les différentes manières d'évaluer les décroissemens suivant les différens cas, et sur leurs résultats, nous n'avons parlé que des décroissemens sur une arête ou sur un angle, et nous avons laissé de côté cette autre espèce de décroissement que nous avons désignée plus haut (§. 100), sous le nom de *décroissement intermédiaire*. Nous avons dit que la direction des rangées soustraites étoit alors parallèle à une ligne intermédiaire entre une arête et une diagonale : la partie inférieure de la figure 124 servira à éclaircir cette idée. Les lignes *s u*, *s u*, parallèles à la diagonale opposée à l'angle *f*, représentent les traces successives d'un décroissement ordinaire sur l'angle *f* par une rangée en largeur; mais les lignes *i t*, *i t*, opposées à l'angle *g*, n'étant pas parallèles à une diagonale, représentent les traces d'un *décroissement intermédiaire* sur cet angle *g*.

Pour déterminer les résultats de ce décroissement, il faut d'abord évaluer pour chaque lame la quantité de molécules, ou plutôt d'arêtes de la base de la molécule, soustraites de part et d'autre de l'angle, sur chacune des deux arêtes adjacentes, ce qui fixe la position de la ligne *i t* ; ensuite on indique, comme à l'ordinaire, le décroissement en hauteur et en largeur. Ainsi, le décroissement intermédiaire, tracé dans la figure, est dirigé par deux molécules soustraites sur l'arête *f g*, et une sur l'arête *b g*, et il se fait par la soustraction d'une seule rangée en largeur.

Nous ne reviendrons plus sur ce genre de décroissement, qui se présente assez rarement[1], et d'autant plus que M. Haüy

---

[1] Ou, plus exactement, qu'on a rarement besoin de déterminer; car, dans tout décroissement sur un angle (excepté le cas où il n'y a qu'une seule rangée soustraite), des trois sens dans lesquels on peut le con-

a démontré qu'il pouvoit toujours être ramené à un décrois-sement ordinaire sur les arêtes ou les angles d'une autre forme secondaire du même minéral, produite elle-même sur la forme primitive par un décroissement ordinaire.

§. 104. Pour exprimer, d'une manière abrégée, les diffé-rens modes de décroissemens qui ont lieu dans un cristal secondaire, M. Haüy a imaginé une méthode fort simple, qui a quelques rapports avec les signes algébriques.

Elle consiste d'abord à désigner, dans chaque forme primitive, chaque arête et chaque angle (d'espèce diffé-rente) par une lettre majuscule ; les premières consonnes de l'alphabet, B, C, D, F, G, H, pour les arêtes, et les voyelles A, E, I, O, pour les angles. On désigne de même chacune des faces de la forme primitive par une des lettres majuscules P, M, T. D'après ce qui a été dit (§. 97), que toutes les formes primitives pouvoient être ramenées à des parallélipipèdes, on conçoit que le nombre de lettres que nous venons d'indiquer suffit pour désigner toutes les arêtes, angles, ou faces (d'espèce différente) du parallélipipède le moins symétrique, et par conséquent des octaèdres et autres formes primitives les plus irrégulières, au moins parmi celles qui ont été observées.

La figure 125 représente un parallélipipède dans le cas le plus compliqué (celui d'un *prisme quadrangulaire à base*

sidérer, c'est-à-dire, des trois faces adjacentes auxquelles on peut le rapporter, il y en a toujours au moins deux pour lesquelles il est in-termédiaire. Pour s'en convaincre, que l'on suppose un plan secon-daire passant par trois diagonales de trois faces d'un parallélipipède primitif : ce plan, considéré par rapport à chacune de ces trois faces, sera le résultat d'un décroissement ordinaire sur un angle par une seule rangée ; mais si ce plan ne passe que par une diagonale d'une des faces, il coupera les deux autres faces par une ligne dirigée entre une diagonale et un côté : donc le décroissement ne sera ordinaire que pour la première, et il sera intermédiaire par rapport à chacune des deux autres; mais on conçoit que la détermination de ces deux derniers décroissemens est nécessairement une conséquence de celle du premier, à laquelle on doit se borner. Ainsi, en disant qu'un décroissement intermédiaire ne se présente pas souvent, cela veut dire qu'il est rare qu'un décroissement sur un angle soit intermédiaire, à la fois, par rapport aux trois faces adjacentes à cet angle.

oblique non symétrique [voyez, §. 59], forme primitive du cuivre sulfaté), dans lequel chaque face, angle ou arête, d'espèce différente, porte sa lettre distinctive. On sent facilement que, plus la forme primitive sera symétrique, plus il y aura de dimensions semblables, et, par conséquent, moins il y aura de lettres distinctives : ainsi, dans la figure 126, qui est un prisme droit à base rectangle (forme primitive du péridot), il n'y a plus qu'une lettre A pour les angles, et trois lettres B, C, G, pour les arêtes. Dans le cube et l'octaèdre régulier, il n'y a qu'une seule lettre P pour toutes les faces, une seule lettre B pour toutes les arêtes, et une seule lettre A pour tous les angles.[1]

On adopte ensuite, pour chaque espèce de face secondaire d'un cristal, une lettre non majuscule, et on décrit ce cristal en réunissant toutes les lettres qui représentent ses faces. Ainsi, le cristal de péridot (fig. 100), qui présente à la fois des faces primitives et des faces secondaires, étant comparé à sa forme primitive (fig. 126), devra être indiqué par la réunion des lettres M, n, T, d, c, k, P.

Maintenant, pour ajouter à cette première indication des faces qui composent le cristal, celle du décroissement qui produit chaque face secondaire, on écrit, au-dessus de la lettre non majuscule qui la représente, la lettre majuscule adoptée pour l'arête ou l'angle de la forme primitive, sur lequel a eu lieu le décroissement qui a produit cette face secondaire, et l'on joint à cette lettre un chiffre exprimant la valeur de n ou de la quantité de rangées soustraites. La position de ce chiffre, à droite, à gauche, ou des deux côtés à la fois, au-dessus ou au-dessous de la lettre, indique, d'après différentes conventions, de quel côté (c'est-à-dire, vers laquelle des faces primitives adjacentes à l'arête ou à l'angle) la face secondaire est dirigée, etc. : une combinaison particulière sert à noter les décroissemens intermédiaires.

---

[1] Sauf quelques exceptions dans des cas particuliers, comme dans la forme primitive cubique du fer sulfuré, etc., d'après des considérations qui ne peuvent être développées ici.

Ainsi, en appliquant cette méthode au cristal secondaire de péridot (fig. 100), déja cité, on le représentera par la réunion des signes suivans : $\left\{ \begin{matrix} G & C & A & B^{\frac{1}{2}} \\ M\,n\,T & d & e & k\,P \end{matrix} \right\}$, laquelle indique : 1.°, que la face n est le produit d'un décroissement par une rangée de part et d'autre de l'arête G dans la forme primitive (fig. 126); 2.°, que la face d provient d'un décroissement par une rangée sur l'arête C du côté de la base P; 3.°, de même, la face e...., par une rangée sur l'angle A du côté de la base; 4.°, la face k...., par une demi-rangée sur l'arête B du côté de la base; et, 5.°, que les trois faces primitives P, M, T existent sur le cristal.

Nous nous contenterons ici de cette indication succincte de l'ingénieux mécanisme par lequel M. Haüy a réussi à exposer brièvement, et comme en tableau, ses divers résultats cristallographiques, et à en faciliter la comparaison. Ceux qui voudroient étudier à fond cette méthode représentative des cristaux, doivent consulter l'exposé que M. Haüy en a donné (Traité de minéralogie, tom. 1.ᵉʳ, pag. 109 à 135).

§. 105. Cette idée de la production des faces secondaires, et, en général, des cristaux secondaires, par des décroissemens des lames cristallines, étant suffisamment établie, il faut maintenant montrer comment, dans chaque cas particulier, on parvient à déterminer la valeur numérique du nombre de rangées soustraites; car on conçoit que c'est cette valeur qui doit fixer le rapport entre une face secondaire et la forme primitive choisie pour type fondamental dans chaque système cristallin.

Pour arriver à ce but, il est évident qu'avant tout il est nécessaire de connoître rigoureusement la forme primitive, non-seulement dans ses angles, mais aussi dans ses dimensions relatives; car on conçoit d'avance que la valeur du nombre de rangées soustraites repose uniquement sur la mesure de l'espèce de gradin $r\,o\,a$ (fig. 117) que les rangées de molécules soustraites ont laissé vide sur la première lame et de même sur les autres, et que la forme et l'étendue de ce gradin dépendent des dimensions et des angles de la molécule.

§. 106. Les formes primitives connues sont : le cube, l'octaèdre et le tétraèdre réguliers; le dodécaèdre rhomboïdal régulier; le rhomboèdre; différens prismes quadrangulaires, droits et obliques; le prisme hexagonal régulier; différens octaèdres symétriques, et le dodécaèdre triangulaire isocèle. (Voy. ce que nous avons dit des différens solides de clivage, §. 63.)

Dans les quatre premières, ou les corps réguliers, nous connoissons les dimensions, puisque l'identité des angles et celle des modifications nous les ont fait reconnoître égales; et cette même identité dans les angles nous a conduits à les obtenir d'une manière rigoureuse.

Dans toutes les autres, la mesure des angles et l'observation des modifications ne nous font pas connoître les dimensions : elles nous apprennent seulement, dans certains cas, qu'elles ne sont que de deux espèces ; qu'un prisme quadrangulaire, par exemple, est isocèle : de plus, même pour la mesure des angles, nous sommes forcés de nous en tenir aux résultats du goniomètre, et nous n'avons pas, du moins *à priori*, de moyens d'en calculer la valeur rigoureuse.

Supposons cependant, d'abord, que les dimensions et les angles sont rigoureusement connus, et voyons comment on peut en déduire la valeur du nombre de rangées soustraites, que nous désignerons en général par n.

Toutes les formes primitives, qui ne sont pas des parallélipipèdes, pouvant être ramenées à ce solide par une transformation qui ne change rien aux résultats de leur réunion symétrique (voyez §. 97), il s'en suit que nous pouvons nous borner ici à considérer des formes primitives parallélipipèdes; que par conséquent il n'y a que trois dimensions et trois angles dont la connoissance soit nécessaire pour que la forme primitive soit entièrement déterminée.

Soit donc m, p, h, les trois dimensions fondamentales : on peut choisir indifféremment comme telles, ou les trois arêtes du parallélipipède, ou des diagonales, ou des perpendiculaires menées dans le solide dans certaines directions. Soit de même i, o, u, les trois angles fondamentaux du parallélipipède, ou plutôt trois lignes trigonométriques qui les représentent : ces trois angles pourront être choisis à volonté parmi les six angles (trois plans et trois dièdres) qui composent un angle solide. On pourroit aussi, au lieu d'une ligne trigonométrique de chaque angle, prendre pour donnée trois diagonales opposées à trois angles plans différens.

Pour plus de simplicité, nous supposerons ici que m, p, h sont les trois arétes, et i, o, u des lignes trigonométriques des trois angles plans. Ainsi, dans le parallélipipède $P\,M\,T$ (fig. 127) qui représente une forme primitive quelconque, nous ferons l'arête $a\,d = m$, $ab = p$, $af = h$, l'angle plan $b\,af$ ou afg (c'est-à-dire son sinus, son cosinus ou sa tangente) $= i$, l'angle $d\,a\,b$ ou $a\,d\,c = o$, et l'angle $d\,af$ ou $a\,d\,e = u$.

En outre, pour faciliter le calcul qui va suivre et dans lequel nous serons forcés de faire entrer les angles dièdres, nous ferons remarquer que la ligne trigonométrique qui serviroit à représenter chacun de ces angles, peut être obtenue en fonctions des données i, o, u, qui représentent les trois angles plans[1]. Soit donc l'angle dièdre de P sur $T = I$, celui de M sur $P = O$, et celui de M sur $T = U$; chacune de ces quantités I, O et U étant une fonction des données i, o, u.

Suivons maintenant notre calcul de la valeur de n, d'abord *dans le cas d'un décroissement sur une arête.*

Soit S (fig. 127) un plan secondaire produit sur l'arête $a\,b$ du parallélipipède $P\,M\,T$, du côté de la face P; par un point quelconque x de l'arête ab soit mené un plan perpendiculaire à cette arête : on aura un triangle $q\,v\,x$, formé par les trois intersections $q\,x$, $q\,v$, et $v\,x$ de ce plan, 1.° avec le plan primitif P, 2.° avec la tranche (parallèle à T) de la première lame décroissante appliquée sur P, 3.° avec le plan S; et il est aisé de reconnoître que l'inclinaison de la face secondaire S sur la face primitive P sera mesurée par l'angle x de ce triangle $q\,v\,x$, auquel, d'après cette propriété, M. Haüy a donné le nom de *triangle mensurateur.*

Nous allons chercher dans ce triangle l'expression générale

---

1 En effet, les trois angles plans donnés, $b\,af$, $d\,a\,b$, $d\,af$, sont les trois côtés d'un triangle sphérique, ayant son sommet en a, dont les trois angles sont les trois angles dièdres, P sur T, etc., du parallélipipède; et l'on sait qu'on peut toujours, dans un triangle sphérique, déterminer chacun des trois angles au moyen des trois côtés.

du sinus ou de la tangente de cet angle x, en fonction des dimensions et angles donnés, et aussi du nombre n de rangées soustraites; nous obtiendrons ainsi une équation dans laquelle nous n'aurons que tang. x et n d'inconnus. Mais, en mesurant avec le goniomètre l'angle de S sur T, et retranchant de cet angle l'angle dièdre de P sur T, qui est connu, nous pouvons avoir l'angle de S sur P, c'est-à-dire l'angle x, et par conséquent la valeur numérique de sa tangente en parties du rayon, au moyen des tables : substituant cette valeur de la tangente dans l'équation, on pourra en extraire la valeur générale de n en quantités connues.

Dans le *triangle mensurateur* $q\,v\,x$ on connoît *l'angle* q, qui est égal à l'angle de P sur T, représenté par I; le *côté* $q\,v$ est une perpendiculaire menée dans la lame décroissante (dont la hauteur est supposée égale à celle de la molécule), entre deux arêtes parallèles analogues à ab et fg : sa valeur dépendra donc uniquement de l'arête $af = h$, et de l'angle plan $afg = i$. La valeur du *côté* $q\,x$ doit, par un raisonnement analogue, dépendre d'abord du côté $ad = m$ et de l'angle plan $adc = o$, mais en outre de la quantité n de rangées soustraites.

Ainsi on connoît, dans le triangle $q\,v\,x$ deux côtés et l'angle compris : on peut donc, au moyen de ces trois parties connues, calculer l'angle x, c'est-à-dire une de ses lignes trigonométriques; par exemple, sa tangente, dont la valeur, d'après ce qui vient d'être dit, sera une fonction composée des côtés h et m, des deux angles plans i et o, de l'angle dièdre I, et de n. Ainsi, en supposant que tangente $x = \theta$, on aura $\theta = f\,(h,\,m,\,i,\,o,\,I,\,n)$.

Nous avons considéré la face secondaire du côté de la face P; si nous voulions la déterminer du côté de T, nous aurions de même un *triangle mensurateur* $q'\,v'\,x$, qui nous conduiroit à obtenir pour la tangente de $q'\,x\,v'$ une fonction composée des mêmes élémens connus que celle ci-dessus; seulement ils seroient combinés entre eux différemment[1]. Nous pouvons donc regarder cette fonction comme représentant en général

---

[1] La seule différence seroit que n seroit combiné directement avec h et i, au lieu de l'être, comme ci-dessus, avec m et o.

la valeur de la tangente θ dans tous les cas d'un décroissement sur l'arête ab.

En appliquant ce raisonnement à une face secondaire qui naitroit sur une autre arête, telle que ad, on obtiendroit, pour la tangente θ' de l'angle qu'elle forme avec une face primitive adjacente, une valeur absolument analogue qui seroit $\theta' = f(h, p, o, u, O, n)$. Enfin, pour une face secondaire produite sur l'arête af, on trouveroit $\theta'' = f(m, p, u, i, U, n)$.

L'analogie entre ces trois fonctions nous permet de n'en considérer qu'une seule, en nous arrêtant à la première, que l'on peut indiquer généralement en disant que, dans le cas d'un décroissement sur une arête, le sinus ou la tangente de l'inclinaison d'une face secondaire à la face primitive sur laquelle elle nait, est égal à une fonction composée, 1.° des deux arêtes, autres que celle sur laquelle le décroissement a lieu; 2.° des lignes trigonométriques représentant les deux angles plans dont cette dernière arête est un côté; et 3.° d'une ligne trigonométrique représentant l'angle dièdre qui a lieu sur cette même arête; 4.°, enfin, du nombre n de rangées soustraites. Or, d'après la manière dont n se trouve engagé dans cette fonction, on peut toujours en extraire sa valeur, qui sera $n = F(h, m, i, o, I, \theta)$, fonction dans laquelle tout est connu, excepté θ, puisque I est une fonction de i, o et u. Mesurant l'angle de S sur P avec le goniomètre, ainsi que nous l'avons dit plus haut, et prenant, d'après les tables, la valeur numérique de sa tangente θ, on aura la valeur numérique de n.

§. 107. *Dans le cas d'un décroissement sur l'angle*, par exemple sur l'angle d (fig. 127), du côté de la face P, on conçoit qu'on auroit de même un *triangle mensurateur* $v''q''d$. Il scroit formé dans un plan mené par le point d, perpendiculairement à la diagonale qui va de a en c, par les intersections de ce plan, 1.° avec le plan secondaire, 2.° avec le plan P, 3.° avec un plan appliqué sur les arêtes saillantes des molécules de la première lame (telles que st, st, fig. 119). Ce dernier plan est parallèle au plan diagonal $ackf$. On reconnoîtra facilement que l'angle d de ce triangle *mensurateur* est égal à l'inclinaison de la face secondaire sur la face P.

Or, dans ce triangle $v''q''d$, il est facile, comme ci-dessus, d'avoir les valeurs des deux côtés dq'' et $v''q''$, et de l'angle $v''q''d$, compris entre eux, au moyen des données fondamentales du parallélipipède qui ont été adoptées, et du nombre n de rangées soustraites : par conséquent on peut en déduire l'angle d, en fonctions des mêmes données, c'est-à-dire des dimensions m, p, h des angles i, o, u, et de n; et par suite on obtiendra la valeur de n.

Si on veut suivre ce calcul, on trouvera pour n une fonction qui différera de celle trouvée ci-dessus, pour le cas d'un décroissement sur une arête, d'abord (comme cela doit être) par une combinaison un peu différente des quantités composantes, mais en outre, en ce que cette fonction contiendra à la fois les trois dimensions m, p, h, tandis que ci-dessus il n'y en avoit jamais que deux à la fois dans chaque cas.

Cette dernière différence tient à la nature des données que nous avons adoptées. Si, en effet, pour les dimensions, en conservant toujours $af = h$, nous eussions pris la diagonale $bd = m'$, la diagonale $ac = p'$; et si, pour les angles, nous eussions fait l'angle entre ces deux diagonales $= o'$, l'angle entre la diagonale ac et le côté $af = i'$, l'angle entre la diagonale bd et le côté $bg = u'$, et par suite l'angle dièdre entre la face P et le plan diagonal $ackf = I'$, et celui entre P et le plan diagonal $bdeg = O'$ (I' et O' étant des fonctions de $i'\,o'\,u'$), nous aurions eu, pour le cas d'un décroissement sur l'angle d du côté de P, $n = F(h, m', i', o', I', \theta)$, et, pour le cas d'un décroissement sur l'angle a du côté de P, $n' = F(h, p'\,o'\,u', O', \theta.)$, fonctions tout-à-fait semblables à celles trouvées (§. 106) pour le cas d'un décroissement sur une arête. Il est vrai que cette fonction ne s'applique qu'au cas où le décroissement est considéré par rapport à la face P, et qu'il faudroit, pour obtenir des fonctions semblables dans les deux autres cas, adopter d'autres données analogues. Ainsi, par exemple, en considérant le décroissement du côté de M, les données seroient $ab = p$, la diagonale $df = m''$, la diagonale $ae = h''$, etc.

Or, comme, en supposant que les dimensions et les angles d'une forme primitive sont donnés à priori, c'est-à-dire, qu'on connoît leurs rapports numériques, on peut toujours calculer les rapports numériques entre les nouvelles données m', p', i', o', u', I', O', etc., dont nous venons de parler, il s'en suit que, dans le cas d'un décroissement sur un angle, on peut toujours représenter la valeur de n par une fonction d'une forme tout-à-fait analogue à celle obtenue (§. 106) pour le cas d'un décroissement sur une arête.[1]

D'après cela, dans ce qui nous reste encore à dire pour terminer cet aperçu des calculs cristallographiques, nous pourrons nous contenter de nous occuper de cette première valeur générale de n que nous venons de rappeler.

Nous terminerons ce qui concerne les décroissemens sur un angle, en faisant remarquer que, dans le cas d'un décroissement de ce genre, la hauteur d'une lame étant toujours supposée égale à une hauteur de molécule, la valeur trouvée pour n exprime un certain nombre de *demi-diagonales* de molécules soustraites, et non pas de diagonales entières. On peut se convaincre que cela doit être, en jetant les yeux sur le décroissement de molécules figuré sur l'angle b de la figure 122. Le décroissement se fait ici par une rangée, et on reconnoît, d'après la manière dont nous avons dit ci-dessus que le triangle mensurateur devoit être situé, que sa base doit être égale à une demi-diagonale de molécule.

§. 108. Nous ne devons pas oublier qu'en commençant à nous occuper (dans le §. 106) de la détermination de cette valeur générale du nombre n de rangées soustraites que nous

---

1 Pour peu qu'on soit habitué à la géométrie des cristaux, on reconnoîtra aisément qu'en ramenant ainsi la valeur générale de n, dans le cas d'un décroissement sur un angle, à celle trouvée pour le cas d'un décroissement sur une arête, par l'adoption de nouvelles données, nous n'avons fait autre chose que changer un décroissement sur un angle en un décroissement sur une arête d'une autre forme primitive, dont la substitution ne change rien au résultat, comme il a été dit (§. 95); cette forme substituée, dans le cas d'un décroissement sur l'angle d ou sur l'angle a (fig. 127) du côté de la face P, seroit composée, 1.º du plan P, 2.º d'un plan mené par l'arête af parallèlement au plan diagonal $bdeg$, et 3.º d'un plan mené par l'arête bg parallèlement au plan diagonal $ackf$.

venons d'obtenir en fonction des dimensions et angles de
la forme primitive, nous avons supposé que ces dimensions
et angles étoient rigoureusement connus *à priori*; et comme
nous avons fait voir qu'ils ne le sont que dans un très-petit
nombre de cas (dans les formes primitives régulières), il s'en
suit que cette valeur de n n'est applicable directement qu'aux
formes secondaires qui dérivent des formes primitives de ce
genre. Voyons donc maintenant quels sont les résultats qu'on
obtient de cette application, et ensuite nous examinerons
quel usage nous pouvons faire de la valeur générale de n
dans les autres cas.

Mais auparavant nous ferons, sur cette valeur générale
de n, quelques observations tendantes à la rendre beaucoup
plus simple.

Cette valeur, $n = F (h, m, i, o, I, \theta)$, (voyez la fin du
§. 106), considérée en général, se trouve dans chaque cas
composée, d'après ce que nous venons de dire, de cinq
quantités inconnues, savoir : deux dimensions ou côtés h et
m, les deux angles i et o, et aussi l'angle u, puisque I est
une fonction des trois angles à la fois. Nous pourrions même
encore regarder θ comme inconnu, sa valeur n'étant déduite
que d'une mesure par le goniomètre.

Mais si, par le concours de plusieurs observations, on peut
parvenir à déterminer la valeur d'une ou plusieurs de ces
quantités inconnues, ou si, par quelque donnée particulière,
on pouvoit réussir à établir un rapport entre une d'elles et
une ou plusieurs des autres, on auroit une équation dont
le résultat seroit d'obtenir la valeur de cette quantité en
fonction des autres; et, cette valeur étant substituée dans la
valeur générale de n, celle-ci contiendroit une quantité
inconnue de moins. Chaque donnée nouvelle, que l'on
pourroit établir de même, élimineroit ainsi une des inconnues.

Or, c'est ce qui arrive dans l'application de cette formule
générale à tous les cas. Dans les systèmes cristallins les plus
composés, on trouve toujours à déterminer *à priori*, *d'une
manière plus ou moins rigoureuse*, trois conditions, desquelles
il résulte que les élémens de la forme primitive se réduisent
à trois au lieu de six (trois côtés et trois angles), et que

par conséquent les élémens inconnus de la valeur de n, dans chaque cas, se réduisent à deux au lieu de cinq.[1]

Ces conditions sont, tantôt des angles dont la mesure est de 90° ou de 60°, et pour lesquels on est fondé à regarder cette mesure comme rigoureuse (ces angles ayant lieu, soit entre les arêtes, soit entre les plans de la forme primitive, soit entre des lignes ou plans menés dans certaines directions diagonales ou autres); tantôt l'égalité entre certains angles (soit les angles plans et dièdres des faces, soit d'autres formés par des lignes ou plans d'une position déterminée); tantôt, enfin, l'égalité entre deux des côtés ou des dimensions choisies, ou même entre les trois, lorsque cette égalité d'angles ou de lignes, étant confirmée par une identité symétrique des modifications, devient rigoureuse, etc.

Ce sont presque toujours les lignes trigonométriques i, o, u des trois angles qui se trouvent ainsi déterminées à priori, sinon isolément en partie du rayon, du moins en fonctions des dimensions[2]; par conséquent nous pouvons, dans la formule générale de n, ne plus conserver d'autres élémens inconnus que les deux dimensions ou côtés qui en font partie

---

1 Cette conséquence, relativement à la valeur de n, n'est pas rigoureuse, mathématiquement, dans tous les cas. En effet, il peut arriver que la condition qui a fourni une valeur à substituer à l'inconnue éliminée, ait introduit dans cette valeur, et par conséquent dans la fonction qui représente n, le troisième côté, qui n'en faisoit pas partie ; mais, comme dans ce cas, qui d'ailleurs est rare, on peut se servir d'abord, dans le calcul des dimensions, de la valeur approximative des angles fournis par le goniomètre, sauf à la modifier ensuite légèrement, suivant les valeurs relatives obtenues pour les dimensions d'après la méthode qui sera indiquée (§. 111), nous avons pu avancer que les inconnues qui entrent dans chaque valeur de n se réduisent à deux.

2 Comme, par exemple, si un angle primitif, ou son supplément, ou sa moitié, peut être réputé égal à un angle secondaire formé par une face que sa position tend à faire regarder comme produite par la soustraction d'une rangée de molécules, etc.

Au reste, dans l'application du calcul on suit en général des méthodes beaucoup plus simples que ne seroit celle de la substitution d'une valeur d'angle en fonction des dimensions, comme nous l'indiquons ici; mais ces diverses méthodes particulières peuvent toujours rentrer dans la méthode générale dont nous parlons.

dans chaque cas. Cette valeur de n deviendra donc, dans le cas d'un décroissement sur l'arête $ab\ (=p)$, $n = \varphi\ (h, m, \theta)$; pour un décroissement sur l'arête $ad\ (=m)$, $n' = \varphi\ (h, p, \theta')$; et enfin, pour un décroissement sur l'arête $af\ (=h)$, $n'' = \varphi\ (m, p, \theta'')$.

Citons quelques exemples. Une forme primitive en *prisme rectangulaire droit* a été jugée telle, d'abord par le goniomètre, qui aura donné sensiblement une mesure de 90° pour tous les angles plans et dièdres du solide primitif, et en outre, principalement, parce que les modifications (par exemple, les troncatures) qui ont lieu sur l'une ou l'autre des trois espèces d'arêtes, se rencontrent à la fois et avec la même position sur chacune des quatre arêtes de cette espèce; ce qui, d'après la symétrie, ne seroit pas, si les angles n'étoient pas rigoureusement égaux entre eux. Le sinus de chaque angle plan ou dièdre est donc égal au rayon, c'est-à-dire $= 1$; donc i, o, u ne sont plus que des quantités numériques dans les trois valeurs générales de n, et cette valeur n'est plus dans chaque cas qu'une fonction de deux dimensions inconnues.

Une forme primitive est regardée comme un *prisme hexagonal régulier droit*, lorsque tous ses angles dièdres latéraux ont été trouvés être sensiblement de 120°, et les angles dièdres de sa base de 90°, et que ces mesures ont été, comme ci-dessus, confirmées et reconnues rigoureuses par l'observation des modifications : par conséquent, la *molécule soustractive* qu'on doit substituer à cette forme primitive, sera un prisme droit obliquangle. En outre, si les clivages latéraux sont également faciles, et si les modifications sont identiques sur les six arêtes ou sur les six angles solides de la base du prisme hexagonal, la base de la molécule soustractive sera un rhombe : donc, des trois angles plans, deux sont droits (leur sinus $= 1$), et le troisième est de 60°, dont le sinus est $\sqrt{\frac{3}{4}}$; les quantités i, o, u ne sont donc plus que des valeurs numériques. De plus, les deux côtés de la base sont égaux : il ne reste donc que deux dimensions inconnues, et la valeur de n, dans les décroissemens sur les arêtes ou les angles de la base, contiendra deux inconnues, m et h; mais, dans les décroissemens sur les arêtes latérales, elle ne contiendra plus que m qui soit inconnu.

D'après ce qu'on vient de dire, et en se rappelant les développemens donnés sur le *rhomboèdre* (§. 43), on conçoit facilement comment on s'assure de l'existence de cette forme primitive dans un minéral. Ici les trois arêtes sont égales : on peut donc supposer chacune d'elles $= 1$. Les trois angles plans ne sont que de deux espèces, et même d'une seule, puisque l'un est supplément de l'autre : il n'y a donc d'inconnu, dans la valeur de n, qu'un seul angle.[1]

On remarquera sans doute que, pour faire mieux voir comment, dans chaque cas particulier, le nombre des élémens inconnus de la valeur de n se réduit à trois et même encore à moins, nous n'avons cité que des exemples assez simples ; mais il nous seroit impossible d'en indiquer de plus composés sans entrer dans des détails qui seroient ici beaucoup trop longs. Ceux qui désireroient connoître par des exemples quelles sont les conditions que l'on peut découvrir, dans les cas des formes primitives les moins régulières, pour réduire le nombre des inconnues dans la valeur générale de n, peuvent consulter, dans le Traité de minéralogie de M. Haüy, l'article des calculs relatifs aux feldspath (tome II, page 65), et aussi, dans la Description du cuivre sulfaté (t. III, p. 580), l'indication des conditions qu'il a adoptées pour déterminer la forme primitive, etc.

§. 109. L'application de la valeur générale de n, trouvée dans les articles précédens, aux formes secondaires qui dérivent des formes primitives régulières, est, comme on doit

---

1 On sait cependant que M. Haüy a introduit deux quantités inconnues, g et p, dans ses calculs relatifs au rhomboèdre ; ce sont les deux demi-diagonales du rhombe : il auroit pu prendre également l'axe ou une portion de l'axe, et la perpendiculaire menée d'un angle latéral sur l'axe, ou en général deux lignes différemment inclinées à l'axe. Cette méthode, qui rend le calcul plus facile, est au fond absolument la même que celle dans laquelle nous réduisons à une seule donnée les élémens du rhomboèdre. En effet, nous avons été conduits à supposer que le côté du rhomboèdre est égal à 1. C'est donc en parties de ce côté que nous devons évaluer la ligne trigonométrique qui représentera l'angle inconnu : nous ne faisons donc en cela autre chose que d'établir *un rapport entre deux lignes du rhomboèdre* ; ce qui rentre dans la méthode de M. Haüy.

le penser, extrêmement facile. Ici les valeurs relatives de toutes les dimensions, les mesures de tous les angles, sont rigoureusement déterminées, *à priori*, en quantités numériques. Ainsi la valeur générale de n (trouvée §. 106), $n = F$ (h, m, i, o, I, θ), n'est plus qu'une fonction numérique de θ, c'est-à-dire, de la tangente de l'inclinaison de la face secondaire à la face primitive correspondante. De plus, pour connoître cette tangente, c'est-à-dire, pour mesurer l'angle rigoureusement, on a, dans presque tous les cas, des moyens nombreux de vérification, provenant d'abord de l'égalité entre toutes les dimensions primitives, et ensuite de ce que beaucoup de modifications ou de formes secondaires sont ici en rapport les unes avec les autres[1]. M. Haüy a donc pu, pour chaque espèce de face secondaire dérivant d'une forme primitive régulière, obtenir la valeur numérique du nombre n de rangées soustraites.

Cette valeur de n, dans tous les cas observés, a été constamment un nombre très-simple, comme 1, 2, 3, ou $\frac{1}{2}$, $\frac{2}{3}$, $\frac{3}{2}$ etc.[2], et l'on va voir que c'est cette marche simple de la nature qui a servi de base à M. Haüy pour appliquer ses calculs aux autres formes primitives dont les dimensions et angles ne sont pas entièrement connus *à priori*, tant pour trouver dans chaque forme secondaire la valeur de n, que pour déterminer les rapports entre les dimensions primitives.

§. 110. Les formes primitives rhomboèdres ne sont pas entièrement connues *à priori*; il y a toujours dans ces formes, comme on vient de le faire voir (§. 108), un angle à déterminer : la valeur générale de n aura donc une inconnue que l'on ne pourra éliminer que par une mesure approximative prise avec le goniomètre.

Cependant le rhomboèdre est une forme tellement symétrique (v. §. 45), et elle fournit, par les modifications ré-

---

1 Ces formes secondaires, les plus ordinaires, d'une forme primitive régulière, sont les autres formes régulières ; et on a vu comment elles passoient les unes aux autres par une série de plans tangens successifs. (Voyez §. 85, et aussi une note au §. 87.)

2 Voyez le §. 102, où nous avons indiqué les décroissemens qui produisent divers cristaux secondaires sur une forme primitive cubique.

sultantes de cette symétrie, des formes secondaires si variées et tellement dépendantes (au moins le plus souvent) les unes des autres, qu'on a, dans la mesure des angles de ces formes secondaires, des moyens multipliés pour vérifier la mesure de l'angle de la forme primitive, et pour l'obtenir avec une exactitude qui, si elle n'est pas entièrement rigoureuse géométriquement, peut au moins être admise comme telle.

Nous allons éclaircir cette idée par un exemple tiré de la chaux carbonatée, dont on sait que la forme primitive est un rhomboèdre.

Le prisme hexagonal régulier est une de ses formes secondaires, comme cela peut toujours avoir lieu dans un système cristallin rhomboédrique (v. §. 87) : si, sur un de ces prismes (fig. 116) on opère la division mécanique ou le clivage rhomboïdal propre à cette substance, ce clivage aura lieu sur les trois arêtes non adjacentes, $a\,b$, $c\,d$, $e\,f$, de la base supérieure, et parallèlement sur les arêtes $b'c'$, $d'e'$, $f'a'$ de la base inférieure; les faces primitives mises à découvert seront $m\,p\,q\,o$, $o\,y\,t\,n$ et $n\,s\,r\,m$ vers la base supérieure, et leurs parallèles vers la base inférieure. Or, pour chacune de ces faces (qui sont toutes identiques de position par rapport au prisme), on peut mesurer les deux angles qu'elle forme, l'un avec la base, et l'autre avec la face latérale adjacente, ces deux angles (diminués chacun de 90°) devant être complémens l'un de l'autre; et comme le goniomètre donne sensiblement la même mesure de 135° pour chacun de ces angles, il s'en suit que la face du rhomboèdre primitif est inclinée de 45° à l'axe. Cette valeur est donc déjà basée sur la mesure de douze angles reconnus égaux : mais en outre elle se trouve encore confirmée par les mesures des angles, 1.° d'un autre rhomboèdre produit sur le rhomboèdre primitif par une *troncature tangente* (v. §. 66) de ses arêtes supérieures; 2.° d'autres rhomboèdres liés successivement avec celui-ci d'une manière analogue (v. §. 87); 3.°, enfin, de quelques autres formes secondaires dont les rapports géométriques avec la forme primitive peuvent être déterminés exactement. On peut donc regarder, au moins comme très-probable, que cette valeur de 45° est la véritable mesure de l'inclinaison d'une face à l'axe.

Dès-lors on conçoit qu'il est facile d'en déduire par le calcul les autres angles du rhomboèdre : son angle dièdre obtus entre deux faces sera de 104° 28′ 40‴[1]; son angle plan obtus au sommet, de 101° 32′ 13″. Or, d'après les données adoptées dans les articles précédens, ce dernier angle est celui dont la connoissance est nécessaire pour que la fonction qui représente n ne contienne plus de quantité inconnue.

Dans les autres substances qui ont un rhomboèdre pour forme primitive, on rencontre toujours quelques moyens de vérification analogues, qui conduisent à obtenir, pour l'angle fondamental, une valeur au moins très-approximative. On voit donc que les formes primitives de ce genre peuvent être aussi regardées comme entièrement connues *à priori*.

M. Haüy, en appliquant ses calculs des décroissemens aux formes secondaires nombreuses qui dérivent de formes primitives rhomboédriques, a obtenu encore constamment, pour n, comme dans le cas des systèmes cristallins réguliers, *une valeur en nombres très-simples, entiers ou fractionnaires*[2], satisfaisant sensiblement à la mesure de l'angle secondaire θ, obtenue par le goniomètre; et il est même à remarquer que

---

1 Cet angle ayant été mesuré par M. Malus avec le cercle répétiteur par la méthode indiquée (§. 30), et par M. Wollaston avec son goniomètre (voy. §. 31), la mesure obtenue par l'un et l'autre moyen a été de 105° 5′, c'est-à-dire, 36′ 20″ de plus que la mesure de M. Haüy : d'où l'on déduit celle de 45° 23′ pour l'inclinaison d'une face à l'axe. Ainsi, des deux angles mesurés ci-dessus et trouvés tous deux de 135°, l'un, celui de la face primitive avec la base, est de 135° 23′, et l'autre, celui de la même face avec la face adjacente du prisme, est de 134° 37′.

Malgré cette mesure, dont on n'a pu encore contester l'exactitude, M. Haüy a pensé qu'il pouvoit conserver ses premiers résultats, comme étant des valeurs, sinon rigoureuses, du moins approximatives, et en outre parce qu'elles conduisent à des rapports beaucoup plus simples : en effet, d'après les bases qu'il a adoptées pour les calculs relatifs au rhomboèdre (voy. la note au §. 108), la diagonale horizontale est à la diagonale oblique comme $\sqrt{3}$ est à $\sqrt{2}$. D'ailleurs, la différence de mesure que nous venons de faire remarquer, devient beaucoup moindre dans les formes secondaires.

2 Quoiqu'un peu plus variés, mais sans qu'on y voie figurer, sinon très-rarement, soit dans les entiers, soit dans les fractions, un nombre au-delà de 6.

cette mesure mécanique est ici dans beaucoup de cas à peu près superflue, l'angle secondaire se trouvant souvent déterminé par avance, d'après des rapports symétriques que l'observation peut assigner d'une manière irrécusable entre les plans secondaires et les plans primitifs. Dans d'autres cas, assez rares, où ces moyens exacts de vérification manquent et où on est réduit au résultat du goniomètre, on arrive souvent d'abord à une valeur numérique de n plus compliquée: mais en lui substituant la valeur numérique simple, qui en est la plus rapprochée, et calculant ensuite l'angle qui doit lui correspondre, cette mesure d'angle calculée se trouve être très-peu différente de celle à laquelle on s'étoit arrêté d'abord d'après le goniomètre, et elle est toujours comprise dans les limites des erreurs de cet instrument.

§. 111. Toutes les autres formes primitives différentes des corps réguliers et du rhomboèdre, et qui par conséquent sont des parallélipipèdes ou peuvent être ramenés à cette forme (v. §. 97), ne nous fournissent pas des moyens semblables de déterminer *à priori* les dimensions. A la vérité, dans la plupart des cas, plusieurs considérations relatives aux clivages et aux modifications (voy. §. 57, 5°) nous portent à conclure qu'une dimension est plus grande qu'une autre; mais elles ne suffisent pas pour nous mettre en état d'assigner des rapports numériques exacts entre elles; et puisque la valeur générale de n, même sa valeur simplifiée (§. 108) d'après des données symétriques que fournit dans chaque cas l'observation, contient toujours à la fois deux des dimensions, ces dimensions étant inconnues, il paroit d'abord impossible d'en obtenir la valeur de n.

Néanmoins M. Haüy est parvenu à cette détermination en suivant une méthode inverse. D'après les *valeurs simples* obtenues pour n dans tous les calculs relatifs aux cas précédens, il a pensé qu'il étoit permis de supposer que *tous les cristaux secondaires dérivant de formes primitives non entièrement déterminées à priori proviennent aussi de décroissemens par un nombre simple de rangées de molécules*, et il a imaginé de faire servir n, supposé connu, à calculer les rapports entre les dimensions primitives. En effet, cette présomption que n ne peut avoir qu'une valeur numérique simple étant admise, on peut, dans chaque cas, lui substituer un nombre simple entier ou fractionnaire dans la fonction générale ci-dessus, qui le représente; et alors il sera possible d'obtenir, entre les deux dimensions primitives qui y sont comprises, un rapport correspondant à cette valeur supposée. Mais, comme on peut à volonté supposer ainsi à n un certain nombre de valeurs simples pour une face secondaire à déterminer, et de même pour chacune des autres, on auroit autant de rapports différens entre les dimensions : il faut donc, en essayant successivement plusieurs valeurs simples pour n, avoir des moyens de distinguer, entre les rapports qui en résultent, quel est celui qu'on doit adopter.

Pour faire sentir comment on doit se diriger dans cette recherche, rappelons-nous les trois valeurs générales simplifiées, trouvées (§. 108), pour n, dans les trois cas de décroissemens sur les arêtes ab, ad, af (fig. 127). Ces valeurs sont, pour l'arête ab, $n = \varphi(h, m, \theta)$; pour ad, $n' = \varphi(h, p, \theta')$; et pour af, $n'' = \varphi(m, p, \theta'')$. Or comme, dans chacune de ces équations, les inconnues sont combinées entre elles de manière qu'il est toujours possible d'en extraire la valeur du rapport entre les deux dimensions qu'elle contient, savoir, $\dfrac{h}{m}, \dfrac{h}{p}, \dfrac{m}{p}$;

on doit avoir, $\dfrac{h}{m} = \int(n, \theta)$, $\dfrac{h}{p} = \int(n', \theta')$ et $\dfrac{m}{p} = \int(n'', \theta'')$.

Mais comme, d'après ce qu'on vient de dire, il n'y a plus dans ces trois équations d'autres inconnues que h, m et p, il est évident que, pour que les équations soient exactes, il faut nécessairement que les valeurs numériques données par deux d'entre elles, par exemple, par les deux premières, pour les deux rapports $\dfrac{h}{m}$ et $\dfrac{h}{p}$, soient telles, qu'on puisse en déduire, pour le troisième rapport $\dfrac{m}{p}$, une valeur égale à celle que donne la troisième équation, c'est-à-dire, égale à $\int(n'', \theta'')$.

Ainsi, en supposant qu'on ait obtenu des deux premières, $\dfrac{h}{m} = \tfrac{2}{3}$, et $\dfrac{h}{p} = \tfrac{4}{5}$, on en conclura que $\dfrac{m}{p} = \tfrac{6}{5}$; dès-lors, si l'on est arrivé aux véritables rapports (c'est-à-dire, si les valeurs simples supposées à n et n' sont convenables), on doit avoir aussi $\int (n'', \theta'') = \frac{6}{5}$, en donnant également dans ce cas à n'' une valeur simple. On voit donc que le but vers lequel on doit tendre, est que les résultats déduits des valeurs supposées pour n, n' et n'', aient cette relation entre eux.

D'après cela on s'occupe à la fois, pour un minéral qui présente plusieurs espèces de faces secondaires, de la solution de trois cas différens, c'est-à-dire, de la détermination de la valeur de n pour trois faces secondaires dont chacune est située différemment des autres par rapport aux plans de la forme primitive, par exemple, pour trois faces produites sur ses trois arêtes ; et on suppose, dans chacun d'eux successivement, différentes valeurs simples à n, n' et n'', jusqu'à ce que les trois rapports qui en résultent entre les dimensions prises deux à deux, soient tels que chacun d'eux soit une conséquence des deux autres.

On est obligé presque toujours, pour y parvenir, comme aussi pour simplifier les rapports trouvés entre les dimensions, de modifier légèrement la valeur de θ, c'est-à-dire, la mesure de l'angle secondaire obtenue par le goniomètre, ce dont on a la faculté, au moins dans certaines limites, cette mesure n'étant qu'approximative.

M. Haüy, en exposant dans son Traité de minéralogie (t. II, p. 8) cette méthode de calculer les dimensions d'une forme primitive en supposant n connu, cite pour exemple un cristal de péridot analogue à celui représenté (fig. 100), et que nous avons déjà décrit ci-dessus (§. 104). Les faces secondaires, qu'il considère d'abord, sont les faces d et k; il en obtient des rapports entre les dimensions, et il vérifie ensuite ces rapports en s'occupant de la face n. De cette manière il parvient à conclure que les trois arêtes B, C, G du prisme droit rectangulaire (fig. 126), qui est la forme primitive du péridot, sont entre elles comme $\sqrt{5}$, 5, et $\sqrt{8}$.

On voit que cette méthode, quoique fondée sur une supposition, conduit néanmoins à l'objet principal que M. Haüy s'étoit proposé, qui étoit, comme nous l'avons dit (§. 93), de déterminer géométriquement la forme primitive d'un minéral, et d'assigner un rapport entre elle et chacune des faces secondaires.

§. 1⁀2. On doit se rappeler que, dans le §. 108, pour simplifier la valeur de *n*, nous avons dit que, dans toutes les substances cristallisées on découvroit toujours à *priori* quelque condition qui déterminoit les valeurs des angles primitifs, soit directement, soit en les donnant en fonctions des dimensions. Lorsque ce dernier cas a eu lieu, on conçoit qu'après avoir obtenu, par la méthode que nous venons de décrire, les valeurs relatives des dimensions, *on peut, au moyen de ces valeurs, déterminer les mesures exactes des angles primitifs.*

Il est encore nécessaire, pour compléter toutes les déterminations géométriques relatives aux formes des cristaux, de pouvoir toujours *calculer l'angle que deux faces secondaires, semblables, ou d'ordres différens, forment entre elles :* mais comme, d'une part, on connoit par l'observation la position de chacune de ces deux faces sur une arête ou sur un angle, c'està-dire, la direction de leur intersection avec une face primitive parallèlement à une arête ou à une diagonale de cette face ; que d'ailleurs le calcul des décroissemens a donné la valeur exacte de l'inclinaison de chacune d'elles à la face primitive correspondante, et qu'il est facile d'en déduire leur inclinaison à toute autre face primitive ou à un plan passant par l'axe, afin de pouvoir les comparer à la fois l'une et l'autre à un même plan primitif, on doit concevoir que *ce problème se réduit dans tous les cas à la solution de triangles rectilignes ou sphériques*, dans lesquels on a nécessairement, d'après ce qui vient d'être dit, le nombre de données nécessaire.

On connoit maintenant sur quelles bases sont fondées toutes les mesures d'angles données rigoureusement, en degrés, minutes et secondes, dans la description des formes cristallines de chaque espèce minérale. C'est à M. Haüy qu'on les doit; et c'est, comme on vient de le voir, par sa théorie des décroissemens, et par l'application qu'il a faite à cette théorie de la méthode de calcul dont nous venons de donner une idée (et qui est en général très-simple, puisque les équations ne s'élèvent jamais qu'au second degré), qu'il est ainsi parvenu à déterminer et ces angles primitifs et secondaires, et les dimensions de la forme primitive, et, enfin, la loi de dérivation de chaque cristal secondaire, avec une exactitude qui, si elle n'est pas entièrement rigoureuse dans tous les cas, est au moins toujours une limite, une approximation bien suffisante.

On se tromperoit néanmoins beaucoup, si, d'après cette idée d'approximation, de limites, on croyoit pouvoir élever quelques doutes sur le mérite et la très-grande utilité de cette théorie. Sans doute, les physiciens, pour faciliter leurs recherches sur les lois de la lumière dans les corps transparens, et plus généralement pour acquérir des notions plus complètes de la composition solide des corps, peuvent désirer de connoître, pour tous les cristaux, les mesures d'angles et les rapports géométriques de la nature, avec cette exactitude rigoureuse qu'on a déjà obtenue pour les cristaux *réguliers*; mais ce maximum de précision n'est que d'une foible importance pour les minéralogistes. Les mesures d'angles, les rapports, déduits de la théorie de M. Haüy, sont tels, qu'on peut assurer que, lorsqu'on parviendra quelque jour à les modifier en les amenant à cette entière perfection dont nous venons de parler, le résultat minéralogique principal pour chaque espèce, c'est-à-dire, l'idée que cette théorie nous donne aujourd'hui de l'ensemble de son système cristallin, ne sera nullement changé. Cette certitude tient à ce que ce résultat général est essentiellement fondé sur une étude approfondie des grandes lois de symétrie auxquelles la structure des cristaux est assujettie, et que ces lois (du moins le plus grand nombre) nous sont maintenant connues par une assez grande masse d'observations pour qu'on puisse les regarder comme incontestables. Aussi les nombreux changemens que M. Haüy a été conduit à faire par sa théorie dans les espèces minérales, ont-ils été adoptés par tous les savans, parce qu'ils ont été toujours reconnus d'accord avec ces lois symétriques de la nature. La connoissance de ces lois est encore le fruit des laborieuses recherches de ce savant célèbre, qui les a développées et démontrées avec une sagacité rare qui le met hors de toute comparaison avec tous les autres cristallographes; et, certainement, tous ceux qui ne sont pas étrangers à ces belles découvertes, reconnoîtront avec nous que M. Haüy n'y fût peut-être jamais parvenu sans le secours de sa théorie.

8.ᵉ SECTION.

Des cristaux hémitropes ou maclés, et groupés régulièrement.

§. 115. Lorsque nous avons dit (§. 2) que les cristaux avoient en général leurs faces parallèles deux à deux, et (§. 6) qu'ils avoient toujours des angles saillans et jamais d'angles rentrans, nous avons excepté les *cristaux maclés* ou *hémitropes*, et les cristaux *groupés régulièrement*.

Nous nous sommes contentés de donner simplement une idée de ce genre de cristaux : il eût été difficile, alors, d'entrer dans tous les détails qui leur sont relatifs, leur explication, pour être faite convenablement, nécessitant la connoissance de tout ce que nous avons exposé depuis dans les sections précédentes.

On dit qu'un cristal est *hémitrope*, lorsqu'on reconnoît qu'il est formé de deux parties ou de deux moitiés de cristaux réunies entre elles en sens inverse de leur position naturelle.

Ainsi, par exemple, si l'on suppose que l'octaèdre régulier que la figure 128 représente posé sur une de ses faces, soit partagé en deux par un plan $m\ n\ o\ p\ q\ r$, parallèle à deux de ses faces, et à égale distance de l'une et de l'autre ; et que, la moitié supérieure ayant été enlevée, comme on le voit figure 129, elle soit appliquée de nouveau sur la moitié inférieure, non comme elle y étoit auparavant, mais de manière que la partie qui étoit à droite se trouve placée à gauche, comme dans la figure 130, où les lettres peuvent servir à faire reconnoître la nouvelle position des différens points, on aura un cristal octaèdre *hémitrope*.

On lui donne ce nom, qui exprime l'idée d'une *demi-révolution*, parce que le changement de structure du cristal est exactement le même que si, comme nous venons de le dire, on avoit fait subir une demi-révolution, ou une *hémitropie*, à la moitié supérieure sur l'inférieure[1]. Il est presque superflu

---

[1] Dans le cas d'un octaèdre, dont il est ici question, on parviendroit au même résultat par un sixième de révolution, à cause de la régularité qui existe dans les triangles et par suite dans la coupe hexagonale $m\ n\ o\ p\ q\ r$; mais nous avons préféré indiquer une demi-révolution, afin de rendre cette considération applicable à tous les cas en général.

de dire que ce partage d'un cristal en deux parties, et cette demi-révolution, n'ont pas eu lieu dans la nature; nous ne nous sommes servis de cette supposition que pour mieux faire comprendre la structure de ces cristaux hémitropes.

Romé de Lisle leur avoit donné le nom de cristaux *maclés;* mais le nom de *macle*, qui devroit servir d'après cela à désigner ce genre de structure, ayant été généralement appliqué à une espèce minérale particulière de la classe des pierres, M. Haüy a jugé devoir lui substituer ici le mot *hémitropie*, et de même ceux de *cristaux hémitropes* à *cristaux maclés.* Cependant beaucoup de minéralogistes se servent encore de ces expressions de *macles* et *cristaux maclés*, dans le langage ordinaire. Dans l'octaèdre régulier hémitrope (fig. 130) que nous venons de décrire, on remarque qu'il y a trois angles rentrans, savoir, un entre le plan $c\,r'\,m'$ et le plan $f\,o\,p$, un second entre $a\,p'\,q'$ et $b\,m\,n$, et le troisième entre $e\,o'\,n'$ et $d\,r\,q$.

Cette hémitropie se rencontre dans l'alumine sulfatée, et plus fréquemment encore dans le spinelle.

Avant d'établir aucun principe général, nous croyons devoir éclaircir l'idée principale par quelques autres exemples.

§. 114. La figure 131 représente un cristal de feldspath: sa forme dominante peut être considérée comme un prisme rectangulaire isocèle, dont la base Y, oblique à l'axe, *repose* sur la face P (voy. §. 40), sous l'angle de 99° 41'. Les angles supérieurs de chaque base sont remplacés par les facettes T, t, et T', t', et les angles inférieurs par les facettes o, o, et o', o''; de manière que chacune des bases porte deux facettes o, et deux facettes T et t. Ces cristaux se présentent encore ordinairement avec d'autres facettes, que nous avons supprimées pour plus de simplicité. Les facettes o sont identiques de position, et les facettes T et t sont aussi identiques de position entre elles; mais l'inclinaison des facettes o sur l'arête latérale adjacente du prisme est différente de celle des facettes T et t, comme cela doit être d'après la symétrie des modifications. [1]

---

[1] Nous avons considéré les facettes T et t comme identiques de position : cela a lieu, en effet, relativement à l'inclinaison de chacune de

Si maintenant, par le milieu de la face latérale *M* et parallèlement à la face latérale *P*, on mène un plan *a b c d*, il partagera le cristal en deux moitiés ; et si on suppose que la partie postérieure vienne à tourner parallèlement au plan de section et à subir une demi-révolution, tandis que la partie antérieure reste stationnaire, la forme qui en résultera sera celle qui est représentée par la figure 132, dans laquelle la disposition des mêmes lettres que dans la figure 131 fait reconnoitre la position nouvelle des différentes parties du cristal. Le sommet supérieur, au lieu d'une seule face principale inclinée à l'axe, présente un biseau symétrique $Y Y'$, dont l'angle est de 160° 37', et dont les angles inférieurs sont semblablement tronqués par des facettes o, o, o'', o', identiques. Le sommet inférieur, au contraire, présente un angle ou biseau *rentrant* $Y' Y$ (sous le même angle que le biseau saillant supérieur), dont les angles extrêmes sont remplacés par les facettes T', t', et T, t, identiques.

Lorsque le sommet supérieur à biseau saillant est seul visible, le cristal se présente avec une régularité parfaite, qui peut, au premier abord, faire méconnoitre le système cristallin du feldspath ; mais les lignes de jonction $b d'$, $c a'$ et $a c'$, $d b'$, qui se montrent presque toujours sur les deux faces M, font reconnoître le plan de réunion de deux portions de cristal en sens inverse, c'est-à-dire, *le plan d'hémitropie.*

§. 115. La figure 133, qui appartient à l'amphibole, est un prisme rhomboïdal à base oblique *P*, reposant sur une arête obtuse (voy. §. 41), (sous l'angle de 104° 57'), ayant ses deux bords latéraux aigus remplacés par les faces *x*, et les deux

---

ces faces par rapport aux plans et arêtes du cristal ; ainsi, par exemple, chacune des faces T, T', et t, t' forme un angle de 120° avec la face M du prisme adjacente. Néanmoins les faces T et T' admettent un clivage qui n'a pas encore été observé sur les faces t et t', ce qui constitue entre elles une différence importante. Voilà pourquoi nous les avons désignées par des lettres différentes, et rigoureusement le solide auroit dû être considéré autrement ; mais le mode que nous avons suivi pour rendre la description plus facile, n'entraîne ici aucun inconvénient.

bords supérieurs de chacune de ses bases par les faces *r*, *r*, et *r' r''*. Si par le milieu de chacune des deux faces *x* on mène un plan vertical *a b c d* (qui sera un *plan diagonal* du prisme rhomboïdal), et qu'on fasse subir une demi-révolution à la moitié antérieure séparée par ce plan, les facettes *r'* et *r''* viendront au sommet supérieur, avec une petite portion triangulaire de la base inférieure P, laquelle formera un angle rentrant (de 150° 6') avec la partie supérieure restante de la base supérieure P, etc. Cela a lieu en effet quelquefois; mais, le plus souvent, cet angle rentrant est effacé par la cristallisation, qui accroit d'un côté les faces *r* et *r*, et de l'autre les faces *r''* et *r'*, de manière qu'elles se joignent, comme on le voit représenté dans la figure 134, où le prisme est terminé d'un côté par un pointement symétrique à quatre faces *r*, *r*, *r'*, *r''*, et de l'autre par un biseau P P', dont les faces correspondent aux arêtes latérales obtuses.

Nous pourrions multiplier davantage ces exemples. Le feldspath, dont le second de ces exemples a été tiré, nous en fourniroit plusieurs autres, dont un où l'hémitropie a lieu, comme dans le dernier cas, parallèlement à un plan diagonal de la forme dominante et aussi de la forme primitive; l'étain oxydé en présente un très-remarquable, qui est bien connu des minéralogistes, et dont M. Haüy est parvenu à déterminer rigoureusement la symétrie depuis l'impression de son Traité: mais nous pensons que ce que nous venons de dire suffit pour faire comprendre le genre de structure que l'on observe dans ces cristaux hémitropes.

§. 116. En général, au moins d'après ce qui a été observé jusqu'ici, *les hémitropies ont toujours lieu parallèlement à un plan qui est: ou un des plans de la forme primitive*, comme on l'a vu dans l'octaèdre hémitrope, et dans l'exemple tiré du feldspath; *ou un plan diagonal de cette même forme*, comme cela a lieu dans le troisième exemple, tiré de l'amphibole, *ou un plan perpendiculaire à l'axe des cristaux*, comme dans la chaux carbonatée métastatique (Haüy, Traité, t. II, p. 156) Ou, plus généralement, on peut dire que *ce plan d'hémitropie est toujours dans un rapport parfaitement symétrique avec les plans du solide de clivage, ou de la forme primitive de chaque substance*[1]; et, d'après l'idée que nous avons donnée de la forme primitive et de ses rapports avec les cristaux secondaires, on sent facilement que *le plan d'hémitropie doit être également dans un rapport très-symétrique avec la forme dominante que l'on observe dans le cristal même qui est hémitrope.*

On observe souvent une face cristalline extérieure parallèle à ce plan d'hémitropie, soit dans ces variétés hémitropes elles-mêmes, soit dans d'autres variétés secondaires du même minéral.

§. 117. D'après l'idée que nous avons donnée des hémitropies, on a vu qu'elles peuvent dans tous les cas produire un angle rentrant ; mais il arrive aussi, ou que cet angle n'est pas visible, si le côté du cristal où il doit se trouver est enveloppé dans une gangue, ou qu'il a été effacé par l'accroissement du cristal, ainsi que nous en avons déjà donné un exemple dans l'hémitropie décrite §. 115. Lorsque cet angle rentrant peut être observé, il suffit pour avertir que le cristal est hémitrope ; mais, dans le cas contraire, on a encore, indépendamment d'une étude attentive de la forme, plusieurs moyens de constater l'hémitropie, en reconnoissant l'existence du plan intérieur autour duquel elle a lieu.

D'abord, ce plan est assez souvent indiqué par des lignes extérieures sur les faces du cristal qu'il coupe, comme nous l'avons déjà dit (§. 114) dans l'exemple tiré du feldspath. Mais il y a aussi beaucoup de cas où ce plan est encore déterminé d'une manière bien plus positive par la cassure, c'est-à-dire, par la direction d'un ou plusieurs plans de clivages, lesquels s'obtiennent dans les deux moitiés en sens inverse, en se terminant exactement de part et d'autre au plan d'hémitropie. Cela a lieu dans ce même exemple (fig. 131 et 132), lorsque le clivage est sensible dans les faces T et T' (voyez la note du §. 114). Ce croisement de clivages au plan d'hémitropie seroit encore bien plus sensible dans l'octaèdre hémitrope (§. 113, figures 128 et 130), si les substances dans

---

[1] Ce que M. Haüy exprime en disant que le plan d'hémitropie est toujours situé comme une face qui seroit produite par une loi de décroissement.

lesquelles on a observé cette forme, avoient un clivage distinct.

Cependant il arrive aussi que, l'hémitropie ne produisant aucun changement dans la position des clivages, ceux-ci ne peuvent servir à la faire reconnoitre : c'est ce qui a lieu dans le troisième exemple ci-dessus tiré de l'amphibole. Les deux seuls clivages que présente cette substance étant parallèles aux faces M et M' (fig. 133), et chacune de ces faces M et M' étant également inclinée au plan d'hémitropie a b c d, le résultat de l'hémitropie se borne, quant à ces faces, à mettre la face M' à la place de la face M, et réciproquement (voy. fig. 134). Les clivages d'une des moitiés du cristal peuvent donc se continuer dans l'autre moitié. Il n'en seroit pas de même si le clivage étoit aussi distinct parallèlement à la face P, que M. Haüy a adoptée avec raison pour la base oblique de la forme primitive. Mais ce clivage parallèle à P n'existe pas : aussi les cristaux hémitropes d'amphibole n'ont-ils pu être reconnus pour tels que par la présence de l'angle rentrant.

§. 118. Telles sont les idées géométriques que l'on doit se former des cristaux hémitropes. Il n'est pas également facile d'expliquer leur mode de formation, d'après le peu de connoissances que nous avons encore sur les causes physiques qui déterminent la cristallisation des corps en général.

D'abord il est de toute évidence, comme on l'a déjà dit, qu'il n'y a point eu là de changement de position d'une moitié de cristal, ou d'*hémitropie* réelle, et que le cristal a pris, dès le commencement de sa formation, la structure composée que nous lui reconnoissons. On peut présumer que deux petits cristaux de même forme, encore en suspension dans une solution, se sont approchés l'un de l'autre par une de leurs faces semblables, et se sont réunis ; qu'ensuite ils se sont accrus simultanément : dès-lors il a pu arriver deux cas.

Si les deux faces de réunion se sont appliquées l'une à l'autre dans une position telle, que les autres faces cristallines d'un des cristaux composans se trouvent, soit dans le prolongement des faces analogues du second cristal, soit au moins parallèles avec elles, l'accroissement se fera de la même manière sur l'un et sur l'autre des cristaux composans ; chaque

paire de faces analogues de chacun d'eux sera donc amenée
bientôt à se niveler et à ne plus former qu'une seule face,
et le cristal composé aura une forme entièrement semblable
à celle des cristaux composans, pourvu toutefois que les
circonstances qui déterminent le genre de forme cristalline ne changent point : il n'y aura donc point d'hémitropie.

Mais l'application des faces d'accolement des cristaux
peut aussi avoir lieu de manière que les autres faces de l'un
des cristaux, ou au moins une partie, ne soient pas parallèles à leurs analogues dans l'autre cristal, et se trouvent
dans une position directement opposée, c'est-à-dire, avec
une inclinaison égale en sens contraire ; ce qui doit avoir
lieu si l'on admet, comme cela est naturel à supposer, que
deux cristaux soient mus par deux forces identiques dans
des directions opposées : alors, l'accroissement se faisant
nécessairement sur tous les plans que la solution étoit susceptible de déterminer, et qu'elle avoit déjà formés sur
l'un et l'autre cristal, toutes les faces que chacun d'eux
avoit avant la réunion seront conservées ; aucune d'elles
ne pourra se réunir avec son analogue, qui aura une autre
direction : il y aura donc alors une forme cristalline nouvelle, de la nature de celles que nous avons nommées cristaux *hémitropes*.

§. 119. Les figures 135 et 136 sont destinées à faciliter l'intelligence de ces deux cas.

Dans l'une et l'autre, on voit un octaèdre régulier,
a e c f b d, disposé horizontalement sur une de ses faces,
comme dans la figure 128. Dans l'une et l'autre on voit également un second octaèdre, *a' e' c' f' b' d'*, posé sur le premier.
Mais il y a cette différence que, dans la figure 135, chacune
des six faces *a f e'*, *e' f b'*, etc., de l'octaèdre supérieur,
adjacente à la face d'application *f' b' d'*, est rigoureusement
parallèle, et précisément au-dessus de sa face analogue *a f e*,
e f b, etc., de l'octaèdre inférieur, adjacente à la face d'application *a c e*, tandis que, dans la figure 136, ce parallélisme, cette correspondance n'existe pas; le triangle *a' f' e'*,
par exemple, se trouve placé à gauche de l'axe et incliné
vers lui par sa partie supérieure *a' e'*, tandis que le triangle
a f e se trouve placé à droite et incliné vers lui également

11.   37

par sa partie supérieure : ils ne sont donc pas parallèles. Il en est de même de tous les autres triangles; aucun d'eux (si ce n'est. les faces d'application) n'a sa face parallèle dans l'octaèdre inférieur.

Si maintenant on suppose que chacun de ces deux doubles cristaux continue à grossir, le résultat de l'accroissement sera très-différent dans l'un et l'autre cas.

Dans la figure 155, la face $a'f'e'$ s'accroîtra en même temps que la face afe, et toujours parallèlement avec elle; afe même devra s'accroître davantage, à cause de l'attraction plus grande produite par la partie saillante f; et peu à peu les deux faces seront ramenées au même plan, et n'en formeront plus qu'une seule : il en sera de même des autres faces, et le double octaèdre, après un certain accroissement, se présentera comme un octaèdre simple.

Dans la figure 156, au contraire, il est impossible que l'accroissement puisse jamais réunir une face de l'octaèdre supérieur avec une face de l'octaèdre inférieur, puisqu'aucune face du premier n'a sa parallèle dans celles du second. Le double cristal conservera donc toujours sa forme; seulement elle pourra être un peu modifiée par une extension plus grande dans certaines parties, notamment aux angles saillans $d'e$, $b'a$, $f'c$, où l'attraction moléculaire devra être plus forte : de là vient que ce double octaèdre se présente ordinairement sous la forme déjà représentée figure 150, qui est précisément la même que celle de la figure 156.

On peut d'ailleurs se convaincre de l'identité de ces deux figures, en remarquant que, si dans la figure 155 on fait subir à l'octaèdre supérieur une demi-révolution autour d'une ligne verticale passant par le centre de son triangle $f'b'd'$, qui est la face d'application, on arrivera nécessairement à la position où il est, figure 156 : le genre de réunion ou d'accolement de deux cristaux, représenté par cette figure, produit donc rigoureusement la même forme que celle à laquelle nous avons donné le nom de cristaux hémitropes.

Dans l'exemple cité (§. 114, fig. 151 et 152), il est également facile de supposer que deux petits cristaux simples (fig. 131) s'appliquent l'un à l'autre par une de leurs faces P, l'axe étant vertical. Si, dans cette réunion, les bases supérieures Y de l'un et de l'autre sont inclinées dans le même sens, il n'y aura pas d'hémitropie; mais dans le cas contraire elle aura lieu. Pour obtenir cette inclinaison inverse des deux bases supérieures, il y a deux moyens qui tous deux conduisent au même résultat. Le premier, qui est hypothétique, est celui que nous avons indiqué (§. 114), de faire subir une demi-révolution verticalement à l'un des deux cristaux, ce qui amène en bas une portion de la base supérieure Y: le second est de retourner un des deux cristaux autour de son axe vertical, de manière qu'il s'applique à la face P' du premier, non plus par sa face P (cas où il n'y a pas d'hémitropie), mais par sa face P'; ou plutôt de supposer, ce qui est tout-a-fait admissible, qu'ils ont été poussés l'un vers l'autre par deux forces opposées, mais semblables, qui tenoient en avant la même face P' de chacun d'eux.[1]

Cette manière de concevoir la formation d'une hémitropie par l'accolement de deux cristaux en sens inverse, par une de leurs faces, semble, au premier abord, inapplicable au troisième exemple, tiré de l'amphibole (§. 115, fig. 133 et 134), parce que ces cristaux, comme en général aucun des cristaux d'amphibole, ne présentent point de face qui soit parallèle au plan d'hémitropie $a\,b\,c\,d$, et par laquelle on puisse supposer que deux petits cristaux se réunissent. Mais on arrive au même résultat en supposant que l'application ait lieu par les faces M et M', de manière que ce soit, non deux faces M ou deux faces M' qui s'appliquent l'une à l'autre, mais une face M avec une face M'. Il est vrai que, de cette manière, l'association des deux cristaux est disposée obliquement, et que la coupe est un rhombe alongé; mais l'accroissement rétablit bientôt l'égalité des faces.

§. 120. Pour faire mieux sentir cette hypothèse d'une ma-

---

[1] Dans la figure 132 la face postérieure du cristal est marquée P', parce que cette figure servoit à l'éclaircissement du §. 114, dans lequel nous avons fait naitre l'hémitropie en supposant une demi-révolution.

En désignant ainsi différemment, l'une par P, l'autre par P', deux faces qui sont parallèles, nous avons voulu faire sentir qu'elles diffèrent en ce que, par rapport à une même base, l'une fait un angle obtus, tandis que l'autre fait un angle aigu.

nière générale, nous ferons remarquer que les hémitropies n'ont lieu que dans des cristaux, ou plutôt dans des systèmes cristallins dans lesquels deux faces parallèles, quoique égales et semblables par leur forme et par leurs propriétés symétriques, ont cependant l'une et l'autre une symétrie inverse à leurs deux extrémités, ou plutôt à celles d'une ligne tracée de la même manière sur le plan de chacune de ces faces.[1] Ainsi, par exemple, dans le cristal fig. 151, la face P, formant à son extrémité supérieure un angle dièdre *obtus* avec la base Y, possède, vers cette extrémité supérieure, une propriété symétrique différente de celle de sa parallèle P', qui correspond vers la même extrémité supérieure à un angle dièdre *aigu*. La même différence de propriété symétrique entre ces deux faces P et P' existe aussi à leur autre extrémité, mais en sens inverse. Il y a donc dans ces cristaux une sorte de *polarité*. Le pôle supérieur de la face P (fig. 151) est le même que le pôle inférieur de sa parallèle P', et réciproquement.

On conçoit maintenant que, si l'attraction doit tendre à faire appliquer ces faces exactement l'une à l'autre, cette application peut avoir lieu de deux manières : dans l'une deux pôles différens seront accolés, dans l'autre ce seront deux pôles semblables ; c'est dans ce dernier cas, comme on l'a fait voir, que l'hémitropie aura lieu.

Telles sont les présomptions qui peuvent aider à concevoir

---

1 En effet, on trouve des cristaux hémitropes dans les espèces dont la forme primitive rentre dans les solides suivans, les *prismes à base oblique*, les *octaèdres régulier* et *symétrique*, et les *rhomboèdres*. Les prismes rectangulaires à base perpendiculaire n'en présentent pas, ou du moins les réunions de cristaux qu'on y observe rentrent plutôt dans les croisemens réguliers, et ne méritent pas, à proprement parler, le nom de *cristaux hémitropes*.

Dans les octaèdres, cette ligne, dont nous venons de parler, aux deux extrémités de laquelle la symétrie d'une des faces du solide est inverse, est l'apothème du triangle, et dans les rhomboèdres c'est la diagonale oblique du rhombe ; et en effet, si l'on place un octaèdre ou un rhomboèdre de manière que deux faces parallèles soient verticales, on y reconnoîtra facilement cette symétrie inverse que nous avons annoncée.

l'origine des cristaux hémitropes ; elles laissent, comme on le voit, beaucoup à désirer pour compléter l'explication du phénomène, puisqu'elles ne déterminent pas les causes qui le produisent. Ainsi, par exemple, elles n'expliquent pas pourquoi, de deux substances qui ont un système cristallin ou une forme primitive analogue, toutes deux susceptibles d'hémitropie (quelquefois même une même forme, comme dans les cristaux qui dérivent de l'octaèdre régulier), l'une se rencontre fréquemment en cristaux hémitropes, et l'autre n'en présente jamais. Il existe certainement des circonstances ou des propriétés symétriques particulières qui déterminent ces associations. Enfin, il y a même des cas auxquels la supposition que nous avons admise de l'accolement de deux cristaux en sens inverse par une de leurs faces, paroit difficile à appliquer. Aussi, en mettant en avant cette supposition, nous avons eu plutôt pour but d'éclaircir la description des cristaux hémitropes, que d'assigner leur origine d'une manière incontestable.

§. 121. On sait qu'un cristal se présente très-rarement isolé dans la nature, soit *empâté* au milieu d'une gangue solide ou friable, dans laquelle il est terminé de tous côtés par les faces qui lui sont propres, soit *implanté* sur d'autres minéraux : le plus souvent, au contraire, les cristaux d'une même substance sont réunis plusieurs ensemble et forment différens *groupes*, qui portent les noms de *druses*, de *faisceaux*, etc., suivant leur configuration extérieure.

Ordinairement, dans ces réunions de cristaux, la position relative de chaque cristal est très-variable, et on ne remarque pas qu'elle soit assujettie à aucune loi de symétrie. Certaines formes dominantes se groupent, il est vrai, plus habituellement dans certaines directions; ainsi les prismes sont en général accolés par leurs faces latérales : mais les axes ne sont pas pour cela rigoureusement parallèles; leur position relative varie souvent sur divers points d'un très-petit échantillon : ce qui produit des faisceaux plus ou moins divergens, et même quelquefois des croisemens, dont chacun présente un angle différent. Cependant il y a quelques minéraux qui ont offert des groupemens ou croisemens assujettis à une symétrie constante et régulière dont on a pu déterminer les lois. Nous allons faire connoître ces *groupe-mens réguliers* par plusieurs exemples.

On peut distinguer deux sortes de *groupemens réguliers*: ceux où les axes des cristaux groupés sont parallèles, et ceux où ils se croisent. Pour le premier cas, nos exemples seront tirés de l'arragonite et de l'harmotôme, et pour le second, de la staurotide.

§. 122. La figure 137 représente, en projection verticale et horizontale, un octaèdre symétrique à base rectangle, disposé de manière que l'axe *a b* est horizontal, et que, par conséquent, la base *c d e f*, qui lui correspond, est verticale. C'est la forme primitive de l'arragonite : l'angle de P sur P est d'environ 109°½, et l'angle de M sur M d'environ 116°. Ce dernier est le seul que nous ayons à considérer ici. Nous supposerons, pour plus de simplicité, que cet octaèdre soit devenu *cunéiforme* (voyez §. 51) aux angles *a* et *b*, parallèlement aux arêtes verticales *c e* et *d f*, ce qui permet de le considérer comme un prisme rhomboïdal analogue à celui qui est représenté fig. 55. La projection horizontale de ce prisme sera toujours le rhombe *a, c e, b, d f*, dont l'angle obtus est d'environ 116°, et l'angle aigu de 64°.

Si maintenant on suppose que deux de ces prismes s'accolent l'un à l'autre par une de leurs faces latérales M, de manière que leurs arêtes aiguës . *a, a*, se joignent, ce qui est représenté en coupe perpendiculaire aux axes de ces prismes, dans la figure 138, par les rhombes O et S; et si en même temps une réunion du même genre, mais tournée dans un sens opposé, a lieu entre les prismes U et H dans la partie inférieure de la même figure, l'ensemble de ces quatre rhombes O, S, U et H, formera un prisme hexagonal symétrique, qui aura quatre angles de 116° et deux de 128°. Ce prisme, tel que nous l'avons construit, auroit un vide intérieur, représenté par le rhombe *c p z r*; mais ce vide se trouve rempli par l'accroissement des quatre cristaux. [1]

---

[1] Cette association de prismes, ou plutôt d'octaèdres rectangulaires (fig. 137), disposés de manière que leurs angles semblables *a* et *a* se confondent, est tout-à-fait analogue à celle que nous avons indiquée (§. 119) sur un octaèdre régulier, comme devant produire une hémi-

Nous avons conservé à chaque rhombe l'égalité de ses côtés, c'est-à-dire, l'égalité des faces de chaque prisme; mais on conçoit qu'un aplatissement peut avoir lieu d'un côté sans que l'assortiment général soit changé: alors le prisme hexagonal résultant de la réunion des quatre prismes rhomboïdaux, au lieu d'être aplati latéralement, comme dans la figure 138, pourroit être isocèle, ce qui est le cas le plus ordinaire dans la nature. Nous supposerons cet aplatissement des prismes composans, dans les deux autres exemples que nous allons indiquer, tirés de la même substance.

La figure 139 représente un groupement de quatre prismes, dont trois, N, R, L, sont appliqués par une face latérale, de manière que les angles aigus de part et d'autre se correspondent, comme les prismes O et S dans la figure 138; le quatrième, G, vient se joindre par ses arêtes aiguës aux arêtes aiguës des prismes N et L. Les mesures des angles de chaque rhombe, cotées sur la figure, font voir que le prisme hexagonal résultant du groupement aura deux côtés opposés, gh et mn, non parallèles entre eux, et que de ses six angles quatre, h, e, n, l (dont trois adjacens), seront de 116° et les deux autres, g et m, de 128°. Le vide qui reste entre les prismes et que la cristallisation remplit, est composé de deux quadrilatères égaux.

Dans la figure 140 il y a cinq prismes groupés : on y reconnoit d'abord les quatre prismes O, S, U, H, assortis de la même manière que dans la figure 138; de plus, entre les prismes O et S se trouve placé le prisme T, dont la face ac est dans le même plan que la face ae du prisme O, mais dont la face cb forme en b un angle (de 168°) avec la face bf du prisme S, ainsi qu'on peut le reconnoitre par toutes les mesures d'angles inscrites sur la figure. Le prisme résultant sera en apparence hexagonal et semblable à celui

tropie : en effet, les divers groupemens de l'arragonite dont nous parlons ici, participent essentiellement de la structure des hémitropies ; mais, comme la condition essentielle des hémitropies n'existe pas entre tous les cristaux simples qui forment ces cristaux composés, nous avons jugé devoir ranger ces cristaux d'arragonite parmi les exemples de groupemens réguliers.

de la figure 138; mais, sa face *cf* étant brisée en *b*, il devient un prisme heptagonal, dont la face *c b* n'a pas sa parallèle, et qui présente un *angle rentrant* en *b*. Le vide intérieur, lequel est encore rempli par l'accroissement des cristaux groupés, se compose de quatre triangles tous isocèles, semblables, et égaux deux à deux.

Dans ces trois exemples nous n'avons pas parlé des sommets; mais on conçoit que chaque prisme rhomboïdal devra porter son biseau terminal, c'est-à-dire, les faces *P* et *P* (fig. 137)[1]. La position de l'arête *cd* de ce biseau sera parallèle aux lignes transversales que l'on a tracées dans chaque rhombe des trois figures 138, 159 et 140, pour mieux les faire distinguer; et, d'après le mode d'association des prismes, chaque face du biseau d'un prisme fera un *angle rentrant* avec une face du biseau du prisme adjacent : ainsi le prisme hexagonal, au lieu d'être terminé par une face plane, le sera par un assemblage de biseaux. Dans la nature, les cristaux d'arragonite en prisme hexagonal étant souvent bien plus composés que ceux que nous venons d'indiquer, la base est toute hérissée d'aspérités, dont chacune est un petit biseau saillant, formant des angles rentrans avec ceux qui l'avoisinent.

Quant aux espaces vides entre les prismes composans dont nous avons parlé, et que nous avons dit être remplis par l'accroissement de la cristallisation (savoir, le rhombe *cpzr*, fig. 138), ou les quatre triangles rectangles qui le composent, les deux quadrilatères (fig. 159), et les quatre triangles isocèles (fig. 140), M. Haüy a fait voir que ces extensions des divers prismes composans pouvoient toujours être rapportées à des lois de décroissement comprises dans les limites ordinaires, quel que soit d'ailleurs l'angle latéral des prismes rhomboïdaux composans.

§. 123. Si on suppose qu'un prisme rectangulaire terminé par un pointement placé sur les arêtes latérales, analogue à celui représenté par la figure 58, soit aplati sur une de

---

1 Dans la nature, c'est ordinairement un autre biseau plus aigu; mais l'arête qui sépare ses deux faces, a toujours la même position.

ses faces latérales, et qu'un autre prisme semblable et également aplati soit associé au premier (l'axe de l'un et de l'autre étant vertical), non pas par un simple accolement, mais par une pénétration complète, les faces larges de l'un et de l'autre prisme étant réciproquement perpendiculaires, on aura le groupement régulier représenté par la figure 141, et qui a été observé dans l'harmotôme.

Ici, non-seulement les axes des cristaux composans sont parallèles, comme dans les exemples indiqués ci-dessus, mais ils se confondent en un seul et même axe. On remarque que le cristal composé présente un angle rentrant (de 90°) à la place de chacune de ses arêtes latérales, ce qui permet de distinguer les deux prismes composans; mais les deux pointemens sont confondus en un seul.

On pourroit, sans doute, imaginer que cette pénétration, ce croisement des deux cristaux, provient d'un accolement de trois ou cinq prismes par leurs faces latérales; mais il resteroit à expliquer pourquoi les angles rentrans, qui seroient alors formés par les faces des divers pointemens, se trouvent comblés par l'accroissement des cristaux, tandis que les angles rentrans, formés par les faces latérales, subsistent. En outre, il est très-remarquable que ce *groupement cruciforme* n'a jamais été observé dans aucune des autres substances qui offrent des cristaux prismatiques également susceptibles de s'accoler latéralement, et qu'on ne l'a encore rencontré que dans l'harmotôme. Il est à croire que sa formation doit être attribuée à des propriétés symétriques particulières qui nous sont encore inconnues; et cette présomption va être entièrement confirmée par les deux exemples suivans de croisemens ou groupemens cruciformes de cristaux, lesquels ne paroissent pas pouvoir se prêter, en aucune manière, à la supposition de l'accolement de deux cristaux simples.

§. 124. Ces deux nouveaux exemples de *groupemens cruciformes* nous seront fournis par la *staurotide*, qui n'a reçu ce nom que parce que ses cristaux se présentent le plus souvent ainsi croisés, ou réunis *en croix*.

La forme dominante des cristaux simples de staurotide est un prisme droit rhomboïdal (129° 30'), le plus souvent tronqué sur ses arêtes latérales aiguës ; ce qui produit un prisme hexagonal symétrique.

La figure 142 représente un de ces prismes, $P M M o$. placé verticalement ; il est traversé entièrement, vers son milieu, par un autre prisme semblable, $P M' M' o'$, dont l'axe est horizontal : le croisement est donc rectangulaire. Les deux faces analogues o et o' sont perpendiculaires entre elles.

Dans la figure 143 on voit encore deux prismes semblables, dont le croisement n'est pas rectangulaire. Les deux axes font entre eux des angles de 60° et 120°, et de même les arêtes f et f' : mais on seroit dans l'erreur, si on imaginoit que cette figure 143 ne diffère de la figure 142 que par l'angle des axes entre eux ; il y a de plus dans le groupement une différence essentielle. Dans la figure 142 on voit une face M d'un prisme correspondre toujours à une face M' de l'autre prisme, une face o à une face o' ; et dans la figure 143 cette correspondance n'existe pas. On voit, à la vérité, dans la partie supérieure, la face o correspondre à la face o', et dans la partie inférieure une face M à une face M' ; mais latéralement c'est une face o' d'un prisme qui correspond à une des faces M de l'autre prisme, et ainsi de suite.

Ainsi que nous l'avons dit à la fin de l'article précédent, il nous est impossible d'assigner, au moins dans l'état actuel de nos connoissances cristallographiques, la cause de ces croisemens réguliers ; mais, ce qui est extrêmement remarquable et contribue éminemment à confirmer l'existence des lois symétriques auxquelles la configuration des cristaux est soumise, ce sont les rapports géométriques qui résultent de ces deux croisemens. Ceux de la figure 142 sont faciles à saisir, et nous ne nous y arrêterons pas. Dans la figure 143, les faces o et o' font entre elles un angle de 120°, comme les axes ; les deux hexagones de jonction, qui sont au centre de la figure, sont perpendiculaires l'un sur l'autre ; celui d'entre eux qui est ici horizontal est régulier, l'autre a deux angles droits, et deux autres de ses angles sont égaux à des angles existant ailleurs dans le croisement, etc. ; enfin, dans l'une et l'autre figure, chaque face d'un des prismes est placée, par rapport à l'autre prisme, comme le seroit une face secondaire produite par un décroissement simple.

Parmi les résultats cristallographiques auxquels M. Haüy est parvenu par la sagacité de ses recherches et de ses calculs, ces rapports géométriques des cristaux croisés de staurotide sont un des plus remarquables.

Nous terminons ici cette description géométrique abrégée des formes cristallines. On nous reprochera sans doute d'avoir traité d'une manière trop succincte plusieurs points importans, et de n'avoir pas assez multiplié les explications et les exemples. Nous avons pensé que de trop longs détails eussent été déplacés ici. Nous n'avons pas prétendu que l'étude de cet abrégé pût suffire pour apprendre complétement la cristallographie ; nous n'avons eu d'autre but que de présenter à ceux qui l'ont déjà étudiée, un résumé des principes de cette science, et d'en donner une idée générale à ceux à qui elle est encore absolument étrangère. Ceux qui voudroient en approfondir davantage l'étude, doivent recourir au Traité de minéralogie de M. Haüy, et aux nombreux mémoires publiés depuis plus de trente ans par ce savant illustre, qui a eu à la fois le mérite rare d'avoir créé une science nouvelle et d'en avoir développé toutes les applications.

D'un autre côté, d'autres personnes nous feront peut-être un reproche contraire, celui d'avoir trop alongé cette première partie de l'article *Cristallisation*, en y réunissant tous les détails relatifs aux formes géométriques des cristaux, dont la plupart auroient pu être renvoyés ailleurs. Nous nous sommes fait à nous-même cette objection avant la rédaction. Mais nous avons pensé que les différentes parties des connoissances cristallographiques étoient trop dépendantes l'une de l'autre pour pouvoir être séparées ; qu'elles devoient s'éclairer mutuellement : qu'il falloit donc les rapprocher et en former un ensemble, tandis qu'en les isolant et les dispersant dans tout ce Dictionnaire, il nous seroit beaucoup plus difficile d'être bien compris. Au reste, pour parer à cet inconvénient d'un long article dans un dictionnaire, et faciliter la recherche des différentes idées cristallographiques d'après les mots auxquels elles se rattachent, nous avons conservé ces mots à leur place, et après en avoir donné une courte explication, nous avons renvoyé à ce qui en est dit plus au long dans l'article *Cristallisation* : c'est pour faciliter ces renvois que nous avons divisé cet article en paragraphes.

SECONDE PARTIE.

Des phénomènes de la cristallisation.

§. 125. Un corps peut cristalliser, soit en passant de l'état liquide ou immédiatement de l'état gazeux à l'état solide, soit en se séparant d'une solution dans laquelle il se trouvoit dissous, et en reparoissant isolément à l'état solide.

Les résultats de ces divers modes de passages à l'état solide ne sont pas toujours, à la vérité, des cristaux déterminés ; néanmoins le corps solide présente presque constamment des caractères de cristallisation plus ou moins évidens. Tantôt ce sont des cristaux aciculaires, cylindroïdes, ou sphéroïdaux, plus ou moins confus et indéterminables ; tantôt (dans des solutions) on n'obtient que des groupes coralloïdes saillans à l'intérieur ou même à l'extérieur du vase, ou seulement des végétations ou arborisations : tantôt la masse est compacte, mais sa surface offre un tissu dendritique, ainsi qu'on l'observe dans la glace et dans plusieurs métaux ; ou bien cette masse présente dans son tissu intérieur des indices de *clivage* qui rappellent celui des cristaux. Il y a cependant quelques cas où on ne peut observer la moindre trace de *cristallisation* ; mais on est encore fondé par beaucoup d'analogies à présumer son existence.

Ainsi on peut dire que tous les corps inorganiques ont une tendance plus ou moins forte à cristalliser, en passant à l'état solide.

§. 126. On n'a encore que des conjectures bien vagues sur les causes de la cristallisation.

Néanmoins on ne peut douter qu'elles ne soient en général de même nature que celles de tous les phénomènes chimiques, lesquels sont attribués à diverses attractions moléculaires à des distances infiniment petites.

On conçoit que les particules similaires d'un corps ont l'une sur l'autre une attraction réciproque ou *attraction de cohésion*, et qu'un liquide capable de dissoudre le corps a pour lui une *attraction de combinaison;* que par conséquent ces deux attractions ont des effets contraires, la première tendant à réunir les particules d'un corps, la seconde tendant à les séparer. C'est donc du rapport qui existe dans les différens cas entre ces deux forces opposées, que naissent, les différens états d'un corps. Si l'action du dissolvant est prédominante, le corps sera dissous; si elle est plus foible, le corps restera intact; ou s'il a été dissous auparavant, et que *l'attraction de combinaison* vienne à diminuer et à être trop foible, le corps sera réaggrégé par son *attraction de cohésion*, et dans le plus grand nombre des cas il se précipitera à l'état solide et pourra cristalliser.

Il en est de même de l'action du calorique. Il tend à écarter les molécules des corps, ce dont on est assuré par la dilatation qu'il leur fait éprouver. Cette force est donc en opposition avec celle de l'attraction de cohésion des particules; si elle devient plus forte, elle les fait passer de l'état solide à l'état liquide, et, en augmentant encore, de l'état liquide à l'état gazeux : le retour de ce dernier état aux autres a lieu lorsque l'action du calorique diminue; et l'on sait que ces divers changemens d'état ont lieu à des degrés de température qui sont toujours les mêmes pour chaque espèce de corps.

C'est dans le moment où un corps se sépare d'une solution où il étoit combiné, ou lorsqu'il passe de l'état liquide ou gazeux à l'état solide, que ses particules, en se réunissant l'une avec l'autre, forment, au moins dans beaucoup de cas, des *cristaux;* et la constance que l'on observe dans les formes des cristaux, ou plus exactement dans le *système cristallin*, d'une même substance, suffiroit pour nous conduire à admettre l'existence d'une force d'attraction régulière, invariable pour chaque corps, laquelle détermine l'ordre que suivent les particules dans leur réunion.

§. 127. Mais quelles sont les lois auxquelles cette attraction

est soumise? Quelle est cette cause qui fait naître ces faces
planes, qui construit ces polyèdres symétriques, qui détermine la mesure de leurs angles, et la maintient invaria-
blement? Pourquoi une substance tend-elle à affecter une
forme octaèdre; une autre, une forme rhomboèdre? Pourquoi le système cristallin entièrement régulier, qui peut
produire à la fois l'octaèdre, le tétraèdre régulier, le cube,
et le dodécaèdre rhomboïdal, est-il commun à plusieurs substances tout-à-fait différentes sous tout autre rapport? Pourquoi tous les autres systèmes cristallins sont-ils entièrement
différens l'un de l'autre, du moins par leurs angles, même
entre des corps ayant de grandes analogies chimiques? Quels
sont les rapports qui existent entre la composition chimique
d'un corps et le genre de système cristallin qui lui est propre?
D'où proviennent les clivages? Pourquoi dans différentes
espèces sont-ils très-distincts, dans d'autres peu distincts,
ou nuls? Pourquoi leur nombre est-il si variable, même proportionnellement aux faces de la forme fondamentale? Enfin,
indépendamment de ces questions sur les lois générales de
la formation des cristaux, on peut encore demander: Pourquoi cette cause première, si constante dans ses résultats
généraux, présente-t-elle tant de variations dans ses résultats
particuliers? Quelles sont les autres causes variables et accidentelles qui la déterminent à produire, dans une même
espèce, tantôt une forme fondamentale, tantôt une autre,
par exemple, tantôt un cube, tantôt un octaèdre; dans certains cas une forme simple, dans d'autres la même forme
diversement modifiée? etc.

On pourroit multiplier davantage toutes ces questions; mais
dans l'état actuel de la science il est impossible d'y répondre. Nous ignorons encore complétement les lois d'attraction,
et en général les causes physiques premières qui déterminent
les systèmes cristallins et leurs variations.

§. 128. Nous n'avons même que des connoissances très-impar-
faites sur les phénomènes qui ont lieu pendant la formation
des cristaux dans nos laboratoires, et sur les circonstances qui
en font varier les résultats et qui en sont les causes immédiates.
Ce genre de recherches exigeant à la fois des connoissances
en physique, en chimie et en cristallographie, peu de person-

nes s'en sont occupées. Nous allons cependant donner ici un abrégé de ce que l'on sait jusqu'à présent sur cet objet, en réunissant ensemble les résultats des expériences de Leblanc, plusieurs de M. Gay-Lussac, et enfin un plus grand nombre tirés du mémoire intéressant que M. Beudant a lu à l'Académie des sciences en Mars 1818. (Ann. des mines, 1818.)

Il y a des phénomènes qui paroissent avoir lieu généralement toutes les fois qu'un corps cristallise; d'autres qui dépendent de circonstances particulières.

Ces circonstances doivent nécessairement être différentes pour un corps fondu ou un corps qui passe de l'état liquide à l'état solide, que pour un corps dissous dans une solution et qui s'en précipite. On conçoit que, dans ce dernier cas, elles doivent être plus multipliées, puisque le liquide dissolvant et les autres substances qui peuvent se trouver unies dans la solution à celle qui cristallise, doivent exercer une action sur elle pendant sa cristallisation; d'ailleurs le nombre des corps que nous pouvons faire passer isolément de l'état solide à l'état liquide, et réciproquement, est extrêmement borné, tandis que celui des corps que nous pouvons dissoudre par différens agens et faire cristalliser, est bien plus considérable : aussi avons-nous beaucoup moins d'observations sur la cristallisation des *corps fondus*, que sur celle des *corps dissous* ou des *sels*.

I. *Phénomènes observés dans le passage des corps fondus à l'état solide.*

§. 129. L'eau, le soufre, les métaux et quelques substances salines, sont presque les seuls corps cristallisables que nous puissions faire passer à l'état liquide par une simple élévation de température, et ramener ensuite à l'état solide par le refroidissement. Il en résulte nécessairement que nous devons être assez bornés dans les moyens d'observer ce qui se passe dans cette opération, d'autant plus qu'ils sont encore restreints par la très-haute température nécessaire pour la fusion des métaux et des sels, et qui continue d'exister lorsqu'ils se solidifient : aussi nos connoissances sur cet objet sont-elles jusqu'à présent bien peu étendues.

Ces corps fondus, qui repassent à l'état solide par le refroidissement, présentent rarement des cristaux déterminés; cependant on y observe, assez souvent, au moins des traces évidentes de cristallisation, et on peut regarder, en général, ce passage à l'état solide comme une cristallisation.

Ces traces cristallines se reconnoissent dans plusieurs fontes métalliques, soit par le tissu lamelleux qui est découvert par la cassure, soit par ces ondulations dendritiques dont nous avons parlé (§. 125), qui sont quelquefois saillantes à la surface, ou qui au moins deviennent visibles par le contact d'un acide. La préparation du fer-blanc chatoyant, nommé *moiré métallique*, n'est fondée que sur cette propriété. L'eau glacée, le soufre, nous présentent aussi quelquefois cette structure dendritique ▽.

§. 130. *La lenteur ou la promptitude du passage à l'état solide* rend ces caractères de cristallisation plus ou moins prononcés. Par un refroidissement rapide, la cristallisation est le plus souvent très-confuse, peu sensible, ou même tout-à-fait indistincte, et le tissu entièrement compacte; si, au contraire, le refroidissement est ménagé, le tissu sera, en général, plus cristallin. On observe ces caractères dans plusieurs métaux; quelques-uns, néanmoins, entre autres le laiton, paroissent présenter des différences en sens inverse. Parmi ceux qu'un refroidissement lent rend plus cristallins, le bismuth est celui où cette disposition est plus marquée; il arrive même quelquefois qu'il présente des cristaux déterminés. Cependant on ne réussit à les rendre tout-à-fait visibles qu'en employant un procédé particulier, qui consiste à arrêter la solidification lorsqu'elle est encore incomplète, et à décanter la portion du métal qui est encore liquide.

§. 131. *Le repos ou le mouvement* d'un corps liquide, prêt à se solidifier, influe aussi assez souvent sur la netteté de ses caractères cristallins. Les ondulations dendritiques dont nous avons parlé, le tissu lamelleux, sont moins sensibles, et quelquefois nuls, lorsque la matière liquide a été constamment agitée pendant son refroidissement.

§. 132. Il y a *changement de volume* et, par conséquent, de densité, lorsqu'un corps liquide reprend l'état solide. Tantôt la densité est plus forte, comme on s'en est assuré pour quelques métaux, le mercure, l'or, le plomb, le cuivre, etc., et comme on est fondé à le présumer de plusieurs autres; mais tantôt aussi la densité est plus foible, comme cela a lieu pour l'eau. On sait que l'eau augmente de volume en se gelant, et que la glace brise les vaisseaux dans lesquels elle se forme; on sait aussi que la glace est plus légère que l'eau, puisqu'elle flotte sur elle. Il paroîtroit, d'après les expériences de Réaumur, que le fer offre un résultat analogue, et que la fonte devenue solide est plus légère que lorsqu'elle est fondue.

§. 133. Il y a constamment un *dégagement de calorique* au moment où un corps liquide se solidifie, et, au contraire, une *absorption de calorique* dans les passages de l'état solide à l'état liquide.

On a déjà dit que les passages de l'état solide à l'état liquide et à l'état gazeux, et réciproquement, avoient lieu pour chaque corps à des degrés fixes de température : cependant cette constance de température pour chaque changement d'état suppose que toutes les autres circonstances sont d'ailleurs égales; car il en est qui peuvent avancer ou retarder le phénomène. Ainsi l'eau, purgée d'air, peut supporter, sans se geler, un degré de froid plus grand, ou ne se gèle qu'à un degré plus bas que l'eau ordinaire, laquelle contient toujours une certaine quantité d'air.

L'action extérieure de l'air paroît aussi favoriser la congélation de l'eau, puisqu'on peut refroidir de l'eau à plusieurs degrés au-dessous du zéro du thermomètre, sans qu'elle se gèle, si on a pris la précaution de la couvrir d'une couche d'huile de térébenthine.

II. *Phénomènes observés dans la cristallisation des substances qui se précipitent d'une solution.*

§. 134. Tous les corps étant susceptibles d'être dissous par d'autres, et un grand nombre étant dissolubles dans l'eau et pouvant en être précipités à l'état cristallin, on conçoit qu'on a dû réunir plus de faits sur les phénomènes de leur cristallisation que sur celle des corps fondus; cependant nos connoissances à cet égard sont encore fort peu avancées. On n'a observé jusqu'ici que la cristallisation des corps dissolubles dans l'eau , et même les faits qu'on a recueillis sont trop peu nombreux pour qu'on puisse regarder les conséquences qu'on en a tirées comme absolument générales ; en outre , comme un assez grand nombre de causes influent simultanément sur une cristallisation , il est extrêmement difficile de distinguer , dans les phénomènes, ceux qui sont l'effet de chacune de ces causes, et il s'en suit nécessairement qu'il est rare d'obtenir des résultats certains. On doit donc présumer que de nouvelles observations pourront modifier une grande partie des principes que nous allons essayer de poser ici d'après l'état actuel de nos connoissances.

Cet exposé se bornera à examiner l'influence que les différentes circonstances qui accompagnent ou peuvent accompagner une cristallisation qui se fait dans une solution , exercent, soit sur la production et la promptitude du phénomène , soit sur la netteté et la grosseur des cristaux, soit enfin sur les variations de forme dont une substance est susceptible. Nous résumerons ensuite , pour quelques-uns de ces effets, les principales causes qui paroissent les produire.

§. 135. *Les variations dans la température de l'air* influant d'une manière sensible sur l'évaporation d'une solution , elles avancent ou retardent les cristallisations qui peuvent s'y former. Mais les effets qui dépendent de cette cause, sont toujours beaucoup modifiés par *l'état hygrométrique* de l'atmosphère , et aussi par *la stagnation ou le renouvellement plus ou moins rapide de l'air* à la surface de la solution , lesquels ont nécessairement une grande influence sur l'évaporation , en sorte que les résultats qu'on obtient dans les circonstances ordinaires participent à la fois de l'action de ces trois causes.

On peut dire qu'en général une température extérieure plus chaude fournit des cristaux plus promptement et plus abondamment qu'une plus froide ; qu'il en est de même d'un air plus sec, et d'un air qui se renouvelle plus rapidement. Mais ces différens états de l'air, qui, comme on vient de le dire , agissent toujours à la fois sur une solution , variant quelquefois en même temps en sens inverse, il en résulte souvent des effets qui paroissent tout-à-fait opposés. Ainsi, par exemple, dans les marais salans de la Méditerranée on remarque que le vent du sud-est, quoique très-chaud, n'augmente pas la graduation et le dépôt salin dans les bassins, que souvent même il le diminue, parce que ce vent est très-humide et, en général, assez foible ; au contraire, le vent du nord-ouest, qui est bien plus tempéré et souvent froid, rend la cristallisation extrêmement active, parce que ce vent est très-violent et très-sec. On a remarqué des différences semblables, au moins dans la concentration de l'eau salée, dans les salines où on l'opère par inspersion sur des piles de fagots, ou par d'autres moyens analogues de graduation.

Dans les laboratoires, par un air très-chaud et très-sec, si une dissolution est abandonnée à elle-même, l'évaporation est très-forte ; mais les cristaux sont, en général, petits, mal conformés et groupés confusément. Si l'air est très-chargé d'humidité, l'évaporation est nulle, et il ne se dépose point ou presque point de cristaux ; quelquefois même la solution attire l'humidité, et les cristaux déjà formés sont redissous. Ce cas d'une grande humidité atmosphérique est celui qui, pour certains sels, détermine plus particulièrement les végétations cristallines qu'ils forment sur les parois des vases. Si l'humidité cesse, on voit paroître des cristaux distincts.

L'accroissement de ces végétations, en partie saillantes dans l'intérieur des vases, paroît due à ces alternatives d'humidité et de sécheresse.

Leur accroissement au-dessus de la solution, et quelquefois même à l'extérieur des vases, paroît produit, suivant M. Beudant, par le mouvement d'élévation que les particules cristallines, déjà déposées, reçoivent de celles qui se déposent au-dessous d'elles, et par l'élévation capillaire d'une partie de la solution, à travers les croûtes rameuses déjà formées, et aussi entre elles et la paroi du vase qu'elles recouvrent.

Nous pourrions ajouter beaucoup d'autres détails sur l'influence qu'exercent sur les cristallisations les causes dont il est ici question ; mais, ces causes n'agissant sur les cristallisations que par le plus ou le moins d'évaporation qu'elles produisent, leurs effets rentrent dans ceux qui dépendent de cette dernière cause et dont nous traiterons plus bas (§. 137).

Toutes choses égales d'ailleurs, les différences ordinaires, dans l'état thermométrique ou hygrométrique de l'atmosphère, dans le renouvellement plus ou moins rapide de l'air, ne produisent aucun changement dans la forme des cristaux d'une même substance.

§. 136. *Les variations dans la pression barométrique* de l'air, considérées isolément et dans les circonstances ordinaires, ne paroissent avoir aucune influence sur la cristallisation des sels ; mais l'absence totale de cette pression produit quelques phénomènes remarquables.

Il y a des sels, tels que le sulfate de soude, dont les solutions ne donnent pas de cristaux dans le vide, même en agitant la solution. Si l'expérience se fait dans un tube de baromètre, l'introduction d'une seule bulle d'air suffit pour déterminer subitement la formation des cristaux, et il est assez remarquable que le gaz hydrogène, le gaz acide carbonique et le gaz nitreux, produisent le même effet.

Au contraire, une solution de sous-carbonate de soude a cristallisé dans le vide, tandis qu'elle ne cristallisoit pas dans l'air.

Enfin, d'autres sels, tels que le nitre, le muriate de soude, le sulfate de potasse et plusieurs autres, ont cristallisé également dans le vide et dans l'air.

'On voit par ces expériences intéressantes, que l'on doit à M. Gay - Lussac (Journal des mines, n.° 204, p. 435), que les effets de la pression atmosphérique sur la cristallisation sont très-variés; sans doute ils dépendent de la nature des sels.

§. 137. *Les différens états de la concentration* d'une solution, considérés isolément, ne déterminent pas de variation importante dans la cristallisation des sels qui s'en précipitent.

En parlant ainsi des différens états de concentration d'une solution, nous n'entendons point rejeter le principe généralement adopté, qu'il existe, pour les solutions de chaque sel, une limite de saturation en-deçà de laquelle aucun cristal ne peut se former, et qui même doit être un peu dépassée pour que la cristallisation commence. Cette limite est regardée comme constante, mais seulement dans les mêmes circonstances; et, au contraire, elle peut varier, si les circonstances sont différentes. On sait, par exemple, que les sels sont en général plus dissolubles à chaud qu'à froid : l'état de concentration est donc plus grand, ou le terme de saturation plus élevé dans le premier cas que dans le second.

Or, il suit nécessairement de ce principe qu'une solution saturée ne peut précipiter de cristaux qu'autant qu'il y a quelque évaporation : cependant on sait qu'il se forme, dans certains cas, des cristaux, et même assez prononcés, dans des solutions qui n'éprouvent aucune évaporation, comme cela a lieu quelquefois dans les bouteilles et flacons parfaitement bouchés que l'on conserve dans les laboratoires; on assure même qu'il s'en est formé de cette manière dans des solutions qui n'étoient pas entièrement saturées, quand on les a soustraites à l'évaporation.

M. Beudant a observé que ces cristaux, dans des vases fermés et sans évaporation, avoient lieu plus particulièrement dans les solutions des sels qui possèdent le plus de cohésion, comme l'alun, le borax, le sulfate de potasse, etc., et que les solutions de nitre, de sel marin, de sulfates de fer et d'ammoniaque, et autres dont la cohésion est plus foible, n'en présentoient jamais dans les mêmes circonstances.

Il est difficile d'expliquer la formation de ces cristaux, à moins d'admettre que, par un repos long-temps continué, les parties salines se rassemblent vers le fond de la solution, qui devient alors plus saturé que la surface; et cette explication hypothétique acquerroit un plus grand degré de probabilité, s'il étoit bien constaté, comme on l'assure, que les cristaux, dans ce cas, ne se forment jamais qu'au fond du vase.

On observe quelque chose d'analogue dans les puits ou amas d'eau salée, où elle est parfaitement tranquille : il ne s'y forme pas de cristaux; mais le fond est à un degré de saturation plus fort que celui des parties supérieures. Sans doute, cette différence peut provenir de filtrations d'eaux douces vers la surface. Mais un fait plus remarquable est celui qui résulte des expériences de Haller (Mém. de l'Acad. des sciences, année 1764, p. 28). Ayant rempli d'eau salée un tuyau de 33 pieds de haut, au bout de 56 jours la partie supérieure avoit perdu $\frac{3}{100}$ de sa salure, la partie inférieure avoit gagné $\frac{1}{100}$, et à 11 pieds au-dessous de la surface la salure étoit restée la même. Dans un bassin de $7\frac{1}{2}$ pieds de profondeur, il y avoit, au bout de quarante jours, $\frac{1}{400}$ d'accroissement de salure au bas. Les augmentations de salure sont ici, à la vérité, bien foibles; mais ces résultats suffisent pour faire concevoir que la même cause peut produire, dans certains cas, des différences plus considérables.

On a encore observé, dans les manufactures de savon, que les solutions de soude que l'on y conserve sont en général plus saturées au fond des réservoirs que vers la surface.

En admettant que tous ces faits soient bien constans, il resteroit encore à démontrer qu'ils proviennent incontestablement d'une concentration graduelle des particules salines vers le fond d'une solution, par suite d'un long repos, et qu'ils ne sont pas produits par quelque autre cause. M. Gay-Lussac, dont l'autorité est ici d'un grand poids, pense que les faits sur lesquels cette présomption d'une concentration spontanée est appuyée, ne sont pas assez concluans, qu'ils peuvent être dus au mélange imparfait de solutions diversement saturées ; et il a fait à ce sujet plusieurs expériences qui lui ont donné des résultats contraires. (Voyez Annales de chim. et de phys., T. VII, p. 80, Janvier, 1818.)

Il est à désirer que l'on s'occupe de faire de nouvelles recherches relatives à cette question, qui est d'autant plus importante qu'elle doit servir à éclaircir celle de la salure de la mer à différentes profondeurs, sur laquelle nous n'avons encore que des données incertaines.

§. 138. *La lenteur ou la promptitude de l'évaporation* influe beaucoup sur la netteté et la grosseur des cristaux. Une évaporation rapide produit en général des cristaux plus petits, amoncelés, groupés confusément et peu distincts : au contraire, une évaporation lente et ménagée produit des cristaux beaucoup plus gros et de formes plus prononcées. On applique ce principe dans les salines pour obtenir du sel à gros grains, qui est préféré pour certains usages.

Une solution abandonnée à l'évaporation naturelle à l'air

produit, en général, des cristaux plus gros et plus nets que si on l'avoit chauffée.

On conçoit facilement que, dans tous ces cas, la lenteur de l'évaporation favorise davantage l'attraction des cristaux déjà formés pour les nouvelles particules de sel qui se précipitent, et, par conséquent, leur accroissement ; mais, pour cela, le repos de la solution paroît être aussi une circonstance essentielle.

§. 139. En effet, *l'état de repos de la solution* contribue, dans beaucoup de cas, à la netteté des formes cristallines et à la grosseur des cristaux. Une solution agitée ne produit que des cristaux petits et en masses confuses.

D'un autre côté, *le mouvement* détermine quelquefois une cristallisation qui ne pouvoit avoir lieu dans l'état de repos de la solution. Souvent une solution sursaturée ne précipite aucun cristal ; et si on donne au vase une légère secousse, on voit le sel dissous se cristalliser en masse subitement : ce phénomène a lieu surtout avec le sulfate de soude.

On a observé dans quelques sels, que des *mouvemens vibratoires*, imprimés à un vase qui en contient une solution prête à cristalliser, y déterminent des centres de cristallisation divergente qui correspondent à peu près aux nœuds de vibration.

§. 140. *Température de la solution.* On sait que, dans une solution d'un sel plus dissoluble à chaud qu'à froid, le refroidissement détermine sur-le-champ la cristallisation d'une partie du sel.

On a remarqué, au moins pour plusieurs sels, qu'une température plus froide détermine des cristaux plus gros qu'une température plus chaude ; que, même à des températures très-élevées, la cristallisation est irrégulière, et les masses qui en résultent très-fragiles : phénomènes qui paroissent dépendre de ce que l'évaporation est plus lente dans le premier cas que dans le second ; ce qui rentre dans ce qui a été dit ci-dessus (§. 138). Cependant ces différences n'ont été observées qu'à des températures au-dessus de celle de l'atmosphère, et dans des circonstances où il y avoit évaporation.

A des températures très-basses on a obtenu des résultats particuliers, et même, à ce qu'on assure, des changemens de formes, mais qui paroîtroient dépendre de ce que le sel dissous a changé de nature. [1]

M. Davy a constaté qu'à des températures égales ou supérieures à celle de l'atmosphère, un sel (le nitrate d'ammoniaque) retenoit plus ou moins d'eau dans sa cristallisation, suivant les différens degrés de chaleur de la solution, et qu'il paroissoit en résulter quelques changemens dans les formes cristallines.

§. 141. *Le volume de la solution* ne paroît, en général, produire que des différences dans la grosseur des cristaux, et aucune dans les formes. Si toutes les autres circonstances sont d'ailleurs égales, on obtient des cristaux plus gros dans une solution qui forme une masse considérable, et des cristaux plus petits dans une solution en petit volume.

Les cristaux déjà formés exerçant une attraction sur les particules salines qui se précipitent (comme on le verra §. 146), on conçoit que, plus le volume de la solution est grand, plus il y a de particules sur lesquelles cette attraction peut agir, et, par conséquent, plus les cristaux auront de tendance à s'accroître.

§. 142. *La hauteur de la solution*, à égalité de volume du liquide, influe encore sur la grosseur des cristaux. M. Beudant a placé deux quantités égales d'une même solution dans deux vases, l'un très-haut et étroit, l'autre très-large; et il a obtenu dans le premier des cristaux huit à dix fois plus gros que dans le second.

§. 143. *L'état électrique de la solution.* Il ne paroît pas qu'une différence d'électricité dans la solution influe d'une manière sensible sur la cristallisation qui s'en précipite. M. Beudant a observé que des solutions chargées de l'une ou l'autre espèce d'électricité donnoient des cristaux plus petits que la même solution dans l'état naturel.

Il a aussi observé que des étincelles électriques, lancées

---

[1] On a plusieurs exemples de solutions qui précipitent un sel différent de celui qu'on y avoit mélangé, suivant la température à laquelle elles sont exposées lorsqu'elles cristallisent : ainsi une solution de sulfate de soude, évaporée jusqu'à cristallisation, précipite, à la température de son ébullition, du sulfate de soude *anhydre*.

par moment sur une solution prête à cristalliser, y déterminent des centres de cristallisation divergente. Mais ce phénomène paroît dépendre de ce que le choc électrique imprime des mouvemens de vibration à la solution. Il est donc analogue à celui qui a été exposé ci-dessus (§. 139).

Ces diverses circonstances électriques ne produisent aucun changement dans la forme des cristaux.

Il paroît qu'il y a *dégagement d'électricité* au moment où une cristallisation s'opère, surtout si elle se fait rapidement; mais nous n'avons pas encore à cet égard des observations assez précises.

§. 144. *Le contact de l'air* sur la solution paroît être, pour quelques sels, une condition essentielle pour qu'ils puissent se précipiter et cristalliser.

Une couche d'huile de térébenthine, versée sur une solution saturée de sulfate de soude, l'empêche de cristalliser. C'est un effet absolument analogue à celui que nous avons indiqué ci-dessus (§. 155) pour la congélation de l'eau.

§. 145. *La nature des appareils* produit des résultats différens dans les cristallisations: par exemple, une solution cristallise plus promptement dans un vase de ce qu'on appelle *poterie de grès*, que dans un vase de verre, etc. Comme on emploie toujours un vase sur lequel la solution ne puisse avoir d'action chimique, ces différences ne peuvent être attribuées qu'à deux causes : ou au degré d'attraction plus grand que telle ou telle substance exerce sur le sel qui cristallise (ce qui semble confirmé par un fait qui sera rapporté plus bas (§. 146), ou surtout au poli plus ou moins grand des surfaces. Il paroît que cette dernière cause est ici la principale. En effet, s'il y a quelque aspérité dans un vase, les cristaux s'y groupent plus abondamment que sur les autres points. M. Beudant a observé que, si on enduit un vase d'une couche de graisse, à l'exception d'un seul point, tous les cristaux se portent vers ce point uniquement, et vont s'y grouper : si toute la surface est ainsi enduite, la cristallisation est longtemps retardée; et lorsqu'elle est enfin forcée par la sursaturation, les cristaux se forment à la surface du liquide, et s'y groupent jusqu'à ce que leur poids soit trop considérable.

On observe, dans la nature, des faits qui semblent tenir au

moins en partie à une cause semblable : quand un filon traverse plusieurs couches d'une composition très-différente, on remarque souvent que les substances qui composent le filon sont sensiblement différentes, suivant les couches. Ainsi, à Kongsberg, le filon argentifère est plus riche dans les parties qui sont encaissées dans une couche pyriteuse. Cependant il est très-probable que certaines actions chimiques, susceptibles de déterminer plutôt un précipité qu'un autre, ont été ici la cause principale.

§. 146. *Un corps étranger introduit dans la solution* produit un effet analogue à celui qui dépend de la nature des appareils. On sait que des fils, des baguettes, un fil de fer, un tube de verre, introduits dans une solution, se recouvrent de cristaux, en général, plus promptement que les parois du vase. Dans des expériences sur le sulfate de soude, M. Gay-Lussac a observé qu'un tube de verre se recouvroit plus promptement de cristaux qu'un fil de fer; et, comme ce dernier a une surface moins unie que le tube de verre, ce fait pourroit servir à appuyer l'idée que nous avons émise plus haut, que cette affluence des cristaux peut être due en partie à une attraction plus forte de la part de certaines substances.

De tous les corps étrangers qu'on peut ainsi introduire dans une solution, celui dont l'effet est le plus prompt et le plus sûr pour déterminer la cristallisation, est un cristal du sel qui est prêt à cristalliser. On voit aussitôt ce cristal s'accroître, tantôt par de petits cristaux qui viennent s'y implanter, tantôt seulement par des couches qui le grossissent et lui conservent la même forme; tantôt aussi, dans quelques cas (comme on le verra §. 157), en changeant sa forme pour en prendre une autre dépendante du même système cristallin.

§. 147. *La position des cristaux déjà formés* dans une solution paroît influer, non pas sur leurs formes, c'est-à-dire sur le nombre et la disposition de leurs faces, mais sur le plus ou moins d'extension relative de ces faces.

En général, on a cru remarquer que les cristaux s'accroissent plus en largeur qu'en hauteur; que les cristaux qui se forment au fond d'une solution dans une position verticale, sont ordinairement assez réguliers dans leur contour et dans les pyramides qui les terminent; que ceux qui se déposent latéralement, ont leurs faces supérieures plus larges; que ceux qui se forment à la surface du liquide et qui pendent dans la solution, sont en général assez larges, mais que leurs pyramides sont mal conformées.

On doit à Leblanc plusieurs observations de ce genre, dans lesquelles il est parvenu à faire grossir des cristaux à volonté dans un sens ou dans un autre, en changeant leur position dans une solution. M. Beudant, qui a dirigé aussi ses recherches vers ce but, a obtenu des résultats analogues.

§. 148. *Les mélanges mécaniques* qui peuvent exister dans une solution, *modifient dans quelques cas les formes des cristaux* qui s'en précipitent, en les rendant *plus simples*; mais, pour apprécier plus exactement leur influence, il convient de distinguer trois cas qui peuvent avoir lieu.

1.° Si ces mélanges mécaniques sont en parties pulvérulentes extrêmement fines, et s'ils restent en suspension presque permanente dans la solution, la forme des cristaux est la même qu'elle eût été sans ce mélange; seulement on voit quelquefois les cristaux partagés dans leur intérieur par des couches parallèles de ces matières pulvérulentes.

2.° Si le mélange mécanique se dépose au fond de la solution en particules très-fines et incohérentes, les cristaux qui se forment au milieu de ce dépôt, ont une forme plus simple et plus régulière que celle qu'ils auroient prise dans une solution semblable tout-à-fait pure, ou même que celle qu'ils affectent dans les parties de la même solution au-dessus du dépôt. M. Beudant a constaté ce résultat sur l'alun et le sulfate de fer, en les faisant cristalliser au milieu d'un précipité de sulfate de plomb. Dans la nature on a remarqué depuis long-temps que les cristaux de quarz mélangés mécaniquement d'oxide de fer terreux, ceux d'axinite mélangés de paillettes de chlorite, et surtout ceux de chaux carbonatée qui empâtent des grains de quarz ou de grès, ont une forme très-simple et très-régulière.

Pour que l'expérience réussisse dans une solution, il faut que le dépôt soit recouvert par le liquide : il est aussi nécessaire que la solution soit peu concentrée; car, lorsqu'elle est très-saturée, les cristaux qui se forment dans le dépôt, ont leurs faces plus ou moins creusées en trémies.

3.° Si le mélange mécanique, au fond de la solution, est gélatineux, les cristaux qui s'y déposeront n'en entraîneront avec eux aucune portion, et ne subiront aucun changement de forme; mais M. Beudant a remarqué, en opérant sur un dépôt gélatineux d'alumine, que les cristaux de différens sels qu'il y a fait précipiter, étoient toujours isolés, très-réguliers et très-nets, et il s'est assuré que cet effet n'étoit pas dû à l'action chimique de cette substance sur les sels. Il n'est pas nécessaire, pour que ces effets aient lieu, que le dépôt gélatineux soit recouvert par la solution.

§. 149. *Les mélanges chimiques*, en général, qui se trouvent dans une même solution avec un sel qui cristallise, ont une influence bien plus grande pour produire des variations dans ses formes cristallines; et la connoissance exacte des effets qui peuvent être produits par cette cause, seroit extrêmement importante, parce qu'on a tout lieu de présumer qu'elle a dû agir fréquemment dans la nature: mais nous n'avons encore sur cet objet qu'un petit nombre de faits, dont la plupart sont dus aux recherches de M. Beudant.

Ces *mélanges chimiques*[1] peuvent être de plusieurs natures pour chaque sel. Les résultats diffèrent suivant que la substance chimiquement mélangée est ou n'est pas susceptible de s'incorporer aux cristaux qui se forment. Nous traiterons d'abord de ce dernier cas, qui peut être partagé en deux autres, suivant que le corps mélangé est cristallisable ou non.

§. 150. Si une solution d'un sel est mélangée d'une substance que nous ne puissions obtenir isolément qu'à l'état liquide

---

1 Nous entendons ici par *mélange chimique*, avec M. Beudant, une association (non mécanique) d'un corps à un autre en proportion *indéfinie*. On a beaucoup discuté si ces associations chimiques devoient être considérées comme des *mélanges* ou comme des *combinaisons*. Mais, dans cette dernière opinion, que nous ne prétendons point rejeter, il seroit toujours utile de distinguer ces combinaisons en proportions *indéfinies*, de celles qui ont lieu en proportions *définies*. Le mot *mélange chimique* n'a pas ici d'autre but; et tout ce qui va suivre nous paroît être également vrai dans l'une et l'autre opinion.

ou gazeux, la forme des cristaux que produit cette solution diffère souvent de celle qu'ils auroient eue sans ce mélange ; ou, plus généralement, *la nature du dissolvant occasionne souvent des variations dans les formes des cristaux.* Ainsi, par exemple, de l'alun, qui dans une solution aqueuse cristallisoit en octaèdres légèrement tronqués sur les arêtes, a donné constamment des cristaux cubo-octaèdres en cristallisant dans l'acide nitrique, et des cristaux cubo-icosaèdres dans l'acide muriatique. Le sulfate de fer avec le même acide, le sulfate de cuivre avec l'acide nitrique, le même sel dissous dans une eau saturée de gaz acide muriatique, ont présenté aussi des formes différentes de celles qu'ils affectoient dans l'eau pure.

Mais on a remarqué que ces variations de formes ne sont que relatives, c'est-à-dire qu'elles ne sont constantes que pour une espèce particulière de forme dont le sel soumis à l'expérience est susceptible dans une solution ordinaire, et qu'elles sont d'un autre genre si la forme produite par la solution ordinaire est différente.

§. 151. Si la substance étrangère, mélangée chimiquement à la solution d'un sel, est aussi susceptible de cristalliser, ou *si une solution contient à la fois plusieurs sels cristallisables, mais non susceptibles de se mélanger chimiquement dans leurs cristaux,* il en résulte souvent qu'un des sels, en cristallisant, affecte des formes particulières qu'il n'auroit pas eues dans des circonstances différentes. Ainsi le muriate de soude prend la forme cubo-octaèdre lorsqu'il cristallise au milieu d'une solution de borax, ou, mieux encore, d'acide borique ; de l'alun, qui cristallisoit dans une solution ordinaire en octaèdres tronqués sur les arêtes, a donné des cubo-octaèdres dans une solution de nitrate de cuivre, des octaèdres complets, dans une solution de sulfate ou de phosphate de soude.

Le borax, le muriate d'ammoniaque, le sulfate de cuivre, ont présenté des différences cristallines semblables dans différens mélanges.

§. 152. Il peut arriver, enfin, que, *parmi ces sels ainsi chimiquement mélangés dans une même solution, il y en ait un qui, en cristallisant, ait la faculté d'entraîner avec lui une quantité plus ou moins considérable des autres sels.*

Leblanc avoit obtenu des cristaux ayant la forme du sulfate de fer, qui contenoient moitié de leur poids de sulfate de cuivre; mais M. Beudant a constaté que ce mélange d'un sel, au milieu des cristaux d'un autre sel, pouvoit souvent exister dans des proportions beaucoup plus grandes. C'est ainsi qu'il a obtenu des cristaux mélangés ayant la forme du sulfate de fer, et qui contenoient 85 centièmes de sulfate de zinc; d'autres, 90 centièmes de sulfate de cuivre; d'autres, enfin, jusqu'à 97 centièmes de sulfate de zinc et de cuivre (voy. Ann. des mines, 1817). Cette faculté d'association chimique de plusieurs substances avec conservation du système cristallin de l'une d'elles, est extrêmement importante à connoître, parce qu'elle peut servir à expliquer les incohérences que l'on rencontre si souvent, dans la minéralogie, entre les résultats de l'analyse et ceux de l'observation des cristaux.

Mais si, dans ces mélanges chimiques, une substance a la faculté de paralyser en quelque sorte la cristallisation d'une autre en la soumettant à la sienne, celle-ci n'en exerce pas moins une action sur elle; et cette action, quoique plus foible que celle de la substance qui donne la forme, se manifeste très-souvent dans les cristaux par des *modifications de formes* qui n'auroient pas eu lieu sans la présence de la substance mélangée : lorsque toutes les autres circonstances sont semblables, ces modifications sont les mêmes dans le même mélange, et différentes dans des mélanges différens.

Ainsi, par exemple, les cristaux de sulfate de fer sont des rhomboèdres entièrement simples, s'ils sont mélangés de sulfate de cuivre ou de sulfate de nikel; des rhomboèdres tronqués au sommet, s'ils sont mélangés de sulfate de zinc ou de sulfate de magnésie; des rhomboèdres tronqués sur les angles latéraux, par un mélange de sulfate d'alumine.

Le sulfate de cuivre a donné des différences analogues par des mélanges de nitrate de cuivre, de sulfate de nikel, de sulfate d'alumine, ou des sulfates de soude, de potasse, d'ammoniaque, d'étain, etc.

§. 153. Si une solution contient un *excès de l'acide ou de la base du sel* qui y est contenu, les cristaux qui s'y déposent, présentent également *des modifications de formes différentes*.

Leblanc a obtenu des cristaux cubiques d'alun en faisant

naître un excès de base dans la solution. M. Beudant a confirmé ce résultat, et en a obtenu de semblables sur le sulfate de fer et le sulfate de cuivre : il a observé que le sulfate de fer donnoit des cristaux plus compliqués lorsque la solution avoit une surabondance d'acide ; qu'ils étoient plus simples, quand il y avoit excès de base. L'effet contraire a eu lieu dans le sulfate de cuivre : c'est l'excès d'acide qui a donné des formes plus simples, et l'excès de base, des formes plus composées.

Cet effet pourroit être regardé comme analogue à ceux dont nous avons parlé ci-dessus, qui sont dus à un mélange chimique dans le dissolvant ; mais nous avons jugé devoir les décrire à part, parce qu'il paroît que ces cristaux, précipités d'une solution ayant un excès de base ou d'acide, conservent quelquefois aussi les mêmes différences chimiques. Cette différence, à la vérité, est révoquée en doute par plusieurs chimistes, surtout pour les cristaux cubiques d'alun. Cependant il est difficile de ne pas l'admettre, si l'on considère que ces cristaux cubiques, séchés, redissous et cristallisés de nouveau, donnent encore les mêmes formes cubiques. On verra plus bas (§. 156) un fait de ce genre.

§. 154. *Les sels doubles présentent aussi des modifications différentes dans leurs cristaux, suivant que l'un ou l'autre des sels composans domine dans la solution.* Ainsi le sulfate double de potasse et de magnésie prend la forme d'un prisme rhomboïdal, lorsque le sulfate de magnésie domine ; si, au contraire, c'est le sulfate de potasse, le même prisme est modifié sur ses angles aigus ; et on obtient encore d'autres formes dans les proportions intermédiaires.

§. 155. Si la solution d'un sel contient une autre substance qui ait sur ce sel une action chimique, sans pourtant le décomposer entièrement, il en résulte plusieurs variations dans les formes cristallines : ainsi l'action d'un carbonate insoluble sur l'alun détermine successivement dans la même solution des cristaux octaèdres, d'autres cubo-octaèdres, et des cristaux cubiques. L'acide muriatique, le sous-borate de soude, produisent sur l'alun des effets analogues.

§. 156. Si dans un même liquide on fait dissoudre des cristaux d'une même substance, obtenus de différentes solutions et ayant des formes différentes, mais simples, les cristaux qui en résultent affectent, du moins dans quelques cas, des formes qui participent à la fois des deux premières.

M. Beudant a mêlé ensemble des cristaux cubiques et des cristaux octaèdres d'alun, et il a obtenu des cristaux cubo-octaèdres : il a remarqué qu'il étoit nécessaire que la cristallisation se fît rapidement, et que le phénomène n'avoit pas lieu par une cristallisation ménagée ; dans ce dernier cas les cristaux octaèdres et les cristaux cubiques se déposent séparément.

Cette observation importante pourra sans doute trouver quelque jour son application dans les cristaux naturels.

M. Beudant l'a constatée de nouveau par une opération inverse. Ayant pris des cristaux assez composés d'alun, lesquels présentoient à la fois des faces de l'octaèdre, du cube et du dodécaèdre, et les ayant soumis à diverses solutions et cristallisations successives, il est parvenu, pour ainsi dire, à les décomposer en plusieurs formes simples : il a obtenu des cristaux octaèdres et des cristaux cubiques. Il n'a pu produire le dodécaèdre parfait ; mais il a eu des cubo-dodécaèdres.

§. 157. Si un cristal d'un sel est placé dans une solution saturée du même sel, non susceptible de produire des cristaux de la même forme ; ce cristal, en s'accroissant, ne conservera pas sa forme, mais prendra celle qui est propre à la solution. Un cristal cubique d'alun, déposé dans une solution d'alun octaèdre, a pris, en s'accroissant, la forme octaèdre. Cette expérience est due à Leblanc.

§. 158. En résumant tous les faits qui viennent d'être exposés dans les articles précédens depuis le §. 155, on reconnoit :

1.° Que *la cristallisation est en général plus active* dans une solution très-concentrée, par une évaporation prompte, et par conséquent par un air chaud, sec et qui est renouvelé rapidement ; que la nature des appareils, le dépôt de corps étrangers dans la solution, et surtout l'introduction d'un cristal du sel qui y cristallise, ont une grande influence pour la déterminer ; que la cristallisation est, au contraire, retardée ou même empêchée par des circonstances opposées : mais en même temps on doit reconnoître, comme ñous l'avons dit, que, la plupart de ces causes agissant simultanément et souvent en sens inverse l'une de l'autre, les résultats, dans chaque cas particulier, sont souvent très-composés et peuvent paroître, au premier abord, contradictoires avec ceux que nous avons annoncés.

2.º Que *les cristaux ont en général des formes plus nettes* lorsque l'évaporation est lente et la solution tranquille ; que par conséquent toutes les circonstances qui produisent ces deux effets, concourent également à donner une grande netteté aux cristaux.

3.º Que *les cristaux sont en général plus gros* par une évaporation lente, une solution plus saturée, et d'un volume et d'une hauteur plus considérables.

4.º Que, dans l'état actuel de nos connoissances, les seules *causes qui paroissent produire des variations de forme dans les cristaux d'un même sel*, peuvent se réduire à quatre ; savoir : 1) les *mélanges mécaniques des matières étrangères* qu'un sel peut entraîner dans sa cristallisation ; 2) *l'influence des corps étrangers*, solides, liquides ou gazeux, qui peuvent se trouver dans la solution sans que les cristaux en soient aucunement mélangés ; 3) les *mélanges chimiques de matières étrangères* qu'un sel peut entraîner et retenir avec lui dans ses cristaux ; 4) les *variations entre les proportions relatives des principes constituans des sels*. (Br. de V.)

CRISTALLITES. (*Min.*) Halle, le docteur Hope et Fleurian de Bellevue, nomment ainsi les cristaux qui se forment dans le verre fondu, ou dans toute autre matière terreuse vitrifiée. (B.)

CRISTALLOGRAPHIE. (*Min.*) Description des cristaux : de γρυςταλλος, *glace*, *cristal*, et γραφη, *écriture*, *peinture*. C'est le nom qu'on a donné à la science qui s'occupe de la description géométrique des formes cristallines.

Nous avons donné, au mot *Cristallisation*, un abrégé détaillé de tous les principes de la *cristallographie*. Voyez Cristallisation, depuis le commencement jusqu'au §. 125. (Br. de V.)

CRISTARIA. (*Bot.*) L'aigrette de Madagascar, arbrisseau qui porte de beaux épis de fleurs en forme d'aigrette, avoit reçu ce nom de Sonnerat. Commerson l'a nommé *pevrœa*, en mémoire de Poivre, alors intendant de l'île de France, bon administrateur et savant distingué, qui a introduit dans cette colonie la culture du muscadier et du giroflier, et auquel la botanique doit la connoissance de beaucoup de plantes de l'Inde. Comme la plante dont il est ici question a été réunie avec raison au genre *Combretum*, il convient que l'on consacre à Poivre un autre genre fait sur quelque plante très-remarquable de l'Inde. Il existe un autre *cristaria*, de la famille des malvacées, fait plus récemment par Cavanilles, lequel est adopté. (J.)

CRISTARIA. (*Bot.*) Sonnerat avoit établi sous ce nom un genre particulier, qui a été reconnu appartenir au *Combretum*. (Voyez CHIGOMIER.) Cette dénomination a été depuis appliquée à un autre genre de la famille des MALVACÉES, de la *monadelphie polyandrie* de Linnæus, très-voisin des *sida*, ayant pour caractère essentiel : Un calice simple, à cinq découpures; cinq pétales onguiculés; des étamines nombreuses, réunies en un seul paquet; plusieurs styles; les fruits comprimés, orbiculaires, recouverts d'une pellicule, s'ouvrant par des arilles à deux ailes.

Les espèces renfermées dans ce genre, toutes originaires de l'Amérique, sont les suivantes :

CRISTARIA A FEUILLES DÉCOUPÉES : *Cristaria multifida*, Pers.; *Sida multifida*, Cav., *Diss.* 1, tab. 4, fig. 2; *Sida pterosperma*, l'Hérit., *Stirp. nov.*, tab. 57. Cette plante a été découverte par Dombey, dans des plaines sablonneuses, aux environs de Lima. Ses tiges sont couchées, dichotomes, très-rameuses; ses feuilles longuement pétiolées, profondément partagées en trois ou quelquefois cinq découpures étroites, linéaires, obtuses, sinuées à leurs bords, très-glabres, accompagnées de petites stipules lancéolées. Les fleurs sont blanches, axillaires, solitaires; les pédoncules géniculés, renversés; le calice globuleux, à demi divisé en cinq découpures ciliées et denticulées; le fruit orbiculaire, comprimé, plus grand que le calice, composé de vingt-huit capsules ailées monospermes.

CRISTARIA A FEUILLES GLAUQUES : *Cristaria glaucophylla*, Cav., *Icon. rar.*, 5, tab. 418. Plante du Chili, dont les tiges sont couchées, longues de trois pieds; les rameaux ascendans, couverts d'un duvet glauque, ainsi que toute la plante; les feuilles épaisses, tomenteuses; les radicales profondément tri-lobées; le lobe du milieu plus long que les autres, tous pileux, incisés; les poils blancs, fasciculés; les pétioles presque longs d'un pied; les feuilles caulinaires plus courtes; les stipules lan-céolées; les fleurs terminales presque paniculées; les pédon-cules axillaires articulés proche la fleur, avec une petite bractée; le calice très-ouvert; les découpures marquées en dedans de taches blanchâtres; la corolle couleur de chair; ses divisions obtuses, velues sur leurs onglets; le tube des étamines bleuâtre, ainsi que les anthères; les ailes des arilles redressées, transparentes, réunies en une tête globuleuse.

CRISTARIA A FLEURS ÉCARLATES : *Cristaria coccinea*, Pursh., *Amer.*, 2, page 453. Cette espèce, recueillie sur les bords du Missouri, a des tiges longues d'un pied; des rameaux diffus, tomenteux, couverts de poils étoilés, ainsi que toute la plante; les feuilles sont alternes, pétiolées, palmées, à trois ou cinq découpures incisées, presque pinnatifides; les lobes et sinus aigus; les stipules linéaires; les fleurs terminales, larges d'un pouce, disposées en grappes; les découpures du calice lan-céolées, aiguës; les pétales en cœur renversé, velus vers leur base; environ dix styles: le fruit orbiculaire.

CRISTARIA A FEUILLES DE BÉTOINE : *Cristaria betonicœfolia*, Pers.; *Malacoides betonicœ folio*, etc., Feuill., Per., page 40, tab. 27. Ses tiges sont droites, rameuses, hautes de deux pieds, chargées d'un duvet blanchâtre; les feuilles alternes, longuement pétiolées, ovales, presque en cœur, longues d'environ deux pouces, blanchâtres et pubescentes à leurs deux faces, incisées et crénelées à leur contour; les fleurs disposées en une grappe lâche, terminale; la corolle d'un rose pâle. Elle croît au Chili : elle passe pour fébrifuge et rafraîchissante; les naturels la prennent en décoction lors-qu'ils sont attaqués de la fièvre. (POIR.)

CRISTATA. (*Bot.*) Scheuchzer donnoit ce nom à des gra-minées que Linnæus a placées dans son genre *Cynosurus*. Voyez CRETELLE. (L. D.)

CRISTATELA (*Ornith.*), nom anciennement donné, sui-vant Gesner, au sacre, *falco sacer*, Gmel. (CH. D.)

CRISTATELLE, *Cristatella*. (*Polyp.*) Genre fort singulier, établi par M. G. Cuvier, et adopté par M. de Lamarck, pour de petits animaux microscopiques, gélatineux, observés, décrits et figurés par Roësel (Ins. 3, p. 991, t. 91), et qui sont formés par un petit corps globuleux, libre, non symétrique, dont la superficie est couverte d'une manière irrégulière de turbercules extrêmement courts, et du sommet duquel sort ce qu'on désigne sous le nom de polype, qui se divise à son extrémité en deux branches disposées en fer à cheval, garnies de tentacules placés en dents de peigne sur deux rangs. D'après les observations de Roësel, le seul qui ait vu ces animaux, chaque groupe de tentacules, considéré comme un polype, peut se contracter, en totalité ou en partie, d'une manière fort indépendante des autres; et cependant il paroît, à ce qu'on dit, qu'ils participent à une vie commune, puisqu'ils concourent tous au mouvement rotatoire de toute la masse que M. de Lamarck regarde comme un polypier. On dit qu'au microscope on voit la bouche au milieu de la division des deux branches.

Ces petits animaux qui, sans aucun doute, auroient grand besoin d'être étudiés de nouveau, vivent librement dans les eaux stagnantes parmi les lentilles d'eau; ils sont jaunes et de la grosseur d'une graine de choux.

M. de Lamarck avoit cru quelque temps, d'après ce que lui en avoit dit le D.ʳ Vahl, comme ayant été observé par Lichtenstein, que ces petits animaux étoient les constructeurs des éponges fluviatiles; mais M. Lamouroux annonce dans son Histoire des Polypiers, que MM. Girod-Chantran, Bosc et lui, se sont assurés que les cristatelles se retirent dans ces éponges, comme dans les lemma, les conferves, indifféremment, et qu'on trouve aussi souvent les polypes sans les éponges, que celles-ci sans les polypes. Aussi a-t-il donné le nom d'Éphydatie (voyez ce mot) aux éponges fluviatiles.

C'est un genre fort voisin de celui que M. Bosc a nommé Plumatelle, que M. Lamouroux a appelé Naisa, et généralement des Tubulaires. Voyez ces différens mots. (De B.)

CRISTAUX D'ARGENT. (*Chim.*) C'est le nitrate d'argent cristallisé. (Cʜ.)

CRISTAUX BRUNS-VERDATRES, Daubenton. (*Min.*) C'est l'Idocrase. Voyez ce mot. (B.)

CRISTAUX DE VÉNUS. (*Chim.*) C'est l'acétate de cuivre cristallisé. (CH.)

CRISTAUX ÉPIGÈNES. (*Min.*) M. Haüy a distingué, par cette épithète d'*épigènes*, des cristaux dont la forme appartient à un autre minéral que celui dont ils sont composés, et dans lesquels cette différence doit être attribuée à ce qu'ils ont perdu un des principes chimiques qui les constituoient originairement, ou à ce qu'ils en ont reçu un autre sans que leur forme en ait été altérée; ces changemens chimiques ayant eu lieu *depuis la formation de ces cristaux* (επιγενεσις, *origine postérieure*). Voyez ce qui en a été dit au mot CRISTALLISATION, §. 22. (BR. DE V.)

. **CRISTAUX HÉMITROPES.** (*Min.*) On désigne ainsi des cristaux qu'on reconnoît être formés de deux cristaux, ou de deux moitiés de cristaux, réunis entre eux régulièrement, mais en sens inverse de leur position naturelle. M. Haüy leur a donné ce nom, parce que la structure de ces cristaux est absolument la même que, si après avoir coupé un cristal simple en deux moitiés par un plan, on avoit fait subir à l'une de ces moitiés une demi-révolution ou une *hémitropie*. Ce mot est composé de deux mots grecs, ημισης, *moitié*, et τροπη, *tour, conversion.*

On a exposé avec assez de détails, au mot *Cristallisation*, tout ce qui concerne les *cristaux hémitropes.* Voyez CRISTALLISATION, §§. 113 à 120. (BR. DE V.)

CRISTAUX MACLÉS. (*Min.*) On a donné originairement ce nom aux CRISTAUX HÉMITROPES (voyez ce mot), et on l'emploie encore quelquefois. (BR. DE V.)

CRISTAUX VIOLETS OU VERTS, Daubenton. (*Min.*) C'est l'AXINITE. Voyez ce mot. (B.)

CRISTÉE [ANTHÈRE]. (*Bot.*) Il est des anthères qui ont des appendices particuliers. Celles du laurier-rose, par exemple, sont terminées par un long filet velu; celles du stéhélina, par une espèce de queue; celles de l'euphraise officinale, par une arête; celles de l'*erica triflora*, etc., par un appendice en forme de crête de coq: ces dernières prennent le nom d'anthères *cristées.* (Mass.)

CRISTEL (*Ornith.*), nom vulgaire de la cresserelle, *falco linnunculus*, Linn. (CH. D.)

CRISTELLAIRE, *Cristellaria*. (*Foss.*) M. de Lamarck (dans son Prodrome d'un cours au Muséum, et dans l'Encyclopédie méthodique, XXIII.ᵉ partie des planches d'histoire naturelle) indique ce genre, mais sans le définir. Les espèces dont il se compose consistent en des coquilles ou corps crétacés fort petits et presque microscopiques, dont M. de Montfort a fait plusieurs genres, qu'il nomme SCORTIME, LINTHURIE, PÉNÉROPLE, ORÉADE (voyez ces mots), pour les espèces vivantes. Nous ne parlerons, sous le nom de Cristellaire, que des espèces fossiles.

La CRISTELLAIRE CASQUE; *Cristellaria cassis*, Lam. Coquille discoïde, multiloculaire, dont le dernier tour, qui enveloppe tous les autres, est composé de sept à huit cloisons, que l'on distingue aisément au travers du têt, qui est transparent, et par les petites côtes qu'elles forment à l'extérieur. Quelques-unes de ces côtes sont chargées, vers le centre de la coquille, de petits tubercules transparens. Ce qui est bien remarquable dans cette espèce et dans quelques autres du même genre, c'est une carène mince en forme de crête, dont elle est entourée. Je n'ai pu apercevoir s'il y a un siphon qui communique d'une cloison à l'autre, comme dans les nautiles ou les cornes d'ammon, et je soupçonne que les coquilles de ce genre, comme toutes celles qui sont cloisonnées, ont été recouvertes, au moins en partie, par le corps des animaux qui les ont formées; car on ne voit aucune loge qui auroit pu le contenir. Le diamètre de cette espèce est de trois lignes : on la trouve en Italie, dans la Toscane, et j'en possède qu'on assure avoir été rapportées avec la sonde du fond de la mer près du pic de Ténériffe. On en voit une figure dans les planches de l'Encyclopédie, pl. 467, fig. 5, a, B, c.

La CRISTELLAIRE LISSE; *Cristellaria lævis*, Def. Celle-ci ne diffère de la précédente que parce que ses cloisons ne forment point de côtes à l'extérieur, et qu'elle ne porte qu'un assez gros tubercule à son centre. On la trouve avec la précédente, dont elle pourroit n'être qu'une variété.

La CRISTELLAIRE ALONGÉE; *Cristellaria producta*, Lam. Cette espèce est plus aplatie que les précédentes, et son dernier tour, au lieu d'embrasser tous les autres, s'alonge en s'élar-

gissant. L'extérieur des premières cloisons est chargé de petites perles luisantes : du reste elle ressemble aux précédentes,
avec lesquelles on la trouve. Elle est figurée dans les planches de l'Encyclopédie, pl. 467, fig. 3, e, f, g.

La CRISTELLAIRE ÉPERON ; *Cristellaria calcar*, Def. Cette espèce est moins grande et moins aplatie que les précédentes :
ce qui la rend fort remarquable, c'est que la crête dont elle
est environnée, est divisée en pointes qui lui donnent la figure
de la molette d'un éperon. On la trouve en Italie, et on en
voit des figures dans l'ouvrage de Soldani sur les coquilles
microscopiques.

Quelques naturalistes ont pensé que les èspèces ci-dessus
n'étoient pas fossiles, parce que quelques-unes avoient été
trouvées dans la mer ; mais il y a tout lieu d'être assuré qu'elles
sont à cet état, parce que presque tous les individus que je
possède sont pyriteux ou ferrugineux. (D. F.)

CRISTE-MARINE. (*Bot.*) On trouve dans quelques livres,
sous ce nom, la bacile ou crête-marine. (J.)

FIN DU ONZIÈME VOLUME.

Strasbourg, de l'imprimerie de F. G. Levrault, imprimeur du Roi.